Qt 6.x

从入门到精通

朱文伟 著

清華大学出版社
北京

内容简介

Qt是一个跨平台C++图形用户界面应用程序开发框架，既可以开发GUI程序，也可以开发非GUI程序，比如控制台工具和服务器等，在软件工业界有广泛的应用。Qt目前已经是桌面编程工具的霸主！

本书分为15章，内容包括Qt 6概述、开发环境、编程基础、对话框程序设计、控件设计、数据库编程、调用Windows动态链接库、使用Linux静态库和共享库、文件编程、菜单栏/工具栏和状态栏、图形编程、多线程编程、多媒体编程、网络编程、应用程序发布。Qt 6相对以前的版本，进行重新设计，舍去了很多旧类、旧函数，也引入了很多新类、新函数。

本书适合Qt编程初学者、Qt跨平台应用开发人员、Qt界面设计人员，也适合作为高等院校和培训机构计算机软件相关专业的教材。

图书在版编目（CIP）数据

Qt 6.x 从入门到精通/朱文伟著. —北京：清华大学出版社，2022.8

ISBN 978-7-302-61448-7

Ⅰ. ①Q… Ⅱ. ①朱… Ⅲ. ①软件工具—程序设计 Ⅳ. ①TP311.561

中国版本图书馆 CIP 数据核字（2022）第 136118 号

责任编辑：夏毓彦
封面设计：王 翔
责任校对：闫秀华
责任印制：朱雨萌

出版发行：清华大学出版社
网　　址：http://www.tup.com.cn，http://www.wqbook.com
地　　址：北京清华大学学研大厦 A 座　　**邮　　编**：100084
社 总 机：010-83470000　　**邮　　购**：010-62786544
投稿与读者服务：010-62776969，c-service@tup.tsinghua.edu.cn
质量反馈：010-62772015，zhiliang@tup.tsinghua.edu.cn
印 装 者：三河市铭诚印务有限公司
经　　销：全国新华书店
开　　本：190mm×260mm　　**印　　张**：30　　**字　　数**：809 千字
版　　次：2022 年 9 月第 1 版　　**印　　次**：2022 年 9 月第 1 次印刷
定　　价：119.00 元

产品编号：083259-01

前　言

光阴似箭，日月如梭，Qt的广泛使用以及跨平台的天生优点，使得它已经成为桌面编程工具的霸主！Qt作为一个跨平台的开源C++应用程序开发框架，在国内外的各种行业中有非常广泛的应用，尤其是面向军工、嵌入式、自主可控的信息安全行业，Qt是个必不可少的编程工具。所以，掌握Qt的开发技能对于C/C++开发者显得尤为重要，因为很多商业软件都要求能在多个操作系统下运行。

Qt是目前最先进、最完整的跨平台C++开发工具。它不仅完全实现了一次编写，所有平台无差别运行，更提供了几乎所有开发过程中需要用到的工具。如今，Qt已被运用于超过70个行业、数千家企业，支持数百万设备及应用。Qt在当前C++跨平台编程领域已居霸主地位，希望大家能够通过本书的学习打好Qt开发的基础，早日成为Qt高手。

关于本书

本书以Qt 6.2版本为开发平台，循序渐进地介绍Qt开发应用程序的常用技术，包括在Windows和Linux下的Qt开发环境的搭建、单步调试功能的使用、应用程序的基本架构、信号与槽工作机制、Qt绘图、对话框编程、常用界面组件编程、文件读写、Windows和Linux下的库的创建和使用、绘图、数据库、多线程、网络和多媒体等模块的使用。每个编程主题都精心设计了完整的实例程序，并且步骤详细，有助于读者快速上手。通过阅读本书，大家可以了解Qt开发应用程序所需的基本技术。Qt应用程序通常在Qt Creator下开发。该环境也是跨平台的，书中用的Qt Creator版本是7.0.1。相对以前的版本，用起来更加顺手！

编程开发仅仅了解理论是不够的，只有上机调试后才能对其中知识有深刻理解，Qt更是如此。为了照顾初学者，本书的每个实例步骤讲解得非常详细，从建立项目到运行项目都提供丰富的注释。另外，本书的所有实例和资源都可以免费下载。值得注意的是Qt 6已经不支持Windows 7了，因此本书的所有实例都在Windows 10运行通过。

本书讲述Qt开发最基本的、必须掌握的知识，既有Windows下的Qt开发，也有Linux下的Qt开发，可以说一线开发会碰到的问题在本书中基本都有所涉及。限于篇幅，本书没有加入C++语言的介绍，需要读者具备一定的C/C++语言知识。Qt 6相对以前的版本，进行了重新设计，舍去了很多旧类、旧函数，也引入了很多新类新函数。

本书读者

- Qt 编程初学者

- Qt 跨平台应用开发人员
- Qt 软件产品研发人员
- 高等院校和培训学校相关专业的师生

配套源码下载

本书配套源代码与编程环境，需要用微信扫描下边二维码获取，可按扫描后的页面提示填写你的邮箱，把下载链接转发到邮箱中下载。如果下载有问题或阅读中发现问题，请联系booksaga@163.com，邮件主题为“Qt 6.x从入门到精通”。

本书作者与鸣谢

本书由朱文伟和李建英联合创作，感谢李建英老师的辛勤付出。本书能够顺利出版，离不开清华大学出版社老师们的辛勤工作和热情帮助，在此表示衷心的感谢。虽然我们非常用心地编写本书，但是疏漏之处在所难免，希望读者不吝指教。

作　者
2022年8月

目　　录

第 1 章

Qt 概述

1.1 Qt 简介

Qt是1991年由Haavard Nord和Eirik Chambe-Eng开发的跨平台C++图形用户界面应用程序开发框架。发展至今，它既可以开发GUI程序，也可以开发非GUI程序，比如控制台工具和服务器。Qt同Linux上的Motif、Openwin、GTK等图形界面库和Windows平台上的MFC、OWL、VCL、ATL是同类型的，与其他用户开发界面的软件相比，Qt更容易使用和学习。

Qt是一个跨平台的C++应用程序框架，支持Windows、Linux、Mac OS X、Android、iOS、Windows Phone、嵌入式系统等。也就是说，Qt可以同时支持桌面应用程序开发、嵌入式开发和移动开发，覆盖了现有的所有主流平台。开发者只需要编写一次代码，而后在发布到不同平台之前重新编译即可。

Qt不仅仅是一个GUI库，除了可以创建漂亮的界面，还有很多其他组件。例如，开发者不再需要研究STL，不再需要C++的头文件，也不再需要去找解析XML、连接数据库、Socket 的各种第三方库，因为这些组件已经内置在Qt中了。

Qt是应用程序开发的一站式解决方案！Qt虽然庞大，封装层次较深，但是速度并不慢，虽不及MFC，但比Java、C#要快。Qt程序在运行前最终会编译成本地计算机的可执行代码，而不是依托虚拟机来运行。Qt的工具家族丰富，目前包括Qt Creator、QtEmbedded、Qt Designer快速开发工具、Qt Linguist国际化工具等。

Qt非常适合跨平台开发领域，是C++程序员要掌握的第二主流开发工具（第一要掌握的主流开发工具是Visual C++）。Qt的最新版本可以从官网（https://www.qt.io/）上下载，笔者在编写本书时的最新版本是Qt 6.2。

1.2 发展历程

Qt的发展历程如下：

- 1991年Haavard Nord和Eirik Chambe-Eng开始开发支持X11和Windows的Qt。
- 1994年Qt Company成立。
- 1996年KDE项目由Matthias Ettrich创建（Matthias现为诺基亚公司开发Qt框架）。
- 1998年4月5日Trolltech的程序员在5天之内将Netscape 5.0从Motif移植到Qt上。
- 1998年4月7日KDE Free Qt基金会成立。
- 1998年7月9日Qt 1.40发布。
- 1998年7月12日KDE 1.0发布。
- 1999年3月4日QPL 1.0发布。
- 1999年3月12日Qt 1.44发布。
- 1999年6月25日Qt 2.0发布。
- 1999年9月13日KDE 1.1.2发布。
- 2000年3月20日嵌入式Qt发布。
- 2000年9月6日Qt 2.2发布。
- 2000年10月5日Qt 2.2.1发布。
- 2000年10月30日Qt/Embedded开始使用GPL。
- 2000年9月4日Qt free edition开始使用GPL。
- 2008年诺基亚（Nokia）从Trolltech公司收购Qt，并增加LGPL的授权模式。
- 2011年Digia从诺基亚收购了Qt的商业版权，从此Qt on Mobile由诺基亚负责，Qt Commercial由Digia负责。
- 2012年9月9日作为非核心资产剥离计划的一部分，诺基亚公司宣布将Qt软件业务出售给芬兰IT服务公司Digia。
- 2013年7月3日，Digia公司Qt开发团队在其官方博客上宣布Qt 5.1正式版发布。
- 2013年12月11日，Digia公司Qt开发团队宣布Qt 5.2正式版发布。
- 2014年4月，Digia公司Qt开发团队宣布Qt Creator 3.1.0正式版发布。
- 2014年5月20日，Digia公司Qt开发团队宣布Qt 5.3正式版发布。
- 2020年12月08日，Qt 6正式发布。
- 2021年9月，Qt 6.2发布，这是Qt 6系列的第一个长期支持（LTS）版本。

1.3 Qt的优点

Qt是一个跨平台的C++图形用户界面应用程序的框架，给应用程序开发者提供了构建艺术级图形用户界面所需的功能。Qt很容易扩展，并且允许引用组件进行编程。与GTK、KDE、

MFC、OWL、VCL、ATL一样，Qt也是一款图形界面库。Qt的优点如下：

（1）优良的跨平台特性。Qt支持Microsoft Windows、Linux、Solaris、SunOS、HP-UX、Digital UNIX（OSF/1，Tru64）、Irix、FreeBSD、BSD/OS、SCO、AIX、OS390、QNX等操作系统。

（2）面向对象的程序设计。Qt的良好封装机制使得模块化程度非常高，可重用性较好，对于用户开发来说非常方便。Qt提供了一种称为信号/槽（Signal/Slot）的安全机制来替代回调（Callback）机制，使得各个组件之间的协同工作变得十分简单。

（3）丰富的API。Qt包括250多个C++类，还提供基于模板的collections、serialization、file、I/O device、directory management、date/time类。

（4）支持2D/3D图形渲染，支持OpenGL。

（5）大量的开发文档。

1.4 Qt和MFC的比较

在当今基于C++的桌面图形界面开发领域，能与Qt相抗衡的只有MFC。MFC是微软公司的基础类库，自然得天独厚，比如开发深层次的Windows应用则远超Qt，但Qt也有绝技，那就是跨平台。这两点大家一目了然，下面我们再来比较一下它们的其他特点。

（1）开发速度

就整体而言，MFC可能会快捷一些，因为Windows平台的开发工具大多很智能，因为立足于Windows的开发人群很广，从菜鸟到专业人士（开发人员一多，技术参考就多，周围可以咨询问题的人就多）。相比较而言，Qt基于Linux，可用的开发工具不多，而且这些工具大都比较专业，多是第三方的产品，加上这些工具的集成度不高，支持的第三方库也没有支持MFC的第三方库多，因而从这一点看MFC略胜一筹。不过，Qt自从被诺基亚公司收购后，官方发布了跨平台集成开发环境Qt Creator，之后的走向就不好说。总体感觉就是Qt Creator和VS差距比较大，还需要改进。

从库本身来说，Qt集成的功能比MFC庞大，而且使用的封装技术（信号/槽）倍受赞许，比如Qt Script为Qt提供了嵌入式脚本，Qt界面库支持CSS，所以Qt构建出来的界面比MFC要好，且实现过程也比较容易。为了降低使用Windows SDK开发的难度，以及提高使用Windows SDK开发的效率，MFC采用的是浅层封装（最新的2008 sp1加入了BCG的高级界面库，可能有所改善）Windows SDK。这个方面相比而言，Qt库比MFC优秀。不过，这两个库久经考验，稳定性都很高，几乎没有什么Bug。

（2）运行效率

MFC采用浅层封装，运行效率比较高，加上VC对Windows进行了针对性的优化，因而整体性能是比较高的，但是如果加入第三方库就不敢保证整体的高性能了。Qt库比较庞大，封装层次较深，所以运行效率比MFC低，不过在如今主流计算机系统的配置下人们不太会介意这点性能差别了。

（3）应用范围

如今Windows的普及率无人能及，MFC的使用人数自然较多，相比而言，Qt主要是Linux下的开发人员在使用。MFC不支持嵌入式开发（主要是指手机平台）；而Qt有对应的支持模块，虽然被Java碾压，但是还有使用空间。

（4）学习难度

Qt的封装方式比较明晰，和系统隔离得比较好，学习门槛不高。MFC较难精通，因为深入开发之后还需要了解SDK，否则开发出的程序比较初级。

（5）伪对象与真对象

归根结底，Qt和MFC的差异在于它们的设计。MFC的根本目的是让开发者调用封装好的、用C语言编写的Windows API。但是，这绝非好的面向对象的程序设计模式，因为在很多场合，我们必须提供一个包含15个结构成员的C语言的struct（结构类型），但是其中只有一个结构成员是我们需要使用的，或者必须用在调用函数中并使用参数的方式来获得我们需要的结构成员。MFC还有许多让人摸不着头脑的地方，比如函数名就没有任何连续性，假设要创建一个graphical类，直到调用creat()以后才会被创建；对于dialogs类，必须等到调用OnInitDialog()函数才能创建实例对象；但是到了views，创建该类的函数名则成了OnInitUpdate()。使用VC/MFC中的库函数调用需要十分小心，不如Qt可以灵活运用。

（6）消息循环

MFC是事件驱动的架构，必须对任何操作对应的特定消息做出响应。Windows中应用程序发送的信息数以千计，遗憾的是要厘清这些纷繁芜杂的消息很困难，通过参考这方面的文档资料并不能很好地解决这些问题。

Qt的消息机制建立在SIGNAL()发送和SLOT()接收的基础上。这个机制是对象间建立联系的核心机制。利用SIGNAL()可以传递任何参数，它的功能非常强大，可以直接传递信号给SLOT()，因此可以清楚地理解要发生的事情。一个类所发送的信号数量通常非常少（4个或者5个），相关的帮助文档资料也非常齐全，这会让我们觉得一切尽在掌握之中。信号/槽机制类似于Java中的listener机制，不过这种机制更加轻量级，功能更齐全。

（7）创建界面

MFC无法创建大小动态可变的子窗口，必须重新手动修改代码来改变窗口的位置（这恰好解释了为什么Windows里的对话框dialog是不可以改变的），这个问题在软件进行多语言化版本设计时更加严重，因为许多国家或地区在表达相同意思时可能需要更长的词汇和句子，软件开发者必须对每种语言的版本重新修改软件。

在Qt中，界面需要的任何设计都可以手动编写出来，因为它很简单：为了得到一个按钮（button），可以将代码写为“button = new PushButton("buttonName", MyParentName);”，如果想在按下某个按钮以后调用某段执行代码，则可以编写为“connect(button, SIGNAL(clicked()), qApp, SLOT(action()));”。Qt拥有非常简单而又不失强大的设计机制，不使用它实在可惜。

Qt还提供了一个图形用户工具——Qt Designer，可以让我们完成许多在MFC中不可能完成的任务，比如用预先填好的内容生成列表视图（listview）、在每个页签（tab）上使用不同的视图（view）。

Qt Designer生成的代码可阅读、可理解，单独放在一个文件中。在编程的同时，我们可以随心所欲地多次重新生成用户界面，而不用将控件拖放到设计严格限定的位置，因为可以通过设计机制更完美地组织这些控件。

（8）帮助文档

用户选择图形开发环境的时候，帮助文档是否周全是左右用户选择图形开发环境的重要因素。Visual开发环境的帮助文档MSDN（需要单独购买）非常庞大，有10个CD-ROM之大，涵盖内容广泛，但难免有泥沙俱下、主题模糊、关键信息不突出的遗憾。因为MSDN的链接很难从一个类跳转到它的父类、子类或者相关的类。例如，搜索一个关键字，不管是否直接关联，只要包含这个关键字的信息都将会搜索出来。

Qt的文档设计得相当优秀，可以到https://doc.qt.io/上一睹芳容。Qt的文档完备且详细地覆盖了Qt的方方面面，然而文档的整体容量竟然仅有18MB。其中每一个类和方法都被详尽描述，巨细靡遗，举例充实。通过Trolltech公司提供的链接或者是Qt Assistant工具可以方便地从一个类或者方法跳转到其他的类。文档还包含了一个初学者教程和一些典型应用的例子，同时还提供了FAQ和邮件列表，方便用户通过用户群或Internet来查阅。如果购买了授权，在一天之内就会得到Trolltech公司的技术支持。实际上，Qt优秀的帮助文档使得寻求外部帮助的机会大大减少。Trolltech公司的宗旨之一是：有如此优秀的Qt产品及其帮助文档，其他外部的技术支持就是多余的。

（9）Unicode编码

使用MFC，如果要显示Unicode编码的字符，在编译链接时就必须用到特殊的参数（还要改变可执行文件执行的入口），必须在每个string前面加上T，将char修改成TCHAR，每个字符串处理函数（strcpy()、strdup()、strcat()等）都要改变成其他的字符串处理函数名。更令人烦恼的是，支持Unicode的软件不能和不支持Unicode编码的DLL一起工作。

使用Qt，字符串用QString类来处理，QString类默认就采用Unicode编码，它不需要在编译/链接时增添参数，也不需要修改代码，只需要使用QString类即可。QString类功能强大、应用广泛，也不需担心Unicode问题。QString类提供了转换为char *和UTF8的函数。MFC的CString类设计相比于Qt的QString类设计有着巨大的不同，CString类以char *为基础提供的功能很少，它的特点是当需要char *类型时可以直接使用CString类。乍看起来这好像是优点，实质上有很大缺陷，特别是可以直接修改char *内容而不用更新类，在转变为Unicode时会遭遇到很大的麻烦（CString类随编译选项可以是Unicode版）；相反，QString类在内部以Unicode编码方式来存储字符串，需要时提供char *功能，实际上很少用到char *，因为整个Qt的API用文本的方式响应QString参数。QString还附带了许多其他的功能，比如自动分享QString的内容。总之QString是一个非常强大的类，需要用到它的地方很多。

（10）支持软件的多语言功能

MFC可以支持软件的多语言功能，需要将每一种语言的字符串放在一个字符串表中，在代码中需要之处调用LoadString(IDENTIFIET)，然后把这些字符串资源转化到DLL中，这些字符串对应到所需要的语言，改变图形界面，再通过程序调用这个DLL。整个过程非常烦琐，可谓牵一发而动全身。

Qt支持软件多语种的方式有所不同，只需要将字符串置于函数tr()中，可以直接在代码中改变字符串的引用。Qt Linguist（Qt的一个工具）能够提取所有待翻译的字符串并按照对应语种的用户界面显示出来，非常适合进行用户界面的多语种翻译。它的功能齐全，可以通过查询字典数据显示出对应语种的字符串内容，正确显示出Unicode编码，以快捷方式检测出未翻译的字符串，检测字符串修改的情况等。这个工具甚至可以提供给没有任何编程经验的翻译人员用于翻译软件的用户界面。该软件的发布遵循GPL版权规则，可以由开发者根据具体的开发需求来修改。翻译之后的文档保存在XML中，符合软件复用的原则。由此可见，为软件增加一种新的语言版本仅仅是用Qt Linguist工具生成一个新的文件而已。

（11）资源问题

在使用MFC时，一部分开发过程要依靠“资源”（Resource），在很多的案例中开发者都必须使用它们。这样会导致如下后果：除了Visual Studio，很难使用其他的工具来完成开发。资源编辑器仅有有限的功能，比如通过Dialog编辑器不能改变所有的属性。

Qt并没有资源的概念，解决了MFC所遇到的问题。Qt提供了一个界面设计器，以可视化的方式来设计界面，并把设计后生成的代码存储到一个脚本文件中。

（12）价格

用户一旦购买了Visual Studio，就将免费获得MFC SDK。Qt在UNIX上可以免费获得遵守GPL版权规则的版本，现在也可以免费获得Windows平台上的GPL版本。如果要开发不公开源代码的软件，则必须购买Qt的授权。在特定平台下，每个开发者都可以购买一个永久性授权，并可获得一年的技术支持。

（13）发布

在发布基于MFC的软件时，必须依靠存储在客户计算机上的MFC，但是这是不安全的，同样是MFC42.dll，基于相同的库可得到3个不同的版本。因而需要检查是否拥有正确的MFC42.dll版本，如果版本不对，就对它进行升级。但是，升级MFC42.dll会改变很多软件的行为。这让开发者感觉很不好，如果在安装软件以后导致用户的计算机死机了，该怎么办呢？

Qt没有这个风险，因为Qt压根就没有“升级整个系统”的概念。不过，开发的软件若不是基于同一个版本的Qt来运行的，则会有潜在的问题。

1.5 Qt的主要应用领域

Qt使用C++语言，所以C++能做的领域Qt都适合，并且Qt还支持手机平台的软件开发，所以应用场合非常广。Qt常见的应用领域有军工软件行业（在国内这是第一大应用领域）、游戏（比如极品飞车）、服务端开发、数字图像处理、虚拟现实仿真（比如Google地球）、嵌入式系统界面、跨平台开发等。

下面列举一些Qt成功开发的著名软件。

- 3DSlicer：用于可视化和医学图像计算的免费开源软件。
- AcetoneISO：镜像文件挂载软件。
- Adobe Photoshop Album：图像组织应用程序。
- Arora：跨平台的开源网页浏览器。
- Autodesk MotionBuilder：三维角色动画软件。

- Autodesk Maya：3D建模和动画软件。
- Avidemux：为多用途视频编辑和处理而设计的自由软件。
- Avogadro：高级分子编辑器。
- Battle.net：暴雪公司开发的游戏对战平台。
- BOUML：免费的统一建模语言工具箱。
- Bitcoin：比特币。
- chmcreator：开源的chm开发工具。
- CineFX：一款跨平台、开源、免费的影片剪辑、特效与合成套装。
- CoCoA：交换代数计算软件。
- Dash Express：支持Internet的个人导航设备。
- DAZ Studio：三维图形演示/动画应用程序。
- Doxygen：API文件产生器。
- EAGLE：印刷电路板设计工具。
- EiskaltDC++：使用直接连接协议的程序。
- Emergent：神经网络模拟器。
- eva：Linux版QQ聊天软件。
- FreeCAD：自由开源的三维实体通用设计软件（CAD/CAE）。
- FreeMat：自由开源的数值计算环境和编程语言。
- Full Tilt Poker：最流行的在线扑克程序之一。
- Gadu-Gadu：实时通信软件。
- Gambas：基于Basic解释器的自由开发环境。
- GoldenDict：开源的字典软件。
- Google地球（Google Earth）：三维虚拟地图软件。
- GNS：Cisco网络模拟器。
- 刺猬大作战：基于百战天虫的开源游戏。
- Ipe：自由的矢量图形编辑器。
- ISE Webpack：用于Windows和Linux系统的自由开源的EDA工具，由Xilinx开发。
- Kadu：使用Gadu-Gadu协议的即时通信软件。
- KDELibs：一个许多KDE程序都使用的共享库，如Amarok、K3b、KDevelop、KOffice等。
- KeePassX：用于微软Windows的开源密码管理器。
- Launchy：开放源代码的快捷启动器。
- LMMS：开放源代码的音乐编辑软件。
- LyX：使用Qt制作界面的LaTeX软件。
- Mathematica：该软件的Linux和Windows版本使用Qt制作图形用户界面（GUI）。
- Maxwell Render：帮助从计算机三维模型数据生成照片级真实感图像的软件包。
- Mixxx：跨平台的开放源代码DJ混音软件。
- MuseScore：WYSIWYG的乐谱编辑器。
- MythTV：开源的数字视频录制软件。

- PDFedit：自由的PDF编辑器。
- Psi：XMPP网络协议的实时通信软件。
- qBittorrent：自由的BitTorrent P2P客户端。
- QCad：用于二维设计及绘图的CAD软件。
- QSvn：适用于Linux、UNIX、Mac OS X和Windows的图形用户界面Subversion客户端。
- Opera：著名的网页浏览器。
- Qt Creator：诺基亚的Qt程序集成开发环境。
- Qterm：跨平台的BBS软件。
- Quantum GIS：自由的桌面GIS。
- Quassel IRC：跨平台的IRC客户端。
- RealFlow：面向三维工业的流体与动力学模拟器。
- Recoll：桌面搜索工具。
- Scribus：桌面排版软件。
- Skype：使用人数众多的基于P2P的一款VOIP聊天软件。
- SMPlayer：跨平台多媒体播放器。
- Stellarium：一款天文学的自由软件。
- TeamSpeak：跨平台的音效通信软件。
- Texmaker：跨平台的开放源代码LaTeX编辑器。
- VirtualBox：虚拟机软件。
- VisIt：一个开源的交互式并行可视化与图形分析工具，用于查看科学数据。
- VLC多媒体播放器：体积小巧、功能强大的开源媒体播放器。
- WordPress：Maemo和Symbian平台上基于Qt的软件。
- Xconfig：Linux的内核配置工具。
- 咪咕音乐：中国移动倾力打造的正版音乐播放器。
- WPS Office：金山软件公司推出的办公软件。
- 极品飞车：韩国Gameloft游戏公司出品的著名赛车类游戏。

1.6 Qt 6的变化

2020年12月8日，Qt 6正式发布了，这是一个里程碑式的新版本，它的使命是使Qt成为未来的开发平台。从Qt 6开始不再支持Windows 7系统，而Windows 10系统也只支持64位，不支持32位。

Qt分为商业版和免费版。商业版又分为专业版和企业版。Qt免费版是Qt的非商业版本，是开源的，可以免费下载，遵循GPLv3版权协议。对于读者来说，使用免费版即可。

Qt 6 LTS（长久支持版本，也是本书采用的版本）包含了许多新特性。下面看一下其中的一些亮点。

（1）Qt渲染硬件接口。Direct 3D、Metal、Vulkan和OpenGL。只需编写一次渲染代码，即可部署在任何硬件上。

（2）Qt Quick 3D。整合2D和3D内容到一个技术栈上。

（3）Qt Quick Controls 2桌面样式。像素级完美、原生外观的控件无缝集成入操作系统。

（4）HiDPI支持。独立缩放的支持，针对不同的显示器配置自动缩放UI。

（5）QProperty系统。通过C++中的绑定支持提高代码速度，将QML最好用的部分带入Qt，并与QObject无缝集成。

（6）并发API的改进。多核CPU、并行计算、保持用户界面流畅的同时在后台执行后端逻辑。自动根据硬件进行线程数量管理。

（7）网络功能的改进。创建自己的通信后端，并将其集成到默认的Qt工作流中，自动添加与安全性相关的功能。

（8）3D微粒系统。

（9）在Qt Quick 3D或Qt Design Studio中自定义自己的3D微粒。

（10）Qt Creator中的Qt覆盖测试。分析C++和QML代码的测试和代码覆盖率。

（11）顶点动画。使用网格变形模拟软材料的变形或使用骨骼动画抽象表示模型的运动。

（12）CMake支持。凭借行业标准构建系统、丰富的功能集以及庞大的生态体系构建Qt应用程序。

（13）Qt for Microcontrollers (MCUs)。轻量级渲染引擎可在具有2D硬件加速的低成本硬件上部署基于QML的UI，从而以最小的占用空间（> 80KB内存）实现最佳的图形性能。

（14）支持C++17。更新到最新C++标准，可提高代码的可读取性、更好性能和更容易维护。

最后，Qt 6还附带了功能强大的Qt Creator 6。目前Qt 6已弥补了Qt 5.15中缺少的功能，Qt 6.2是Qt 6系列的第一个主要版本，也是迁移到新一代Qt的理想入门版本。总而言之，Qt 6值得你学习和拥有！

第 2 章

搭建Qt 6开发环境

2.1 搭建Windows下的Qt开发环境

Qt是跨平台开发环境，可以在Windows、Linux或Mac OS系统下开发应用程序。本章我们介绍在Windows下搭建Qt开发环境，笔者使用的是Windows 10版本。

2.1.1 在线安装Qt 6

在之前的Qt版本中，官方提供了离线和在线两种安装方式。但从Qt 5.15开始，官网上已经看不到离线安装包了，我们需要到官网下载在线安装器，然后在线安装。在线安装器的地址为https://download.qt.io/archive/online_installers/。我们选择一个较新的版本，当前最新的版本为4.3，所以单击链接“4.3”，进入后再单击链接“qt-unified-windows-x86-4.3.0-online.exe”后开始下载。如果不想下载，也可以在源码目录的子文件夹somesofts下找到。

下载后直接双击qt-unified-windows-x86-4.3.0-online.exe文件进行安装，如图2-1所示。

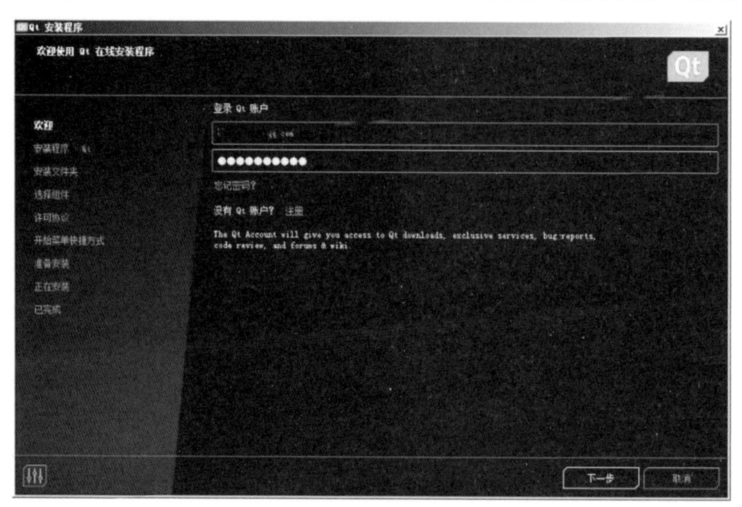

图2-1

如果没有账号，可以在对话框上单击“注册”，然后一直单击“下一步”按钮，直到出现“安装文件夹”对话框，这里设置安装路径保持默认，即C:\Qt。然后选中“Qt 6.2 for desktop development”，如图2-2所示。

在“MinGW toolchain”中包含了GCC编译器，直接单击“下一步”按钮，如图2-3所示。

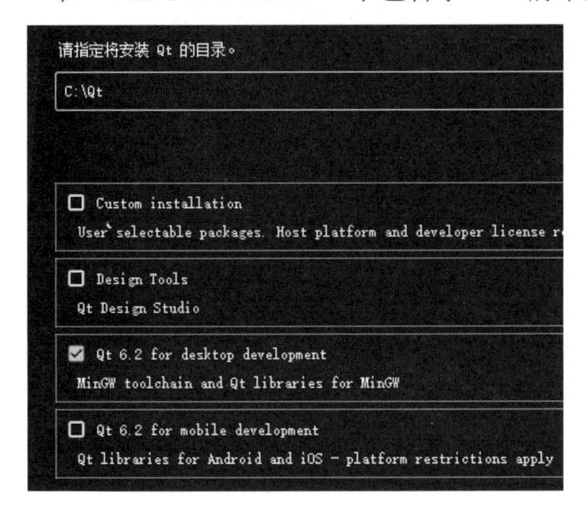

图2-2

图2-3

单击右下角“完成”按钮来关闭对话框。此时将启动Qt Creator，其主界面如图2-4所示。

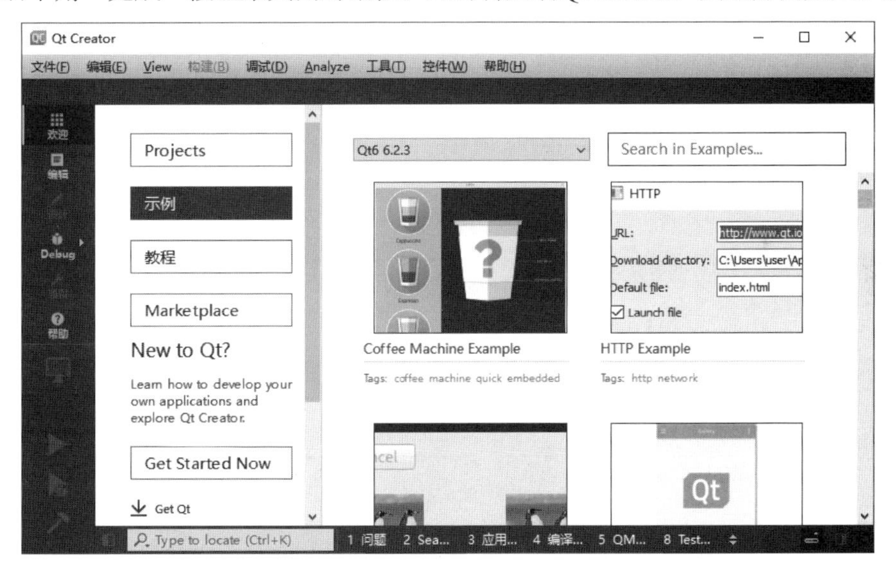

图2-4

下面我们用Qt Creator新建一个图形界面程序。

【例2.1】　第一个Qt Creator开发的Qt程序

（1）启动Qt Creator，依次单击主菜单的菜单选项“文件→新建文件或项目”或直接按Ctrl+N快捷键来打开New File or Project对话框，然后在左侧选择Application(Qt)，在右侧选择Qt Widgets Application。Qt Widgets模块提供了一组UI元素，用于创建经典的桌面风格的用户界面，Widgets是小部件的意思，本书统一称为控件，因此Qt Widgets Application称为Qt控件程序，如图2-5所示。

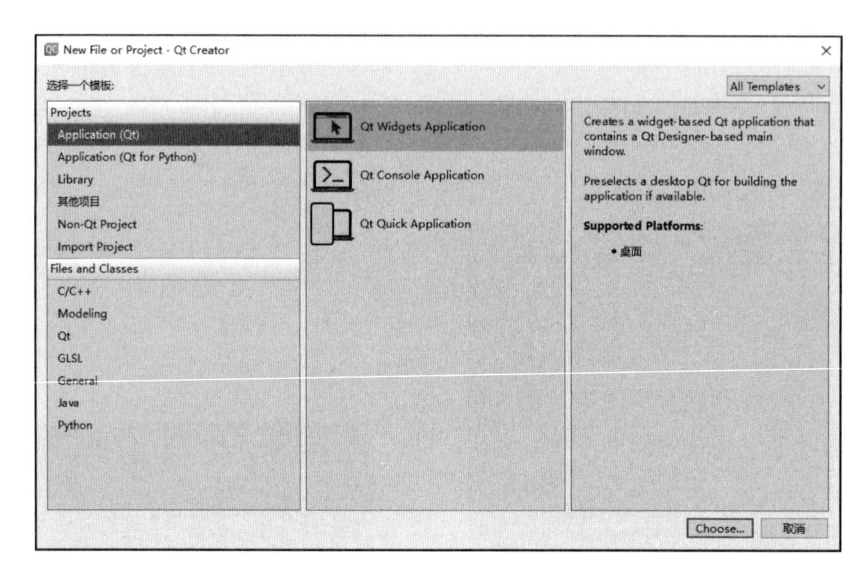

图2-5

然后单击Choose...按钮，在新出现的对话框中设置项目名称和路径，如图2-6所示。

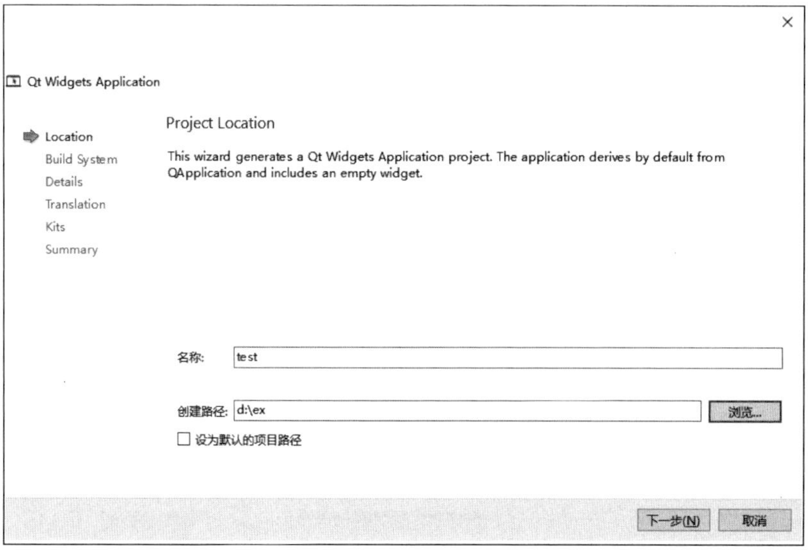

Qt Widgets Application
Location
Build System
Details
Translation
Kits
Summary
Project Location
This wizard generates a Qt Widgets Application project. The application derives by default from QApplication and includes an empty widget.
名称: test
创建路径: d:\ex
浏览...
设为默认的项目路径
下一步(N)
取消

图2-6

这个路径和目录必须预先创建好，否则不允许进行下一步操作。由此可见，VC成为世界第一的IDE不无道理，细节决定成败。继续单击“下一步”按钮，在新出现的对话框中显示了构建工具（qmake），且已经自动探测到了，我们不需要去选择，保持默认即可，然后单击“下一步”按钮，在出现的对话框中显示类信息（比如类名、基类等），如图2-7所示。

Qt程序一般是由头文件、cpp源文件和.ui界面文件组成的，前两者就是存放代码的文件，ui文件则是用于可视化界面设计的，比如拖放控件等。然后单击“下一步”按钮，出现“Translation”对话框，在该对话框上可以选择应用程序的语言，这里保持默认即可。再单击“下一步”按钮，出现Kits对话框，该对话框显示了当前可用的开发包，因为我们在安装Qt的时候，选择了基于MinGW的64位开发包，所以现在自动探测出来了，如图2-8所示。

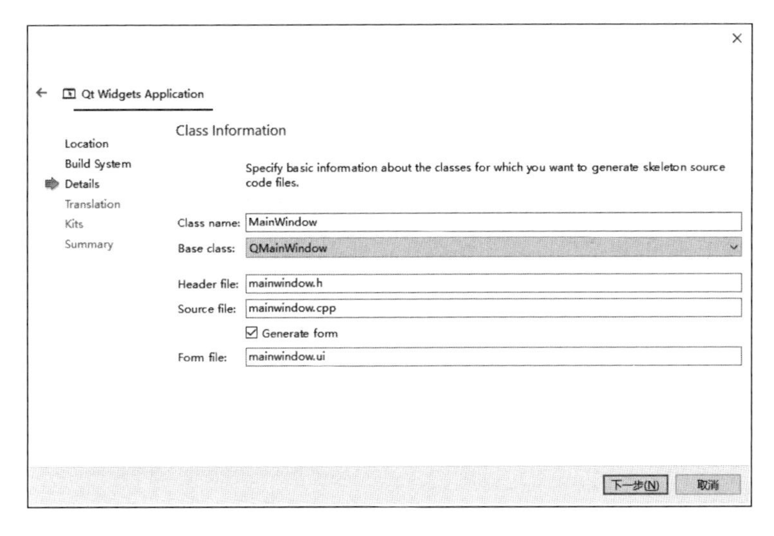

图2-7

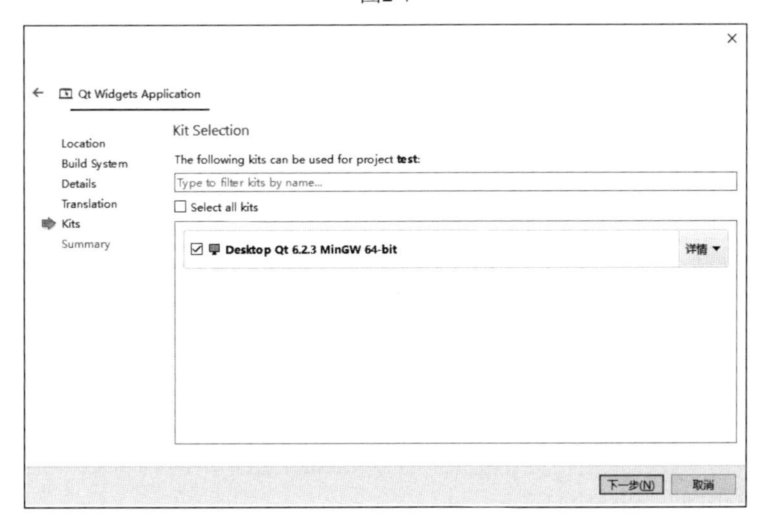

图2-8

再单击“下一步”按钮，出现Summary对话框，最后单击“完成”按钮，向导结束，编辑代码窗口自动出现。

（2）保存项目，准备运行，按Ctrl+R快捷键或依次单击主菜单的菜单选项“构建→运行”，运行结果如图2-107所示。这个时候，我们到d:\ex目录下，就可以看到新生成了2个文件夹，一个是存放工程源码文件的test文件夹，这个文件夹下存放源码，比如main.cpp、mainwindow.cpp，还存放有工程文件test.pro，双击test.pro就可以直接通过Qt Creator来打开整个工程，也可以先打开Qt Creator，然后在Qt Creator中打开test.pro；另外一个文件夹是build-test-Desktop_Qt_6_2_3_MinGW_64_bit-Debug，该文件夹存放编译生成的可执行文件和其他临时文件，这个文件夹在Qt Creator中重新编译运行工程的时候会被清空。

上面的例子比较简单，不需要写代码，也不需要拖放控件到窗口上。该实例的主要目的是测试刚安装好的Qt 6的开发功能是否工作正常。下面我们来看一个稍微复杂点的例子，拖一个编辑框控件到主窗口上，并对代码做一些说明。

另外，我们会把每个实例都默认放在d:\ex下，因此在开启一个新实例的时候，建议把上一次做的实例先删除或转移，即清空d:\ex后再做新实例。

【例2.2】 带有编辑框的Qt程序

（1）启动Qt Creator，依次单击主菜单的菜单选项"文件→新建文件或项目"或直接按Ctrl+N快捷键来打开New File or Project对话框，然后在左侧选择Application(QT)，在右侧选择Qt Widgets Application，单击"下一步"按钮，设置项目名称和路径，如图2-9所示。

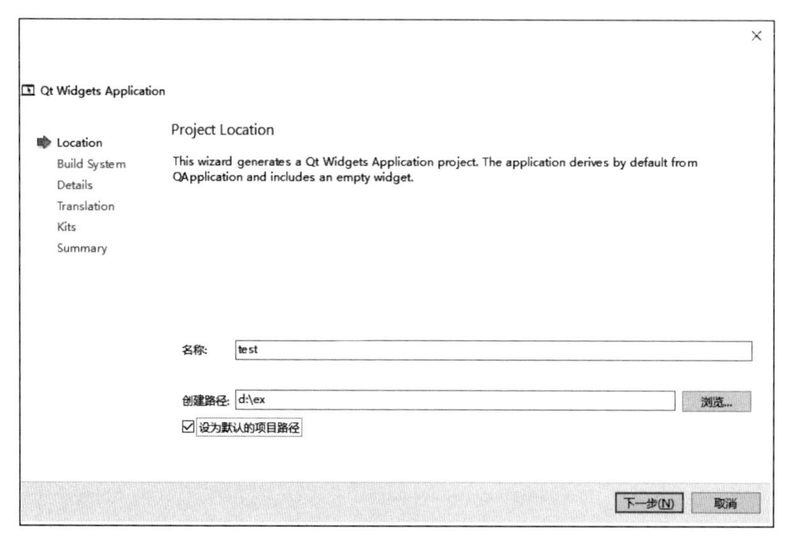

图2-9

注意，路径和目录要预先创建好。然后跟随向导进入下一步，直到在"Class information"对话框上输入类名为Notepad，并选择QMainWindow作为基准类，如图2-10所示。

接下来单击"下一步"按钮，直到完成。在Qt Creator主窗口中，我们来熟悉一下它的界面风格，左上角是项目视图，如图2-11所示。

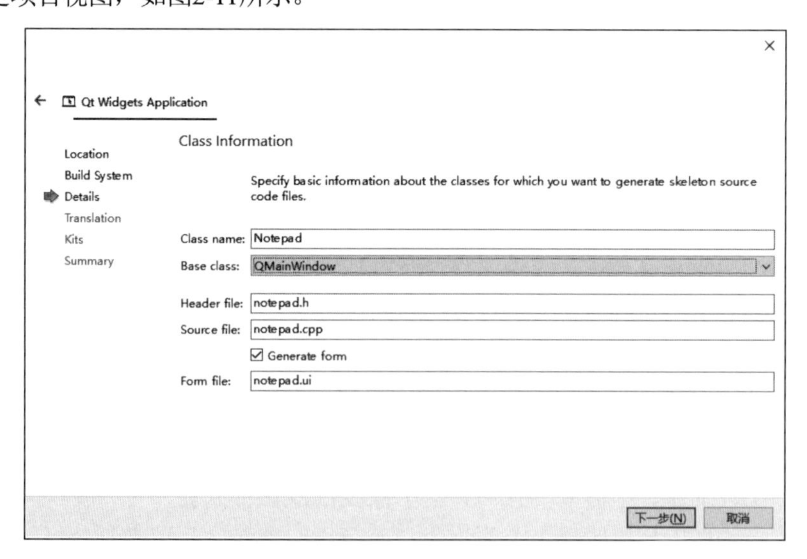

图2-10

其中，main.cpp表示本程序的主入口源代码文件；notepad.cpp表示类Notepad的源代码文件；notepad.h表示类Notepad的头文件；notepad.ui表示用户界面（UI）的表单文件，该文件用于可视化界面设计；test.pro是项目文件，存放项目配置信息。最后，单击“完成”按钮来关闭对话框。这些文件都是向导自动帮我们创建的。

图2-11

（2）在“项目”视图中双击main.cpp打开该文件，编辑视图内即可看到这个文件的源码了：

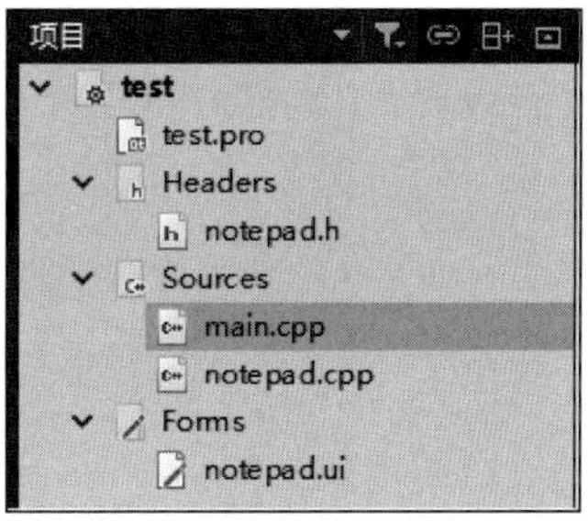

```
#include "notepad.h"
#include <QApplication>                          //行2

int main(int argc, char *argv[])
{
    QApplication a(argc, argv);                  //行6
    Notepad w;                                   //行7
    w.show();                                    //行8

    return a.exec();                             //行10
}
```

- 第2行：所有Qt程序都要包含头文件QApplication。
- 第6行：创建一个QApplication对象。这个对象管理应用程序的资源，这对于运行任何使用Qt Widgets（控件）的Qt程序都是必须的，对于不使用Qt控件的GUI应用程序，可以改用QGuiApplication。
- 第7行：创建记事本对象。Notepad类是向导为我们生成的，相当于一个主窗口，包含控件元素。控件类似VC/VC#编程中的控件和窗口，常见的有文本编辑、滚动条、标签和按钮等。控件也可以是其他控件的容器，例如对话框或主应用程序窗口。
- 第8行：这一行在屏幕上显示记事本主窗口。注意，我们的记事本类Notepad继承自QMainWindow，相当于一个容器，上面还可以包含其他几种类型的控件。默认情况下，控件不可见，函数show使控件可见。
- 第10行：这一行使QApplication对象进入其事件循环。当Qt应用程序运行时，会生成事件并将事件发送到应用程序的控件。常见的事件有鼠标按下和键盘按键。

（3）界面设计。向导以XML格式生成用户界面定义文件notepad.ui，这个文件可以在项目视图中的Forms下看到，如图2-12所示。

图2-12

当我们双击notepad.ui文件时，它会自动在集成Qt设计器中打开，如图2-13所示。左边是工具箱，其中有很多控件，可以把它们拖动到右边的表单（VC中称为对话框）上。当我们构建应用程序时，Qt Creator会启动Qt用户界面编译器（UIC），它读取.ui文件（本项目中就是notepad.ui）并创建相应的C++头文件（ui_notepad.h）。

向导创建的主窗口有自己的布局，我们可以在这个主窗口上添加菜单栏、停靠控件、工具栏和状态栏等。工具栏下方和状态栏上方之间的中心区域通常称为客户端，客户端可以被任何类型的控件占用，我们可以从工具箱里把控件拖到主窗口中。

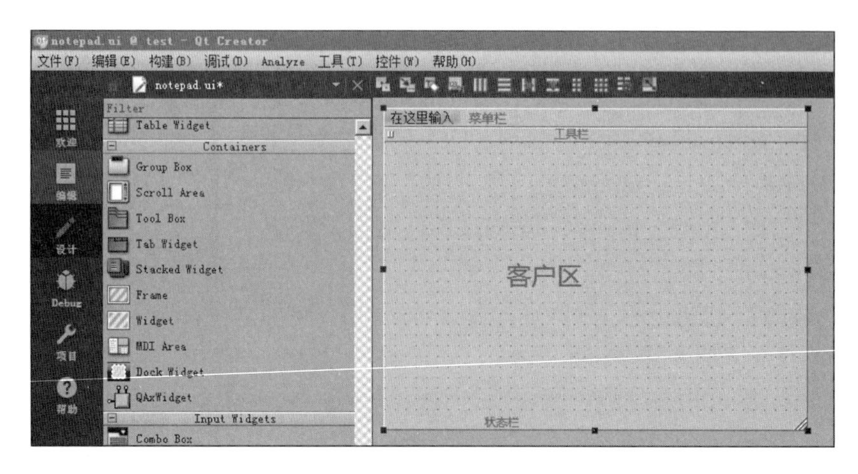

图2-13

下面将控件添加到主窗口中：

① 双击“项目”视图中的notepad.ui文件，启动Qt界面设计器。

② 将文本编辑框（Text Edit）控件拖放到表单中。

③ 在工具栏上单击垂直布局（或按快捷键Ctrl+L），如图2-14所示。

图2-14

④ 设置垂直布局后，可以发现文本编辑框充满了整个主窗口的客户区。

⑤ 按Ctrl+S快捷键来保存所做的设计。

notepad.ui其实是一个XML文本文件，如果对notepad.ui好奇，可以看看它的具体内容，我们在项目视图上右击notepad.ui，在弹出的快捷菜单中依次选择“用...打开→普通文本编辑器”菜单选项，此时在右边的编辑窗口中会显示出notepad.ui的内容，很明显它是一个xml文件，内容如下：

```
<?xml version="1.0" encoding="UTF-8"?>
<ui version="4.0">
 <class>Notepad</class>
 <widget class="QMainWindow" name="Notepad">
  <property name="geometry">
   <rect>
    <x>0</x>
    <y>0</y>
    <width>400</width>
    <height>300</height>
   </rect>
 ...
```

下面这行包含XML声明，指定文档中使用的XML版本和字符编码：

```
<?xml version="1.0" encoding="UTF-8"?>
```

文件的其余部分定义了记事本控件的UI元素。用户界面文件与记事本类的头文件和源文件一起使用。

（4）理解头文件。我们在Qt Creator中打开notepad.h头文件：

```
#ifndef NOTEPAD_H
#define NOTEPAD_H

#include <QMainWindow>
namespace Ui {
   class Notepad;     //声明Ui命名空间中的记事本类
}

class Notepad : public QMainWindow
{
   Q_OBJECT

   public:
       explicit Notepad(QWidget *parent = nullptr);
       ~Notepad();

   private:
       Ui::Notepad *ui;
};

#endif // NOTEPAD_H
```

因为Notepad类是本程序的主窗口，且继承自QMainWindow类，所以开头要包含头文件QMainWindow：

```
#include <QMainWindow>
```

这里要介绍一下宏Q_OBJECT，只有继承了QObject类的类，才具有信号槽的能力（信号槽在后面的章节会具体讲解，信号就是VC编程中的消息，槽就是消息处理函数）。所以，为了使用信号槽，必须继承QObject类。凡是QObject子类（不管是直接子类还是间接子类），都应该在第一行代码中写上Q_OBJECT。不管是不是使用信号槽，都应该添加这个宏。这个宏的展开将为我们的类提供信号槽机制、国际化机制，以及不基于C++ RTTI 的反射能力。觉得不需要使用信号槽就不需要添加这个宏是错误的，因为其他很多操作都依赖于这个宏。

下面再来看关键字explicit，该关键字用来修饰构造函数。在Windows下编写程序时基本上不会碰到这个关键字，那么这个关键字是做什么用的呢？关键字explicit可以禁止“单参数构造函数”被用于自动类型转换。下面举个简单的例子。

```
#include <iostream>
using namespace std;
class Test
{
   public:
        Test(int a)
        {
          m_data = a;
        }

        void show()
        {
           cout << "m_data = " << m_data << endl;
        }
```

```
    private:
        int m_data;
};

void main(void)
{
    Test t = 2;    // 将一个常量赋给了一个对象
    t.show();
}
```

编译能够通过，执行结果为m_data = 2。为什么会这样呢？原来C++通过隐式转换构造了一个临时对象Test(2)，将它赋给了t（这里调用了默认的构造函数，而不是重载的“=”，因为这是在对象创建的时候）。如果给构造函数加上关键字explicit，构造函数就变成了explicit Test(int a)，再次编译，编译器就会报错。这时只能显式地使用构造函数Test t = Test(2)。

（5）保存项目并运行，然后可以在编辑框中输入一些文本信息，运行结果如图2-15所示。

图2-15

2.1.2 在Qt Creator中使用单步调试功能

我们在安装Qt时候，勾选的“MinGW toolchain”中包含了调试GDB，GDB是Linux下大名鼎鼎的调试器，Qt Creator能自动检测到。当我们启动Qt Creator时，依次单击主菜单的菜单选项“工具→选项”来打开选项对话框，在左边选择Kits，然后在右边选择“Debuggers”页面，可以看到GDB了，如图2-16所示。

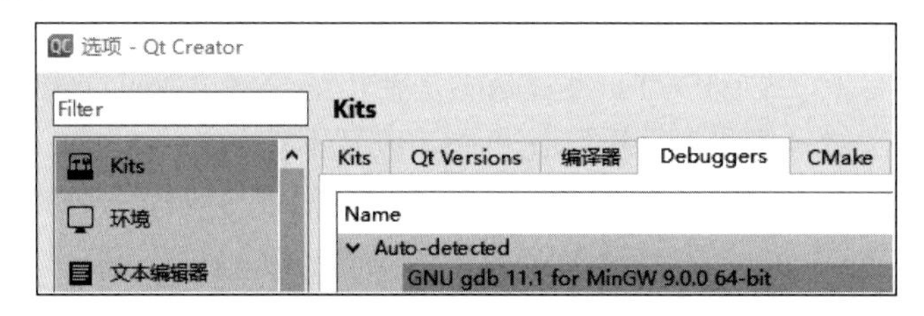

图2-16

那能不能进行单步调试呢？我们用一个小例子来验证一下。

【例2.3】 通过控制台程序来验证Qt Creator的单步调试

（1）启动Qt Creator，准备新建一个控制台项目，即在“新建项目”对话框上选中“Qt Console Application”，项目名为test。

（2）我们准备定义一个全局函数test，然后在main函数中调用该函数，打开main.cpp，添加代码如下：

```
#include <QCoreApplication>
#include <iostream>
using namespace std;
void test()
```

```
{
    cout<<"hello world"<<endl;
}
int main(int argc, char *argv[])
{
    QCoreApplication a(argc, argv);
    test(); //调用test，这里将设个断点
    return a.exec();
}
```

我们把光标定位到main函数中的“test();”那一行，然后按F9键，此时该行开头将出现一个小红圈（设置断点），也可以直接用鼠标设置断点，就是在左边行号前面点击一下。如图2-17所示。断点的意思就是当程序进入调试模式时将执行到该行处暂停。

下面我们按F5键启动调试，稍等片刻，可以发现程序运行到断点处就停住了，而且小红圈中间出现了一个黄色小箭头，如图2-18所示。

```
 7  int main(int argc, char *argv[])
 8  {
 9      QCoreApplication a(argc, argv);
10      test();
11      return a.exec();
12  }
```

图2-17

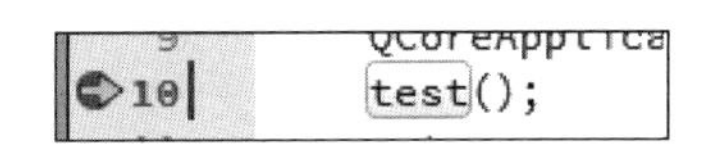

图2-18

此时按F11键，开始单步调试，F11键不但能单步，如果碰到函数，就会进入函数体内部，可以发现小箭头移动到test函数内的第一行语句处，如图2-19所示。

这就说明单步调试功能正常。接下来按F10键，会发现程序继续单步往下执行，当单步执行完cout时，就会发现在Qt Creator的下方的应用程序输出窗口中输出了“hello world”，如图2-20所示。

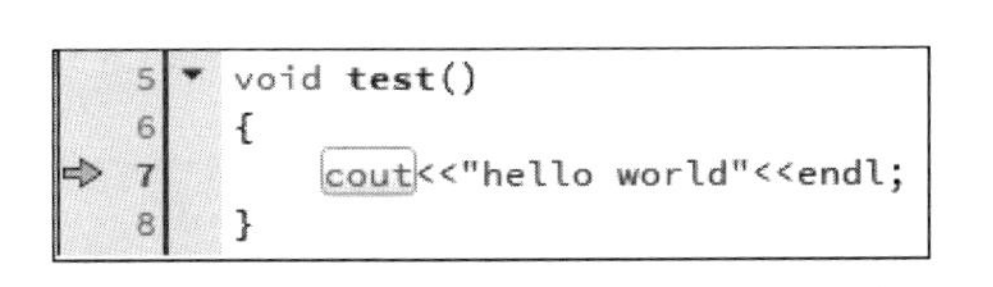

图2-19

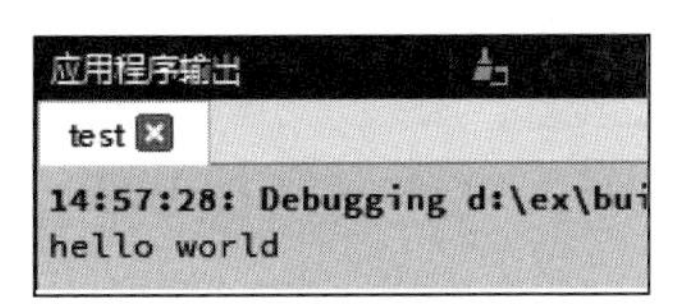

图2-20

如果要停止调试，可以单击菜单“菜单→停止调试”。通过这个小例子，我们验证了Qt Creator的单步调试功能。

2.1.3　为老项目部署Qt 4.7.4开发环境

刚进入公司的人往往会被安排从事维护老项目的工作，而老项目大多数是用老版本的Qt开发的，比如Qt 4.7.4。为了照顾这些老项目，我们介绍一下在Windows下的Qt 4.7.4开发环境。这部分内容只是为了让大家在需要维护老项目时有个参照，初学者可以跳过本节内容。

1. 下载IDE和开发包

这里我们使用Qt Creator 2.4.1这个IDE来开发Qt 4的程序。总共需要下载两个软件，一个是qt-creator-win-opensource-2.4.1.exe，另外一个是基于MinGW（用于Windows的GNU开发环境）的

Qt 4.7.4开发库qt-win-opensource-4.7.4-mingw.exe。这两个软件都可以从官网下载，下载地址为http://download.qt.io/archive/qt/4.7/。

2. 安装Qt Creator

软件下载下来之后，先安装qt-creator-win-opensource-2.4.1.exe，安装过程和普通Windows程序安装过程一样简单。直接双击安装文件启动安装程序，如图2-21所示。

一直单击Next按钮，直至确定安装路径时为止，要注意安装路径不能有空格或中文，如图2-22所示。

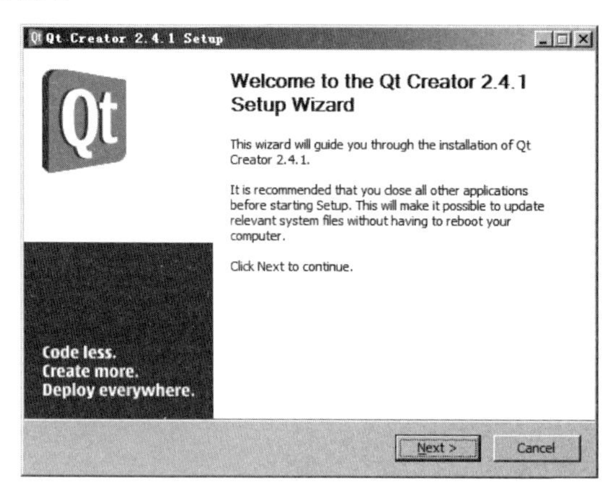

图2-21

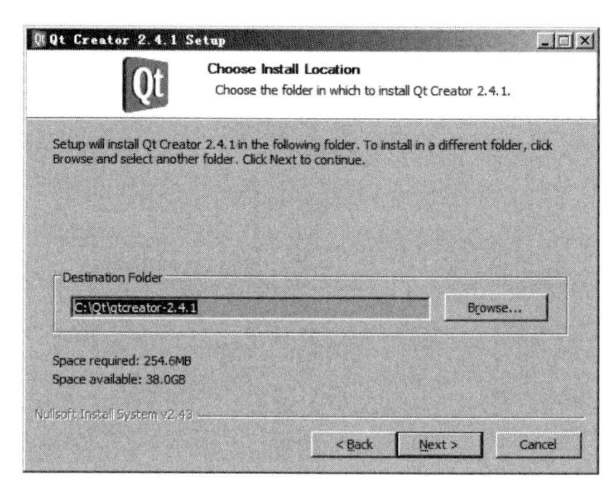

图2-22

3. 安装qt-win-opensource-4.7.4-mingw.exe

接着安装qt-creator-win-opensource-2.4.1.exe，直接双击启动安装程序，如图2-23所示。

一直单击Next按钮即可，如图2-24所示。

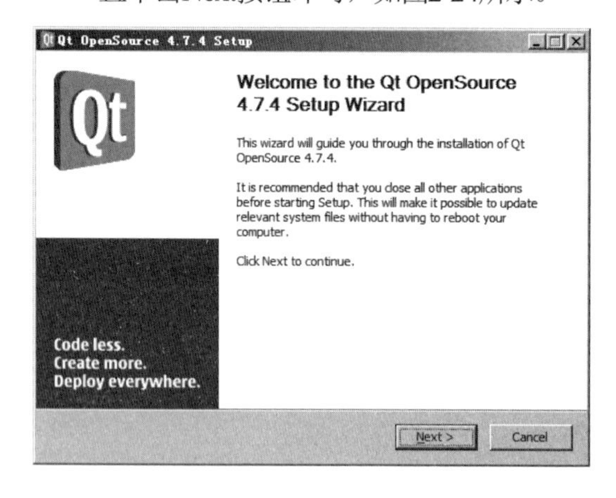

图2-23

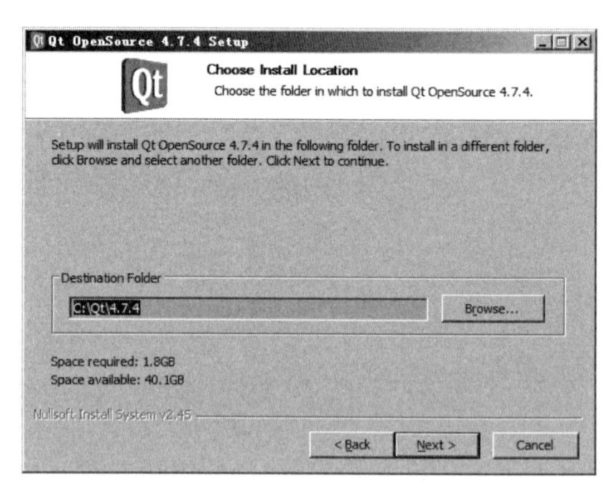

图2-24

待安装MinGW完成时，需要确定已经安装的MinGW路径，前面已经安装了MinGW，因此不需要重新安装。这里修改MinGW所在的路径，如图2-25所示。

单击Install按钮，稍等片刻即可安装完成，如图2-26所示。

单击Finish按钮，Demo例子就开始运行了，如图2-27所示。

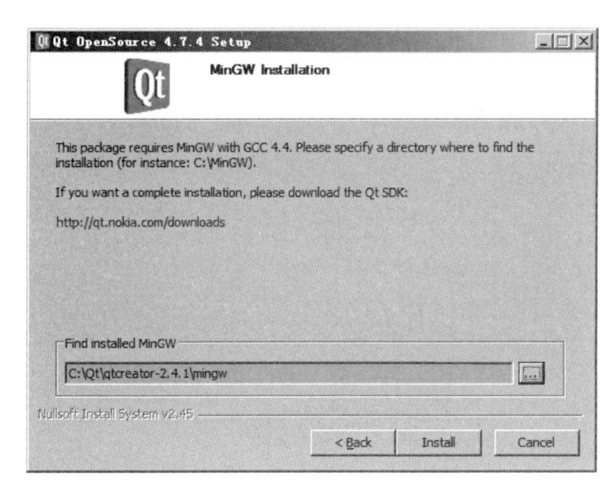

图2-25

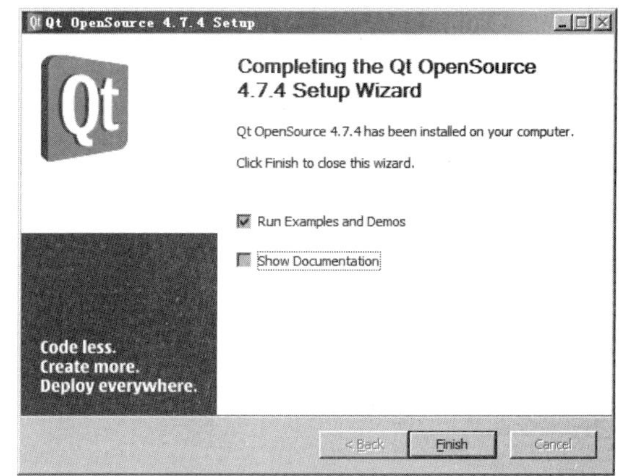

图2-26

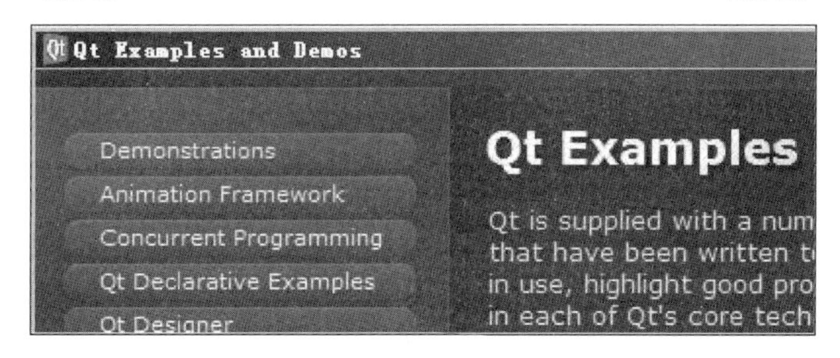

图2-27

至此，Qt 4开发环境安装成功了。

4. 为Qt Creator关联Qt

启动Qt Creator，依次单击主菜单的菜单选项“工具→选项→构建和运行→Qt版本→手动设置→添加”，而后添加C:\Qt\4.7.4\bin\中的qmake.exe文件即可，如图2-28所示。

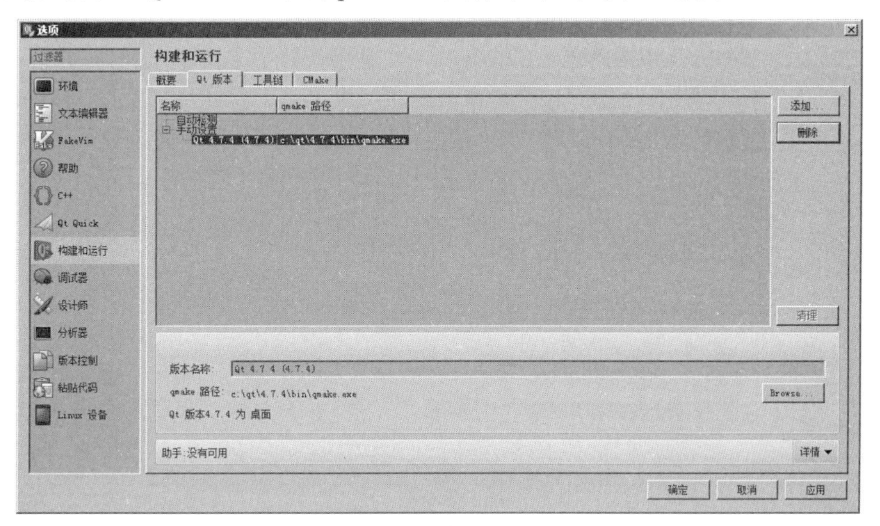

图2-28

最后单击“确定”按钮。

5. 第一个Qt 4.7控制台程序

通常把在控制台（命令行窗口）中运行的程序称为Qt控制台应用程序，而拥有图形界面的Qt程序称为Qt quick应用程序。控制台应用程序很简单，相信大家学习C语言的时候已经用得很熟练，这里就不再赘述了。很多C语言开始都会有一个“Hello World”程序，它的代码通常是这样的：

```
#include "stdio.h"
int main()
{
    printf("Hello World");
    return 0;
}
```

下面我们也来编写一个Qt版本的“Hello World”控制台程序，作为第一个Qt 4程序。这个程序很简单，就是在命令行窗口中显示一段文本“Hello World”。

【例2.4】 第一个Qt 4控制台程序

（1）启动Qt Creator 2.4，依次单击主菜单的菜单选项“文件→新建文件或项目”，或直接按Ctrl+N快捷键，弹出“新建”对话框。在该对话框的左侧选择“其他项目”，在右侧选中“Qt4控制台应用”，如图2-29所示。

（2）单击“选择”按钮，然后在新出现的对话框中输入项目名称和路径（即项目名称和路径。注意，Qt软件中前后翻译不一致，其实工程就是指项目），如图2-30所示。如前文所述，路径必须是已经存在的路径。

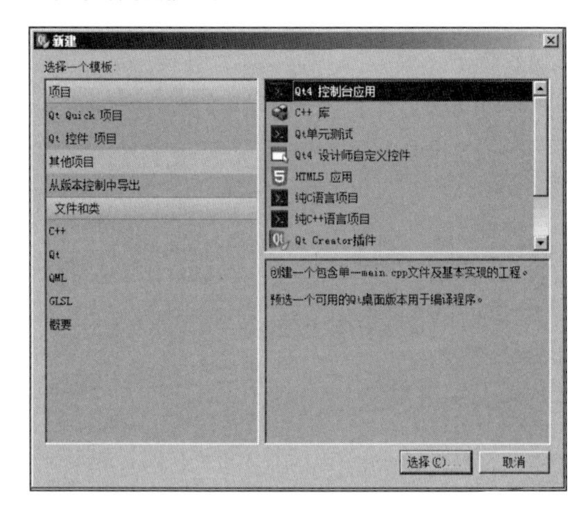

图2-29

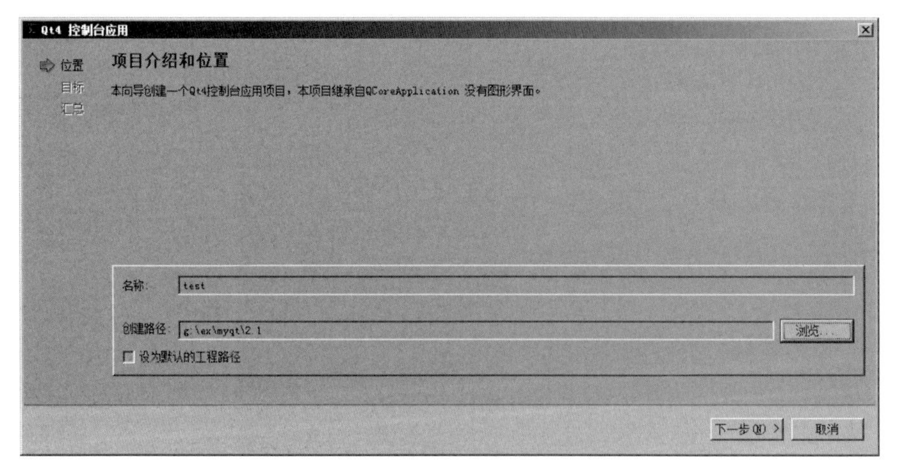

图2-30

单击“下一步”按钮，保持默认设置，如图2-31所示。

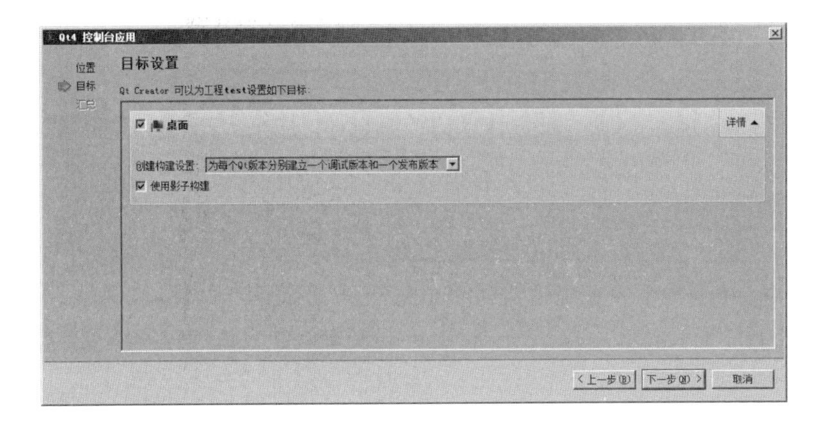

图2-31

继续单击“下一步”按钮，在新出现的项目管理对话框中保持默认设置，最后单击“完成”按钮。此时会出现代码编辑窗口，里面已经为我们写好了几行程序代码：

```
#include <QtCore/QCoreApplication>
int main(int argc, char *argv[])
{
    QCoreApplication a(argc, argv);
    return a.exec();
}
```

是不是比较熟悉？有main函数，就知道程序的入口点了。

此时程序是可以运行的（按Ctrl+R快捷键），但是没有任何输出。下面我们添加一条打印语句，代码如下：

```
#include <QtCore/QCoreApplication>
#include <QTextStream>
static QTextStream cout(stdout, QIODevice::WriteOnly);
int main(int argc, char *argv[])
{
    QCoreApplication a(argc, argv);
    cout << "Hello World." << endl;
    return a.exec();
}
```

（3）保存项目并运行（按Ctrl+R快捷键），结果如图2-32所示。

图2-32

第一个Qt 4控制台程序就完成了。

在进入界面程序开发之前，先介绍一下Qt Quick。它是一种用QML语言开发的库，集成了很多绚丽的UI开发元素，能自动转化为C++语言，非常适用于开发APP和嵌入式设备等要求界面冲击感强的应用。Qt Quick利用这种类似JavaScript的QML语言进行开发，代码看上去就是JSON字符串的应用。

【例2.5】 第一个Qt 4界面程序

新建一个Qt Quick程序，一路保持默认设置，运行结果如图2-33所示。

图2-33

2.2 搭建Linux下的Qt开发环境

Qt最大的特点就是跨平台，在Linux下开发Qt程序也是一线开发中的常事，所以要学会在Linux下搭建Qt开发环境。本节我们将在虚拟机Ubuntu 20.04下搭建Qt开发环境。建议初学者先在虚拟机中安装Ubuntu 20.04，安装完毕后做好快照，这样即使安装Qt失败，也能恢复到Ubuntu 20.04没有安装Qt之前的状态。

注意：不需要在Linux平台开发的初学者，可以直接跳过本节内容，在需要时再学习。

2.2.1 准备虚拟机Linux

要开发Linux程序，当然前提需要一个Linux操作系统。通常在公司开发项目，都会有一台专门的Linux服务器供用户使用，而我们自己学习不需要这样，可以使用虚拟机软件比如VMware来安装一个虚拟机中的Linux操作系统。

1. 安装Linux

VMware是大名鼎鼎的虚拟机软件，它通常分两种版本：工作站版本VMware Workstation和服务器客户机版本VMware vSphere。这两大类软件都可以安装操作系统作为虚拟机操作系统。但个人用得较多的是工作站版本，供个人在本机使用。VMware vSphere通常用于企业环境，供多个人远程使用。通常，我们把自己真实PC上装的操作系统叫宿主机系统，VMware中安装的操作系统叫虚拟机系统。

VMware Workstation大家可以到官网上去下载，它是Windows软件，安装非常简单，这里不进行介绍。笔者这里使用的版本是15.5，其他版本应该也可以。虽然现在VMware Workstation 16已经问世，但为了照顾使用Windows 7的读者，所以没有使用VMware Workstation 16，因为VMware Workstation 16 不支持Windows 7了，必须Windows 8或以上的Windows版本。

通常我们开发Linux程序，往往先要在虚拟机下安装Linux操作系统，然后在这个虚拟机的Linux系统中编程调试，或在宿主机系统（比如Windows）中进行编辑，然后传到Linux中进行编译。有了虚拟机的Linux系统，开发方式的灵活性比较大。实际上，许多一线开发工程师都是在Windows下阅读编辑代码，然后放到Linux环境中编译运行的，而且这样的方式效率还很高。

这里我们采用的虚拟机软件是VMware Workstation 15.5（它是最后一个能安装在Windows 7上的版本了）。在安装Linux之前我们要准备Linux映像文件（iso文件），可以从网上直接下载Linux操作系统的iso文件，也可以通过UltraISO等软件从Linux系统光盘制作一个iso文件，制作方法是在UltraISO菜单上选择“工具→制作光盘映像文件”。

不过，笔者建议还是直接从网上下载一个iso文件比较简单，直接从Ubuntu官网（https://ubuntu.com）上下载一个64位的Ubuntu 20.04，下载下来的文件名是ubuntu-20.04.1-desktop-amd64.iso。当然其他发行版本也可以，如Redhat、Debian、Ubuntu或Fedora等，作为学习开发环境都可以，但建议使用较新的版本。

iso文件准备好了后，就可以通过VMware来安装Linux了，打开Vmware Workstation，然后根据下面几个步骤操作即可。

步骤01 在Vmware上选择菜单“文件→新建虚拟机”，然后出现“新建虚拟机向导”对话框，如图2-34所示。

步骤02 再单击“下一步”按钮，由于VMware 15默认会让Ubuntu简易安装，而简易安装可能会导致很多软件安装不全，所以为了不让VMware简易安装Ubuntu，因此我们选择“稍后安装操作系统”，如图2-35所示。

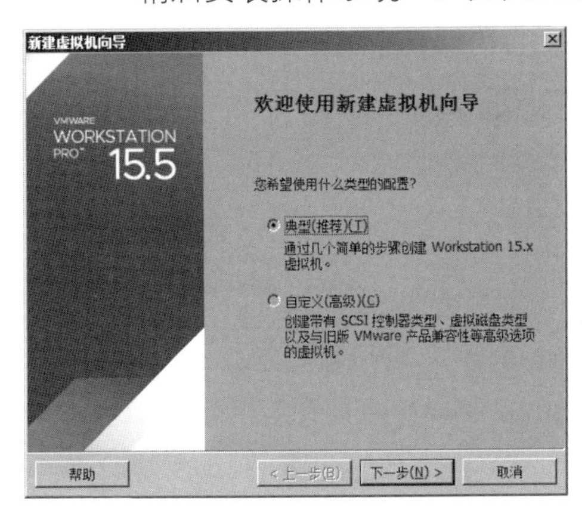

图2-34

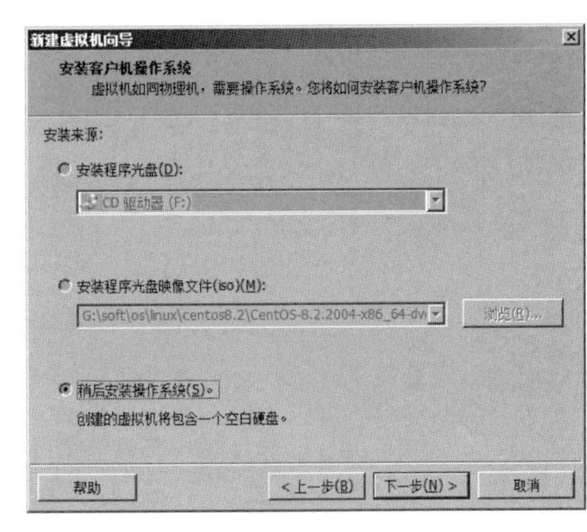

图2-35

步骤03 然后单击“下一步”按钮，此时出现“此虚拟机中将安装哪种操作系统？”界面，我们选择“Linux”和“Ubuntu 64位”，如图2-36所示。

步骤04 接着单击“下一步”按钮，此时出现“命名虚拟机”界面，我们设置虚拟机名称为“Ubuntu20.04”，位置可以选择一个磁盘空间较多的磁盘路径，这里选择的是“g:\vm\Ubuntu20.04”；然后单击“下一步”按钮，此时出现“指定磁盘容量”对话框，保持默认20GB，再多一些也可以，其他配置保持默认；继续单击“下一步”按钮，此时出现“已准备好创建虚拟机”对话框，这一步只是让我们看一下前面设置的配置列表，直接单击完成按钮即可。此时，VMware主界面上可以看到有一个名为“Ubuntu20.04”虚拟机了，如图2-37所示。

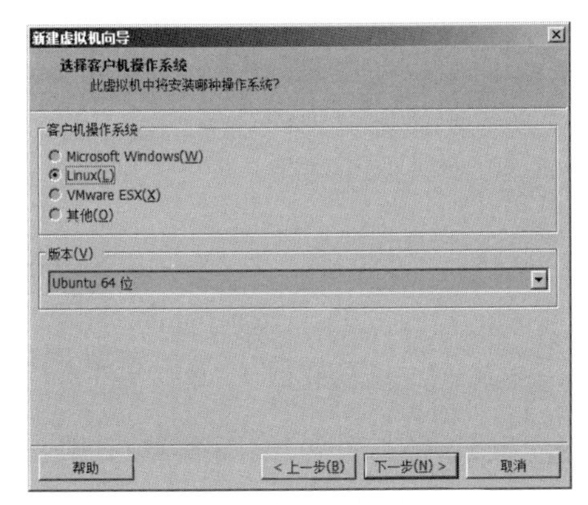

图2-36

图2-37

步骤05 现在还是空的，启动不了，因为还未真正安装。单击“编辑虚拟机设置”，此时出现“虚拟机设置”对话框，在硬件列表中选中“CD/DVD（SATA）”，右侧选中“使用ISO镜像文件”，并单击浏览按钮，选择我们下载的ubuntu-20.04.1-desktop-amd64.iso文件，如图2-38所示。

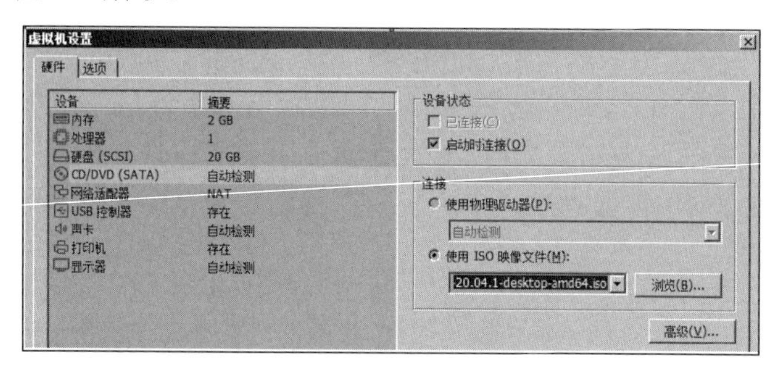

图2-38

步骤06 如图2-38所示，这里虚拟机Ubuntu使用的内存是2GB。接着单击下方确定按钮，关闭“虚拟机设置”对话框。此时又回到了主界面上，现在我们可以单击“开启此虚拟机”了，稍等片刻，会出现Ubuntu20.04的安装界面，如图2-39所示。

图2-39

步骤07 在左侧列表框中选择语言为“中文（简体）”，然后在右侧单击“安装Ubuntu”。安装过程很简单，保持默认配置即可，这里不再赘述。另外要注意的是，安装时候主机需要保持联网，因为很多软件需要下载。

稍等片刻，虚拟机Ubuntu20.04安装完毕，下面我们需要对其进行一些设置，使其使用起来更加方便。

2. 开启root账号

在安装Ubuntu的时候会新建一个普通用户，该用户权限有限。我们一般需要root账户，这样操作和配置起来才比较方便。Ubuntu默认是不开启root账户的，所以需要手动来打开，步骤如下：

步骤01 设置root用户密码。先以普通账户登录Ubuntu，在桌面上右击选择“在终端中打开”打开终端模拟器，并输入命令：

```
sudo passwd root
```

然后输入设置的密码，输入两次，这样就完成了设置root用户密码了。为了好记，我们把密码设置为123456。

步骤02 修改50-ubuntu.conf。执行sudo gedit /usr/share/lightdm/lightdm.conf.d/50-ubuntu.conf，把配置改为如下内容。

```
[Seat:*]
user-session=ubuntu
greeter-show-manual-login=true
all-guest=false
```

保存后关闭编辑器。

步骤03 修改gdm-autologin和gdm-password。执行sudo gedit /etc/pam.d/gdm-autologin，然后注释掉“auth required pam_succeed_if.so user != root quiet_success”这一行(第3行左右)，修改后如下所示：

```
#%PAM-1.0
auth    requisite      pam_nologin.so
#auth   required       pam_succeed_if.so user != root quiet_success
```

保存后关闭编辑器。

再执行sudo vim /etc/pam.d/gdm-password，注释掉“auth required pam_succeed_if.so user != root quiet_success”这一行（第3行左右），修改后如下所示：

```
#%PAM-1.0
auth    requisite      pam_nologin.so
#auth   required       pam_succeed_if.so user != root quiet_success
```

保存后关闭编辑器。

步骤04 修改/root/.profile文件。执行sudo vim/root/.profile，将文件末尾的“mesg n 2> /dev/null || true”这一行修改成：

```
tty -s&&mesg n || true
```

步骤05 修改/etc/gdm3/custom.conf。如果要每次自动登录到root账户，可以做这一步，否则不需要做。执行sudo /etc/gdm3/custom.conf，修改后内容如下：

```
# Enabling automatic login
AutomaticLoginEnable = true
AutomaticLogin = root
# Enabling timed login
TimedLoginEnable = true
TimedLogin = root
TimedLoginDelay = 5
```

步骤06 重启系统使其生效。如果做了第（5）步，则重启会自动登录到root账户，否则会提示输入root账户密码。

3. 关闭防火墙

为了以后联网方便，最好一开始就把防火墙关闭掉，输入命令如下：

```
root@tom-virtual-machine:~/桌面# sudo ufw disable
防火墙在系统启动时自动禁用
root@tom-virtual-machine:~/桌面# sudo ufw status
状态：不活动
```

其中ufw disable表示关闭防火墙，而且系统启动的时候就会自动关闭。ufw status是查询当前防火墙是否在运行，不活动表示不在运行。如果以后要开启防火墙，则执行sudo ufw enable命令即可。

4. 安装网络工具包

Ubuntu（乌班图）刚刚安装完，连ifconfig都不能用，因为系统网络工具的相关组件没有装，所以只能自己手动在线安装。在命令行输入如下代码：

```
apt install net-tools
```

稍等片刻，安装完成。再输入ifconfig，可以查询到当前IP了：

```
root@tom-virtual-machine:~/桌面# ifconfig
ens33: flags=4163<UP,BROADCAST,RUNNING,MULTICAST>  mtu 1500
       inet 192.168.11.129  netmask 255.255.255.0  broadcast 192.168.11.255
       inet6 fe80::9114:9321:9e11:c73d  prefixlen 64  scopeid 0x20<link>
       ether 00:0c:29:1f:a1:18  txqueuelen 1000  (以太网)
       RX packets 7505  bytes 10980041 (10.9 MB)
       RX errors 0  dropped 0  overruns 0  frame 0
       TX packets 1985  bytes 148476 (148.4 KB)
       TX errors 0  dropped 0 overruns 0  carrier 0  collisions 0
```

可以看到，网卡ens33的IP是192.168.11.129，这是系统自动分配（DHCP方式）的，并且当前和宿主机采用的网络连接模式NAT方式，这也是刚刚安装好系统默认的方式。只要宿主机Windows能连网，则虚拟机也是可以连网的。

5. 启用SSH

使用Linux不大会经常在Linux自带的图形界面上操作，而是在Windows下通过Windows的终端工具（比如SecureCRT等）连接到Linux，然后使用命令操作Linux，这是因为Linux所处的机器通常不配置显示器，也可能位于远程，我们只通过网络和远程Linux相连接。Windows上终端工具一般通过SSH协议和远程Linux相连，该协议可以保证网络上传输数据的机密性。

Secure Shell（SSH）是用于客户端和服务器之间安全连接的网络协议。服务器与客户端之间的每次交互均被加密。启用SSH将允许用户远程连接到系统并执行管理任务。还可以通过scp和sftp安全地传输文件。启用SSH后，我们可以在Windows上用一些终端软件比如SecureCRT远程命令操作Linux了，也可以用文件传输工具比如SecureFX在Windows和Linux之间相互传文件了。

Ubuntu默认不安装SSH，因此需要手动安装并启用。

现在我们进行安装和配置，操作步骤如下：

步骤01 安装SSH服务器。在Ubutun20.04的终端命令行输入如下命令：

```
apt install openssh-server
```

稍等片刻，安装完成。

步骤02 修改配置文件。在命令行下输入：

```
gedit /etc/ssh/sshd_config
```

此时将打开SSH服务器配置文件sshd_config，我们搜索定位PermitRootLogin，把下列3行：

```
#LoginGraceTime 2m
#PermitRootLogin prohibit-password
#StrictModes yes
```

改为：

```
LoginGraceTime 2m
PermitRootLogin yes
StrictModes yes
```

然后保存并退出编辑器gedit。

步骤03 重启SSH，使配置生效。在命令行下输入：

```
service ssh restart
```

再用命令systemctl status ssh，查看一下SSH是否在运行：

```
root@tom-virtual-machine:~/桌面# systemctl status ssh
● ssh.service - OpenBSD Secure Shell server
    Loaded: loaded (/lib/systemd/system/ssh.service; enabled; vendor preset: e>
    Active: active (running) since Thu 2020-12-03 21:12:39 CST; 55min ago
      Docs: man:sshd(8)
            man:sshd_config(5)
```

可以发现现在的状态是active(running)，说明SSH服务器程序已经在运行了。稍后我们就可以去Windows下使用Windows终端工具连接虚拟机Ubuntu了，下面我们来做个快照，保存好前面辛苦做的工作。

6. 做个快照

VMware快照功能，可以把当前虚拟机的状态保存下来，以后万一虚拟机操作系统出错了，可以恢复到做快照时候的系统状态。制作快照很简单，选择VMware主菜单“虚拟机→快照→拍摄快照”，然后出现拍摄快照对话框，如图2-40所示。

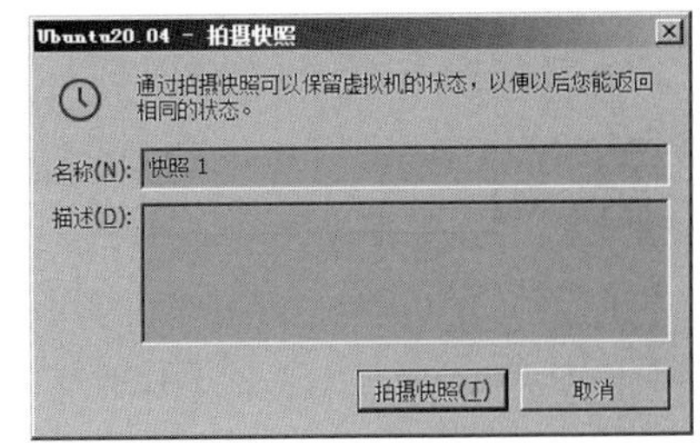

图2-40

这里可以增加一些描述，然后单击“拍摄快照”，此时正式制作快照，并在VMware左下角任务栏上会有百分比进度显示。在达到100%之前，我们最好不要对VMware进行操作。等到100%进度完成，表示快照制作完毕。

2.2.2 虚拟机Linux上网

前面虚拟机Linux准备好了，这一步我们要在物理机器上的Windows操作系统（简称宿主机）上连接VMware中的虚拟机Linux（简称虚拟机），以便传送文件和远程控制编译运行。基本上，两个系统能相互ping通就算连接成功了。下面简单介绍一下VMware的三种网络模式，以便在连接失败的时候可以尝试去修复。

VMware虚拟机网络模式指的是虚拟机操作系统和宿主机操作系统之间的网络拓扑关系，通常有3种方式：桥接模式、主机模式、NAT模式。这三种网络模式都通过一台虚拟交换机和主机通信。默认情况下，桥接模式下使用的虚拟交换机是VMnet0，主机模式下使用的虚拟交换机为VMnet1，NAT模式下使用的虚拟交换机为VMnet8。如果需要查看、修改或添加其他虚拟交换机，可以打开VMware，然后选择主菜单“编辑→虚拟网络编辑器”，此时会出现“虚拟网络编辑器”对话框，如图2-41所示。

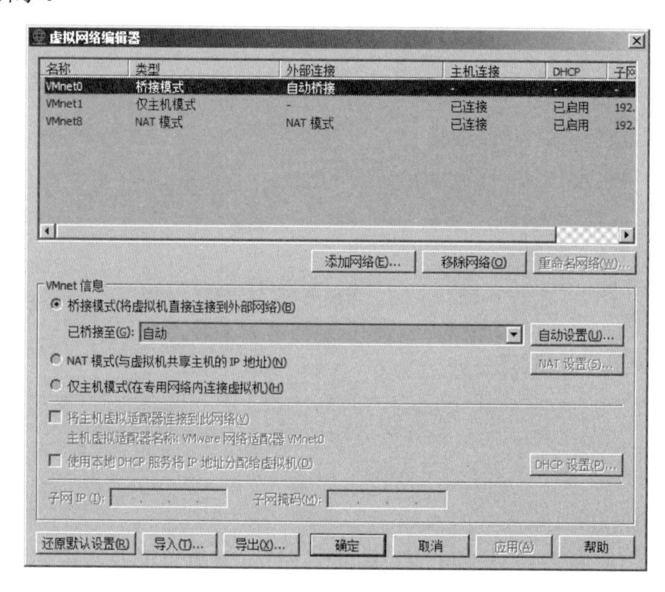

图2-41

默认情况下，VMware也会为宿主机操作系统（笔者这里是Windows 7）安装两块虚拟网卡，分别是“VMware Virtual Ethernet Adapter for VMnet1”和“VMware Virtual Ethernet Adapter for VMnet8”，看名字就知道，前者用来和虚拟交换机VMnet1相连，后者用来连接VMnet8。我们可以在宿主机Windows 7系统的“控制面板→网络和 Internet→网络和共享中心→更改适配器设置”下看到这两块网卡，如图2-42所示。

图2-42

有读者可能会问，那对于虚拟交换机VMnet0，为何宿主机系统里没有虚拟网卡去连接呢？其实VMnet0这个虚拟交换机所建立的网络模式是桥接网络（桥接模式中的虚拟机操作系统相当于是宿主机所在的网络中一台独立主机），所以主机直接用物理网卡去连接VMnet0。

值得注意的是，这3种虚拟交换机都是默认就有的，我们也可以自己添加更多的虚拟交换机（在图2-42中的“添加网络”按钮便是起这样的作用），如果添加的虚拟交换机的网络模式是主机模式或NAT模式，那VMware也会自动为主机系统添加相应的虚拟网卡。在开发程序的时候一般使用桥接模式连接，如果要在虚拟机中上网，则可以使用NAT模式。接下来我们具体阐述在这两种模式下相互ping通。主机模式不大常用，一般做个了解即可。

下面我们介绍一下3种网络模式。

1. 桥接模式

桥接（或称网桥）模式是指宿主机操作系统的物理网卡和虚拟机操作系统的网卡通过VMnet0虚拟交换机进行桥接，物理网卡和虚拟网卡在拓扑图上处于同等地位，桥接模式使用VMnet0这个虚拟交换机。桥接模式下的网络拓扑如图2-43所示。

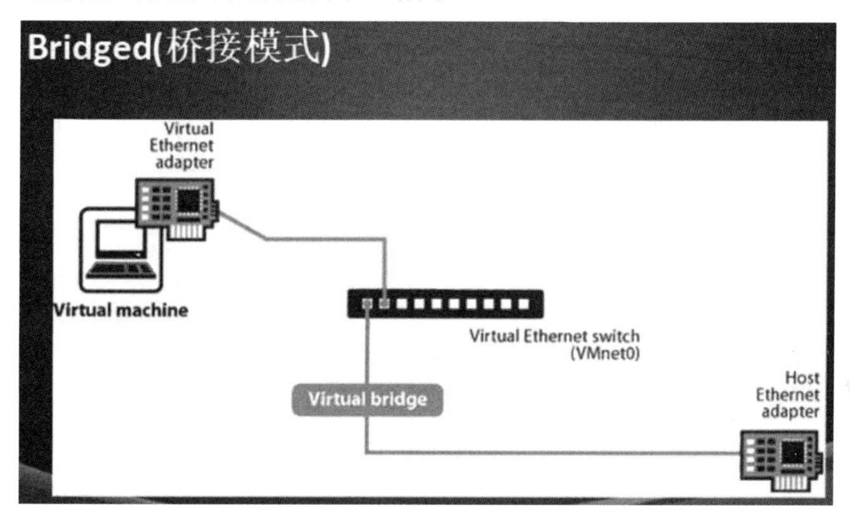

图2-43

知道原理后，我们现在来具体设置一下桥接模式，使得宿主机和虚拟机相互ping通。过程如下：

（1）打开VMware，然后单击Ubuntu20.04的“编辑虚拟机设置”，如图2-44所示。

图2-44

注意，此时虚拟机Ubuntu20.04必须处于关机状态，即“编辑虚拟机设置”上面的文字是“开启此虚拟机”，说明虚拟机是关机状态。通常，对虚拟机进行设置最好是在虚拟机的关机状态，比如更改内存大小等。不过，如果只是配置网卡信息，也可以在开启虚拟机后再进行设置。

（2）单击“编辑虚拟机设置”后，将弹出“虚拟机设置”对话框，在该对话框上，我们在左边选中“网络适配器”，在右边选择“桥接模式”，并勾选“复制物理网络连接状态”选项，如图2-45所示。

然后单击“确定”。接着，我们开启此虚拟机，并以root身份登录Ubuntu。

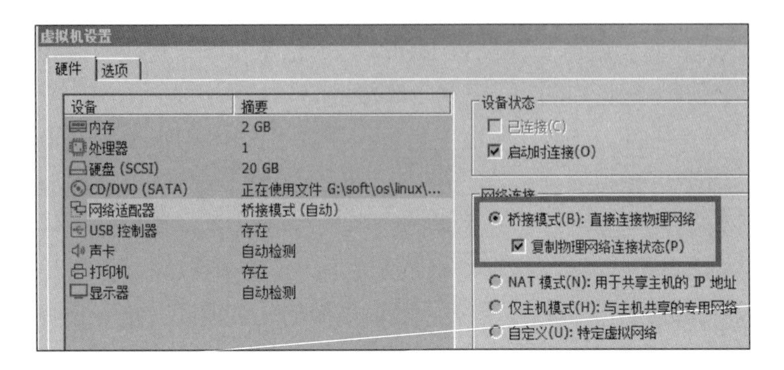

图2-45

（3）设置了桥接模式后，VMware的虚拟机操作系统就像是局域网中的一台独立的主机，相当于物理局域网中的一台主机。它可以访问网内任何一台机器。在桥接模式下，VMware的虚拟机操作系统的IP地址、子网掩码可以手动设置，而且还要和宿主机器处于同一网段，这样虚拟系统才能和宿主机器进行通信。如果要上因特网，还需要自己设置DNS地址。当然，更方便的方法是从DHCP服务器处获得IP和DNS地址（我们的家庭路由器通常里面包含DHCP服务器，所以可以从它那里自动获取IP和DNS等信息）。

在桌面上右击，在弹出的右键菜单中选择“在终端中打开”来打开终端窗口，然后在终端窗口（下面简称终端）中输入查看网卡信息的命令ifconfig，如图2-46所示。

```
root@tom-virtual-machine: ~/桌面
root@tom-virtual-machine:~/桌面# ifconfig
ens33: flags=4163<UP,BROADCAST,RUNNING,MULTICAST>  mtu 1500
        inet 192.168.0.118  netmask 255.255.255.0  broadcast 192.168.0.255
        inet6 fe80::9114:9321:9e11:c73d  prefixlen 64  scopeid 0x20<link>
        ether 00:0c:29:1f:a1:18  txqueuelen 1000  (以太网)
        RX packets 1568  bytes 1443794 (1.4 MB)
        RX errors 0  dropped 79  overruns 0  frame 0
        TX packets 1249  bytes 125961 (125.9 KB)
        TX errors 0  dropped 0 overruns 0  carrier 0  collisions 0
```

图2-46

其中ens33是当前虚拟机Linux中的一块网卡名称，我们可以看到它已经有一个IP地址192.168.0.118（注意：由于是从路由器上动态分配而得到的IP，读者系统的IP不一定是这个，需要根据读者的路由器而定），这个IP地址是笔者宿主机Windows 7的一块上网网卡所连接的路由器动态分配而来，说明路由器分配的网段是192.168.0，这个网段是在路由器中设置好的。我们可以到宿主机Windows 7下查看当前上网网卡的IP，打开Windows 7命令行窗口，输入ipconfig命令，如图2-47所示。

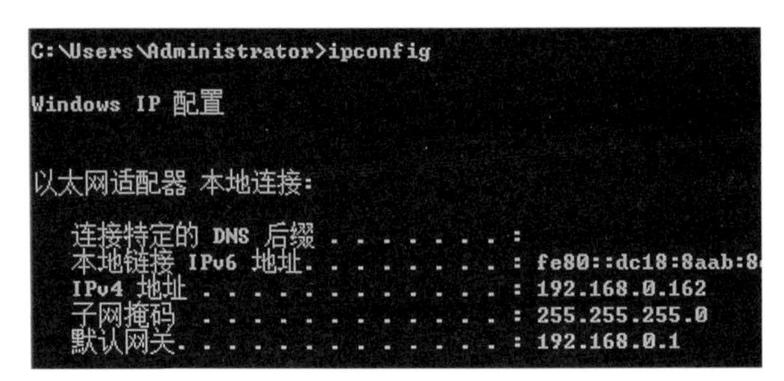

图2-47

可以看到，这个上网网卡的IP是192.168.0.162，这个IP也是路由器分配的，而且和虚拟机Linux中的网卡是处于同一网段。为了证明IP是动态分配的，我们可以打开Windows 7下该网卡的属性窗口，如图2-48所示。

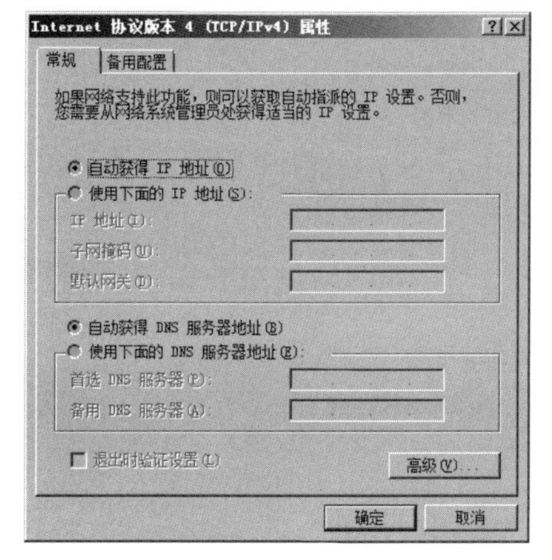

图2-48

可以看到自动获得IP地址。那虚拟机Linux网卡的IP从哪里可以证明是动态分配的呢？我们可以到Ubutun下去看看它的网卡配置文件，单击Ubutun桌面左下角出的9个小白点的图标，然后一个“设置”图标会显示在桌面上，单击“设置”图标，出现“设置”对话框，在对话框左边上方选择“网络”，右边单击“有线”旁边的设置图标，如图2-49所示。

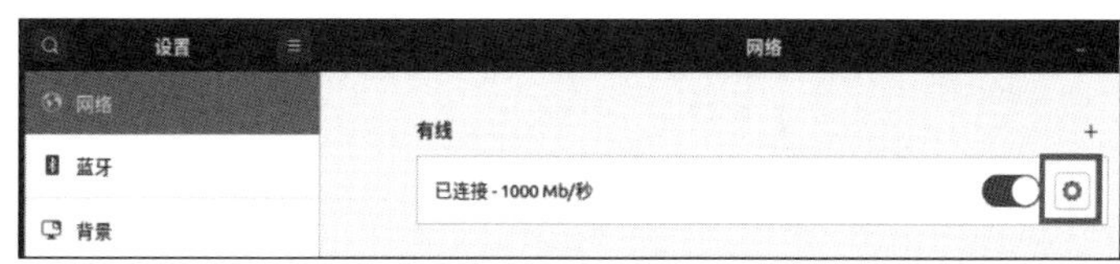

图2-49

此时出现“有线”对话框，我们选择“IPv4”，就可以看到当前IPv4方式是自动（DHCP）了，如图2-50所示。

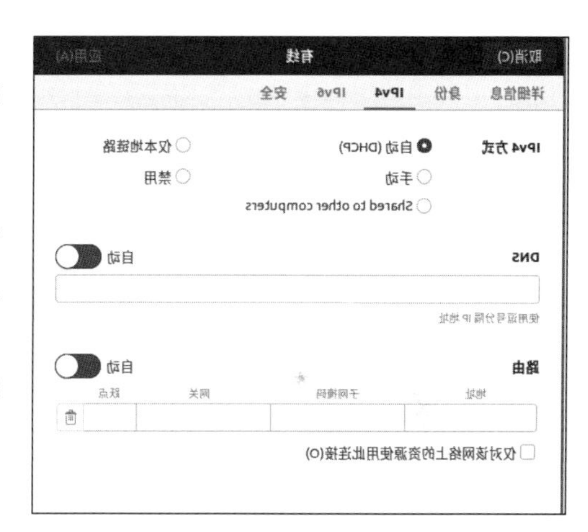

图2-50

如果要设置静态IP，可以选择“手动”，并设置IP。此时，虚拟机Linux和宿主机Windows 7都通过DHCP方式从路由器那里得到IP地址，我们可以让它们相互ping一下。先从虚拟机Linux中ping宿主机Windows 7，可以发现能ping通（注意Windows 7的防火墙要先关闭），如图2-51所示。

我们再从宿主机Windows 7中ping虚拟机Linux，也是可以ping通（注意Ubuntu的防火墙要先关闭），如图2-52所示。

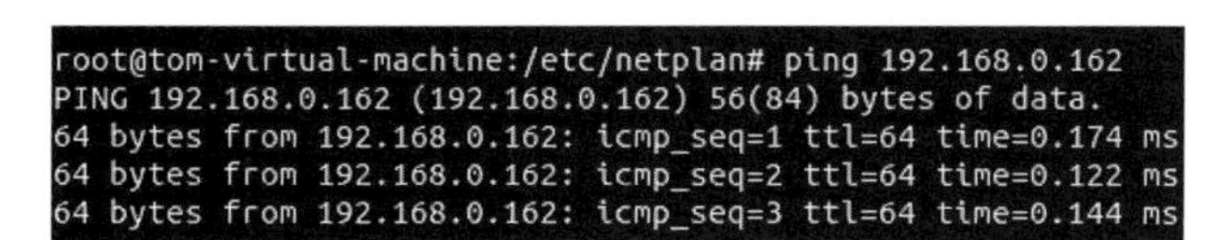

图2-51

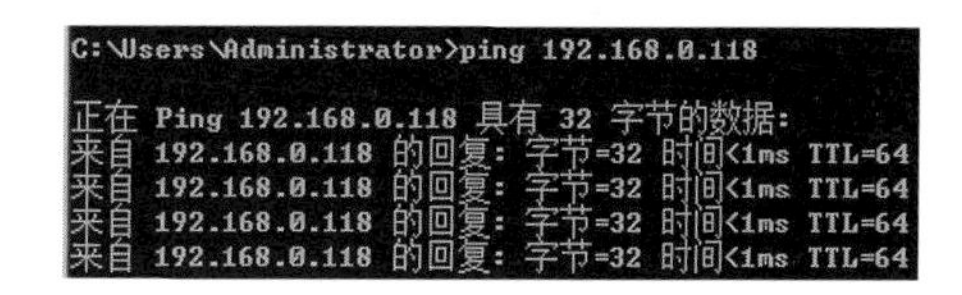

图2-52

至此，桥接模式的DHCP方式下，宿主机和虚拟机能相互ping通了，而且现在在虚拟机Ubuntu下是可以上网的（当然前提是宿主机也能上网），比如我们打开网页，如图2-53所示。

下面我们再来看一下静态方式下的相互ping通，静态方式的网络环境比较单纯，是笔者喜欢的方式，更重要的原因是静态方式是手动设置IP地址，这样可以和读者的IP地址保持完全一致，读者学习起来比较方便。所以，本书很多网络场景都会用到桥接模式的静态方式。

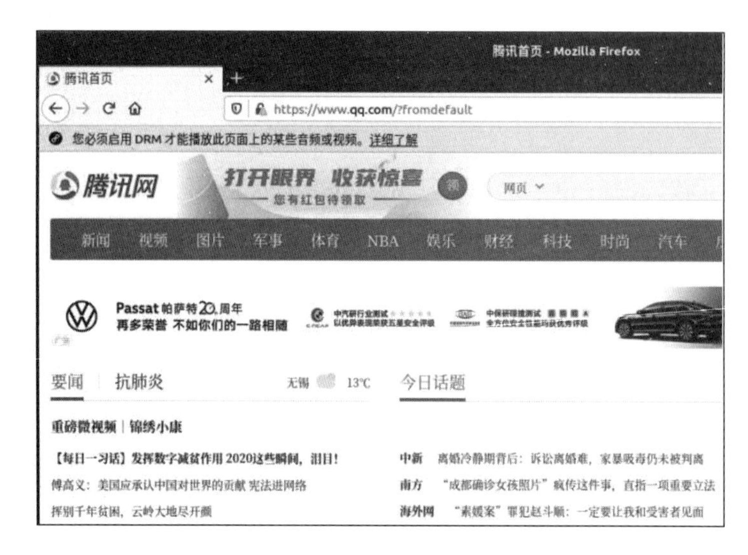

图2-53

首先设置宿主机Windows 7的IP地址为120.4.2.200，再设置虚拟机Ubuntu的IP地址为120.4.2.8，如图2-54所示。

单击右上角"应用"后重启网络服务即可生效，然后就能相互ping通了，如图2-55所示。

图2-54

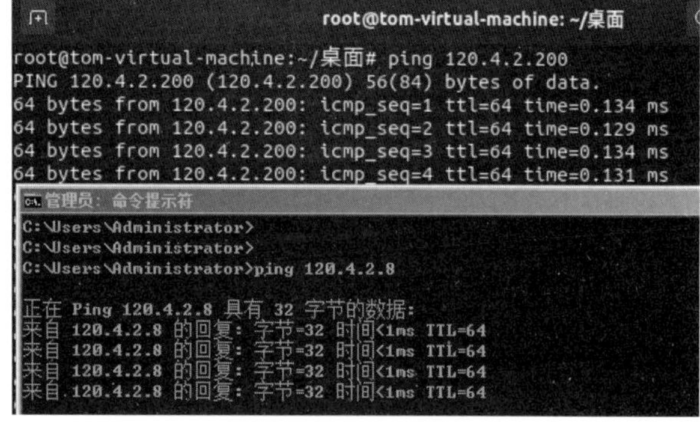

图2-55

至此，桥接模式下的静态方式相互ping成功。如果想要重新恢复DHCP动态方式，则只要在图2-54所示的窗口中选择IPv4方式为"自动（DHCP）"，并单击右上角"应用"按钮，然后在终端窗口用命令重启网络服务即可，命令如下：

```
root@tom-virtual-machine:~/桌面# nmcli networking off
root@tom-virtual-machine:~/桌面# nmcli networking on
```

然后再用ifconfig查看IP，可以发现IP变了，如图2-56所示。

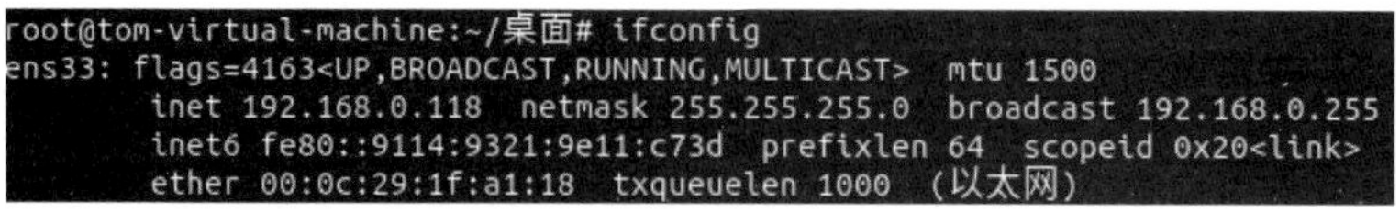

```
root@tom-virtual-machine:~/桌面# ifconfig
ens33: flags=4163<UP,BROADCAST,RUNNING,MULTICAST>  mtu 1500
        inet 192.168.0.118  netmask 255.255.255.0  broadcast 192.168.0.255
        inet6 fe80::9114:9321:9e11:c73d  prefixlen 64  scopeid 0x20<link>
        ether 00:0c:29:1f:a1:18  txqueuelen 1000  (以太网)
```

图2-56

桥接模式的动态方式可以不影响主机上网，在虚拟机Linux中也可以上网。

2. 主机模式

VMware的Host-Only（仅主机模式）就是主机模式。默认情况下，物理主机和虚拟机都连在虚拟交换机VMnet1上，VMware为主机创建的虚拟网卡是“VMware Virtual Ethernet Adapter for VMnet1”，主机通过该虚拟网卡和VMnet1相连。主机模式将虚拟机与外网隔开，使得虚拟机成为一个独立的系统，只与主机相互通信。当然，主机模式下也可以让虚拟机连接因特网，方法是可以将主机网卡共享给VMware Network Adapter for VMnet1网卡，从而达到虚拟机联网的目的。但一般主机模式都是为了和物理主机的网络隔开，仅让虚拟机和主机通信。因为用得不多，这里不再展开。

3. NAT模式

如果虚拟机Linux要上网，则这种模式最方便。NAT是Network Address Translation的缩写，意为网络地址转换。NAT模式也是VMware创建虚拟机的默认网络连接模式。使用NAT模式网络连接时，VMware会在宿主机上建立单独的专用网络，用以在主机和虚拟机之间相互通信。虚拟机向外部网络发送的请求数据将被“包裹”，交由NAT网络适配器加上“特殊标记”并以主机的名义转发出去，外部网络返回的响应数据将被拆“包裹”，也是先由主机接收，然后交由NAT网络适配器根据“特殊标记”进行识别并转发给对应的虚拟机，因此，虚拟机在外部网络中不必具有自己的IP地址。从外部网络来看，虚拟机和主机共享一个IP地址，默认情况下，外部网络终端也无法访问到虚拟机。

此外，在一台宿主机上只允许有一个NAT模式的虚拟网络。因此，同一台宿主机上的多个采用NAT模式网络连接的虚拟机也是可以相互访问的。

设置虚拟机NAT模式过程如下：

（1）编辑虚拟机设置，使得网卡的网络连接模式为NAT模式，如图2-57所示。然后单击“确定”按钮。

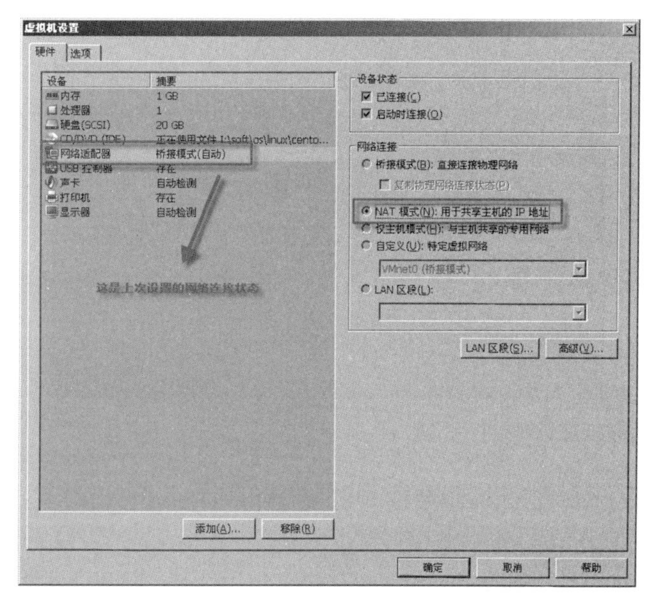

图2-57

（2）编辑网卡配置文件，设置以DHCP方式获取IP，即修改ifcfg-ens33文件中的字段BOOTPROTO为dhcp即可。命令如下：

```
[root@localhost ~]# cd /etc/sysconfig/network-scripts/
[root@localhost network-scripts]# ls
ifcfg-ens33
[root@localhost network-scripts]# gedit ifcfg-ens33
[root@localhost network-scripts]# vi ifcfg-ens33
```

编辑网卡配置文件ifcfg-ens33内容如下：

```
TYPE=Ethernet
PROXY_METHOD=none
BROWSER_ONLY=no
BOOTPROTO=dhcp
DEFROUTE=yes
IPV4_FAILURE_FATAL=no
IPV6INIT=yes
IPV6_AUTOCONF=yes
IPV6_DEFROUTE=yes
IPV6_FAILURE_FATAL=no
IPV6_ADDR_GEN_MODE=stable-privacy
NAME=ens33
UUID=e816b1b3-1bb9-459b-a641-09d0285377f6
DEVICE=ens33
ONBOOT=yes
```

保存并退出。接着再重启网络服务，以生效刚才的配置：

```
[root@localhost network-scripts]# nmcli c reload
[root@localhost network-scripts]# nmcli c up ens33
连接已成功激活（D-Bus 活动路径：/org/freedesktop/NetworkManager/ActiveConnection/4)
```

此时查看网卡ens33的IP，发现已经是新的IP地址了，如图2-58所示。

```
root@localhost:/etc/sysconfig/network-scripts
文件(F) 编辑(E) 查看(V) 搜索(S) 终端(T) 帮助(H)
        TX errors 0  dropped 0 overruns 0  carrier 0  col

[root@localhost network-scripts]#  nmcli c reload
[root@localhost network-scripts]# nmcli c up ens33

连接已成功激活（D-Bus 活动路径：/org/freedesktop/NetworkMa
tion/5)
[root@localhost network-scripts]#
[root@localhost network-scripts]# ifconfig
ens33: flags=4163<UP,BROADCAST,RUNNING,MULTICAST>  mtu 15
        inet 192.168.11.128  netmask 255.255.255.0  broad
        inet6 fe80::fb50:f39b:8549:441  prefixlen 64  sco
        ether 00:0c:29:e6:c8:e3  txqueuelen 1000  (Ethern
```

图2-58

可以看到网卡ens33的IP变为192.168.11.128了，值得注意的是，由于是dhcp动态分配IP，也有可能不是这个IP。那为何是192.168.11的网段呢？这是因为VMware为VMnet8默认分配的网段就是192.168.11网段，我们可以单击菜单“编辑→虚拟网络编辑器”，打开如图2-59所示的窗口查看。

当然我们也可以自己改成其他网段，只要对上图中192.168.11.0重新编辑即可。这里就先不改了，保持默认。至此，虚拟机Linux中的IP已经知道了，那宿主机Windows 7的IP是多少呢？这只要查看“控制面板→网络和 Internet→网络连接”下的“VMware Network Adapter VMnet8”这块虚拟网卡的IP即可，其IP也是自动分配的，如图2-60所示。

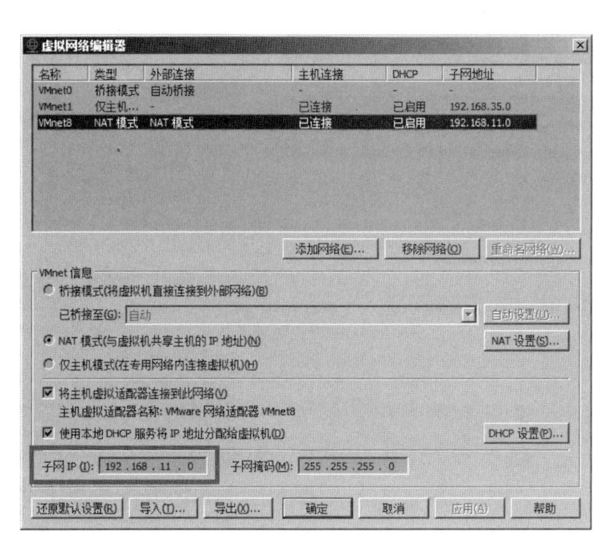

图2-59

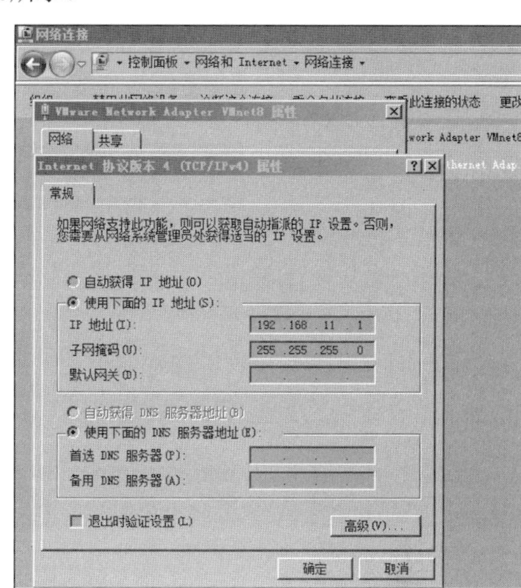

图2-60

这192.168.11.1也是VMware自动分配的。此时，就可以和宿主机相互ping通（如果ping Windows主机没有通，可能是Windows中的防火墙开着，可以把它关闭掉），如图2-61所示。

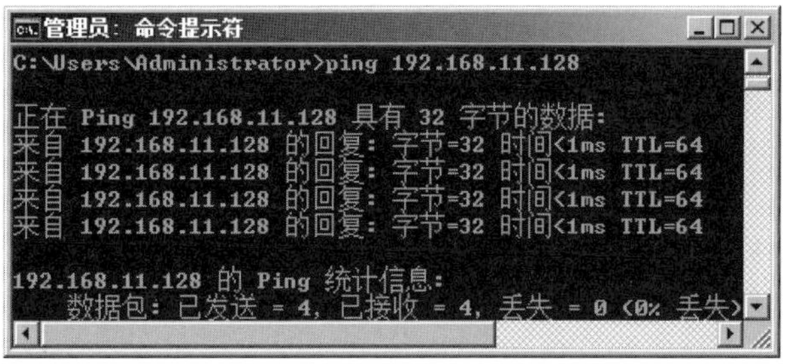

```
管理员: 命令提示符
C:\Users\Administrator>ping 192.168.11.128

正在 Ping 192.168.11.128 具有 32 字节的数据:
来自 192.168.11.128 的回复: 字节=32 时间<1ms TTL=64
来自 192.168.11.128 的回复: 字节=32 时间<1ms TTL=64
来自 192.168.11.128 的回复: 字节=32 时间<1ms TTL=64
来自 192.168.11.128 的回复: 字节=32 时间<1ms TTL=64

192.168.11.128 的 Ping 统计信息:
    数据包: 已发送 = 4, 已接收 = 4, 丢失 = 0 (0% 丢失)
```

图2-61

在虚拟机Linux下也可以ping通Windows 7，如图2-62所示。

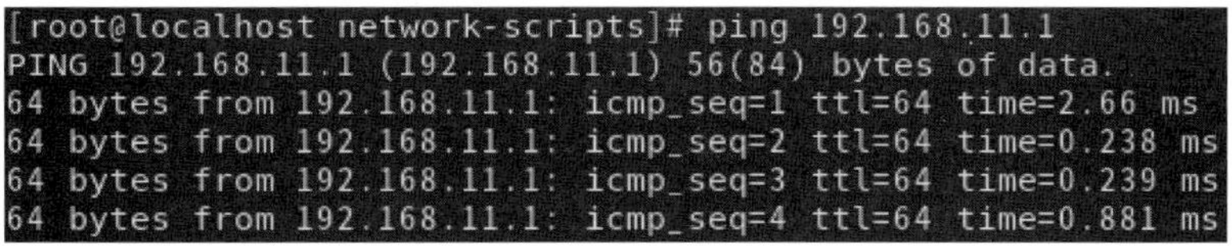

```
[root@localhost network-scripts]# ping 192.168.11.1
PING 192.168.11.1 (192.168.11.1) 56(84) bytes of data.
64 bytes from 192.168.11.1: icmp_seq=1 ttl=64 time=2.66 ms
64 bytes from 192.168.11.1: icmp_seq=2 ttl=64 time=0.238 ms
64 bytes from 192.168.11.1: icmp_seq=3 ttl=64 time=0.239 ms
64 bytes from 192.168.11.1: icmp_seq=4 ttl=64 time=0.881 ms
```

图2-62

最后，在确保宿主机Windows 7能上网的情况下，虚拟机Linux下也可以上网浏览网页，如图2-63所示。

在虚拟机Linux下上网也很重要，因为以后安装软件时，需要在线安装。

图2-63

4. 通过终端工具连接Linux虚拟机

安装完毕虚拟机的Linux操作系统后，我们就要开始使用它了。怎么使用呢？通常都是在Windows下通过终端工具（比如SecureCRT或smarTTY）来操作Linux。这里我们使用SecureCRT（下面简称crt）这个终端工具来连接Linux，然后在crt窗口下以命令行的方式使用Linux。该工具既可以通过安全加密的网络连接方式（SSH）来连接Linux，也可以通过串口的方式来连接Linux，前者需要知道Linux的IP地址，后者需要知道串口号。除此以外，还能通过Telnet等方式来连接Linux，大家可以在实践中慢慢体会。

虽然操作界面也是命令行方式，但比Linux自己的字符界面方便得多，比如crt可以打开多个终端窗口，可以使用鼠标，等等。SecureCRT软件是Windows下的软件，可以在网上免费下载到。下载安装就不赘述了，强烈建议使用比较新的版本，笔者使用的版本是64位的SecureCRT 8.5和SecureFX 8.5，其中SecureCRT表示终端工具本身，SecureFX表示配套的、用于相互传输文件的工具。我们通过一个例子来说明如何连接虚拟机Linux，网络模式采用桥接模式，假设虚拟机Linux的IP为192.168.11.129。其他模式也类似，只是要连接的虚拟机Linux的IP不同而已。使用SecureCRT连接虚拟机Linux的步骤如下。

图2-64

步骤01 打开SecureCRT 8.5或以上版本，在左侧Session Manager工具栏上选择第三个按钮，这个按钮表示New Session，即创建一个新的连接，如图2-64所示。
此时出现“New Session Wizard”对话框，如图2-65所示。
在该对话框上，选中SecureCRT协议：SSH2，然后单击“下一步”按钮，出现向导的第二个对话框。

步骤02 在该对话框的Hostname中输入192.168.11.129，Username中输入root。这个IP就是我们前面安装的虚拟机Linux的IP，root是Linux的超级用户账户。输入完毕后如图2-66所示。

步骤03 再单击“下一步”按钮，出现向导的第三个对话框。在该对话框上保持默认即可，即保持SecureFX协议为SFTP，这个SecureFX是宿主机和虚拟机之间传输文件的软件，采用的协议可以是SFTP（安全的FTP传输协议）、FTP、SCP等，如图2-67所示。

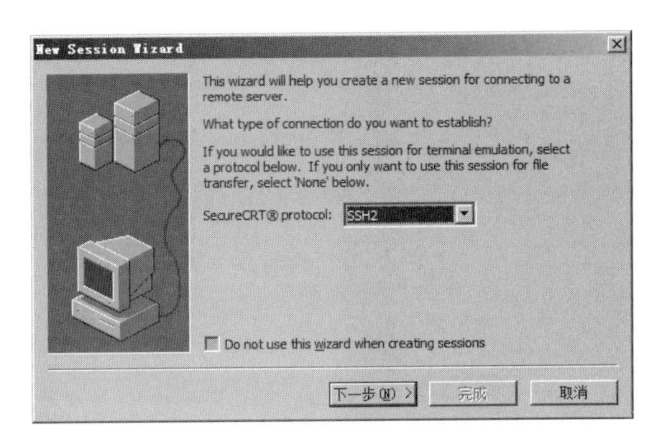

图2-65

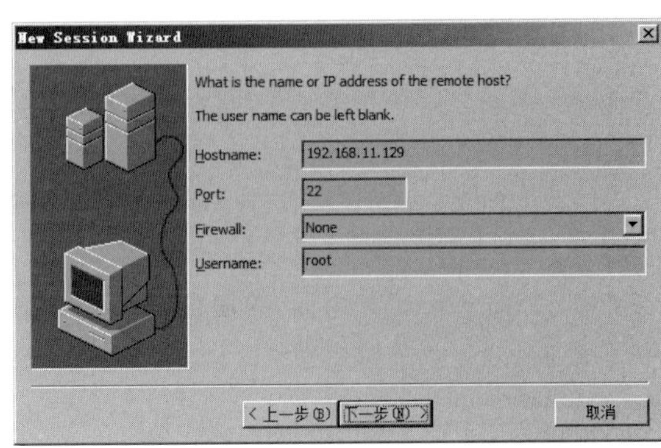

图2-66

步骤04　再单击“下一步”按钮，出现向导的最后一个对话框，在该对话框上可以重命名会话的名称，也可以保持默认，即用IP作为会话名称，这里保持默认，如图2-68所示。

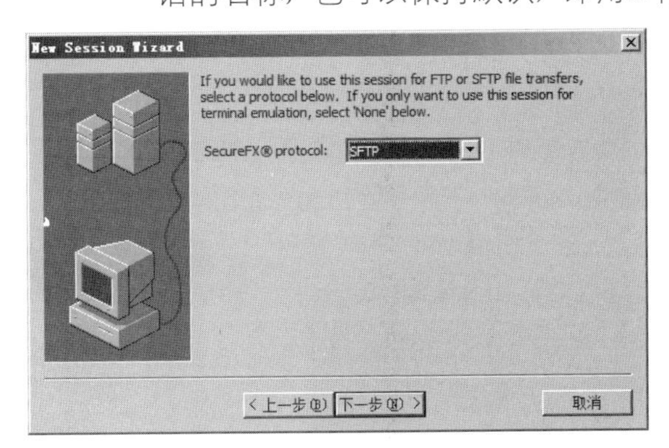

图2-67

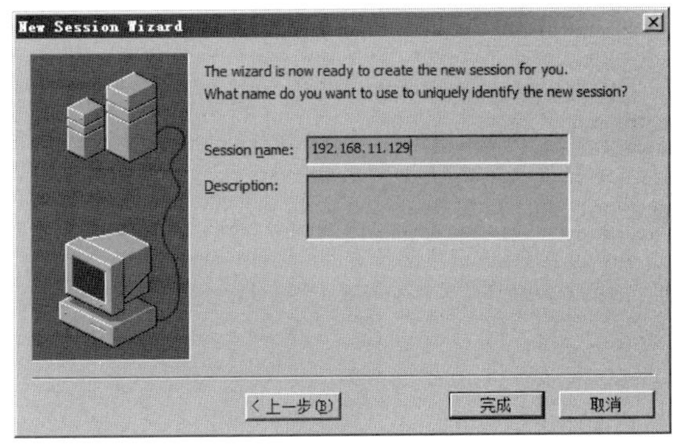

图2-68

步骤05　最后单击“完成”按钮。此时我们可以看到在左侧的Session Manager中，出现了我们刚才建立的新的会话了，如图2-69所示。

步骤06　双击“192.168.11.129”开始连接，但不幸报错了，如图2-70所示。

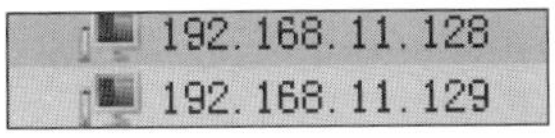

192.168.11.128
192.168.11.129

图2-69

```
192.168.11.129 (1)
Key exchange failed.
No compatible key-exchange method. The server supports these methods: curve25519
lman-group16-sha512,diffie-hellman-group18-sha512,diffie-hellman-group14-sha256
```

图2-70

前面我们讲到SecureCRT是安全保密的连接，需要安全算法，Ubuntu20.04的SSH所要求的安全算法，SecureCRT默认没有支持，所以报错了。我们可以在SecureCRT主界面上，选择菜单“Options/Session Options...”，打开Session Options对话框，在该对话框的左侧选择SSH2，然后在右侧的“Key exchange”下将全部算法都勾选上，如图2-71所示。

步骤07　最后单击“OK”按钮关闭该对话框。接着回到SecureCRT主界面，并再次对左侧Session Manager中的192.168.11.129进行双击，尝试再次连接，这次成功了，弹出登录框，如图2-72所示。

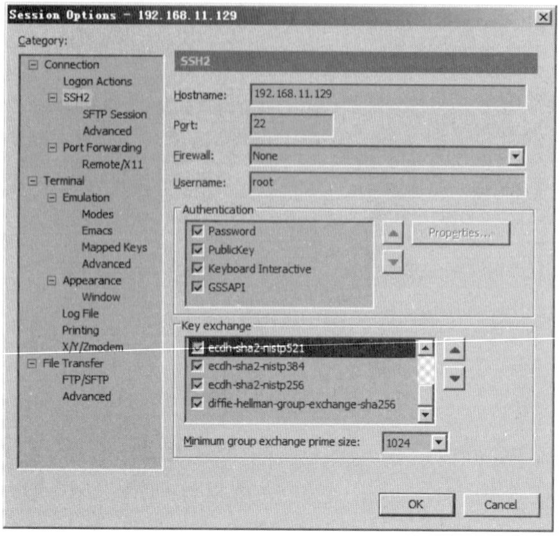

Session Options - 192.168.11.129
Category:
Connection
Logon Actions
SSH2
SFTP Session
Advanced
Port Forwarding
Remote/X11
Terminal
Emulation
Modes
Emacs
Mapped Keys
Advanced
Appearance
Window
Log File
Printing
X/Y/Zmodem
File Transfer
FTP/SFTP
Advanced
SSH2
Hostname: 192.168.11.129
Port: 22
Firewall: None
Username: root
Authentication
Password
PublicKey
Keyboard Interactive
GSSAPI
Properties...
Key exchange
ecdh-sha2-nistp521
ecdh-sha2-nistp384
ecdh-sha2-nistp256
diffie-hellman-group-exchange-sha256
Minimum group exchange prime size: 1024
OK
Cancel

图2-71

Enter Secure Shell Password
root@192.168.11.129 requires a password.
Please enter a password now.
OK
Cancel
Username: root
Password:
Save password
Skip

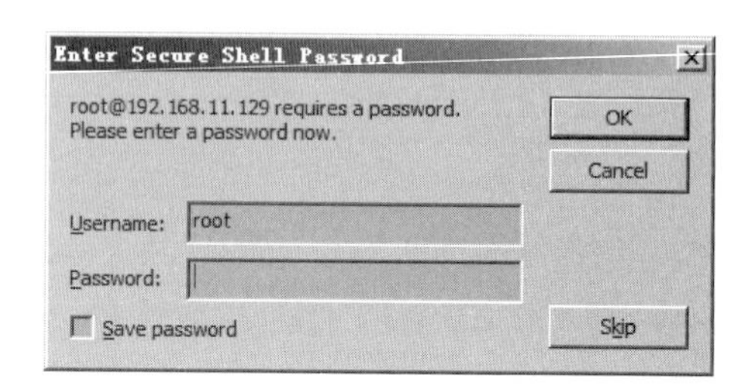

图2-72

步骤08 输入root的Password为123456，并勾选“Save password”，这样不用每次都输入密码了，输入完毕后，单击“OK”按钮，就进入了我们熟悉的Linux命令提示符下了，如图2-73所示。

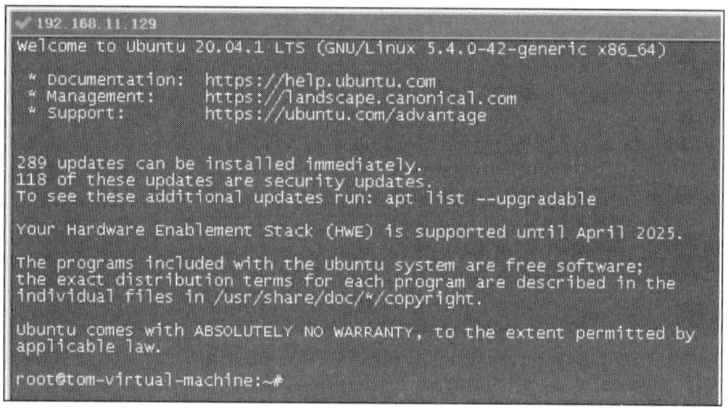

192.168.11.129
Welcome to Ubuntu 20.04.1 LTS (GNU/Linux 5.4.0-42-generic x86_64)
* Documentation: https://help.ubuntu.com
* Management: https://landscape.canonical.com
* Support: https://ubuntu.com/advantage
289 updates can be installed immediately.
118 of these updates are security updates.
To see these additional updates run: apt list --upgradable
Your Hardware Enablement Stack (HWE) is supported until April 2025.
The programs included with the Ubuntu system are free software;
the exact distribution terms for each program are described in the
individual files in /usr/share/doc/*/copyright.
Ubuntu comes with ABSOLUTELY NO WARRANTY, to the extent permitted by
applicable law.
root@tom-virtual-machine:~#

图2-73

这样，在NAT模式下SecureCRT连接虚拟机Linux成功，以后可以通过命令行来使用Linux了。如果是桥接模式，其实只要把前面步骤的目的IP改一下即可，这里不再赘述。

5. 宿主机和虚拟机互传文件

由于笔者喜欢在Windows下编辑代码，然后将文件传到Linux下去编译运行，所以经常要在宿主机Windows和虚拟机Linux之间传送文件。把文件从Windows传到Linux方式很多，既有命令行的sz/rz、也有ftp客户端、SecureCRT自带的SecureFX等图形化的工具，读者可以根据自己习惯和实际情况选择合适的工具。本书使用的是命令行工具SecureFX。

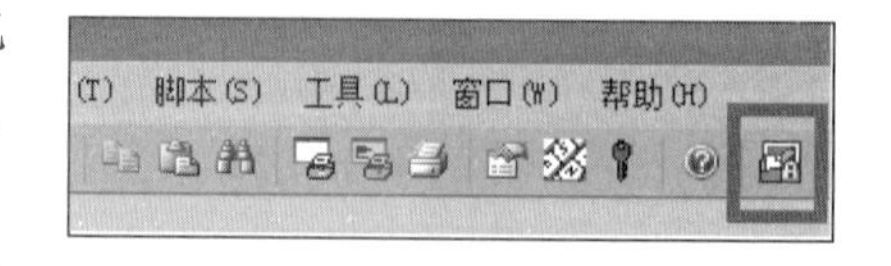

首先我们用SecureCRT连接到Linux，然后单击右上角的工具栏按钮“SecureFX”，如图2-74所示。

(T) 脚本(S) 工具(L) 窗口(W) 帮助(H)

图2-74

单击图2-74所示方框内的图标，就会启动SecureFX程序，并自动打开Windows和Linux的文件浏览窗口，界面如图2-75所示。

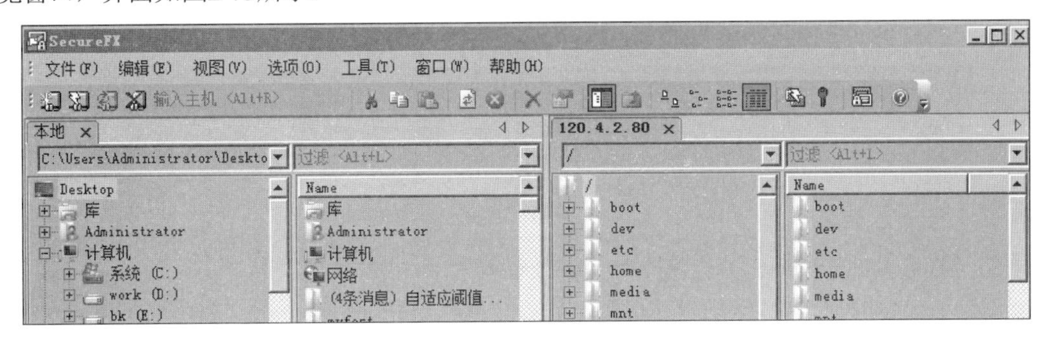

图2-75

上图中，左边是本地Windows的文件浏览窗口，右边是IP为120.4.2.80的虚拟机Linux的文件浏览窗口。如果需要把Windows中的某个文件上传到Linux，只需要在左边选中该文件，然后拖放到右边Linux窗口中；从Linux下载文件到Windows也是这样的操作，非常简单，读者只需多实践几下即可上手。

6. 安装VMware Tools

VMware Tools是VMware workstation软件的一个小工具，安装了这个小工具后，可以方便宿主机和虚拟机之间的信息交互，比如相互复制粘贴数据、相互拖放文件。建议把这个工具安装在root账户下。

图2-76

在VMware中，依次单击菜单选项“虚拟机→安装VMware tools”，1秒后虚拟机Ubuntu桌面上会出现一个光驱的图标，如图2-76所示。

右击这个图标并打开，把该虚拟光盘里的“VMwareTools10.1.6-5214329.tar.gz”复制到主目录中（直接拖放到“主目录”中即可），如图2-77所示。

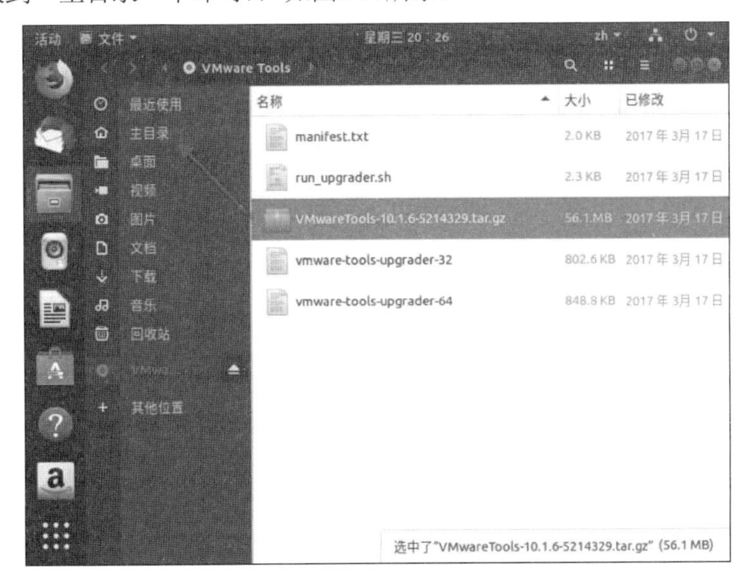

图2-77

进入主目录，在空白处右击，启动终端程序，在终端窗口中输入tar解压缩命令进行文件的解压缩：tar xzvf VmwareTools-10.1.6-5214329.tar.gz。

进入目录vmware-tools-distrib，并执行脚本文件vmware-install.pl就开始安装了，如图2-78所示。

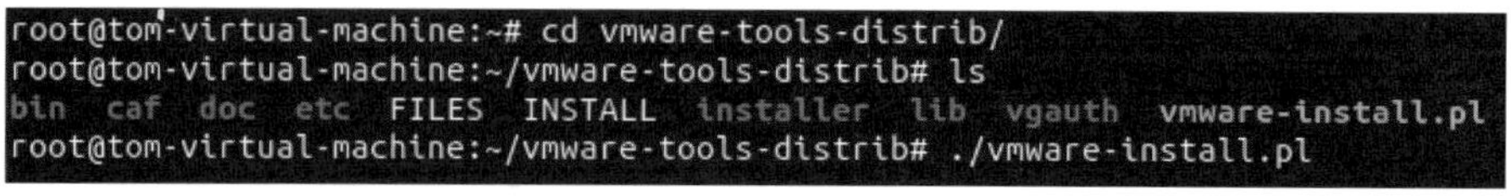

```
root@tom-virtual-machine:~# cd vmware-tools-distrib/
root@tom-virtual-machine:~/vmware-tools-distrib# ls
bin  caf  doc  etc  FILES  INSTALL  installer  lib  vgauth  vmware-install.pl
root@tom-virtual-machine:~/vmware-tools-distrib# ./vmware-install.pl
```

图2-78

安装过程会询问一些问题，在第一个问题处输入“yes”，其他保持默认设置，按回车键即可。当出现“what is the location of the "ifconfig" program on your machine?”时直接输入“yes”，再按回车键。当出现如图2-79所示的提示信息时，就表示安装成功了。

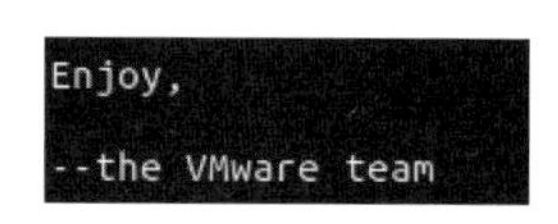

图2-79

此时重启系统，复制一个Windows下的文件，再粘贴到虚拟机Ubuntu中，发现可以粘贴进去就表示安装和设置成功了。

7. 调整分辨率

刚安装完的虚拟机Ubuntu的分辨率默认只有800×600，这使得虚拟机的窗口很小。我们需要调整分辨率。

在桌面上右击，在弹出的快捷菜单中选择“更换背景”命令，弹出来的窗口就会最大化，此时很不好操作，因此双击窗口的标题栏，让窗口处于非最大化状态，然后在左边打开下拉列表，选择“设备”选项，就可以看到“分辨率”，如图2-80所示。

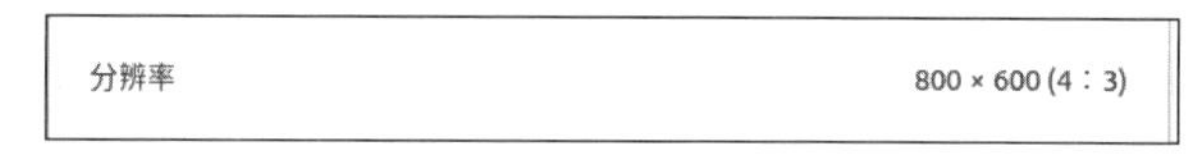

图2-80

我们可以根据自己的显示器设置一个合适的分辨率。单击“800×600（4:3）”，此时会弹出来竖条窗口，上面有一个滑动按钮，用鼠标控制滑到合适的分辨率，然后单击右上方的“应用”按钮。笔者选择的是“1440×900”分辨率。

8. 设置禁止锁屏

如果用户在5分钟内没有任何操作，刚安装完的Ubuntu将恢复到登录界面，这个过程叫锁屏。此时想要进入系统就要再次输入账户和密码，非常烦琐。对于学习开发而言，为了避免这种烦琐的反复登录，我们可以设置禁止锁屏。具体的设置步骤如下：

步骤01 准备打开设置。单击在桌面右上角的向下箭头，这个小箭头比较小，它位于关机按钮右边，如图2-81所示。此时会出现一个下拉窗口，然后找到“设置”菜单项，如图2-82所示。

随后将出现设置窗口。注意，该窗口出现时将自动显示上一次关闭该窗口时的子页面，如果是子页面，我们要先回到设置的主页面，可以单击左上角的后退按钮，以确保看到左上角有“设置”二字，这就说明是设置窗口的主页面了，如图2-83所示。

图2-81　　图2-82　　图2-83

步骤02 选择电源，设置“从不”。在设置窗口的左边列表中选择“电源”，然后在右边“节电”下的“息屏(B)”的右边下拉框中选择“从不”，如图2-84所示，这样就不会自动锁屏了。

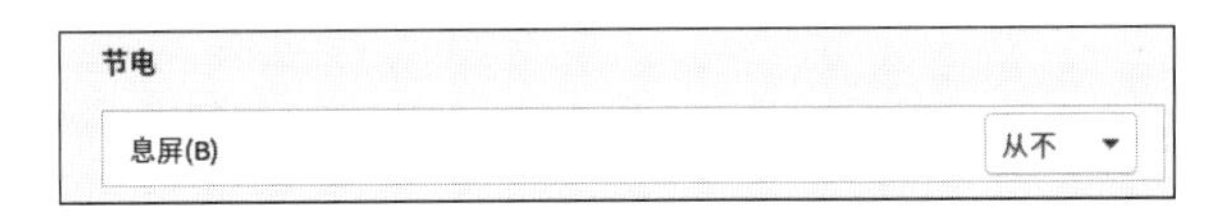

图2-84

当然也可以设置一个较长的时间，这样比较平衡，既能省电又不会频繁锁屏，毕竟默认的5分钟相对而言有点太短了。最后关闭设置窗口。

2.2.3 下载Qt 6.2

Linux的安装和设置已经完成了，下面进行Qt 6.2的安装。可以到网址https://download.qt.io/archive/online_installers/4.3/中下载Linux环境下的Qt在线安装包。进到网页后单击qt-unified-linux-x64-4.3.0-1-online.run，开始下载。如果不想下载，也可以直接到源码目录的子文件夹somesofts下找到它。

如果下载下来的文件存放到Windows中，那么还需要把它存放到虚拟机Ubuntu中去。在虚拟机的桌面上，单击左边工具栏第三个按钮来打开文件资源管理器，如图2-85所示。

在新出现的文件资源管理器窗口中，单击左边的“主目录”，然后单击右上角查询图标旁的排列图标，如图2-86所示。

这样操作主要是可以在窗口中留出更多空白区域，以方便我们新建文件夹。在空白处新建文件夹，并将这个文件夹命名为soft，然后用鼠标双击，进入这个文件夹，再把前面下载到Windows下的qt-unified-linux-x64-4.3.0-1-online.run文件复制粘贴到该文件夹中，或者直接拖进去也可以（注意，粘贴进度条即使消失了，也要稍等一会才能真正完成粘贴操作）。操作一切正常的话，选中该文件后，它的右下角会显示出文件的大小（36.6MB），如图2-87所示。

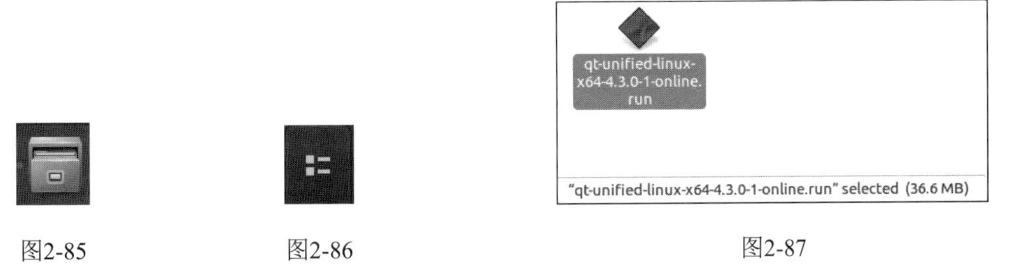

图2-85　　图2-86　　图2-87

这样，下载下来的Qt安装包就复制到虚拟机Ubuntu中了。

2.2.4 下载安装依赖包

在安装前，我们先要安装一些依赖性软件包，避免在安装Qt的过程中提示找不到一些信息。在终端窗口中，依次输入如下命令，每个命令输入后都会自动安装，如果有询问，就采用默认值。

```
apt-get install build-essential
apt-get install build-essential
apt-get install g++
apt-get install libx11-dev libxext-dev libxtst-dev
apt-get install libxcb-xinerama0
```

2.2.5 安装Qt

依赖包安装完毕后，就可以开始安装Qt了。打开终端窗口，进入到/root/soft目录下，为文件qt-unified-linux-x64-4.3.0-1-online.run添加执行权限：

```
chmod +x qt-unified-linux-x64-4.3.0-1-online.run
```

添加执行权限后，就可以开始安装Qt 6了。继续运行命令：

```
./qt-unified-linux-x64-4.3.0-1-online.run
```

然后就会出现安装向导窗口，如图2-88所示。和在Windows下安装一样，必须先输入有效的账号和密码才能进行下一步。没有的话，需要注册一个。

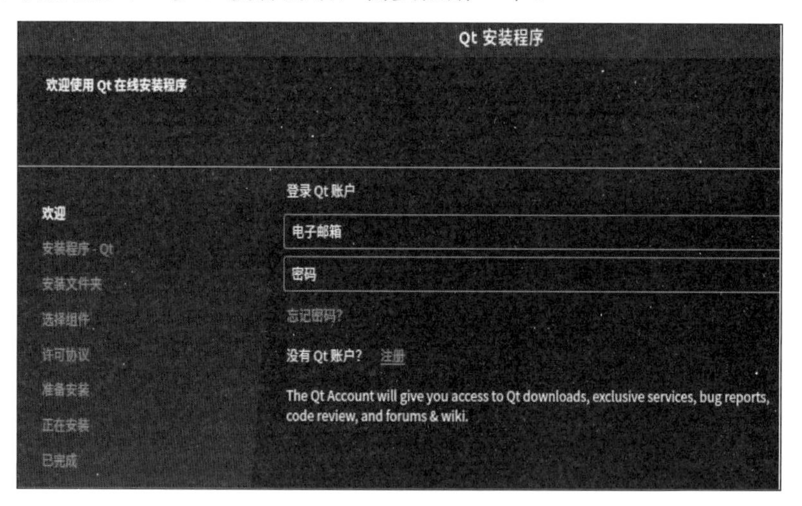

图2-88

输入账号和密码后，单击“下一步”按钮，在出现的界面中，勾选“我已阅读并同意使用开源Qt的条款和条件”和“我是个人用户，我不为任何公司使用Qt”这两个复选框。然后单击“下一步”按钮，其实这个过程跟Windows下类似，然后继续单击“下一步”按钮，进入“安装文件夹”界面，保持默认设置，安装到/opt/Qt6路径下，如图2-89所示。并选中“Qt 6.2 for desktop development”复选框。

再单击“下一步”按钮，出现协议界面，选中下方的第一个选项，如图2-90所示。

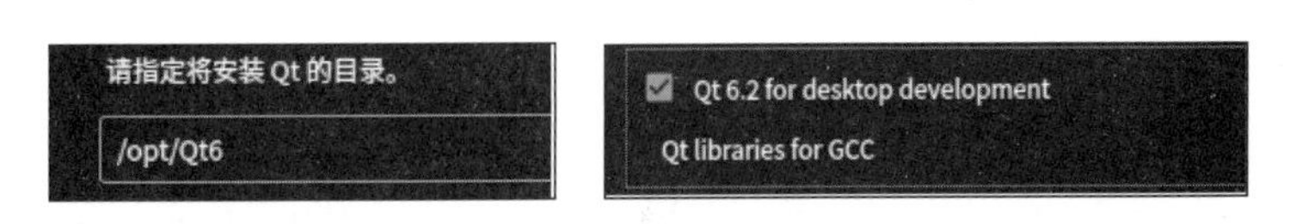

图2-89

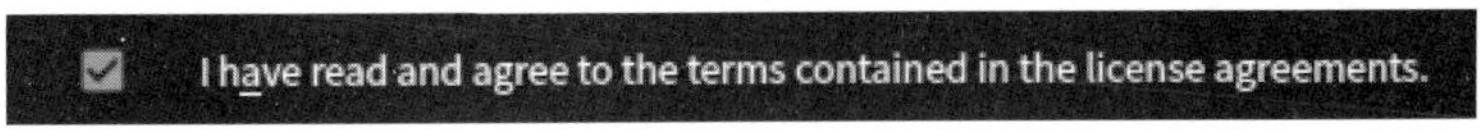

I have read and agree to the terms contained in the license agreements.

图2-90

再单击“下一步”按钮，出现“已做好安装准备”对话框，单击“安装”按钮，就开始漫长的安装，最后单击“完成”按钮退出即可。

然后单击“下一步”按钮，这个时候有可能出现如图2-91所示的状况。

没有足够的磁盘空间来存储临时文件和安装。1.87 GB 可用，但至少需要 5.63 GB。

图2-91

这是因为磁盘空间不够了，当然不是每个人都会出现这个情况，笔者因为磁盘上原有内容比较多，而且安装虚拟机Linux的时候采用了默认的20GB硬盘空间，所以才会出现这个提示。如果没有这个提示，那么可以正式开始安装了。如果出现这个提示，也不要着急，先跟着笔者扩充容量。基本思路是为虚拟机Linux添加一个磁盘，并把Qt安装到这个磁盘上。步骤如下：

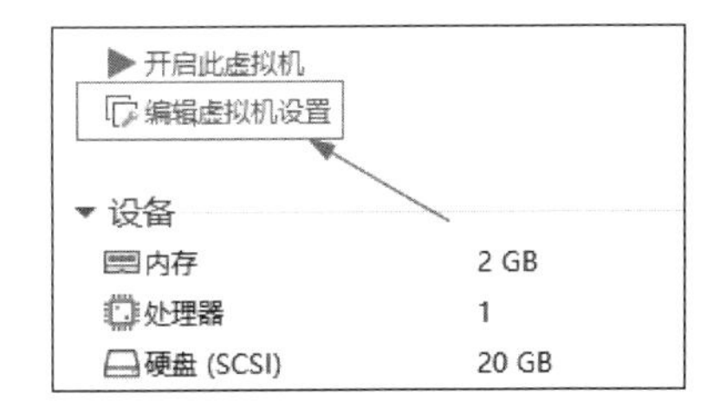

图2-92

步骤01 添加新硬盘，先关闭Ubuntu，然后在VMware中单击“编辑虚拟机设置”，如图2-92所示。

步骤02 然后在“虚拟机设置”对话框的“硬件列表”里选中“硬盘（SCSI）”，并单击下方“添加”按钮，此时出现“添加硬件向导”对话框，在这里添加新磁盘的容量为20GB，如图2-93所示。继续单击“下一步”按钮，直到完成。此时在“虚拟机设置”的硬件列表中可以看到多了一个新硬盘，如图2-94所示。

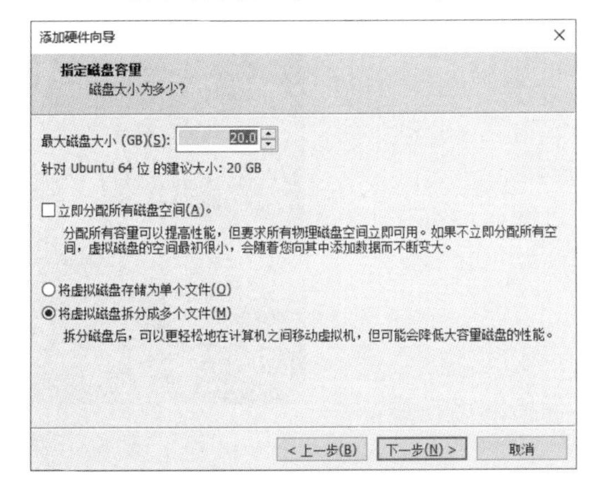

图2-93

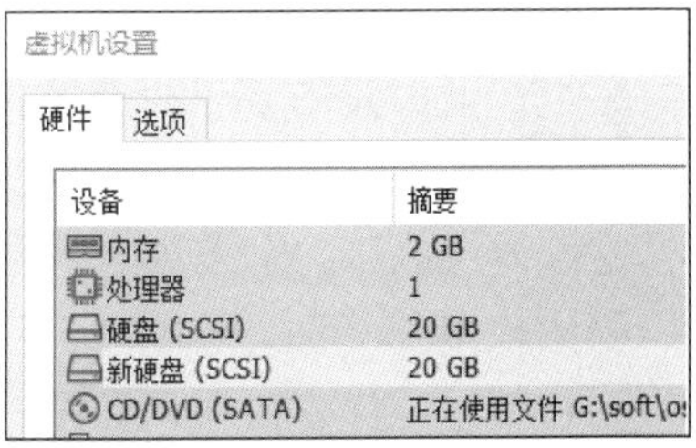

虚拟机设置

硬件　选项

设备	摘要
内存	2 GB
处理器	1
硬盘 (SCSI)	20 GB
新硬盘 (SCSI)	20 GB
CD/DVD (SATA)	正在使用文件 G:\soft\o

图2-94

单击“确定”按钮关闭该对话框，这样我们的虚拟机Linux一共有40GB空间了。

步骤03 开启虚拟机Ubuntu，打开终端窗口，然后输入命令fdisk -l，这个命令可以查看当前硬盘空间的信息，我们可以找到新添加的磁盘sdb，如图2-95所示。

然后对其进行格式化，这个操作和Windows一样，新加的硬盘肯定要建立起文件系统才能使用，这里使用mkfs.ext3命令把硬盘格式化成ext3文件系统，输入命令如下：

```
mkfs.ext3 /dev/sdb
```

稍等片刻，格式化完成，如图2-96所示。

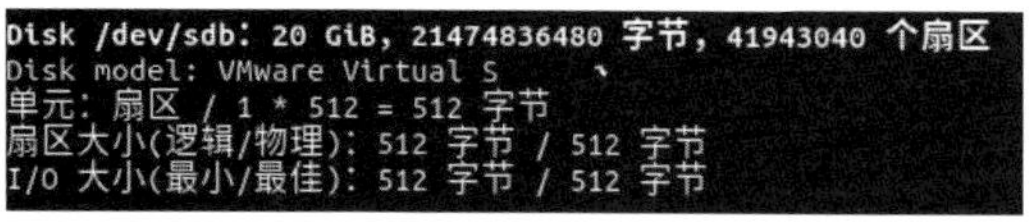

Disk /dev/sdb：20 GiB，21474836480 字节，41943040 个扇区
Disk model: VMware Virtual S
单元：扇区 / 1 * 512 = 512 字节
扇区大小(逻辑/物理)：512 字节 / 512 字节
I/O 大小(最小/最佳)：512 字节 / 512 字节

图2-95

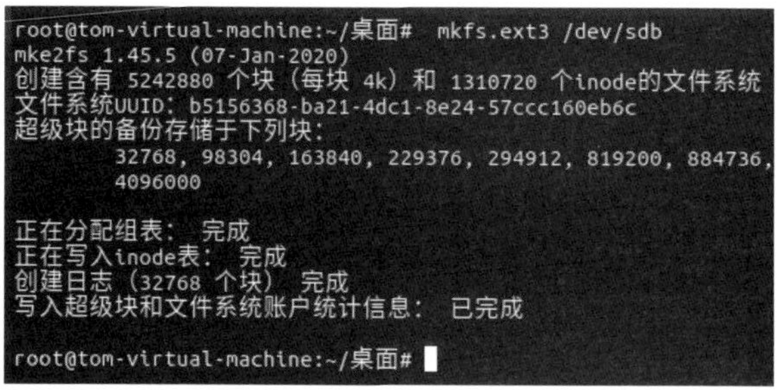

root@tom-virtual-machine:~/桌面# mkfs.ext3 /dev/sdb
mke2fs 1.45.5 (07-Jan-2020)
创建含有 5242880 个块（每块 4k）和 1310720 个inode的文件系统
文件系统UUID：b5156368-ba21-4dc1-8e24-57ccc160eb6c
超级块的备份存储于下列块：
32768, 98304, 163840, 229376, 294912, 819200, 884736,
4096000
正在分配组表：完成
正在写入inode表：完成
创建日志（32768 个块）完成
写入超级块和文件系统账户统计信息：已完成
root@tom-virtual-machine:~/桌面#

图2-96

格式化完成后，我们再将这个磁盘进行挂载到一个文件夹，这个文件夹必须先建立，输入命令：

```
mkdir /wwwroot
```

名字可以自己定义。然后挂载到文件夹/wwwroot下，输入命令：

```
mount /dev/sdb /wwwroot
```

如果没有提示信息，则说明成功了，如图2-97所示。

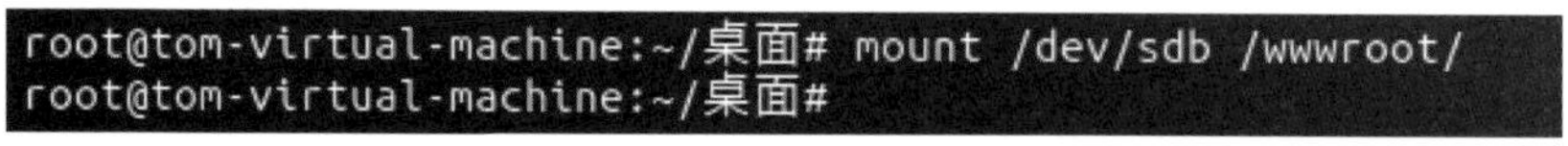

root@tom-virtual-machine:~/桌面# mount /dev/sdb /wwwroot/
root@tom-virtual-machine:~/桌面#

图2-97

现在往/wwwroot下存放数据，就相当于存放到/dev/sdb下。

步骤04 我们继续安装Qt。回到Qt安装向导的路径设置上，将安装路径指定到/wwwroot/Qt6，如图2-98所示。

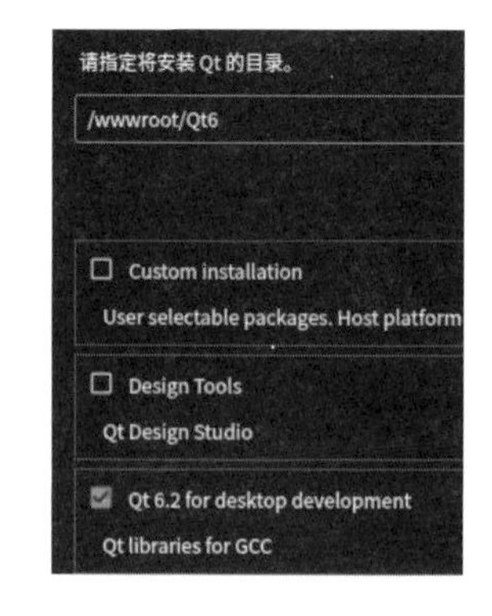

继续单击“下一步”按钮，一直到弹出“准备安装”对话框，此时没有提示磁盘空间不够的信息了，直接提示已经准备安装了，如图2-99所示。

继续单击右下方“安装”按钮，开始正式安装，这个过程比较漫长，可以先休息一下。另外，要保持网络在线，现在都是在线安装了，如图2-100所示。

请指定将安装 Qt 的目录。
/wwwroot/Qt6
Custom installation
User selectable packages. Host platform
Design Tools
Qt Design Studio
Qt 6.2 for desktop development
Qt libraries for GCC

图2-98

安装程序现已准备好在您的计算器中安装 Qt。安装程序将使用 4.10 GB 的磁盘空间。

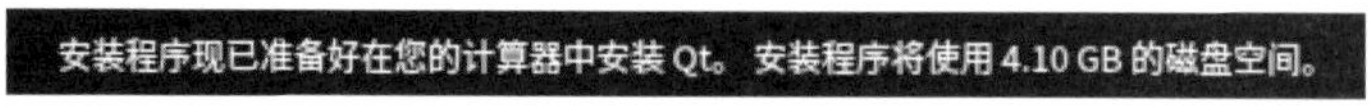

图2-99

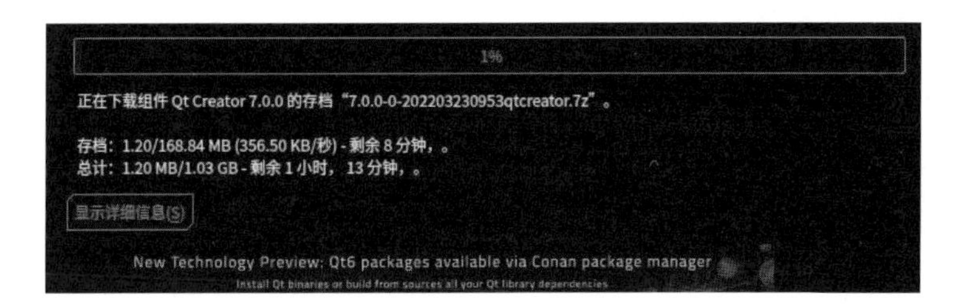

图2-100

弹出如图2-101所示的界面，表示安装完成。

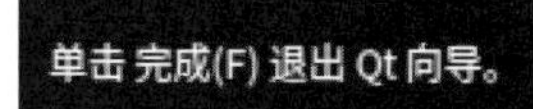

图2-101

最后单击“完成”按钮。至此，Linux下安装Qt 6已完成，我们可以在/wwwroot文件夹下看到有一个Qt 6子文件夹了，并且qtcreator可执行程序位于./Tools/QtCreator/bin/下。下面我们启动qtcreator，在命令行下输入命令：

```
/wwwroot/Qt6/Tools/QtCreator/bin/qtcreator
```

这个命令可以在任意路径下启动qtcreator，因为我们带上了全路径。如果先进入到/wwwroot/Qt6/Tools/QtCreator/bin/下，则只需要执行./qtcreator即可，其中./表示在当前路径下执行。第一次启动比较慢，稍等会qtcreator就启动了，如图2-102所示。

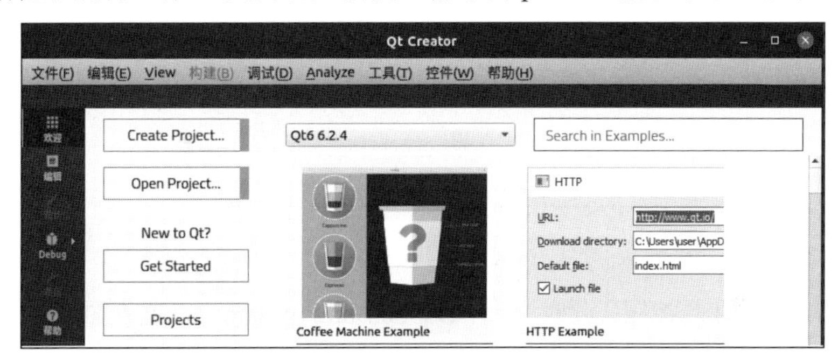

图2-102

2.2.6　第一个Linux下的Qt程序

相信读者已经迫不及待地要新建项目文件。我们在前面已经介绍过新建项目的过程，这里不再赘述，这就是跨平台软件的好处，一旦在Windows下学会如何使用，那么到了Linux下，用起来也基本一样。不过，第一次运行项目不会那么顺利，我们先来看下面的例子。

【例2.6】　Linux下的第一个Qt程序

（1）在虚拟机Ubuntu的终端窗口中，输入命令“Qt Creator”来启动Qt Creator。在Qt Creator主界面上，依次单击主菜单的菜单选项“文件→新建文件或项目”，随后显示出New Project对话框，在该对话框上选中Qt Widgets Application选项，如图2-103所示。

然后单击右下角的“Choose...”按钮，出现“Project Location”设置界面，输入名称为test，保持默认路径，如图2-104所示。如果要更改路径，则要确保所选择的目标目录已经存在。这一点是Qt Creator不如VC的地方。注意，Qt Creator不会自动新建目录。

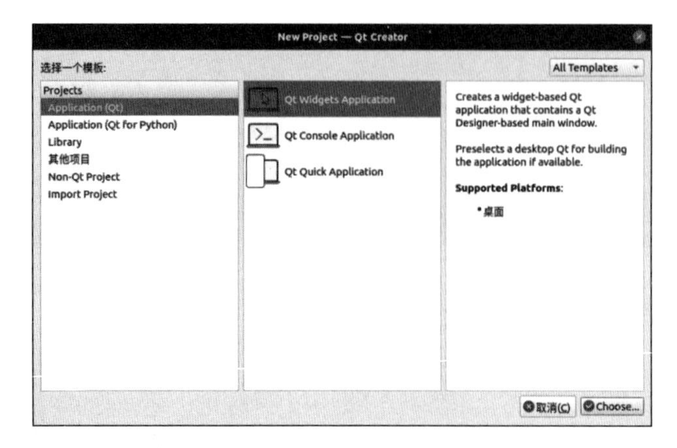

图2-103

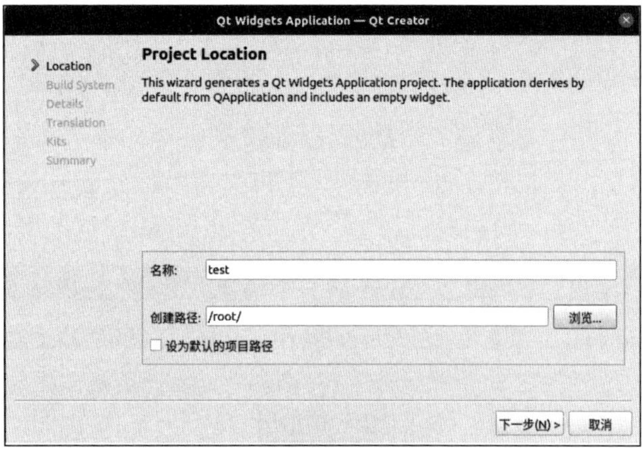

图2-104

然后再单击“下一步”按钮，此时出现“Define Build System”设置界面，这里的Build system（构建系统）选择为“Qbs”，如图2-105所示。

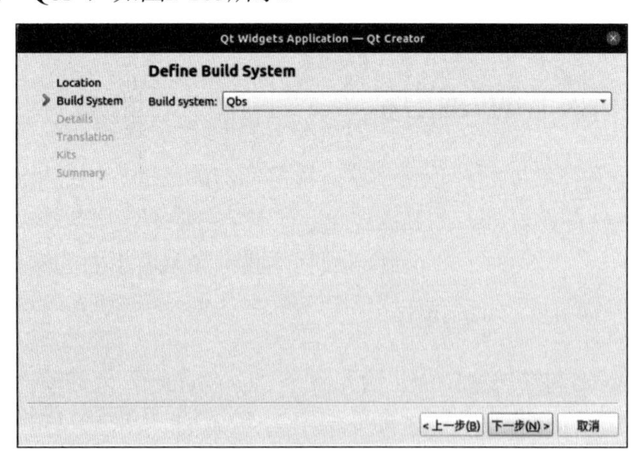

图2-105

Qbs（Qt build suite）同qmake、cmake一样都是构建工具。Qbs称为是下一代的构建工具（上一代是基于makefile的构建工具）。根据官网介绍，Qbs极有可能会替代qmake成为Qt 6.x的构建系统，与qmake相比，Qbs提供了更快的构建速度，以及更多的特性。和qmake不一样，qbs没有绑定Qt版本，它从项目文件的高级项目描述中，生成一个正确的编译表（依赖表）。而传统的MakeFile生成工具比如qmake和CMake生成了makefile文件，然后将实际的命令留给make或者ninja这样的工具去执行。Qbs的另一方面就是充当了并行生成与直接调用编译器、连接器以及其他工具的角色，非常像SCons和Ant做的事情。这里只需要知道Qbs是一个最新推出的构建工具。然后单击“下一步”按钮直到完成，这个过程一直保持默认配置即可。

这样一个MainWindow程序框架就建立起来了。工程目录test下的test.qbs相当于工程文件，以后可以在qtcreator中通过“打开工程”按钮，选择该文件来打开整个工程。

（2）按Ctrl+R快捷键运行项目，此时发现问题，报错信息如图2-106所示。

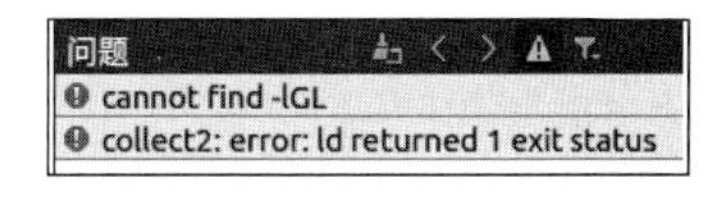

图2-106

这个问题具有普遍性！对于很多Linux发行版本，Qt安装完成后如果直接编译或者运行项目，就会出现“cannot find -lGL”错误提示信息，这是因为Qt找不到OpenGL的动态链接库（libGL.so）。OpenGL在大部分Linux发行版中都是默认安装的，包括Ubuntu、CentOS等Linux发行版，找不到时一般是路径不对。

Qt默认在/usr/lib/目录下查找动态链接库，但是很多Linux发行版将OpenGL链接库存放在其他目录。因此，需要把libGL.so复制到/usr/lib/目录，或者在/usr/lib/目录下为libGL.so创建一个链接，就能解决问题。首要问题是我们要把libGL.so找出来。

另外，Linux发行版自带的OpenGL链接库在后缀中添加了版本号，例如libGL.so.1、libGL.so.1.2.0、libGL.so.1.3.1等，但是Qt在链接阶段查找的OpenGL链接库是不带版本号的。

总而言之，我们需要在/usr/lib/目录下为OpenGL链接库创建一个链接，并去掉版本号。

如果不知道当前Linux系统中libGL.so的具体路径，那么可以使用locate libGL.so命令或find /usr -name libGL.so命令查找，然后使用ln -s创建链接。如果locate命令没识别，可以在线安装一下，安装命令是apt install mlocate。

首先查找libGL.so：

```
root@tom-virtual-machine:/# updatedb
root@tom-virtual-machine:/# locate libGL.so
/snap/gnome-3-34-1804/72/usr/lib/x86_64-linux-gnu/libGL.so
/snap/gnome-3-34-1804/72/usr/lib/x86_64-linux-gnu/libGL.so.1
/snap/gnome-3-34-1804/72/usr/lib/x86_64-linux-gnu/libGL.so.1.0.0
/snap/gnome-3-34-1804/77/usr/lib/x86_64-linux-gnu/libGL.so
/snap/gnome-3-34-1804/77/usr/lib/x86_64-linux-gnu/libGL.so.1
/snap/gnome-3-34-1804/77/usr/lib/x86_64-linux-gnu/libGL.so.1.0.0
/snap/gnome-3-38-2004/87/usr/lib/x86_64-linux-gnu/libGL.so
/snap/gnome-3-38-2004/87/usr/lib/x86_64-linux-gnu/libGL.so.1
/snap/gnome-3-38-2004/87/usr/lib/x86_64-linux-gnu/libGL.so.1.7.0
/snap/gnome-3-38-2004/99/usr/lib/x86_64-linux-gnu/libGL.so
/snap/gnome-3-38-2004/99/usr/lib/x86_64-linux-gnu/libGL.so.1
/snap/gnome-3-38-2004/99/usr/lib/x86_64-linux-gnu/libGL.so.1.7.0
/usr/lib/x86_64-linux-gnu/libGL.so.1
/usr/lib/x86_64-linux-gnu/libGL.so.1.7.0
```

其中updatedb用于手动更新数据库，这样locate搜索出来的结果最真实。把倒数第2个链接到/usr/lib/libGL.so：

```
ln -s /usr/lib/x86_64-linux-gnu/libGL.so.1 /usr/lib/libGL.so
```

此后，按Ctrl+R快捷键运行，可以发现运行成功了（如果还不行，就尝试重新启动Qt，并再次打开刚才的项目文件test.qbs），运行结果如图2-107所示。

图2-107

如果在一线企业从事开发工作，肯定要和其他同事进行合作，而且需要调用其他人提供的共享库，有关Linux下的Qt如何调用.a静态库和.so共享库的知识，可以参考本书的第9章。如果读者作为初学者而不知道什么是库，建议先学习Linux下的C语言编程知识（可以参考清华大学出版社出版的《Linux C与C++一线开发实践》，里面详细介绍了共享库的概念、创建和使用）。

2.2.7 再次做个快照

前面我们把Linux下的Qt环境搭建起来了，为了保存劳动成果，可以用VMware软件做个快照，一旦系统出现故障，就可以恢复到Qt安装配置成功的状态。建议读者养成一个良好的习惯，即做2个快照，第一个是刚刚安装好操作系统时候，第二个快照就是开发环境部署成功的时候。

2.3 Qt Creator的一些小技巧

2.3.1 添加删除行的快捷键

我们在VC中经常使用Ctrl+L快捷键（不区分字母大小写）来删除某一行，非常方便。如果想在Qt Creator中也使用Ctrl+L来删除某行，可以先进行设置。启动Qt Creator，依次单击主菜单的菜单选项“工具→选项”，然后在“选项”对话框的左边选择“环境”，在右边选择“键盘”，然后在“键盘快捷键”下的编辑框中输入delete，然后在下方选中DeleteLine这一行，如图2-108所示。

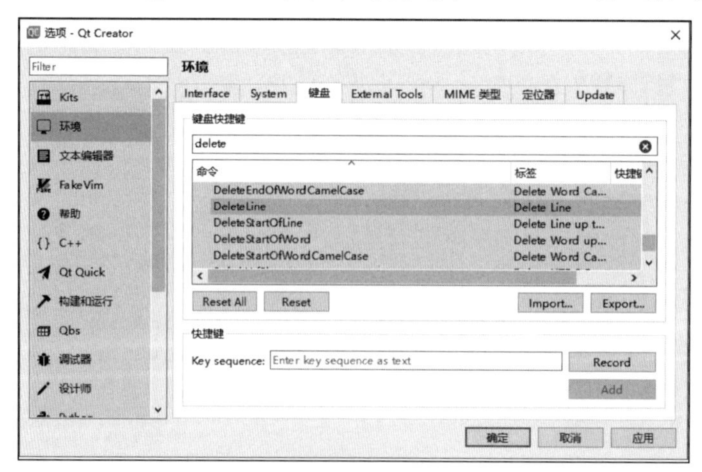

图2-108

单击下方的Record按钮，此时开始录制用户想要设置的快捷键，同时按下Ctrl+L快捷键，然后单击Stop Recording按钮来停止记录。随后Ctrl+L将出现在Key Sequence旁边的编辑框中，不过下方会出现一行红字，提示和跳转行的快捷键冲突了，我们把跳转行的快捷键改为Ctrl+G即可。最后单击“确定”按钮，删除行的快捷键就设置成功了。

2.3.2　改变编辑器的颜色

默认情况下，编辑器的背景色是白的，使用时间久了很刺眼。我们可以通过改变颜色来缓解。启动Qt Creator，依次单击主菜单的菜单选项“工具→选项”，在“选项”对话框的左边选择“文本编辑器”，如图2-109所示。

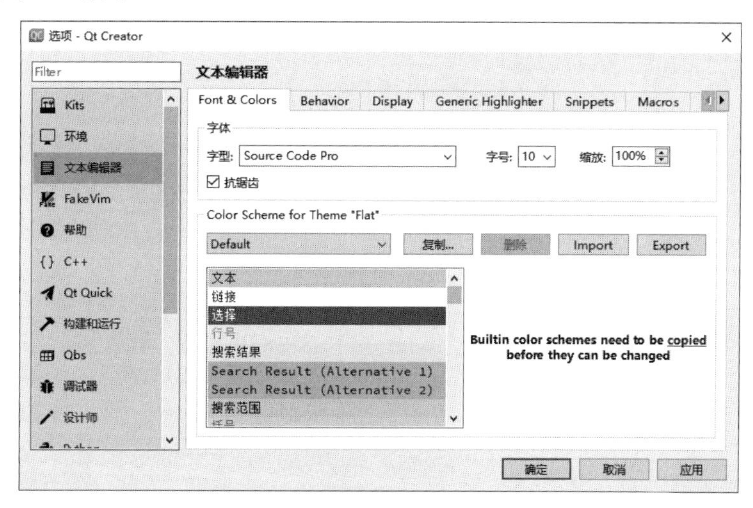

图2-109

单击链接“copied”，这样可以在修改“Default”主题方案之前先备份一下，然后我们在备份的主题上修改颜色，这样以后可以恢复到“Default”主题。单击“copied”后，就出现“前景颜色”和“背景颜色”了，如图2-110所示。

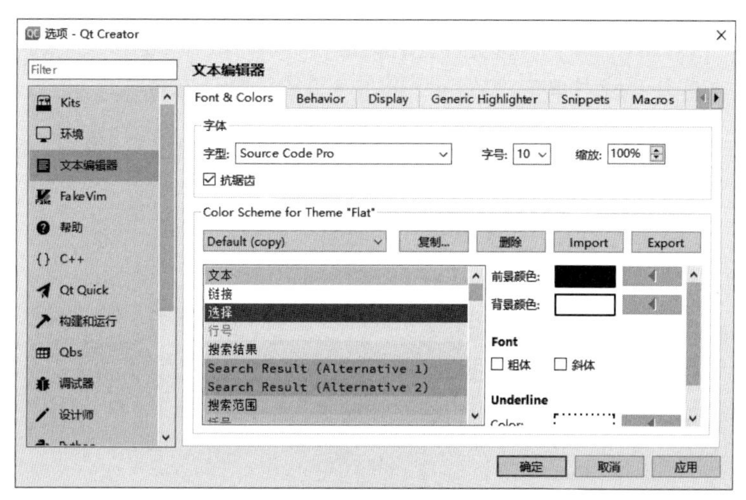

图2-110

我们单击“背景颜色”右边的白色区域，就会出现颜色选择框，从而可以选择自己喜欢的背景色。

2.3.3 设置默认的构建套件

打开“选项”对话框，在左边选中Kits，在右边设置构建套件（Kit），比如可以“添加”“克隆”并“设置为默认”，通常情况下会自动探测到，如图2-111所示。

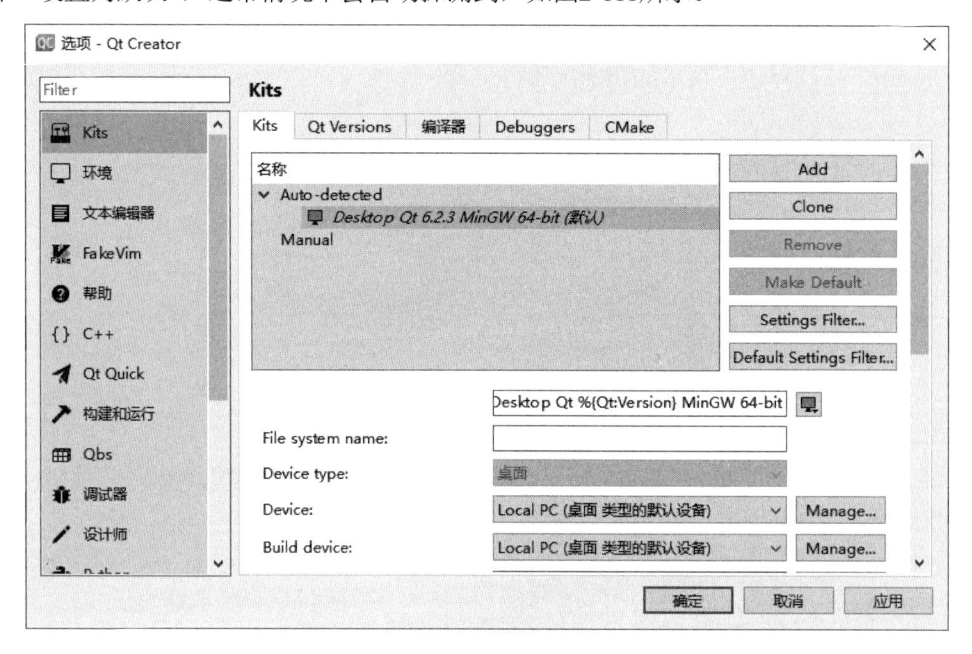

图2-111

2.3.4 在Locals窗口中查看变量值

我们在调试代码的时候，通常需要停下来查看某个变量的值，此时既可以把鼠标放在变量上显示其值，也可以在Locals窗口中添加要查看的变量。如果在Locals窗口找不到，可以单击“View→试图→Locals”来打开，或者单击“View→试图→重置为默认布局”。

第 3 章

Qt编程基础

Qt（发音为"cute"，而不是"cu tee"）是一个跨平台框架，通常用作图形工具包，不过它在创建命令行（CLI）应用程序方面非常出色。它可以运行在3个主要的桌面操作系统（Windows、Linux和Mac）以及移动设备操作系统（如Symbian、Android和iOS等）上。

Qt 6与Qt 5最大的变化就是支持C++17，并引入新的构建系统CMake。Qt的发展要跟上C++的发展，C++17由2017年年底发布，C++20也已经发布，Qt 6的发布终于能用上C++17了。Qt 6本身就是使用CMake构建的。这也为使用CMake构建项目的所有用户带来了体验优化。当然为了兼容Qt 5等，Qt 6也将继续支持qmake。

Qt 6模块分为Essentials Modules和Add-on Modules两部分。前者是基础模块，在所有平台上都可用；后者是扩展模块，建立在基础模块的基础之上，在能够运行Qt的平台之上可以酌情引入。

Qt基础模块分为以下几个：

（1）Qt Core，提供核心的非GUI功能，所有模块都需要这个模块。这个模块的类包括动画框架、定时器、各个容器类、时间日期类、事件、IO、JSON、插件机制、智能指针、图形（矩形、路径等）、线程、XML等。所有这些类都可以通过#include <QtCore>头文件来引入。

（2）Qt GUI，提供GUI程序的基本功能，包括与窗口系统的集成、事件处理、OpenGL和OpenGL ES集成、2D图像、字体、拖放等。这些类一般由Qt用户界面类在内部使用，当然也可以用于访问底层的OpenGL ES图像API。Qt GUI模块提供的是所有图形用户界面程序都需要的通用功能。

（3）Qt Multimedia，提供视频、音频、收音机以及摄像头等功能。这些类可以通过#include <QtMultimedia>引入，需要在pro文件中添加QT += multimedia。

（4）Qt Network，提供跨平台的网络功能。这些类可以通过#include <QtNetwork>引入，需要在pro文件中添加QT += network。

（5）Qt QML，提供了供QML（一种脚本语言，也提供了JavaScript的交互机制）使用的C++ API。这些类可以通过#include <QtQml>引入，需要在pro文件中添加QT += qml。

（6）Qt Quick，允许在Qt/C++程序中嵌入Qt Quick（一种基于Qt的高度动画的用户界面，适合于移动平台开发）。这些类可以通过#include <QQuickView>引入，需要在pro文件中添加QT += quick。

（7）Qt SQL，允许使用SQL访问数据库。这些类可以通过#include <QtSql>引入，需要在pro文件中添加QT += sql。

（8）Qt Test，提供Qt程序的单元测试功能。这些类可以通过#include <QtTest>引入，需要在pro文件中添加QT += testlib。

（9）Qt WebKit，基于WebKit 2的实现以及一套全新的QML API（顺便说一下，Qt 4.8附带的是 Qt WebKit 2.2）。

Qt扩展模块分为以下几个：

（1）Qt 3D，提供声明式语法，在Qt程序中可以简单地嵌入3D图像。Qt 3D为Qt Quick添加了3D内容渲染。Qt 3D提供了QML和C++两套API，用于开发3D程序。

（2）Qt Bluetooth，提供用于访问蓝牙无线设备的C++和QML API。

（3）Qt Contacts，用于访问地址簿或者联系人数据库的C++和QML API。

（4）Qt Concurrent，封装了底层线程技术的类库，方便开发多线程程序。

（5）Qt D-Bus，这是一个仅供UNIX平台使用的类库，用于利用D-Bus协议进行进程间交互。

（6）Qt Graphical Effects，提供了一系列用于实现图像特效的类，比如模糊、锐化等。

（7）Qt Image Formats，支持图片格式的一系列插件，包括TIFF、MNG、TGA和WBMP。

（8）Qt JS Backend，没有公开的API，从V8 JavaScript引擎移植而来。这个模块仅供QtQml模块内部使用。

（9）Qt Location，提供定位机制、地图和导航技术、位置搜索等功能的QML和C++ API。

（10）Qt OpenGL，方便在Qt应用程序中使用OpenGL。该模块仅仅为了便于程序从Qt 4移植到Qt 5才保留下来，如果需要在新的Qt 6程序中使用OpenGL相关技术，需要使用Qt GUI模块中的QOpenGL。

（11）Qt Organizer，使用QML和C++ API访问组织事件（Organizer Event）。Organizer API是Personal Information Management API的一部分，用于访问Calendar信息。通过Organizer API可以实现从日历数据库访问日历时间、导入iCalendar事件或者将自己的事件导出到iCalendar。

（12）Qt Print Support，提供了对打印功能的支持。

（13）Qt Publish and Subscribe，为应用程序提供了对项目值的读取、导航、订阅等功能。

（14）Qt Quick，从Qt 4移植过来的QtDeclarative模块，用于提供与Qt 4的兼容。如果需要开发新的程序，需要使用Qt Quick模块。

（15）Qt Script，提供脚本化机制。这也是为了提供与Qt 4的兼容性，如果要使用脚本化支持，请使用QtQml模块的QJS*类。

（16）Qt Script Tools，为使用Qt Script模块的应用程序提供的额外组件。

（17）Qt Sensors，提供访问各类传感器的QML和C++接口。

（18）Qt Service Framework，提供客户端发现其他设备的服务。Qt Service Framework为在不同平台上发现、实现和访问服务定义了一套统一的机制。

（19）Qt SVG，提供渲染和创建SVG文件的功能。

（20）Qt System Info，提供的一套API，用于发现系统相关的信息，比如电池使用量、锁屏、硬件特性等。

（21）Qt Tools，提供了方便Qt开发的工具，包括Qt CLucene、Qt Designer、Qt Help以及Qt UI Tools。

（22）Qt Versit，提供了对Versit API的支持。Versit API是Personal Information Management API的一部分，用于QContacts和vCard以及QOrganizerItems和iCalendar之间的相互转换。

（23）Qt Wayland，仅用于Linux平台，用于替代QWS，包括Qt Compositor API（Server）和Wayland平台插件（Client）。

这里需要强调一点，由于Qt的扩展模块并不是Qt必须安装的部分，因此Qt在未来版本中可能会提供更多的扩展模块。

Qt俨然使得C++具有抗衡Java的能力。本章并不涉及Qt界面设计的具体内容，而是注重介绍Qt编程的通用基础知识，而这些知识在以后使用Qt的时候经常会碰到。

3.1　Qt基本数据类型

Qt基本数据类型定义在#include <QtGlobal>中，如表3-1所示。

表3-1　Qt基本数据类型

类型名称	说　明	备　注
qint8	signed char	有符号8位整数
qint16	signed short	有符号16位整数类型
qint32	signed short	有符号32位整数类型
qptrdiff	qint32或qint64	根据系统类型不同而不同，32位系统为qint32，64位系统为qint64
qreal	double或float	除非配置了-qreal float选项，否则默认为double
quint8	unsigned char	无符号8位整数类型
quint16	unsigned short	无符号16位整数类型
quint32	unsigned int	无符号32位整数类型
quint64	unsigned long long int 或unsigned __int64	无符号64位整数类型，Windows中定义为unsigned __int64
quintptr	quint32或quint64	根据系统类型不同而不同，32位系统为quint32，64位系统为quint64
qulonglong	unsigned long long int 或unsigned __int64	Windows中定义为unsigned __int64
uchar	unsigned char	无符号字符类型
uint	unsigned int	无符号整数类型
ulong	unsigned long	无符号长整数类型
ushort	unsigned short	无符号短整数类型

我们分别挑几个类型来使用一下，并看看它们占用多少字节。

【例3.1】　查看各个数据类型

（1）打开Qt Creator，新建一个控制台项目，项目名为test。

（2）在main.cpp中输入如下代码：

```
# #include <QCoreApplication>
#include <iostream>
using namespace std;

int main(int argc, char *argv[])
{
    QCoreApplication a(argc, argv);
    qint8 m;

    cout<<"sizeof(uchar)="<<sizeof(uchar)<<endl;
    cout<<"sizeof(qint8)="<<sizeof(m)<<endl;
    cout<<"sizeof(quint8)="<<sizeof(quint8)<<endl;
    cout<<"sizeof(ushort)="<<sizeof(ushort)<<endl;
    cout<<"sizeof(qint16)="<<sizeof(qint16)<<endl;
    cout<<"sizeof(qint32)="<<sizeof(qint32)<<endl;
    cout<<"sizeof(quint32)="<<sizeof(quint32)<<endl;
    cout<<"sizeof(ulong)="<<sizeof(ulong)<<endl;
    cout<<"sizeof(qulonglong)="<<sizeof(qulonglong)<<endl;

    return a.exec();
}
```

值得注意的是，上面代码中endl必不可少，否则最终窗口中没有输出。这时因为Qt为了只在新行刷新iostream。如果不想用endl，可以使用cout.flush()或cout<<flush，它们也能够清空缓冲区。而cout<<endl 相当于cout<<"\n" + cout.flush()(或cout<<flush)，即换行和刷新缓冲区，因此能看到输出结果。

（3）按Ctrl+R快捷键运行项目，在“应用程序输出”窗口下可以看到结果，如图3-1所示。

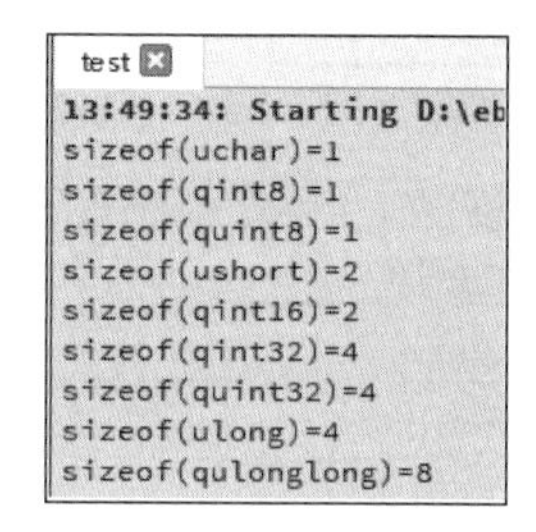

图3-1

3.2 字节数组类QByteArray

字节数组类QByteArray提供一个字节数组，用于存储原始字节。使用QByteArray类比使用char *更方便。该类在串口通信中经常被使用，因为串口通信数据都是一个一个的8位字节流。

3.2.1 初始化

通常有两种方法可以初始化QByteArray类的对象。

第一种方法是通过const char *将其传递给构造函数。例如，以下代码创建一个大小为5个字节的字节数组，数据为“Hello”：

```
QByteArray ba("Hello");
```

虽然我们定义了5个字节长度的字节数组对象，索引范围从0到4，但是系统自动会在字节数组对象结尾添加一个'\0'字符，这是为了某些场合使用方便。所以，我们在索引5的位置可以得到字符数据'\0'，比如：

```
QByteArray ba1("Hello");
if('\0'==ba1[5])
    printf("ba1[5]=\'\\0\'\n");   //这行会输出
```

第二种方法是使用resize()设置数组的大小，并初始化每个数组元素。

```
QByteArray ba;
ba.resize(6);
ba[0] = 0x3c;
ba[1] = 0xb8;
ba[2] = 0x64;
ba[3] = 0x18;
ba[4] = 0xca;
```

QByteArray类使用从0开始的索引值，就像C++数组一样。在调用resize()后，新分配的字节具有未定义的值。要将所有字节设置为特定值，可以调用fill()函数，该函数的原型声明如下：

```
QByteArray &QByteArray::fill(char ch, int size = -1)
```

其中，参数ch是想要给字节数组设置的字符；size如果不是-1，就表示重新为字节数组开辟的空间大小。比如：

```
QByteArray ba("Istambul");
ba.fill('o');
// ba == "oooooooo"
ba.fill('X', 2);
// ba == "XX"
```

第一次调用fill()函数后，ba所有空间的内容都是字符o了；第二次调用fill()函数后，因为fill()函数的第二个参数size是2，所以会重新调整ba的空间大小，变为2个字节，而且内容重新设置为"XX"。

3.2.2 访问某个元素

访问QByteArray类对象中的某个元素主要有4种方式，分别为[]、at()、data[]和constData[]。其中，[]和data[]方式为可读可写，at()和constData[]方式仅为可读。如果只是进行读操作，则通过at()和constData[]方式的访问速度最快，因为避免了复制处理。

at()可以比operator []()更快，就是因为前者不会发生深层复制。

【例3.2】 访问QByteArray类对象中的单个数据

（1）启动Qt Creator，新建一个控制台项目，项目名为test。

（2）在main.cpp中输入如下代码：

```
#include <QCoreApplication>
#include <qDebug>
```

```
int main(int argc, char *argv[])
{
    QCoreApplication a(argc, argv);
    QByteArray ba;
    ba.resize(6);
    ba[0] = 0x3c;
    ba[1] = 0xb8;
    ba[2] = 0x64;
    ba[3] = 0x18;
    ba[4] = 0xca;
    ba.data()[5] = 0x31;
    qDebug()<<"[]"<<ba[2]; //[] d
    qDebug()<<"at()"<<ba.at(2); //at() d
    qDebug()<<"data()"<<ba.data()[2]; //data() d
    qDebug()<<"constData()"<<ba.constData()[2]; //constData() d
    qDebug()<<"constData()"<<ba.constData()[5]; //constData() 1
    return a.exec();
}
```

qDebug()会输出ba[2]对应的字符，ASCII码为0x64的字符是'd'。

（3）按Ctrl+R快捷键运行项目，结果如图3-2所示。

```
[] d
at() d
data() d
constData() d
constData() 1
```

图3-2

3.2.3 截取子字符串

要一次提取多个字节，可使用函数left()、right()或mid()。

（1）函数left()返回从索引0位置开始、长度为len的子字节数组，该函数的原型声明如下：

```
QByteArray left(int len)
```

其中，参数len表示从数组左边开始要截取的字节数组的长度，如果len大于原来整个字节数组的长度，则返回整个字节数组。下列代码演示了函数left()函数的使用：

```
QByteArray x("Pineapple");
QByteArray y = x.left(4);
// y == "Pine"
```

（2）函数right()用来获取从字节数组最后一个字节数据开始，向前面截取len个字节并返回截取的子字节数组。该函数的原型声明如下：

```
QByteArray right(int len)
```

其中，参数len表示从右边开始要截取的子字节数组的长度，如果len大于原来整个字节数组的长度，则返回整个字节数组。下列代码演示了函数right()函数的使用：

```
QByteArray x("Pineapple");
QByteArray y = x.right(5);
// y == "apple"
```

（3）函数mid()返回从指定索引位置开始，向右边（即后面）长度为len的子字节数组。该函数的原型声明如下：

```
QByteArray mid(int pos, int len = -1)
```

其中，参数pos表示开始截取的索引，索引值从0开始；len表示要截取的子字节数组的长度，如果len为-1（默认值）或pos+len大于原字节数组的长度，则返回从pos开始一直到右边剩下的全部字节数组。下列代码演示了函数mid()函数的使用：

```
QByteArray x("Five pineapples");
QByteArray y = x.mid(5, 4);     // y == "pine"
QByteArray z = x.mid(5);       // z == "pineapples"
```

3.2.4 获取字节数组的大小

可以用成员函数size、length和count来获取字节数组的大小。除了名字不同，这3个函数是等同的，函数的原型声明如下：

```
int size();
int length();
int count();
```

这3个函数返回字节数组中的字节数。Size()函数的用法如下：

```
QByteArray ba("Hello");
int n = ba.size();         // n == 5
```

执行后，n等于5。可见，size()并不包含字符串末尾自动添加的'\0'。另外，如果以字符串形式初始化，中间有'\0'，则size()不会统计'\0'及其后面的字符。

```
QByteArray ba2("He\0llo");
int n = ba2.size();         // n == 2
```

执行后，n等于2。通过resize分配空间，然后通过逐个赋值来进行初始化的话，中间某个字节数据是'\0'，并不会被size()函数截断。比如：

```
QByteArray ba3;
ba3.resize(6);
ba3[0] = 0x3c;
ba3[1] = '\0';
ba3[2] = 0x64;
ba3[3] = 0x18;
ba3[4] = 0xca;
ba3.data()[5] = 0x31;
n = ba3.size();  //n == 6
```

3.2.5 数据转换与处理

从串口读取到的QByteArray数据一般需要进行提取和解析，此时就需要将QByteArray数据转换为各种类型的数据。常用的转换包括：

（1）转为Hex，用于显示十六进制，这点在调试时特别有用，因为大多HEX码是没有字符显示的，如0x00、0x20等。

（2）转为不同进制数值并显示，如二进制、八进制、十进制和十六进制等数值。

（3）转为整数类型、浮点类型等的数据类型。

（4）字母大小写进行转换。

（5）转为字符串类型。

1. Hex转换（十六进制转换）

QByteArray类的公有静态函数QByteArray::fromHex可以把十六进制编码的数据转换为字符（char）类型的数据，并存储到QByteArray类对象中。该函数的原型声明如下：

```
QByteArray fromHex(const QByteArray &hexEncoded)
```

其中，参数hexEncoded是十六进制编码的字节数组。由于该函数并不检查参数的有效性，因此遇到非十六进制数据则直接略过，然后继续处理剩余的数据。下列代码演示了fromHex()函数的使用：

```
QByteArray text = QByteArray::fromHex("517420697320677265617421");
text.data();            // returns "Qt is great!"
```

字符 '5' 和 '1'为一组，转为十六进制数据0x51，0x51对应的十进制数据是81，ASCII码为81的字符是'Q'。

与fromHex()相逆的函数是toHex()，该函数将字节数组中十六进制的数值编码转化为字符，它的原型声明如下：

```
QByteArray toHex()
```

下列代码演示了toHex()函数的使用：

```
QByteArray ba;
ba.resize(3);
ba[0] = 0x30;
ba[1] = 0x31;
ba[2] = 0x32;
qDebug() << ba.toHex(); //return "303132"
```

索引为0的字节数据为0x30，直接转为两个字符'3'和'0'。

2. 数值转换与输出

尽管QByteArray类是一个集合，但也可以作为一个特殊形式的数值来用，其灵活的转换格式可大大方便各种格式数据转换与显示的需求，如显示二进制和十六进制、显示科学记数和指定小数位的数值。QByteArray类的公有静态函数number可以完成这些功能。该函数可以将某个整数转为某种进制的字符数组，函数number的原型声明如下：

```
QByteArray number(int n, int base = 10)
```

其中，参数n是要转变的整数；base是要进行转换的进制，进制取值范围为2到36，即从二进制到三十六进制。该函数返回整数n对应的base进制的字符数组。下列代码演示了number()函数的使用：

```
int n = 63;
qDebug()<<QByteArray::number(n);                    // returns "63"
qDebug()<<QByteArray::number(n, 16);                // returns "3f"
qDebug()<<QByteArray::number(n, 16).toUpper();      // returns "3F"
qDebug()<<QByteArray::number(n, 2);                 // returns "111111"
qDebug()<<QByteArray::number(n, 8);                 // returns "77"
```

与此公有静态函数功能类似的公有函数是setNum()，该函数也是将某个整数转为某种进制的字符数组，函数的原型声明如下：

```
QByteArray & setNum(int n, int base = 10)
```

其中，参数n是要转变的整数；base是要进行转换的进制，进制取值范围为2到36，即从二进制到三十六进制。该函数返回整数n对应的base进制的字符数组。下列代码演示了setNum()函数的使用：

```
QByteArray ba;
int n = 63;
ba.setNum(n);           // ba == "63"
ba.setNum(n, 16);       // ba == "3f"
```

因为不是静态函数，所以要用对象来调用。此外，根据setNum()函数第一个参数的类型，setNum()函数可以有多种版本，比如：

```
QByteArray &QByteArray::setNum(ushort n, int base = 10)
QByteArray &QByteArray::setNum(short n, int base = 10)
QByteArray &QByteArray::setNum(uint n, int base = 10)
QByteArray &QByteArray::setNum(qlonglong n, int base = 10)
```

用法类似，只是n的取值范围不同。

除了整数之外，还能把数值按指定格式和小数位转换输出，所调用的函数依旧是number()，只不过参数形式变了：

```
QByteArray number(double n, char f = 'g', int prec = 6)
```

其中，参数n是要进行转换的实数；f表示转换格式，取值如下：

- e：采用指数法表示实数，此时实数的格式如[-]9.9e[+|-]999。
- E：格式同e，不过E要大写。
- f：普通小数表示法，此时格式如[-]9.9。
- g：使用e或f格式，第三个参数表示有效数字位的个数。
- G：使用E或f格式，第三个参数表示有效数字位的个数。

当参数f为'e'、'E'或'f '时，prec表示十进制小数点后小数部分的位数；当f为'g'或'G'时，prec表示有效数字位数的最大数目。注意，小数位要四舍五入。

【例3.3】　实数转为字节数组

（1）启动Qt Creator，新建一个控制台项目，项目名为test。

（2）在main.cpp中输入如下代码：

```
#include <QCoreApplication>
#include <qDebug>

int main(int argc, char *argv[])
{
    QCoreApplication a(argc, argv);
    QByteArray ba1 = QByteArray::number(12345.6, 'E', 3);
    QByteArray ba2 = QByteArray::number(12345.6, 'e', 3);
    QByteArray ba3 = QByteArray::number(12345.6, 'f', 3);
    QByteArray ba4 = QByteArray::number(12345.6, 'g', 3);
    QByteArray ba5 = QByteArray::number(12345.6, 'G', 3);
    qDebug()<<ba1;
    qDebug()<<ba2;
    qDebug()<<ba3;
    qDebug()<<ba4;
    qDebug()<<ba5;
    return a.exec();
}
```

我们分别使用了5种格式将实数12345.6转换为字节数组，最后输出结果。

（3）按Ctrl+R快捷键运行项目，结果如图3-3所示。

```
"1.235E+04"
"1.235e+04"
"12345.600"
"1.23e+04"
"1.23E+04"
```

图3-3

3.2.6 字母大小写的转换

QByteArray类对象若为带大小写字母的字符串，可调用函数toUpper()和toLower()实现字母大小写的转换。函数toUpper()的原型声明如下：

```
QByteArray toUpper()
```

函数很简单，没有参数，直接返回转换成大写字母后的字节数组。在转换过程中，碰到已经是大写的字母就忽略。用法举例如下：

```
QByteArray x("Qt by THE QT COMPANY");
QByteArray y = x.toUpper();
// y == "QT BY THE QT COMPANY"
```

函数toLower()也很简单，它的原型声明如下：

```
QByteArray toLower()
```

返回转换成小写字母后的字节数组。在转换过程中，碰到已经是小写的字母就忽略。用法举例如下：

```
QByteArray x("Qt by THE QT COMPANY");
QByteArray y = x.toLower();
// y == "qt by the qt company"
```

除了字母大小写的转换，QByteArray类还提供了判断是大写字母还是小写字母的成员函数isUpper和isLower。其中，isLower()函数的原型声明如下：

```
bool isLower()
```

如果字节数组中只包含小写字母则返回true，否则返回false。

3.2.7 字符串数值转为各类数值

QByteArray类对象的字符若都为数值，则可通过to**函数（也称为方法）转为各种类型的数据，示例如下：

```
QByteArray strInt("1234");
bool ok0;
qDebug() << strInt.toInt();                 // return 1234

// return 4660，默认是把strInt的内容作为十六进制数的1234，因而对应的十进制数值为4660
qDebug() << strInt.toInt(&ok0,16);

QByteArray string("1234.56");
bool ok1;
qDebug() << string.toInt();                 // return 0，小数均视为0
qDebug() << string.toInt(&ok1,16);          // return 0，小数均视为0
qDebug() << string.toFloat();               // return 1234.56
qDebug() << string.toDouble();              // return 1234.56

QByteArray str("FF");
bool ok2;
qDebug() << str.toInt(&ok2, 16);            / return 255, ok2 == true
qDebug() << str.toInt(&ok2, 10);            // return 0, ok == false，转为十进制失败
```

3.2.8 QByteArray与char*互转

成员函数data可以返回指向字节数组中存储数据的指针。该函数的原型声明如下：

```
char  *data();
```

该指针可用于访问和修改组成数组的元素。可以指定具体访问字节数组中的某一个，比如ba.data()[0]表示访问第0个。

如果要把char*转为QString，可以直接作为参数传入QByteArray类的构造函数中：

```
char* pt;
QByteArray byte(str);
```

我们来看一个小例子。

【例3.4】 返回char*并打印内容

（1）启动Qt Creator，新建一个控制台项目，项目名为test。

（2）在test.cpp中输入如下代码：

```
#include <QCoreApplication>
#include <iostream>
#include <QDebug>
using namespace std;
int main(int argc, char *argv[])
{
```

```
    QCoreApplication a(argc, argv);

    QByteArray ba("Hello world");
    char *data = ba.data();//返回一个指向字节数组ba的数据指针，指向第一个字符
    qDebug() << ba.data();//打印整个字符
    while (*data)
    {
        std::cout << *data << ","<<flush;
        ++data;
    }

    return a.exec();
}
```

（3）按Ctrl+R快捷键运行项目，结果如图3-4所示。

```
Hello world
H,e,l,l,o, ,w,o,r,l,d,
```

图3-4

3.2.9 QByteArray与std::string互转

string是C++标准库中的字符串类型。QByteArray类提供的成员函数toStdString()可以将字节数组转为string。该函数的原型声明如下：

```
std::string toStdString();
```

与该函数相反的函数是静态成员函数fromStdString()，它将string数据转为字节数组，该函数的原型声明如下：

```
[static] QByteArray QByteArray::fromStdString(const std::string &str);
```

其中，参数str是要转换的string字符串。函数返回转换后的字节数组。注意，转换的是str的一份备份，转换过程并不会影响str本身的内容。

3.2.10 与字符串QString互转

QString是Qt的字符串类，QByteArray是byte的数组。它们之间也可以互转。

QByteArray与QString互转极为简单，二者在本质上是类似的，都是连续存储的，区别是前者可以存储无法显示的字符，后者只存储可显示的字符。如QByteArray类对象可以存储0x00-0x19，而QString类对象只能存储如0x30等可显示字符（0x20-0x7E）。有关可显示字符，可参见ASCII表，相信大家在学习C语言时都了解过了。

String转QByteArray的代码如下：

```
QString str=QString("hello world!");
QByteArray arr = str.toLatin1();
```

QByteArray转QString的代码如下：

```
QByteArray arr("hello world!");
QString str = arr;
```

下面再看一下QByteArray转为QString示例：

```
QByteArray ba("abc123");
QString str = ba;
```

```
//或str.prepend(ba);
qDebug()<<str ;
//输出："abc123"
```

QString转为QByteArray示例：

```
QString str("abc123");
QByteArray ba = str.toLatin1();
qDebug()<<ba;
//输出："abc123"
```

3.2.11　QByteArray与自定义结构体之间的转化

在Socket网络编程中，网络数据一般是uchar类型（最好是用uchar来传输，避免莫名其妙的错误，另外用char类型也可以），在Qt中则可以使用QByteArray类。QByteArray类在QSocket共享库中，根据C++中char*数据与结构体之间的映射可以实现结构体与QByteArray的转化。下面来看一段代码：

```
#include <QByteArray>
#include <QDebug>
#include <stdlib.h>

typedef struct Header{
    int channel;
    int type;
}Headr;

typedef struct Msg{
    Header header;
    char content[128];
    friend QDebug operator << (QDebug os, Msg msg){
        os << "(" << " channel:" << msg.header.channel << " type:" << msg.header.type
           << " content:" << msg.content << " )";
        return os;
    }
}Msg;

typedef struct PeerMsg{
    PeerMsg(const int &ip, const int &por){
        ipV4 = ip;
        port = por;
    }
    int ipV4;
    int port;
    friend QDebug operator << (QDebug os, PeerMsg msg){
        os << "( " << " ipV4:" << QString::number(msg.ipV4)
           << " port:" << QString::number(msg.port)
           << " )";
        return os;
    }
}PeerMsg;
```

```
int main(void)
{
    Msg msg;
    msg.header.channel = 1001;
    msg.header.type = 1;
    strcpy(msg.content, "ABCDEFG");

    qDebug() << msg;

    QByteArray array;
    array.append((char*)&msg, sizeof(msg));          //把结构体转为QByteArray
    Msg *getMsg = (Msg*)array.data();
    qDebug() << *getMsg;

    QByteArray totalByte;
    PeerMsg peerMsg(123456, 10086);
    totalByte.append((char*)&peerMsg, sizeof(PeerMsg));
    totalByte.append(array, array.size());

    PeerMsg *getByte = (PeerMsg*)totalByte.data(); //把QByteArray转为结构体
    qDebug() << *getByte;
    QByteArray contentmsg = totalByte.right(totalByte.size() - sizeof(*getByte));
    Msg *getMsg2 = (Msg*)contentmsg.data();
    qDebug() << *getMsg2;

    return 0;
}
```

上面这段程序的运行结果如下：

```
( channel: 1001  type: 1  content: ABCDEFG  )
( channel: 1001  type: 1  content: ABCDEFG  )
(  ipV4: "123456"  port: "10086"  )
( channel: 1001  type: 1  content: ABCDEFG  )
```

3.2.12 判断是否为空

可以使用函数isEmpty()来判断字节数组是否为空，即size是否为0。函数isEmpty()的原型声明如下：

```
bool isEmpty();
```

如果字节数组的size为0，则返回true，否则返回false。

下列代码演示isEmpty()函数的使用：

```
QByteArray().isEmpty();          // returns true
QByteArray("").isEmpty();        // returns true
QByteArray("abc").isEmpty();     // returns false
```

3.2.13 向前搜索和向后搜索

函数indexOf()返回该字节数组中第一次出现字节数组ba的索引位置，从索引位置向前搜索。该函数的原型声明如下：

```
int indexOf(const QByteArray &ba, int from = 0);
```

其中，参数ba为要查找的目标字节数组ba，找到ba就返回索引值；from表示开始搜索位置对应的索引值，默认从索引值为0的位置开始搜索。如果找到ba，则返回第一次出现ba所在位置对应的索引值，如果没有找到，则返回-1。注意，所谓向前搜索，就是朝着索引值增大的方向搜索，即在数组中从左到右搜索。

下列代码演示了这个函数的使用方法：

```
QByteArray x("sticky question");
QByteArray y("sti");
x.indexOf(y);              // returns 0
x.indexOf(y, 1);       // returns 10
x.indexOf(y, 10);          // returns 10
x.indexOf(y, 11);          // returns -1
```

indexOf()还可以搜索char*和QString类型的数据，函数的原型声明如下：

```
int indexOf(const char *str, int from = 0);
int indexOf(const QString &str, int from = 0);
```

此外，还有以某个字符为搜索对象的函数声明形式：

```
int indexOf(char ch, int from = 0);
```

使用示例如下：

```
QByteArray ba("ABCBA");
ba.indexOf("B");           // returns 1
ba.indexOf("B", 1);        // returns 1
ba.indexOf("B", 2);        // returns 3
ba.indexOf("X");           // returns -1
```

indexOf()函数是向前搜索，另外还有一个函数lastIndexOf()是向后搜索，该函数的原型声明如下：

```
int lastIndexOf(const QByteArray &ba, int from = -1);
```

3.2.14 插入

函数insert()可以在某个索引位置上插入字节数组，该函数的原型声明如下：

```
QByteArray & insert(int i, const QByteArray &ba);
```

其中，i为要插入的索引位置；ba为要插进去的字节数组对象。使用示例如下：

```
QByteArray ba("Meal");
ba.insert(1, QByteArray("ontr"));
// ba == "Montreal"
```

此外，也可以在某个位置插入一个或多个字符，有两个函数，这两个函数的原型声明如下：

```
QByteArray & QByteArray::insert(int i, char ch);
QByteArray & insert(int i, int count, char ch);
```

其中，i为要插入的索引位置；count是要插入的字符个数，其实就是count个ch；ch为要插入的字符。

另外，还有一种重载形式，就是插入char*类型的数据，有两种函数的原型声明形式：

```
QByteArray & insert(int i, const char *str);
QByteArray & QByteArray::insert(int i, const char *str, int len);
```

第一种形式不带长度，插入全部str；第二种形式带长度len，len表示str中的len个字节。

此外，Qt还提供了prepend()函数，该函数在原字符串开头插入另一个字符串。

3.3 字符类QChar

3.3.1 QChar的编码

QChar类是Qt中用于表示一个字符的类，实现在QtCore共享库中。QChar类的内部用两个字节的Unicode编码来表示一个字符。

我们知道，char类型是C/C++中内置的类型，用字节来解析内存的信息。比如：

```
char gemfield='g';
```

gemfield标记的这块内存的大小就是一个字节，存储的信息就是01100111即103，103是字符'g'的ASCII码值。又比如：

```
char gemfield='汉';
```

gemfield标记的这块内存的大小依然是一个字节，存储的信息是0xBA，这是因为在Windows系统中汉字是以GBK编码来存储的，“汉”这个字的编码是0xBABA，因为char只有一个字节，所以就只把低字节存储过来。

QChar类是Qt处理字符的基本类型，是对Unicode字符的封装。QChar类使用2个字节的内存，在其内部维护了一个unsigned short类型的内存（大多数的编译工具也会把它当作unsigned short类型），使用的是ucs-2标准。

QChar类封装一个char类型是相当容易理解的，char类型作为QChar的构造参数时会被转换为unsigned short，继而可被QChar接管。

QChar类封装一个unsigned short类型也是容易理解的，比如：

```
QChar gemfield=0x6C49; //0x6C49是"汉"字的Unicode编码
```

Qt内部使用的是Unicode表，所以gemfield可以被成功解析出“汉”这个字。而下面这种情况是QChar类不能处理的：

```
QChar gemfield = '汉';
```

Windows上的“汉”（以及其他中文字符）采用的编码是GBK编码，值为0xBABA。QChar维护的unsigned short内存上的信息便是0xBABA，但这个值并不是Unicode编码（Unicode表中的'汉'对应的编码值是0x6C49），所以解析不了。但是，QChar可以通过Unicode()函数返回一个字符的Unicode编码。关于Unicode编码知识，我们将在后续章节进行介绍。

3.3.2 QChar类的接口

1. QChar类的构造函数

QChar类提供了多个不同原型的构造函数（即具有不同的函数声明形式），以方便不同场合下使用。

```
QChar();                        // 构造一个空字符，即'\0'
QChar(char ch);                 // 由字符数据ch构造
QChar(uchar ch);                // 由无符号字符数据ch构造
QChar(ushort code);             // 由无符号短整型数据code构造，code是Unicode编码
QChar(short code);              // 由短整型数据code构造，code是Unicode编码
QChar(uint code);               // 由无符号整型数据code构造，code是Unicode编码
QChar(int code);                // 由整型数据code构造，code是Unicode编码
```

2. QChar类的字符判断

QChar类提供了很多成员函数，可以对字符的类型进行判断，比如：

```
bool isDigit() const;           // 判断是否是十进制数字（'0' - '9')
bool isLetter() const;          // 判断是否是字母
bool isNumber() const;          // 判断是否是数字，包括正负号、小数点等
bool isLetterOrNumber();        // 判断是否是字母或数字
bool isLower() const;           // 判断是否是小写字母
bool isUpper() const;           // 判断是否是大写字母
bool isNull() const;            // 判断是否是空字符'\0'
bool isPrint() const;           // 判断是否是可打印字符
bool isSpace() const;           // 判断是否是分隔符，包括空格等
```

3. QChar类的数据转换

QChar类提供了一些成员函数用于数据的转换，比如：

```
char toAscii() const;           // 得到字符的ASCII码
QChar toLower() const;          // 转换成小写字母
QChar toUpper() const;          // 转换成大写字母
ushort unicode() const;         // 得到Unicode编码
```

注意，这几个函数都不会改变对象自身的内容，转换的结果通过返回值反映出来（即基于复制内容的转换）。

4. QChar类的字符比较

Qt中定义了一些与QChar类相关的比较运算符，比如：

```
bool operator != (QChar c1, QChar c2);       // 判断 c1 是否不等于 c2
bool operator < (QChar c1, QChar c2);        // 判断 c1 是否小于 c2
bool operator <= (QChar c1, QChar c2);       // 判断 c1 是否小于等于 c2
bool operator == (QChar c1, QChar c2);       // 判断 c1 是否等于c2
```

```
bool operator > (QChar c1, QChar c2);          // 判断 c1 是否大于 c2
bool operator >= (QChar c1, QChar c2);         // 判断 c1 是否大于等于 c2
```

5. QChar类与char类型的相互转化

QChar转换为char，可以利用下列2个成员函数：

```
char toLatin1();
char toAscii();
```

比如：

```
char ch;
qchar qch;
ch = qch.toLatin1();
```

char转换为QChar，可以利用下列2个成员（构造）函数：

```
QChar(char ch);
QChar (uchar ch);
```

3.4 字符串类QString

之所以把QString类单独拿出来，是因为字符串是很常用的一种数据类型，在很多语言中（比如JavaScript）都是把string作为一种与int等一样的基本数据类型来实现的。

每一个GUI程序都需要字符串，这些字符串可以用作界面上的提示语，也可以用作一般的数据类型。C++语言提供了两种字符串的实现：C风格的字符串，以'\0'结尾；C++中的std::string，即标准模板库中的字符串类。Qt提供了自己的字符串类：QString。QString类以16位Unicode进行编码。我们平常用的ASCII等一些编码集都作为Unicode编码的子集。关于Unicode编码的问题，我们会在稍后章节详细说明。

在使用QString类对象的时候，我们不需要担心内存分配以及关于'\0'结尾的这些注意事项。QString类会解决这些问题。通常，我们可以把QString类对象看作是一个QChar的向量。另外，与C风格的字符串不同，QString类对象中间可以包含'\0'符号，它的length()函数会返回整个字符串的长度，而不仅仅是从开始字符到'\0'字符为止的字符串长度。

QString类在Qt的各种数据转换中可谓举足轻重，熟悉QString类的用法对于Qt编程而言真的是如虎添翼。QString是Qt编程中常用的类，除了用作数字量的输入输出之外，QString类还有很多其他功能，熟悉这些常见的功能有助于灵活地实现字符串的处理。

QString类存储字符串采用的是Unicode码，每一个字符都是一个16位的QChar类对象，而不是8位的char类型字符，所以QString类用于处理中文字符没有问题，而且一个汉字算作一个字符。

3.4.1 QString类的特点

作为后起之秀，QString类有如下特点：

（1）采用Unicode编码，所以一个QChar类对象占用两个字节。
（2）使用隐式共享技术来节省内存和减少不必要的数据备份。
（3）跨平台使用，不用考虑字符串的平台兼容性。
（4）QString类直接支持字符串和数字之间的相互转换。
（5）QString类直接支持字符串之间的大小比较（按照字典顺序）。
（6）QString类直接支持不同编码下的字符串转换。
（7）QString类直接支持std::string和std::wstring之间的相互转换。
（8）QString类直接支持正则表达式的使用。

3.4.2 QString类的常用操作

QString类的常用操作包括字符串类对象的构造、字符串的追加、字符串的组合、字符串的插入及替换、查找字符获取索引、字符串的提取、把字符串转换为其他类型、字符串的比较、判断字符串是否存在、字符串的分隔、空白字符串的过滤、字符串中字母大小写的切换、判断字符串中是否以某个子字符串开始或结束、获取字符串的长度等。这些常用操作都有常用接口相对应。下面简单了解一下常用的10类接口。

```
//初始化
QString();
QString(const QChar * unicode, int size = -1);
QString(QChar ch);
QString(int size, QChar ch);
QString(const QString & other);
QString(const char * str);
QString & operator=(const char * str);

//增加
QString & append(const QString &str);
QString & append(const QChar *str, int len);
QString & append(QChar ch);
QString & prepend(const QString &str);
QString & prepend(QChar ch);
void push_back(const QString &str);
void push_back(QChar ch);
void push_front(const QString &str);
void push_front(QChar ch);
QString & insert(int position, const QString &str);
QString & insert(int position, const QChar *unicode, int size);
QString & insert(int position, QChar ch);
QString & operator+=(const QString &str);
QString & operator+=(QChar ch);

//删除
void clear();
void chop(int n);
QString & remove(int position, int n);
QString & remove(QChar ch, Qt::CaseSensitivity cs = Qt::CaseSensitive);
QString & remove(const QString &str, Qt::caseSensitivity cs = Qt::CaseSensitive);
```

```
    //修改
    QString & fill(QChar ch, int size = -1);
    QString & replace(int position, int n, const QString &after);
    QString & replace(int position, int n, const QChar *unicode, int size);
    QString & replace(int position, int n, QChar after);
    QString & replace(const QString &before, const QString &after, Qt::CaseSensitivity
cs);
    QString & replace(QChar ch, const QString &after, Qt::CaseSensitivity cs);
    QString & replace(QChar before, QChar after, Qt::CaseSensitivity);
    void truncate(int position);
    QString trimmed();
    QString & operator+=(const QString &other);
    QString & operator+=(QChar ch);

    //查询
    bool contains(const QString &str, Qt::CaseSensitivity cs);
    bool contains(QChar ch, Qt::CaseSensitivity cs);
    bool endsWith(const QString &s, Qt::CaseSensitivity cs);
    bool endsWith(QChar c, Qt::CaseSensitivity cs);
    int  indexOf(const QString &str, int from, Qt::CaseSensitivity cs);
    int  indexOf(QChar ch, int from, Qt::CaseSensitivity cs);
    int lastIndexOf(const QString &str, int from, Qt::CaseSensitivity cs);
    int lastIndexOf(QChar ch, int from, Qt::CaseSensitivity cs);
    bool startsWith(const QString &s, Qt::CaseSensitivity cs);
    bool startsWith(QChar ch, Qt::CaseSensitivity cs);

    //遍历
    const_iterator cbegin();
    const_iterator cend();
    const QChar  at(int position) const;
    QCharRef operator[](int position);
    const QChar operator[](int position) const;

    //子字符串
    QString left(int n);
    QString mid(int position, int n);
    QString right(int n);
    QStringList split(const QString &sep, SplitBehavior behavior, Qt::CaseSensitivity
cs);
    QStringList split(QChar sep, SplitBehavior behavior, Qt::CaseSensitivity cs);

    //格式化
    QString asprintf(const char *cformat, ...);
    QString QString::arg(const QString &a, int fieldWidth = 0, QChar fillChar =
QLatin1Char(' '));

    //比较
    int compare(const QString &other, Qt::CaseSensitivity cs);
    int localeAwareCompare(const QString &other);
    bool operator==(const char *other);
    bool operator<(const char *other);
    bool operator<=(const char *other);
    bool operator>(const char *other);
```

```
bool operator>=(const char *other);
//
//转换
//
//数字转换
QString & setNum(int n, int base = 10);
QString & setNum(uint n, int base = 10);
QString & setNum(long n, int base = 10);
QString & setNum(ulong n, int base = 10);
QString & setNum(qlonglong n, int base = 10);
QString & setNum(qulonglong n, int base = 10);
QString & setNum(short n, int base = 10);
QString & setNum(ushort n, int base = 10);
QString & setNum(double n, char format = 'g', int precision = 6);
QString & setNum(float n, char format = 'g', int precision = 6);
short        toShort(bool * ok = 0, int base = 10) const;
int          toInt(bool * ok = 0, int base = 10) const;
long         toLong(bool * ok = 0, int base = 10) const;
qlonglong    toLongLong(bool * ok = 0, int base = 10) const;
ushort       toUShort(bool * ok = 0, int base = 10) const;
uint         toUInt(bool * ok = 0, int base = 10) const;
ulong        toULong(bool * ok = 0, int base = 10) const;
qulonglong   toULongLong(bool * ok = 0, int base = 10) const;
float        toFloat(bool * ok = 0) const;
double       toDouble(bool * ok = 0) const;
QString      QString::number(long n, int base = 10);
QString      QString::number(double n, char format = 'g', int precision = 6);
QString      QString::number(ulong n, int base = 10);
QString      QString::number(int n, int base = 10);
QString      QString::number(uint n, int base = 10);
QString      QString::number(qlonglong n, int base = 10);
QString      QString::number(qulonglong n, int base = 10);

//编码转换
QString & setRawData(const QChar * unicode, int size);
QString & setUnicode(const QChar * unicode, int size);
QString & setUtf16(const ushort * unicode, int size);
QByteArray       toUtf8() const;
QVector<uint>    toUcs4() const;
std::string      toStdString() const;
std::wstring     toStdWString() const;
int              toWCharArray(wchar_t * array) const;
const QChar *    unicode() const;
const ushort *   utf16() const;
QString      QString::fromRawData(const QChar * unicode, int size);
QString      QString::fromStdString(const std::string & str);
QString      QString::fromStdWString(const std::wstring & str);
QString      QString::fromUcs4(const uint * unicode, int size = -1);
QString      QString::fromUtf8(const char * str, int size = -1);
QString      QString::fromUtf8(const QByteArray & str);
QString      QString::fromUtf16(const ushort * unicode, int size = -1);
```

```
QString     QString::fromWCharArray(const wchar_t * string, int size = -1);
//字母大小写转换
QString toLower() const;
QString toUpper() const;
```

1. 初始化

通常有两种方法可以初始化QString类的对象。

第一种方法是通过构造函数。QString类的构造函数较多，通常有如下几种用法：

```
//使用QChar数组中长度为size个的字符来构造字符串，即初始化
QString ( const QChar * unicode, int size );
QString ( const QChar * unicode );    //使用QChar数组构造QString，结尾以'\0'结束
QString ( QChar ch );                 //使用一个QChar字符来构造QString
QString ( int size, QChar ch );       //使用size个ch字符来构造QString
QString ( const QLatin1String & str );   //使用**单字节编码**的str构造QString
QString ( const QString & other );    //使用其他QString引用构造新的QString
QString ( const char * str );         //使用字符串常量构造QString
QString ( const QByteArray & ba );    //使用字节数组构造QString
```

例如，以下代码创建一个长度为5的字符串，内容为“Hello”：

```
QString str("Hello");
```

效果等同于直接赋值：

```
QString str = "Hello";
```

又比如：

```
static const QChar data[4] = { 0x0055, 0x006e, 0x10e3, 0x03a3 };
// 使用了构造函数QString ( const QChar * unicode, int size );
QString str(data, 4);
```

第二种方法是使用resize()设置字符串的大小，并初始化字符数组中的每个元素。比如：

```
QString str;
str.resize(4);
str[0] = QChar('U');
str[1] = QChar('n');
str[2] = QChar(0x10e3);
str[3] = QChar(0x03a3);
```

QString类的索引值从0开始，和C++的数组一样。调用resize()函数后，新分配的字节具有未定义的值。要将所有字节设置为同一个特定值，可以调用fill()函数，该函数的原型声明如下：

```
QString::fill ( QChar ch, int size = -1 );
```

其中，ch是要填充的字符；size是要填充的字符个数，即填充size个ch字符。比如：

```
QString str = "Berlin";
str.fill('z');
// str == "zzzzzz"
str.fill('A', 2);
// str == "AA"
```

关于QString类有几点需要了解清楚：

（1）QString类存储的字符串中的字符默认采用的是Unicode编码

比如有如下代码：

```
QString str = "你好";
```

str变量中存储的数据采用的是Unicode编码格式，接收方如果解析成乱码，就要想想两方的编码格式采用的是否都是Unicode。如果不是，就需要用QTextCodec类来执行转码操作。

（2）来自char*的数据，默认被当作UTF-8编码格式

最常用的就是传入一个 const char*（字符串常量），例如：

```
QString str = "hello";
```

Qt默认将来自char*的字符串视为UTF-8编码格式，因此在转换过程中会在内部自动调用fromUtf8()函数进行char*→QString的转换。

（3）用QChar数组构建的QString类对象会进行深度复制

因为Unicode编码格式是用双字节存储一个字符，所以QString类中存储着一个个的16位QChar字符（16位即为2个字节，16 bits =2 bytes），每个QChar字符对应着一个Unicode 4.0字符。如果字符的编码大于65536，就要用两个QChar存储这个字符。例如：

```
static const QChar data[4] = {0x0055, 0x006e, 0x10e3, 0x03a3};
QString str(data,4);
```

用QChar数组来构建QString类对象是采用深度复制（Deep Copy）的方式，意思就是说QString类对象会完整复制一份QChar数组的数据。

QString类对象复制QChar的数据时采用深度复制，意味着增加了系统开销。如果不想如此，则可以使用fromRawData()函数，该函数的原型声明如下：

```
QString QString::fromRawData(const QChar *unicode, int size);
```

参数unicode用于构造字符串的QChar数组，并不会进行复制；size表示在unicode中从左开始截取的长度。下列代码演示fromRawData()函数的使用：

```
QRegularExpression pattern("\u00A4");
static const QChar unicode[] = {0x005A, 0x007F, 0x00A4, 0x0060,0x1009, 0x0020,
0x0020};
int size = sizeof(unicode) / sizeof(QChar);
QString str = QString::fromRawData(unicode, size);
if (str.contains(pattern) {
    // ...
}
```

2. 访问某个元素

和3.2.2节讲述的访问QByteArray类对象中某个元素的方式类似，访问QString类对象中的某个元素采用类似的4种主要方式，分别为[]、at()、data[]和constData[]。其中，[]和data[]方式为可读可写，at()和constData[]方式仅为可读。如果只是进行读操作，则采用at()和constData[]方式的访问速度最快，因为避免了复制操作。

at()方式比operator []()方式快，因为前者不会进行深度复制操作。总之，如果仅仅是读取QString类对象中的字符，那么调用at()函数更快。函数at()的原型声明如下：

```
QChar QString::at(int position);
```

返回position索引处的字符，如果position的值超过字符串的长度就返回0。比如：

```
const QString string( "abcdefgh" );
QChar ch = string.at( 4 );
// ch == 'e'
QString str;
for (int i = 0; i < str.size(); ++i) {
    if (str.at(i) >= QChar('a') && str.at(i) <= QChar('f'))
        qDebug() << "Found character in range [a-f]";
}
```

更直观的方法是用操作符[]，它们的声明形式如下：

```
const QChar operator[] (int position) const;
const QChar operator[] (uint position) const;
```

事实上，通过[]操作符得到的字符可以被修改，要用到另外两个重载的[]操作符：

```
QCharRef operator[] (int position);
QCharRef operator[] (uint position);
```

返回的QCharRef类是一个辅助类，对这个类的对象进行修改会修改到原字符串。

下列代码演示了data[]的使用：

```
QString str = "World";
int n = str.size();        // n == 5
str.data()[0];             // returns 'W'
str.data()[4];             // returns 'd'
```

3. 赋值运算

通过赋值运算符（=）可以给QString类对象赋值，比如：

```
QString str = "abc";
```

4. 获取长度

QString类的成员函数count()、size()和length()都会返回字符串中的字符个数，这3个函数是相同的，但是要注意，字符串中如果有汉字，那么一个汉字只算一个字符。下列代码演示了这3个函数的使用：

```
QString str1="NI好"
N=str1.count()   //N=3
N=str1.size()    //N=3
N=str1.length()  //N=3
```

5. 字母大小写的转换

QString类的成员函数toUpper()会将字符串内的字母全部转换为大写形式，toLower()则会将字符串内的字母全部转换为小写形式，比如：

```
QString str1="Hello, World", str2;
str2=str1.toUpper(); //str1="HELLO,WORLD"
str2=str1.toLower(); //str1="hello, world"
```

6. 移除字符

成员函数remove()可以移除字符串中一个或多个字符，该函数的原型声明如下：

```
QString &remove(int position, int n);
```

其中，参数position表示要被移除字符的起始索引位置；n表示要移除字符的个数。该函数返回的是移除字符后字符串的引用。

```
QString test = "hello,china";
QString tmp = test.remove(2, 4);  //从索引值为2的字符开始，移除4个字符
qDebug() << "test = " << test;    //输出hechina
qDebug() << "tmp = " << tmp;      //输出hechina
```

又比如：

```
QString s = "Montreal";
s.remove(1, 4);
// s == "Meal"
```

7. 添加字符串

QString类的成员函数append()在字符串的后面添加字符串，而成员函数prepend()在字符串的前面添加字符串，比如：

```
QString str1="卖", str2="拐";
QString str3=str1;
str1.append (str2) ; //str1="卖拐"
str3.prepend (str2) ; //str3="拐卖"
```

与Java语言中的String类类似，QString类也重载了+和+=运算符。这两个运算符可以把两个字符串连接到一起，这和Java语言中String类的操作一样。QString类可以自动对占用内存空间进行扩充，因而这种连接操作非常迅速。这两个运算符的使用方法如下：

```
QString str = "User: " ;
str += userName + "/n" ;
```

8. 去掉空格

QString类的成员函数trimmed()会去掉字符串首尾的空格，而成员函数simplified()不仅会去掉字符串首尾的空格，中间连续的空格也用一个空格符来替换。比如：

```
QString str1=" Are you OK? ", str2;
str2=str1.trimmed () ; //str1="Are you OK? "
str2=str1.simplified(); //str1="Are you OK?"
```

又比如：

```
QString str1 = "   Welcome  \t  to  \n  you!   ";
QString str2 = "   Welcome  \t  to  \n  you!   ";
str1 = str1.trimmed();          // str1 = " Welcome \t to \n you! "
```

```
str2 = str2.simplified();     // str2 = " Welcome to you ! "
```

9. 查找子字符串

QString类的成员函数indexOf()在自身字符串内查找参数str指定的字符串所出现的位置。indexOf()函数的原型声明如下：

```
    int indexOf (const QString &str, int from = 0 , Qt::CaseSensitivity cs =
Qt::CaseSensitive);
```

在自身字符串内查找参数str指定的字符串所出现的位置，参数from指定开始查找的位置；参数cs指定是否区分字母大小写，默认是区分字母大小写的（Qt::CaseSensitive）。如果找到str指定的字符串，则返回该字符串在所查找字符串中第一次出现的位置，即索引值，如果没有找到，则返回-1。注意，所谓向前查找，就是朝着索引值增大的方向查找，即从左到右进行查找。

另外，函数lastIndexOf()用于查找某个字符串最后出现的位置，相当于从字符串末尾开始朝字符串头部方向查找，即从右到左进行查找。比如：

```
QString str1="G:\Qt5Book\QT5.9Study\qw.cpp";
N=str1.indexOf("5.9");  // N=13
N=str1.lastIndexOf("\\"); //N=21
```

"\" 是转义字符，如果要查找 "\"，则需要输入 "\\"。

又比如：

```
QString x = "sticky question" ;
QString y = "sti" ;
x.indexOf(y);              // returns 0
x.indexOf(y, 1);              // returns 10
x.indexOf(y, 10);             // returns 10
x.indexOf(y, 11);             // returns -1
```

更强大的查找函数是find()，该函数的原型声明如下：

```
int  find(const QRegExp & rx, int index = 0);
```

从位置index开始，找到常量正则表达式rx第一次出现的位置。如果index为-1，则从最后一个字符开始查找，如果是-2，则从倒数第二个字符开始查找，以此类推。函数返回rx第一次出现的位置，如果没有被找到rx，则返回-1。比如：

```
QString string( "bananas" );
int i = string.find( QRegExp("an"), 0 );    // i == 1
```

10. 判读字符串是否为空

成员函数isNull()和isEmpty()都是用于判读字符串是否为空，但是稍有差别。如果是一个空字符串，只有"\0"，isNull()则返回false，而isEmpty()返回的是true；只有未赋值的字符串，isNull()才返回true。比如：

```
QString str1, str2="";
N=str1.isNull () ;         // N=true，未赋值字符串变量
N=str2.isNull () ;         // N=false，只有"\0"的字符串也不是 Null
N=str1.isEmpty();          // N=true
```

```
N=str2.isEmpty();          // N=true
```

QString类对象只要赋值，就会在字符串的末尾自动加上"\0"。如果只是要判断字符串内容是否为空，常用isEmpty()函数。

11. 判断是否包含某个字符串

函数contains()用于判断字符串内是否包含某个字符串，可指定是否要区分字母大小写。比如：

```
QString str1="d:\zcbBook\QT5.12Study\qw.cpp";
N=str1.contains (".cpp", Qt::CaseInsensitive) ; // N=true，不区分字母大小写
N=str1.contains (".CPP", Qt::CaseSensitive) ;   // N=false，区分字母大小写
```

12. 判断是否以某个字符串开头或结尾

函数startsWith()用于判断是否以某个字符串开头，函数endsWith()用于判断是否以某个字符串结束。比如：

```
QString str1= "d:\zcbBook\QT5.12Study\qw.cpp";
// N=true，不区分字母大小写
bool N=str1.endsWith (".cpp", Qt::CaseInsensitive) ;
N=str1.endsWith (".CPP", Qt::CaseSensitive) ; // N=false，区分字母大小写
N=str1.startsWith ("g: ") ; // N=true，默认为不区分字母大小写
```

又比如：

```
if  (url.startsWith("http:" ) && url.endsWith(".png" ))
{
}
```

等价于：

```
if  (url.left(5) == "http:"  && url.right(4) == ".png" )
{
}
```

不过，前者要比后者更加清楚简洁，并且性能也更快一些。

13. 截取子字符串

函数left()表示从字符串中截取左边多少个字符。函数right()表示从字符串中截取右边多少个字符。注意，一个汉字被当作一个字符。比如：

```
QString str2, str1="学生姓名,男,1990-3-4,汉族,江苏";
N=str1.indexOf (",") ;                 // N=4，第一个","出现的位置
str2=str1.left (N) ;                   //str2="学生姓名"
N=str1.lastIndexOf (",") ;             // N=18，最后一个逗号的位置
str2=str1.right (str1.size()-N-1);     //str2="江苏"，提取最后一个逗号之后的字符串
QString x = "Pineapple" ;
QString y = x.left(4);                 // y == "Pine"
```

函数mid()也可以用来截取子字符串，该函数的原型声明如下：

```
QString mid(int position, int n = -1);
```

mid()函数接收两个参数，第一个是起始位置，第二个是截取子字符串的长度。如果省略第二个参数，则会从字符串起始位置截取到末尾。比如：

```
QString x  = "Nine pineapples" ;
QString y  = x .mid(5, 4);                  // y  == "pine"
QString z  = x .mid(5);                     // z  == "pineapples"
```

注意：left()、right()和mid()三个函数并不会去修改QString类对象自身，而是返回一个临时对象供调用者使用。

另外，函数section()也可以用来截取子字符串，截取功能更为强大，它的功能是从字符串中提取以sep作为分隔符、从start开始到end结束的子字符串。该函数的原型声明如下：

```
QString section (const QString &sep, int start, int end = -1, SectionFlags flags
= SectionDefault);
```

比如：

```
QString str2, str1="学生姓名,男,1990-1-8,汉族,山东";
str2=str1.section (",",0,0); // str2="学生姓名", 第1段的编号为 0
str2=str1.section (",",1,1}; // str2="男"
str2=str1.section (",",0,1}; // str2="学生姓名, 男"
str2=str1.section (",",4,4); // str2="山东"
```

14. 格式化打印

Qt提供了一种比较方便的字符串组合方式，即QString::arg()函数，此函数的重载形式可以用于处理很多数据类型。此外，一些重载具有额外的参数，用于对字段的宽度、数字基数或者浮点精度进行控制。相对于QString::sprintf()，QString::arg()是一个比较好的解决方案，因为它的类型安全，完全支持Unicode，并且允许改变"\n"参数的顺序。例如：

```
QString str;
str = QString("%1 was born in %2.").arg("Joy").arg(1993);
//str =  "Joy was born in 1993."
```

其中："%1"被替换为"Joy"，"%2"被替换为"1993"。又比如：

```
str = QString("%1 %2 (%3s-%4s)").arg("permissive").arg("society").arg(1950).
arg(1970);
```

在这句程序代码中，%1、%2、%3、%4作为占位符，将被后面的arg()函数中的内容依次替换，比如%1将被替换成permissive，%2将被替换成society，%3将被替换成1950，%4将被替换成1970。最后，这句程序代码的输出为"permissive society (1950s-1970s)"，arg()函数与sprintf()函数相比，前者是类型安全的，同时它也接收多种数据类型作为参数，因此建议使用arg()函数而不是传统的sprintf()函数。

15. 将字符串类型转换成其他基本数据类型

与QByteArray类类似，一系列的to函数可以将字符串转换成其他的基本数据类型的数据，例如toInt()、toDouble()、toLong()等。这些函数都接收一个bool指针作为参数，函数结束之后将根据是否转换成功设置为true或者false。比如：

```
bool  ok;
double  d = str.toDouble(&ok);
if (ok)
{
   // do something...
} else  {
   // do something...
}
```

16. 字符串的比较

静态成员函数compare()可以用来比较两个字符串。函数的原型声明如下：

```
int  compare(const QString & s1, const QString & s2);
```

对s1和s2进行词典比较，如果s1小于、等于或者大于s2，则返回小于、等于或者大于0的整数。比如：

```
int a = QString::compare( "def", "abc" );   // a > 0
int b = QString::compare( "abc", "def" );   // b < 0
int c = QString::compare(" abc", "abc" );   // c == 0
```

这个比较是基于字符Unicode值大小的，并且非常快。如果要对用户界面的字符串进行比较，则请考虑使用QString::localeAwareCompare()成员函数。

除了用函数进行比较外，还可以使用operator<()、operator<=()、operator==()、operator>()、operator>=()和operator!=这6个运算符进行比较。它们的原型声明如下：

```
bool operator<(const char *s1, const QString &s2);
bool operator<=(const char *s1, const QString &s2);
bool operator==(const QString &s1, const QString &s2);
bool operator>(const QString &s1, const QString &s2);
bool operator>=(const QString &s1, const QString &s2);
bool operator!=(const QString &s1, const QString &s2);
```

17. 清空

成员函数clear()可用于清空一个QString类对象的内容（即字符串），使之成为空字符串。该函数的原型声明如下：

```
void clear();
```

18. 截断字符串

成员函数truncate()可用于截断QString类对象的内容，也就是去掉指定位置后的所有内容，函数的原型声明如下：

```
void truncate(int position);
```

从位置position处截断。注意，位置是从索引值0开始的。

成员函数chop()可用于截掉QString类对象最后的若干个字符，该函数的原型声明如下：

```
void chop(int n);
```

该函数截掉最后的n个字符。

19. char *和QString互转

将char *类型的C语言风格的字符串转换成QString类的对象也是很常见的需求，我们可以调用函数QLatin1String()来进行转换：

```
char *c_str = "123456789";
QString string = QString(QLatin1String(c_str));
```

或者使用构造函数法：

```
char * c_str ="hello!";
QString str(c_str);   // Qt 6
QString str = QString::fromUtf8(ch));    //  针对Qt4
```

另外，还可以调用函数fromAscii()等。

为了将QString类的对象转成char *字符串，需要进行两步操作，首先调用函数toAscii()获得一个QByteArray类的对象，然后调用它的data()或者constData()函数，例如：

```
printf("User: %s/n" , str.toAscii().data());
```

为了方便使用，Qt提供了一个宏qPrintable()，等价于toAscii().constData()，例如：

```
printf("User: %s/n" , qPrintable(str));
```

再比如：

```
// QString转QByteArray
QByteArray sr = strQ.toLocal8Bit();
int len = sr.length();
char* buf = new char[len+2];
buf[len] = buf[len+1] = 0;
// QByteArray转char*
strcpy(buf,sr.data());
```

也可以不先转换为QByteArray类的对象，而是通过复制函数来转换，比如：

```
QString str("hello world!");
const char* std_str = str.toStdString().data();
char buf[4096] = {0};
strcpy(buf, std_str);
```

20. std::string和QString互转

QString类的toStdString函数使用中文时会乱码，需要调用函数tolocal8Bit()进行转化。

（1）std::string转为QString（全英文字符）

```
std::string s = "hello world";
QString qs = QString::fromStdString(s);
```

（2）std::string转为QString（中文字符）

```
std::string s = "hello 世界";
QString qs = QString::fromLocal8Bit(s.data());
```

（3）QString转为std::string（全英文字符）

```
QString qs = "coder";
std::string s = qs.toStdString();
```

（4）QString转为std::string（中文字符）

```
QString qs = "你好，world";
QByteArray cdata = qs.toLocal8Bit();
std::string s = std::string(cdata);
```

21. 数字和QString互转

使用static的函数number()可以把数字转换成字符串。例如：

```
QString str = QString::number(54.3);
```

也可以使用非static函数setNum()来实现相同的目的：

```
QString str;
str.setNum(54.3);
```

上面是把浮点数转为字符串，下面是将整数类型（int）转为QString类的字符串对象：

```
int d = 18;
QString qs = QString::number(d);
```

QString转为int：

```
QString qs = "123";
int d = qs.toInt();
```

3.5　列表类QList

QList类以列表形态存储并管理其中的列表元素，并支持基于快速索引的数据存取，也可以进行快速的数据删除操作。QList类对象表示为一组指向被存储元素的数组。元素个数小于1000的QList类对象能够实现在链表中间的快速插入和查找操作。此外，由于QList类在链表两端都预先分配了内存，因此实现链表前后端的添加操作都很快（这两个成员函数为prepend()和append()）。

QList是一种表示链表的模板类，是Qt的一种泛型容器类。它以链表方式存储一组数据（即列表中的元素），并能对这组数据进行快速索引，同时提供了快速插入和删除等操作。

QList类、QLinkedList类和QVector类提供的操作极其相似。对大多数操作来说，我们用QList类就可以了。QList类的成员函数是基于索引来实现的，因此用起来比QLinkedList类更方便（QLinkedList类的成员函数是基于迭代器来实现的）。QList类比QVector类更快，这是由它们在内存中的存储方式所决定的。

注意：对于尺寸比指针大的共享类，使用QVector类会更好。

QList类提供了一系列添加、移动、删除元素操作的成员函数：insert()、replace()、removeAt()、swap()。此外，它还提供了一些便于操作的成员函数：append()、prepend()、removeFirst()、removeLast()。

1. 初始化

QList类以链表形式存储一组元素，默认时为空链表，可以使用<<操作符添加元素：

```
QList<QString> list;
list << "one" << "two" << "three";
// list: ["one", "two", "three"]
```

2. 访问元素

QList类与C++中数组的索引方式一样，索引值都是从0开始的。我们可以使用[]操作符来访问位于某个索引值处的元素。对于非const链表，操作符[]返回的是该元素的引用，并且返回值可以用于左操作数。比如：

```
if ( list[0] == "Bob" )
   list[0] = "Robert";
```

QList类是以指针数组的形式实现的，因此操作速度很快（时间复杂度为常数）。对于列表中元素的只读访问，可以调用at()函数：

```
for ( int i=0; i!=list.size(); ++i )
{
   if ( list.at(i) == "Jane" )
   { cout << "Found Jane at position:" << i<< endl;}
}
```

at()的执行速度比操作符[]更快，因为它不需要执行深度复制。

3. 插入操作

成员函数insert()在索引值指定的位置后插入值。函数的原型声明如下：

```
void QList::insert(int i, const T &value);
```

其中，参数i表示索引；value表示插入值。比如：

```
QList<QString> list;
list << "alpha" << "beta" << "delta";
list.insert(2, "gamma");
// list: ["alpha", "beta", "gamma", "delta"]
```

4. 替换操作

成员函数replace()替换索引值指定位置处的值。函数的原型声明如下：

```
void QList::replace(int i, const T &value);
```

其中，参数i表示索引；value表示替换值。比如：

```
QList<QString> list;
list << "alpha" << "beta" << "delta";
list.replace(2, "aaa");
// list: ["alpha", "beta", "aaa"]
```

5. 移除操作

成员函数removeAt()用于移除索引值指定位置处的值，该函数的原型声明如下：

```
void QList::removeAt(int i);
```

其中，参数i表示索引。

6. 移动操作

成员函数move()从某个索引值指定的位置移动到另外一个索引值指定的位置，该函数的原型声明如下：

```
void QList::move(int from, int to);
```

其中，参数from表示源位置；to表示目的位置。比如：

```
QList<QString> list;
list << "A" << "B" << "C" << "D" << "E" << "F";
list.move(1, 4);
// list: ["A", "C", "D", "E", "B", "F"]
```

7. 交换操作

成员函数swap()用于对两个索引值指定位置的元素进行交换，该函数的原型声明如下：

```
void swap(int i, int j);
```

其中，参数i和j是要交换的两个元素所在位置对应的索引值。比如：

```
QList<QString> list;
list << "A" << "B" << "C" << "D" << "E" << "F";
list.swap(1, 4);
// list: ["A", "E", "C", "D", "B", "F"]
```

8. 在列表尾添加元素

成员函数append()在列表的末尾插入元素，该函数的原型声明如下：

```
void  append(const T &value);
```

其中，参数T是要在列表尾部插入的元素值。比如：

```
QList<QString> list;
list.append("one");
list.append("two");
list.append("three");
// list: ["one", "two", "three"]
```

9. 在表头添加元素

成员函数prepend()在列表的头部插入元素值，该函数的原型声明如下：

```
void QList::prepend(const T &value);
```

其中，参数T表示要在列表的开头插入的元素值。比如：

```
QList<QString> list;
list.prepend("one");
list.prepend("two");
list.prepend("three");
// list: ["three", "two", "one"]
```

10. 移除第一个元素

成员函数removeFirst()用于删除列表中的第一个元素，该函数的原型声明如下：

```
void removeFirst();
```

11. 移除最后一个元素

成员函数removeLast()用于删除列表中的最后一个元素，该函数的原型声明如下：

```
void removeLast();
```

12. 获得列表中第一个匹配元素值对应的索引位置

成员函数indexOf()用于返回列表中第一个匹配元素值对应的索引位置，该函数的原型声明如下：

```
int QList::indexOf(const T &value, int from = 0);
```

其中，参数value表示需要查询的元素值；from表示在列表中第几次匹配的元素值。比如：

```
QList<QString> list;
list << "A" << "B" << "C" << "B" << "A";
list.indexOf("B");        // returns 1
list.indexOf("B", 1);     // returns 1
list.indexOf("B", 2);     // returns 3
list.indexOf("X");        // returns -1
```

13. 判断列表中是否有相应的元素值

成员函数contains()用于判断是否有相应的元素值，该函数的原型声明如下：

```
bool contains(const T &value);
```

如果该列表包含指定值的匹配元素，则返回true，否则返回false。

14. 获取指定值在列表中出现的次数

成员函数count()返回列表中与指定值匹配的元素数量，该函数的原型声明如下：

```
int count(const T &value);
```

参数T表示用于匹配的指定值。

15. 获取列表中元素的数量

成员函数count()返回列表中元素的数量，该函数的原型声明如下：

```
int count();
```

注意，用于返回列表元素数量时，调用count()函数时就不用带参数。

3.6 字符串列表类QStringList

字符串列表类QStringList是从QList <QString>继承而来的，是一个非常有用的类。在处理多个字符串时，使用QStringList类有时能事半功倍。

QStringList类可以使用QList类的所有函数（或称为方法），如append()、prepend()、insert()、replace()、removeAll()、removeAt()、removeFirst()、removeLast()和removeOne()。

1. QStringList类对象的初始化

初始化就是把QString字符串添加到QStringList类对象中，一般使用操作符<<。比如：

```
QStringList qstrList;
qstrList<<"Android" << "Qt Creator" << "Java" << "C++";
```

2. 增加字符串

QStringList类对象可以通过函数append()或使用查找法<<来添加QString字符串，比如：

```
QStringList qstrList;
qstrList.append("python");
qstrList << "PHP" ;
```

3. 遍历QStringList类对象中的元素

可以使用QStringList类的父类QList类的成员函数at()，来遍历QStringList类对象中的元素，该函数的原型声明如下：

```
const T &QList::at(int i);
```

其中，i表示第i个元素，索引值从0开始。

【例3.5】 遍历QStringList类对象中的元素

（1）启动Qt Creator，新建一个控制台项目，项目名为test。

（2）在test.cpp中输入如下代码：

```
#include <QCoreApplication>
#include <QStringList>
#include <qDebug>
int main(int argc, char *argv[])
{
    QCoreApplication a(argc, argv);
    //定义
    QStringList chinaMonth;
    chinaMonth
        << QStringLiteral("正月")
        << QStringLiteral("二月")
        << QStringLiteral("三月")
```

```
        << QStringLiteral("四月")
        << QStringLiteral("五月")
        << QStringLiteral("六月")
        << QStringLiteral("七月")
        << QStringLiteral("八月")
        << QStringLiteral("九月")
        << QStringLiteral("十月")
        << QStringLiteral("冬月")
        << QStringLiteral("腊月")
        ;
    //遍历
    for(int i = 0; i< chinaMonth.size();++i)
    {
        QString tmp = chinaMonth.at(i);
        qDebug()<<"tmp ="<< tmp;
    }
    return a.exec();
}
```

其中，QStringLiteral是Qt 6中新引入的一个用来从“字符串常量”创建QString类对象的宏。

（3）按Ctrl+F5快捷键运行这个项目，结果如图3-5所示。

图3-5

4. 在某位置插入字符串

QStringList类的父类QList类的成员函数insert()，可以将字符串插入到QStringList类对象中指定的位置。比如：

```
QStringList list;
list << "alpha" << "beta" << "delta";
//执行后，列表中的内容为["alpha", "beta", "gamma", "delta"]
list.insert(2, "gamma");
```

第一个参数为我们要插入字符串的位置，后面的参数为要插入的字符串。

除了插入操作，QList类的其他一些方法也都可以使用，比如替换、移除等，具体可以参考QList类中的介绍。下面我们看一下QStringList类自身的成员函数。

5. 合并列表中的字符串为一个字符串

可以调用成员函数join()，将QStringList类对象中的所有字符串合并为一个字符串。该函数有几个原型声明形式：

```
QString QStringList::join(const QString &separator);
QString QStringList::join(QLatin1String separator);
QString QStringList::join(QChar separator);
```

其中，separator是每两个字符串之间的分隔符字符串；QChar是每两个字符串之间的分隔符字符。上述函数会返回合并后的字符串。比如：

```
QStringList qstrList;
qstrList<<"Android" << "Qt Creator" << "Java" << "C++";
```

```
// qstrList: ["Android ", " Qt Creator ", " Java ", " C++"]
QString str = fonts.join(",");
//str == "Android,Qt Creator,Java,C++"
```

6. 拆分字符串

可以调用QString类的成员函数split()，将QString字符串拆分为多个QStringList元素。该函数的原型声明如下：

```
QStringList QString::split(const QString &sep, QString::SplitBehavior behavior = KeepEmptyParts, Qt::CaseSensitivity cs = Qt::CaseSensitive);
```

其中，参数sep是分隔符；KeepEmptyParts表示是否忽略空串；Qt::CaseSensitive表示要区分字母大小写。该函数返回的是分割后的QStringList类对象。比如：

```
str == "Arial, Helvetica, Times, Courier";
QStringList list;
list = str.split(',');
// list: ["Arial", "Helvetica", "Times", "Courier"]
```

又比如：

```
QString str = "Android,Qt Creator, ,Java,C++";
QStringList list1 = str.split(",");
// list1: [ "Android", "Qt Creator"," ", "Java", "C++" ]
QStringList list2 = str.split(",", QString::SkipEmptyParts);
// list2:[ "Android", "Qt Creator", "Java", "C++" ]
```

再比如：

```
QString str = "a,,b,c";
QStringList list1 = str.split(',');
// list1: [ "a", "", "b", "c" ]
QStringList list2 = str.split(',', QString::SkipEmptyParts);
// list2: [ "a", "b", "c" ]
```

可以看出，如果有QString::SkipEmptyParts，空项就不会出现在结果中。默认情况下，空项会被保留。

7. 索引位置

成员函数IndexOf()返回指定字符串第一个出现的索引位置。成员函数lastIndexOf()返回字符串最后一次出现的索引位置。比如：

```
QStringList qstrList;
qstrList<<"Java" << "Android" << "Qt Creator" << "Java" << "C++";
int index = qstrList.indexOf("Java");//返回 0
int index = qstrList.indexOf("Java");//返回 3
```

8. 替换

QStringList类的成员函数replaceInStrings()用来把字符串列表每个元素中的某些字符串替换为新的字符串，该函数的原型声明如下：

```
    QStringList & replaceInStrings(const QString &before, const QString &after,
Qt::CaseSensitivity cs = Qt::CaseSensitive);
```

其中，参数before是要准备替换掉的源字符串；after是准备用于替换的字符串；Qt::CaseSensitive表示匹配时要区分字母大小写。比如：

```
QStringList list;
list << "alpha" << "beta" << "gamma" << "epsilon";
list.replaceInStrings("a", "o");
// list == ["olpho", "beto", "gommo", "epsilon"]
```

又比如：

```
    QStringList files;
    files << "$file/src/moc/moc.y" <<  "$file/src/moc/moc.l" <<
"$file/include/qconfig.h";
    files.replaceInStrings("$file", "/usr/file");
    // files: [ "/usr/file/src/moc/moc.y", ...]
```

9. 过滤

QstringList类的成员函数filter()用于提取一个新的列表，该列表每个元素（字符串）必须包含某个特定的字符串。该函数的原型声明如下：

```
    QStringList filter(const QString &str, Qt::CaseSensitivity cs =
Qt::CaseSensitive);
```

其中，参数str表示要包含在内的字符串；Qt::CaseSensitive表示匹配时要区分字母大小写，而Qt::CaseInSensitive表示不区分字母大小写。该函数会返回新的QStringList类对象。比如：

```
QStringList list;
list << "Bill Murray" << "John Doe" << "Bill Clinton";
QStringList result;
result = list.filter("Bill");
// result: ["Bill Murray", "Bill Clinton"]
result = list.filter("bill",Qt::CaseInSensitive);
// result: ["Bill Murray", "Bill Clinton"]
```

3.7 Qt和字符集

3.7.1 计算机上的3种字符集

在计算机中每个字符都要使用一个编码来表示，而每个字符究竟使用哪个编码来表示，要取决于使用哪个字符集（Charset）。

计算机字符集可归类为3种：单字节字符集（SBCS）、多字节字符集（MBCS）和宽字符集（Unicode字符集）。

（1）单字节字符集（SBCS）

单字节字符集的所有字符都只有一个字节的长度。单字节字符集（SBCS）是一个理论指导规范。具体实现时有两种字符集：ASCII字符集和扩展ASCII字符集。

ASCII字符集主要用于美国，是由美国国家标准局（ANSI）颁布的，全称是美国国家标准信息交换码（American National Standard Code For Information Interchange），使用7位（bit）来表示一个字符，总共可以表示128个字符（0～127），不过一个字节有8位，有1位没有用到，因此人们把最高1位永远设为0，用剩下的7位组成的编码来表示字符集的128个字符。ASCII字符集包括英文字母、数字、标点符号等常用字符，如字符'A'的ASCII码是65、字符'a'的ASCII码是97、字符'0'的ASCII码是48、字符'1'的ASCII码是49。其他字符编码的具体细节可以查看ASCII码表。

在美国刚刚兴起计算机的时候，ASCII字符集中的128个字符就够用了，一切应用都是顺顺当当的。后来计算机发展到欧洲，欧洲各个国家的字符较多，128个就不够用了，怎么办？人们对ASCII码进行了扩展，因此就有了扩展ASCII字符集。它使用8位来表示一个字符，即可表示256个字符，在前面0到127的编码范围内定义的字符与ASCII 字符集中的字符相同，后面多出来的128个字符用来表示欧洲国家的一些字符，如拉丁字母、希腊字母等。有了扩展的ASCII 字符集，计算机在欧洲的发展也就顺风顺水了。

（2）多字节字符集（MBCS）

随着计算机普及到更多国家和地区，需要的字符就更多了，8位的单字节字符集不能满足信息这些国家和地区交流的需要。因此，为了能够表示更多国家和地区的文字（比如中文），人们对ASCII码继续扩展，也就是在欧洲人扩展的基础上再进行扩展，即英文字母和欧洲字符为了和扩展ASCII兼容，依然用1个字节表示字符，而对于更多国家和地区自己的字符（如中文字符）则用2个字节来表示，这就是多字节字符集（Multi-Byte Character System，MBCS），它也是一个理论指导规范，具体实现时各个国家或地区根据自己的语言字符分别实现了不同的字符集。这些具体的字符集虽然不同，但实现的依据都是MBCS，也就是字符编码256后面的字符都用2个字节来表示。

MBCS解决了欧美地区以外不同语言中字符的表示，但缺点也很明显。MBCS在保留原有扩展ASCII码（前面256个）的同时，用2个字节来表示其他语言中的字符，这样会导致一个字节和两个字节混在一起，使用起来不太方便。例如，字符串“你好abc”，字符数是5，而字节数是8（因为最后还有一个'\0'）。对于用++或--运算符来遍历字符串的程序员来说，这简直就是噩梦。另外，各个国家或地区各自定义的字符集难免会有交集，比如使用简体中文的软件就不能在日文环境下运行（会显示出乱码）。

这么多国家或地区都定义了各自的多字节字符集，并以此来为自己的文字编码，那么操作系统如何区分这些字符集呢？操作系统通过代码页（Code Page）来为各个字符集定义一个编号，比如437（美国英语）、936（简体中文）、950（繁体中文）、932（日文）、949（朝鲜语_朝鲜）、1361（朝鲜语_韩国）等都是属于代码页。在Windows操作系统的控制面板中可以设置当前系统所使用的字符集。例如，通过控制面板打开Windows 7的“区域和语言”对话框，然后切换到“管理”选项卡，可以看到当前非Unicode（也就是多字节字符集）程序使用的字符集，如图3-6所示（在Windows 10中的设置界面与此类似）。

在图3-6中选定的语言是“中文（简体，中国）”，系统此时的代码页就是936。我们可以编写一个控制台程序验证一下。注意，控制台程序输出窗口默认使用的代码页（字符集）就是操作系统的代码页，也可以调用函数SetConsoleOutputCP()修改控制台窗口的代码页。这个函数虽是Windows API函数，但可以在Qt项目中使用。

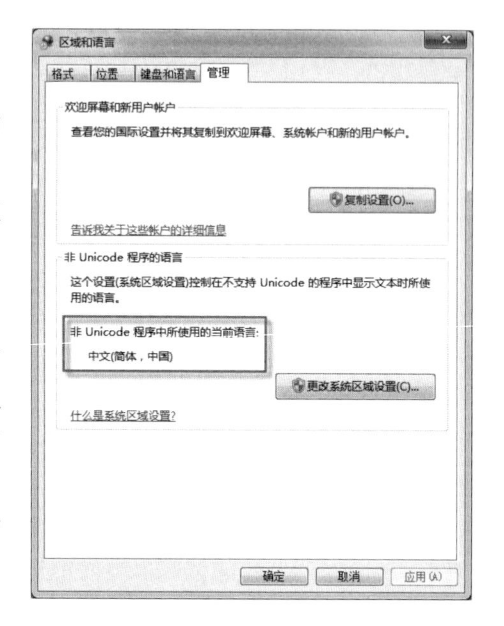

图3-6

（3）Unicode字符集

Unicode编码被称为统一码、万国码或单一码。为了把全世界所有的文字符号都统一进行编码，标准化组织ISO提出了Unicode编码方案。这个编码方案可以容纳世界上所有文字和符号的字符编码，并规定任何语言中的任一字符都只对应一个唯一的数字。这个数字被称为代码点（Code Point），或称为码点、码位，用十六进制书写，并加上U+前缀，比如 '田' 的代码点是U+7530、'A' 的代码点是U+0041。

所有字符及其Unicode编码构成的集合叫Unicode字符集（Unicode Character Set，UCS）。早期的版本有UCS-2，用两个字节进行编码，最多能表示65535个字符。在这个版本中，每个代码点的长度有16位（比特位），用0至65535之间的数字来表示世界上的字符（当初以为够用了），其中0至127这128个数字表示的字符依旧与ASCII码中的字符完全一样，比如Unicode和ASCII中的数字65都表示字母 'A'、数字97都表示字母 ' a'。反过来却是不同的，字符 'A'在Unicode中的编码是0x0041、在ASCII中的编码是0x41，虽然它们的值都是97，但是编码的长度是不一样的（Unicode码是16位长度，ASCII码是8位长度）。

UCS-2后来不够用了，又推出UCS-4版本。UCS-4用4个字节编码（实际上只用了31位，最高位必须为0），它根据最高字节分成2^7=128个组（最高字节的最高位恒为0，所以有128个组）。每个组再根据次高字节分为256个平面（Plane）。每个平面根据第3个字节分为256行（Row），每行有256个码位（Cell）。组0的平面0被称作基本多语言平面（Basic Multilingual Plane，BMP），即范围在U+00000000到U+0000FFFF的代码点，若将UCS-4 BMP前面的两个零字节去掉则可得到UCS-2（U+0000 ~ U+FFFF）。每个平面有2^{16}=65536个码位。Unicode计划使用了17个平面，一共有17×65536=1114112个码位。在Unicode 5.0.0版本中，已定义的码位只有238605个，分布在平面0、平面1、平面2、平面14、平面15、平面16。其中，平面15和平面16上只是定义了两个各占65534个码位的专用区（Private Use Area），分别是0xF0000～0xFFFFD和0x100000～0x10FFFD。所谓专用区，就是保留给大家放自定义字符的区域，可以简写为PUA。平面0也有一个专用区：0xE000～0xF8FF，有6400个码位。平面0的0xD800～0xDFFF共有2048个码位，是一个被称作代理区（Surrogate）的特殊区域。代理区的目的是用两个UTF-16字符表示BMP以外的字符（在讲UTF-16编码时会介绍）。

在Unicode 5.0.0版本中，238605-65534×2-6400-2408=99089，余下的99089个已定义码位分布在平面0、平面1、平面2和平面14上，对应Unicode目前定义的99089个字符，其中包括71226个汉字。平面0、平面1、平面2和平面14上分别定义了52080、3419、43253和337个字符。平面2的43253个字符都是汉字。平面0上定义了27973个汉字。

再归纳总结一下：

① 在Unicode字符集中的某个字符对应的代码值称作代码点（Code Point），简称码点，用十六进制书写，并加上U+前缀。

② 后来字符越来越多，最初定义的16位（UCS-2版本）已经不够用，就用32位（UCS-4版本）表示某个字符的代码点，并且把所有代码点分成17个代码平面（Code Plane）：其中，U+0000 ~ U+FFFF划入基本多语言平面（Basic Multilingual Plane，BMP）；其余划入16个辅助平面（Supplementary Plane），代码点范围为U+10000 ~ U+10FFFF。

③ 并不是每个平面中的代码点都对应有字符，有些是保留的，有些是有特殊用途的。

3.7.2　Qt Creator开发环境对Unicode和多字节的支持

在Qt中，建议采用支持Unicode字符集的开发软件，因为使用Unicode字符集开发热键好处颇多，比如：

- 使用Unicode字符集使程序的国际化变得更容易。
- Unicode字符集提升了应用程序的效率，因为代码执行速度更快，占用内存更少。Windows内部的一切工作都是使用Unicode编码的字符和字符串来处理的。所以，假如你非要传入ANSI编码的字符或字符串，Windows就会被迫分配内存，并将ANSI字符或字符串转换为等价的Unicode编码的形式。
- 使用Unicode字符集，应用程序能轻松调用所有的Windows函数，因为一些Windows函数提供了处理Unicode字符和字符串的版本。
- 使用Unicode字符集，代码很容易与COM集成（后者要求使用Unicode编码的字符和字符串）。
- 使用Unicode字符集，代码很容易与.NET Framework集成（后者要求使用Unicode编码的字符和字符串）。

Qt Creator对Unicode和多字节又是如何支持或如何进行切换的呢？下面几个例子将使用Qt Creator，但要注意两点：一是项目路径中不要有中文，二是项目路径要预先在磁盘上创建好。这也是笔者建议大家使用VC的原因之一，大公司的产品就是功能完善。

【例3.6】　在Qt Creator中验证默认情况下Qt项目使用的字符集

（1）启动Qt Creator，新建一个Qt控制台项目，项目名为test。

（2）在test.cpp中输入如下代码：

```
#include <QCoreApplication>
#include <iostream>
using namespace std;
int main(int argc, char *argv[])
{
    QCoreApplication a(argc, argv);

#ifdef UNICODE
    wchar_t str[100] = L"aaabbb";
    wcout<<"in UNICODE:\n";
```

```
    wcout<<str<<endl;
    cout<<sizeof(str[0])<<endl;
#else
    char str[100] = "cccddd";
     cout<<str<<endl;
#endif

    return a.exec();
}
```

Qt Creator创建的项目默认采用的字符集是Unicode，所以上面的代码将会输出aaabbb。

（3）保存项目并运行（按Ctrl+R快捷键），结果如图3-7所示。

```
10:04:27: Start
in UNICODE:
aaabbb
2
```

图3-7

要在Qt Creator项目中使用多字节字符集，该怎么办呢？方法是在项目文件（.pro文件）中进行手工设置。请看下例。

【例3.7】 在Qt Creator中使用多字节字符集

（1）启动Qt Creator，新建一个Qt控制台项目，项目名为test，注意路径中不要含中文或空格。

（2）在test.cpp中输入如下代码：

```
#include <QCoreApplication>
#include <iostream>
using namespace std;

int main(int argc, char *argv[])
{
    QCoreApplication a(argc, argv);

#ifdef UNICODE
    wchar_t str[100] = L"aaabbb";
    wcout<<"in UNICODE:\n";
    wcout<<str<<endl;
#else
    char str[100] = "cccddd";
     wcout<<"in ASCII:\n";
     cout<<str<<endl;
#endif
    return a.exec();
}
```

（3）在Qt Creator的项目视图中，双击test.pro项目文件以打开它，在QT -= gui语句下面添加一行语句DEFINES -= UNICODE，即：

```
QT -= gui
DEFINES -= UNICODE
```

（4）保存项目并运行，运行结果如图3-8所示。

```
in ASCII:
cccddd
```

图3-8

通过这两个小例子就可以知道，在Qt Creator中创建项目时，默认采用的字符集是什么以及如何修改默认字符集了。

3.7.3 在Qt Creator中使用中文字符的两种方式

为了在Qt程序中正确显示中文而不出现乱码，通常有两种解决方案。

（1）使用静态函数QString::fromLocal8Bit

该函数将字节数组对象转为QString类对象，这个函数的原型声明如下：

```
QString QString::fromLocal8Bit(const QByteArray &str)
```

在要显示中文的地方这样调用：

```
QString::fromLocal8Bit ("信息1")
```

为了代码简洁，也可以把QString::fromLocal8Bit定义为一个宏：

```
#define z QString::fromLocal8Bit
```

之后，在要显示中文的地方这样调用：

```
z("信息2")
```

（2）在文件开头使用预处理命令execution_character_set

```
#pragma execution_character_set("utf-8")  //用于正确显示中文
```

这样，在后面的代码里就可以直接使用中文了。

3.8 认识Qt界面Widgets

应该是通过代码来编写界面还是使用拖曳控件来绘制界面呢？这是仁者见仁、智者见智的问题，甚至可能引起代码派和拖曳派的争论。如果是简单的演示程序或者简单的小工具，可以使用拖曳控件的方式来绘制界面；或者是刚入门的初学者，对Qt界面不是很熟悉，但是公司又需要马上把程序编写出来，这时采用拖曳控件的方式可以快速解决问题。随着项目越来越大，界面越来越复杂，会发现维护拖曳界面（.ui文件）是一件不简单的事情，甚至是牵一发而动全身；如果是用代码编写的界面，可以很好地将界面封装成小的组件和控件，达到复用的目的，这样的程序结构清晰且能在后期很好地修改和维护，最为重要的是使用代码便于编写自定义的控件。

纵观Java安卓、前端JS框架等，使用代码编写界面的居多。当读者对界面有一定的熟悉程度之后，建议还是使用代码编写界面。这样可以更好地了解Qt的机制、设计哲学，以及在Qt中使用C++，还能够锻炼自己的C++编程能力，因为Qt本身就是一个庞大的C++项目，其中的实现和设计哲学对我们加深C++编程能力非常有帮助。如果更有追求一点，可以适当地阅读Qt的源码。

Qt功能强大，类库众多。作为初学者，从界面入手是一个不错的选择。因此我们先从它的传统桌面程序的UI模块Qt Widgets入手。

Qt Widgets提供了一组UI元素（图形界面元素）来创建经典的桌面风格的用户界面。这些UI元素在Qt中被称为控件，它们的基类是QWidgets。常见的控件有主窗口、对话框、各种控件等。

Qt控件是传统的用户界面元素，通常在桌面环境中使用。这些控件很好地集成到底层平台上，在Windows、Linux和MacOS上为本机系统提供各种外观元素。这些控件是成熟的、功能丰富的用户界面元素，适用于大多数静态用户界面。与Qt Quick（Qt的另外一种界面技术）相比，这些控件在触摸屏和流畅、高度动画化的现代用户界面上的缩放效果并不理想。不过，对于具有传统的以桌面为中心的用户界面应用程序（比如Office类型的应用程序），控件则是一个很好的选择。

3.9 Qt中与界面相关的类库

Qt的核心框架是一套C++类库，里面的类很多，它们的合集就是一个大大的类库，也是一个应用程序的编程框架。有了框架，就可以往框架内添加自己的代码，来实现我们所需要的Qt应用程序。这个过程好比开发商造好了整幢大楼，把毛坯房卖给了我们，而我们要做的就是装修，使之可以居住。

要成为Qt编程高手，熟悉Qt类库是必须的。Qt类库非常庞大，不能眉毛胡子一把抓，对于初学者来说，应该由浅入深。实际工作中常用到的类可组成两幅继承图，如图3-9和图3-10所示。

图3-9中的类主要涉及对话框类（QDialog）、菜单类（QMenu）、主窗口类（QMainWindow）等各个控件类，这是在Qt编程中经常会遇到的，它们的基类是QWidget。

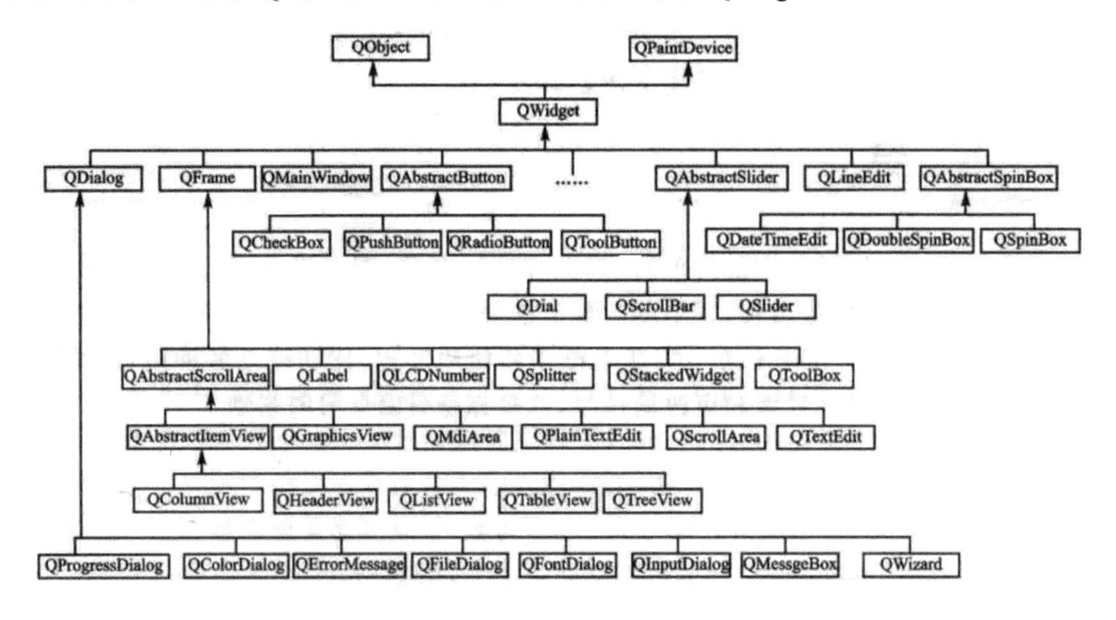

图3-9

Qt的类库很大，我们不需要（也不可能）全部记住，刚学习时只需要抓住几个头（父类，见图3-10）即可，其他虾兵蟹将（子类）在用到的时候再学习。

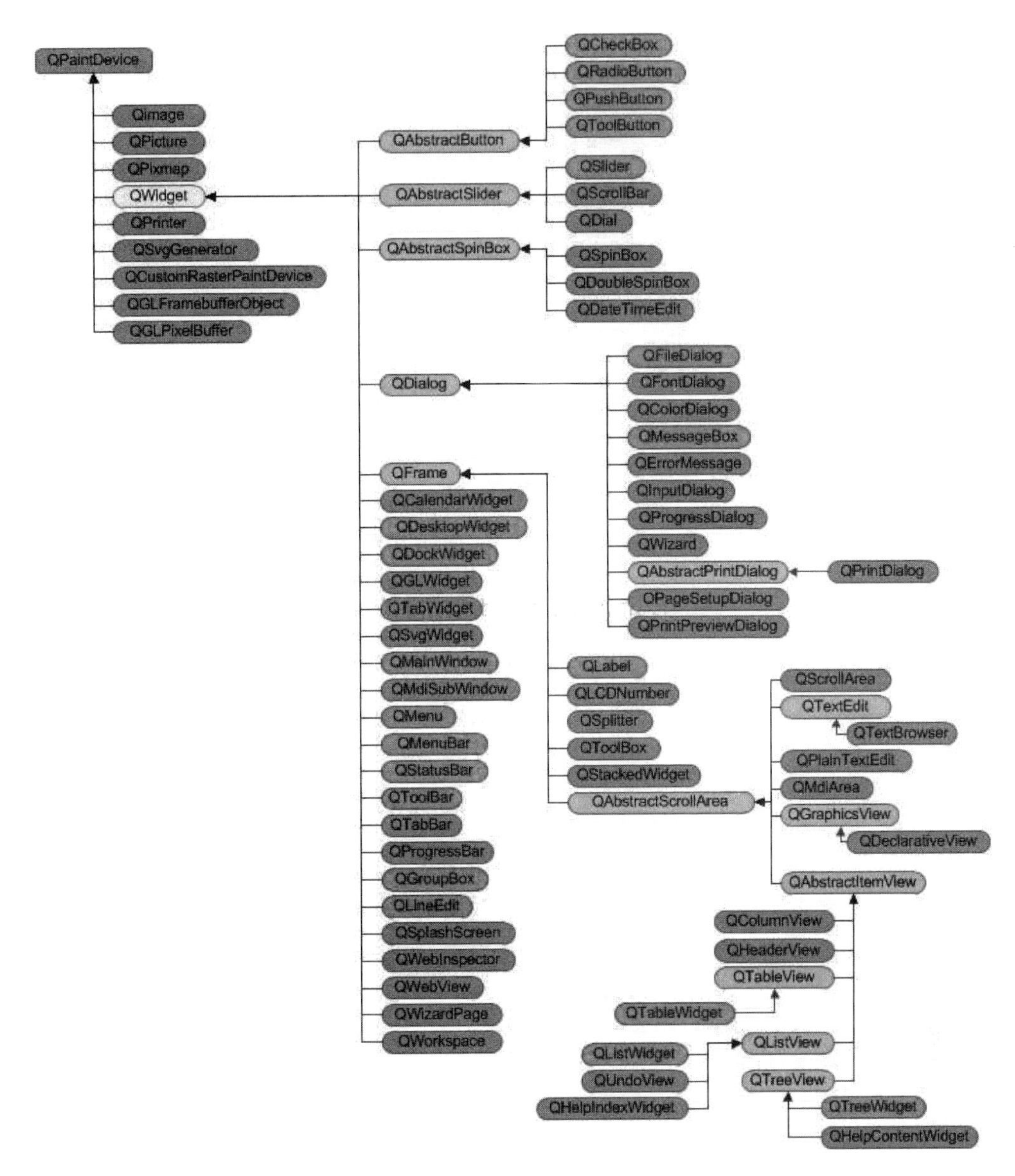

图3-10

3.9.1　QObject类

QObject类是所有Qt类的基类，是Qt对象模型的核心。它最主要的特征是关于对象间无缝通信的机制：信号与槽（槽就是信号处理函数，后面会讲到）。

任何对象都要实现信号与槽机制，Q_OBJECT宏是强制的。不管是否真正用到信号与槽机制，最好在所有QObject子类中都使用Q_OBJECT宏，以免出现一些不必要的错误。

所有的Qt Widgets都是基础的QObject类。如果一个对象是Widget，那么isWidgetType()函数就能判断出。

QObject类既没有复制构造函数也没有赋值操作符，实际上它们使用宏Q_DISABLE_COPY()声明为私有的。所有派生自QObject类的对象都使用这个宏声明复制构造函数和赋值操作符为私有的。

3.9.2 QWidget类

QWidget类是所有用户界面对象的基类，被称为基础窗口部件。主窗口、对话框、标签、按钮、文本输入框等都是窗口部件。这些部件可以接收用户输入，显示数据和状态信息，并且在屏幕上绘制自己。Qt把没有嵌入到其他部件的部件称为窗口，一般窗口都有边框和标题栏，就像程序中的部件（Widget）和标签（Label）一样，QMainWindow类和大量的QDialog子类是一般的窗口类型。窗口就是没有父部件的部件，所以又称为顶层部件。

3.9.3 和主窗口有关的类

主窗口就是一种顶层窗口，可以用来显示数据、图形等。程序的主窗口是经常和用户打交道的用户界面元素，它上面通常可以存放菜单栏、工具栏、停靠控件、状态栏等，每个控件都对应着类。另外，对于这些控件上的操作也提供了相应的类，比如QAction等。

- QMainWindow类：这个类表示主窗口本身。
- QDockWidget类：该类表示停靠控件。
- QMenu类：该类用于菜单栏、上下文菜单和其他弹出菜单的菜单控件。菜单栏通常位于主窗口上方。
- QToolBar类：该类提供了一个通用的工具栏部件。它可以容纳许多与操作相关的不同控件，如按钮、下拉菜单、组合框和数字显示框。通常，工具栏与菜单和键盘快捷键可以很好地协作使用。工具栏通常位于菜单栏下方。
- QStatusBar类：该类表示状态栏。状态栏通常位于主窗口的底部，用于显示当前程序状态信息或解释某个命令的含义。

以上是主窗口上常见的界面元素。和这些控件相关的操作也封装成了几个类。

- QAction类：QAction类表示和控件有关的用户界面操作。
- QActionGroup类：QActionGroup类用于把控件的操作进行组合。
- QWidgetAction类：通过接口扩展QAction类，用于将自定义控件插入到基于操作的容器（如工具栏）中。

3.9.4 对话框类和控件类

对话框是另外一种常见的顶层窗口，上面可以存放不同的控件，让用户通过控件来操作所需的功能。

（1）QDialog类

QDialog类是对话框窗口的基类，可以衍生出不少子类，比如文件对话框类、颜色对话框类、打印对话框类等。

对话框窗口主要用于短期任务和与用户进行简短的通信。对话框有两种：模态和非模态（后面我们会详细介绍它们的区别）。QDialog类可以提供返回值，并且可以有默认按钮。

（2）各个控件类

在Qt中，控件又称为小部件。控件各种各样，比如按钮控件（QAbstractButton）、编辑框控件（QTextEdit）等。后面我们将详细介绍常见控件的用法。

3.9.5 Qt Widgets应用程序类型

在项目向导中新建项目时，如果选择了Qt Widgets Application，那么最终生成的程序就是Qt Widgets应用程序，如图3-11所示。

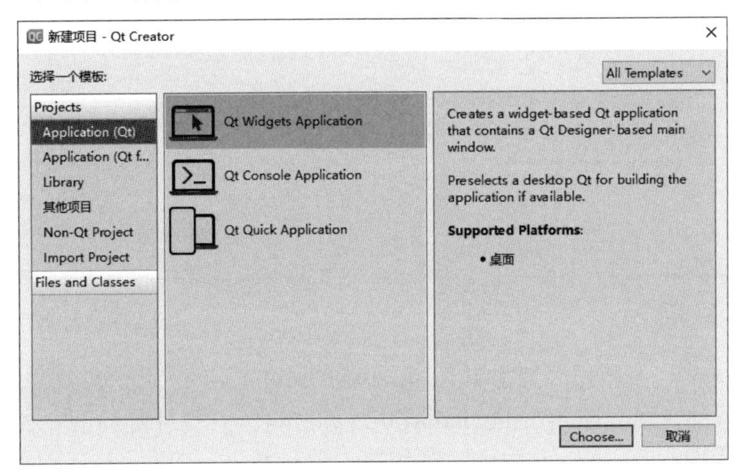

图3-11

根据在向导中选择基类的不同，Qt Widgets程序可以分为3大类：基于主窗口的Widgets程序、基于Widgets的Widgets程序和基于对话框的Widgets程序。我们可以在Qt Creator的向导对话框中进行选择，如图3-12所示。

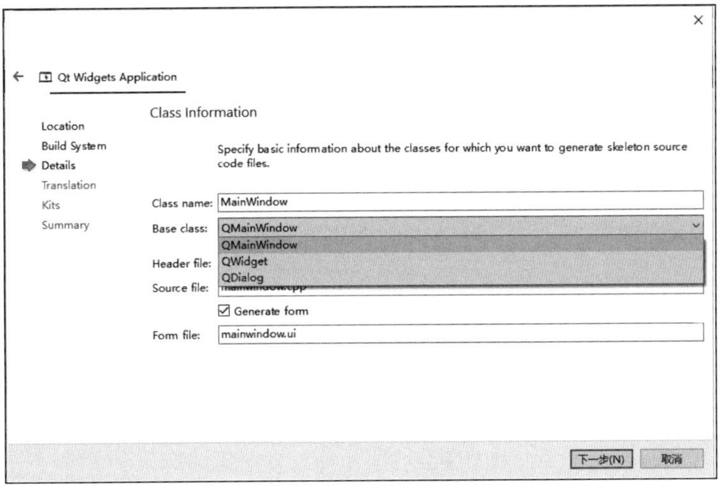

图3-12

通过向导生成这3种类型的程序而不需要编写一行代码。不过，向导生成的程序只是一个程序框架，如果需要实际特定功能，还是需要自己手动输入具体的程序代码来实现。

下面我们来生成这3类的Widgets程序。

【例3.8】 一个简单的主窗口程序（Qt Creator版）

（1）启动Qt Creator，新建一个Qt Widgets项目，随后设置项目名为test。然后跟着向导操作，在“Define Build System”对话框上保持默认，即选中“qmake”，如图3-13所示。

直到在类信息向导对话框上选择（默认已经选中）基类为QMainWindow，如图3-14所示。

然后继续单击“下一步”按钮，直到向导完成。

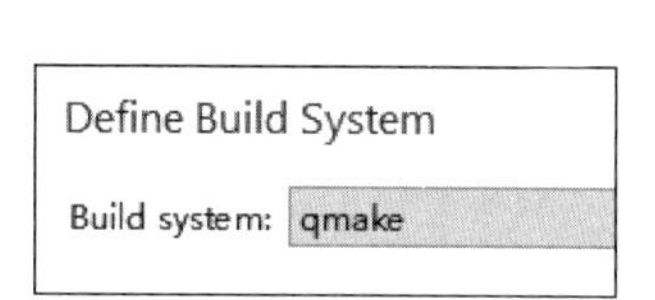

图3-13

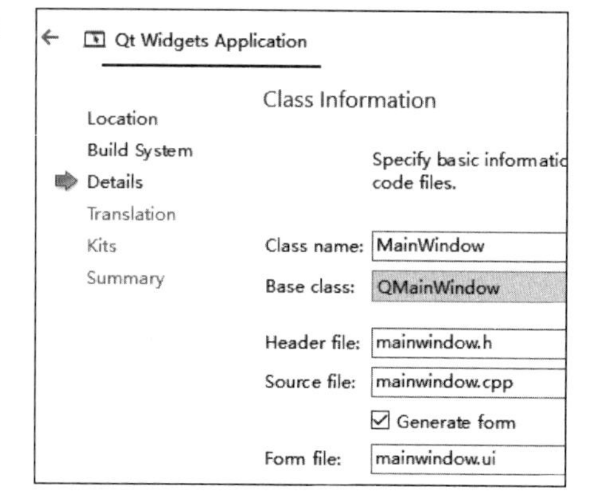

图3-14

（2）向导完成后，会帮我们创建如图3-15所示的文件。

如果要设计界面，可以双击mainwindow.ui，此时将打开设计师界面，在该界面上能以可视化方式进行界面设计。main.cpp中定义了程序入口函数main()。mainwindow.cpp中定义了表示主窗口的MainWindow类，该类继承自QMainWindow。MainWindow类的对象在main函数中有定义，如下所示。

```
#include "mainwindow.h"
#include <QApplication>  //Qt中系统类的头文件都不要.h
int main(int argc, char *argv[])
{
    QApplication a(argc, argv);   //定义应用程序对象
    MainWindow w;     //定义一个主窗口对象
    w.show();     //显示主窗口
    return a.exec(); //启动事件循环
}
```

在一个窗口的Qt程序中，至少有一个应用程序对象和窗口（这里是主窗口）对象。比如：

```
QApplication a(argc, argv); //定义应用程序对象
MainWindow w; //定义一个主窗口对象
```

（3）不需要添加任何代码，直接按Ctrl+R快捷键运行程序，其中编译的进度状态可以在右下角状态栏上看到，如图3-16所示。

稍等片刻，运行成功，运行结果如图3-17所示。

这个主窗口上还创建了工具栏，虽然还没有具体的内容。另外，在右下角的3根斜线表示该窗口可以通过鼠标拖拉边框来进行缩放。

下面来看一下基于QWidget类的界面程序。QWidget类是所有窗口类的父类，功能最简单。

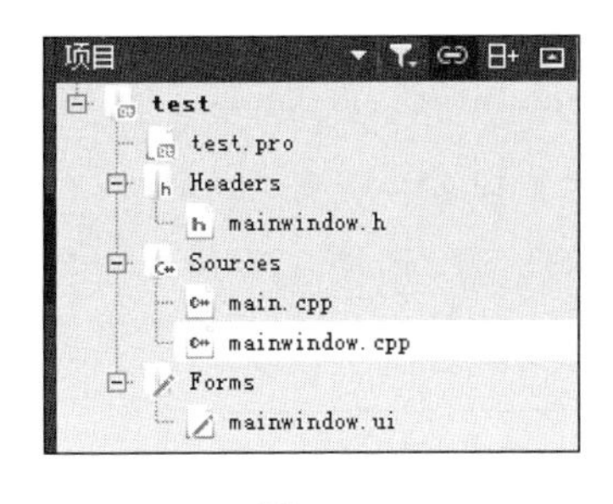

图3-15

图3-16

图3-17

【例3.9】　一个简单的Widget窗口程序（Qt Creator版）

（1）启动Qt Creator，新建一个Qt Widgets项目，项目名为test，然后一路跟着向导操作，直到在可以选择基类的向导对话框上选择基类为QWidget，如图3-18所示。

继续单击“下一步”按钮直到完成。

（2）打开解决方案资源管理器视图，可以看到Qt Creator已经创建好如图3-19所示的文件。

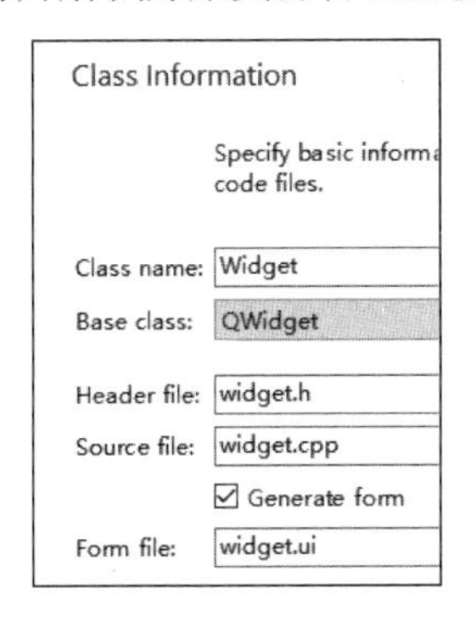

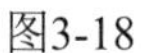

图3-18

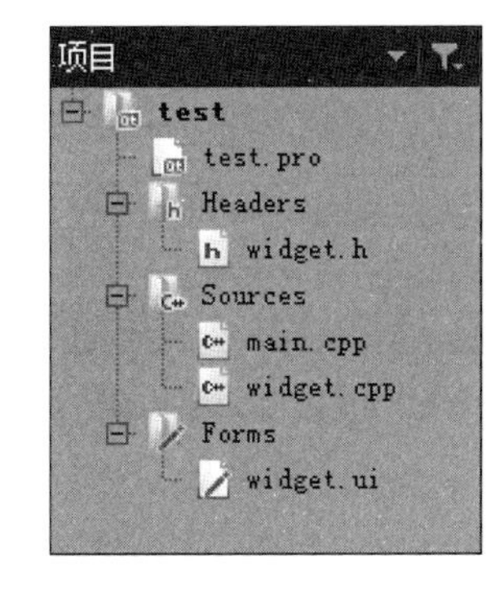

图3-19

如果要设计界面，可以双击widget.ui，此时将打开设计师界面，在该界面上能以可视化方式进行界面设计。main.cpp中定义了程序入口函数main()。widget.cpp中定义了表示主窗口的Widget类，该类继承自QWidget类。Widget类的对象在main()函数中有定义，如下所示。

```
#include "widget.h"
#include <QApplication>
int main(int argc, char *argv[])
{
    QApplication a(argc, argv); //定义应用程序对象
    Widget w;      //定义一个小控件窗口对象
    w.show();      //显示小控件窗口
    return a.exec();//启动事件循环
}
```

（3）不添加任何代码，直接按Ctrl+F5快捷键运行程序，如果没有错误，就会显示编译成功，运行结果如图3-20所示。

图3-20

还有一种程序类型是对话框程序，我们将在后面一章详细介绍。长久以来，不同的开发环境，控制台程序和窗口图形界面程序井水不犯河水，很少有交集。但在Qt中，它们的结合是那么的简单。下面我们看一个例子。

【例3.10】 控制台程序中出现Widget窗口

（1）启动Qt Creator，新建一个控制台程序项目，项目名为test（见图3-21）。

（2）打开main.cpp，输入如下代码：

```
#include <QApplication>  //注意，这里是QApplication
#include <QWidget>
#pragma execution_character_set("utf-8") //支持中文
int main(int argc, char *argv[])
{
    QApplication a(argc, argv);  //注意，这里是QApplication
    QWidget *widget = new QWidget;
    widget->resize(250, 150);       //调整控件大小
    widget->show(); //显示控件窗口
    widget->setWindowTitle("控制台程序显示Widget窗口");
    return a.exec();
}
```

注意，默认建立的控制台程序给出的应用程序类是QCoreApplication，但是要在控制台中使用QWidget就必须使用QApplication类。QCoreApplication类提供了一个事件循环，用于非GUI应用程序给自己提供事件循环，因此对于Qt非GUI的应用程序，应该使用QCoreApplication类。对于GUI应用程序（比如用到了Widget窗口，见图3-22），应该使用QApplication类。QApplication类定义在widgets模块中，与QWidget类相关，能设置鼠标双击的间隔时间、按键的间隔时间、鼠标拖曳距离和时间、滚轮滚动行数等，还能获取桌面激活的窗口、模态控件、弹跳控件等。

实例化控件窗口对象后就可以调整窗口的大小并显示出来，最后设置窗口的标题。打开test.pro，在文件开头添加“QT += widgets”。

（3）按Ctrl+R快捷键运行这个项目，运行结果如图3-23所示。

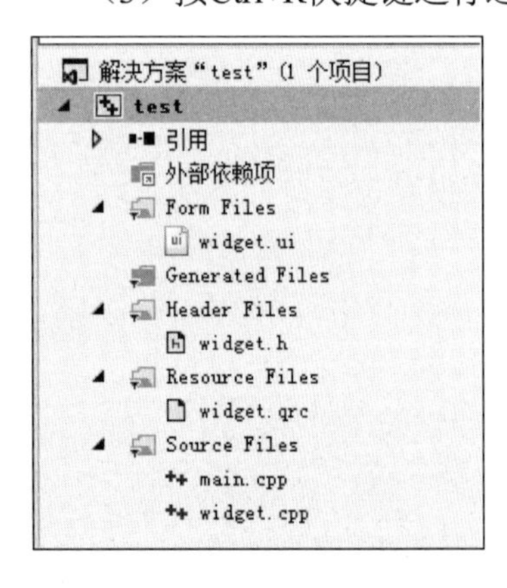

图3-21

图3-22

图3-23

3.10 获取系统当前时间

在Qt下，调用QDateTime类的静态函数currentDateTime()可以获得系统当前时间。比如：

```
QDateTime current_date_time =QDateTime::currentDateTime();
QString current_date =current_date_time.toString("yyyy.MM.dd hh:mm:ss.zzz ddd");
//转为字符串
```

注意，要转化成自己想要的格式。其中，yyyy表示年；MM表示月；dd表示日；hh表示小时；mm表示分；ss表示秒；zzz表示毫秒；ddd表示周几。需要什么就用什么。

同时，还要包含头文件：

```
#include <QTimer>
#include <qdatetime.h>
```

【例3.11】 获取系统当前时间并用printf打印

（1）启动Qt Creator，新建一个控制台程序项目，项目名为test。

（2）打开main.cpp，输入如下代码：

```
#include <QCoreApplication>
#include <QTimer>
#include <qdatetime.h>
#include <iostream>
using namespace std;

int main(int argc, char *argv[])
{
    char year[50],month[50],day[50],hour[20],min[20],sec[20];
    QCoreApplication a(argc, argv);
    QDateTime current_date_time =QDateTime::currentDateTime();
    QString current_date =current_date_time.toString("yyyy.MM.dd hh:mm:ss.zzz
ddd"); //转为字符串
    strcpy(year,current_date_time.toString("yyyy").toUtf8().data());
    strcpy(month,current_date_time.toString("MM").toUtf8().data());
    strcpy(day,current_date_time.toString("dd").toUtf8().data());
    strcpy(hour,current_date_time.toString("hh").toUtf8().data());
    strcpy(min,current_date_time.toString("mm").toUtf8().data());
    strcpy(sec,current_date_time.toString("ss").toUtf8().data());

    printf("%s.%s.%s %s:%s:%s",year,month,day,hour,min,sec);
    cout<<endl;

    return a.exec();
}
```

这里我们终于用到了久违的printf，但最后的“cout<<endl;”不要忘记，否则不会输出结果。

（3）按Ctrl+R快捷键运行这个项目，运行结果如图3-24所示。

```
2022.04.12 08:09:33
```

图3-24

3.11 事　　件

3.11.1 基本概念

事件是由程序内部或外部产生的事情或某种操作的统称。比如，用户按下键盘或鼠标，就会产生一个键盘事件或鼠标事件（这是由程序外部产生的事件）；当窗口第一次显示时，会产生一个绘制事件，以通知窗口需要重新绘制自身，从而使窗口可见（这是由程序内部产生的事件）。事件有两个来源：程序外部和程序内部。

对于外部产生的事件，比如用户的操作（单击鼠标、按下键盘），首先会被操作系统内核中的设备驱动程序所感知，然后操作系统将这些消息（与所进行操作的相关信息数据）放入GUI应用程序（Qt应用程序）的消息队列，Qt程序依次读取这些消息，进行分发，转化为事件类QEvent（将操作数据代码化），再进入事件处理函数进行处理。在事件处理函数中，我们通过参数（事件类QEvent或其子类的指针对象）能够解析出操作的详细信息，比如鼠标按下的是左键还是右键、键盘按下的是哪个键等，有了用户操作的详细数据信息，我们就可以进行相应的处理了。

Qt程序内部产生的事件（比如定时器超时）也是一样的，只不过Qt直接将事件转为事件类，然后分发、处理。

前面两段话有点抽象，我们将其细化一下。首先事件要被Qt程序所获取，那么具体是谁来做这个事情呢？

Qt中的事件循环是由QApplication.exec()开始的。当该语句执行后，应用程序便建立起了一个事件循环机制，该机制不断地从系统的消息队列中获取与应用程序有关的消息，并根据事件携带的信息将事件对应到目的窗口或控件，由于Qt中窗口和控件都是继承自QObject类，因此具有事件处理能力（QObject类的三大核心功能之一就是事件处理）。QObject类是所有Qt类的基类，是Qt对象模型的核心。QObject类通过调用event()函数获取事件，所有需要处理事件的类都必须继承自QObject，通过重定义event()函数实现自定义事件的处理，或者将事件交给父类处理。

3.11.2 事件的描述

在Qt中，使用抽象类QEvent及其子类来描述事件。所有事件都是QEvent类的派生类对象，用于表示在应用程序中发生的事情，或者是应用程序需要知道的外部活动的结果。

QEvent类是所有事件类的基类。事件对象包含事件参数：基本的QEvent类只包含一个事件类型参数，QEvent子类包含了额外的描述特定事件的参数。例如，子类QMouseEvent用于描述与鼠标相关的事件，子类QKeyEvent用于描述与键盘相关的事件等。

Qt中常见的事件有鼠标事件（QMouseEvent）、键盘事件（QKeyEvent）、绘制事件（QPaintEvent）、窗口尺寸改变事件（QResizeEvent）、滚动事件（QScrollEvent）、控件显示事件（QShowEvent）、控件隐藏事件（QHideEvent）、定时器事件（QTimerEvent）等。

3.11.3 事件的类型

事情类型用枚举QEvent::Type来表示。这个枚举类型定义了Qt中有效的事件类型，比如QEvent::ApplicationStateChange表示应用程序的状态已更改、QEvent::FileOpen表示文件打开请求（QFileOpenEvent）等。

3.11.4 事件的处理

Qt的主事件循环（QCoreApplication::exec()）从事件队列中获取本地窗口的系统事件，将它们转化为QEvents类对象，然后将转换后的事件发送给 QObjects类对象。函数event()不处理事件，根据传递的事件类型，它调用该特定类型事件的事件处理程序来进行处理。

一般来说，事件来自底层窗口系统（spontaneous()返回true），但是也可以调用QCoreApplication::sendEvent()和QCoreApplication::postEvent()（spontaneous()返回false）来手动发送事件。

QObjects类通过调用QObject::event()函数来接收事件。该函数可以在子类中重新实现，来处理自定义的事件以及添加额外的事件类型，其中QWidget::event()就是一个很著名的例子。默认情况下，像QObject::timerEvent()和QWidget::mouseMoveEvent()这样的事件可以被发送给事件处理函数。QObject::installEventFilter()允许一个对象拦截发往另一个对象的事件。

我们不需要知道Qt是怎样把事件转换为QEvent类对象或其子类对象的，只需要处理这些事件或在事件函数中发出的信号即可。比如对于按下鼠标按钮的事件，不需要知道Qt是怎样把该事件转换为QMouseEvent类对象的（QMouseEvent类是用于描述鼠标事件的类），只需要知道从QMouseEvent类对象的变量中获取具体的事件即可。在处理鼠标按下事件的函数中，它的参数就是一个QMouseEvent类型的指针变量，我们可以通过该变量判断按下的是鼠标左键还是鼠标右键，代码如下：

```
void Mainwindow::mousePressEvent(QMouseEvent * e)
{
    if(e->button() == Qt::LeftButton)
    {
        QMessageBox::information(this,"note", "left key");
    }
    else if(e->button() == Qt::RightButton)
    {
        QMessageBox::information(this,"note", "right key");
    }
}
```

3.11.5 事件的传递

事件的传递也称事件的分发。其基本规则是：若事件未被目标对象处理，则把事件传递给父对象处理；若父对象仍未处理，则传递给父对象的父对象处理；重复这个过程，直至事件被处理或到达顶层对象为止（事件是在对象间传递的，这里是指对象的父子关系，而不是指类的父子关系）。

在Qt中有一个事件循环，该循环负责从可能产生事件的地方捕获各种事件，并把这些事件转换为带有事件信息的对象，然后由Qt的事件处理流程分发给负责处理事件的对象来处理事件。

通过调用QApplication::exec()函数启动事件主循环。主循环从事件队列中获取事件，然后创建一个合适的QEvent类的对象或其子类的对象来表示该事件。在此步骤中，事件循环首先处理所有发布的事件，直到队列为空；然后处理自发的事件；最后处理在自发事件期间产生的已发布事件。注意：发送的事件不由事件循环处理，该类事件会被直接传递给对象。

3.12 信　　号

3.12.1 基本概念

Qt为了方便一些事件的处理，引入了信号（Signal）的概念，封装了一些事件操作的标准预处理，使得用户不必去处理底层事件，只需要处理信号即可。Qt还定义了一些预定义信号。在某些事件处理函数中会发送预定义信号，如果用户添加了与该信号相连的信号处理函数（也叫槽函数），则调用该槽函数。当然，并不是所有事件处理函数都会有信号发送。除了预定义信号外，用户也可以自己发送自定义信号。

信号与槽（Slot）其实都是函数。当特定事件被触发时（如在编辑框输入了字符）将发送一个信号，与之连接的槽则可以接收到并做出响应。

信号类似Windows编程中的消息，槽类似消息处理函数。比如，鼠标的按钮被单击，就会发出名为clicked的信号，如果该信号连接了槽（函数），就会调用这个函数来进行处理。这种发出是没有目的的，类似广播。如果有对象对这个信号感兴趣，它就会使用连接（connect）函数，意思是将想要处理的信号和自己的一个函数（槽）绑定来进行处理。也就是说，当信号发出时，被连接的槽函数会自动被回调。

信号和槽是Qt特有的信息传输机制，是Qt程序设计的重要基础，可以让互不干扰的对象建立一种联系。

槽的本质是类的成员函数，它的参数可以是任意类型，和普通C++成员函数几乎没有区别，可以是虚函数，可以被重载，可以是公有的、保护的、私有的，也可以被其他C++成员函数调用。唯一的区别是：槽可以与信号连接在一起，每当和槽连接的信号被发出时，就会调用这个槽。

信号和槽是多对多的关系。一个信号可以连接多个槽，一个槽也可以监听多个信号。

信号可以有附加信息。例如，窗口关闭的时候可能发出windowClosing信号，这个信号可以包含窗口的句柄，用来表明究竟是哪个窗口发出的；一个滑块在滑动时可能发出一个信号，包含滑块的具体位置或者新的值等。我们可以把信号和槽理解成函数签名。信号只能同具有相同签名的槽连接起来。也可以把信号看成是底层事件一个形象的名字，比如windowClosing信号就是窗口关闭事件发生时会发出的信号。

信号和槽的机制实际是与语言无关的，有很多方法都可以实现信号和槽的机制，不同的实现机制会导致信号和槽的差别很大。信号和槽这一术语最初来自Trolltech（奇趣）公司的Qt库（后来被Nokia收购）。1994年，Qt的第一个版本发布后，为我们带来了信号和槽的概念。这一概念立刻引起计算机科学界的注意，提出了多种不同的实现。如今，信号和槽依然是Qt库的核心之一。其他许多库也提供了类似的实现，甚至出现了一些专门提供这一机制的工具库。

3.12.2 信号和槽的连接

这里的连接是关联的意思。信号和槽是通过系统函数connect()关联起来的。该函数是信号和槽里最重要的函数，它将信号发送者sender对象中的信号signal与接收者receiver中的member槽函数联系起来。

需要注意的是，connect()函数只能在QObject类和QObject派生类中使用，在自己新建的类（基类不是QObject类和QObject派生类）中使用connect()函数是无效的，编译时会一直报错。我们新建的项目（比如widget、mainwindow、dialog）都是QObject类的派生类，所以可以直接调用connect()函数，实现信号与槽的机制。该函数的原型声明如下：

```
    QMetaObject::Connection QObject::connect(const QObject *sender, const char
*signal, const QObject *receiver, const char *method, Qt::ConnectionType type =
Qt::AutoConnection)
```

其中，sender是一个指针，指向信号的发送对象；signal表示要发送的信号，具体使用时必须要用宏SIGNAL()将信号转为const char*类型；receiver是一个指针，指向信号的接收对象；method表示槽函数（信号处理函数），必须使用SLOT宏将其转换为const char*类型；type表示连接类型，可以取以下5个值：

- Qt::AutoConnection：默认值，使用这个值时连接类型会在信号发送时决定。如果接收者和发送者在同一个线程中，则自动使用Qt::DirectConnection类型。如果接收者和发送者不在同一个线程中，则自动使用Qt::QueuedConnection类型。
- Qt::DirectConnection：槽函数会在信号发送的时候直接被调用，槽函数运行于信号发送者所在的线程。效果看上去就像是直接在信号发送位置调用了槽函数。这个在多线程环境下比较危险，可能会造成系统崩溃。
- Qt::QueuedConnection：槽函数在控制回到接收者所在线程的事件循环时被调用，槽函数运行于信号接收者所在的线程。发送信号之后，槽函数不会立刻被调用，等到接收者的当前函数执行完，进入事件循环之后，槽函数才会被调用。在多线程环境下一般用这种连接类型。
- Qt::BlockingQueuedConnection：槽函数的调用时机与Qt::QueuedConnection一致，不过发送完信号后发送者所在线程会阻塞，直到槽函数运行完毕。接收者和发送者绝对不能在同一个线程中，否则会死锁。在多线程间进行同步的场合可能需要这种类型。
- Qt::UniqueConnection：可以通过按位或（|）运算符来把以上4个结合在一起使用。使用这种类型，当某个信号和槽已经连接时，再进行重复的连接就会失败，也就是说避免了重复连接。

该函数会返回连接句柄，可用于稍后断开连接的操作。

值得注意的是，在指定信号和方法时，必须使用SIGNAL()和SLOT()宏。下面的代码演示了connect()函数的使用：

```
QLabel *label = new QLabel;
QScrollBar *scrollBar = new QScrollBar;
```

```
    QObject::connect(scrollBar, SIGNAL(valueChanged(int)), label,
SLOT(setNum(int)));
```

这段代码确保标签始终显示当前滚动条的值。注意，信号和槽函数的参数不能包含任何变量名，只能包含类型，比如信号valueChanged的参数是int类型，槽函数的参数是int类型。例如，以下用法将不起作用并返回false：

```
    QObject::connect(scrollBar, SIGNAL(valueChanged(int value)), // WRONG
    label, SLOT(setNum(int value)));
```

3.12.3 信号和事件的区别

Qt的事件很容易和信号与槽相混淆。信号由具体对象发出，然后会马上交给由connect()函数连接的槽进行处理。对于事件，Qt使用一个事件队列对所有发出的事件进行维护；当新的事件产生时，会被追加到事件队列的尾部；前一个事件完成后，取出后面的事件接着进行处理。但是，必要的时候，Qt事件也是可以不进入事件队列而直接进行处理的。事件还可以使用“事件过滤器”进行过滤。比如对于一个按钮对象，我们只关心它被按下的信号，至于与这个按钮相关的其他信号，我们是不用关心的。如果我们要重载一个按钮事件处理函数，就要面对事件触发的时机。比如我们可以改变它的行为，让它在按下鼠标按钮的时候（mouse press event）就触发clicked()信号，而不是通常在释放鼠标按钮的时候（mouse release event）才触发信号。

总而言之，Qt的事件和Qt中的信号是不一样的。后者通常用来使用widget，而前者是用来实现widget的。如果是使用系统预定义的控件，那么我们关心的是信号；如果使用的是自定义控件，那么我们关心的是事件。

第 4 章

Qt对话框程序设计

4.1 对话框程序设计概述

Qt开发的应用程序通常有3种界面类型，即主窗口应用程序、小控件窗口应用程序和对话框应用程序。鉴于对话框使用的场合较多，本章将介绍对话框应用程序的设计。在对话框应用程序中肯定会有对话框，上面用来存放控件，通常由标题栏、客户区、边框组成。标题栏上又会有控制菜单、最小化和最大化按钮、关闭按钮等。通过鼠标拖动标题栏，可以改变对话框在屏幕上的位置；通过最大化和最小化按钮，可以对对话框进行尺寸最大化、恢复正常尺寸或隐藏对话框等操作。标题栏上还能显示对话框的文本标题。

Qt类库中提供的对话框类是QDialog，继承于小控件窗口类QWidget。我们建立对话框的时候，都是从QDialog类派生出自己的类。

4.2 对话框的扩展性

在Qt中，对话框扩展性是用来显示包含所有选项的完整对话框。一般而言，一个对话框刚初始化后通常只显示最常用的选项，但是其中会有一个“更多”按钮。如果用户单击这个“更多”按钮，就会显示出完整的对话框。对话框的扩展性是由函数setExtension()、setOrientation()和showExtension()来控制的。

4.3 对话框的默认按钮

对话框的“默认”按钮是当用户按下回车键时被按下的按钮，用来表示用户接收对话框的设置并且希望关闭这个对话框。可以调用QPushButton::setDefault()、QPushButton::isDefault()和QPushButton::autoDefault()这三个函数来设置并且控制对话框的默认按钮。

4.4 QDialog类

QDialog类是对话框窗口的基类。对话框窗口是主要用于短期任务以及与用户进行简要通信的顶层窗口。QDialog对话框既可以是模态的也可以是非模态的。QDialog类支持扩展性并且可以提供返回值。QDialog对话框可以有默认按钮。QDialog对话框也可以有一个QSizeGrip对象在它的右下角，调用setSizeGripEnabled()函数来实现。

1. 公有成员

（1）构造函数QDialog

该函数用于构造一个父对象为parent、名称为name的对话框，这个函数的原型声明如下：

```
QDialog ( QWidget * parent = 0, const char * name = 0, bool modal = FALSE, WFlags f = 0 )
```

其中，参数parent指向父对象；name表示对话框的名称；参数modal用于指定对话框的模态，如果为假（默认），那么这个对话框是非模态对话框，并且应该使用成员函数show()来显示。如果modal为真，则它是模态对话框，并且使用exec()来显示，也就是说会阻塞这个应用程序中其他窗口的输入。如果modal为真并且使用show()来显示，则它半模态的参数f用于指定对话框上的风格，比如我们不想保留对话框标题栏中的“这是什么”按钮，就可以通过f传递参数WStyle_Customize | WStyle_NormalBorder | WStyle_Title | WStyle_SysMenu。

（2）析构函数QDialog()

该函数将销毁对话框并删除它所有的子对象。在对话框对象销毁时将自动调用这个析构函数。

（3）DialogCode

DialogCode表示模态对话框返回的值，是一个枚举值：

```
enum DialogCode { Rejected, Accepted }
```

（4）result()函数

该函数获得模态对话框的结果代码，原型声明如下：

```
int result () const
```

返回值取Accepted或Rejected。如果对话框是使用WDestructiveClose标记来构造的，就不调用这个函数。

（5）show()函数

该函数用于显示非模态或半模态对话框。因为对话框没有本地事件循环，所以必须定时调用QApplication::processEvents()来使对话框具有处理事件的能力。这个函数的原型声明如下：

```
virtual void show ();
```

（6）setOrientation()函数

该函数用于设置对话框的扩展方向，原型声明如下：

```
void setOrientation ( Orientation orientation );
```

如果orientation是Horizontal，扩展将会显示在对话框主区域的右面。如果orientation为Vertical，扩展将会显示在对话框主区域的下面。

（7）orientation()函数

该函数返回对话框的扩展方向，原型声明如下：

```
Orientation orientation () const;
```

（8）setExtension()函数

该函数用于把窗口控件extension设置为对话框的扩展，删除任何以前的扩展。对话框拥有扩展的所有权。注意，如果传递0，则任何存在的扩展都将被删除。只有当对话框被隐藏时，这个函数才能被调用。该函数的原型声明如下：

```
void setExtension ( QWidget * extension );
```

（9）extension()函数

该函数返回对话框的扩展，如果没有扩展被定义则返回0。这个函数的原型声明如下：

```
QWidget * extension () const;
```

（10）setSizeGripEnabled()函数

该函数用于设置调整对话框大小的控件是否生效，原型声明如下：

```
void setSizeGripEnabled ( bool );
```

（11）isSizeGripEnabled()函数

如果调整对话框大小的控件生效，则返回真，否则返回假。该函数的原型声明如下：

```
bool isSizeGripEnabled () const;
```

2. 公有槽

exec()函数执行模态对话框。当模态对话框出现后，程序控制权就会传递给它。在用户关闭这个对话框之前，不能和同一应用程序中的其他窗口交互。对于非模态或半模态对话框，可调用show()。

```
int exec ();
```

3. 属性

bool sizeGripEnabled：表示调整对话框大小的控件是否生效。

4. 保护成员函数

setResult()函数用于设置模态对话框的结果代码为i，这个函数的原型声明如下：

```
void setResult ( int i );
```

5. 保护槽

（1）done()函数

该函数隐藏模态对话框并把结果代码设置为r。设置过程将使用本地事件循环来完成，之后exec()函数返回的就是结果代码r。如果对话框使用WDestructiveClose来设置，done()函数也会销毁这个对话框。如果对话框是应用程序的主窗口控件，那么应用程序将终止。该函数的原型声明如下：

```
virtual void done ( int r );
```

（2）accept()函数

该函数隐藏模态对话框并把结果代码设置为Accepted，这个函数的原型声明如下：

```
virtual void accept ();
```

（3）reject()函数

该函数隐藏模态对话框并把结果代码设置为Rejected，这个函数的原型声明如下：

```
virtual void reject ();
```

（4）showExtension()函数

该函数的原型声明如下：

```
void showExtension ( bool showIt );
```

如果showIt为真，对话框的扩展部分会被显示出来，否则扩展部分会被隐藏。这个槽通常被连接到QPushButton对象的QButton::toggled()信号上。

如果对话框不是可视的，或者没有扩展部分，则什么都不会发生。

4.5 初始化对话框的地方

有时候，我们需要对自定义的对话框类的成员变量进行初始设置，或者对一些对话框属性进行初始设置，此时可以在对话框类的构造函数中进行，构造函数向导会自动生成构造函数，通常对话框项目向导生成的构造函数如下：

```
Dialog::Dialog(QWidget *parent):
    QDialog(parent),
    ui(new Ui::Dialog)
{
    ui->setupUi(this);  //这一行是构造函数向导自动生成的
}
```

现在我们要在此构造函数中添加设置对话框标题的代码，可以把代码放在setupUI()函数之后，比如：

```
Dialog::Dialog(QWidget *parent) :
    QDialog(parent),
```

```
    ui(new Ui::Dialog)
{
    ui->setupUi(this);    //这一行是构造函数向导自动生成的
    this->setWindowTitle("1111111111");  //这一行是我们添加的，用于设置对话框标题
}
```

如果需要初始化其他变量或属性，也是放在setupUI()函数之后。值得注意的是，不能删除setupUI()函数，该函数先构建一个QWidget界面，再加载对话框xml构建出我们创建的ui界面（这里是对话框），如果删除了，将使得程序中某些指针出现异常。如果想要查看对话框的xml内容，可以用鼠标右击dialog.ui，然后在弹出的快捷菜单上依次选择“用...打开→普通文件编辑器”选项，比如：

```
<?xml version="1.0" encoding="UTF-8"?>
<ui version="4.0">
 <class>Dialog</class>
 <widget class="QDialog" name="Dialog">
  <property name="geometry">
   <rect>
    <x>0</x>
    <y>0</y>
    <width>400</width>
    <height>300</height>
   </rect>
  </property>
  <property name="windowTitle">
   <string>Dialog</string>
  </property>
 </widget>
 <layoutdefault spacing="6" margin="11"/>
 <resources/>
 <connections/>
</ui>
```

总而言之，对话框是继承自QWidget类的，调用setupUI()函数先创建出一个基本的QWidget界面，然后根据xml内容创建出对话框界面。

4.6　一个简单的对话框程序

创建对话框程序非常简单，不需要编写一行代码，只需跟着Qt Creator或VC的项目向导一步步操作即可。

【例4.1】　一个简单的对话框程序（Qt Creator版）

（1）启动Qt Creator，新建一个Qt Widgets项目，项目名为test。然后一路跟着向导操作，直到在类信息（Class Information）这个向导对话框上选择基类为QDialog，如图4-1所示。

然后继续单击“下一步”按钮，直到向导完成。

（2）向导完成后，会帮我们创建如图4-2所示的文件。

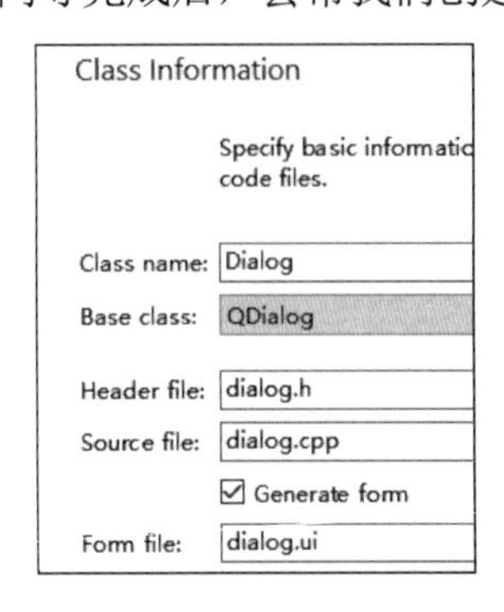

图4-1

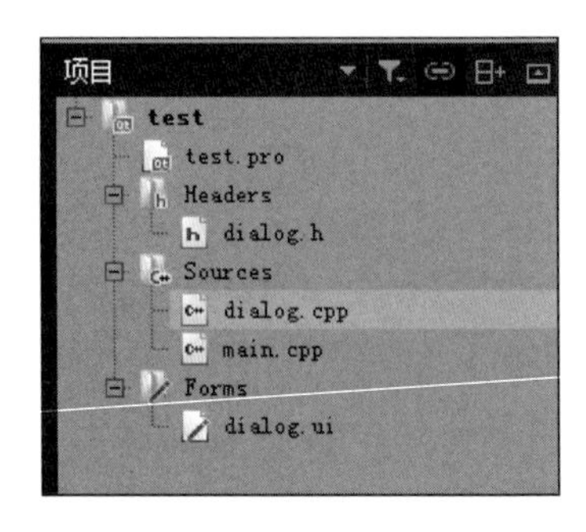

图4-2

如果要设计界面，可以双击dialog.ui，此时将打开设计师界面，在该界面上能以可视化方式进行界面设计。在dialog.cpp中定义了程序入口的主函数main()。dialog.cpp中定义了表示主窗口的类MainWindow，继承自QDialog类。MainWindow类的对象在main()函数中有定义，如下所示。

```
#include "dialog.h"
#include <QApplication>
int main(int argc, char *argv[])
{
    QApplication a(argc, argv); //定义应用程序对象
    Dialog w;      //定义一个主窗口对象
    w.show(); //显示主窗口
    return a.exec(); //启动事件循环
}
```

在一个窗口的Qt程序中，至少有一个应用程序对象和窗口（这里是对话框，对话框其实也是一种窗口）对象。比如：

```
QApplication a(argc, argv); //定义应用程序对象
Dialog w; //定义一个对话框对象
```

（3）不需要添加任何代码，直接按Ctrl+R快捷键运行这个项目，编译的进度状态可以在右下角状态栏上看到，如图4-3所示。稍等片刻，若运行成功，则结果应该如图4-4所示。

图4-3

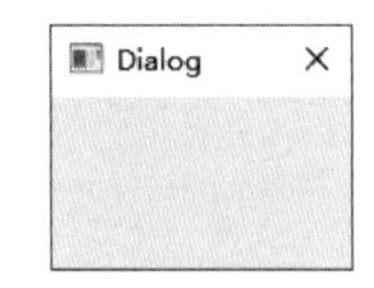

图4-4

4.7 设置对话框的属性

前面一节介绍了如何创建一个简单的对话框程序，在该对话框中的属性都是默认的。这一节

将对对话框的属性进行修改，包括大小、标题、字体、边框等。在Qt中，修改对话框的属性有两种方式：一种是可视化修改方式，另一种是代码修改方式。前一种比较简单，在对话框属性视图（Qt界面设计师）上用鼠标进行设置，但这种方式只能在程序运行前进行设置；后一种需要编写代码，稍微复杂一些，但可以在程序运行时动态修改。作为一个Qt程序员，这两种方式都要学会，尤其是后者，因为后者才能真正体现出Qt这个开发工具的强大和灵活。

4.7.1　对话框的标题

windowTitle属性表示在对话框标题栏中显示的标题文本，是一个字符串。通过该属性可以修改对话框的标题文字，比如设置对话框的标题文字为"用户登录"。如果要用代码设置该属性，可以调用对话框成员函数setWindowTitle()，比如在对话框构造函数中设置对话框的标题：

```
Dialog::Dialog(QWidget *parent) :
    QDialog(parent),
    ui(new Ui::Dialog)
{
    ui->setupUi(this);
    this->setWindowTitle("1111111111");     //设置对话框的标题
}
```

或者在主函数中对话框显示之前进行设置：

```
int main(int argc, char *argv[])
{
    QApplication a(argc, argv);
    Dialog w;
    w.setWindowTitle("FFFF");                //设置对话框的标题
    w.show();
    return a.exec();
}
```

如果这两个地方同时设置了，则后面一种生效，因为定义w对象时会调用构造函数，此时虽然设置了"1111111111"，但后面又设置了"FFFF"，所以后面的标题覆盖了前面的标题。

【例4.2】　设置对话框的标题（代码方式）

（1）启动QtCreator，新建一个对话框项目，项目名为test。

（2）在项目视图中打开dialog.cpp，在构造函数Dialog中找到函数setupUi()，并在其后添加一行代码：

```
setWindowTitle("我喜欢对话框");
```

此时构造函数如下所示。

```
Dialog::Dialog(QWidget *parent) :
    QDialog(parent),
    ui(new Ui::Dialog)
{
    ui->setupUi(this);                     //这一行是Qt Creator生成的
```

```
    setWindowTitle("我喜欢对话框");            //这一行是我们添加的
}
```

其中，setWindowTitle()函数是QWidget类的成员函数，用来设置对话框的标题。该函数的原型声明如下：

```
void setWindowTitle(const QString &);
```

（3）保存项目，按Ctrl+R快捷键运行这个项目，运行结果如图4-5所示。

图4-5

从这个例子可知，用代码设置对话框属性时，可以把设置属性的代码放在构造函数中，而且要放在函数setupUi()之后。

4.7.2 Qt中的坐标系统

本来讲解geometry属性，但考虑到geometry属性涉及坐标的知识，所以这里先系统讲述一下Qt中的坐标系统。

Qt使用统一的坐标系统来定位窗口控件的位置和大小，首先看一下图4-6。

以显示器屏幕的左上角为原点（0,0），从左向右为横轴正向（见图4-6中的Xp轴），从上向下为纵轴正向（见图4-6中的Yp轴），并用整个屏幕的坐标系统来定位顶层窗口。

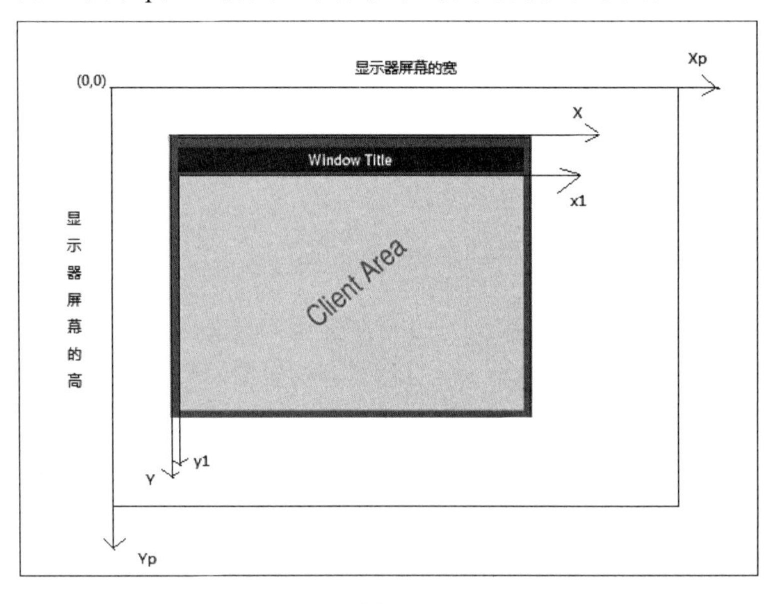

图4-6

图4-6中的窗口就是一个顶层窗口。这个窗口外围的一圈深灰色的框表示该窗口的边框，也是有宽度的，而且上、下、左、右宽度都是相同的。上方的横条表示标题栏，通常里面可以显示窗口的标题。中间浅灰色区域表示客户区（也叫用户区，Client Area），用于显示用户的数据或者和用户进行交互的控件。在客户区的周围则是标题栏（Windows Title，显示Test标题的那一行，右边有3个按钮：最小化、最大化和关闭）和边框（Frame，将鼠标放到边框上并按住鼠标进行拖放可以调整窗口的大小）。

顶层窗口有一个坐标系，见图4-15中的X、Y坐标轴，顶层窗口的原点就是窗口的左上角，在屏幕中的位置是相对于屏幕原点（0,0）而言的，也是从左向右为X轴正向，从上向下为Y轴正向。

客户区也有一个坐标系，见图4-15中的x1、y1坐标轴，它通常用于定位客户区中的数据和控件。客户区中的数据或控件的位置通常是相对于该坐标系的坐标原点（0,0）的。

有了Qt坐标系统的一些基本概念，那么具体该如何进行窗口控件的定位呢？QWidget类（也就是所有窗口组件的父类）都提供了成员函数用于在坐标系统中定位，如图4-7所示。

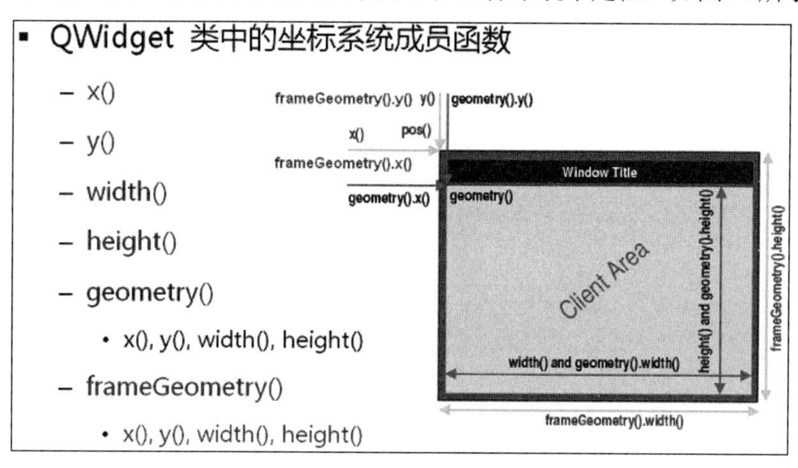

图4-7

从图4-16可以看出这些成员函数有3类：

（1）QWidget类直接提供的成员函数：x()、y()用于获得窗口左上角在屏幕中的坐标，width()、height()用于获得客户区的宽和高。

（2）QWidget类的geometry()提供的成员函数：x()、y()用于获得客户区左上角在屏幕中的坐标，width()、height()用于获得客户区的宽和高。

（3）QWidget类的frameGeometry()提供的成员函数：x()、y()用于获得窗口左上角在屏幕中的坐标，width()、height()用于获得包含客户区、标题栏和边框在内的整个窗口的宽和高。

下面我们看一个小程序，熟悉一下这几个坐标系的原点在屏幕中的坐标位置。值得注意的是，单讲原点的坐标，就总是为(0,0)；如果讲原点在屏幕中的坐标，则其值是相对于屏幕原点而言的坐标位置。

【例4.3】　测试Qt的三大坐标

（1）启动Qt Creator，新建一个Widget项目，其中QWidget类的派生类是myWidget，项目名为test。

（2）在解决方案视图上双击main.cpp以打开它，然后输入如下代码：

```
#include "widget.h"
#include <QApplication>
#include <QPushButton>          //按钮头文件
#include <QDebug>               //qDebug()需要的头文件
int main(int argc, char *argv[])
{
```

```
    QApplication a(argc, argv);
    Widget w;                       //定义Widget窗口对象
    QPushButton b(&w);              //定义按钮对象
    b.setText("Button");            //设置按钮标题
    b.resize(100, 40);              //设置按钮的宽为100、高为40
    b.move(20, 20);                 //移动到相对于客户区原点的(20,20)位置，客户区原点是(0,0)
    w.resize(800, 500);             //设置窗口尺寸为宽800、高500
    w.move(10, 10);                 //移动窗口到(10,10)，该坐标相对于屏幕坐标原点(0, 0)
    w.show();                       //显示窗口
    qDebug() << "QWidget";
    qDebug() << w.x();              //输出窗口在屏幕中的x坐标
    qDebug() << w.y();              //输出窗口在屏幕中的y坐标
    qDebug() << w.width();          //输出窗口的客户区宽度
    qDebug() << w.height();                             //输出窗口的客户区高度
    qDebug() << "QWidget::geometry(Client Area)";
    qDebug() << w.geometry().x();                       //输出客户区原点在屏幕中的横坐标
    qDebug() << w.geometry().y();                       //输出客户区原点在屏幕中的纵坐标
    qDebug() << w.geometry().width();                   //输出客户区的宽
    qDebug() << w.geometry().height();                  //输出客户区的高
    qDebug() << "QWidget::frameGeometry";
    qDebug() << w.frameGeometry().x();                  //输出窗口在屏幕中的x坐标
    qDebug() << w.frameGeometry().y();                  //输出窗口在屏幕中的y坐标
    qDebug() << w.frameGeometry().width();              //输出窗口的宽度
    qDebug() << w.frameGeometry().height();             //输出窗口的高度
    return a.exec();
}
```

（3）按Ctrl+R快捷键运行程序，我们可以在输出窗口看到如图4-8所示的结果。

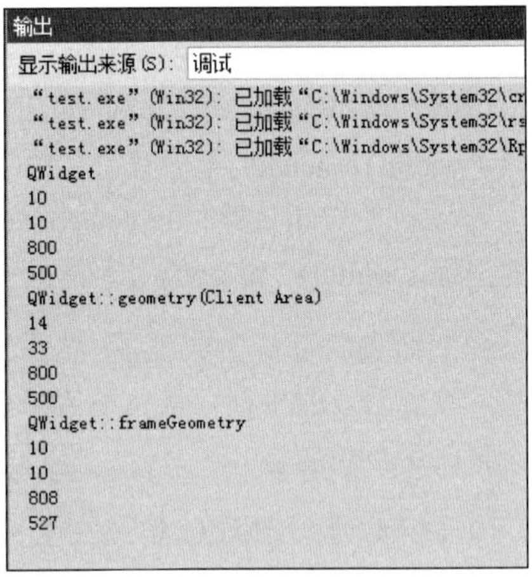

```
输出
显示输出来源(S): 调试
"test.exe" (Win32): 已加载"C:\Windows\System32\cr
"test.exe" (Win32): 已加载"C:\Windows\System32\rs
"test.exe" (Win32): 已加载"C:\Windows\System32\Rp
QWidget
10
10
800
500
QWidget::geometry(Client Area)
14
33
800
500
QWidget::frameGeometry
10
10
808
527
```

图4-8

其中，客户区的大小是800和500。frameGeometry的宽度要算上两边的边框宽度，所以是808；高度要算上下部的边框宽度和上方的边框和标题栏高度，所以是527。

4.7.3 geometry属性

通过geometry（几何）属性可以获取对话框客户区左上角的坐标和大小，其中宽度和高度可以进行设置。该属性有4个字段，如图4-9所示。

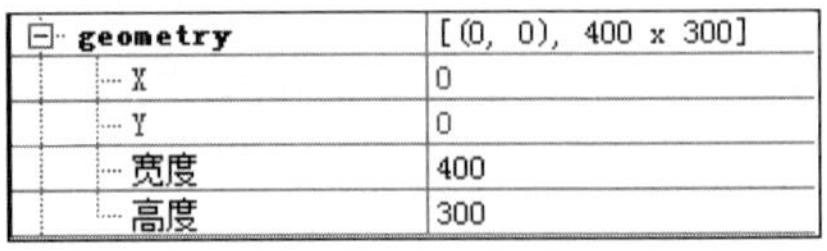

geometry	[(0, 0), 400 x 300]
X	0
Y	0
宽度	400
高度	300

图4-9

- X表示对话框客户区左上角（也就是原点）在屏幕上所处的X坐标，以像素为单位，方向朝右。X不能以可视化方式进行设置。
- Y表示程序运行后对话框客户区左上角在屏幕上所处的Y坐标，以像素为单位，方向朝下。Y不能以可视化方式进行设置。
- “宽度”和“高度”表示对话框客户区的大小，能以可视化方式进行设置。

4.7.4　minimumSize属性和maximumSize属性

minimumSize用于设置窗口的最小尺寸，设置后，运行时如果用鼠标拖放缩小对话框，则最小不会小于minimumSize。minimumSize有宽度和高度两个字段，可以进行可视化设置。

maximumSize属性用于设置窗口的最大尺寸，设置后，运行时如果用鼠标拖放放大对话框，则最大不会大于maximumSize。maximumSize有宽度和高度两个字段，可以进行可视化设置。

此外，也可以用代码方式设置最小尺寸，函数的原型声明如下：

```
void QWidget::setMinimumSize(int minw, int minh);
```

还可以用代码方式设置最大尺寸，函数的原型声明如下：

```
void QWidget::setMaximumSize(int maxw, int maxh);
```

4.7.5　设置对话框的尺寸、图标和背景图片

对话框的大小设置是编程中经常会遇到的，合适的对话框大小会让用户使用时感到很舒服。以可视化方式设置对话框的大小很简单，用鼠标拖拉即可，用代码方式设置对话框的大小则通过调用函数来完成。

对话框的图标位于对话框的左上方，默认是有一个图标的，但我们可以对其进行修改，更换所需的图标。为对话框设置图标有两种方式：一种是可视化方式，通过向项目导入图标文件或图片文件作为项目的资源，然后在对话框的属性中直接选择相应的资源；另外一种是代码方式，通过函数直接添加磁盘上的图标或图片文件。这两种方式在实际开发中都会用到，我们先介绍用可视化方式来设置对话框图标。这种方式的第一步是为对话框添加图标资源。当然，如果是用代码方式设置图标，则不必把资源导入到项目中。

因为是类似的操作过程，所以我们在这里同时介绍如何为对话框设置背景图片。

【例4.4】　用可视化方式设置对话框尺寸、图标和背景图片

（1）启动Qt Creator，新建一个对话框项目，项目名为test。

（2）设置对话框的尺寸大小。非常简单，打开对话框的Qt设计师界面，然后把鼠标移动到对话框的右下角处，此时鼠标会变成一个双箭头图标，按住鼠标左键不要松开，直接拖拉对话框大小，直到拖放到合适的大小再放开鼠标左键。

下面开始设置图标和背景图片。笔者在本例的项目目录下新建了一个子目录res，并在该目录下放置了一个ico图标文件zww.ico以及一个jpg图片文件gza.jpg，需要把这两个文件添加到Qt项目中。

（3）依次单击主菜单的菜单选项“文件→新建文件或项目”，此时出现New File or Project对话框，在该对话框左边的窗格选择Qt、在右边的窗格选择Qt Resource File，如图4-10所示。

然后单击“Choose…”按钮，出现Qt Resource File对话框，在该对话框上输入一个名称，也就是为我们导入的资源起个自定义的名字，比如myres，下面的路径保持不变，用项目路径即可，如图4-11所示。

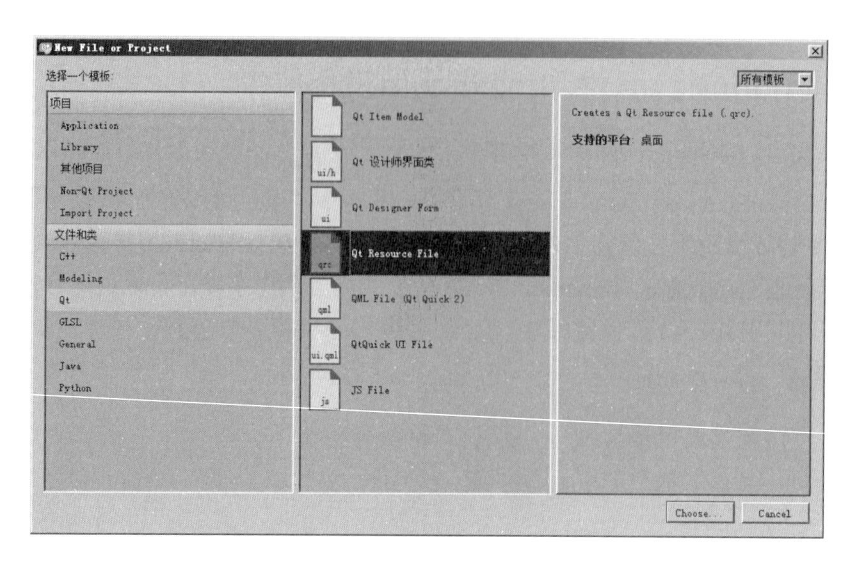

图4-10

继续单击“下一步”按钮，保持默认设置，直到完成。稍等1秒，在主界面的项目视图中就会出现Resources，并且下面有一个myres.qrc文件，如图4-12所示。

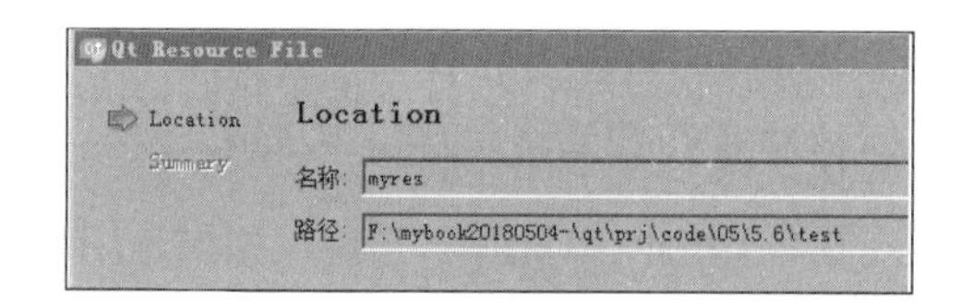

图4-11

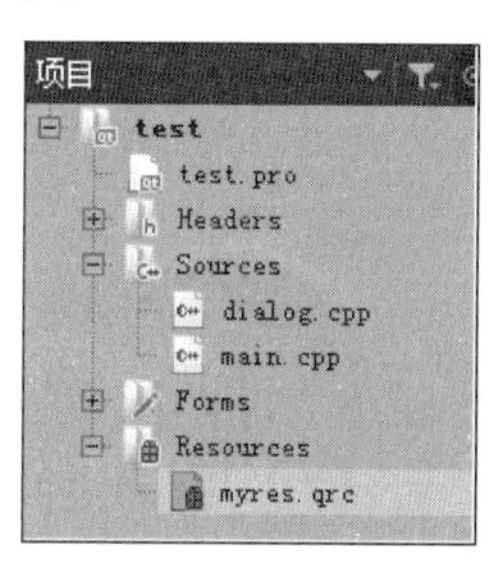

图4-12

myres.qrc文件位于项目目录下，是一个xml格式的资源配置文件。与应用程序关联的图片、图标等资源文件由.qrc文件来指定，myres.qrc用xml记录硬盘上的文件和资源名称的对应关系，应用程序通过资源名称来访问资源文件。值得注意的是，资源文件必须位于.qrc文件所在目录或者子目录下，由于.qrc文件通常位于项目目录下，因此资源文件也将位于项目目录或者子目录下。

下面我们在磁盘的项目目录下新建一个res子目录，在里面放置一个图标文件tool.ico和图片文件gza.jpg。然后回到项目中，右击myres.qrc，在弹出的快捷菜单中选择“Add Existing Directory…”选项，而后出现Add Existing Directory对话框，在该对话框上勾选res、gza.jpg和tool.ico三个选项，其他不选，然后单击OK按钮，如图4-13所示。

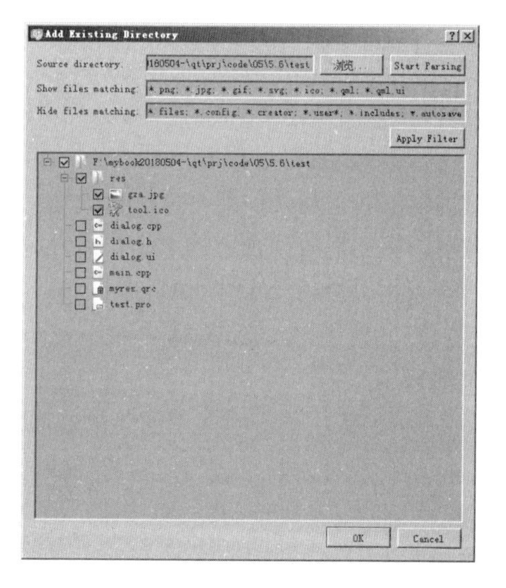

图4-13

此时出现如图4-14所示的提示框，单击Yes to All按钮。

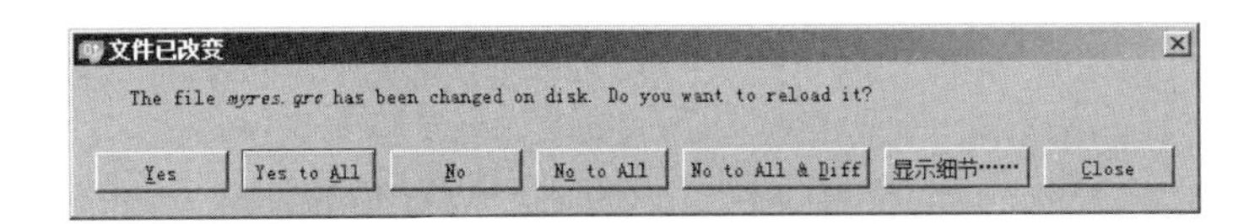

图4-14

项目视图下的myres下就多了一个斜杠“/”（见图4-15），这个斜杠表示默认的资源前缀。前缀起分类的作用，平时可以不用去管它。斜杠下面有一个res，表示是在myres.qrc同一路径下的子目录res。res目录下有gza.jpg和tool.ico，这和磁盘上正好对应起来，因为磁盘上res目录下正好有这两个文件。在主界面右边显示出每个资源的小图以及相应的相对路径。

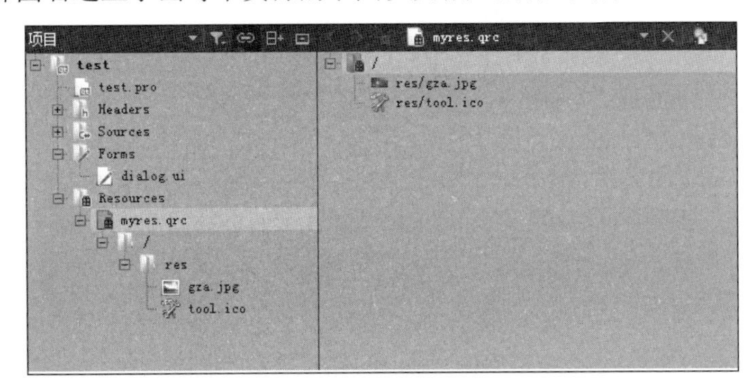

图4-15

一个图标文件和一个图片文件就算添加到项目中，变成项目的资源了。下面先说明使用图标资源的情况。

（4）双击Forms下的Dialog.ui，打开对话框设计界面，在右边属性视图中找到windowIcon属性（用来设置对话框的图标）。单击其右边的下三角按钮，出现下拉菜单，然后选择“选择资源”菜单项，如图4-16所示。

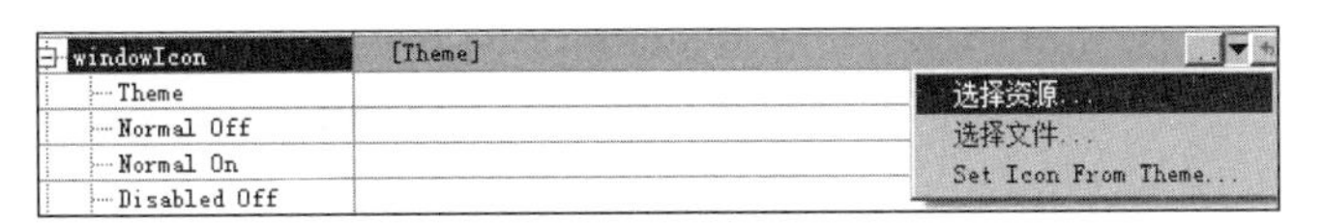

图4-16

在出现的“选择资源”对话框左边选择res，在右边选中tool.ico，然后单击OK按钮，如图4-17所示。

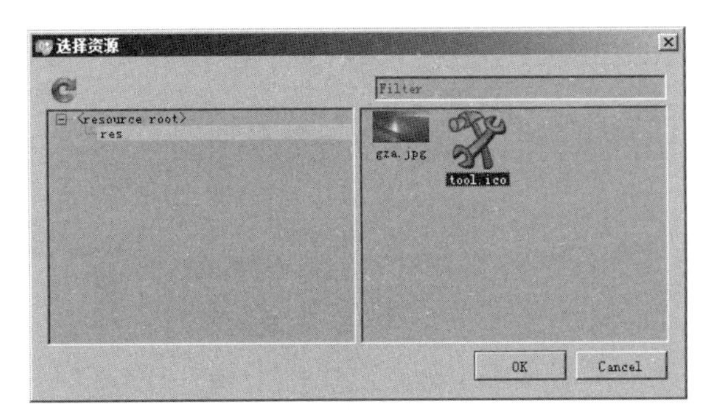

图4-17

（5）保存项目并按Ctrl+R快捷键运行这个项目，可以发现在对话框左上角的图标变为我们所选择的图标了。运行结果如图4-18所示。

图4-18

至此，以可视化方式通过向项目中添加图标资源来设置对话框图标就介绍完了。下面为这个对话框设置一个图片背景，显然我们可以直接使用已经添加到项目中的gzw.jpg资源，但为了演示如何再添加一幅图片作为资源，这里准备一幅新图片。

（6）准备一个图片文件，存放到项目目录的res子目录下，这里准备的图片名称是hk.jpg。然后在Qt Creator 的项目视图中右击res，在弹出的快捷菜单中选择“添加现有文件”选项，再选择项目目录res子目录下的hk.jpg文件，此时会提示如图4-19所示的信息。

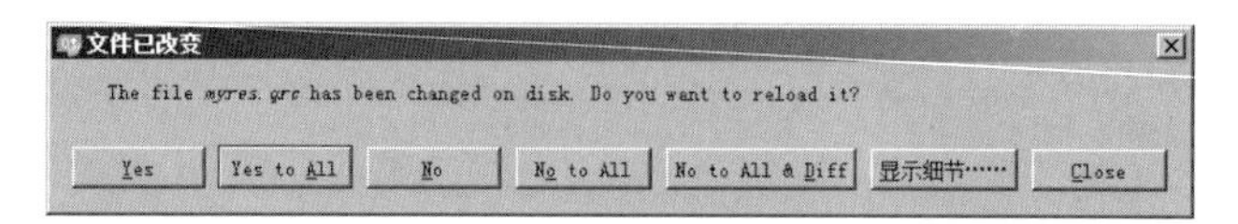

图4-19

依然单击Yes to All按钮，然后在项目视图下的res节点下就多了一个hk.jpg，如图4-20所示。这说明把新图片添加到项目中成功了！下面开始使用该图片。

（7）双击Forms下的Dialog.ui，打开对话框设计界面，把对话框稍微拉大一点（因为我们的图片比较大）。在右边属性视图中找到styleSheet属性，然后单击右边有3个小点的按钮，出现“编辑样式表”对话框，单击该对话框左上角的“添加资源”下三角按钮，然后单击下拉菜单上的background-image命令，如图4-21所示。

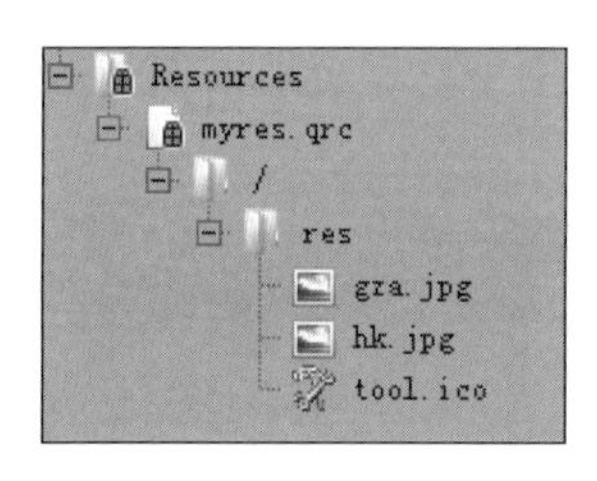

图4-20

图4-21

此时，出现“选择资源”对话框。单击该对话框左边的res节点，然后右边会显示res目录下的所有资源，选择hk.jpg，并单击OK按钮，如图4-22所示。

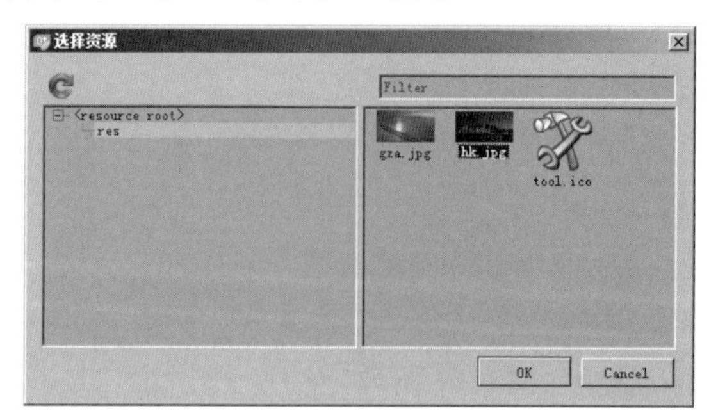

图4-22

此时，“编辑样式表”对话框的编辑框内多了一行文字“background-image: url(:/res/hk.jpg);”，如图4-23所示。

直接单击OK按钮关掉该对话框。此时，对话框设计界面上出现了hk.jpg，说明我们为对话框添加图片背景成功了！按Ctrl+R快捷键运行这个项目，可以发现对话框的背景是hk.jpg了，如图4-24所示。

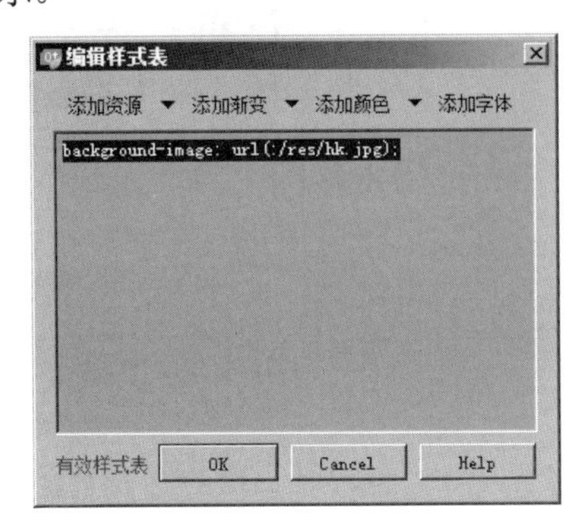

图4-23

图4-24

至此，用可视化方式设置对话框图标和图片背景的方法就介绍完了，下面开始介绍如何用代码方式设置对话框的图标和图片背景。

【例4.5】 用代码方式设置对话框尺寸、图标和背景图片

（1）启动Qt Creator，新建一个对话框项目，项目名为test。

（2）打开dialog.cpp。为了使用QIcon类，需要在文件开头添加包含头文件的指令：

```
#include <QIcon>
```

在构造函数Dialog()的末尾添加一行代码：

```
setWindowIcon(QIcon("d:\\tool.ico"));
```

其中，函数setWindowIcon()用来设置窗口的图标。对话框也是窗口，所以也可以用该函数来设置对话框的图标。QIcon类可以用图像文件来构造图标，既可以使用绝对路径，也可以使用相对路径，下面使用的是绝对路径，即加载d盘上的tool.ico文件，所以要把项目目录下的tool.ico复制到D盘。

至此，图标设置完毕。运行这个项目，可以发现对话框左上角图标发生了改变。下面我们设置对话框的尺寸，在构造函数Dialog()的末尾添加一行代码：

```
resize( 315,220 );
```

函数resize()用来设置窗口的大小，其中第一个参数是要设置的对话框长度，第二个参数是宽度，这里的315和220是我们即将要设置的对话框背景图片的大小。把对话框大小和背景图片大小设置成一样是为了让图片正好充满整个对话框。

对话框大小设置完毕后，下面设置对话框的背景图片。在构造函数Dialog()的末尾添加一行代码：

```
setStyleSheet("background-image:url(d:/gza.jpg);border:0px solid black;");
```

函数setStyleSheet()的功能很多，具体要根据参数而定。参数里的background-image表示用来设置背景，然后用url来指定图片的路径，这里是d:/gza.jpg。图片gza.jpg可以在工程目录下找到，可以把它复制到D盘下。

（3）保存项目并运行，运行结果如图4-25所示。

图4-25

4.8 在对话框上使用按钮控件

对话框是控件的载体，相当于一艘航空母舰，控件就像甲板上的飞机。用户真正操作软件的途径其实是一个个控件，比如按钮、编辑框、下拉列表框、图像控件等。本节将介绍如何在对话框上使用按钮这个控件。

这一节讲述的知识都是可视化的鼠标操作，不涉及代码编程，因此我们不准备用例子方式来讲解，讲述的内容多是一个动态的过程，希望大家边看边演练。首先启动Qt Creator，新建一个对话框项目。然后双击ui文件，打开Qt设计师界面，此时将自动显示对话框的编辑界面。

4.8.1 显示控件工具箱

在Qt设计师界面中，有一个视图叫Widget Box（控件工具箱）。Widget Box视图提供了各种各样的控件，如图4-26所示。

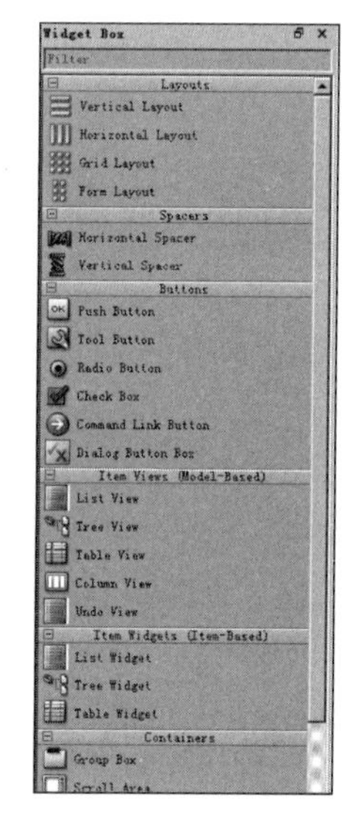

图4-26

控件工具箱通常会随着对话框设计界面的显示而自动显示。如果一不小心关闭了，可以依次单击Qt设计师界面中主菜单的菜单选项“视图→Widget Box”。

4.8.2 拖动一个按钮到对话框

在Qt设计师界面的Widget Box视图中找到Push Button，如图4-27所示。

把鼠标移到Push Button上，然后按住鼠标左键不放，移动鼠标到对话框上想要放置按钮的地方后再松开，Push Button就出现在对话框上了，如图4-28所示。

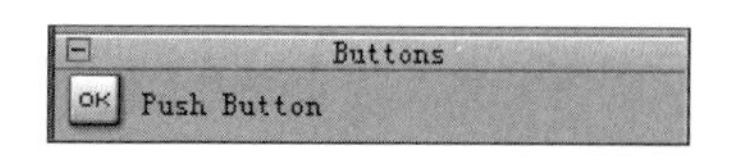

图4-27

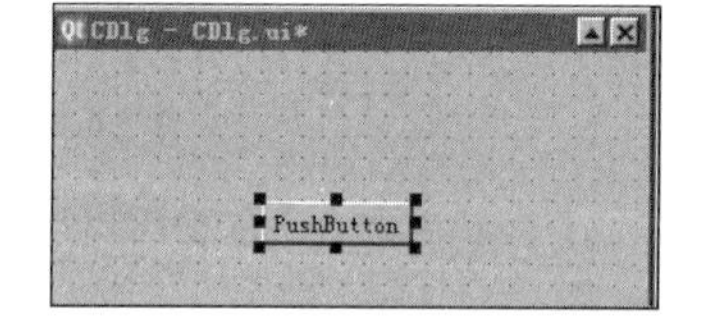

图4-28

这个过程就是控件的拖动过程，用这个方法也可以把控件工具箱里的其他控件拖动到对话框中。

4.8.3　选中按钮控件

单击按钮控件，此时按钮控件周围会被黑点框包围，处于选中状态。如果要同时选中多个按钮，则可以先按住键盘上的Ctrl键，然后同时用鼠标依次单击多个按钮，这样单击过的按钮都会被选中。如果要选择所有控件，可以直接按Ctrl+A快捷键。

如果要撤销选中，则对已经选中的按钮再次单击，按钮周围的黑点框就会消失了。

4.8.4　移动对话框上的按钮控件

在对话框上单击要移动位置的按钮，并且不要释放鼠标左键，此时鼠标指针形状会变成一个十字架，然后移动鼠标到新的位置再释放，即把控件移动到新位置了。

4.8.5　对齐对话框上的按钮控件

要对齐多个按钮控件，一个个移动的话不但对齐的精度不准，而且很烦琐。高效的方法是先选中几个要对齐的按钮控件，然后选择主菜单的菜单选项“窗体”，再选择“水平布局”或者“垂直布局”。选择“水平布局”后，选中的几个按钮将排成一条水平线，并且每两个控件左右间隔相等，如图4-29所示。再依次单击主菜单的菜单选项“窗体→打破布局”，选中的几个按钮外围的一圈红线就没有了，如图4-30所示。这样就算水平对齐了。垂直对齐的操作过程类似。

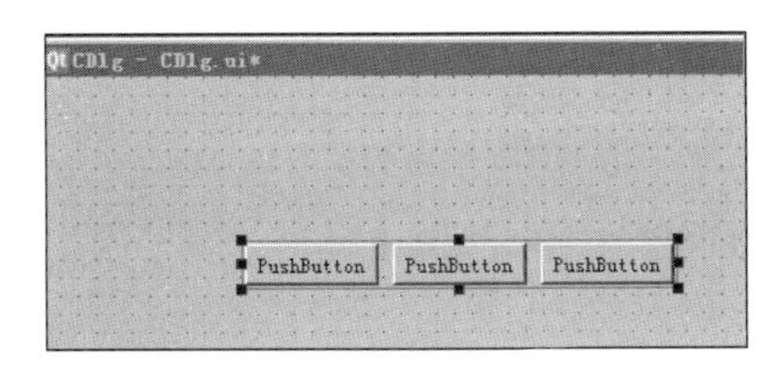

图4-29

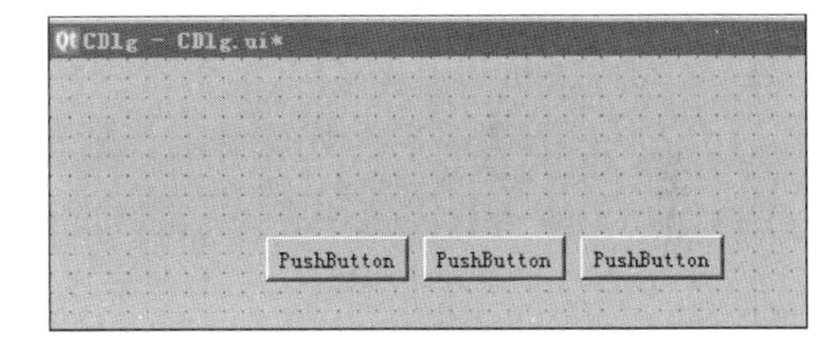

图4-30

4.8.6　调整按钮控件的大小

单击对话框上的按钮控件，此时会看到该按钮四周被8个黑点框包围，然后把鼠标放到某个黑点上，按下鼠标左键进行拖拉，会发现按钮的大小跟随鼠标移动而变化，最后释放鼠标左键，就会发现按钮大小发生了改变。

4.8.7　删除对话框上的按钮控件

单击对话框上的按钮控件，比如“确定”和“删除”按钮，然后按Delete键；或者右击按钮控件，在弹出的快捷菜单中选择“删除”命令，即可删除按钮控件。如果要删除多个按钮，可以先选中要删除的多个按钮，然后按Delete键。

4.8.8 为按钮控件添加事件处理函数

本来这一部分内容应该放在下一章来讲述，但是因为我们要演示一些系统标准对话框的弹出，需要按钮来进行辅助，所以这里先简单讲述一下如何为按钮添加事件处理程序。事件处理程序就是某个事件发生后控件要执行的程序。比如单击按钮控件是一个事件，后面发生的响应就是执行了按钮的事件处理程序。也就是说，单击按钮，按钮能处理这个单击事件。在Qt中，事件处理函数也叫槽（Slot）。

为按钮控件添加事件处理函数（程序）可以采用手工（添加代码）方式，也可以使用可视化向导方式。作为一名专业开发者，这两种方法都要会使用。

1. 用手工方式添加事件处理函数

虽然是手工添加代码方式，但也不是非常复杂，而且都是有套路的，基本步骤如下：

（1）在头文件中声明事件处理函数，并且要写在public slots:之后，代表是一个槽（事件处理函数）。比如，在dialog.h中添加：

```
public slots:
    void ClickButton();
```

（2）在构造函数中，用connect()函数把事件信号和槽连接起来。比如：

```
connect(ui.pushButton, SIGNAL(clicked()), this, SLOT(ClickButton()));
```

其中，pushButton是按钮的对象名（ObjectName），每个控件都有一个ObjectName；SIGNAL把某个事件转为信号，clicked()表示单击按钮事件；SLOT告诉Qt它的参数是一个槽（事件处理函数）；函数ClickButton()表示单击按钮的事件处理函数。

（3）在cpp中实现事件处理函数。比如在dialog.cpp中添加如下函数：

```
void Dialog::ClickButton()  //该函数就是单击按钮而引发的事件处理函数
{
    //what you want to do
}
```

在这个函数中可以添加我们希望单击按钮而产生的响应。下面我们来看一个具体的例子。值得注意的是，若使用VC2017开发Qt，则只能使用手工方式添加事件处理函数，这也是令人遗憾的地方。

【例4.6】 采用手工方式添加单击按钮事件处理函数

（1）启动Qt Creator，新建一个对话框项目，项目名为test。

（2）单击左边竖条工具栏上的Debug来显示项目视图，如图4-31所示。

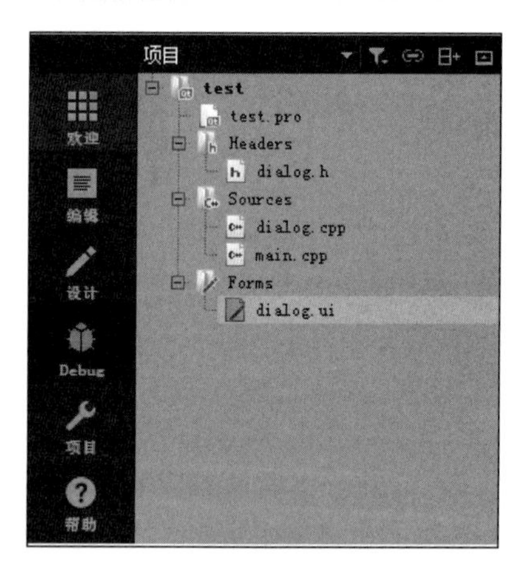

图4-31

在项目视图中，展开Forms，双击dialog.ui，此时将打开对话框的设计界面，或者直接单击“设计”工具显示对话框的设计界面。

接着，从工具栏中把一个按钮（Push Button）拖放到对话框中。

（3）在左边竖条工具栏上单击Debug工具来显示项目视图。在项目视图上，展开Headers（用来存放项目中的头文件），双击dialog.h文件以打开它，在类Dialog中添加如下代码：

```
public slots:
    void ClickButton();
```

这就声明好了单击按钮处理函数。

（4）添加connect()函数。双击dialog.cpp文件以打开它，在构造函数Dialog()的末尾添加如下代码：

```
connect(ui->pushButton, SIGNAL(clicked()), this, SLOT(ClickButton()));
```

其中，pushButton是按钮的对象名；clicked()表示单击事件；this指向按钮的父类（对话框）；ClickButton()就是槽（事件处理函数）。

（5）添加事件处理函数。在dialog.cpp的末尾添加如下函数：

```
void Dialog::ClickButton()
{
    QApplication::exit(0);
}
```

函数很简单，调用QApplication的成员函数exit()来退出程序。

（6）大功告成，按Ctrl+R快捷键来运行这个程序，稍等片刻，就可以看到一个对话框了，在对话框中有一个按钮，如图4-32所示。单击按钮，就可以发现程序退出了。

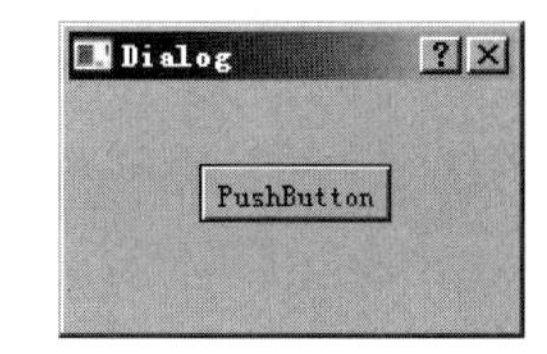

图4-32

2. 用可视化向导方式添加事件处理函数

可视化向导方式不需要为了“架桥梁”而手动添加代码，只需要为事件处理函数添加响应代码即可。我们只需要通过鼠标菜单就可以添加connect()函数等。如果要用向导方式添加事件处理函数，则只能使用Qt Creator。我们通过下面的小例子来体会一下。

【例4.7】 采用可视化向导方式添加单击按钮事件处理函数

（1）启动Qt Creator，新建一个对话框项目，项目名为test。

（2）单击左边竖条工具栏上的Debug工具来显示项目视图。在项目视图中，展开Forms，双击dialog.ui，此时将打开对话框的设计界面，或者直接单击“设计”工具显示对话框的设计界面。接着，从工具栏中把一个按钮（Push Button）拖放到对话框中，然后右击按钮，在弹出的快捷菜单中选择“转到槽...”选项，此时将出现“转到槽”对话框，如图4-33所示。

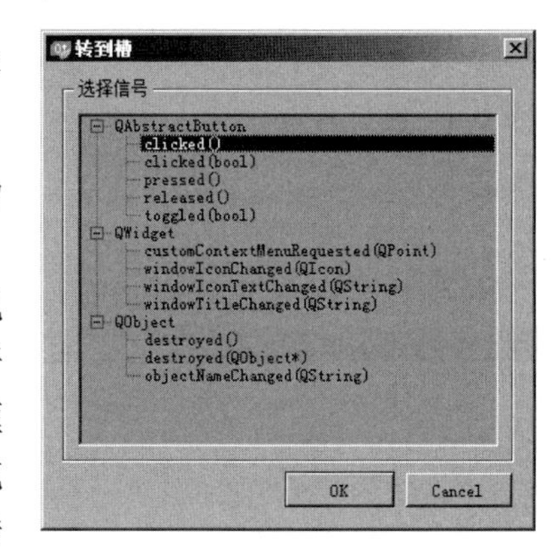

图4-33

这个对话框用来选择信号，这里我们选中clicked()，然后单击OK按钮，此时将自动打开Qt编辑器，并自动定位到dialog.cpp中的on_pushButton_clicked()函数处。这个函数就是自动生成的单击按钮事件处理函数，我们可以在里面添加响应代码，这里就添加一行程序退出的代码，主要用来测试响应是否正常，具体如下：

```
void Dialog::on_pushButton_clicked()
{
    QApplication::exit(0);
}
```

（3）完成后按Ctrl+R快捷键运行这个程序，稍等片刻，就可以看到一个对话框，在对话框中有一个按钮。单击按钮，就可以发现程序退出了，效果和上例完全一样。

4.9 模态对话框和非模态对话框

在Qt中，对话框可以分为模态（也叫模式）对话框、非模态（也叫非模式）对话框。

在弹出模态对话框时，除了该对话框之外，整个应用程序窗口都无法接收用户响应，而是处于等待状态，直到模态对话框被关闭。这时一般需要单击对话框中的确定或者取消等按钮关闭该对话框，程序得到对话框的返回值（单击了确定还是取消），并根据返回值进行相应的操作，之后将操作权返回给用户，此后用户才可以单击或者拖动程序的其他窗口。也就是说，相当于阻塞了同一应用程序中其他可视窗口的输入对话框，用户必须完成这个模态对话框中的交互操作，并且关闭了它之后才能访问应用程序中的其他窗口。其实模态对话框的作用就是要得到用户选择的结果，并根据得到的结果来进行下面的操作。

模态对话框需要有自己的事件循环。要想使一个对话框成为模态对话框，只需要调用它的exec()函数即可；要使其成为非模态对话框，则需要使用new操作来创建，然后调用show()函数来显示。函数exec()和show()的区别在于，exec()显示的是模态对话框，并且锁住程序直到用户关闭该对话框为止，也就是说只能操作这个对话框，除非关掉，否则无法操作别的对话框；show()就是简单显示，可以操作别的对话框，经常用于非模态对话框。

值得注意的是，使用new创建和调用show()显示也可以创建模态对话框，只需要在它的前面调用setModa()函数即可。

模态对话框的创建和显示代码如下：

```
myModalDialog  mydlg;
mydlg.exec();
```

或者为：

```
MyDialog  *mydlg = new myModalDialog(this);
mydlg->setModal(true);  //true为模态，false为非模态
mydlg->show();
```

模态对话框通常用在需要返回值的地方，例如需要分清用户单击OK按钮还是Cancel按钮。对话框可以通过调用accept()或reject()槽函数来关闭，并且exec()将返回对应的Accepted或Rejected。

exec()用于返回这个对话框的结果。如果窗口还没有被销毁，那么这个结果也可以通过函数result()得到。如果设置了WDestructiveClose标记，那么当exec()返回时对话框会被删除。

所谓非模态对话框，就是在弹出非模态对话框时用户仍然可以对其他窗口进行操作，不会因为这个对话框未关闭就不能操作其他窗口。非模态对话框是和同一个程序中其他窗口操作无关的对话框。比如，在字处理软件中查找和替换对话框通常是非模态的，这样就允许同时与应用程序主窗口和对话框进行交互。在Qt中，调用show()函数来显示非模态对话框。show()会立即返回，这样调用代码中的控制流将会继续。在实践中会经常调用show()并且在调用show()函数之后将控制返回到主事件循环，比如下面的代码就演示了非模态对话框的创建和显示过程：

```
myDialog *mydlg = new myDialog( this );
mydlg->show();
```

在调用show()之后，控制返回到主事件循环中。

其实，还有一种不常用的对话框——“半模态”对话框。“半模态”对话框是立即把控制返回给调用者的模态对话框。半模态对话框没有自己的事件循环，所以需要周期性地调用QApplication::processEvents()来让这个半模态对话框有处理自己事件的机会。比如，进度条对话框（例如QProgressDialog）就是一个例子，它可以让用户有机会中止一个正在运行的操作。半模态对话框的模态标记被设置为true并且调用show()函数来显示。因为这种用法不是很多，所以读者了解即可。

【例4.8】　创建一个模态对话框和非模态对话框

（1）启动Qt Creator，新建一个对话框项目，项目名为test。

（2）添加一个新的对话框。单击Qt Creator主界面左边工具栏上的Debug工具来打开“项目”视图。右击Forms，在弹出的快捷菜单中选择“Add New...”选项，出现“新建文件”对话框。在该对话框左边的窗格选中Qt，在右边的窗格中选中“Qt设计师界面类”，如图4-34所示。

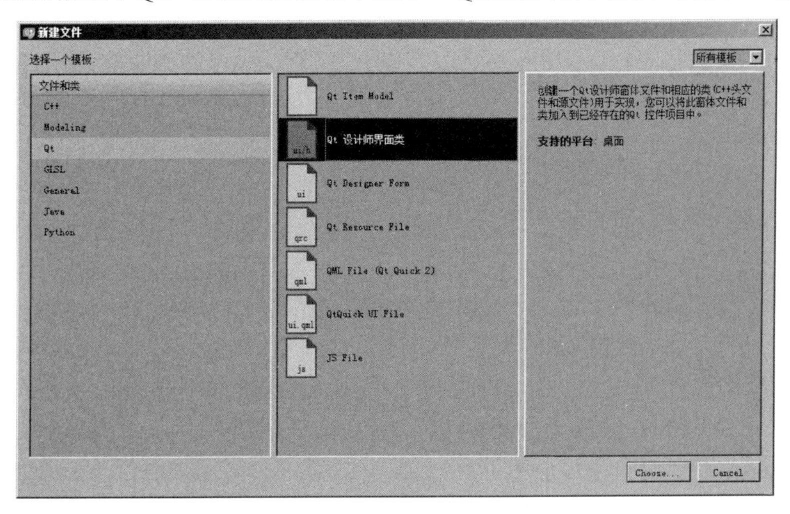

图4-34

然后单击“Choose...”按钮，出现“Qt设计器界面类”窗格，选择界面模板为Dialog with Buttons Bottom，如图4-44所示。

然后单击“下一步”按钮，出现类细节对话框，注意类名不要和已经存在的对话框类名相冲突。比如我们的项目是一个对话框项目，刚创建的时候向导已经为我们创建了一个对话框类Dialog，所以现在新建的对话框类名就不能用这个了，否则就会出现同名冲突。将新对话框命名为myModalDialog，我们可以发现相应的头文件、源文件和ui文件的文件名也跟着自动改了，如图4-35所示。

单击“下一步”按钮，出现汇总对话框，用来确认是否已经成功加入到本项目中，毫无疑问，直接单击“完成”按钮即可。此时再看项目视图，可以发现新增了3个文件，分别是Headers目录下的mymodaldialog.h、Sources目录下的mymodaldialog.cpp和Forms目录下的mymodaldialog.ui，如图4-36所示。

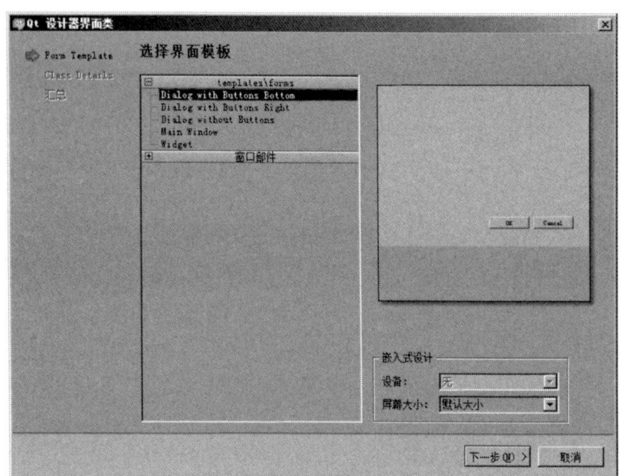

图4-35

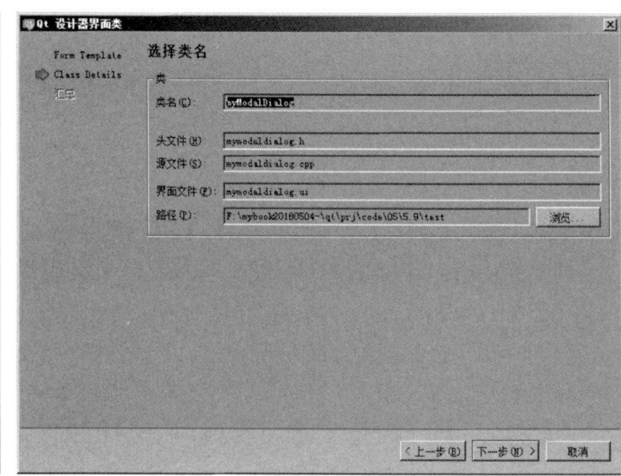

图4-36

至此，新对话框添加成功！

（3）添加一个按钮，用来显示新添加的模态对话框。切换到Qt设计师界面，然后添加一个按钮，标题设为“显示模态对话框”，并为其添加单击按钮消息处理函数：

```
void Dialog::on_pushButton_clicked()
{
    myModalDialog  mydlg;
    int res= mydlg.exec();
    if (res==QDialog::Accepted)
        QMessageBox::about(this,"Note","you click ok button");
    if (res==QDialog::Rejected)
        QMessageBox::about(this,"Note","you click cancel button");
}
```

调用exec()来创建并显示一个模态对话框，通过该函数的返回值来判断用户单击了哪个按钮：如果单击了OK按钮，就返回QDialog::Accepted；如果单击了Cancel按钮，就返回QDialog::Rejected；在实际开发中，我们经常要根据用户的选择来决定下一步的操作。

最后，在dialog.cpp的开头加入2个头文件（见图4-37）：

```
#include "myModalDialog.h"
#include <QMessageBox>
```

此时运行这个项目，单击“显示模态对话框”按钮，即会出现模态对话框。下面再来添加并显示非模态对话框。

（4）在主对话框上再放置一个按钮，双击dialog.ui，然后把一个按钮拖放到对话框中，并把新按钮标题设置为“显示非模态对话框”，然后为其添加单击按钮事件处理函数：

```
void Dialog::on_pushButton_2_clicked()
{
    myModalDialog *mydlg = new myModalDialog( this );
    mydlg->show();
}
```

（5）保存项目并运行，运行结果如图4-38所示。

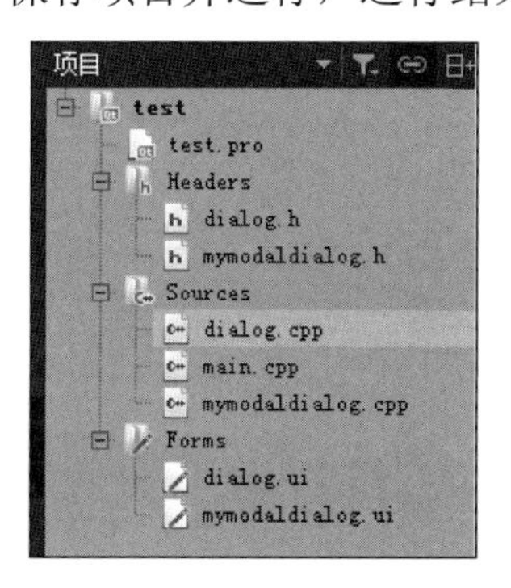

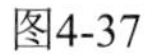
图4-37

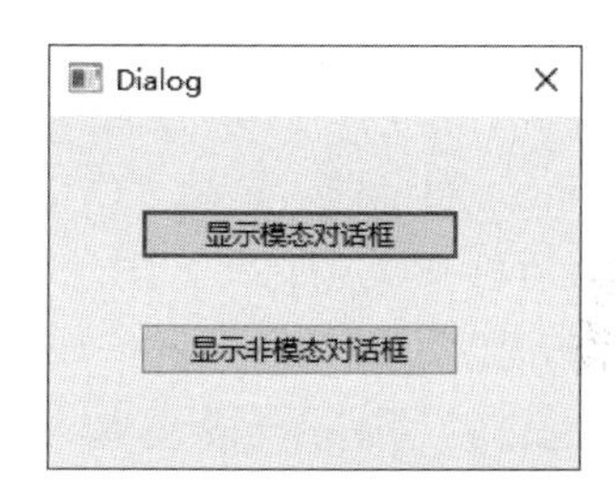

图4-38

4.10　通用对话框

通用对话框是Qt预定义的对话框，封装了一些常用功能，比如消息对话框实现消息提示功能、文件对话框实现文件打开和保存功能、字体对话框实现字体选择功能、颜色对话框实现颜色选择功能、打印对话框实现打印设置功能等。

这些通用对话框其实也是一种模态对话框，可以用模态对话框的调用套路来显示这些对话框。也就是使用预定义对话框的三板斧原则，即定义对象后设置父组件和属性、模态调用函数exec()、根据结果判断执行流程，比如字体对话框的调用：

```
QFontDialog dia(this); //定义对象
dia.setWindowTitle("Font Dialog Test"); //设置属性，也可以不调用

if(dia.exec() == QFontDialog::Accepted) //根据用户选择结果判断执行流程
    …
```

这种方法通常称为定义对象法。还有一些对话框可以不用定义对象，直接调用类的静态函数就可以显示，比如文件对话框提供了函数getOpenFileName()，可以直接显示文件打开对话框：

```
    QString path = QFileDialog::getOpenFileName(this, "Open Image", ".", "Image
Files(*.jpg *.png)");
    if(path!="") QMessageBox::information(this,"caption",path);
```

4.10.1 消息对话框

为了方便使用，Qt封装了一些包含常见功能的对话框，比如颜色对话框、字体对话框、消息对话框等，这样避免了重复造轮子，这些对话框通常称为标准对话框。如果我们需要自己实现特定功能的对话框，就要进行对话框设计。在设计对话框之前，我们先来认识一下标准对话框中的消息对话框，因为它用处最多，需要提示用户的地方经常会看到它的影子。

本节介绍一种消息对话框，通常用于向用户显示一段文本字符串信息，上面只有简单的几个按钮，比如“确定”“取消”等。这种对话框的显示非常简单，只需要调用类QMessageBox的成员函数即可。我们可以先来看一下QMessageBox类。

Qt通过QMessageBox类来封装消息对话框的各项功能。消息对话框上显示一段文本信息，以提醒用户注意某个情况，比如解释警告或向用户提问。除了文本信息外，消息对话框还包含一个或几个用于接收用户响应的按钮，以及一个图标，比如感叹号、问号等。

根据提示的目的不同，消息框可以分为询问（Question）消息框、信息（Information）消息框、警告（Warning）消息框、紧急（Critical）消息框、关于（About）消息框和自定义（Custom）消息框。其中，询问（Question）消息框通常向用户问一个问题，让用户对问题做出回答，因此消息框上面通常有2个或3个按钮，比如“是”和“否”，“继续”“终止”和“重新开始”；信息消息框最简单，通常就是显示一段文本，上面只有一个确定按钮；警告消息框用于告诉用户发生了一个错误；紧急（Critical）消息框通常用于告诉用户发生了一个严重错误；关于消息框通常用于显示一段关于本软件的版权号及版本相关的内容。

要使用QMessageBox类来显示消息框，需要在文件开头添加包含头文件的指令：

```
#include <QMessageBox>
```

1. 静态函数法显示消息框

静态函数法就是不需要定义对话框对象，直接调用QMessageBox类的静态函数即可显示消息框。

根据提示的目的不同，消息框可以分为多种，这些具体的分类正是由QMessageBox类的静态成员函数实现的，这些函数的参数和返回值都类似，区别主要在于图标，比如信息消息框的图标是感叹号、询问消息框的图标是问号、紧急对话框是一个打叉的圆形图标。这个函数的不同原型声明如下：

```
    QMessageBox::StandardButton information(QWidget *parent, const QString &title,
const QString &text, QMessageBox::StandardButton button0, QMessageBox::StandardButton
button1 = NoButton);
    QMessageBox::StandardButton critical(QWidget *parent, const QString &title, const
QString &text, QMessageBox::StandardButtons buttons, QMessageBox::StandardButton
defaultButton = NoButton);
    int critical(QWidget *parent, const QString &title, const QString &text,
QMessageBox::StandardButton button0, QMessageBox::StandardButton button1)
    QMessageBox::StandardButton information(QWidget *parent, const QString &title,
const QString &text, QMessageBox::StandardButtons buttons,
QMessageBox::StandardButton defaultButton = NoButton) ;
    QMessageBox::StandardButton question(QWidget *parent, const QString &title, const
```

```
QString &text, QMessageBox::StandardButtons buttons = ...,
QMessageBox::StandardButton defaultButton = NoButton);
    QMessageBox::StandardButton warning(QWidget *parent, const QString &title, const
QString &text, QMessageBox::StandardButtons buttons, QMessageBox::StandardButton
defaultButton = NoButton);
    static void about(QWidget *parent, const QString &title, const QString &text);
```

其中，参数parent指向父窗口，如果parent为0，消息框就变为应用程序全局的模态对话框，如果parent指向一个窗口控件，消息框就变为相对于该窗口的模态对话框（就是消息框不消失，父窗口将无法获得焦点）。title是消息框标题栏中的标题。text是消息框中的内容。参数buttons用于控制消息框上的显示按钮，它的类型是一个枚举StandardButtons。枚举StandardButtons的每个取值都表示一个标准按钮，常见的有：

- QMessageBox::Ok：消息框显示OK按钮，表示确定的意思。
- QMessageBox::Cancel：消息框显示Cancel按钮，表示取消的意思。
- QMessageBox::Yes：消息框显示Yes按钮，表示是的意思。
- QMessageBox::No：消息框显示No按钮，表示否的意思。
- QMessageBox::Abort：消息框显示Abort按钮，表示中断的意思。
- QMessageBox::Retry：消息框显示Retry按钮，表示重试的意思。
- QMessageBox::Ignore：消息框显示Ignore按钮，表示忽略的意思。

如果要显示多个按钮，可以用或运算符（|）进行组合，比如“QMessageBox::Yes|QMessageBox::No”将同时显示Yes和No两个按钮。注意，组合也要根据习惯来，不能瞎组合，比如OK按钮通常和Cancel按钮组合在一起使用，Yes按钮和No按钮组合在一起使用，Abort、Retry和Ignore通常组合在一起使用。另外，信息消息框通常就只显示一个OK按钮，两个按钮通常用在询问对话框上，比如Yes和No，这样的组合就是为了询问用户Yes还是No，由此可见询问消息框上不大可能只有一个按钮。

参数defaultButton表示默认处于选中状态的按钮，有了默认按钮，用户就可以直接按回车键产生单击该按钮的默认效果了。函数返回被单击的按钮的枚举标识（QMessageBox::Ok或QMessageBox::No等）。函数的返回值将是用户单击的按钮对应的枚举值（QMessageBox::StandardButton是一个枚举值），比如用户单击了Yes按钮，则返回值就是QMessageBox::Yes。我们可以通过返回值来判断用户的选择，从而进行后续的处理。

注意：最后一个关于消息框的函数是about()，它既没有返回值，也没有用于设置按钮的参数。它默认就带有一个按钮，用来显示信息是很方便的。

通过这些函数的函数名就能知道它们是用来显示何种类型的消息框，比如information()函数用来显示信息消息框；critical()函数用来显示紧急消息框；question()函数用来显示询问消息框；warning()函数用来显示警告消息框。

既然是静态函数，在使用的时候直接用类QMessageBox来调用即可，比如：

```
QMessageBox::information(this,"caption","content"); //第二个参数是标题
```

另外，值得注意的是这些静态函数也有一些其他形式，但官方已经不建议使用了，比如：

```
static int information(QWidget *parent, const QString &title,
```

```
                        const QString& text,
                        int button0, int button1 = 0, int button2 = 0);
static int information(QWidget *parent, const QString &title,
                        const QString& text,
                        const QString& button0Text,
                        const QString& button1Text = QString(),
                        const QString& button2Text = QString(),
                        int defaultButtonNumber = 0,
                        int escapeButtonNumber = -1);
```

以后看到这些调用形式的时候，不要怀疑别人写错了，而是因为这两个函数形式已经被淘汰掉，应该尽量采用最新的函数形式。

【例4.9】 用静态函数法来显示信息框

（1）启动Qt Creator，新建一个对话框项目，项目名为test。

（2）双击dialog.ui，以此来打开对话框编辑器，并放置6个按钮。双击第1个按钮，并输入文本“信息消息框”。如果要修改按钮的text属性，可以直接双击按钮，在按钮上输入所需的文本。双击第2个按钮，并输入文本“询问消息框”。双击第3个按钮，并输入文本“紧急消息框”。双击第4个按钮，并输入文本“判断用户在询问消息框上的选择”。双击第5个按钮，并输入文本“带超级链接的关于对话框”。双击第6个按钮，并输入“不通过静态函数显示，并带图片”。放置按钮后的设计界面如图4-39所示。

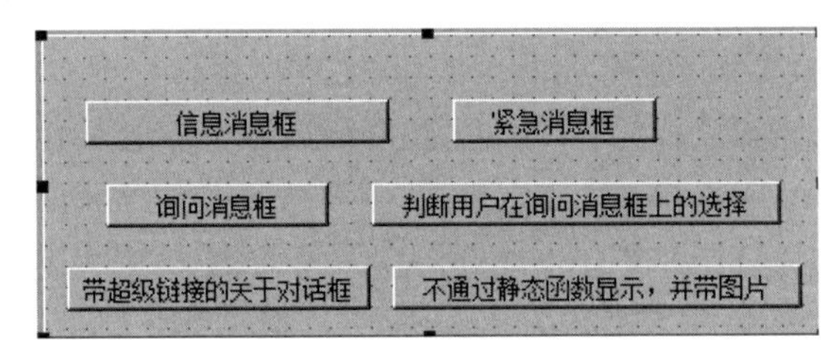

图4-39

（3）打开dialog.cpp，在文件开头添加包含头文件的指令：

```
#include <QMessageBox>
```

为“信息消息框”按钮添加单击按钮处理函数。添加消息处理函数的过程这里不再赘述，前面已经介绍过，可以在Qt Creator 下用可视化向导方式完成。代码如下：

```
void Dialog::on_pushButton_clicked()
{
    QMessageBox::information(this,"note","hello");
}
```

为“询问消息框”按钮添加单击按钮处理函数，代码如下：

```
void Dialog::on_pushButton_2_clicked()
{
    QMessageBox::question(this,"note","hello",QMessageBox::Ok|
QMessageBox::Cancel);
}
```

为了让OK按钮和Cancel按钮同时显示，这里用了或运算符（|）。

为“紧急消息框”按钮添加单击按钮处理函数，代码如下：

```
void Dialog::on_pushButton_3_clicked()
{
     QMessageBox::critical(this,"note","hello", QMessageBox::Ok);
}
```

为“判断用户在询问消息框上的选择”按钮添加单击按钮处理函数，代码如下：

```
void Dialog::on_pushButton_4_clicked()
{
    QMessageBox::StandardButton rt;
    rt = QMessageBox::question(this,"note","hello",
QMessageBox::Abort|QMessageBox::Retry|QMessageBox::Ignore);
    if(QMessageBox::Abort==rt) QMessageBox::information(this,"note","you
selected Abort");
    else if(QMessageBox::Retry==rt) QMessageBox::information(this,"note","you
selected Retry");
    else QMessageBox::information(this,"note","you selected Ignore");
}
```

在函数on_pushButton_4_clicked()中，我们先定义了一个枚举变量rt，用来接收QMessageBox::question的返回值（用户在询问消息框上单击的按钮的枚举值）。最后根据返回值显示一个信息消息框，以此来模拟根据用户的操作而产生不同的响应。

为“带超级链接的关于对话框”按钮添加单击按钮处理函数，代码如下：

```
void Dialog::on_pushButton_5_clicked()
{
    QMessageBox::about(this, "About", "visit: <a href='http://qq.com'><font
color='red'>qq.com</font></a>");
}
```

我们在字符串里包含了超级链接，这说明QMessageBox对话框的文本信息是可以支持HTML标签的，非常方便。

最后为“不通过静态函数显示，并带图片”按钮添加单击按钮处理函数，代码如下：

```
void Dialog::on_pushButton_6_clicked()
{
    QMessageBox message(QMessageBox::NoIcon, "Title", "gza bridge");
    message.setIconPixmap(QPixmap("d:\\gza.jpg"));
    message.exec();
}
```

我们调用QMessageBox类的成员函数setIconPixmap()为消息框设置一幅图片，该函数的参数是QPixmap对象，QPixmap类的构造函数参数是图片的路径。

（4）保存项目并运行，运行结果如图4-40所示。

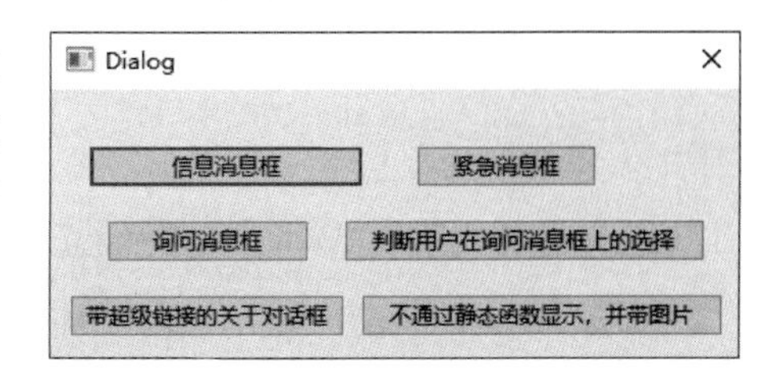

图4-40

2. 用定义对象法来显示消息框

这种方法使用预定义对话框的三板斧原则：定义对象后设置父组件和属性、模态调用函数exec()、根据结果判断执行流程。

因为消息对话框有不同的类型，所以也可以不调用exec()函数，而直接调用所需类型的函数，比如显示一个询问消息框：

```
QMessageBox dlg(this);
dlg.question(this,"title","are you ok?");
```

是不是非常简单？首先定义一个QMessageBox类对象dlg，传入的参数是父窗口指针。这种方法也就是直接调用前面讲过的静态函数。其实，对象调用静态函数有点不正规，建议在需要调用静态函数时直接用类调用。

定义对象法还是规规矩矩按照三板斧原则——调用exec()函数。我们先来看一下构造函数。构造函数QMessageBox()有两种形式，用得较多的是如下这种：

```
QMessageBox(QWidget *parent = nullptr);
```

参数是父窗口指针。

如果要设置消息对话框的标题，可以调用成员函数setWindowTitle()，该函数的原型声明如下：

```
void QMessageBox::setWindowTitle(const QString &title);
```

其中，参数title是要显示在消息框上的字符串。

如果要设置消息对话框的内容，可以调用成员函数setText()，该函数的原型声明如下：

```
void setText(const QString &text);
```

其中，参数text是显示在消息对话框中的内容。

如果要显示不同类型的消息框呢？其实，消息框的最大区别就是图标的不同，比如询问对话框有问号图标、紧急对话框有红色的大叉图标……那么只要为对话框设置不同的图标，不就变成不同类型的消息框了吗？设置图标的函数是setIcon()，它的原型声明如下：

```
void setIcon(QMessageBox::Icon);
```

其中，参数是QMessageBox的图标枚举值，定义如下：

```
enum Icon {
    // keep this in sync with QMessageDialogOptions::Icon
    NoIcon = 0,
    Information = 1,
    Warning = 2,
    Critical = 3,
    Question = 4
};
```

具体使用的时候，直接用下列值传入参数中：

```
QMessageBox::NoIcon
QMessageBox::Question
```

```
QMessageBox::Information
QMessageBox::Warning
QMessageBox::Critical
```

比如：

```
dlg.setIcon(QMessageBox::Critical);
```

除了图标外，某些类型的消息框上的按钮也是有讲究的，比如询问消息框通常会有2个或3个按钮，即是和否按钮的组合（Yes和No）、重试/忽视/放弃的组合（Retry/Ignore/Discard），等。这些常见的按钮被称为标准按钮。如果要添加按钮的组合，可以用或运算符（|）来连接。为了在对话框上添加标准按钮，QMessageBox类提供了成员函数setStandardButtons()，该函数的原型声明如下：

```
void setStandardButtons(QMessageBox::StandardButtons buttons)
```

QMessageBox::StandardButtons是一个枚举类型，定义如下：

```
enum StandardButton {
   // keep this in sync with QDialogButtonBox::StandardButton and
   // QPlatformDialogHelper::StandardButton
   NoButton           = 0x00000000,
   Ok                 = 0x00000400,
   Save               = 0x00000800,
   SaveAll            = 0x00001000,
   Open               = 0x00002000,
   Yes                = 0x00004000,
   YesToAll           = 0x00008000,
   No                 = 0x00010000,
   NoToAll            = 0x00020000,
   Abort              = 0x00040000,
   Retry              = 0x00080000,
   Ignore             = 0x00100000,
   ...
};
```

比如，我们为消息对话框设置Yes和No按钮：

```
dlg.setStandardButtons(QMessageBox::Yes|QMessageBox::No);
```

标题、内容、图标和标准按钮设置完毕，下面就可以调用exec()函数来显示消息对话框了，而且可以通过exec()函数的返回值来判断用户单击了哪个按钮，比如判断用户是否单击了Yes按钮，可以这样编写代码：

```
if(QMessageBox::Yes== dlg.exec()) ...
```

【例4.10】 用定义对象法来显示消息框

（1）启动Qt Creator，新建一个对话框项目，项目名为test。

（2）双击dialog.ui，以此来打开对话框编辑器，并放置5个按钮。双击第1个按钮，并输入文本“信息消息框”。若要修改按钮的text属性，则可以直接双击按钮，在按钮上输入所需的文本。双击第2个按钮，并输入文本“询问消息框”。双击第3个按钮，并输入文本“紧急消息框”。双击第4个按钮，并输入文本“带图片”。双击最后一个按钮，并输入文本“判断用户在询问消息框上的选择”，放置按钮后的设计界面如图4-41所示。

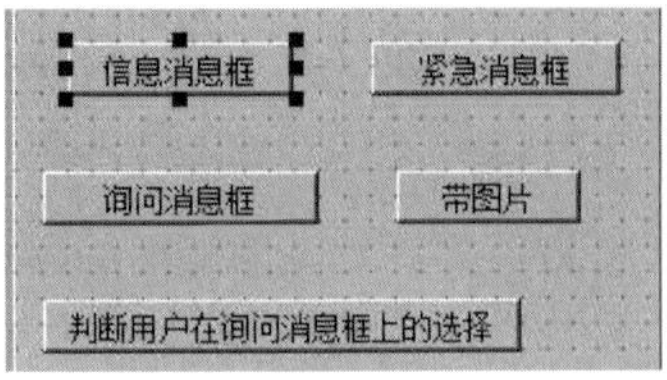

图4-41

（3）打开dialog.cpp，在文件开头添加包含头文件的指令：

```
#include <QMessageBox>
```

因为本例中要用到中文字符串，所以要进行一些设置。依次单击主菜单的菜单选项“工具→选项”，打开“选项对话框”，在该对话框上依次选择“文本编辑器→行为”选项卡，确保文件编码为 UTF-8，并且选择“如果编码是UTF-8则添加”。

为“信息消息框”按钮添加单击按钮处理函数，代码如下：

```
void Dialog::on_pushButton_clicked()
{
    QString s1 = QString::fromLocal8Bit("这是一段信息。");
    QMessageBox dlg(this);

    dlg.setWindowTitle( QString::fromLocal8Bit("我的标题"));
    dlg.setText(s1);
    dlg.setIcon(QMessageBox::Information);
    dlg.exec();
}
```

这里使用fromLocal8Bit()函数实现了从本地字符集GB到Unicode的转换，用于处理汉字显示乱码等问题。这是因为Qt默认的编码是Unicode，而Windows默认使用的编码是GBK/GB2312/GB18030。但是，每次输入中文，还要输这么长的函数（QString::fromLocal8Bit），非常啰唆，下面把它定义成一个宏，在文件开头添加如下宏定义：

```
#define z(s) (QString::fromLocal8Bit(s))
```

这样就可以在下一个按钮函数中使用了。为“询问消息框”按钮添加单击按钮处理函数，代码如下：

```
void Dialog::on_pushButton_2_clicked()
{
    QMessageBox dlg(this);
    unsigned char s[100000];
    s[0]=0x1;

    dlg.setWindowTitle("my title");
    dlg.setText(z("你是学生吗？"));
    dlg.setStandardButtons(QMessageBox::Yes|QMessageBox::No);
    dlg.setDefaultButton(QMessageBox::Yes);
    dlg.setIcon(QMessageBox::Question);
    int ret = dlg.exec();
    switch (ret)
    {
    case QMessageBox::Yes:
        QMessageBox::information(this,NULL,z("你好，学生"));
        break;
    case QMessageBox::No:
```

```
            QMessageBox::information(this,NULL,z("你好，职场人士"));
            break;
        }
    }
```

为“紧急消息框”按钮添加单击按钮处理函数，代码如下：

```
void Dialog::on_pushButton_3_clicked()
{
    QMessageBox dlg(this);
    dlg.setWindowTitle("my title");
    dlg.setText(z("紧急情况发生了！"));
    dlg.setIcon(QMessageBox::Critical);
    dlg.exec();
}
```

为“判断用户在询问消息框上的选择”按钮添加单击按钮处理函数，代码如下：

```
void Dialog::on_pushButton_4_clicked()
{
    int rt;
    QMessageBox dlg(this);
    rt = QMessageBox::question(this,z("标题"),z("退出，重试，还是忽略？"),
QMessageBox::Abort|QMessageBox::Retry|QMessageBox::Ignore);
   if(QMessageBox::Abort==rt)
        QMessageBox::information(this,"note","you selected Abort");
   else if(QMessageBox::Retry==rt)
        QMessageBox::information(this,"note","you selected Retry");
   else QMessageBox::information(this,"note","you selected Ignore");
}
```

我们准备在消息框上显示一幅图片gza.jpg，因此调用了成员函数setIconPixmap()。这个gza.jpg文件在项目目录下有，大家可以把它放到d盘下。为“带图片”按钮添加单击按钮处理函数，代码如下：

```
void Dialog::on_pushButton_5_clicked()
{
    QMessageBox dlg(QMessageBox::NoIcon, z("我的标题"), z("这是伟大祖国的港珠澳大桥
"));
    dlg.setIconPixmap(QPixmap("d:\\gza.jpg"));
    dlg.exec();
}
```

（4）保存项目并运行，运行结果如图4-42所示。

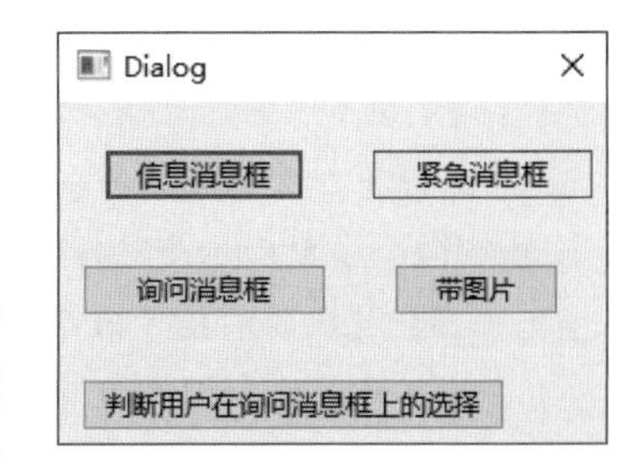

图4-42

4.10.2 文件对话框

文件对话框就是打开文件或保存文件的对话框。在文件对话框上可以设置路径名和文件名等，比如在记事本程序里，选择菜单“打开”或“保存”后出现的对话框就是文件对话框。文件对话框是实际软件开发中经常会碰到的。

Qt提供了QFileDialog类来实现文件对话框的各种功能。显示文件对话框通常也有两种方式：一种是静态函数法，另外一种是定义对象法。

要使用QFileDialog类来显示文件对话框，需要在文件开头添加包含头文件的指令：

```
#include <QFileDialog>
```

1. 用于打开文件对话框的函数getOpenFileName()

当用户想打开磁盘上某个文件的时候，可以调用静态函数getOpenFileName()。该函数创建一个模态的文件打开对话框，而且可以返回一个被用户选中的文件的路径，前提是这个文件是存在的。所谓文件打开对话框，就是该对话框右下角有一个“打开”按钮，如图4-43所示。

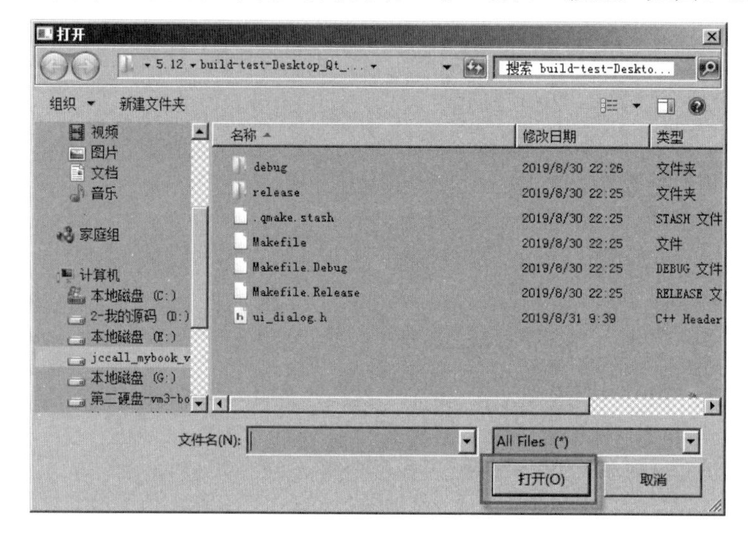

图4-43

函数getOpenFileName()的原型声明如下：

```
QString getOpenFileName(QWidget *parent = nullptr, const QString &caption =
QString(), const QString &dir = QString(), const QString &filter = QString(), QString
*selectedFilter = nullptr, QFileDialog::Options options = ...);
```

- 第1个参数parent用于指定父组件。注意，很多Qt组件的构造函数都会有这么一个parent参数，并提供一个默认值0，在一般成员函数中写作this，但是在main函数中一定要写为NULL。
- 第2个参数caption是对话框的标题，如果赋值为NULL，则对话框左上角显示“打开”。
- 第3个参数dir是对话框显示时默认打开的目录，“.”代表程序运行所在的目录，“/”代表当前盘符的根目录（Windows、Linux下/就表示根目录），也可以是平台相关的，比如“C:\\”等。例如，想打开程序运行目录下的Data子目录作为默认打开路径，就应该写成“./Data/”；若想有一个默认选中的文件，则在目录后添加文件名，比如“./Data/teaser.graph”。
- 第4个参数filter是对话框的后缀名过滤器，比如“Image Files(*.jpg *.png)”就是一个过滤器。一个过滤器的括号内存放一个或多个想要显示的文件扩展名，比如*.jpg。多个想显示的文件扩展名之间要用空格隔开，比如（*.jpg *.png），即只能显示后缀名是jpg或者png的文件。如果需要使用多个过滤器，可以使用“;;”，比如“image Files(*.jpg *.png *.bmp);;video Files(*.mp4 *.avi *.rmvb)”。如果显示该目录下的全部文件，可以用“*.*”，比如“视频文件(*.mp4 *.m3u8);;所有文件（*.*);;"，如图4-44所示。注意，所有文件后面的第一个括号要在中文输入法下输入括号，另外一个要在英文输入法下输入括号。另外，如果整个字符串末尾加了“;;”，则文件对话框下拉过滤列表的最后一项是(*)，一般不需要末尾加“;;”。

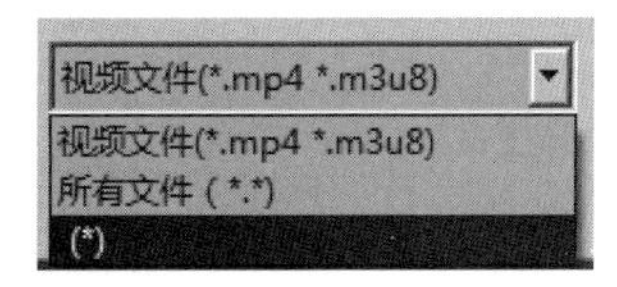

图4-44

- 第5个参数selectedFilter是默认选择的过滤器。
- 第6个参数options是对话框的一些参数设定，比如只显示目录等，它的取值是enum QFileDialog::Option，每个选项可以使用或运算符（|）组合起来。

当用户选择某个文件并单击“打开”的时候，函数会返回被选中文件的路径(包括文件名)，如果选择“取消”则返回空字符串，比如""。

下列代码演示了getOpenFileName()函数的使用方法：

```
    QString path = QFileDialog::getOpenFileName(this, "Open Image", ".", "Image
Files(*.jpg *.png)");
    QMessageBox::information(this,"caption",path);
```

2. 用于打开多个文件对话框的函数getOpenFileNames()

函数getOpenFileName()只能选择打开一个文件，如果要在文件打开对话框中选择多个文件，则可以调用静态函数getOpenFileNames()，该函数的原型声明如下：

```
    QStringList QFileDialog::getOpenFileNames(QWidget *parent = nullptr, const
QString &caption = QString(), const QString &dir = QString(), const QString &filter
= QString(), QString *selectedFilter = nullptr, QFileDialog::Options options = ...);
```

该函数的参数等同于getOpenFileName，但返回值是QStringList类型。QStringList类是QList类的派生类，表示字符串的列表类，里面可以存放多个字符串，在这里可以保存多个用户选择的文件的路径。

下列代码演示了getOpenFileName()函数的使用方法：

```
    QStringList file_list;
    QStringList str_path_list = QFileDialog::getOpenFileNames(this, "选择转码文件",
"d:\\", "视频文件(*.mp4 *.m3u8);;所有文件 (*.*);;");
    for (int i = 0; i < str_path_list.size(); i++)
    {
        QString str_path = str_path_list[i];
        //单个文件路径
        QMessageBox::information(this,"caption",str_path);
    }
```

3. 用于保存文件对话框的函数getSaveFileName()

前面讲述了打开文件对话框函数，下面看一下保存文件对话框函数。保存文件对话框的一个显著特征就是右下角有一个“保存”按钮，如图4-45所示。

要显示保存文件对话框，可以调用静态函数getSaveFileName()，这个函数会返回一个用户输入文件名后的文件路径，这个文件可以是不存在的。该函数的原型声明如下：

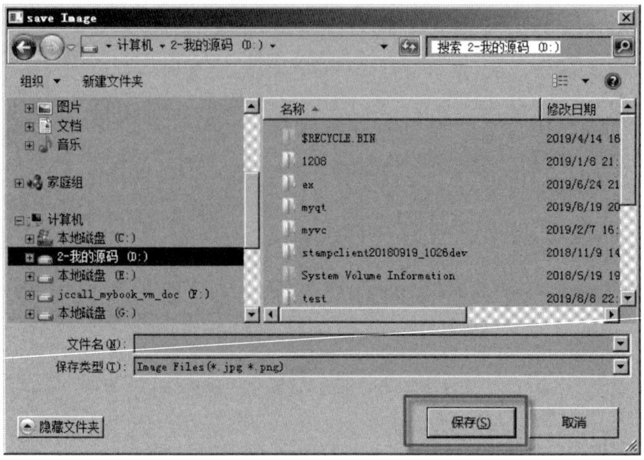

图4-45

```
QString QFileDialog::getSaveFileName(QWidget *parent = nullptr, const QString &caption = QString(), const QString &dir = QString(), const QString &filter = QString(), QString *selectedFilter = nullptr, QFileDialog::Options options = ...);
```

参数和返回值都等价于getOpenFileName。注意，第2个参数caption表示对话框的标题，如果赋值为NULL，则对话框左上角显示“另存为”。

下列代码演示了保存文件对话框函数的使用方法：

```
QString path = QFileDialog::getSaveFileName(this, "save Image", ".", "Image Files(*.jpg *.png)");
```

上面几个函数都是静态函数，下面我们使用这几个静态函数来显示文件对话框。

【例4.11】 用静态函数法来显示文件对话框

（1）启动Qt Creator，新建一个对话框项目，项目名为test。

（2）打开dialog.cpp，在文件开头添加包含头文件的指令：

```
#include <QFileDialog>
```

打开对话框设计界面，把几个按钮拖放到对话框中，最终结果如图4-46所示。

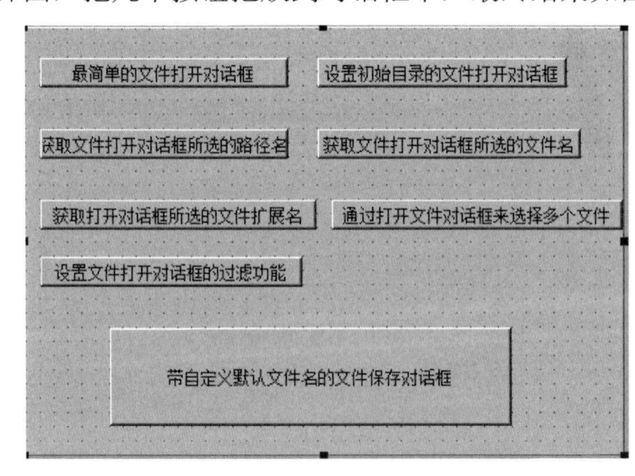

图4-46

其中，上方7个按钮用来显示文件打开对话框，最下面一个按钮用来显示文件保存对话框。

（3）为“最简单的文件打开对话框”按钮添加如下代码：

```
void Dialog::on_pushButton_clicked()
{
    QString path = QFileDialog::getOpenFileName(this,NULL,NULL, NULL);
    QMessageBox::information(this,"caption",path);
}
```

getOpenFileName()函数的连续3个参数都是NULL，即都采用默认值，比如第二个参数是NULL，则对话框左上角显示“打开”。

为“设置初始目录的文件打开对话框”按钮添加如下代码：

```
void Dialog::on_pushButton_2_clicked()
{
    QString path = QFileDialog::getOpenFileName(this,NULL,"d:\\", NULL);
}
```

把getOpenFileName()函数的第三个参数设置为d:\\，则对话框显示的时候将定位在d盘。

为“获取文件打开对话框所选的路径名”按钮添加如下代码：

```
void Dialog::on_pushButton_3_clicked()
{
    QString path = QFileDialog::getOpenFileName(this,NULL,"d:\\", NULL);
    if(path!="") //如果不是空串，则显示选择的路径
        QMessageBox::information(this,"caption",path);
}
```

为“获取文件打开对话框所选的文件名”按钮添加如下代码：

```
void Dialog::on_pushButton_4_clicked()
{
    QString file_full, file_name, file_path;
    file_full = QFileDialog::getOpenFileName(this,NULL,"d:\\", NULL);
    QFileInfo fi;
    fi = QFileInfo(file_full);
    file_name = fi.fileName(); //获取选择的文件名
    file_path = fi.absolutePath();
    QMessageBox::information(this,"caption",file_name); //显示文件名
}
```

其中，QFileInfo类用来获取文件信息。QFileInfo类为我们提供了文件信息（包括文件的名字和在文件系统中的位置、文件的访问权限、是否是目录或符合链接等）。并且，通过这个类可以修改文件的大小和最后的修改、读取时间。这个类在后面我们会详述。现在把获取到的文件名存放在file_name中。

为“获取打开对话框所选的文件扩展名”按钮添加如下代码：

```
void Dialog::on_pushButton_5_clicked()
{
   QString file_full, file_ext;
   file_full = QFileDialog::getOpenFileName(this,NULL,"d:\\", NULL);
```

```
        QFileInfo fi;
        fi = QFileInfo(file_full);
        file_ext = fi.suffix();  //获取文件扩展名
        QMessageBox::information(this,"caption",file_ext);
    }
```

为“通过打开文件对话框来选择多个文件”按钮添加如下代码：

```
    void Dialog::on_pushButton_6_clicked()
    {
        QStringList file_list;
        QStringList str_path_list = QFileDialog::getOpenFileNames(this, "选择转码文件
", "d:\\", "视频文件(*.mp4 *.m3u8);;所有文件 (*.*)");
        for (int i = 0; i < str_path_list.size(); i++)
        {
            QString str_path = str_path_list[i]; //单个文件路径
            QMessageBox::information(this,"caption",str_path);
        }
    }
```

为“设置文件打开对话框的过滤功能”按钮添加如下代码：

```
    void Dialog::on_pushButton_7_clicked()
    {
        QString path = QFileDialog::getOpenFileName(this, "Open Image", ".", "Image
Files(*.jpg *.png);;txt file(*.txt)");
        QMessageBox::information(this,"caption",path);
    }
```

我们使用了两个过滤器：一个是“Image Files(*.jpg *.png)”（如果选择了这个过滤器，将显示扩展名为jpg和png的文件），另外一个是“txt file(*.txt)”（如果选择了这个过滤器，将显示后缀名为txt的文件）。这两个过滤器之间用两个分号“;;”分隔开。

为“带自定义默认文件名的文件保存对话框”按钮添加如下代码：

```
    void Dialog::on_pushButton_8_clicked()
    {
        QString path = QFileDialog::getSaveFileName(this, NULL, "./zww.bmp", "Images
File(*.bmp)");
        if(path!="") QMessageBox::information(this,"caption",path);
    }
```

第2个参数用了NULL，这样对话框左上角就会显示“另存为”；第3个参数直接用带有相对路径的文件名，这样对话框上就会默认显示一个文件名zww.bmp。

（4）保存项目并运行，运行结果如图4-47所示。

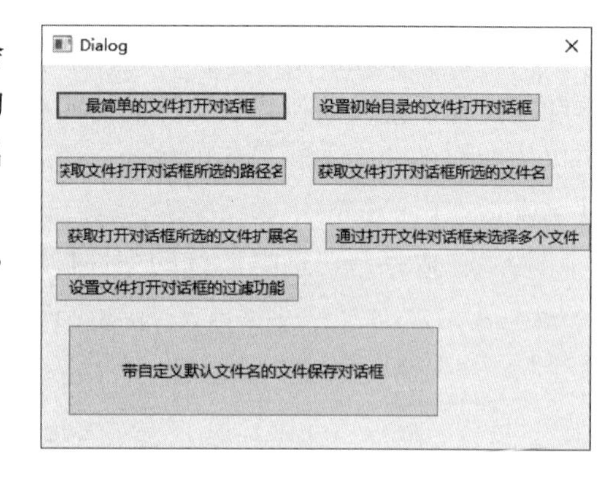

图4-47

4. 用定义对象法来显示文件对话框

其实，上述静态函数已经能实现常用的文件对话框功能。文件对话框是一种模态对话框，所以可以用模态对话框的调用套路来显示文件对话框，也就是使用预定义对话框的三板斧原则：定义对象后设置父组件和属性、模态调用函数exec()、根据结果判断执行流程。对于文件打开对话框，基本使用流程如下：

```
QFileDialog dlg(this,NULL,"d:\\",z("文本文件(*.txt);;所有文件(*.*)"));
if(dlg.exec()==QFileDialog::Accepted)
    ...
```

默认情况下，显示的是文件打开对话框，而且只能选择一个文件。如果想要选择多个文件，可以在exec()调用前添加如下一行代码：

```
dlg.setFileMode(QFileDialog::ExistingFiles);
```

如果要显示文件保存对话框，则只需添加一个函数setAcceptMode()，比如：

```
QFileDialog dlg(this,NULL,"d:\\",z("文本文件(*.txt);;所有文件(*.*)"));
dlg.setAcceptMode(QFileDialog::AcceptSave);  //设置对话框为文件保存对话框
if(dlg.exec()==QFileDialog::Accepted)
    ...
```

【例4.12】 用定义对象法来显示文件对话框

（1）启动Qt Creator，新建一个对话框项目，项目名为test。

（2）打开dialog.cpp，在文件开头添加包含头文件的指令：

```
#include <QFileDialog>
```

再添加一个用于显示中文字符串的宏定义：

```
#define z(s) (QString::fromLocal8Bit(s))
```

打开对话框设计界面，把3个按钮拖放到对话框中，设置第一个按钮标题为“选择单个的文件打开对话框”，设置第2个按钮标题为“选择多个的文件打开对话框”，设置第3个按钮标题为“文件保存对话框”。

（3）为“选择单个的文件打开对话框”按钮添加单击按钮事件处理函数，代码如下：

```
void Dialog::on_pushButton_clicked()
{
    QFileDialog dlg(this,NULL,"d:\\",z("文本文件(*.txt);;所有文件(*.*)"));

    if(dlg.exec()==QFileDialog::Accepted) // ok
    {
        QStringList l = dlg.selectedFiles();
        QString str = l[0];
        QMessageBox::information(this,"caption",str); //显示文件路径
    }
}
```

其中，selectedFiles用来返回用户选择的文件，默认情况下只允许选择该文件。我们把文件路径存放在QStringList变量中，然后第一个元素就是所选文件的路径名。

为“选择多个的文件打开对话框”按钮添加单击按钮事件处理函数，代码如下：

```
void Dialog::on_pushButton_3_clicked()
{
    QFileDialog dlg(this,NULL,NULL,z("文本文件(*.txt);;所有文件(*.*)"));
    dlg.setDirectory("d:\\"); //设置初始路径
    dlg.setFileMode(QFileDialog::ExistingFiles);//设置允许选择多个已存在的文件
    if(dlg.exec()==QFileDialog::Accepted)
    {
        QStringList str_path_list = dlg.selectedFiles(); //返回所选文件路径名
        for (int i = 0; i < str_path_list.size(); i++)
        {
            QString str_path = str_path_list[i]; //依次得到单个文件路径
            // 显示文件路径
            QMessageBox::information(this,"caption",str_path);
        }
    }
}
```

这里故意调用函数setDirectory()来设置目录对话框显示时所定位的初始路径。

为“文件保存对话框”按钮添加单击按钮事件处理函数，代码如下：

```
void Dialog::on_pushButton_2_clicked()
{
    QFileDialog dlg(this,NULL,"d:\\",z("文本文件(*.txt);;所有文件(*.*)"));
    dlg.setAcceptMode(QFileDialog::AcceptSave);//设置文件对话框为文件保存对话框

    if(dlg.exec()==QFileDialog::Accepted)
    {
        QStringList l = dlg.selectedFiles();
        QString str = l[0];
        QMessageBox::information(this,"caption",str); //显示文件路径
    }
}
```

（4）保存项目并运行，运行结果如图4-48所示。

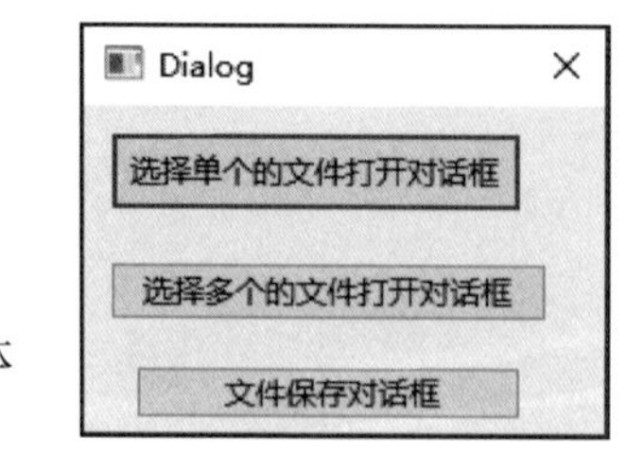

图4-48

4.10.3 字体对话框QFontDialog类

字体对话框可以让用户选择字体的字符集、字体大小、是否斜体/粗体等属性。Qt提供了QFontDialog类来实现字体对话框。

利用QFontDialog类显示字体对话框时首先要包含头文件：

```
#include <QFontDialog>
```

显示字体对话框有两种方法：一种是使用静态函数；另外一种是定义对话框对象，然后调用exec()函数。

1. 用静态函数法来显示字体对话框

QFontDialog类提供了公有静态函数getfont()来显示一个模态字体对话框并且返回一个字体。该函数有以下两种原型声明形式：

```
QFont getFont(bool *ok, const QFont &initial, QWidget *parent = nullptr, const QString &title = QString(), QFontDialog::FontDialogOptions options = ...);
QFont getFont(bool *ok, QWidget *parent = nullptr);
```

通常用第二个即可，不过第一个可以设置一些选项。参数ok是一个输出参数，用来表示用户是否单击了OK按钮；initial表示初始选中的字体；parent表示对话框的父对象；title表示对话框的标题；options表示对话框的选项。OK参数为非零时，如果用户单击了OK按钮，那么*ok就会被设置为真；如果用户单击了Cancel按钮，*ok就会被设置为假。

这两个静态函数没有完整的QFontDialog对象灵活，但是比较容易使用。比如：

```
bool ok;
QFont font = QFontDialog::getFont(&ok, QFont("Courier New", 10, QFont::Bold), this );
if ( ok ) {
    // font被设置为用户选择的字体
}
else {
    // 用户取消这个对话框，font被设置为初始值，在这里就是Courier New, 10
}
```

2. 用定义对象法来显示字体对话框

字体对话框属于Qt预定义的对话框类型，作用是得到用户选择的字体类型并返回。使用预定义对话框的三板斧原则：定义对象后设置父组件和属性、模态调用exec()函数、根据用户选择的结果判断执行流程。

定义对象，基本流程如下：

```
QFontDialog dia(this);
dia.setWindowTitle("Font Dialog Test");
dia.setCurrentFont(QFont("Courier New", 10, QFont::Bold));//设置默认值

if(dia.exec() == QFontDialog::Accepted)
{
    qDebug() << dia.selectedFont();  //如果单击OK按钮就能获取用户选择的字体类型
}
```

【例4.13】 显示字体对话框

（1）启动Qt Creator，新建一个对话框项目，项目名为test。

（2）打开dialog.cpp，在文件开头添加包含头文件的指令：

```
#include <QFontDialog>
```

打开对话框设计界面，拖放2个按钮，把上方按钮的标题设置为“静态函数法显示字体对话框”、下方按钮的标题为“定义对象法显示字体对话框”，然后为上方按钮添加事件处理函数，代码如下：

```
void Dialog::on_pushButton_2_clicked()
{
    bool ok;
    QString str;
    char*  sFamily;
    QFont f  = QFontDialog::getFont(&ok, QFont("Courier New", 10, QFont::Bold),
this );
    if ( ok )
    {
        //准备QString转char*
        QByteArray ba = f.family().toLatin1();//family()返回类型是QString
        sFamily=ba.data();
        str=QString("font family:%1 ,bold:%1,
pointSize:%3").arg(sFamily).arg(f.bold()).arg(f.pointSize());
    }
    else  // 用户取消这个对话框，font被设置为初始值，在这里就是Helvetica [Cronyx], 10
    {
        //准备QString转char*
        QByteArray ba = f.family().toLatin1();
        sFamily=ba.data();
        str= QString("font family:%1 ,bold:%2,
pointSize:%3").arg(sFamily).arg(f.bold()).arg(f.pointSize());
    }
    QMessageBox::information(this,"note",str);
}
```

我们通过静态函数getFont()来显示字体对话框。输出参数ok为非零时，如果单击OK按钮，就把选中的字体的字符家族集、粗体、大小组成字符串进行显示；如果单击Cancel按钮，就将显示字体信息。值得注意的是，QString无法直接用在QString的sprintf中，所以要先转换为char*型，转换过程中需要借助QByteArray。

接着为下方按钮添加事件处理函数，代码如下：

```
void Dialog::on_pushButton_clicked()
{
    QString str;
    char*  sFamily;
    QFontDialog dlg(this);
    dlg.setWindowTitle("my font dialog");
    dlg.setCurrentFont(QFont("Courier New", 10, QFont::Bold));//设置默认值
    if(dlg.exec() == QFontDialog::Accepted)
    {
        QFont f = dlg.selectedFont();
        //准备QString转char*
        QByteArray ba = f.family().toLatin1();
        sFamily=ba.data();
        str = QString("font family:%1 ,bold:%2,
pointSize:%3").arg(sFamily).arg(f.bold()).arg(f.pointSize());
        QMessageBox::information(this,"note",str);
    }
}
```

setWindowTitle用来设置字体对话框的标题。setCurrentFont用来设置字体对话框刚显示时的字体状态，即自动选中字体Courier New、字体大小（Size是pointSize，而不是pixelSize）为10、字体类型为Bold。exec()函数用来显示字体对话框，如果用户单击了字体对话框上的OK按钮，则exec()函数返回QFontDialog::Accepted，进入if里面，并通过selectedFont()函数来获得用户所选择的字体，该函数的返回值是QFont，然后就可以解析用户的选择了，比如字体集用f.family()函数来获得、是否粗体用f.bold()函数来获得、字体尺寸用f.pointSize()函数来获得，这几个函数都是QFont的成员函数。接着，把这些信息格式化到一个字符串中并显示出来。

（3）保存项目并运行，运行结果如图4-49所示。

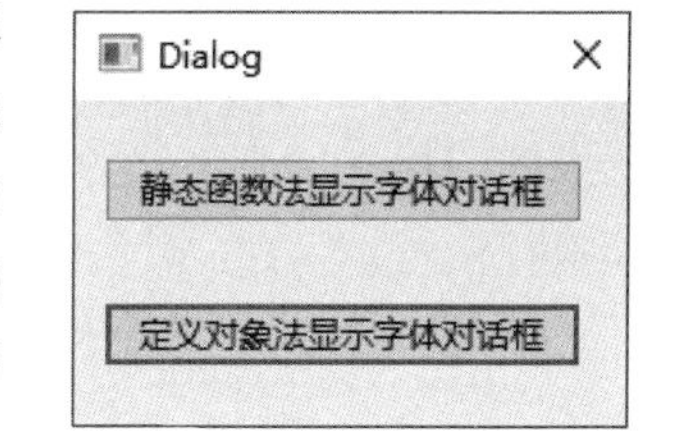

图4-49

4.10.4 颜色对话框

颜色对话框可以让用户在对话框中选择颜色。Qt提供了QColorDialog类来实现颜色对话框。

利用QColorDialog类显示颜色对话框时首先要包含头文件：

```
#include <QColorDialog>
```

显示颜色对话框有两种方法：一种是使用静态函数；另外一种是定义对话框对象，然后调用exec()函数。

1. 用静态函数法来显示颜色对话框

QColorDialog类提供了公有静态函数getColor()来显示一个模态颜色对话框并且返回一个颜色。该函数的原型声明如下：

```
    QColor getColor(const QColor &initial = Qt::white, QWidget *parent = nullptr, const
QString &title = QString(), QColorDialog::ColorDialogOptions options = ...)
```

其中，参数initial表示颜色对话框中初始选中的颜色；parent表示颜色对话框的父对象；title表示颜色对话框的标题；options表示颜色对话框的选项。细心的人可能会想如果用户单击Cancel按钮会如何、如何区分用户是单击了OK按钮还是Cancel按钮呢？答案是用QColor的成员函数getColor()来判断，比如：

```
    QColor color = QColorDialog::getColor(Qt::green, this,  "my color dialog",
QColorDialog::ShowAlphaChannel);
    if(color.isValid())
    {
       QMessageBox::information(this,"note","click OK");
       // color.red(),color.green(),color.blue()是分别对应的R、G、B的值
    }
    else
       QMessageBox::information(this,"note"," click cancel");
```

QColorDialog::ShowAlphaChannel选项用来显示Alpha通道，有了这个选项后，颜色对话框右下角就会显示“Alpha channel”，如图4-50所示。

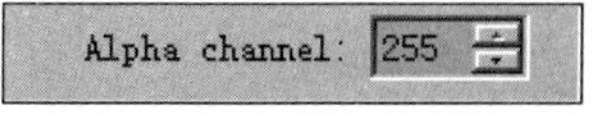

图4-50

通常情况下，我们使用的24位（RGB）图片是没有Alpha通道的。如果想让它支持透明，需要添加Alpha通道（图像编程中的一个术语）。

2. 用定义对象法来显示颜色对话框

颜色对话框属于Qt预定义的对话框类型，作用是得到用户选择的颜色并返回。使用预定义对话框的三板斧原则：定义对象后设置父组件和属性、模态调用exec()函数、根据用户选择的结果判断执行流程。

定义对象，基本流程如下：

```
QColorDialog dlg(this);
dlg.setWindowTitle("my color dialog ");
if(dlg.exec() == QColorDialog::Accepted)
{
    qDebug() << dlg.selectedFont();//如果单击OK就能获取用户选择的颜色
}
```

【例4.14】 显示颜色对话框

（1）启动Qt Creator，新建一个对话框项目，项目名为test。

（2）打开dialog.cpp，在文件开头添加包含头文件的指令：

```
#include < QColorDialog>
```

打开对话框设计界面，拖放2个按钮，把上方按钮的标题设置为"静态函数法显示颜色对话框"、把下方按钮的标题设置为"定义对象法显示颜色对话框"，然后为上方按钮添加事件处理函数，代码如下：

```
void Dialog::on_pushButton_clicked()
{
    QString str;
    QColor color = QColorDialog::getColor(Qt::green, this,  "my color dialog",
QColorDialog::ShowAlphaChannel);
    if(color.isValid()) {
        str=QString("rgb=(%1,%2,%3)").arg(color.red()).arg(color.green()).
arg(color.blue());
        QMessageBox::information(this,"note",str);
    }
    else
        QMessageBox::information(this,"note","cancel");
}
```

我们通过isValid()函数来判断用户是否单击了OK按钮，如果是，就显示R、G、B的值。

接着为下方按钮添加事件处理函数，代码如下：

```
void Dialog::on_pushButton_2_clicked()
{
    QString str;
    QColorDialog dlg(this);  //定义对象
    dlg.setWindowTitle("my color dialog ");    //设置对话框标题
    if(dlg.exec() == QColorDialog::Accepted)   //是否单击OK按钮
```

```
    {
        QColor color = dlg.selectedColor();      //保存所选择的颜色
        str=QString ("rgb=(%1,%2,%3)").arg(color.red()).arg(color.green()).
arg(color.blue());
        QMessageBox::information(this,"note",str); //显示R、G、B的值
    }
}
```

（3）保存项目并运行，运行结果如图4-51所示。

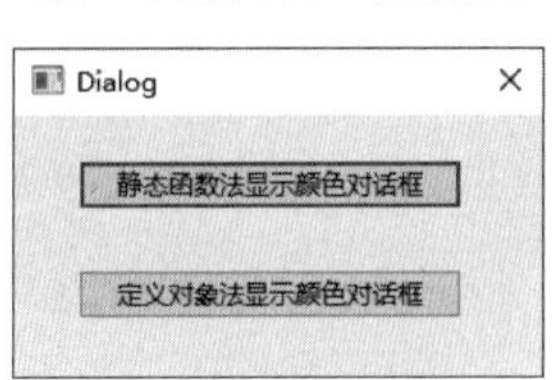

图4-51

前面的内容是入门级别的知识，本节列举了一些对话框的高级应用，这是精通级别需要掌握的知识。这部分内容会涉及其他章节的知识，可以先放一放，等学完后续内容再回来学习。

4.11　移动对话框到指定位置

通常移动对话框到某个位置，只要将鼠标移到标题栏上，然后按住鼠标左键不放，开始移动鼠标即可。这个方法虽然简单，但是无法精确移动到屏幕某个位置，比如坐标（10,10）处，如果要精确移动到某个位置坐标，就要利用函数来移动了。Qt提供了move()函数来移动窗口，因为对话框属于窗口，所以可以用该函数来移动。

move()函数的声明如下：

```
move(int x, int y);
move(const QPoint &);
```

第一个函数将使窗口移动到(x,y)坐标处，该坐标是以屏幕左上角为原点的。第二个函数移动到QPoint处，QPoint是Qt中表示坐标的类。

将对话框通过函数move()移动到某个坐标，确切地讲就是将对话框左上角顶点移动到某个坐标位置。为了获取移动后的对话框左上角顶点的坐标，可以使用基础窗口部件类QWidget的成员函数pos()，该函数可以用来获取窗口左上角顶点的屏幕坐标，即以屏幕左上角为原点的坐标系，x正方向向右，y正方向向下。因为对话框类QDialog继承自QWidgets类，所以可以用该函数来获取对话框左上角的屏幕坐标。下面我们验证一下移动后的对话框左上角的坐标到底是不是move()函数中参数的值。

【例4.15】　移动窗口到坐标(10,10)处并获得对话框左上角坐标

（1）打开Qt Creator，新建一个对话框项目，项目名为test。

（2）在项目中打开dialog.cpp，在构造函数Dialog()的末尾添加一行代码：

```
move(10,10);
```

（3）打开Qt设计师界面，先在对话框上放置一个按钮，并添加按钮的clicked信号槽函数，然后添加如下代码：

```
QString str;
QPoint pt = pos();
str = QString("x=%1,y=%2").arg(pt.x()).arg(pt.y());
QMessageBox::information(this,"note",str);
```

我们通过调用pos()函数来获得对话框左上角的屏幕坐标，并格式化到字符串str中，然后通过信息框显示出来。

然后在文件开头添加包含头文件的指令：

```
#include <QMessageBox>
```

（4）保存项目并运行，窗口一开始出现在左上角(10,10)位置处，单击按钮后，出现坐标提示“x=394,y=408”，如图4-52所示。

图4-52

4.12 在对话框非标题栏区域实现拖动

通常，鼠标拖动对话框的区域是标题栏，本例将实现在对话框的任何区域都可以进行拖动。现在很多商业软件都是这样的，整个界面就是一个图片，然后拖拉图片任何部分都可以拖动对话框。

要在客户区上进行拖动，只需处理鼠标按下和移动事件即可。在鼠标按下事件处理函数中，计算鼠标在对话框中的相对位置（相对于对话框左上角顶点）；在鼠标移动事件处理函数中，调用move()函数，让对话框（左上角顶点）移动到新位置（可以通过鼠标当前的屏幕坐标和它在对话框中的相对坐标相减所得）。

【例4.16】 在对话框非标题栏区域实现拖动

（1）打开Qt Creator，新建一个对话框项目，项目名为test。

（2）添加对话框的两个鼠标事件处理函数。打开dialog.h，先为类Dialog添加两个成员函数声明：

```
protected:
    void mousePressEvent(QMouseEvent * event);  //鼠标按下事件处理函数
    void mouseMoveEvent(QMouseEvent *e);  //鼠标移动事件处理函数
```

再添加一个QPoint类的成员变量m_point，用于保存鼠标按下的位置。

打开dialog.cpp，添加mousePressEvent()函数的具体定义：

```
void Dialog::mousePressEvent(QMouseEvent * e)
{
    if (e->button() == Qt::LeftButton)
    {
        m_point = e->globalPos() - pos();
        e->accept();
    }
}
```

函数e->button()返回引起鼠标事件的按钮，这里就是返回哪个鼠标按键被按下了，如果是左键（Qt::LeftButton），则进入if语句。函数globalPos()是QMouseEvent类的成员函数，获取的鼠标指针位置是鼠标指针偏离计算机屏幕左上角（x=0,y=0）的位置，即鼠标指针的屏幕坐标。Pos()函数在上一节介绍过，返回对话框左上角的屏幕坐标。两者相减，得到的结果是鼠标指针相对于对话框左上角的窗口坐标（窗口坐标是以窗口左上角顶点为原点的坐标系，x轴正向向右，y轴正向向下）。把鼠标的窗口坐标保存在m_point中。

继续在dialog.cpp中添加mouseMoveEvent()函数的具体定义：

```
void Dialog::mouseMoveEvent(QMouseEvent *e)
{
    if (e->buttons() & Qt::LeftButton)
    {
        move(e->globalPos() - m_point);
        e->accept();
    }
}
```

该函数是鼠标移动的事件处理函数。当按下的是鼠标左键时，进入if语句。此时将调用move()函数来移动对话框，e->globalPos()返回的结果是鼠标指针的屏幕坐标，它减去m_point（鼠标的窗口坐标），得到的结果就是窗口原先的屏幕坐标加上鼠标指针所移动的距离后的屏幕坐标，比如鼠标指针向下向右移动了5个像素，那么窗口也应该从原来位置向下向右移动5个像素。

（3）保存项目并运行，在窗口非标题栏区域按住鼠标左键，然后移动鼠标，就会发现窗口也跟着移动了，运行结果如图4-53所示。

图4-53

第 5 章

Qt控件设计

5.1 控件概述

在Qt中，控件、组件和部件都是一个意思。控件是用户使用和操作程序的重要途径，在图形化程序中，用户很多操作都是通过控件来完成的，比如单击按钮、在编辑框里输入字符串等。控件就是把一些特定功能进行封装后提供给用户使用的小窗口。Qt提供了丰富多样的各种控件，在开发中只需要从控件工具箱里，把所需控件拖放到对话框中，然后进行属性设置或调用控件对应的类方法，就能为程序和用户之间提供强大的交互功能。本章将要介绍的控件都可以在Qt界面设计师这个Qt Creator自带的界面设计软件内的工具箱中找到。

在Qt中，每一种控件都有对应的类来实现，比如按钮控件由QButton类实现、编辑框控件由QEdit类实现、日期控件由QCalendarWidget类实现。前面提到的每种控件都是一个小窗口，所有控件类都继承自类QWidget类，即基础窗口类，因此所有控件都可以使用窗口类QWidget中的方法，比如要让控件不可用，则可以调用QWidget类中的setDisable()函数；修改控件风格可以调用QWidget类的setStyle()；显示或隐藏控件可以调用QWidget的Show()或Hide()函数，等等。

所有的控件都有两种创建方式：静态创建和动态创建。前者是在设计的时候把控件从工具箱中拖放到设计视图中的对话框上，就算完成了创建工作，因为是在程序运行前创建的，所以被称为静态创建；后者是指在程序运行的时候调用函数来完成控件的创建工作，因为是在运行时创建的控件，所以被称为动态创建。静态创建其实就是可视化程序开发的方法，一般开发中使用静态创建的方法就可满足大多数场合的要求，本章中的绝大多数实例也都是静态创建。下面我们将逐一介绍Qt工具箱中的控件，并演示它们的基本使用方法。

5.2　对话框程序设计概述

Qt开发的应用程序通常有3种界面类型，即主窗口应用程序、控件窗口应用程序和对话框应用程序。鉴于对话框使用场合多，本章将介绍对话框应用程序的设计。对话框应用程序中肯定有对话框，对话框中有控件，对话框通常还包含标题栏、客户区、边框等。标题栏上又有控制菜单、最小化和最大化按钮、关闭按钮等。通过鼠标拖动标题栏，可以改变对话框在屏幕上的位置；通过最大化和最小化按钮，可以对对话框进行尺寸最大化、恢复正常尺寸或隐藏掉对话框等操作。标题栏上还能显示对话框的文本标题。相信使用过Windows系统的朋友对这些操作都非常熟悉。

Qt类库中提供的对话框类是QDialog，它继承于控件窗口类QWidget。我们创建对话框的时候，都是从QDialog类派生出自己的类。

5.3　按钮类控件

5.3.1　概述

按钮类控件可以用来控制程序的诸多操作，所以在应用程序中必不可少。Qt Creater提供了6种Button控件，如图5-1所示。

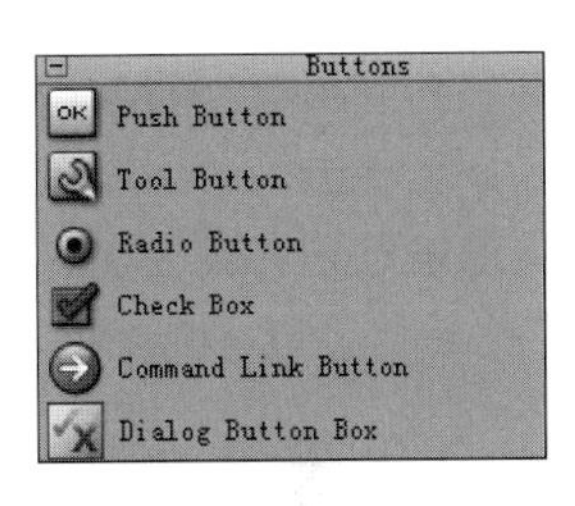

图5-1

每种按钮都有相应类的实现，比如Push Button是由QPushButton类来实现的。不同的按钮控件及其类名对应关系如表5-1所示。

表5-1　按钮控件及其类名

按 钮 类 名	控　件　名	中　文　名
QPushButton	Push Button	按压按钮
QToolButton	Tool Button	工具按钮
QRadioButton	Radio Button	单选按钮
QCheckBox	Check Box	复选按钮
QCommandLinkButton	Command Link Button	命令链接按钮
QButtonBox	Dialog Button Box	对话框组合按钮（OK按钮和Cancel按钮的组合）

常用的按钮控件是前4种。按钮类控件的用法很简单，当用鼠标单击按钮时都将触发clicked信号，我们通常要做的就是为这个信号添加槽函数。

5.3.2 按钮类的父类QAbstractButton

所有按钮类都继承自QAbstractButton类，所以QAbstractButton类的公有成员函数也可以被它的子类所使用，比如获取和设置按钮标题的函数：

```
QString text();
void setText(const QString &text);
```

函数text()返回按钮标题。函数setText()用于设置按钮标题，其中参数text是要设置标题用的文本字符串。

又比如，获取和设置图标的函数：

```
QIcon icon() const;
void setIcon(const QIcon &icon);
```

5.3.3 按压按钮

按压按钮通常用于执行命令或触发事件。该按钮是最基本的按钮，单击该按钮通常是通知程序进行一个操作，比如弹出窗口、下一步、保存、退出等，大多数对话框程序中几乎都有这种按压按钮。

按压按钮的常用属性有：

- name：该控件对应源代码中的名字。
- text：该控件对应图形界面中显示的名字。
- font：设置 text 的字体。
- enabled：该控件是否可用。

按压按钮类QPushButton的常用成员函数有：

- 构造函数 QPushButton()：构造一个名称为 name、父对象为 parent 并且文本为 text 的按压按钮。

```
QPushButton(const QString &text, QWidget *parent, const char *name = 0);
```

比如：

```
QPushButton *button = new QPushButton("&Download", this);
```

- setText()函数：设置该按钮上显示的文本。

```
void setText(const QString &);
```

- text()函数：返回该按钮上显示的文本。

```
QString text() const;
```

按压按钮的常用信号有：

- pressed：当按下该按钮时发射信号。

- clicked：当单击该按钮时发射信号。
- released：当释放该按钮时发射信号。

【例5.1】　响应按压按钮的pressed、clicked和released信号

（1）新建一个对话框项目，项目名为test。

（2）切换到设计师界面，打开对话框，从工具箱中拖曳3个Push Button到对话框中，分别设置第一个按钮的text属性为“响应Pressed信号”、第二个按钮的text属性为“响应released信号”、第3个按钮的text属性为“响应clicked信号”。然后右击第一个按钮，在弹出的快捷菜单中选择“转到槽...”命令，随后出现“转到槽”对话框，通过该对话框选择信号，然后可以添加该信号的槽函数，这里我们选择QAbstractButton类下的pressed()函数，如图5-2所示。

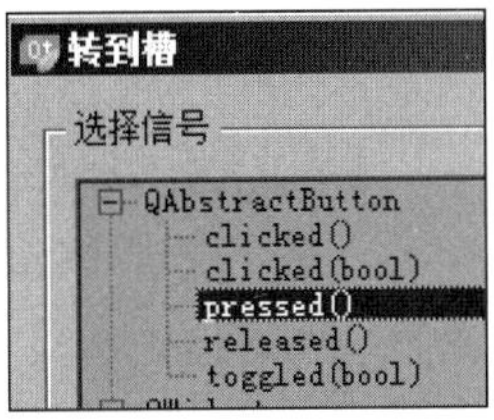

图5-2

接着单击OK按钮，此时将自动跳转到槽函数处，在该函数中添加如下代码：

```
void Dialog::on_pushButton_pressed()
{
   QMessageBox::information(this,"note","you pressed me");
}
```

当用鼠标左键单击该按钮时将发送该信号，然后跳出一个信息框。

采用同样的方法，为第二个按钮添加released信号的槽函数：

```
void Dialog::on_pushButton_2_released()
{
   QMessageBox::information(this,"note","you released me");
}
```

再为第三个按钮添加clicked信号的槽函数：

```
void Dialog::on_pushButton_3_clicked()
{
   QMessageBox::information(this,"note","you clicked me");
}
```

clicked信号用得最多，单击按钮将触发该信号。

（3）保存项目并运行，运行结果如图5-3所示。

图5-3

可以体会到，在第一个按钮上刚按下鼠标左键时就会出现信息框，而后面2个按钮要松开鼠标左键才会有反应。

在使用Qt编写软件窗口时，有时会遇到一种需求，就是当发出一个操作后会动态生成若干个按钮，而且要使用这些按钮进行下一步的操控。动态生成按钮并不难，只要用new QPushButton

即可，如果需要为这些动态按钮执行一些其他操作，则要connect()函数来关联对应的槽。

【例5.2】 动态创建按压按钮

（1）启动Qt Creator，新建一个对话框项目，项目名为test。

（2）打开dialog.cpp，在构造函数Dialog()的末尾添加4行程序代码：

```
QPushButton *quit = new QPushButton( "Quit", this);
connect( quit, SIGNAL(clicked()), qApp, SLOT(quit()));
quit->setGeometry( 0, 0, 75, 30 );
quit->setFont( QFont( "Times", 18, QFont::Bold ) );
```

第一行定义了一个QPushButton类型的指针，并用new动态分配了对象。按钮就此创建完毕。

第二行用connect()函数将信号（clicked）关联到槽quit()；第一个参数是我们创建的按钮变量名；第二个参数是信号（信号要用宏SIGNAL来修饰），这里我们要关联的信号是按钮单击信号clicked()；第三个参数qApp是信号接收者，这里我们让应用程序对象指针qApp来接收。因为我们要关联的槽是quit()，该槽函数是QCoreApplication类的成员函数，所以不必再去定义，quit()的调用等价于QCoreApplication::exit(0)，因此调用后，程序会退出。其中，qApp是一个全局指针变量，指向应用程序对象，相当于QCoreApplication::instance()。QCoreApplication类是QApplication类的爷爷，从继承关系来看，QApplication类继承自QGuiApplication类，QGuiApplication类继承自QCoreApplication类，所以它们的功能是逐步递增的。

第三行的setGeometry()函数用来设置按钮quit在父窗口客户区中的位置（0,0）和大小（宽度75，高度30）。该函数的原型声明如下：

```
void setGeometry(int x, int y, int w, int h);
```

其中，x和y分别是相对于父窗口客户区原点的窗口左上角坐标，w和h分别表示窗口的宽度和高度。

第四行的setFont()函数可以用来设置窗口或控件的字体，该函数是QWidget类的公有成员函数，因为按钮继承自QWidget类，所以可以调用setFont()函数。该函数的原型声明如下：

```
void  setFont(const QFont &);
```

其中的参数表示要设置的字体。在程序中，我们设置字体为Times、大小为18，且为粗体（Bold）。

对于这个quit按钮，我们用了应用程序对象自带的槽。下面我们再创建一个按钮，把clicked信号关联到自定义槽。在上面4行代码下面继续添加3行代码：

```
QPushButton *mybtn = new QPushButton("学习", this);
connect( mybtn, SIGNAL(clicked()), this, SLOT(onZwwClick()));
mybtn->setGeometry(50, 50, 75, 30 );
```

在第一行中，我们动态创建了一个标题为“学习”的按钮mybtn。在第二行中，我们用connect()函数将信号（clicked）关联到槽onZwwClick()，这个槽是我们自定义的槽，也就是需要我们自己定义函数。注意connect()函数的第三个参数是this，该this指针指向对话框对象，表示clicked信号由对话框来接收，所以我们要在对话框类中声明槽。打开dialog.h，在Dialog类中添加槽声明：

```
public slots:
    void onZwwClick();
```

注意，槽函数的声明必须用public slots。

然后重新回到dialog.cpp，并添加槽函数的具体定义：

```
void Dialog::onZwwClick()
{
    QMessageBox::information(this,"note",QString::fromLocal8Bit("我要好好学习
"));
}
```

代码很简单，就显示一个信息框。我们在本文件开头添加包含头文件的指令：

```
#include <QPushButton>
#include <QMessageBox>
```

（3）保存项目并运行，运行结果如图5-4所示。单击“学习”按钮，会弹出一个信息框，说明槽onZwwClick()被调用了。如果我们单击按钮Quit，程序就退出了，说明槽quit()被调用了。

图5-4

5.3.4 工具按钮

工具按钮（Tool Button）控件提供了用于命令或选项的快速访问按钮。工具按钮和普通的命令按钮不同，通常不显示文本，而显示图标，并且通常可以用在QToolBar（工具栏）里。工具按钮通常都不是一个而是一排，它们放置在工具栏QToolBar中作为快捷按钮来使用，比如Qt设计师的工具栏，如图5-5所示。

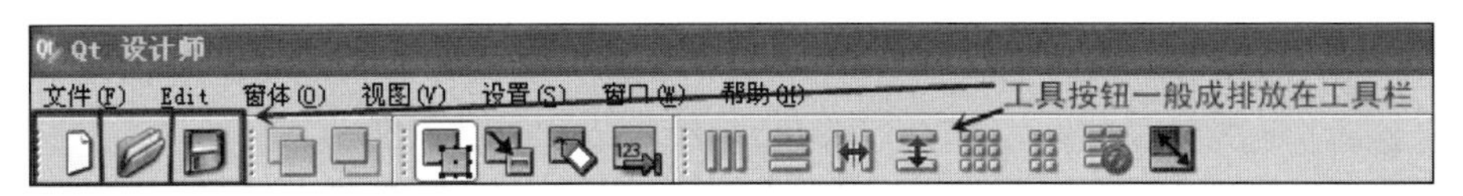

图5-5

工具按钮由QToolButton类来实现。当使用QToolBar::addAction()添加一个新的（或已存在的）QAction至工具栏时，通常会创建工具按钮。也可以用同样的方式构建工具按钮和其他控件，并设置它们的布局。QToolButton支持自动浮起，在自动浮起模式中，只有在鼠标指向它的时候才绘制三维边框，当按钮被用于QToolBar中时，这个特性会被自动启用，可以调用setAutoRaise()函数来改变这个特性。

工具按钮的外观和尺寸可通过函数setToolButtonStyle()和setIconSize()来调节。当在QMainWindow的QToolBar中使用时，按钮会自动地调整以适合QMainWindow的设置（见QMainWindow::setToolButtonStyle()和QMainWindow::setIconSize()）。

工具按钮可以提供一个弹出菜单，可调用setMenu()来进行设置。通过setPopupMode()来设置菜单的弹出模式，默认模式是DelayedPopupMode，这个特性有时对于网页浏览器中的“后退”按钮有用，在按下按钮一段时间后，会弹出一个显示所有可以后退浏览的可能页面的菜单列表，默认延迟600毫秒，可以调用setPopupDelay()函数进行调整。

使用QToolButton类时需要包含头文件：#include <QToolButton>。QToolButton类常用的成员函数如下：

（1）void setMenu(QMenu * menu)

该函数用于设置按钮的弹出菜单，用法和QPushButton类似，其中的参数menu是要弹出的菜单。

（2）void setPopupMode(ToolButtonPopupMode mode)

该函数用来设置弹出菜单的方式，其中的参数mode用来确定菜单弹出的具体方式，默认值为DelayedPopup，表示菜单延迟弹出。ToolButtonPopupMode是一个枚举类型，取值如表5-2所示。

表5-2 ToolButtonPopupMode的取值

常　量	值	说　明
QToolButton::DelayedPopup	0	按下按钮一定时间后，显示菜单。比如：浏览器中工具栏的“后退”按钮
QToolButton::MenuButtonPopup	1	这种模式下，工具按钮显示一个特殊的箭头，以指示菜单是否存在，按下按钮的箭头部分时显示菜单
QToolButton::InstantPopup	2	按下工具按钮时菜单显示出来，无延迟。这种模式下，按钮自身的操作不会触发

（3）void setToolButtonStyle(Qt::ToolButtonStyle style)

该函数用于设置按钮风格，比如只显示一个图标、只显示文本或文本位于图标旁边、下方。其中的参数style是要设置的风格，默认值是Qt::ToolButtonIconOnly。Qt::ToolButtonStyle是枚举类型，取值如表5-3所示。

表5-3 Qt::ToolButtonIconOnly的取值

常　量	值	说　明
Qt::ToolButtonIconOnly	0	只显示图标
Qt::ToolButtonTextOnly	1	只显示文本
Qt::ToolButtonTextBesideIcon	2	文本显示在图标旁边
Qt::ToolButtonTextUnderIcon	3	文本显示在图标下边
Qt::ToolButtonFollowStyle	4	遵循QStyle::StyleHint

（4）void setArrowType(Qt::ArrowType type)

该函数用来设置按钮是否显示一个箭头，而不是一个正常的图标。也就是是否显示一个箭头作为QToolButton的图标。其中的参数type表示箭头的类型，或者不设置箭头，默认情况下，取值为Qt::NoArrow。Qt::ArrowType是一个枚举类型，取值如表5-4所示。

表5-4 Qt::ArrowType的取值

常　量	值
Qt::NoArrow	0
Qt::UpArrow	1

（续表）

常　　量	值
Qt::DownArrow	2
Qt::LeftArrow	3

工具按钮在工具栏上的应用暂时不举例，等到后文介绍带有菜单和工具栏的程序时再一块讲解，毕竟工具栏才是工具按钮的真正用武之地。

【例5.3】 以静态和动态方式使用工具按钮

（1）启动Qt Creator，新建一个对话框项目，项目名为test。

（2）以静态方式（也就是可视化方式）添加一个Tool Button，并用鼠标设置一些属性。打开对话框设计界面，从控件工具箱中拖放一个Tool Button到对话框中，并在属性视图中设置text属性为“天天向上”，再选择toolButtionStyle属性为ToolButtonTextUnderIcon，这样文本就可以在图标下面了。我们准备再让按钮出现一个向右的箭头图标，因此选择属性arrowType为RightArrow。至此，属性设置完毕，下面为该按钮添加一个clicked信号的槽，右击该按钮，在弹出的快捷菜单中选择“添加槽”，然后添加一个clicked信号的槽，并添加一行弹出消息框的代码：

```
void Dialog::on_toolButton_clicked()
{
   QMessageBox::information(this,"note","我要天天向上");
}
```

至此，静态方式添加的工具按钮完成了。下面我们以动态方式添加一个工具按钮。

（3）以动态方式添加按钮，肯定要全程使用代码，从创建按钮、设置属性、关联信号都用代码来完成。在项目中打开dialog.cpp，然后在构造函数Dialog()的末尾（也就是setupUi之后）添加代码：

```
QToolButton *pButton = new QToolButton(this);
pButton->setArrowType(Qt::LeftArrow);
pButton->setText("好好学习");
// 文本位于图标之下
pButton->setToolButtonStyle(Qt::ToolButtonTextUnderIcon);
connect( pButton, SIGNAL(clicked()), this, SLOT(onZwwClick()));
```

在第一行中，我们创建了一个工具按钮，这一行程序语句执行之后，按钮就会出现在对话框中了。在第二行中，调用函数setArrowType()设置按钮的箭头类型为左箭头。在第三行中，设置按钮标题为“好好学习”。在第四行中，调用函数setToolButtonStyle()设置按钮的标题文本位于图标之下，也就是“好好学习”会出现在左箭头图标的下方。在第五行中，调用connect()函数，把按钮pButton的clicked信号关联到自定义的槽onZwwClick()，并且第三个参数是this（指向对话框的指针），表示对话框接收这个信号。

我们要声明和定义槽onZwwClick()。打开dailog.h，然后在Dialog类中添加槽函数的声明：

```
public slots:
   void onZwwClick();
```

注意，添加槽函数的声明，不要忘记写上public slots。

下面就可以定义槽了，打开dialog.cpp，然后添加如下代码：

```
void Dialog::onZwwClick()
{
    QMessageBox::information(this,"note", "我要好好学习");
}
```

代码很简单，也是显示一个消息框。

在dialog.cpp文件开头添加2个头文件：

```
#include <QToolButton>
#include <QMessageBox>
```

（4）保存项目并运行，运行结果如图5-6所示。

图5-6

5.3.5 单选按钮

单选按钮（Radio Button）控件提供了一个带有文本标签的单选按钮（单选框）。单选按钮是一个可以切换选中（checked）或未选中（unchecked）状态的选项按钮。单选按钮通常呈现给用户的是一个“多选一”的选项按钮。也就是说，在一组单选按钮中，一次只能选中其中的一个单选按钮。

在一线开发中，单选按钮也是常用的按钮。因为是多选一，所以单选按钮之间是互斥的，即选择了A就不能选择B。图5-7所示是Windows系统中典型的单选按钮的显示效果。

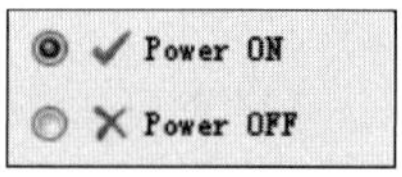

图5-7

对勾和叉前面的小圆圈就是单选按钮，一旦用鼠标左键单击了小圆圈，就表示选中勾或叉，此时圆圈中间就会出现一个点，就像图5-7中所示的第一个单选按钮那样。在Qt中，单选按钮由QRadioButton类来实现，该按钮有选中和不选中两种状态，分别用属性checked和unchecked来表示。一组单选按钮通常用于表示程序中“多选一”的选择，例如单项选择题。位于一组中的多个单选按钮，同一时刻只能有一个单选按钮处于选中（checked）状态，如果用户选择了其他单选按钮，原先被选中的单选按钮将会变为未选中（unchecked）状态。

和QPushButton类一样，QRadioButton类提供了一个文本标题（text label）和一个小图标（small icon），其中text可以在构造函数中设置，也可以通过setText()函数来设置，但是小图标只能通过setIcon()函数设置，还可以通过在text中某个字母前加上“与”符号（&）来指定快捷键，例如：

```
QRadioButton *pRdbutton = new QRadioButton("Search from the &cursor", this);
```

此时，按Alt + C快捷键就相当于用鼠标单击了指针pRdbutton所指向的单选按钮。如果要在标题中显示一个“与”符号（&），就要使用两个“与”符号（&&）来特别指定。

1. 分组

为了让单选按钮之间互斥，必须对单选按钮进行分组。把多个单选按钮放在“同一个父窗体”或“一个按钮组”，这就是分组。如果没有进行分组，则默认拥有相同父窗体的单选按钮都将具有相互排他性，所以如果想在一个窗体中展示多组单选按钮的效果，就需要显式地对它们进行分组，可以使用QGroupBox类或者QButtonGroup类。建议使用QButtonGroup类，因为它仅仅是一个容器，对于包含在里面的子按钮，QButtonGroup类提供了比QGroupBox类更为方便的信号和槽机制方面的操作。

QRadioButton类的分组有多重方法，比如采用组合框、QWidge等，建议采用QButtonGroup类来实现分组，好处是不影响QRadioButton在界面上的显示（组合框分组方式会在界面上出现组合框），而且便于ID的设置。

2. 信号

QRadioButton类继承自抽象按钮类QAbstractButton，因此QRadioButton类的信号也继承自QAbstractButton类，一般我们比较关注的信号是toggled()和clicked()。在QRadioButton类中，toggled()信号是在单选按钮状态（开、关）切换时发出的，而clicked()信号是每次单击单选按钮都会发出。在实际使用时，一般状态改变时才有必要去响应，因此toggled()信号更适合状态监控。

需要注意的是，单选按钮无论是被打开还是关闭，它都会发送一个toggled(bool)信号，其中包含一个布尔（bool）类型的参数，用于记录此次发生的是被打开还是关闭，所以如果我们想根据单选按钮的状态变化来处理一些事，就需要调用connect()关联它们。当然，如果组内有很多个单选按钮，并且想跟踪toggled或clicked的状态时，不需要逐个来建立关联（或进行绑定），因为一旦使用QButtonGroup来管理，完全可以用buttonToggled()和buttonClicked()来处理组内所有按钮的toggled()和clicked()信号。

3. QButtonGroup类

QButtonGroup类提供了一个抽象容器，可以在其中放置按钮控件，以便管理组中每个按钮的状态。

在QButtonGroup类中添加一个按钮，可以调用QButtonGroup类的成员函数addButton()；要删除一个按钮，可以调用成员函数removeButton()。函数addButton()的原型声明如下：

```
void addButton(QAbstractButton *button, int id = -1);
```

其中，参数button为指向按钮对象的指针，通常是QAbstractButton子类对象的指针；id为要设置给按钮button的id号，如果id是-1，就会将一个id（自动）赋给按钮。自动分配的id保证为负数，从-2开始，如果正在分配自己的id，就使用正数，以免冲突。

为按钮分配了id后，可以通过QButtonGroup类的成员函数checkedId()来获得id，该函数的原型声明如下：

```
int checkedId();
```

【例5.4】 单选按钮的基本使用

（1）启动Qt Creator，新建一个对话框项目，项目名为test。

（2）打开对话框设计界面，从控件工具箱中拖放3个单选按钮（Radio Button）到对话框中，并把它们的text属性分别设置为“苹果”“香蕉”和“鸭梨”，对应的objectName属性分别为apple_radioButton、banan_radioButton和pear_radioButton。

（3）打开dialog.h，为Dialog类添加私有成员变量QButtonGroup：

```
QButtonGroup *groupButton1;
```

并在文件开头添加包含头文件的指令：

```
#include <QButtonGroup>
```

在对话框构造函数中初始化QButtonGroup，把单选按钮添加进来并设置ID：

```
groupButton1=new QButtonGroup(this);
groupButton1->addButton(ui->apple_radioButton,0);
groupButton1->addButton(ui->banan_radioButton,1);
groupButton1->addButton(ui->pear_radioButton,2);
ui-> pear_radioButton->setChecked(true); //默认选择“鸭梨”
```

（4）下面我们为3个单选按钮添加单击信号和槽机制，只需要添加一个槽函数即可，在槽函数中通过id来区分是哪个单选按钮。

打开dialog.h，为Dialog类添加公有的槽函数声明：

```
public slots:
   void slots_fruits();
```

打开dialog.cpp，在构造函数Dialog()的末尾添加信号和槽函数的关联（或绑定）：

```
    //绑定信号和槽函数
    connect(ui->apple_radioButton,SIGNAL(clicked(bool)),this,
SLOT(slots_fruits()));
    connect(ui->banan_radioButton,SIGNAL(clicked(bool)),this,
SLOT(slots_fruits()));
    connect(ui->pear_radioButton,SIGNAL(clicked(bool)),this,
SLOT(slots_fruits()));
```

我们通过connect()函数把每个按钮的单击信号clicked关联到槽函数slots_fruits()。然后添加该槽函数的具体定义：

```
void Dialog::slots_fruits()
{
   switch(groupButton1->checkedId())
   {
      case 0:
         QMessageBox::information(this,"note", "你选择了苹果");
         break;
      case 1:
         QMessageBox::information(this,"note", "你选择了香蕉");
         break;
      case 2:
         QMessageBox::information(this,"note", "你选择了鸭梨");
         break;
   }
}
```

（5）保存项目并运行，运行结果如图5-8所示。

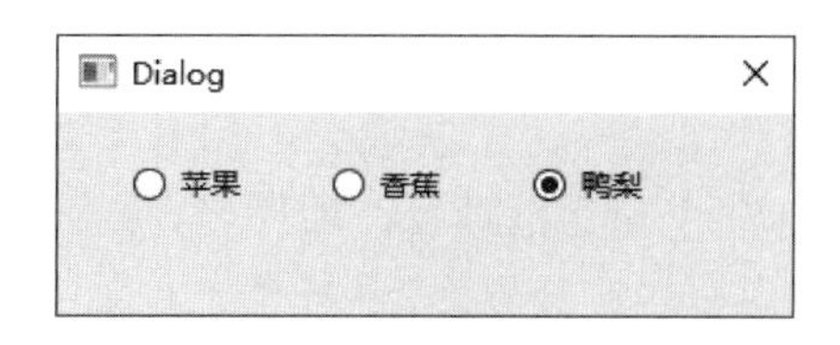

图5-8

5.3.6 复选框

QCheckBox继承自QAbstractButton类，提供了一个带文本标签的复选框。

QCheckBox（复选框）和QRadioButton（单选按钮）都是选项按钮。这是因为它们都可以在开（选中）或者关（未选中）之间切换。区别是对用户选择的限制：单选按钮定义了“多选一”的选择；复选框提供的是“多选多”的选择，也就是可以选中一个，也可以选中多个，打勾就是选中，不打勾就是没选中。尽管在技术上可以通过复选框来实现单选按钮，反之亦然，但还是强烈建议使用众所周知的约定。

要使用QCheckBox类，需要在程序中包含头文件：#include <QCheckBox>。静态方式（直接从工具箱中拖拉复选框控件）不需要我们手工添加，Qt Creator会自动添加；动态方式（通过new创建复选框）需要我们通过代码来手工添加。像QPushButton类一样，复选框可以显示文本，也可以显示一个小图标，该图标使用函数setIcon()来进行设置。文本可以在QCheckBox的构造函数中设置，或者调用函数setText()来设置。快捷键可以通过在字符前加一个 '&' 符号来指定。例如：

```
QCheckBox *checkbox = new QCheckBox("C&ase sensitive", this);
```

在这个例子中，快捷键是Alt + A。要显示实际的与（&）符号而不是设置快捷键，则要使用两个“与”符号（&&）。

QCheckBox类中的常用方法如表5-5所示。

表5-5 QCheckBox类中的常用方法

方　法	说　明
setChecked()	设置复选框的状态：true表示选中，false表示取消选中
setText()	设置复选框的标题文本
text()	返回复选框的显示文本
isChecked()	检查复选框是否被选中
setTriState()	设置复选框为一个三态复选框
setCheckState()	三态复选框的状态设置

注意：所谓三态，就是除了不打勾和打勾两个分别表示没选中和选中状态外，还有一个半选中状态，复选框的方框内填充了颜色，这个状态不常用，故而不必深入了解。

通常，几个复选框在一起都是可以多选的，这种情况称为非独占方式。选中了多个复选框中的一个之后，其他自动不选中，这种情况叫独占方式，此时的效果其实和单选按钮类似，要实现独占效果，可以通过QButtonGroup类来实现。

1. 以静态方式使用复选框

（1）启动Qt Creator，新建一个对话框项目，项目名为test。

（2）双击dialog.ui，打开对话框的设计界面，从控件工具箱中拖拉两个复选框（Check Box）到对话框中，把第一个复选框的text属性设置为“苹果”，objectName属性设置为apple。把第二个复选框的text属性设置为“橙子”，objectName属性设置为orange。

（3）添加复选框选中状态改变时触发的信号stateChanged对应的槽函数。在项目中打开dialog.h，添加槽函数的声明：

```
public slots:
    void onStateChanged_apple(int state);
    void onStateChanged_orange(int state);
```

第1个槽函数是“苹果”复选框选中状态改变时触发的槽函数，第2个槽函数是“橙子”复选框选中状态改变时触发的槽函数。其中，参数state是用户单击复选框后复选框的当前状态，我们可以根据这个参数做出相应的响应。

在项目中打开dialog.cpp，在构造函数Dialog()的末尾添加信号和槽函数的关联：

```
    connect(ui->apple, SIGNAL(stateChanged(int)), this,
SLOT(onStateChanged_apple(int)));
    connect(ui->orange, SIGNAL(stateChanged(int)), this,
SLOT(onStateChanged_orange(int)));
```

在第一个connect()函数中，信号发送者是ui->apple，apple是我们前面设置的objectName，信号是stateChanged，信号接收者是对话框（this指向对话框），自定义的槽函数是onStateChanged_apple()。第二个connect()函数所做的工作基本类似。

下面我们定义两个槽函数。在dialog.cpp中添加2个槽函数，代码如下：

```
void Dialog::onStateChanged_apple(int state)
{
    if (state == Qt::Checked) // "选中"
    {
        QMessageBox::information(this,"note", "你选中了苹果");
    }
    else if(state == Qt::Unchecked) // 未选中 - Qt::Unchecked
    {
        QMessageBox::information(this,"note", "你不选苹果了");
    }
}

void Dialog::onStateChanged_orange(int state)
{
    if (state == Qt::Checked) // "选中"
    {
        QMessageBox::information(this,"note", "你选中了橙子");
    }
    else if(state == Qt::Unchecked) // 未选中 - Qt::Unchecked
    {
```

```
        QMessageBox::information(this,"note", "你不选橙子了");
    }
}
```

代码很简单，判断参数state是否为选中，然后弹出一个消息框。

最后，在本文件开头添加包含头文件的指令：#include <QMessageBox>。不知道大家是否注意到，在本例中我们并没有包含头文件QCheckBox，这是因为静态方式不需要人为去添加包含该头文件的指令，Qt Creator在我们拖放复选框控件的时候就自动在ui_dialog.h中添加好了。我们可以在Dialog()构造函数中找到connect()函数，然后把鼠标放到apple上，接着按F2键（该快捷键将跳转到变量或函数的定义处），将跳转到ui_dialog.h的"QCheckBox *apple;"处，在该文件开头可以发现包含QCheckBox头文件的指令"#include <QtWidgets/QCheckBox>"，这是Qt Creator帮我们添加的。ui_dialog.h是Qt Creator自己维护的文件。

（4）按Ctrl+R快捷键运行这个项目，运行结果如图5-9所示。

图5-9

2. 以动态方式使用独占和非独占复选框

（1）启动Qt Creator，新建一个对话框项目，项目名为test。

（2）在项目中打开dialog.h，在文件开头添加包含头文件的指令（#include <QCheckBox>），然后在Dialog类中添加复选框对象指针数组的定义：

```
QCheckBox* exclusive[3];          //表示独占复选框
QCheckBox* non_exclusive[3]; //表示非独占复选框
```

再添加槽函数的声明：

```
public slots:
    void onStateChanged1(int state);
    void onStateChanged2(int state);
    void onStateChanged3(int state);
```

当复选框状态改变时，发送状态改变的信号，继而调用这些槽函数中的某一个。

（3）把源码项目的目录test下的res目录复制到本项目的test目录下，res目录下有一个ico文件和5个png文件，它们将用作复选框的图标。按照例4.6的方式，把这6个文件添加到项目中。基本步骤就是新建一个"Qt Resource File"，比如myres.qrc，然后右击项目中的myres.qrc，在弹出的快捷菜单中选择"Add Existing Directory..."，然后选中res目录。更详细的步骤可以参考例4.6。

（4）打开dialog.cpp，在文件开头定义一个宏：

```
#if 0
    #define z(s) (QString::fromLocal8Bit(s))  //为了兼容Qt5
#else
    #define z(s) (s)
#endif
```

在Qt 5中，该宏用于显示中文，可以少打一些字符，提高编码效率，而Qt 6不需要这样了，所以我们可以定义一个条件宏，兼容2个平台。然后，在构造函数Dialog()的"ui->setupUi(this);"后面添加如下代码：

```
    this->resize(270,191); // 重新设置窗体大小
    QString str1[] = {z("游戏"),z("办公"),z("开发")};
    QString str2[] = {"vc++","Qt","Java"};
    int xpos = 30 ;
    int ypos = 30 ;
    QButtonGroup* chk_group[2]; // 按钮组控件，只是逻辑上的分类而已
    chk_group[0] = new QButtonGroup(this);
    chk_group[1] = new QButtonGroup(this);
    for(int i=0;i<3;i++)
    {
        non_exclusive[i] = new QCheckBox(str1[i],this);
        non_exclusive[i]->setGeometry(xpos,ypos,100,30);
        chk_group[0]->addButton(non_exclusive[i]);
        exclusive[i] = new QCheckBox(str2[i],this);
        exclusive[i]->setGeometry(xpos+120,ypos,100,30);
        chk_group[1]->addButton(exclusive[i]);
        ypos += 40 ;
    }
    chk_group[0]->setExclusive(false);    // 单选禁用
    chk_group[1]->setExclusive(true);     // 单选启动

    non_exclusive[0]->setIcon(QIcon(":/res/mistle_toe_2.png"));
    non_exclusive[1]->setIcon(QIcon(":/res/santa_hat.png"));
    non_exclusive[2]->setIcon(QIcon(":/res/snowman.png"));

    exclusive[0]->setIcon(QIcon(":/res/tool.ico"));
    exclusive[1]->setIcon(QIcon(":/res/candy.png"));
    exclusive[2]->setIcon(QIcon(":/res/christmas_tree.png"));
    connect(non_exclusive[0],SIGNAL(stateChanged(int)),this,SLOT(onStateChanged1
(int)));
    connect(non_exclusive[1],SIGNAL(stateChanged(int)),this,SLOT(onStateChanged2
(int)));
    connect(non_exclusive[2],SIGNAL(stateChanged(int)),this,SLOT(onStateChanged3
(int)));
```

chk_group[0]中的3个复选框放置在左边，它们是非独占的，可以多选。chk_group[1] 中的3个复选框放置在右边，它们是独占的，只能单选。

我们通过按钮组控件的setExclusive()函数设置该按钮组的禁用单选（不支持单选）和启用单选（支持单选）。

接着，我们用复选框的setIcon()函数来设置按钮图标。图标文件既可以是png文件，也可以是ico文件。

最后三行程序语句中的connect()用于建立信号stateChanged和槽函数的关联。注意，该信号有一个整数类型（int）的参数，因此槽函数也要有整数类型，忘记了提供整数类型的参数，槽函数就不会响应。

（5）为non_exclusive复选框添加槽函数：

```
    void Dialog::onStateChanged1(int state)
    {
        if (state == Qt::Checked)            // "选中"
```

```
    {
        QMessageBox::information(this,"note",z("你选中游戏了"));
    }
    else if(state == Qt::Unchecked)        // 未选中 - Qt::Unchecked
    {
        QMessageBox::information(this,"note",z("你不选游戏了"));
    }
}
void Dialog::onStateChanged2(int state)
{
    if (state == Qt::Checked)              // "选中"
    {
        QMessageBox::information(this,"note",z("你选中办公了"));
    }
    else if(state == Qt::Unchecked)        // 未选中 - Qt::Unchecked
    {
        QMessageBox::information(this,"note",z("你不选办公了"));
    }
}
void Dialog::onStateChanged3(int state)
{
    if (state == Qt::Checked)              // "选中"
    {
        QMessageBox::information(this,"note",z("你选中开发了"));
    }
    else if(state == Qt::Unchecked)        // 未选中 - Qt::Unchecked
    {
        QMessageBox::information(this,"note",z("你不选开发了"));
    }
}
```

按Ctrl+R快捷键运行这个项目，运行结果如图5-10所示。

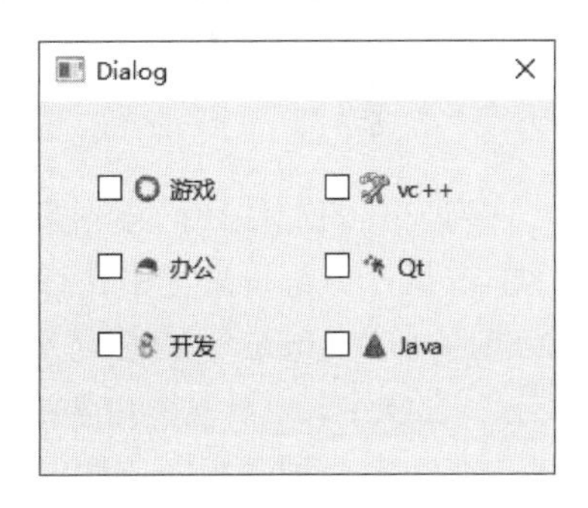

图5-10

5.3.7 对话框组合按钮

一个对话框中通常都会有OK按钮和Cancel按钮，以便用户在执行完对话框中其他控件的操作后进行确认或放弃。一旦单击了OK按钮，用户在对话框中所执行的操作将会生效，如果单击了Cancel按钮，则不会生效。因此，对话框组合按钮还是非常有用的。在实际应用中，几乎所有对话框都会有一对OK和Cancel按钮。

当OK按钮被单击时，会发出accepted信号；当Cancel按钮被单击时，会发出rejected信号，通常只需要响应这两个信号即可。

QDialogButtonBox的基本使用

（1）启动Qt Creator，新建一个对话框项目，项目名为test。

（2）打开对话框设计界面，从工具箱中拖放一个Dialog Button Box到对话框中，然后右击，在弹出的快捷菜单中选择“转到槽”选项，然后为accepted信号添加槽函数，并在槽函数中输入如下代码：

```
void Dialog::on_buttonBox_accepted()
{
    QMessageBox::information(this,"note","ok");
}
```

再次在弹出的快捷菜单中选择“转到槽”选项，为rejected信号添加槽函数，并输入如下代码：

```
void Dialog::on_buttonBox_rejected()
{
     QMessageBox::information(this,"cancel","cancel");
}
```

在文件开头添加包含头文件的指令：#include <QMessageBox>。

（3）保存项目并运行，运行结果如图5-11所示。

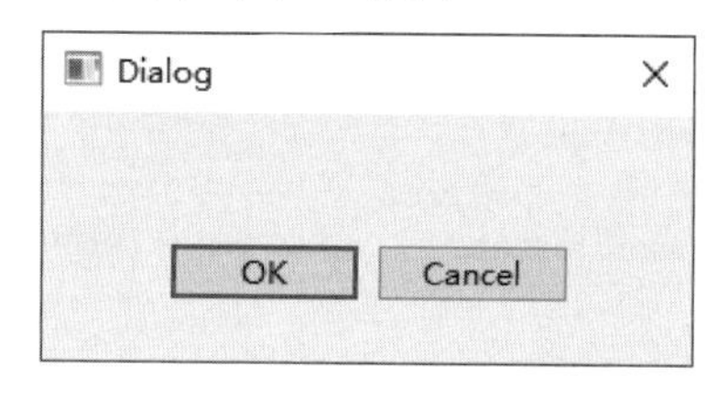

图5-11

5.4 列表视图控件

列表视图控件（简称列表框）里面的内容是由多行字符串组成的列表，并且可以通过鼠标单击某行字符串来选中该行。在软件中也经常用到列表视图控件。在单选列表框中，用户只能选择一项（Item）。在多选列表框中，则可选择多项。当用户选择某项时，选中的行会高亮显示。在Qt中，列表视图控件通常显示一列数据，有点类似于VC中的列表框控件（CListBox）。

在Qt中，列表视图控件由QListView类封装，用来显示一维（或称一列）数据列表，如果要显示二维表格数据，可以使用表格视图控件类QTableView。

QListView控件在使用前必须设置要显示数据的模型，很多Q*View字样的控件都需要设置数据模型后才能显示数据，也就是说先在数据模型中组织好数据，再把数据模型设置到View类控件。设置数据模型可以用QListView类的成员函数setModel()来实现（其他Q*View控件也是用这个函数）。数据模型就是用于保存数据的对象模型，要让QListView控件显示数据，必须先把数据组织好并保存到数据模型中，再把数据模型设置到列表视图控件中，这样的操作在后面的树形控件中也是如此。常见的数据模型如表5-6所示。

表5-6 常见的数据模型

QListView的数据模型	说 明
QStringListModel	存储一组字符串
QStandardItemModel	存储任意层次结构的数据
QDirModel	对文件系统进行封装
QSqlQueryModel	对SQL的查询结果集进行封装
QSqlTableModel	对SQL中的数据表进行封装
QSqlRelationalTableModel	对带有外键的SQL数据表进行封装
QSortFilterProxyModel	对另一个模型执行sort或filter操作

表5-6中的数据模型类都继承自QAbstractItemModel类。该类是一个抽象类，为数据项模型类提供抽象接口。

数据模型中存放的每项数据都有相应的"model index"，由QModelIndex类来表示。每个index由3个部分构成：row、column和表明所属model的指针。对于一维的列表模型，column永远为0。

5.4.1 抽象数据项模型QAbstractItemModel

QAbstractItemModel类是一个抽象类，为数据项模型类提供抽象接口。QAbstractItemModel类定义了数据项模型需要使用的标准接口，以便能够与模型/视图体系结构中的组件进行互操作。它不应该被直接实例化（因为是抽象类）。相反，应该将其子类化以创建新模型。通常使用表5-6中的几个子类就足够用了。

QAbstractItemModel类是Qt模型/视图框架的一部分。它可以用作qml中项目视图元素或Qt控件模块中项目视图类的底层数据模型。底层数据模型作为表的层次结构向视图类对象和委托类对象公开。如果不使用层次结构，则模型是一个包含行和列的简单表。每个项都有一个由QModelIndex指定的唯一索引，如图5-12所示。

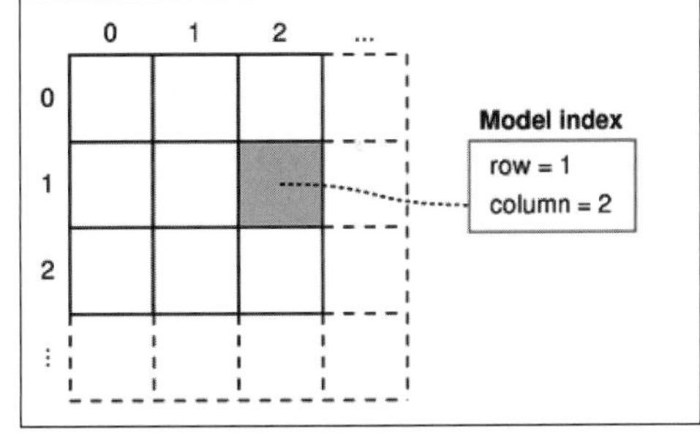

图5-12

对于这个二维表格数据模型，可以通过QAbstractItemModel类的成员函数rowCount()和columnCount()来获取模型的行和列。可以通过成员函数InsertRows()、InsertColumns()、RemoveRows()和RemoveColumns()来插入或删除模型中的行和列。

模型的每个数据项都有一个关联的模型索引，可以使用QAbstractItemModel类的成员函数index()获取此模型索引。每个索引可能有一个sibling索引；子项有一个parent索引。Index()函数的原型声明如下：

```
QModelIndex QAbstractItemModel::index(int row, int column, const QModelIndex
&parent = QModelIndex()) const
```

其中，参数row是要检索数据所在的行索引（索引值从0开始），column是要检索数据所在的列索引（索引值从0开始）。该函数返回由行列指定的模型中项对应的索引。项的索引由QModelIndex类来描述，通过QModelIndex类的成员函数data()可以获取该项的具体数据。

5.4.2 字符串列表数据模型QStringListModel

列表视图控件若要对控件内的字符串进行操作，需要通过字符串列表模型QStringListModel来完成，QStringListModel类的成员函数提供了具体操作。也就是说，先获得QStringListModel类对象的指针，再调用QStringListModel类的成员函数。下面先来熟悉一下QStringListModel类。QStringListModel类不仅仅能用于QListView，所有需要用到数据项的控件都可以使用，比如组合框控件QComboBox。

注意，使用QStringListModel类时需要包含头文件：#include <QStringListModel>。

QStringListModel类能存储一组字符串，它提供了一个模型，用于向视图提供字符串。QStringListModel类是一个可编辑的模型，可用于为视图控件（如QListView或QComboBox）显示多个字符串。

该模型提供可编辑模型的所有标准函数，将字符串列表中的数据表示为一个模型（模型中的字符串只有一列，行数等于列表视图控件中的项数）。调用index()函数可获取与项对应的模型索引，调用flags()函数可获取项的标志，调用data()函数可读取项的数据，调用setdata()函数可写入某项数据。另外，调用成员函数rowCount()可找到行数（以及字符串列表中的项数）。

QStringListModel类可用现有的字符串列表来构造，或者调用setStringList()函数来设置字符串。可调用insertRows()函数插入字符串，调用removeRows()删除字符串。可调用stringList()函数检索字符串列表的内容。比如，向QStringListModel类对象中插入字符串：

```
QStringListModel *model = new QStringListModel();
QStringList list;
list << "aaa" << "bbb" << "ccc";  //插入3个字符串到QStringList类对象中
model->setStringList(list); //把QStringList对象再传入QStringListModel对象中
```

QStringListModel类的构造函数有两种函数原型。第一种函数原型只有一个参数：

```
QStringListModel::QStringListModel(QObject *parent = nullptr)
```

以给定的QObject对象指针（或NULL）来构造一个字符串列表模型。

第二种函数原型有2个参数，可以直接传入QStringList对象。

```
QStringListModel::QStringListModel(const QStringList &strings, QObject *parent = nullptr)
```

以指定的字符串列表来构造字符串列表模型。比如：

```
QStringList user;
user += "first";
user +="second";
QStringListModel *model = new QStringListModel(user);
```

第一个例子将利用QStringListModel来设置列表视图的数据模型。第二个例子采用QDirModel来设置列表视图的数据模型。

【例5.5】 以列表视图控件来显示一组字符串

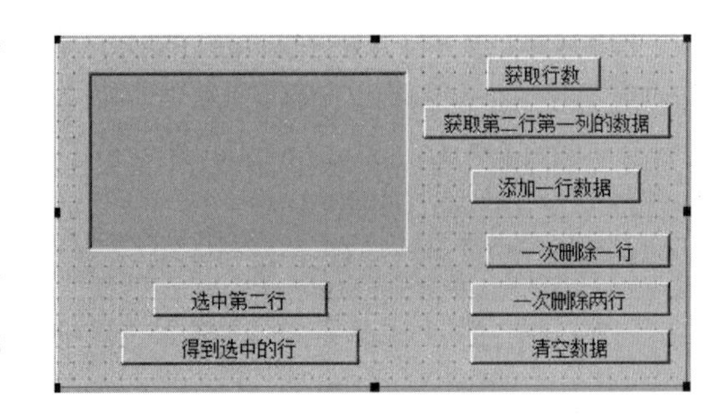

图5-13

（1）启动Qt Creator，新建一个对话框项目，项目名为test。

（2）打开对话框设计界面，从控件工具箱中拖放一个List View控件到对话框内，再拖放8个按钮到对话框内，并设置各个按钮的text属性，如图5-13所示。

（3）打开dialog.h，为Dialog类添加两个成员变量：

```
QStringListModel *model;
QStringList fruit;
```

这两个变量用来保存字符串数据，然后在文件开头添加包含头文件的指令：

```
#include <QStringListModel>
```

打开dialog.cpp，在文件开头添加包含头文件的指令：

```
#include <QMessageBox>
```

再添加防止中文字符串乱码的宏定义：

```
#if 0
   #define z(s) (QString::fromLocal8Bit(s))  //兼容Qt 5
#else
   #define z(s) (s)
#endif
```

然后在构造函数Dialog()中添加列表视图控件的初始化代码：

```
int i;
QString str[]= {z("苹果"),z("鸭梨"),z("西瓜")};
for(i=0;i<3;i++)
   fruit.push_back(str[i]);
model = new QStringListModel(this);
model->setStringList(fruit);
ui->listView->setModel(model);
```

定义一个字符串数组，然后全部添加进字符串列表QStringList中，再调用QStringListModel类的成员函数setStringList()来设置字符串列表，这样QStringListModel就算设置好了，然后列表视图控件就可以通过函数setModel()来设置字符串数据模型了。

（4）为名为“获取行数”的按钮添加clicked槽函数，代码如下：

```
void Dialog::on_pushButton_clicked()
{
   int row_num = ui->listView->model()->rowCount();
   QString str = z("共有")+QString::number(row_num)+z("行");
   QMessageBox::information(this,"note",str);//显示字符串str
}
```

我们通过QListView类的成员函数model()来得到数据模型，然后调用QAbstractItemModel类的成员函数rowCount()来获得行数。ui->listView->model()返回的是QAbstractItemModel类型对象的指针，QAbstractItemModel类封装了数据模型项，一些针对数据项的操作都由该类封装。最后，字符串str在消息框中显示出来。

为标题名为“获取第二行第一列的数据”的按钮添加clicked槽函数，代码如下：

```
void Dialog::on_pushButton_2_clicked()
{
    // column_idx为该列索引序号，两者都从0开始
    int row_idx = 1,column_idx=0;
    QString str = ui->listView->model()->index(row_idx, column_idx).data().
toString();
    QMessageBox::information(this,"note",str);
}
```

若要获取列表视图的某行某列数据项，也要调用QAbstractItemModel类的index()成员函数，该函数的参数是行和列，然后继续调用data()函数来获得数据，最后转为字符串（toString）再存入str。注意，列表视图的第二行索引是1，第一列的索引号是0，都是基于0开始的。

为标题名为“添加一行数据”的按钮添加clicked槽函数，代码如下：

```
void Dialog::on_pushButton_3_clicked()
{
    //把当前列表视图控件中的数据项列表保存好，这样是为了同步
    fruit=model->stringList();
    fruit+=z("枇杷");
    model->setStringList(fruit);
}
```

为标题名为“一次删除一行”的按钮添加clicked槽函数，代码如下：

```
void Dialog::on_pushButton_4_clicked()
{
    model->removeRow(0);            //从第一行开始，删除一行
}
```

其中，函数removeRow()用来删除一行数据，参数就是要删除数据项的索引号。

为标题名为“一次删除两行”的按钮添加clicked槽函数，代码如下：

```
void Dialog::on_pushButton_5_clicked()
{
    model->removeRows(0,2);         //从第一行开始，删除两行
}
```

其中，函数removeRows()用来删除一行或多行数据，第一个参数是开始索引号，第二个参数是要删除的行数。

为标题名为“清空数据”的按钮添加clicked槽函数，代码如下：

```
void Dialog::on_pushButton_6_clicked()
{
    model->removeRows(0,model->rowCount());
```

```
    fruit.clear();
}
```

其实也调用了函数removeRows()，只不过是从第一行开始，一次性删除到当前行数。函数rowCount()用来获取QStringListModel中数据的行数。

为标题名为“选中第二行”的按钮添加clicked槽函数，代码如下：

```
void Dialog::on_pushButton_7_clicked()
{
    QModelIndex index = model->index(1); //选中第二行，第二行的索引是1
    ui->listView->setCurrentIndex(index);
}
```

利用列表视图控件的setCurrentIndex()函数可以选中当前某行，并且高亮显示选中的行。注意，通过参数要传入的是QModelIndex对象。QModelIndex对象的行数据可以通过QStringListModel:: index来获取，index()函数的参数是行的索引（索引值从0开始）。

为标题名为“得到选中的行”的按钮添加clicked槽函数，代码如下：

```
void Dialog::on_pushButton_8_clicked()
{
    QModelIndex index = ui->listView->currentIndex();
    int row = index.row()+1;  //索引号加1，变成具体的行号
    QString str = z("你选中了第")+QString::number(row)+z("行，内容是：")
+index.data().toString();
    QMessageBox::information(this,"note",str);
}
```

通过列表视图控件的currentIndex()函数可以获取当前选中的行。通过QModelIndex::data可以获取行的数据，调用toString函数转为字符串。最后调用QMessageBox()显示出来。

（5）按Ctrl+R快捷键运行这个项目，运行结果如图5-14所示。

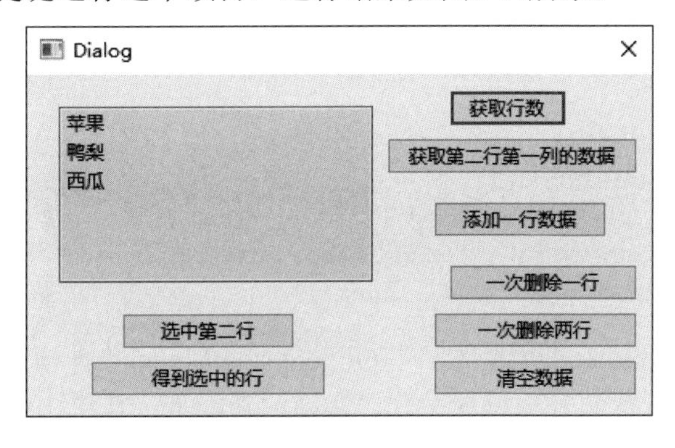

图5-14

5.4.3 文件系统数据模型QFileSystemModel

QFileSystemModel提供了一个可用于访问本机文件系统的数据模型。QFileSystemModel和树形视图组件QTreeView（下一节会介绍）结合使用，可以用目录树的形式显示本机上的文件系统，如果选中的树形节点是文件夹，我们可以再把该文件夹下的内容显示在列表视图控件

中，如同Widnows的资源管理器一样。使用QFileSystemModel提供的接口函数，可以创建目录、删除目录、重命名目录，可以获得文件名称、目录名称、文件大小等参数，还可以获得文件的详细信息。要通过QFileSystemModel获得本机的文件系统，需要用setRootPath函数为QFileSystemModel设置一个根目录，例如：

```
QFileSystemModel *model = new QFileSystemModel;
model->setRootPath(QDir::currentPath());
```

静态函数 QDir::currentPath() 获取应用程序的当前路径，然后setRootPath就把当前路径的根路径设置给model。

【例5.6】 显示磁盘文件系统

（1）启动Qt Creator，新建一个对话框项目，项目名为test。

（2）打开对话框设计界面，从控件工具箱中拖放1个列表视图控件、1个树形视图控件（Tree Widget，下一节会详细介绍）、若干个标签（label）控件和1个按钮到对话框中。左边的树形视图控件显示出当前磁盘上的文件系统，右边列表视图控件显示树形控件上选中节点目录下的内容。把按钮的text属性设置为“图标或列表显示”，我们每次单击它都会修改列表视图控件中的显示方式。列表视图控件有两种显示方式：一种是以列表方式显示，另一种是以小图标方式显示。最终对话框设计界面如图5-15所示。

（3）打开Dialog.h，在类Dialog中定义了一个 QFileSystemModel 类的成员变量 model：

```
QFileSystemModel *model;
```

打开Dialog.cpp，在文件开头添加包含头文件的指令：

```
#include <QListView>
#include <QTreeView>
```

在构造函数Dialog()的末尾添加如下代码：

```
    model=new QFileSystemModel(this); //QFileSystemModel提供单独线程
    model->setRootPath(QDir::currentPath()); //设置根目录
    ui->listView->setModel(model); //设置数据模型
    ui->treeView->setModel(model);
    //信号与槽关联，treeView单击时，其目录设置为listView的根节点
    connect(ui->treeView,SIGNAL(clicked(QModelIndex)),
ui->listView,SLOT(setRootIndex(QModelIndex)));
```

2个视图组件都使用setModel()函数，将QFileSystemModel数据模型model设置为自己的数据模型。connect()函数设置信号与槽的关联，实现的功能是：在单击treeView的一个节点时，此节点就设置为listView的根节点，因为treeView的clicked(QModellndex)信号会传递一个QModelIndex变量，是当前节点的模型索引，将此模型索引传递给listView的槽函数setRootIndex(QModellndex)，listView就会显示此节点下的目录和文件。在treeView上单击一个节点时，下方的一些标签里会显示节点的一些信息，这是为treeView的clicked(const QModellndex &index)信号编写槽函数实现的，其代码如下：

```
void Dialog::on_treeView_clicked(const QModelIndex &index)
{
```

```
    ui->chkIsDir->setChecked(model->isDir(index));      //判断是否文件夹
    ui->LabPath->setText(model->filePath(index));       //显示文件路径
    ui->LabType->setText(model->type(index));           //显示文件类型
    ui->LabFileName->setText(model->fileName(index));   //显示文件名
    if(model->isDir(index)) ui->LabFileSize->setText(""); //如果是文件夹，则不显示
大小
    else
    {
        int sz=model->size(index)/1024;
        if (sz<1024)
            ui->LabFileSize->setText(QString("%1 KB").arg(sz));
        else
            ui->LabFileSize->setText(QString::asprintf("%.1fMB",sz/1024.0));
    }
}
```

（4）为按钮添加clicked信号的槽函数：

```
void Dialog::on_pushButton_clicked()
{
    if(ui->listView->viewMode()==QListView::ListMode)
        ui->listView->setViewMode(QListView::IconMode);
    else
        ui->listView->setViewMode(QListView::ListMode);
}
```

成员函数viewMode()用于获取当前列表视图控件的显示方式。上述槽函数的作用是，如果以列表方式（QListView::ListMode）显示，则设置为以图标方式（QListView::IconMode）显示，反之亦然。

（5）按Ctrl+R快捷键运行程序，如果选中一个文件夹，则运行结果如图5-16所示。

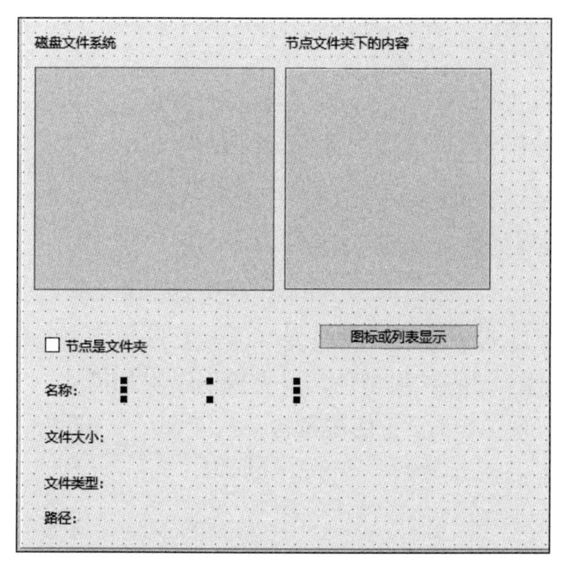

图5-15

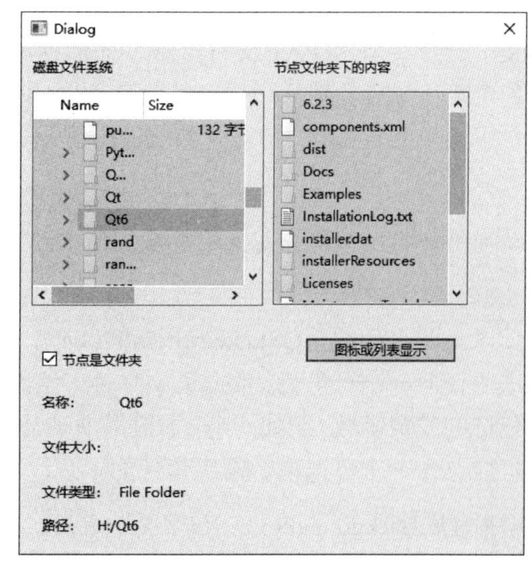

图5-16

5.5 树形视图控件

树形控件用于展示具有层次结构的数据，这个控件也经常用到，比如Windows资源管理器的左边就是一个树形控件，如图5-17所示。

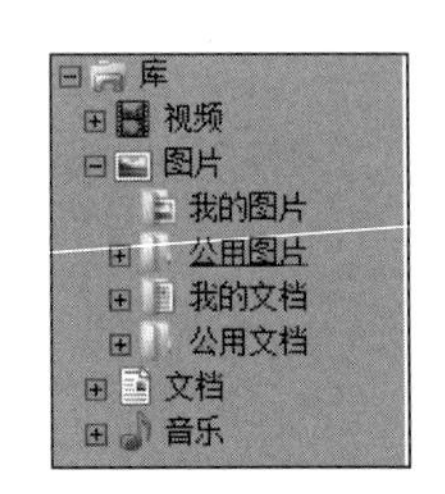

图5-17

单击左边的加号，还会展开（Expand）当前项下的子项，此时加号变为减号，单击减号又会把子项全部折叠（Collapse）起来收回而不显示，此时减号又会变为加号。树形控件最上面的节点通常称为根节点。树形控件的基本使用包括创建树形控件、向树形控件添加数据、删除数据、清空数据、为节点添加图标等。

在Qt中，树形控件由QTreeView类来封装。QTreeView主要用来显示数据，也需要数据模型，对应的数据模型是QStandardItemModel。这个模型是Qt对应用户界面最有用的模型，可以用于树形控件、列表控件、表格控件等与表项有关的控件。QStandardItemModel类用于列表和表格控件还是很好理解的，但是用于树形控件就有点难以理解了，其实在树形控件中QStandardItemModel也是挺简单的。

首先要做的是新建一个model对象，然后就可以使用成员变量或者局部变量了。成员变量的好处是，使用这个model对象时不用调用函数和进行类型转换。

5.5.1 标准数据项QStandardItem

QStandardItemModel类负责保存数据，每个数据项被表示为QStandardItem类的对象。一个数据项由若干个“角色, 数据子项”对组成。QStandardItem类负责存取这些数据。该类的内部定义了一个类型为QVector的容器，每个容器元素本质上存放一个“角色, 数据子项”对。由于各个角色对应的数据子项可能具有不同的类型，Qt使用QVariant来存放每个数据子项。当用户希望将一些数据存放在一个QStandardItem对象中时，可以调用其成员函数：

```
void setData ( const QVariant &value, int role)    //将“role, value”对存入
```

当用户希望读取该对象中的数据时，可以调用另外一个成员函数：

```
QVariant data ( int role = ) const                 //读取角色role对应的数据子项
```

以上两个函数是QStandardItem的核心。有了这两个函数，我们就可以存取该类所表示数据项的任何一个“角色, 数据子项”对。然而，对于一些常用角色，该类提供了更加简洁、容易记忆的成员函数。例如，当一个数据项被显示在视图中时，它往往包含一些文字、一个图标，还可能包含一个复选框。常用角色如下：

- Qt::BackgroundRole：控制显示背景。
- Qt::FontRole：控制文字字体。
- Qt::ForegroundRole：控制文字颜色。
- Qt::CheckStateRole：控制复选框的状态。

类提供的一组成员函数可以方便地存取这些常用角色对应的数据子项：

- 成员函数 setBackground()、background()分别用于设置和返回背景刷子。
- 成员函数 setFont()、font()分别用于设置和返回文字字体。
- 成员函数 setForeground()、foreground()分别用于设置和返回字体颜色。
- 成员函数 setCheckState()、checkState()分别用于设置和返回复选框状态。

另外，如果设置的数据是字符串，则可以在构造函数里把字符串传入，QStandardItem类的构造函数的原型声明有如下4种形式：

```
QStandardItem()
QStandardItem(const QString &text)
QStandardItem(const QIcon &icon, const QString &text)
QStandardItem(int rows, int columns = 1)
```

可以利用第二种形式传入字符串，比如：

```
QStandardItem *item1 = new QStandardItem("first");
QStandardItem *item2 = new QStandardItem("second");
```

5.5.2 标准数据项模型QStandardItemModel

QStandardItemModel类将QStandardItem类表示的数据项组织起来，形成列表、表格、树甚至更复杂的数据结构。

该类提供了一组成员函数，向这些数据结构添加新的数据项、更改已经存在的数据项或者删除已有的数据项。另外，作为一个模型类，它实现了QAbstractItemModel类定义的接口函数，以使其他视图类能够存取模型中的数据项。

如果数据集被表示为一个列表，我们可以调用QStandardItemModel类的成员函数appendRow()向列表中添加一个数据项，可以调用函数item()读取一个数据项。以下代码就是使用QStandardItemModel处理列表的示例：

```
QStandardItemModel listModel;
QStandardItem *rootItem = listModel.invisibleRootItem();    //行1
for (int row = 0; row < 4; ++row)
{
    //行2
    QStandardItem *item = new QStandardItem(QString("%1").arg(row) );
    rootItem->appendRow( item );    //行3
}
QListView listView;
listView.setModel ( &listModel );
```

其中，第1行获取模型最顶层的根节点；第2行创建一个QStandardItem类的对象，表示一个数据项；第3行将该数据项作为根节点的子节点添加到列表中。第2行的构造函数在内部调用该类的setData()函数，将第2行的QString对象作为Qt::DisplayRole对应的数据子项存入新构造的对象。由于数据集本身是一个列表，因此我们使用QListView显示该数据集。QListView已经介绍过了，读者可自行创建项目来运行该示例程序，运行结果如图5-18所示。

如果数据集被表示为一个表格，可以调用QStandardItemModel类的成员函数setItem()设定表格中的某个数据项，比如：

```
QStandardItemModel tableModel(4, 4);
for (int row = 0; row < 4; ++row){
    for (int column = 0; column < 4; ++column)
    {
        QStandardItem *item = new QStandardItem(QString("%0,%1").arg(row).
arg(column));
        tableModel.setItem(row, column, item);
    }
}
QTableView tableView;
tableView.setModel( &tableModel );
```

由于这个代码段中的数据集是一个表格，因此使用QTableView显示该数据集。QTableView类在后文会介绍，该类对应的控件用来显示二维表格数据。这段代码的运行效果如图5-19所示。

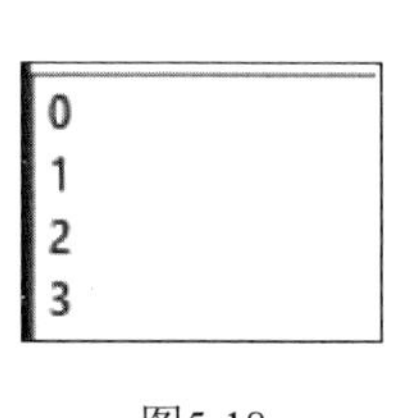

图5-18

TableView

	1	2	3	4
1	0,0	0,1	0,2	0,3
2	1,0	1,1	1,2	1,3
3	2,0	2,1	2,2	2,3
4	3,0	3,1	3,2	3,3

图5-19

重点来了！如果数据集被表示为一棵树，可以调用QStandardItemModel类的成员函数appendRow()向某个树节点添加子节点。通过多次调用该函数，可以构建一棵复杂的树。下面的代码可构建一棵简单的树，最顶层的根节点有一个文字内容为“0”的子节点，该子节点有一个文字内容为“1”的子节点。以此类推，“1”子节点有一个“2”子节点，“2”子节点有一个“3”子节点，形成一棵深度为4的树：

```
QStandardItemModel treeModel;  //定义成全局变量
void f()
{
    QStandardItem *parentItem = treeModel.invisibleRootItem();
    for (int i = 0; i < 4; ++i)
    {
        QStandardItem *item = new QStandardItem(QString("%0").arg(i));
        parentItem->appendRow(item); //父节点parentItem添加子节点item
        parentItem = item;  //当前节点变为下一次添加子节点时的父节点
    }
    QTreeView treeView;
    treeView.setModel( &treeModel );  //参数是指针，所以传入地址
}
```

这段代码的运行结果如图5-20所示。

这棵树的每个节点都没有兄弟节点（具有相同父节点且处于同一层的多个节点被相互称

为兄弟节点），感兴趣的读者可以修改这段代码，使其中的某些节点具有兄弟节点。另外，treeModel要定义为全局变量或其他静态变量，如果在函数中定义局部变量，则这个变量不会有效果，因为函数结束时局部变量treeModel就被释放了，数据也“灰飞烟灭”了，控件上自然什么都不会留下。

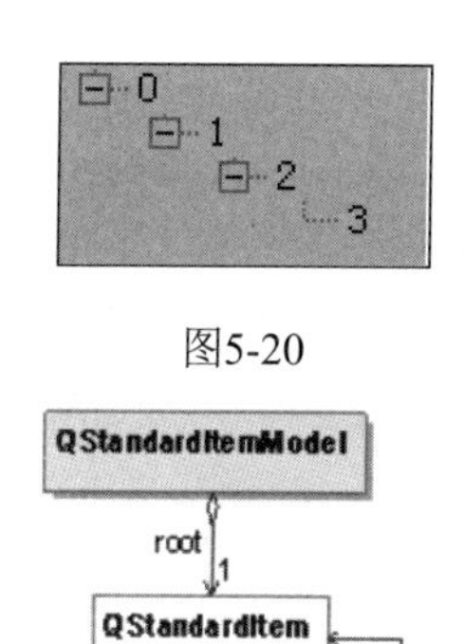

图5-20

图5-21

是不是感觉QStandardItemModel类很强大？我们可以深入了解一下其内部。QStandardItemModel类之所以能够表示列表、表格、树甚至更复杂的数据结构，得益于QStandardItem类在其内部定义了一个类型为QVector<QStandardItem*>的容器，可以将每个容器元素所指的QStandardItem对象设定为子对象。QStandardItem类和自身具有父子关系，如图5-21所示。

一个类和自身发生关联，在UML中被称为自关联（Self Association）。QStandardItemModel类定义了一个名为root的数据成员，逻辑上是一个指向QStandardItem对象的指针。这个对象可以设定多个QStandardItem类的对象作为自己的子对象，而其中每个子对象又可以包含其他的子对象。以此类推，这棵树可以具有任意深度，每个父对象都可以包含任意多个子对象。

QStandardItemModel可以使用QStandardItem表示具有树状数据结构的数据集，如图5-22所示。

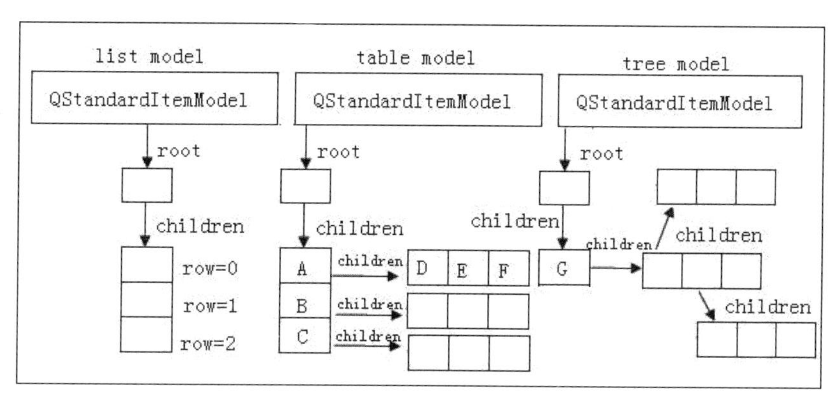

图5-22

图5-22中的每个小方框都表示QStandardItem类的一个对象。如果小方框的边线为虚线，那么相应的QStandardItem对象并不表示数据集中的任何数据，仅被用来表示某种数据结构。如果小方框的边线为实线，那么相应的QStandardItem对象表示数据集中的一个数据项。在右侧图中，QStandardItemModel类的数据成员root所指的对象表示一个不可见的根，而数据集的根（节点G）被表示为这个不可见根的一个子节点。

列表被看作一个特殊的树：不可见根具有若干个子节点，每个子节点表示列表中的一个数据项，不再包含任何子节点，如图5-22左侧所示。用表格的表示方式反而麻烦一些。不可见根含有若干子节点（比如A、B、C），这些子节点并不表示数据集中的任何数据项。第i个子节点会包含若干子节点（比如D、E、F），这些子节点才表示表格第i行的数据项。

最后讨论一下QStandardItemModel表示数据集的优缺点。使用QStandardItemModel表示数据集具有以下优点：

（1）该类使用QStandardItem存放数据项，用户不必定义任何数据结构来存放数据项。

（2）QStandardItem使用自关联关系，能够表达列表、表格、树甚至更复杂的数据结构，能够涵盖各种各样的数据集。

（3）QStandardItem本身存放着多个“角色，数据子项”，视图类、委托类或者其他用户定义的类能够方便地依据角色存取各个数据子项。

然而，这种表示方法也有局限性：当数据集中的数据项很多时，施加在数据集上的某些操作的执行效率会很低。比如，假设数据集是一个1万行、20列的表格，其中第10列存放的是浮点数。如果我们想计算这一列的平均值，需要遍历所有行，取得第10列的QStandardItem对象，再依据角色“Qt::DisplayRole”取得对应的数据子项。这个数据子项的类型为QString，需要将其转换为浮点数，最后求所有浮点数的平均值。这些操作会耗费较长的时间。因此，对于数据量不是很大、对性能要求不是很高的场合，我们可以使用QStandardItemModel类来表示一个数据集；否则，用户应该从QAbstractItemModel、QAbstractListModel或者QAbstractTableModel类派生新的类来自行管理数据集的存取。

5.5.3 添加表头

默认情况下，标准项数据模型是有表头的。如果为数据模型设置了标签，就可以在控件上显示1列或多列标题，这些标题通常称为表头，比如：

```
    QStandardItemModel treeModel;          // 定义为全局变量或成员变量
    treeModel.setHorizontalHeaderLabels(QStringList()<<QStringLiteral("项目
名")<<QStringLiteral("信息"));
    ui->treeView->setModel(&Model);   // treeView是列表视图控件
```

运行效果如图5-23所示。

为何要调用setHorizontalHeaderLabels来设置控件标题呢？因为不设置的话默认是1，表示第1列的意思，如图5-24所示。

我们可以用合适的文字来设置控件标题，比如：

```
    treeModel.setHorizontalHeaderLabels(QStringList()<<QStringLiteral("树形控件标题
"));
```

运行效果如图5-25所示。

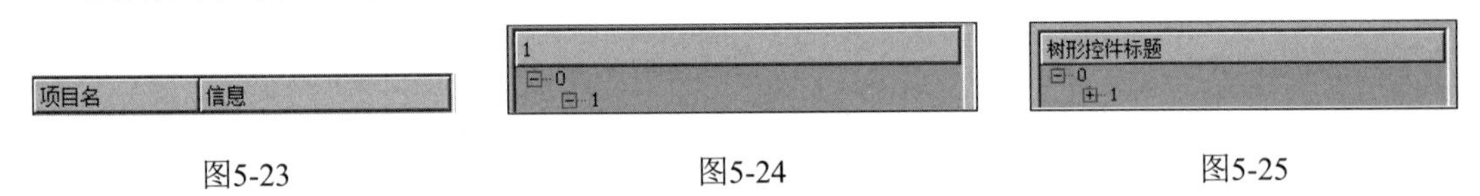

图5-23　　图5-24　　图5-25

注意：在QListView上无法显示多列标题。

5.5.4 隐藏表头

如果不需要表头，可以用hide()函数来隐藏，比如：

```
ui->treeView->header()->hide();
```

5.5.5　表项的操作

1. 展开所有节点

可以调用树形控件的成员函数expandAll()来展开所有具有子节点的节点，比如：

```
ui->treeView->expandAll();
```

2. 添加节点

可以调用QStandardItemModel类的成员函数appendRow()来添加节点或子节点。通过多次调用该函数，可以构建一棵复杂的树。函数appendRow()的原型声明如下：

```
void QStandardItem::appendRow(QStandardItem *item)
```

其中，item是要添加的节点。该函数通常由父节点来调用。第一个节点的父节点是什么呢？树形控件默认有一个不可见的最终根节点，可以通过函数invisibleRootItem()来获得不可见的最终根节点。

```
QStandardItem *QStandardItemModel::invisibleRootItem() const
```

另外一个添加树节点的函数是setItem()，该函数添加节点的方式有点像填二维表格数据，需要知道某行某列。

```
void QStandardItemModel::setItem(int row, int column, QStandardItem *item)
```

这个函数一般不用于添加树形控件，如果要用于添加树形控件，可把第二个参数设置为0。因为树形视图控件通常是一列，所以第二个参数通常设为0。如果要添加子节点，还是需要调用appendRow()函数。

【例5.7】　通过appendRow()函数添加节点和子节点

（1）启动Qt Creator，新建一个对话框项目，项目名为test。

（2）打开对话框设计界面，从控件工具箱中拖放一个树形视图控件（Tree View）。

（3）打开dialog.h，为Dialog类添加成员变量：

```
QStandardItemModel treeModel;
```

在文件开头添加包含头文件的指令：

```
#include <QStandardItemModel>
```

（4）打开dialog.cpp，在构造函数末尾添加如下代码：

```
    //设置表头内容
    treeModel.setHorizontalHeaderLabels(QStringList()<<QStringLiteral("树形视图控
件"));
    QStandardItem *inv_root = treeModel.invisibleRootItem(); //得到不可见的根节点
    for (int i = 0; i < 2; ++i)
    {
        QStandardItem *item = new QStandardItem(QString("%0%0%0").arg(i));
        inv_root->appendRow(item); //添加第一层节点
```

```
    //添加第二层节点
    QStandardItem *item_sub = new QStandardItem(QString("%0%0").arg(i));
    item->appendRow(item_sub);
}
ui->treeView->setModel( &treeModel ); //设置数据模型
ui->treeView->expandAll(); //展开所有节点
```

我们添加了2个顶层节点和2个子节点。

（5）保存项目并运行，运行结果如图5-26所示。

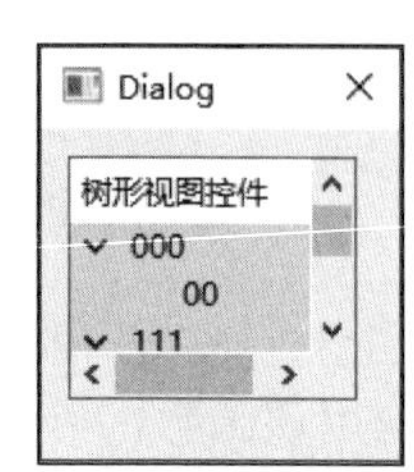

图5-26

【例5.8】 隐藏表头，添加子节点

（1）启动Qt Creator，新建一个对话框项目，项目名为test。

（2）打开对话框设计界面，从控件工具箱中拖放一个树形视图控件（Tree View）。

（3）打开dialog.h，为Dialog类添加成员变量（QStandardItemModel treeModel;），然后在文件开头添加包含头文件的指令（#include <QStandardItemModel>）。

（4）打开dialog.cpp，在构造函数末尾添加如下代码：

```
//隐藏表头
ui->treeView->header()->hide();
//得到隐藏的最终根节点
QStandardItem *parentItem = treeModel.invisibleRootItem();

for (int i = 0; i < 4; ++i)
{
    QStandardItem *item = new QStandardItem(QString("%0").arg(i));
    parentItem->appendRow(item); //父节点parentItem添加子节点item
    parentItem = item; //让本节点成为下一个节点的父节点
}
ui->treeView->setModel( &treeModel );
ui->treeView->expandAll(); //展开所有节点
```

我们添加了4个节点，前一个节点是后一个节点的父节点，这4个节点是“四世同堂”的关系。

（5）按Ctrl+R快捷键运行这个项目，运行结果如图5-27所示。

我们可以看到本例的树形视图控件没有表头了。

图5-27

【例5.9】 调用setItem()和appendRow()添加节点和子节点

（1）启动Qt Creator，新建一个对话框项目，项目名为test。

（2）打开对话框设计界面，从控件工具箱中拖放一个树形视图控件（Tree View）。

（3）打开dialog.cpp，在文件开头添加包含头文件的指令（#include <QStandardItemModel>）。

（4）在构造函数末尾添加如下代码：

```
//定义4行1列的形式，树形控件一般是1列
QStandardItemModel *model = new QStandardItemModel(4,1);
ui->treeView->header()->hide(); //隐藏表头
QStandardItem *item1 = new QStandardItem("first");
```

```
    QStandardItem *item2 = new QStandardItem("second");
    QStandardItem *item3 = new QStandardItem("third");
    QStandardItem *item4 = new QStandardItem("fourth");
    model->setItem(0, 0, item1);
    model->setItem(1, 0, item2);
    model->setItem(2, 0, item3);
    model->setItem(3, 0, item4);
    QStandardItem *item5 = new QStandardItem("fifth");
    item4->appendRow(item5);
    ui->treeView->setModel(model);
    ui->treeView->expandAll(); //展开所有节点
```

本例我们没有从不可见的最终根节点开始添加数据，而是先定义了一个二维的数据模型（4行，1列），然后用setItem函数来填充“表格”（setItem函数相当于一个表格填充函数），最后添加子节点时才用到线性（需要由父节点来调用）函数appendRow。

（5）按Ctrl+R快捷键运行这个项目，运行结果如图5-28所示。

图5-28

3. 响应对树节点的单击操作

用户用鼠标单击树形控件节点（触发的信号是clicked）是一个常见的操作，我们有必要熟悉该信号。注意，用鼠标单击树形控件空白处是不会触发该信号的，必须在节点上单击。

【例5.10】　响应对树节点的单击操作

（1）启动Qt Creator，新建一个对话框项目，项目名为test。

（2）打开对话框设计界面，从控件工具箱中拖放一个树形视图控件（Tree View）到对话框中。

（3）打开dialog.h，为Dialog类添加成员变量（QStandardItemModel treeModel;），然后在文件开头添加包含头文件的指令（#include <QStandardItemModel>）。

（4）打开dialog.cpp，在构造函数末尾添加如下代码：

```
//隐藏表头
ui->treeView->header()->hide();
//得到隐藏的最终根节点
QStandardItem *parentItem = treeModel.invisibleRootItem();

for (int i = 0; i < 4; ++i)
{
    QStandardItem *item = new QStandardItem(QString("%0").arg(i));
    parentItem->appendRow(item); //父节点parentItem添加子节点item
    parentItem = item; //让本节点成为下一个节点的父节点
}
ui->treeView->setModel( &treeModel );
ui->treeView->expandAll(); //展开所有节点
```

我们添加了4个节点，前一个节点是后一个节点的父节点，这4个节点是“四世同堂”的关系。

（5）切换到对话框设计界面，用鼠标右击树控件，然后在弹出的快捷菜单上选择“转到槽”，然后在“转到槽”对话框上选择clicked(QModelIndex)信号，随后单击OK按钮，此时将跳转到该信号的槽函数处，在其中添加一行显示消息框的代码：

```
void Dialog::on_treeView_clicked(const QModelIndex &index)
{
    QMessageBox::information(this,"note","you clicked item");
}
```

最后在dialog.cpp文件开头添加包含头文件的指令：

```
#include <QMessageBox>
```

（6）保存项目并运行，运行结果如图5-29所示。

当我们单击树形控件空白处或加减号时，并没有消息框弹出，但我们单击节点标题（比如“0”“1”“2”或“3”）时会弹出消息框，说明clicked信号被触发了。

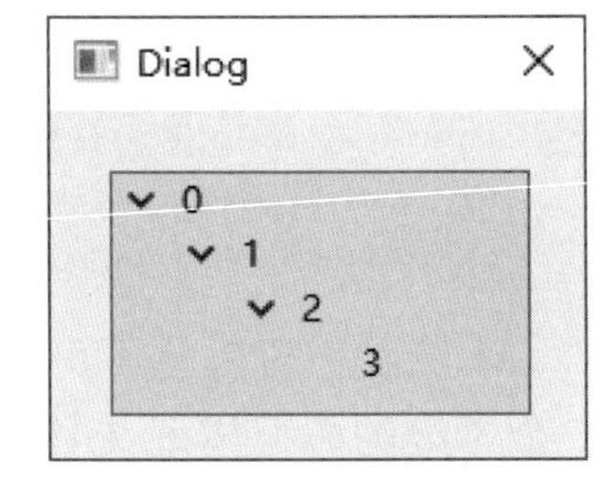

图5-29

4. 为QTreeView节点添加图标

在树形控件的节点文本前添加图标能让树形控件更加美观。这一操作在树形控件编程中也经常会遇到。在QTreeView中添加图标时可以用QIcon语句，比如：

```
txtItem = new QStandardItem(QIcon(":/res/img/txt.png"),QStringLiteral("文本"));
```

【例5.11】 为树形控件添加带图标的节点

（1）启动Qt Creator，新建一个对话框项目，项目名为test。

（2）打开对话框设计界面，从控件工具箱中拖放一个树形视图控件（Tree View）到对话框中。

（3）打开dialog.h，为Dialog类添加成员变量（QStandardItemModel treeModel;）。然后在文件开头添加包含头文件的指令（#include <QStandardItemModel>）。

（4）准备添加图标资源。依次单击主菜单的菜单选项“文件→新建文件或项目”，此时出现New File or Project对话框，在该对话框的左边选择Qt、右边选择Qt Resource File，然后单击“Choose...”，出现Qt Resource File对话框，在该对话框上输入一个名称，也就是为我们导入的资源起一个自定义的名字，比如myres，下面的路径保持不变，用项目路径即可。然后在磁盘的项目目录中新建一个res子文件夹，在里面放置2个图标文件（Folder Closed.ico和Document.ico）。然后回到项目中，右击myres.qrc，在右键菜单上选择“Add Existing Directory…”，出现Add Existing Directory对话框，在该对话框上选中res，其他不选中，然后单击OK按钮，如图5-30所示。

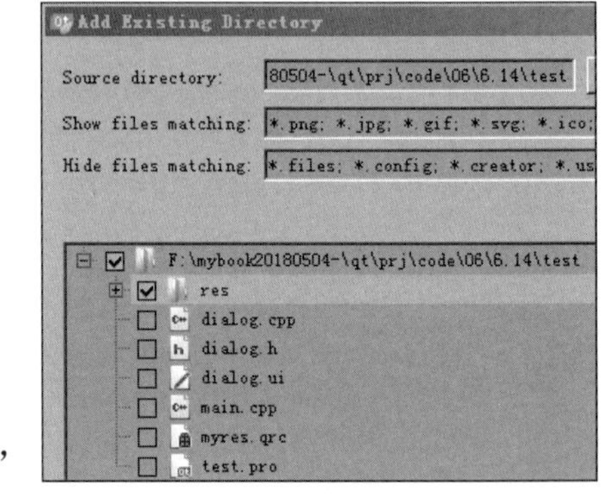

图5-30

（5）打开dialog.cpp，在构造函数末尾添加如下代码：

```
//隐藏表头
ui->treeView->header()->hide();
//得到隐藏的最终根节点
```

```
    QStandardItem *parentItem = treeModel.invisibleRootItem();
    //构造文件夹节点
    QStandardItem *item = new QStandardItem( QIcon(":/res/Folder
Closed.ico"),QStringLiteral("文件夹"));
    parentItem->appendRow(item); //父节点parentItem添加子节点item
    parentItem = item; //让本节点成为下一个节点的父节点
    //构造文件节点
    item = new QStandardItem( QIcon(":/res/Document.ico"),QStringLiteral("文本文件
"));
    parentItem->appendRow(item); //父节点parentItem添加子节点item
    parentItem = item;
    ui->treeView->setModel( &treeModel );
```

细心的读者可能会疑惑，为何代码中使用了两次new，而没有显式地调用delete来删除对象呢？在C++的学习过程中，我们都知道delete和new必须配对使用（一一对应）：delete少了则会内存泄漏，多了麻烦更大。Qt作为C++的库，显然是不会违背C++的这个原则的。可是在Qt中，我们很多时候会疯狂地用new，却很少用delete，缺少的delete去哪儿了？答案是Qt具有半自动的内存管理功能。在Qt中，以下情况下新建的对象可以不用手动删除（编程人员应该清楚delete在何处被Qt调用以及怎么被调用的）：QObject类及其派生类的对象，如果它们的父节点非0，那么它们的父节点析构时就会析构该对象（相当于执行了delete）。

（6）保存项目并运行，运行结果如图5-31所示。

5. 获取当前选中的表项

通过QTreeView类的成员函数currentIndex()可以获取当前选中表项的索引（类型是QModelIndex）。QModelIndex可以看作是QStandardItem的数据封装，知道QModelIndex就可以获取QStandardItem，通过QStandardItemModel类的itemFromIndex()函数即可获取QModelIndex对应的QStandardItem。比如：

```
    QStandardItemModel* model =
static_cast<QStandardItemModel*>(ui->treeView->model());
    QModelIndex currentIndex = ui->treeView->currentIndex();
    QStandardItem* currentItem = model->itemFromIndex(currentIndex);
```

下面的代码可以获取当前选中的树形控件的表项（或称节点）：

```
    void Widget::on_treeView_clicked(const QModelIndex &index)
    {
        QString str;
        str += QStringLiteral("当前选中：%1\nrow:%2,column:%3\n").
arg(index.data().toString()).arg(index.row()).arg(index.column());
        str += QStringLiteral("父级：%1\n").arg(index.parent().data()
.toString());
        QMessageBox::information(this,"note",str);
    }
```

on_treeView_clicked(const QModelIndex &index)是单击树形控件表项的槽响应函数。当我们在图5-32上单击“频道1”节点时，将出现消息框，并显示出str中的内容。

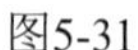
图5-31

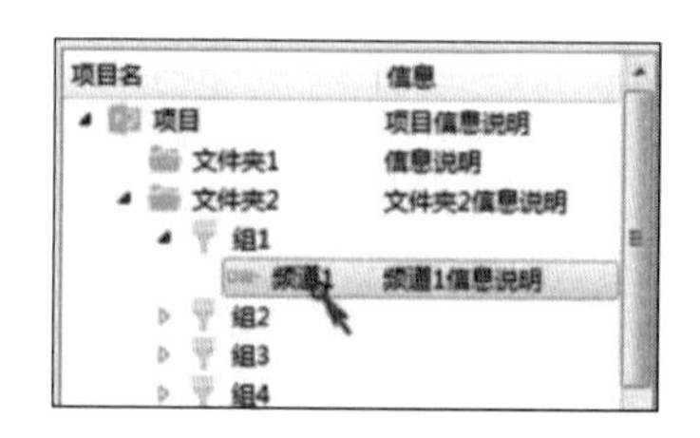

图5-32

当单击旁边的信息说明时，选中的是“频道1”旁边的信息说明表项。有时候，“频道1”和“频道1信息说明”属于同一个表项，在选择“频道1信息说明”时，我们可能想得到的是位于旁边的“频道1”，这就会涉及兄弟节点的获取。

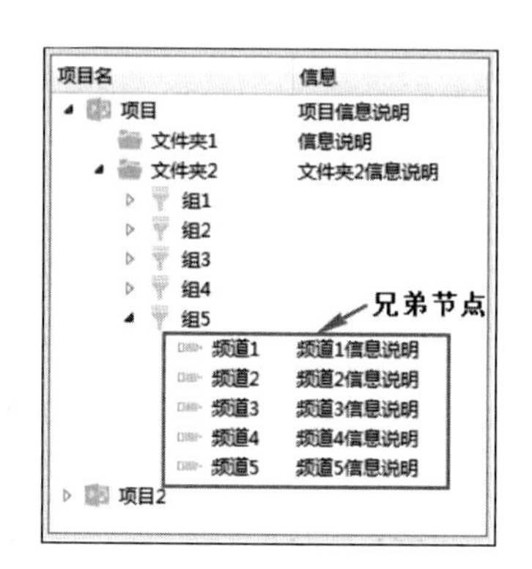

图5-33

6. 兄弟节点的获取

无父子关系、有并列关系的节点称为兄弟节点。例如，图5-33框内的几个节点就都属于兄弟节点。

函数sibling()可以用来获取兄弟节点的信息，该函数的原型声明有两个形式：

```
QModelIndex QAbstractItemModel::sibling(int row, int column, const QModelIndex &
index)
QModelIndex QModelIndex::sibling(int row, int column) const
```

例如，把on_treeView_clicked(const QModelIndex &index)的代码改一下，每单击一个表项，无论单击哪里，都能获取它的“名称”和“信息”：

```
void Widget::on_treeView_clicked(const QModelIndex &index)
{
    QString str;
    str += QStringLiteral("当前选中：%1\nrow:%2,column:%3\n").
arg(index.data().toString()).arg(index.row()).arg(index.column());
    str += QStringLiteral("父级：%1\n").arg(index.parent(). data().toString());
    QString name,info;
    if(index.column() == 0)
    {
        name = index.data().toString();
        info = index.sibling(index.row(),1).data().toString();
    }
    else
    {
        name = index.sibling(index.row(),0).data().toString();
        info = index.data().toString();
    }
    str += QStringLiteral("名称：%1\n信息：%2").arg(name).arg(info);
    QMessageBox::information(this,"note",str);
}
```

7. 寻找可见顶层

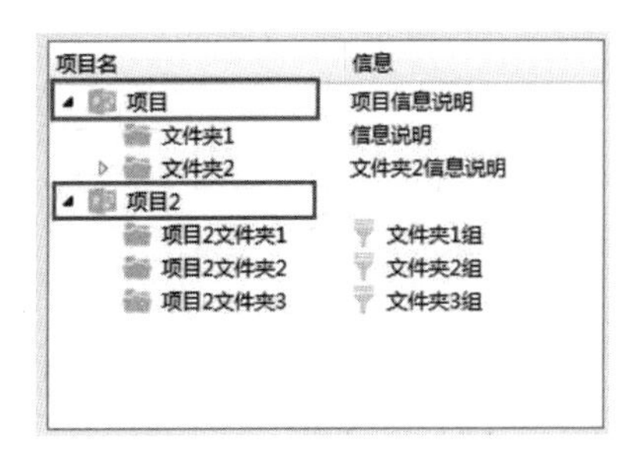

图5-34

可见顶层是目录树的可见顶层父节点，如图5-34框住的节点。

QStandardItem * QStandardItemModel:: invisibleRootItem()函数得到的并不是我们想要的这个顶层节点，得到的是所有节点的最终根节点，它是不可见的。因此，得到顶层节点的程序代码需要我们自己来编写。下面是根据任意一个节点获取其可见顶层节点的程序代码：

```
QStandardItem* getTopParent(QStandardItem* item)
{
    QStandardItem* secondItem = item;
    while(item->parent()!= 0)
    {
        secondItem = item->parent();
        item = secondItem;
    }
    if(secondItem->index().column() != 0)
    {
         QStandardItemModel* model = static_cast<QStandardItemModel*>
(ui->treeView->model());
         secondItem = model->itemFromIndex(secondItem->index().
sibling(secondItem->index().row(),0));
    }
    return secondItem;
}
QModelIndex getTopParent(QModelIndex itemIndex)
{
    QModelIndex secondItem = itemIndex;
    while(itemIndex.parent().isValid())
    {
        secondItem = itemIndex.parent();
        itemIndex = secondItem;
    }
    if(secondItem.column() != 0)
    {
         secondItem = secondItem.sibling(secondItem.row(),0);
    }
    return secondItem;
}
```

函数getTopParent()根据任意节点信息找到最后的父级节点，调用如下：

```
QString top = getTopParent(index).data().toString();
str += QStringLiteral("顶层节点名：%1\n").arg(top);
```

运行结果如图5-35所示。

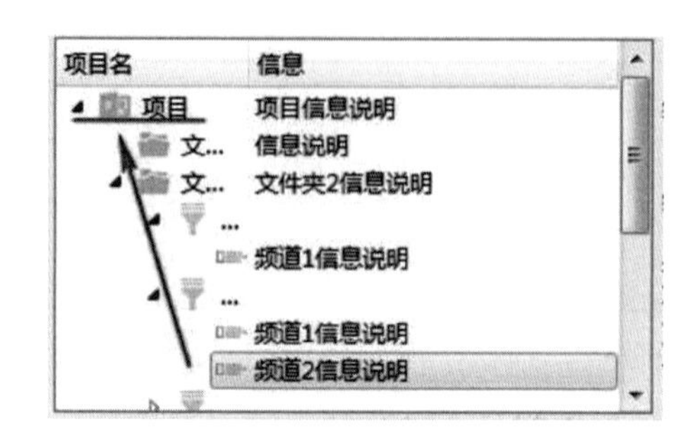

图5-35

5.6 组　合　框

QComboBox类是下拉列表框组件类，提供一个下拉列表供用户选择，也可以直接当作一个QLineEdit用于输入。QComboBox类除了显示可见下拉列表外，每个表项（Item，简称项）还可以关联一个QVariant类型的变量，用于存储一些不可见数据。图5-36就是一个常见的组合框。

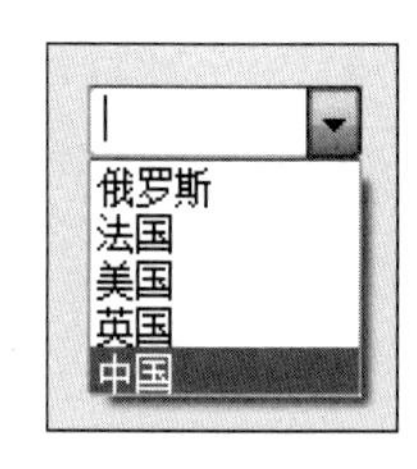

图5-36

图5-36所示的组合框中一共有5个内容项，标题分别为“俄罗斯”“法国”“美国”“英国”和“中国”。当我们单击组合框右边的下三角按钮时，会出现一个下拉列表。

5.6.1 添加内容项和设置图标

使用组合框的第一步就是添加内容项。QComboBox类提供了成员函数addItem()来添加内容项，该函数的原型声明如下：

```
void QComboBox::addItem(const QString &text, const QVariant &userData =
QVariant());
```

其中，第一个参数是要添加的内容项的标题文本；第二个参数是要与这个选项关联的隐藏数据，如果不需要，可以不设置。addItem()函数的这种形式最简单，只需要传入内容项的标题文本即可，比如：

```
box->addItem("China");
```

除此之外，addItem()函数还有一种形式，可以同时设置图标和文本：

```
void QComboBox::addItem(const QIcon &icon, const QString &text, const QVariant
&userData = QVariant());
```

其中，参数icon为图标对象，这样内容项的标题前就会有一个图标，增加美观度；参数text是要添加的内容项的标题文本；参数userData是要关联的隐藏数据，是可选参数。

当然，如果使用第一种形式添加内容项，就可以在后面需要时再添加图标，方法是调用成员函数setItemIcon()，该函数的原型声明如下：

```
void QComboBox::setItemIcon(int index, const QIcon &icon);
```

第一个参数是要添加图标的内容项的索引，索引值从0开始；第二个参数是图标对象。

5.6.2　删除某个内容项

如果要删除组合框中的某个内容项，可以调用removeItem()函数，该函数的原型声明如下：

```
void QComboBox::removeItem(int index);
```

其中，参数index是要删除的内容项的索引，索引值从0开始。

5.6.3　清空组合框内容

如果要清空组合框中的所有内容项，可以调用clear()函数，该函数的原型声明如下：

```
void QComboBox::clear();
```

5.6.4　组合框列表项的访问

QComboBox存储的项是一个列表，但是并不提供整个列表用于访问，只能通过索引访问QComboBox的某个项。常用的访问表项的函数有以下几种：

```
int currentlndex();
```

返回当前表项的序号，其中第一个表项的序号为0。

```
QString currentText();
```

返回当前表项的标题文本。

```
QVariant currentData(int role = Qt::UserRole);
```

返回当前表项的关联数据，数据的默认角色为role = Qt::UserRole。

```
QString itemText(int index);
```

返回指定索引号的表项的标题文本。

```
QVariant itemData(int index, int role = Qt%:UserRole);
```

返回指定索引号的表项的关联数据。

```
int count();
```

返回表项的个数。

5.6.5　选择项发生变化时的信号

在一个QComboBox组件上选择项发生变化时，会发射如下两个信号：

```
void currentlndexChanged(int index);
void currentlndexChanged(const QString &text);
```

这两个信号只是传递的参数不同，一个传递的是当前表项的索引号，一个传递的是当前表项的文字。

【例5.12】 以可视化和代码方式来使用组合框

（1）启动Qt Creator，新建一个对话框项目，项目名为test。

（2）打开对话框设计界面，从控件工具箱中拖放一个组合框控件（Combo Box）和2个按钮到对话框中，按钮标题分别设为“得到当前项的索引和文本”和“清空列表”。

（3）打开dialog.cpp，在文件开头定义一个宏：

```
#if 1
   #define z(s) (s)
#else //兼容Qt 5
   #define z(s) (QString::fromLocal8Bit(s))
#endif
```

并添加包含头文件的指令：

```
#include < QMessageBox >
```

这样我们以后显示中文字符就方便了，只需要用宏z即可。接着在构造函数Dialog()的末尾添加代码：

```
ui->comboBox->addItem(z("中国"));
ui->comboBox->addItem(z("美国"));
ui->comboBox->addItem(z("俄罗斯"));
```

我们添加了3个内容项。下面为该组合框添加选择改变信号对应的槽函数。双击dialog.ui以打开它，切换到对话框设计界面，右击组合框，接着在弹出的快捷菜单中选择“转到槽”选项，随后在出现的“转到槽”对话框中选择currentIndexChanged(QString)，如图5-37所示。

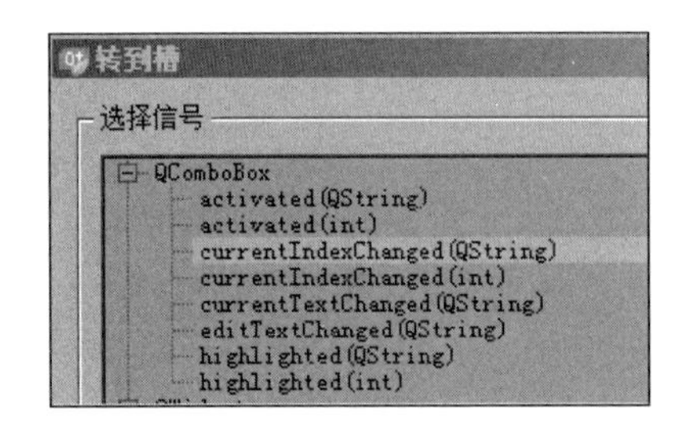

图5-37

在槽函数中添加一行消息框显示语句，显示的内容是选择改变后所选内容项的文本。

```
void Dialog::on_comboBox_currentIndexChanged(const QString &arg1)
{
    QMessageBox::information(this,"note",arg1);
}
```

接着，为两个按钮添加槽函数。“得到当前项的索引和文本”按钮的槽函数代码如下：

```
void Dialog::on_pushButton_clicked()
{
   int count = ui->comboBox->count();
   int curIndex = ui->comboBox->currentIndex();
   QString str;
   str = QString("一共有%1项，当前选中项的索引：%2，%3。").arg(count).arg(curIndex).
arg( ui->comboBox->currentText());
   QMessageBox::information(this,"note",str);
}
```

代码很简单，通过调用成员函数count()得到组合框内容项的数量，通过调用成员函数currentIndex()得到当前选中的内容项，通过调用currentText()函数得到当前选中项的文本，最后把信息组成一个大字符串并显示出来。

“清空列表”按钮的槽函数代码如下：

```
void Dialog::on_pushButton_2_clicked()
{
    ui->comboBox->clear();
}
```

（4）用代码方式创建一个组合框和带图标的内容项。既然要添加带图标的内容项，就要先准备好图标资源。依次单击主菜单的菜单选项“文件→新建文件或项目”，此时出现New File or Project对话框，在该对话框的左边选择Qt、右边选择Qt Resource File，然后单击“Choose…”，随后出现Qt Resource File对话框，在该对话框上输入一个名称，也就是为我们导入的资源起个自定义的名字，比如myres，下面的路径保持不变，用项目路径即可。然后在磁盘的项目目录下新建一个res子目录（或称为文件夹），在里面存放2个图标文件Folder Closed.ico和Document.ico。回到项目中，右击myres.qrc，在弹出的快捷菜单中选择“Add Existing Directory…”选项，而后出现Add Existing Directory对话框，在该对话框上选中res，其他的不选，然后单击OK按钮。

图标资源准备好了以后，我们就可以开始创建组合框并添加图标了。打开dialog.h，为Dialog类添加私有成员变量：

```
QComboBox *m_box;
```

再添加一个选择改变信号的槽函数声明：

```
void onChanged(int index);
```

并在该文件开头添加包含头文件的指令：

```
#include <QComboBox>
```

打开dialog.cpp，继续在构造函数Dialog()的末尾添加代码：

```
m_box=new QComboBox(this);
m_box->setGeometry(60,60,130,30);
QIcon iconDoc,iconFolder;
iconDoc.addFile(":/res/Document.ico");
iconFolder.addFile(":/res/Folder Closed.ico");
m_box->addItem(iconDoc,"my file");
m_box->addItem(iconFolder,"my folder");//插入表项
ui->comboBox->setItemIcon(1, iconFolder);
// 当在下拉列表框中重新选择表项时，会产生一个currentIndexChanged(int index)信号，
// 弹出一个消息框，提示用户重新选择了哪一项
connect(m_box, SIGNAL(currentIndexChanged(int)), this, SLOT(onChanged(int)));
```

首先分配了一个QComboBox 对象，然后调用setGeometry()函数把组合框放置在对话框坐标(60,60)的位置，组合框的宽是130、高是30。接着，我们定义了2个图标对象iconDoc和iconFolder，并调用它的成员函数addFile()添加项目资源中的两个图标文件Document.ico和Folder Closed.ico。接着，调用组合框的成员函数addItem()为组合框添加带有图标的内容项，

其中第一个参数是图标对象。再通过函数setItemIcon()为组合框索引为1的内容项设置图标，第一个参数是索引值，第二个参数是图标对象。最后，调用connect()函数把信号currentIndexChanged(int)和槽函数onChanged(int)关联起来。其中，槽函数onChanged()的定义如下：

```
    void Dialog::onChanged(int index)
    {
        QMessageBox::warning(this, "Message", m_box->itemText(index),
QMessageBox::Ok);
    }
```

其中，函数itemText()通过索引值返回该索引对应的标题文本。

（5）按Ctrl+R快捷键运行这个项目，运行结果如图5-38所示。

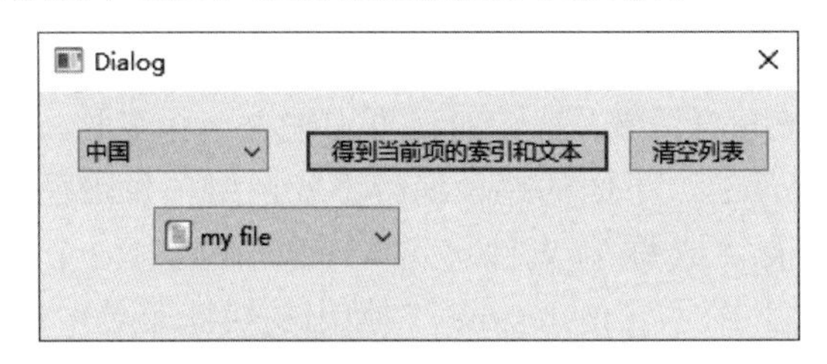

图5-38

5.7 字体组合框

Qt除了普通组合框外，还为我们提供了专门用于选择字体的字体组合框。其实，在上一章介绍的字体对话框也可以用来选择字体，不过字体组合框更简单，因为它不需要用户在不同的对话框之间切换。字体组合框的操作和前一节学习的普通组合框的操作类似，前者最常用的操作就是选择字体，并返回字体名称。但也有特殊的地方，比如常用的信号是字体选择改变信号currentFontChanged(QFont)，该信号的参数是一个字体类型，而后可以在关联的槽函数中得到用户选中的字体。

下面来看一个例子，得到用户选择的字体，并设置字体。

【例5.13】 得到用户选择的字体

（1）启动Qt Creator，新建一个对话框项目，项目名为test。

（2）打开对话框设计界面，从控件工具箱中拖放一个字体组合框控件（Font Combo Box）和1个按钮到对话框中，按钮标题保持默认设置。我们的目的是从字体组合框中选择不同的字体，使得按钮标题文本的字体随之发生相应的改变。

（3）右击字体组合框，从弹出的快捷菜单中选择“转到槽”选项，然后在“转到槽”对话框中选择信号current FontChanged(QFont)，再单击OK按钮，而后在该信号的槽函数中添加如下代码：

```
    void Dialog::on_fontComboBox_currentFontChanged(const QFont &f)
    {
```

```
    ui->pushButton->setFont(f);
    ui->pushButton->setText(z("选择字体:")+ui->fontComboBox->currentText());
}
```

我们通过setFont()函数来设置按钮的字体，传入的参数正是用户选择的字体对象。然后通过fontComboBox->currentText()来得到所选字体的名称，把字体名称显示在按钮的标题上。

其中，z是用于显示中文的宏。在文件开头定义这个宏，如下所示：

```
#if 1
    #define z(s) (s)
#else //兼容Qt 5
    #define z(s) (QString::fromLocal8Bit(s))
#endif
```

（4）按Ctrl+R组合键来运行这个项目，运行结果如图5-39所示。

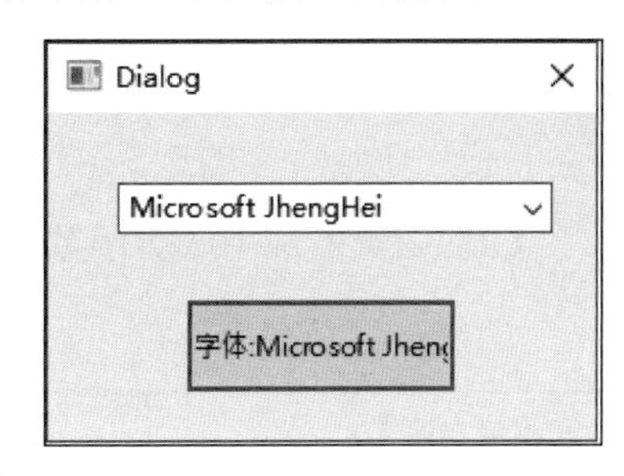

图5-39

5.8 标 签 控 件

标签控件主要用于显示文本、超级链接和gif动画等，更多的时候是用于显示静态文本，即不可编辑，就像贴在墙上的标语一样。QLabel类主要用于文本和图像的显示，没有提供用户交互的功能。QLabel对象的视觉外观可以由用户自定义，还可以为另外一个可获得焦点的控件作为焦点助力器。

标签控件位于工具箱Display Widgets下的第一个，如图5-40所示。

图5-40

QLabel类可以显示如表5-7所示的所有类型。

表5-7 QLabel可以显示的数据类型

标签控件可以显示的数据类型	说　明
Plain text	通过setText()设置显示纯文本
Rich text	通过setText()设置富文本
A pixmap	通过setPixmap()设置图片
A movie	通过setMovie()设置QMovie，一般是gif动画
A number	通过setNum()把数字转化为字符串来显示
Nothing	清空文本，相当于调用了clear()

我们可以用构造函数或者调用setText()函数来设置要显示的内容。如果需要输入格式更加丰富的富文本，就要自己确定好输入的内容，再让QLabel去判断是纯文本还是富文本、是否有HTML标记，当然也可以调用setTextFormat()函数来设置文本的显示格式。

当原QLabel的内容被其他函数修改时，之前的内容会被清空。默认情况下，QLabel对象的内容以左对齐方式垂直居中地显示文本或图像。QLabel的外观可以通过多种方式进行调整和微调。QLabel内容的显示位置可以通过调用setAlignment()和setIndent()函数来进行调整。文本格式的内容还可以通过setWordWrap()函数来换行显示，例如下面这段代码在右下角设置一个包含两行文本的凹面板（这两行都与标签的右侧一起刷新）。

```
QLabel *label = new QLabel(this); //创建label对象
label->resize(300,400); //设置大小
label->setFrameStyle(QFrame::Panel | QFrame::Sunken); //设置边框风格，凹陷下去
label->setText("first line\nsecond line");//设置文本内容
label->setAlignment(Qt::AlignBottom | Qt::AlignRight); //设置对齐方式
```

QLabel类的常用成员函数如表5-8所示。

表5-8 QLabel的常用成员函数

常用成员函数	说　明
Qt::Alignment alignment(); void setAlignment(Qt::Alignment);	这两个函数获得和设置当前内容的对齐方式，默认情况下是左对齐垂直居中的。比如设置右下对齐： label->setAlignment(Qt::AlignBottom | Qt::AlignRight);
bool hasSelectedText();	返回是否有选中的文本，默认为false，没有选中任何文本
int indent(); void setIndent(int);	获取和设置文本的缩进距离
int margin(); void setMargin(int);	获取和设置边框的距离

const QPixmap * pixmap();
void setPixmap(const QPixmap &);
	返回和设置QLabel显示的图像。比如：
	//直接用QPixmap显示
	label->setPixmap(QPixmap("..."));
	//当然比较好的做法是使用QImage对象
	label->setPixmap(QPixmap::fromImage(QImage));

bool hasScaledContents();
void setScaledContents(bool)
	返回和设置是否自动填充整个内容区域，默认是false的。比如：
	QLabel *label = new QLabel(this);
	label->move(50,50);
	label->resize(100,200);
	label->setFrameStyle(QFrame::Panel | QFrame::Sunken);
	label->setPixmap(QPixmap("./res/1.png"));
	label->setAlignment(Qt::AlignCenter);
	QLabel *label2 = new QLabel(this);
	label2->move(200, 50);
	label2->resize(100, 200);
	label2->setScaledContents(true);
	label2->setFrameStyle(QFrame::Panel | QFrame::Sunken);
	label2->setPixmap(QPixmap("./res/1.png"));
	label2->setAlignment(Qt::AlignCenter);

QString selectedText();	获得选中的文本

（续表）

常用成员函数	说　明
QString text(); void setText(const QString &);	获得和设置对象的文本内容
Qt::TextFormat textFormat(); void setTextFormat(Qt::TextFormat);	获得和设置对象的文本格式，默认是Qt::AutoText

Qt::TextInteractionFlags textInteractionFlags();
void setTextInteractionFlags (Qt::TextInteractionFlags flags)
	获取或指定标签应该如何与用户交互（如果它显示文本），比如：
	this->setFocusPolicy(Qt::StrongFocus);
	QLabel *label = new QLabel(this);
	label->move(50,50);
	label->resize(100,200);
	label->setFrameStyle(QFrame::Panel | QFrame::Sunken);
	label->setText("asd");
	label->setAlignment(Qt::AlignCenter);
	label->setTextInteractionFlags(Qt::TextEditorInteraction);

bool wordWrap();
void setWordWrap(bool on)
	返回和设置是否整字换行（在需要换行时让单词作为一个整体换行），默认是false。比如：
	Label *label = new QLabel(this);
	label->move(50,50);
	label->resize(100,200);
	label->setFrameStyle(QFrame::Panel | QFrame::Sunken);
	label->setText("first linensecond line");
	
	QLabel *label2 = new QLabel(this);
	label2->move(200, 50);
	label2->resize(100, 200);
	label2->setFrameStyle(QFrame::Panel | QFrame::Sunken);
	//label2设置了自动换行
	label2->setWordWrap(true);
	label2->setText("first linensecond line");

QWidget * QLabel::buddy(); void QLabel::setBuddy(QWidget * buddy);	设置QLabel对象的伙伴
int QLabel::selectionStart();	返回选中的字符串的第一个字符的索引，索引值从0开始
void QLabel::setSelection(int start, int length);	选择从start指定的索引位置开始、长度为length的字符串（前提是文本能够被选择）
bool openExternalLinks(); void setOpenExternalLinks(bool open);	返回或指定QLabel是否可以使用QDesktopServices::openUrl()自动打开链接，而不是发出link()激活信号

下面我们看一个例子，使用标签控件来显示静态文本、图片、动画和网址链接。

【例5.14】 标签控件的基本使用

（1）启动Qt Creator，新建一个对话框项目，项目名为test。

（2）打开对话框设计界面，从控件工具箱中拖放4个标签控件和4个按钮到对话框中。其中左上角标签（label_4）显示一幅jpg图片，并把按钮pushButton_2的标题设置为“重新设置图片”（该按钮用于在程序运行过程中改变左上角标签中的图片）。

对于右上角标签（label），我们准备显示一个gif动画，并且在该标签下面放2个按钮，标题分别为“播放动画”和“停止播放”。在这2个按钮下方放一个标签label_2，仅用于显示文字，并在其旁边放置一个按钮，用于设置标签新的内容，比如3.14。在右下角还有一个标签label_3，用来设置一个超链接（Hyperlink）——设置的是“百度一下”的链接，单击这个链接，将会打开百度首页。

（3）为项目添加一幅jpg图片和gif图片。依次单击主菜单的菜单选项“文件→新建文件或项目”，随后会出现New File or Project对话框。在该对话框的左边选择Qt、右边选择Qt Resource File，再单击“Choose...”，之后就会出现Qt Resource File对话框。在该对话框中输入一个名称，也就是为导入的资源起一个自定义的名字，比如myres，下面的路径保持不变，用项目路径即可。然后在磁盘的项目目录下新建一个res子目录，在里面存放图片文件gza.jpg和1.gif，如图5-41所示。然后回到项目中，右击myres.qrc，在弹出的快捷菜单中选择“Add Existing Directory…”选项，随后出现Add Existing Directory对话框，在该对话框上选中res，其他不选，最后单击OK按钮。

（4）对于左上角的标签label_4，我们先添加一幅图片。回到对话框设计界面，右击左上角的label_4，在弹出的快捷菜单中选择“改变多信息文本...”选项，随后单击“编辑文本”对话框的工具栏中右上角的“插入图像”按钮，然后在“选择资源”对话框的右边选中gza.jpg，最后单击OK按钮。

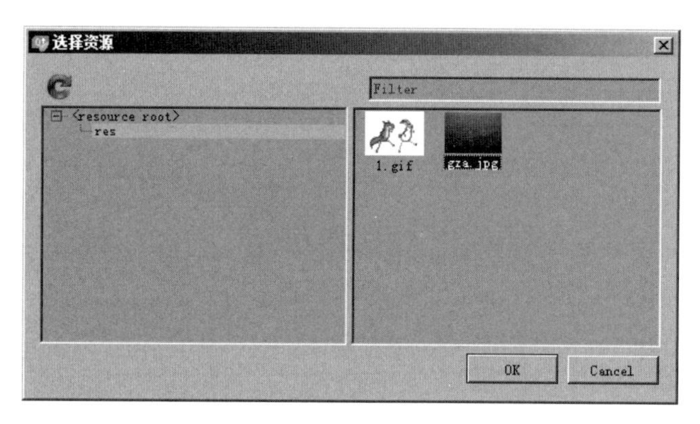

图5-41

此时，“编辑文本”对话框上将出现刚才选择的gza.jpg图片，单击OK按钮。此时，label_4标签上将显示出gza.jpg图片。

下面为标题为“重新设置图片”的按钮添加clicked信号的槽函数，代码如下：

```
void Dialog::on_pushButton_2_clicked()
{
    QString filename("d:\\zzt.jpg");//注意把zzt.jpg放d盘下
```

```
    QImage* img=new QImage;
    if(! ( img->load(filename) ) ) //加载图像
    {
        QMessageBox::information(this, tr("打开图像失败"), tr("打开图像失败!"));
        delete img;
        return;
    }
    ui->label_4->setPixmap(QPixmap::fromImage(*img));
    ui->label_4->resize(img->width(),img->height());
}
```

这里我们可以把res目录下的zzt.jpg文件放到d盘下。这样代码中的img就能正确加载到d:\\zzt.jpg文件了。如果加载成功，就调用QLabel类的成员函数setPixmap()来设置图片，然后调用成员函数resize()来设置标签大小，该函数的参数是图片的宽和高，因此标签的大小和图片一致，这样就能完整地显示图片了。

（5）对于右上角的标签label，我们在对话框构造函数里设置gif动画，然后播放。在构造函数末尾添加如下代码：

```
QMovie *movie=new QMovie(":/res/1.gif");
ui->label->setMovie(movie);
movie->start();
```

我们定义了QMovie对象指针，并创建了QMovie对象，它的构造函数的参数是资源路径中的1.gif，这个1.gif在前面已经添加到项目中了，因此可以直接引用。接着可以调用QLabel类的成员函数setMovie()来设置gif动画，最后调用QMovie的成员函数start()来播放动画，动画就在标签上播放了。

下面为标题是“播放动画”的按钮添加clicked信号的槽函数：

```
void Dialog::on_pushButton_3_clicked()
{
    QMovie *movie =  ui->label->movie();
    if(!movie)
    {
        QMessageBox::information(this,"note",z("请先加载gif动画"));
        return;
    }

    movie->start();
}
```

代码很简单，获取标签的movie对象指针后，调用QMovie的成员函数start()即可开始播放动画。下面为标题是“停止播放”的按钮添加clicked信号的槽函数：

```
void Dialog::on_pushButton_4_clicked()
{
    QMovie *movie =  ui->label->movie();
    if(!movie)
    {
        QMessageBox::information(this,"note",z("请先加载gif动画"));
        return;
```

```
    }

    movie->stop();
}
```

代码很简单，获取标签的movie对象指针后，调用QMovie的成员函数stop()即可停止播放。

（6）把中间的标签label_2的text属性设置为“大家好”。这个标签只是用来显示静态文本的，其旁边的按钮用于改变label_2的文本。旁边的按钮标题是“设置文本”，为其添加clicked信号的槽函数：

```
void Dialog::on_pushButton_clicked()
{
    ui->label_2->setNum(3.14);
}
```

这里调用QLabel的成员函数setNum()来为标签设置数字。

（7）利用标签label_3设置一个超链接，在构造函数末尾添加一行代码：

```
ui->label_3->setText(z("<a style='color: green;' href = www.baidu.com> 百度一下
</a>"));
```

我们利用QLabel的成员函数setText()设置一段HTML文本。其中，z是一个宏，用于显示中文，在文件dialog.cpp开头定义这个宏，如下所示：

```
#if 1
    #define z(s) (s)
#else //兼容Qt 5
    #define z(s) (QString::fromLocal8Bit(s))
#endif
```

只设置HTML文本还不够，我们需要响应用户的单击事件，这就需要添加信号为linkActivated的槽函数。右击标签label_3，为linkActivated信号添加槽函数：

```
void Dialog::on_label_3_linkActivated(const QString &link)
{
    QMessageBox::information(this,"note",link);
    QDesktopServices::openUrl(QUrl(link));
}
```

其中，link是要打开的网址，QDesktopServices::openUrl用于打开网页。QUrl类可以解析和构造编码形式与未编码形式的URL，也支持国际化域名（IDN）。

最后，我们在本文件开头添加包含头文件的指令：

```
#include <QMessageBox>
#include <QMovie>
#include <QDesktopServices>
#include <QUrl>
```

（8）按Ctrl+R快捷键来运行这个项目，运行结果如图5-42所示。

运行程序后，单击“重新设置图片”按钮，便出现了跨海大桥的图片。

图5-42

5.9 分组框控件

顾名思义，分组框（GroupBox）控件就是用来分组的。它可以把一堆控件围起来作为一组，并且是矩形、有围边的，在左上方还可以设置文本标题，如图5-43所示。

图5-43中的分组框围住了一个按钮和一个编辑框，默认标题在左上方，即GroupBox，我们可以通过title属性修改这个标题。该控件位于工具箱Containers分类下的第一个，名称是Group Box，属于容器控件类的一种，如图5-44所示。

图5-43

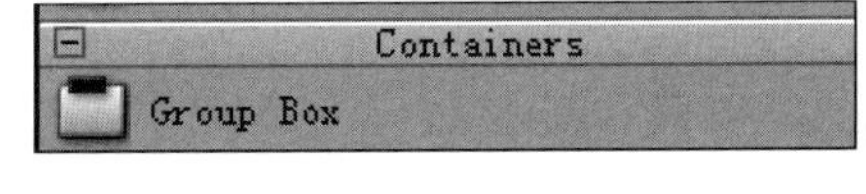

图5-44

分组框对应的类为QGroupBox。该控件的使用很简单，就是把需要分组的控件围成分组。需要注意的一点是，在对话框上设计界面时，如果用到分组框，最好先拖放分组框，再把其他控件拖放到分组框中，这样我们在分组框中依旧能选中分组框中的按钮。反之，如果先拖放其他控件，再拖放分组框把其他控件围起来，就会因为分组框覆盖在其他控件上面而使得这些控件无法被鼠标选中。

分组框相当于对话框上的一艘“船”，当我们把其他控件装到这艘船上以后，移动分组框，这些控件也会跟着分组框一起移动，有点类似于船上的货物也跟着船一起移动。

5.10 正则表达式和QregExp类

在讲述行编辑框控件之前，我们先讲述一下正则表达式，因为行编辑框控件在限制某些字符输入的时候经常会和正则表达式打交道。

正则表达式（rRegular eExpression）就是用一个“字符串”来描述一个特征，然后去验证另一个“字符串”是否符合这个特征。比如表达式 "ab+" 描述的特征是“一个a和任意b”，所以"ab"、"abb"、"abbbbbbbbbb"都符合这个特征。

正则表达式通常有以下作用：

（1）验证字符串是否符合指定的特征，比如验证是否为合法的电子邮件地址。

（2）用来查找字符串，从一个长的文本中查找符合指定特征的字符串比查找固定字符串更加灵活和方便。

（3）用来替换，比普通的替换功能更强大。

正则表达式学习起来其实是很简单的，不多的几个较为抽象的概念也很容易理解。之所以很多人感觉正则表达式比较复杂，一方面是因为大多数的教材没有做到由浅入深地讲解，概念上也没有注意先后顺序，给读者的理解带来了困难；另一方面，各种引擎自带的文档一般都要介绍它特有的功能，然而这部分特有的功能并不是读者首先要理解的。

5.10.1 正则表达式的规则

1. 普通字符

字母、数字、汉字、下划线以及后边章节中没有特殊定义的标点符号都是“普通字符”。在匹配一个字符串的时候，表达式中的普通字符会匹配与之相同的一个字符。

举例1：正则表达式 "c" 匹配字符串 "abcde" 时，匹配结果是成功，匹配到的内容是"c"，匹配到的位置开始于索引位置2、结束于索引位置3。注意，索引值从0开始还是从1开始，不同编程语言会有所不同。

举例2：正则表达式 "bcd" 匹配字符串 "abcde" 时，匹配结果是成功，匹配到的内容是"bcd"，匹配到的位置开始于索引位置1、结束于索引位置4。

2. 简单的转义字符

一些不便书写的字符采用在前面加反除号（\）的方法——用于转义的字符。这个字符其实在我们学习C语言的时候就已经熟知了。比如\r和\n代表回车和换行符；\t表示制表符；\\代表反除号（\）这个字符本身。还有其他一些在后面章节中有特殊用处的符号，在前面加反除号之后就代表该符号本身。比如：^和$这两个字符都有特殊的意义，如果要想匹配字符串中 ^ 和 $ 字符，则表达式需要写成 "\^" 和 "\$"。另外，\.转义为小数点（.）字符本身。

转义字符的匹配方法与普通字符类似，也是匹配与之相同的一个字符。

举例：正则表达式 "\$d" 匹配字符串 "abc$de" 时，匹配结果是成功，匹配到的内容是"$d"，匹配到的位置开始于索引位置3、结束于索引位置5。

3. 能够与多种字符匹配的表达式

正则表达式中的一些表示方法可以匹配多种字符中的任意一个字符（见表5-9）。比如，正则表达式 "\d" 表示可以匹配任意一个数字。虽然可以匹配数字中的任意字符，但是只能是一个，而不是多个。这就好比玩扑克牌时大小王可以代替任意一张牌，但只能代替一张牌。

表5-9　可匹配多种字符的表达式

正则表达式	可　匹　配
\d	任意一个数字，0~9 中的任意一个
\w	任意一个字母、数字或下划线，也就是“A~Z、a~z、0~9、_”中任意一个
\s	空格、制表符、换页符等空白字符中的任意一个
.	小数点可以匹配除了换行符（\n）以外的任意一个字符

举例1：正则表达式 "\d\d" 匹配字符串 "abc123" 时，匹配的结果是成功，匹配到的内容是"12"，匹配到的位置开始于索引位置3、结束于索引位置5。

举例2：正则表达式 "a.\d" 匹配字符串 "aaa100" 时，匹配的结果是成功，匹配到的内容是"aa1"，匹配到的位置开始于索引位置1、结束于索引位置4。

4. 自定义能够匹配多种字符的表达式

使用方括号 [ ] 包含一系列字符，能够匹配其中任意一个字符（见表5-10）。用 [^] 包含一系列字符，则是指匹配方括号内的字符之外的任意一个字符。同理，虽然可以匹配其中任意一个，但是只能是一个。

表5-10　自定义表达式

正则表达式	可　匹　配
[ab5@]	匹配 "a" 或 "b" 或 "5" 或 "@"
[^abc]	匹配 "a" "b" "c" 之外的任意一个字符
[f-k]	匹配 "f"~"k" 之间的任意一个字母
[^A-F0-3]	匹配 "A"~"F" "0"~"3" 之外的任意一个字符

举例1：正则表达式 "[bcd][bcd]" 匹配 "abc123" 时，匹配的结果是成功，匹配到的内容是"bc"，匹配到的位置开始于索引位置1、结束于索引位置3。

举例2：正则表达式 "[^abc]" 匹配 "abc123" 时，匹配的结果是成功，匹配到的内容是"1"，匹配到的位置开始于索引位置3、结束于索引位置4。注意：匹配 "a" "b" "c" 之外的任意一个字符是一个字符，所以匹配到的内容是 "1" 这一个字符；不要认为是 "123"，因为那是3个字符。

5. 修饰匹配次数的特殊符号

前面讲到的正则表达式，无论是只能匹配一种字符的表达式，还是可以匹配多种字符中任意一个的表达式，都只能匹配一次。如果正则表达式中再加上修饰匹配次数的特殊符号，那么不用重复书写表达式就可以实现重复匹配。

使用方法是“次数修饰”放在被修饰的表达式后边（见表5-11）。比如："[bcd][bcd]" 可以写成 "[bcd]{2}"。

表5-11 修饰匹配次数

正则表达式	作 用
{n}	表达式重复n次，比如："\w{2}" 相当于 "\w\w"；"a{5}" 相当于 "aaaaa"
{m,n}	表达式至少重复m次，最多重复n次，比如："ba{1,3}" 可以匹配 "ba" 或 "baa" 或 "baaa"
{m,}	表达式至少重复m次，比如："\w\d{2,}"可以匹配 "a12" "_456" "M12344"……
?	匹配表达式0次或者1次，相当于 {0,1}，比如："a[cd]?" 可以匹配 "a" "ac" "ad"
+	表达式至少出现1次，相当于 {1,}，比如："a+b" 可以匹配 "ab" "aab" "aaab"……
*	表达式不出现或出现任意次，相当于 {0,}，比如："\^*b" 可以匹配 "b" "^^^b"……

举例1：正则表达式 "\d+\.?\d*" 在匹配 "It costs $12.5" 时，匹配的结果是成功，匹配到的内容是 "12.5"；匹配到的位置开始于索引位置10、结束于索引位置14。

举例2：正则表达式 "go{2,8}gle" 在匹配 "Ads by goooooogle" 时，匹配的结果是成功；匹配到的内容是 "goooooogle"；匹配到的位置开始于索引位置7、结束于索引位置17。

6. 其他一些代表抽象意义的特殊符号

一些符号在表达式中代表抽象的特殊意义，如表5-12所示。

表5-12 代表抽象意义的特殊符号

正则表达式	作 用
^	从字符串开始的地方匹配，不匹配任何字符
$	从字符串结束的地方匹配，不匹配任何字符
\b	匹配一个单词边界，也就是单词和空格之间的位置，不匹配任何字符

上面的文字说明仍然比较抽象，下面举例来帮助大家理解。

举例1：正则表达式 "^aaa" 在匹配字符串 "xxx aaa xxx" 时，匹配结果是失败。因为 ^ 要求从字符串开始的地方匹配，所以只有当 "aaa" 位于字符串开头的位置时正则表达式 "^aaa" 才能匹配，比如："aaa xxx xxx"。

举例2：正则表达式 "aaa$" 在匹配字符串 "xxx aaa xxx" 时，匹配结果是失败。因为 $ 要求从字符串结束的地方匹配，所以只有当 "aaa" 位于字符串结尾的位置时正则表达式 "aaa$" 才能匹配，比如："xxx xxx aaa"。

举例3：正则表达式 ".\b." 在匹配字符串 "@@@abc" 时，匹配结果是成功，匹配到的内容是 "@a"，匹配到的位置开始于索引位置2、结束于索引位置4。

进一步说明：\b 与 ^ 和 $ 类似，本身不匹配任何字符，用于指定在匹配结果中所处位置的左右两边，其中一边是非单词范围，另一边是单词范围。

举例4：正则表达式 "\bend\b" 在匹配字符串 "weekend,endfor,end" 时，匹配结果是成功，匹配到的内容是 "end"；匹配到的位置开始于索引位置15、结束于索引位置18。

一些符号可以影响表达式内部的子表达式之间的关系，如表5-13所示。

表5-13　影响子表达式之间关系的符号

正则表达式	作　用
|	左右两边表达式之间为“或”关系，匹配左边或者右边
()	（1）在被修饰匹配次数的时候，括号中的表达式可以作为整体被修饰 （2）取匹配结果的时候，括号中的表达式匹配到的内容可以被单独得到

举例5：正则表达式 "Tom|Jack" 在匹配字符串 "I'm Tom, he is Jack" 时，匹配结果是成功，匹配到的内容是 "Tom"，匹配到的位置开始于索引位置4、结束于索引位置7；匹配下一个时，匹配结果是成功，匹配到的内容是 "Jack"，匹配到的位置开始于索引位置15、结束于索引位置19。

举例6：正则表达式 "(go\s*)+" 在匹配字符串 "Let's go go go!" 时，匹配结果是成功，匹配到的内容是 "go go go"，匹配到的位置开始于索引位置6、结束于索引位置14。

举例7：正则表达式 "¥(\d+\.?\d*)" 在匹配字符串 "＄10.9,¥20.5" 时，匹配的结果是成功，匹配到的内容是 "¥20.5"，匹配到的位置开始于索引位置6、结束于索引位置10。单独获取括号范围匹配到的内容是 "20.5"。

5.10.2　正则表达式中的一些高级规则

1. 匹配次数中的贪婪与非贪婪

在使用修饰匹配次数的特殊符号时，有几种表示方法可以使同一个表达式能够匹配不同的次数，比如"{m,n}"、"{m,}"、"?"、"*"、"+"，具体匹配的次数随被匹配的字符串而定。这种重复匹配不定次数的表达式在匹配过程中总是尽可能地多匹配。下面针对文本 "dxxxdxxxd" 进行举例，如表5-14所示。

表5-14　贪婪模式举例

正则表达式	匹配结果
(d)(\w+)	"\w+" 将匹配第一个 "d" 之后的所有字符 "xxxdxxxd"
(d)(\w+)(d)	"\w+" 将匹配第一个 "d" 和最后一个 "d" 之间的所有字符 "xxxdxxx"。虽然 "\w+" 也能够匹配上最后一个 "d"，但是为了使整个表达式匹配成功，"\w+" 可以“让出”它本来能够匹配的最后一个 "d"

由此可见，"\w+" 在匹配的时候总是尽可能地多匹配符合规则的字符，虽然在第二个举例中它没有匹配最后一个"d"，这是为了让整个表达式能够匹配成功。同理，带 "*" 和 "{m,n}" 的表达式都是尽可能地多匹配，带 "?" 的表达式在可匹配可不匹配的时候也是尽可能匹配。这种匹配原则就叫作“贪婪”模式。

在修饰匹配次数的特殊符号后加上一个 "?"，可以使匹配次数不定的表达式尽可能少匹配，使可匹配可不匹配的表达式尽可能不匹配。这种匹配原则叫作“非贪婪”模式，也叫作“勉强”模式。与贪婪模式类似，如果少匹配会导致整个表达式匹配失败，那么非贪婪模式会最小限度地再匹配一些，以使整个表达式匹配成功。下面针对文本 "dxxxdxxxd" 进行举例（见表5-15）。

表5-15 非贪婪模式举例

表 达 式	匹配结果
(d)(\w+?)	"\w+?" 将尽可能少地匹配第一个 "d" 之后的字符，结果是"\w+?" 只匹配了一个 "x"
(d)(\w+?)(d)	为了让整个表达式匹配成功，"\w+?" 不得不匹配 "xxx" 才可以让后边的 "d" 匹配，从而使整个表达式匹配成功。因此，结果是 "\w+?" 匹配了 "xxx"

更多的例子如下：

举例1：正则表达式 "<td>(.*)</td>" 与字符串 "<td><p>aa</p></td> <td><p>bb</p></td>" 匹配时，匹配的结果是成功，匹配到的内容是 "<td><p>aa</p></td> <td><p>bb</p></td>" 整个字符串，正则表达式中的 "</td>" 将与字符串中最后一个 "</td>" 匹配。

举例2：相比之下，正则表达式 "<td>(.*?)</td>" 匹配举例1中同样的字符串时，将只得到 "<td><p>aa</p></td>"；匹配下一个时，可以得到第二个 "<td><p>bb</p></td>"。

2. 反向引用"\1" "\2"…

正则表达式在匹配时，表达式引擎会将小括号 "( )" 包含的表达式所匹配到的字符串记录下来。在获取匹配结果的时候，小括号包含的表达式所匹配到的字符串可以单独获取。这一点，在前面的举例中已经多次展示了。在实际应用场合中，当用某种边界来查找，而所要获取的内容又不包含边界时，必须使用小括号来指定所要的范围，比如前面的 "<td>(.*?)</td>"。

其实，“小括号包含的表达式所匹配到的字符串”不仅是在匹配结束后才可以使用，在匹配过程中也可以使用。正则表达式后边的部分可以引用前面“括号内的子匹配已经匹配到的字符串”。引用方法是用 "\" 加上一个数字。"\1" 引用第1对括号内匹配到的字符串，"\2" 引用第2对括号内匹配到的字符串……以此类推，如果一对括号内包含另一对括号，则外层的括号先排序号。换句话说，哪一对的左括号 "(" 在前，哪一对就先排序号。举例如下：

举例1：正则表达式 "('|")(.*?)(\1)" 在匹配 " 'Hello', "World" " 时，匹配结果是成功，匹配到的内容是 " 'Hello' "；匹配下一个时，可以匹配到 " "World" "。

举例2：正则表达式 "(\w)\1{4,}" 在匹配 "aa bbbb abcdefg ccccc 111121111 999999999" 时，匹配结果是成功，匹配到的内容是 "ccccc"；匹配下一个时，将得到 "999999999"。这个正则表达式要求 "\w" 范围的字符至少重复5次，注意与 "\w{5,}" 之间的区别。

举例3：正则表达式 "<(\w+)\s*(\w+(=('|").*?\4)?\s*)*>.*?<\/\1>" 在匹配 "<td id='td1' style="bgcolor:white"></td>" 时，匹配结果是成功。如果 "<td>" 与 "</td>" 不配对，匹配则会失败；如果改成其他配对，也可以匹配成功。

3. 预搜索，不匹配；反向预搜索，不匹配

在前面的章节中，我们讲到了几个代表抽象意义的特殊符号：^，$，\b。它们都有一个共同点，就是本身不匹配任何字符，只是对“字符串的两头”或者“字符之间的缝隙”附加了一个条件。理解到这个概念以后，下面将继续介绍另外一种对“两头”或者“缝隙”附加条件、更加灵活的表示方法。

（1）正向预搜索："(?=xxxxx)"，"(?!xxxxx)"

在被匹配的字符串中，"(?=xxxxx)"对所处的“缝隙”或者“两头”附加的条件是：所在缝隙的右侧必须能够匹配上 "xxxxx" 部分的表达式。因为它只是在此作为缝隙上附加的条件，所以并不影响后边的正则表达式去真正匹配缝隙之后的字符。这就类似于 "\b"，它本身不匹配任何字符，而只是将所在缝隙之前、之后的字符取来进行一下判断，不会影响后边的正则表达式来真正地匹配。

举例1：正则表达式 "Windows (?=NT|XP)" 在匹配 "Windows 98, Windows NT, Windows 2000" 时，将只匹配 "Windows NT" 中的 "Windows "，其他的 "Windows " 字样则不被匹配。

举例2：表达式 "(\w)((?=\1\1\1)(\1))+" 在匹配字符串 "aaa ffffff 999999999" 时，将可以匹配6个 "f" 的前4个，可以匹配9个 "9" 的前7个。这个正则表达式可以解读成：重复4次以上的字母数字，则匹配其剩下最后2位之前的部分。当然，这个正则表达式可以不这样写，在此这么写的目的只是作为演示。

"(?!xxxxx)" 所在缝隙的右侧必须不能匹配 "xxxxx" 这部分表达式。

举例3：正则表达式 "((?!\bstop\b).)+" 在匹配 "fdjka ljfdl stop fjdsla fdj" 时，将从头一直匹配到 "stop" 之前的位置，如果字符串中没有 "stop"，则匹配整个字符串。

举例4：正则表达式 "do(?!\w)" 在匹配字符串 "done, do, dog" 时，只能匹配 "do"。在本例中，"do" 后边使用 "(?!\w)" 和 "\b" 的效果是一样的。

（2）反向预搜索："(?<=xxxxx)"，"(?<!xxxxx)"

这两种格式的概念和正向预搜索是类似的，反向预搜索要求的条件是针对所在缝隙的“左侧”，必须能够匹配和必须不能够匹配指定的正则表达式，而不是去判断右侧。与正向预搜索一样的是：它们都是对所在缝隙的一种附加条件，本身都不匹配任何字符。

举例5：正则表达式 "(?<=\d{4})\d+(?=\d{4})" 在匹配 "1234567890123456" 时，将匹配除了前4个数字和后4个数字之外的中间8个数字。

5.10.3　其他通用规则

还有一些在各个正则表达式引擎之间比较通用的规则。

（1）在正则表达式中，可以使用 "\xXX" 和 "\uXXXX" 表示一个字符（"X" 表示一个十六进制数），如表5-16所示。

表5-16　"\xXX" 和 "\uXXXX"

形　　式	字符范围
\xXX	编号在 0～255 范围的字符，比如空格可以使用 "\x20" 来表示
\uXXXX	任何字符都可以使用 "\u" 加上其编号的4位十六进制数表示，比如"\u4E2D"

（2）在正则表达式 "\s" "\d" "\w" "\b" 表示特殊意义的同时，对应的大写字母表示相反的意义，如表5-17所示。

表5-17 "\S" "\D" "\W"和"\B"

表 达 式	可 匹 配
\S	匹配所有非空白字符（"\s" 可匹配各个空白字符）
\D	匹配所有非数字字符
\W	匹配所有字母、数字、下划线以外的字符
\B	匹配非单词边界，即左右两边都是 "\w" 范围或者左右两边都不是 "\w" 范围时的字符缝隙

（3）在正则表达式中有特殊意义、需要添加 "\" 才能匹配该字符本身的字符，如表5-18所示。

表5-18 具有特殊意义的字符

<table>
<tr><th>字 符</th><th>说 明</th></tr>
<tr><td>^</td><td>匹配输入字符串的开始位置。要匹配 "^" 字符本身，则使用 "\^"</td></tr>
<tr><td>$</td><td>匹配输入字符串的结尾位置。要匹配 "$" 字符本身，则使用 "\$"</td></tr>
<tr><td>()</td><td>标记一个子表达式的开始和结束位置</td></tr>
<tr><td>[]</td><td>用来自定义能够匹配多种字符的表达式</td></tr>
<tr><td>{}</td><td>修饰匹配次数的符号。要匹配大括号，则使用 "\{" 和 "\}"</td></tr>
<tr><td>.</td><td>匹配除了换行符（\n）以外的任意一个字符。要匹配小数点本身，则使用 "\."</td></tr>
<tr><td>?</td><td>修饰匹配次数为 0 次或 1 次。要匹配 "?" 字符本身，则使用 "\?"</td></tr>
<tr><td>+</td><td>修饰匹配次数为至少 1 次。要匹配 "+" 字符本身，则使用 "\+"</td></tr>
<tr><td>*</td><td>修饰匹配次数为 0 次或任意次。要匹配 "*" 字符本身，则使用 "*"</td></tr>
<tr><td>|</td><td>左右两边表达式之间为“或”关系。匹配 "|" 本身，则使用 "\|"</td></tr>
</table>

5.10.4 正则表达式属性

常用的正则表达式属性有Ignorecase、Singleline、Multiline、Global，如表5-19所示。

表5-19 常用的表达式属性

表达式属性	说 明
Ignorecase	默认情况下，表达式中的字母是要区分大小写的。配置为Ignorecase可使匹配时不区分大小写。有的表达式引擎把大小写概念延伸至UNICODE范围的大小写
Singleline	默认情况下，小数点 "." 匹配除了换行符（\n）以外的字符。配置为 Singleline，可使小数点匹配包括换行符在内的所有字符
Multiline	默认情况下，表达式 "^" 和 "$" 只匹配字符串的开始①和结尾④位置。例如： ①xxxxxxxxx②\n ③xxxxxxxxx④ 配置为Multiline，可以使 "^" 匹配除①外，换行符之后下一行开始前③的位置；使 "$" 匹配除④外换行符之前上一行结束②的位置
Global	主要在将表达式用来替换时起作用，配置为Global时表示替换所有的匹配

5.10.5 QRegularExpression类

Qt中有两个不同类的正则表达式：一类为元字符，表示一个或多个常量表达式；另一类为转义字符，代表一个特殊字符。其中，元字符如表5-20所示。

表5-20 元字符

元 字 符	说 明
.	匹配任意单个字符。例如，1.3可能是1后面跟任意字符再跟3
^	匹配字符串首。例如，^12可能是123，但不能是312，即12必须在开头
$	匹配字符串尾。例如，12$可以是312，但不能是123，即12必须在字符串末尾
[]	匹配括号内输入的任意字符。[123]可以为1、2或3
*	匹配任意数量的前导字符。例如，1*2可以为任意个1（甚至没有）后面跟一个2
+	匹配至少一个前导字符。例如，1+2必须为一个或多个1后跟一个2
?	匹配一个前导字符或为空。例如，1?2可以为2或者12

Qt中的转义字符基本与C++中的转义字符相同，比如：\. 匹配"."、 \^ 匹配"^"、\$ 匹配"$"、\[匹配"["、\] 匹配"]"、* 匹配 "*"、\+ 匹配 "+"、\? 匹配"?"、\b 匹配响铃字符（使计算机发出嘟的一声）、\t表示制表符号、\n 表示换行符号、\r表示回车符、\s表示任意空格、\xnn 匹配十六进制为nn的字符、\0nn 匹配八进制的nn字符。

1. 构造函数

QRegularExpression类是Qt的正则表达式类。它的构造函数有以下3种形式。

（1）默认构造函数：该构造函数创建一个空的正则表达式对象。

```
QRegularExpression();
```

（2）复制构造函数：该构造函数通过已有的正则表达式对象来复制构造一个新的正则表达式对象。

```
QRegularExpression(const QRegularExpression &re);
```

（3）模式构造函数：该构造函数创建指定匹配模式的正则表达式对象。

```
QRegularExpression(const QString &pattern, QRegularExpression::PatternOptions
options = NoPatternOption)
```

2. 常用成员函数

类QRegularExpression的常用成员函数如下：

```
//返回模式字符串中的捕获组数，如果正则表达式无效，则返回-1
int captureCount() const

//检查正则表达式是否有错误
QString errorString() const

//尝试对给定的主题字符串执行正则表达式的全局匹配
```

```
    QRegularExpressionMatchIterator globalMatch(const QString &subject, qsizetype
offset = 0, QRegularExpression::MatchType matchType = NormalMatch,
QRegularExpression::MatchOptions matchOptions = NoMatchOption) const
    QRegularExpressionMatchIterator globalMatch(QStringView subjectView, qsizetype
offset = 0, QRegularExpression::MatchType matchType = NormalMatch,
QRegularExpression::MatchOptions matchOptions = NoMatchOption) const

    //该函数判断正则表达式是否合法，合法则返回true，否则返回false
    bool isValid() const

    //尝试将正则表达式与给定的主题字符串相匹配
    QRegularExpressionMatch match(const QString &subject, qsizetype offset = 0,
QRegularExpression::MatchType matchType = NormalMatch,
QRegularExpression::MatchOptions matchOptions = NoMatchOption) const
    QRegularExpressionMatch match(QStringView subjectView, qsizetype offset = 0,
QRegularExpression::MatchType matchType = NormalMatch,
QRegularExpression::MatchOptions matchOptions = NoMatchOption) const

    //返回captureCount()+1元素的列表，其中包含模式字符串中已命名捕获组的名称
    QStringList namedCaptureGroups() const

    //立即编译模式，包括JIT编译（如果启用了JIT）以进行优化
    void optimize() const

    //返回正则表达式的模式字符串
    QString pattern() const

    //返回模式字符串内的偏移量，检查正则表达式的有效性时，在该偏移量处发现错误
    qsizetype patternErrorOffset() const

    //返回正则表达式的模式选项
    QRegularExpression::PatternOptions patternOptions() const

    //将正则表达式的模式字符串设置为pattern。图案选项保持不变
    void setPattern(const QString &pattern)

    //将给定选项设置为正则表达式的模式选项。模式字符串保持不变
    void setPatternOptions(QRegularExpression::PatternOptions options)

    //将正则表达式与此正则表达式交换。这个操作非常快，从来不会失败
    void swap(QRegularExpression &other)

    //如果正则表达式与re不同，则返回true，否则返回false
    bool operator!=(const QRegularExpression &re) const

    //如果正则表达式等于re，则返回true，否则返回false。如果两个QRegularExpression对象具有相
同的模式字符串和相同的模式选项，则它们是相等的
    bool operator==(const QRegularExpression &re) const
```

对于正则表达式的示例，我们将在下一节一起演示。

3. 常用的正则表达式搭配

常用的正则表达式如表5-21所示。

表5-21 常用的正则表达式

<table>
<tr><th>常用正则表达式</th><th>说 明</th></tr>
<tr><td>"^\d+$"</td><td>非负整数（正整数 +0）</td></tr>
<tr><td>"^[0-9]*[1-9][0-9]*$"</td><td>正整数</td></tr>
<tr><td>"^((-\d+)|(0+))$"</td><td>非正整数（负整数 +0）</td></tr>
<tr><td>"^-[0-9]*[1-9][0-9]*$"</td><td>负整数</td></tr>
<tr><td>"^-?\d+$"</td><td>整数</td></tr>
<tr><td>"^\d+(\.\d+)?$"</td><td>非负浮点数（正浮点数 +0）</td></tr>
<tr><td>"^(([0-9]+\.[0-9]*[1-9][0-9]*)|([0-9]*[1-9][0-9]*\.[0-9]+)|([0-9]*[1-9]
[0-9]*))$"</td><td>正浮点数</td></tr>
<tr><td>"^((-\d+(\.\d+)?)|(0+(\.0+)?))$"</td><td>非正浮点数（负浮点数 +0）</td></tr>
<tr><td>"^(-(([0-9]+\.[0-9]*[1-9][0-9]*)|([0-9]*[1-9][0-9]*\.[0-9]+)|([0-9]*[1-9]
[0-9]*)))$"</td><td>负浮点数</td></tr>
<tr><td>"^(-?\d+)(\.\d+)?$"</td><td>浮点数</td></tr>
<tr><td>"^[A-Za-z]+$"</td><td>由26个英文字母组成的字符串</td></tr>
<tr><td>"^[A-Z]+$"</td><td>由26个大写英文字母组成的字符串</td></tr>
<tr><td>"^[a-z]+$"</td><td>由26个小写英文字母组成的字符串</td></tr>
<tr><td>"^[A-Za-z0-9]+$"</td><td>由数字和26个英文字母组成的字符串</td></tr>
<tr><td>"^\w+$"</td><td>由数字、26个英文字母或者下划线组成的字符串</td></tr>
<tr><td>"^[\w-]+(\.[\w-]+)*@[\w-]+(\.[\w-]+)+$"</td><td>email地址</td></tr>
<tr><td>"^[a-zA-z]+://(\w+(-\w+)*)(\.(\w+(-\w+)*))*(\?\S*)?$"</td><td>url</td></tr>
<tr><td>"^(d{2}|d{4})-((0([1-9]{1}))|(1[1|2]))-(([0-2]([1-9]{1}))|(3[0|1]))$"</td><td>年-月-日</td></tr>
<tr><td>"^((0([1-9]{1}))|(1[1|2]))/(([0-2]([1-9]{1}))|(3[0|1]))/(d{2}|d{4})$"</td><td>月/日/年</td></tr>
<tr><td>"^([w-.]+)@(([[0-9]{1,3}.[0-9]{1,3}.[0-9]{1,3}.)|(([w-]+.)+))([a-zA-Z]
{2,4}|[0-9]{1,3})(]?)$"</td><td>Email</td></tr>
<tr><td>"(d+-)?(d{4}-?d{7}|d{3}-?d{8}|^d{7,8})(-d+)?"</td><td>电话号码</td></tr>
<tr><td>"^(d{1,2}|1dd|2[0-4]d|25[0-5]).(d{1,2}|1dd|2[0-4]d|25[0-5]).(d{1,2}|1dd|
2[0-4]d|25[0-5]).(d{1,2}|1dd|2[0-4]d|25[0-5])$"</td><td>IP地址</td></tr>
<tr><td>"^([0-9A-F]{2})(-[0-9A-F]{2}){5}$"</td><td>MAC地址的正则表达式</td></tr>
<tr><td>"^[-+]?\d+(\.\d+)?$"</td><td>值类型正则表达式</td></tr>
</table>

5.11 行编辑框

QLineEdit类提供了单行文本编辑框。QLineEdit允许用户输入和编辑单行纯文本，提供了很多有用的编辑功能，包括撤销和重做、剪切和粘贴、拖放（函数是setDragEnabled()）以及通过改变输入框的echoMode()函数设置为一个“只写”字段、用于输入密码等。

文本的长度可以被限制为maxLength()，可以调用validator()或inputMask()来任意限制文本。当在同一个输入框中切换验证器和输入掩码的时候，最好是清除验证器或输入掩码，防止不确定的行为。

编辑框是我们在开发中经常会用到的控件。Qt专门提供了单行编辑框，控件功能越来越细化，越来越贴心。Qt把编辑控件分为单行编辑控件和多行编辑框，主要是为了降低编程的复杂性，比如VC中的编辑控件，如果要实现多行功能就需要更多的设置和编程。另外，虽然行编辑器可以纵向拉大，但是依旧只能在一行输入内容，而且对回车换行键是没有反应的，如图5-45所示。

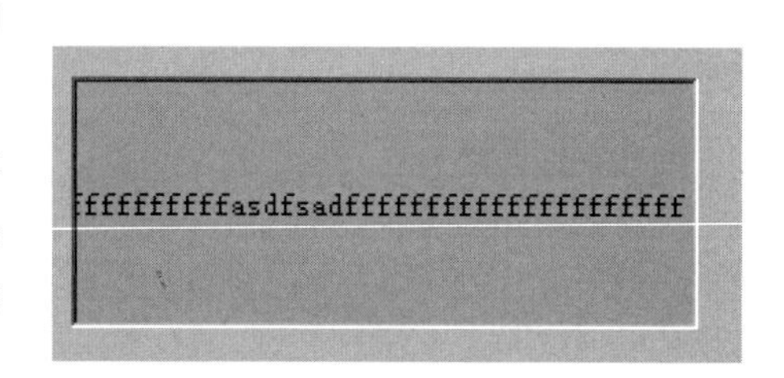

图5-45

5.11.1 常用成员函数

QLineEdit类的常用成员函数如表5-22所示。

表5-22 QLineEdit类的常用成员函数

常用成员函数	功　能
void setEchoMode(QLineEdit::EchoMode)	设置输入方式，比如参数是QLineEdit::Password的时候，则输入的内容以星号表示，即密码输入方式
void setPlaceholderText(QString)	设置占位符
void setText(QString)	设置编辑框内的文本
void setReadOnly(bool)	设置编辑框为只读模式，无法进行编辑
void setEnabled(bool)	设置是否激活行编辑框
bool isModified()	判断文本是否被修改
void selectAll()	选中框内所有文本
QString displayText()	返回显示的文本
QString selectedText()	返回被选中的文本
QString text() const	返回输入框的当前文本
void setMaxLength(int)	设置文本的最大允许长度

5.11.2 用于描述输入框如何显示其内容的枚举值

枚举QLineEdit::EchoMode可以用来描述输入框如何显示其内容，具体取值如表5-23所示。

表5-23 QLineEdit::EchoMode说明

常　量	值	说　明
QLineEdit::Normal	0	正常显示输入的字符，默认选项
QLineEdit::NoEcho	1	不显示任何输入，常用于密码类型，在密码、长度都需要保密时

（续表）

常 量	值	说 明
QLineEdit::Password	2	显示平台相关的密码掩码字符，而不是实际的字符输入
QLineEdit::PasswordEchoOnEdit	3	在编辑的时候显示字符，负责显示密码类型

5.11.3 对齐方式

QLineEdit还可以设定文字对齐方式，比如左对齐（Qt::AlignLeft）、居中对齐（Qt:: AlignCenter）与右对齐（Qt:: AlignRight）等设置方式。获取和设置文本对齐方式的函数如下：

```
Qt::Alignment alignment ();
void setAlignment ( Qt::Alignment flag );
```

5.11.4 获取和设置选择的文本

获取和设置选中的文本函数是：

```
QString selectedText ();
void QLineEdit::setSelection ( int start, int length );
```

其中，参数start是要选中文本的字符索引，索引值从0开始；length是要选中文本的长度。通过函数setSelection()设置选中的文本后，可以用函数selectedText()来得到选中的文本。需要注意的是，手动选中编辑框内的一段文本后再单击编辑框的按钮，在按钮单击信号的槽函数中再调用selectedText()函数将不会返回我们选中的文本。要选中文本，必须使用函数setSelection()。

5.11.5 常用信号

QLineEdit类的常用信号如表5-24所示。

表5-24 QLineEdit类的常用信号

信 号	说 明
void cursorPositionChanged(int old, int new)	光标位置改变，发射信号。old表示旧位置，new表示新位置
editingFinished()	当编辑完成时按回车键，发射信号
void returnPressed()	光标在行编辑框内按回车键，发射信号
void selectionChanged()	选择的文本发生变化时，发射信号
void textChanged(const QString & text)	文本内容改变时，发射信号。通过text，可以在槽函数中获得当前编辑框中的内容
void textEdited(const QString & text)	当文本被编辑时，发射该信号。当调用setText()函数改变文本时，textEdited()信号也会发射

5.11.6 限制字符的输入

编辑框经常用于某些特定字符的输入，比如只能输入英文字符、只能输入数字、只能输入小数等。

如果我们要限制用户只能输入正整数，可使用整数类型验证器类QIntValidator，比如：

```
QIntValidator* aIntValidator = new QIntValidator;
ui->lineEdit_3->setValidator(aIntValidator);
```

这样，编辑框lineEdit_3就只能输入整数，并且长度不会很长，不会超过存储整数的整数类型内存单元的长度。其中，QLineEdit类的成员函数setValidator()将此行编辑设置为仅接收验证器对象的输入。通过这个函数，我们可以对可能输入的文本设置任意约束。该函数的原型声明如下：

```
void QLineEdit::setValidator(const QValidator *v);
```

其中，参数v是验证器对象的指针。QValidator类可以派生出整数限制器类QIntValidator、小数（浮点数）限制器类QDoubleValidator等，比如让行编辑器只能输入正负小数：

```
QDoubleValidator* aDoubleValidator = new QDoubleValidator();
ui->lineEdit_3->setValidator(aDoubleValidator);
```

用于限制用户输入的更强大的验证器类是QRegExpValidator，该类配合正则表达式，几乎可以“设计”出任意限制方式。比如限制用户只能输入任意长度的正整数：

```
ui->lineEdit_4->setValidator(new QRegExpValidator(QRegExp("[0-9]+$")));
```

其中，QRegExpValidator类用于根据正则表达式（用QRegExp类来表示）检查字符串。QRegExp对象是QRegExpValidator类的构造函数的参数，既可以在构建QRegExpValidator时提供，也可以在稍后提供。QRegExp类在前面介绍过了，这里不再赘述。

【例5.15】 QLineEdit的基本使用

（1）启动Qt Creator，新建一个对话框项目，项目名为test。首先在对话框上设计界面，因为本例对话框中的控件较多。对话框中某一行的控件一起完成一种功能。为了更方便地对一行进行标记，我们用控件groupBox把一行内的控件围起来。

首先拖放一个分组框（Group Box）到对话框中，并把title属性设置为“第1行”，然后拖放一个标签（Label）控件、一个按钮控件和一个单行编辑（Line Edit）按钮到分组框中。其中单行编辑框的objectName为lineEdit，并把echoMode属性设置为Password，这样编辑框中所输入的内容为星号，符合密码输入所需的保密特征。接着把标签控件的text设置为“输入口令”，把按钮控件的text设置为“得到输入的口令”。为按钮添加clicked信号的槽函数及其代码：

```
void Dialog::on_pushButton_clicked()
{
    QMessageBox::information(this,"note",ui->lineEdit->text());
}
```

通过QLineEdit类的成员函数text()来得到编辑框中的文本内容，也就得到了用户输入的密码。

（2）返回对话框界面，再拖放一个分组框（Group Box）到对话框中，并把title属性设置为“第2行”，然后拖放2个按钮控件和一个单行编辑（Line Edit）按钮到分组框中，按钮控件分别放置在编辑框两边。其中单行编辑框的objectName为lineEdit_2，左边按钮的text属性为“设置文本”，右边按钮的text属性为“返回选中的文本”。接着，为text属性为“设置文本”的按钮添加clicked信号的槽函数：

```
void Dialog::on_pushButton_3_clicked()
{
    ui->lineEdit_2->setText(z("成本华，你为人民而牺牲!"));
    ui->lineEdit_2->setSelection(0, ui->lineEdit_2->text().length());
}
```

先用QLineEdit类的成员函数setText()设置编辑框中的内容。其中，z是一个自定义宏，用于中文字符转码，定义在dialog.cpp文件的开头：

```
#define z(s) (QString::fromLocal8Bit(s))
```

再调用成员函数setSelection()来选中编辑框中的文本。其中，第一个参数是字符起始位置；第二个参数是选中字符的个数，这里全选，因此用了length()函数。

为text属性为“返回选中的文本”的按钮添加clicked信号的槽函数：

```
void Dialog::on_pushButton_2_clicked()
{
    QMessageBox::information(this,"note",ui->lineEdit_2->selectedText());
}
```

该按钮用于显示其左边编辑框中被选中的文本，所以直接调用QLineEdit类的成员函数selectedText()即可。该函数返回setSelection所选中的文本，而不是用鼠标选中的文本，这一点要注意。

（3）返回对话框界面，再拖放一个分组框（Group Box）到对话框中，并把title属性设置为“第3行”，然后拖放2个按钮和单行编辑框到分组框中，按钮位于单行编辑框两边。把编辑框的objectName属性设置为“lineEdit_3”。把左边按钮的text属性设置为“只限输入整数（有长度限制）”，然后为其添加clicked信号的槽函数：

```
void Dialog::on_pushButton_4_clicked()
{
    QIntValidator* aIntValidator = new QIntValidator;
    ui->lineEdit_3->setValidator(aIntValidator);
    ui->pushButton_4->setEnabled(false);
}
```

该函数内的前两行代码用于限制输入整数类型数据，QIntValidator类是整型验证器类，它的对象指针传给函数setValidator()即可。第三行用于设置按钮不可用，用户单击本按钮后，表明这个按钮用过了，以防忘记是否单击了本按钮。

再把右边按钮的text属性设置为“只限小数”、把objectName属性设置为pushButton_12，然后为其添加clicked信号的槽函数：

```
void Dialog::on_pushButton_12_clicked()
{
    QDoubleValidator* aDoubleValidator = new QDoubleValidator();
    ui->lineEdit_3->setValidator(aDoubleValidator);
    ui->pushButton_12->setEnabled(false);
}
```

该函数内的前两行代码用于限制输入浮点型数据，QDoubleValidator类是浮点型验证器类，将它的对象指针传给函数setValidator()即可。第三行用于设置按钮不可用，用户单击本按钮后，就不可用了，表明这个按钮用过了。

（4）返回对话框界面，再拖放一个分组框（Group Box）到对话框中，并把title属性设置为“第4行”，然后拖放1个按钮和单行编辑框到分组框中，按钮位于单行编辑框左边。把编辑框的objectName属性设置为“lineEdit_4”，把左边按钮的text属性设置为“只限输入整数（任意长度）”，然后为其添加clicked信号的槽函数：

```
void Dialog::on_pushButton_5_clicked()
{
    ui->lineEdit_4->setValidator(new QRegExpValidator(QRegExp("[0-9]+$")));
    ui->pushButton_5->setEnabled(false);
    ui->lineEdit_4->setFocus();
}
```

这个按钮也是用来设置单行编辑框只能输入整数的，但长度可以任意，除非到了行编辑框自身的限制，不会因为数值所占内存空间的大小而限制，因为我们这里用了正则表达式，用户可以输入0和9之间的字符（包括0和9），行编辑框内的一个个数字字符并不是一个真正占据整数类型内存空间的整数。第二句程序代码用于设置按钮不可用，第三句程序代码用于设置行编辑器的焦点，方便用户输入。

（5）返回对话框界面，再拖放一个分组框（Group Box）到对话框中，并把title属性设置为“第5行”，然后拖放1个按钮和单行编辑框到分组框中，按钮位于单行编辑框左边。把按钮的objectName设置为pushButton_6、编辑框的objectName属性设置为“lineEdit_5”，把左边按钮的text属性设置为“限制浮点数输入范围为[-180,180]并限定为小数位后4位”，然后为其添加clicked信号的槽函数：

```
void Dialog::on_pushButton_6_clicked()
{
    QRegularExpression rx("^-?(180|1?[0-7]?\\d(\\.\\d{1,4})?)$");
    QValidator *pReg = new QRegularExpressionValidator(rx, this);
    ui->lineEdit_5->setValidator(pReg);
    ui->pushButton_6->setEnabled(false);
    ui->lineEdit_5->setFocus();
}
```

我们依旧用QRegExpValidator类这个验证器来限制用户输入范围只能为[-180,180]，并限定为小数位后4位，QRegExp是用于构造正则表达式的类。函数setValidator()用于向单行编辑器设置验证器对象指针。

（6）返回对话框界面，再拖放一个分组框（Group Box）到对话框中，并把title属性设置为“第6行”，然后拖放1个按钮和单行编辑框到分组框中，按钮位于单行编辑框左边。把按钮的objectName设置为pushButton_7、编辑框的objectName属性设置为“lineEdit_6”，把左边按钮的text属性设置为“限制浮点数输入范围为[-999999.9999,999999.9999]”，然后为其添加clicked信号的槽函数：

```
void Dialog::on_pushButton_7_clicked()
{
    QRegularExpression rx("^(-?[0]|-?[1-9][0-9]{0,5}) (?:\\.\\d{1,4})?$|
```

```
(^\\t?$)");
    QValidator *pReg = new QRegularExpressionValidator(rx, this);
    ui->lineEdit_6->setValidator(pReg);
    ui->pushButton_7->setEnabled(false);
    ui->lineEdit_6->setFocus();
}
```

（7）返回对话框界面，再拖放一个分组框（Group Box）到对话框上，并把title属性设置为“第7行”，然后拖放1个按钮和单行编辑框到分组框中，按钮位于单行编辑框左边。把按钮的objectName设置为pushButton_8、编辑框的objectName属性设置为“lineEdit_7”，把左边按钮的text属性设置为“限制浮点数输入范围为[-180,180]”，然后为其添加clicked信号的槽函数：

```
void Dialog::on_pushButton_8_clicked()
{
    QRegularExpression rx("^-?(180|1?[0-7]?\\d(\\.\\d+)?)$");
    QValidator *pReg = new QRegularExpressionValidator(rx, this);
    ui->lineEdit_7->setValidator(pReg);
    ui->pushButton_8->setEnabled(false);
    ui->lineEdit_7->setFocus();
}
```

这里我们限制浮点数输入范围为[-180,180]，但并不限制只能是小数点后4位，所以和第5行有所不同。

（8）返回对话框界面，再拖放一个分组框（Group Box）到对话框中，并把title属性设置为“第8行”，然后拖放1个按钮和单行编辑框到分组框中，按钮位于单行编辑框左边。把按钮的objectName设置为pushButton_9、编辑框的objectName属性设置为“lineEdit_8”，把左边按钮的text属性设置为“限制只能输入英文和数字”，然后为其添加clicked信号的槽函数：

```
void Dialog::on_pushButton_9_clicked()
{
    QRegularExpression rx("[a-zA-Z0-9]+$");
    QValidator *validator = new QRegularExpressionValidator(rx, this );
    ui->lineEdit_8->setValidator( validator );
    ui->pushButton_9->setEnabled(false);
    ui->lineEdit_8->setFocus();
}
```

在这个按钮对应的槽函数中，我们限制用户只能输入英文和数字，所以正则表达式中指定的范围是“a-zA-Z0-9”。

（9）返回对话框界面，再拖放一个分组框（Group Box）到对话框中，并把title属性设置为“第9行”，然后拖放1个按钮和单行编辑框到分组框中，按钮位于单行编辑框左边。把按钮的objectName设置为pushButton_10、编辑框的objectName属性设置为“lineEdit_9”，把左边按钮的text属性设置为“限制只能输入英文”，然后为其添加clicked信号的槽函数：

```
void Dialog::on_pushButton_10_clicked()
{
    QRegularExpression rx("[a-zA-Z]+$");
    QValidator *validator = new QRegularExpressionValidator(rx, this );
    ui->lineEdit_9->setValidator( validator );
```

```
        ui->pushButton_10->setEnabled(false);
        ui->lineEdit_9->setFocus();
    }
```

在这个按钮对应的槽函数中，我们限制用户只能输入英文，所以正则表达式中指定的范围是“a-zA-Z”（小写的英文和大写的英文）。

（10）返回对话框界面，再拖放一个分组框（Group Box）到对话框中，并把title属性设置为“第10行”，然后拖放1个按钮和单行编辑框到分组框中，按钮位于单行编辑框左边。把按钮的objectName设置为pushButton_11、编辑框的objectName属性设置为“lineEdit_10”，把左边按钮的text属性设置为“限制只能输入英文、数字、负号和小数点”，然后为其添加clicked信号的槽函数：

```
void Dialog::on_pushButton_11_clicked()
{
    QRegularExpression rx("[a-zA-Z0-9][a-zA-Z0-9.-]+$");
    QValidator *validator = new QRegularExpressionValidator(rx, this );
    ui->lineEdit_10->setValidator( validator );
    ui->pushButton_11->setEnabled(false);
    ui->lineEdit_10->setFocus();
}
```

这个按钮对应的槽函数限制只能输入英文、数字、负号和小数点，这也是比较常用的限制输入。

在本文件开头添加包含头文件的指令：

```
#include <QMessageBox>
#include <qvalidator.h>
```

（11）按Ctrl+R快捷键来运行这个项目，运行结果如图5-46所示。

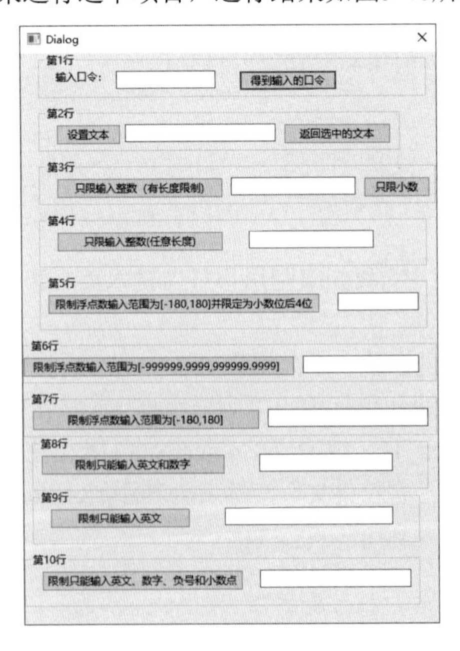

图5-46

5.12　进度条控件

Qt提供了两种显示进度条的方式：一种是通过QProgressBar类，以横向或者纵向方式来显示进度的控件，如图5-47所示；另一种是通过QProgressDialog类，以对话框的方式来显示慢速过程的进度。标准的进度条对话框包括一个进度显示条、一个取消按钮及一个标签，如图5-48所示。

图5-47

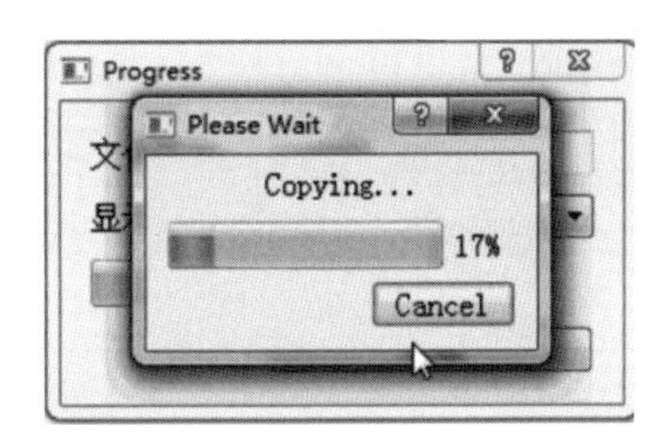

图5-48

在实际的开发中，QProgressBar用得多一些。

5.12.1　QProgressBar类的常用函数

QProgressBar类的常用成员函数如表5-25所示。

表5-25　QProgressBar类的常用成员函数及说明

公有成员函数	说　明	公有槽函数	说　明
QProgressBar(QWidget *parent = nullptr);	构造函数	void setRange(int minimum, int maximum);	构造函数
void setAlignment (Qt::Alignment alignment);	设置对齐方式	void setMinimum(int minimum);	设置进度条最小值
Qt::Alignment alignment();	获取对齐方式	void setMaximum(int maximum);	设置进度条最大值
void setTextVisible(bool visible);	隐藏进度条文本	void setValue(int value);	设置当前的运行值
bool isTextVisible();	判断进度条文本是否可见	void reset();	让进度条重新回到开始
void setFormat (const QString &format);	用于生成当前文本字串	void setOrientation(Qt::Orientation);	设置进度条为水平或垂直方向，默认是水平方向（Qt::Horizontal）

这里复习一下公有槽函数（Public Slot）。槽函数是普通的C++成员函数，能被正常调用，它们唯一的特性就是能和信号相关联。当与槽函数关联的信号被发射时，这个槽函数就会被调

用。槽函数可以有参数，但槽函数的参数不能有默认值。因为槽函数是普通的成员函数，所以和其他的函数相同，也有存取权限。槽函数的存取权限决定了谁能够和它相关联。同普通的C++成员函数相同，槽函数也分为3种类型，即public、private和protected。

5.12.2 进度方向

水平显示进度时，既可以从左到右，也可以从右到左；同样，垂直显示进度时，既可以从上到下，也可以从下到上。比如：

```
QProgressBar *m_pLeftToRightProBar = new QProgressBar(this);
m_pLeftToRightProBar->setOrientation(Qt::Horizontal);      // 水平方向
m_pLeftToRightProBar->setMinimum(0);       // 最小值
m_pLeftToRightProBar->setMaximum(100);     // 最大值
m_pLeftToRightProBar->setValue(50);   // 当前进度

QProgressBar *m_pRightToLeftProBar = new QProgressBar(this);
m_pRightToLeftProBar->setOrientation(Qt::Horizontal);      // 水平方向
m_pRightToLeftProBar->setMinimum(0);       // 最小值
m_pRightToLeftProBar->setMaximum(100);     // 最大值
m_pRightToLeftProBar->setValue(50);   // 当前进度
m_pRightToLeftProBar->setInvertedAppearance(true);     // 反方向
```

这段代码的运行效果如图5-49所示。

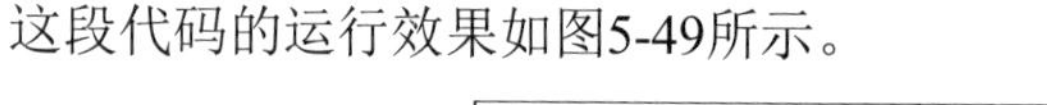

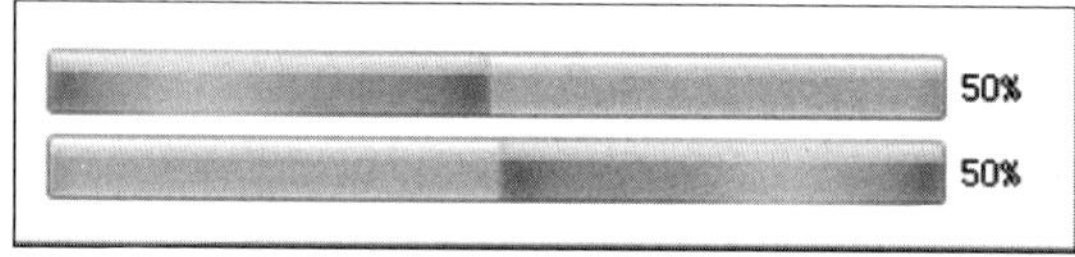

图5-49

5.12.3 文本显示

成员函数setFormat()可用于设置进度字符串的格式，比如百分比、总步数等。这个函数的原型声明如下：

```
void setFormat(const QString &format);
```

其中，参数format为要设置的进度字符串：%p%表示百分比，是默认的显示方式；%v表示当前进度；%m表示总步数。用法示例如下：

```
QProgressBar *m_pProgressBar = new QProgressBar(this);
m_pProgressBar->setOrientation(Qt::Horizontal);    // 水平方向
m_pProgressBar->setMinimum(0);                     // 最小值
m_pProgressBar->setMaximum(4800);                  // 最大值
m_pProgressBar->setValue(2000);                    // 当前进度
// 百分比计算公式
double dProgress = (m_pProgressBar->value() - m_pProgressBar->minimum()) * 100.0
/ (m_pProgressBar->maximum() - m_pProgressBar->minimum());
```

```
    m_pProgressBar->setFormat(QString::fromLocal8Bit("当前进度为：%1%")
.arg(QString::number(dProgress, 'f', 1)))
    m_pProgressBar->setFormat(tr("Current progress : %1%")
.arg(QString::number(dProgress, 'f', 1)));
    // 对齐方式
    m_pProgressBar->setAlignment(Qt::AlignLeft | Qt::AlignVCenter);
```

这段代码的运行效果如图5-50所示。

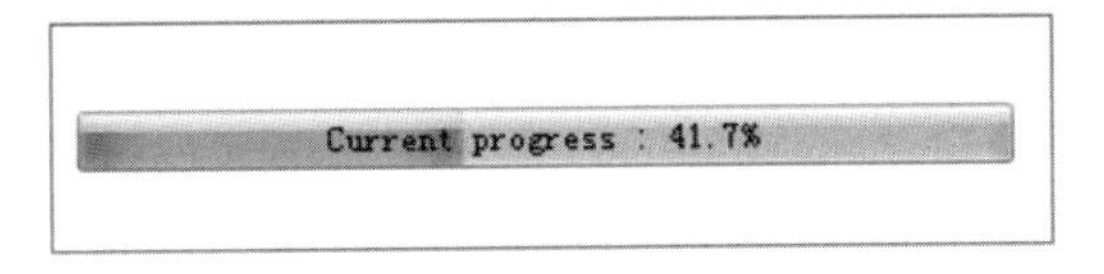

图5-50

5.12.4　繁忙指示

如果最小值和最大值都设置为0，那么进度条会显示一个繁忙指示，而不会显示当前的值，比如：

```
QProgressBar *m_pProgressBar = new QProgressBar(this);
m_pProgressBar->setOrientation(Qt::Horizontal);    // 水平方向
m_pProgressBar->setMinimum(0);                     // 最小值
m_pProgressBar->setMaximum(0);                     // 最大值
```

这段代码的运行效果如图5-51所示。

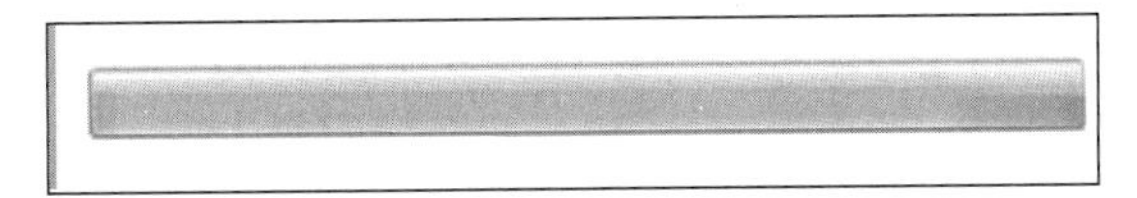

图5-51

【例5.16】　进度条的基本使用

（1）启动Qt Creator，新建一个对话框项目，项目名为test。

（2）切换到资源视图，打开对话框，删除对话框上的所有控件。在控件工具箱里找到进度条控件，如图5-52所示。然后把它拖放到对话框中，并拖放一个按钮和一个标签控件，把按钮的标题设置为“开始”，界面效果如图5-53所示。

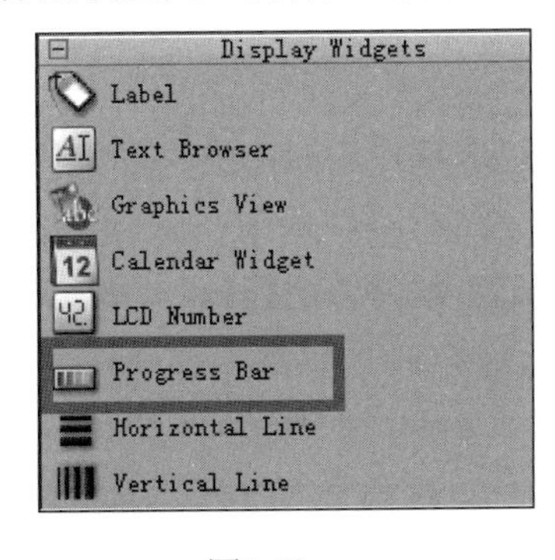

图5-52

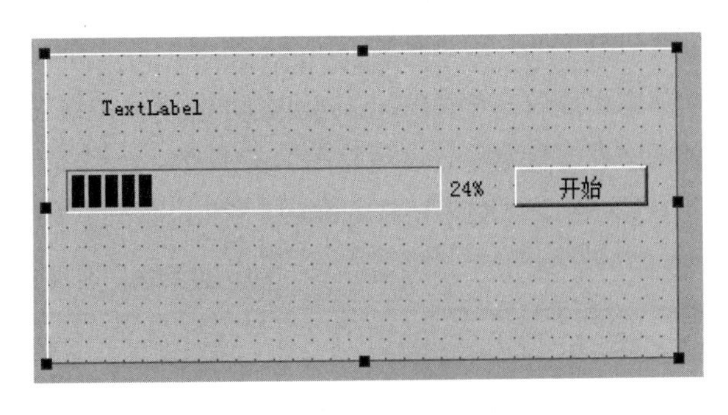

图5-53

接着为按钮添加单击信号的槽函数，该槽函数的代码如下：

```
void Dialog::on_pushButton_clicked()
{
    const int nMaxValue = 100000;
    QString str;
    ui->progressBar->setRange(0,65500);     //设置进度条的范围
    for (int i = 0; i < nMaxValue; i++)
    {
        ui->progressBar->setValue(i);       //设置进度条的当前位置
        str=QString("%1").arg(i);           //把数字转为字符串
        ui->label->setText(str);            //在标签控件上显示
    }
}
```

运行这个项目，单击“开始”按钮，可以发现进度条能工作了。

（3）按Ctrl+R快捷键运行这个项目，如图5-54所示。

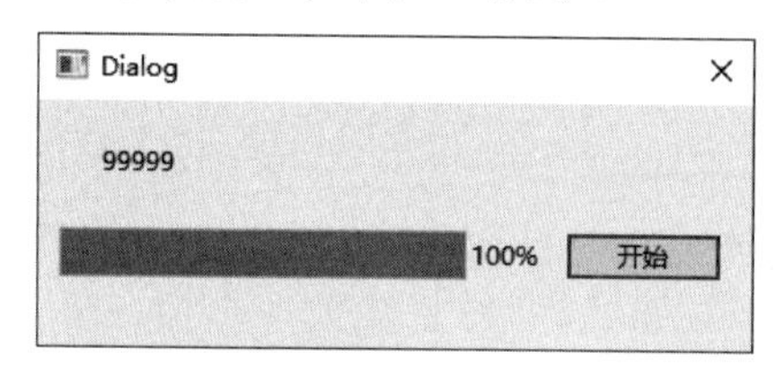

图5-54

5.13 布局管理器

Qt的布局管理系统提供了简单而强大的机制来自动排列一个窗口中的控件（在这种语境中，英文对应单词的翻译是组件，本书为了统一都称为控件），确保它们有效地使用空间。QLayout类是布局管理器的基类，是一个抽象基类。一般只需要使用QLayout类的几个子类即可，即QBoxLayout类（基本布局管理器）、QGridLayout类（栅格布局管理器）、QFormLayout类（窗体布局管理器）和QStackedLayout类（栈布局管理器）。

5.13.1 基本布局管理器QBoxLayout类

基本布局管理器QBoxLayout类可以使子控件在水平方向或者垂直方向排成一列，它将所有的空间分成一行盒子，然后将每个控件放入一个盒子中。它有两个子类，即QHBoxLayout类（水平布局管理器）和QVBoxLayout类（垂直布局管理器）。布局管理器的属性如表5-26所示。

表5-26 布局管理器的属性

属　性	说　明
layoutName	现在所使用的布局管理器的名称
layoutLeftMargin	设置布局管理器到界面左边界的距离

（续表）

属　性	说　明
layoutTopMargin	设置布局管理器到界面上边界的距离
layoutRightMargin	设置布局管理器到界面右边界的距离
layoutBottomMargin	设置布局管理器到界面下边界的距离
layoutSpacing	布局管理器中各个子控件间的距离
layoutStretch	伸缩因子
layoutSizeConstraint	设置布局的大小约束条件

比如，下列代码用于实现水平布局：

```
QHBoxLayout *layout = new QHBoxLayout;     // 新建水平布局管理器
layout->addWidget(ui->fontComboBox);       // 向布局管理器中添加部件
layout->addWidget(ui->textEdit);
layout->setSpacing(50);                    // 设置控件间的间隔
// 设置布局管理器到边界的距离，4个参数的顺序是左、上、右、下
layout->setContentsMargins(0, 0, 50, 100);
setLayout(layout);
```

5.13.2　栅格布局管理器QGridLayout类

栅格布局管理器QGridLayout类使得控件在网格中进行布局，将所有的空间分隔成一些行和列，行和列的交叉处就形成了单元格，然后将控件放入一个确定的单元格中。比如：

```
QGridLayout *layout = new QGridLayout;// 添加控件，从第0行0列开始，占据1行2列
// 添加控件，从第0行2列开始，占据1行1列
layout->addWidget(ui->fontComboBox, 0, 0, 1, 2);
// 添加控件，从第1行0列开始，占据1行3列
layout->addWidget(ui->pushButton, 0, 2, 1, 1);
layout->addWidget(ui->textEdit, 1, 0, 1, 3);
setLayout(layout);
```

先把控件加入到一个布局管理器中，再将布局管理器放到窗口控件上，那么布局管理器以及它包含的所有控件都会自动重新定义自己的父对象为窗口控件，所以在创建布局管理器和其中的控件时并不用指定父控件。

5.13.3　窗体布局管理器QFormLayout类

窗体布局管理器QFormLayout类用来管理表单的输入控件和与它们相关的标签。窗体布局管理器将它的子控件分为两列，左边是一些标签，右边是一些输入控件，比如行编辑器或者数字选择框等。

5.13.4　栈布局管理器QStackedLayout类

栈布局管理器有如下特点：

（1）控件大小一致且充满父控件的显示区。

（2）不能直接嵌套其他布局管理器。

（3）能够自由切换需要显示的控件。

（4）每次能且仅能显示一个控件。

栈布局管理的典型应用如图5-55所示。

```
void Widget::initControl()
{
    QStackedLayout* sLayout = new QStackedLayout();

    button1.setText(" Button 1");
    button2.setText(" Button 2");
    button3.setText(" Button 3");
    button4.setText(" Button 4");

    sLayout->addWidget(&button1);
    sLayout->addWidget(&button2);
    sLayout->addWidget(&button3);
    sLayout->addWidget(&button4);

    sLayout->setCurrentIndex(1);    //显示第二个按钮,索引1

    setLayout(sLayout);

}
```

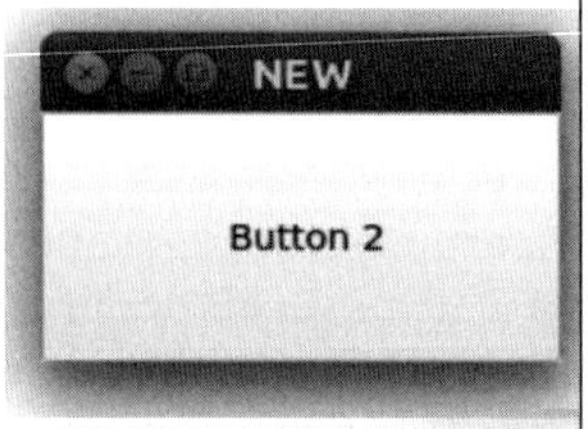

图5-55

第 6 章

Qt数据库编程

在实际开发中，大多数应用都需要用到数据库技术以管理各种信息，Qt为此也提供了相应的模块和组件，使得对数据库的开发变得非常简单。

6.1 数据库的基本概念

1. 数据库

数据库是指以一定的组织形式存放在计算机存储介质上相互关联的数据集合，由一个或多个数据表所组成，数据表也简称为表。每一个数据表中都存储了某种实体对象的数据描述，一个典型的数据表如表6-1所示。

表6-1 数据表的示例

书 号	书 名	页 数	分 类
001	小学数学习题集	300	教辅类
002	电工技术	253	电子技术类

数据表的每一列描述实体的一个属性，如书号、书名、页数和分类等；表的每一行是对一个对象的具体描述。一般将表中的一行称作记录（Record）或行（Row），将表的一列称作字段（Field）或列（Column）。数据库通常还包括一些附加结构，用于维护数据库中的数据。

根据数据规模以及网络架构，数据库大体上分为本地数据库和网络数据库两种。本地数据库也称为桌面数据库，是指运行在本地计算机，不与其他计算机进行数据交互的数据库系统，常用于小规模数据的管理。常见的本地数据库系统有Visual FoxPro、Access和SQLite，其中SQLite是当今的网红。网络数据库是指把数据库技术引入到计算机网络系统中，借助网络技术将存储于数据库中的大量信息及时发布出去。计算机网络借助于成熟的数据库技术对网络中的各种数据进行有效管理，并让用户与网络中的数据库进行实时动态的数据交互。网络数据库系统常用于大规模的数据管理，可用于架设C/S或B/S分布式系统，常见的网络数据库系统有MS SQL Server、Oracle和MySQL等，其中Oracle是“老大”、MySQL是“小弟”。

2. 数据库管理系统

数据库管理系统（Database Management System，DBMS）是一种操纵和管理数据库的大型软件，用于建立、使用和维护数据库。它对数据库进行统一的管理和控制，以保证数据库中数据的安全性和完整性。有了DBMS，用户可以访问数据库中的数据，数据库管理员也可以对数据库进行维护工作。DBMS允许多个应用程序和多个用户用不同的方法在同一时刻或在不同时刻去建立、修改和查询数据库。

3. SQL

SQL（Structure Query Language，结构化查询语言）是一种用于数据库查询和编程的语言，用于存取、查询和更新数据以及管理关系数据库系统。SQL是高级的非过程化编程语言，允许用户在高层数据结构上工作。它不要求用户去具体指定对数据的存储方法，也不需要用户了解具体的数据存储方式，所以具有完全不同底层结构的不同数据库系统可以使用相同的结构化查询语言作为数据输入与管理的接口。SQL语句可以嵌套，具有极大的灵活性和强大的功能。SQL基本上独立于数据库系统本身、所使用的机器、网络和操作系统。

6.2 Qt SQL模块

Qt SQL模块提供了一个平台无关且数据库无关的访问SQL数据库的接口。Qt通过一个个模块对某种功能进行支持，其中的数据库功能也是通过模块来支持的。Qt就是通过Qt SQL模块提供了对SQL数据库的支持，如果要使用Qt SQL模块中的类，就需要在项目文件（.pro文件）中添加“QT += sql”代码。

Qt SQL模块提供了表6-2列出的这些类对SQL数据库进行访问。

表6-2 用于对SQL数据库访问的类

类	说 明
QSQL	包含整个Qt SQL模块中使用的各种标识符
QSqlDriverCreatorBase	SQL驱动程序工厂的基类
QSqlDriverCreator	模板类，为特定驱动程序类型提供SQL驱动程序工厂
QSqlDatabase	表示与数据库的连接
QSqlDriver	用于访问特定SQL数据库的抽象基类
QSqlError	SQL数据库错误信息
QSqlField	处理SQL数据库表和视图中的字段
QSqlIndex	用于操作和描述数据库索引的函数
QSqlQuery	执行和操作SQL语句的方法
QSqlRecord	封装数据库记录

（续表）

类	说　明
QSqlResult	用于从特定SQL数据库访问数据的抽象接口
QSqlQueryModel	SQL结果集的只读数据模型
QSqlRelationalTableModel	具有外键支持的单个数据库表的可编辑数据模型
QSqlTableModel	单个数据库表的可编辑数据模型

这些类可以分为3层：驱动层、SQL接口层、用户接口层。值得注意的是，在使用任何类之前都必须实例化QCoreApplication对象。

1. 驱动层

驱动层为具体的数据库和SQL接口层之间提供了底层的桥梁，主要类包括Qt SQL模块中的QSqlDriver、QSqlDriverCreator、QSqlDriverCreatorBase、QSqlDriverPlugin和QSqlResult。

Qt SQL模块使用数据库驱动插件和不同的数据库接口进行通信。由于Qt的SQL模块接口是独立于数据库的，因此所有具体数据库的代码都包含在了这些驱动程序中。Qt本身提供了多种数据库驱动程序，并且可以添加其他数据库的驱动程序。Qt提供的数据库驱动程序的源码可以作为编写自定义驱动程序的模型。

Qt 6支持哪些数据库的驱动程序呢？这里通过一个小程序来说明。

【例6.1】 输出Qt支持的数据库驱动程序

（1）启动Qt Creator，新建一个控制台项目，项目名为test。

（2）在项目中打开项目配置文件test.pro，并在QT -= gui后面添加：

```
QT+=sql
```

在项目中打开main.cpp，输入如下代码：

```
#include <QCoreApplication>
#include <QDebug>
#include <QtSql/QSqlDatabase>
#include <QSqlDriver>

int main(int argc, char *argv[])
{
    QCoreApplication a(argc, argv);
    qDebug()<<"Available drivers:";
    QStringList drivers=QSqlDatabase::drivers();
    foreach(QString dvr,drivers)
    {
        qDebug()<<dvr;
    }
    return a.exec();
}
```

我们通过SQL数据库类QSqlDatabase的drivers()成员函数来返回本版本Qt所支持的所有数据库驱动程序，并保存在QStringList变量中，然后通过foreach语句全部打印出来。

（3）保存项目并运行，运行结果如图6-1所示。

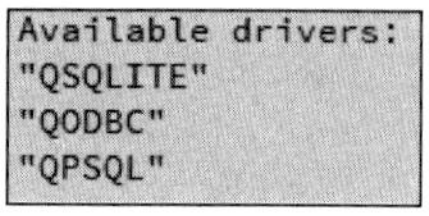

```
Available drivers:
"QSQLITE"
"QODBC"
"QPSQL"
```

图6-1

其中，QODBC用于支持Window系统上的数据库，比如Access；QSQLITE用于支持SQLite数据库；QMYSQL用于支持MySQL数据库。

2. SQL接口层

SQL接口层提供了对数据库的访问，主要类包括Qt SQL模块中的QSqlDatabase、QSqlQuery、QSqlError、QSqlField、QSqlIndex和QSqlRecord。QSqlDatabase类用于创建数据库链接，QSqlQuery类用于使用SQL语句实现与数据库交互。

3. 用户接口层

用户接口层的主要类包括QSqlQueryModel、QSqlTableModel和QSqlRelationalTableModel。用户接口层的类使用模型/视图框架实现了将数据库中的数据链接到窗口控件上，是更高层次的抽象，即便用户不熟悉SQL也可以操作数据库。需要注意的是，在使用用户接口层的类之前必须实例化QCoreApplication类的对象。

6.3 访问数据库

访问数据库的第一步是要先连接数据库。Qt允许在一个程序中创建一个或多个数据库连接。连接数据库需要的头文件如下：

```
#include <QSqlDatabase>
#include <QSqlQuery>
```

6.3.1 访问Access数据库

1. 准备64位的Access

微软的Access数据库是比较常见的桌面数据库。安装微软Office软件的时候，可以选择安装Access软件。这里使用64位的Access 2013（建议用64位的Access，Qt新版本可能不支持低版本的32位Access）。

64位的Access 2013可以在安装64位的Office 2013时一同安装上。安装时最好查看一下是不是64位的。安装完毕后，若要确认安装的Access是否为64位的，则可启动Access 2013，新建一个空白数据库，然后依次单击主菜单的菜单选项“文件→账户”，此时可以在右边看到“关于Access”的选项，如图6-2所示。

图6-2

单击“关于Access”，在出现的“关于Microsoft Access”对话框中如果可以看到“64位”，就说明安装的确实是64位的，如图6-3所示。

至此，Access这个桌面数据库软件就准备好了。下面开始新建数据库。

图6-3

2. 新建数据库

这里使用64位的微软Access 2013数据库软件（Access的其他版本使用的方法类似）来建立数据库。将新建的数据库命名为cardb，这个数据库中包含一个数据表，表名是car。用Access 2013来建立数据库的数据表的步骤如下：

用鼠标右击磁盘上的某个文件夹，在弹出的快捷菜单中依次选择“新建→Microsoft Access数据库”，新建一个cardb.mdb文件，然后双击这个文件以打开它。打开后，切换到“创建”主菜单，然后在工具栏上选择“表设计”，此时可以输入“字段名称”和“数据类型”等内容，如图6-4所示。

表1

字段名称	数据类型	说明（可选）

字段属性

图6-4

接着输入内容，结果如图6-5所示。最后在左上角单击“保存”按钮，把该表保存为cardb，如图6-6所示，单击“确定”按钮。

表1

字段名称	数据类型
车号	短文本
车名	短文本
整备质量	数字
长度	数字
宽度	数字
轴距	数字

图6-5

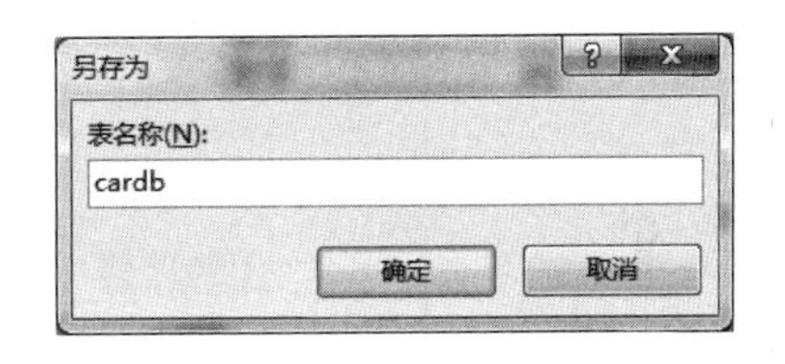

图6-6

此时系统会提示还没有定义主键，直接单击“确定”按钮，就为表car添加了一个主键。主键是整个表中其值具有唯一性的一个字段或一组字段，主键值可用于引用整条记录，因为每条记录都具有不同的主键值。每个表只能有一个主键。虽然主键不是必须要有的，但是有了主键可以保证数据表的完整性，可以加快数据库的操作速度。

至此，就建立好了一个简单的数据库，并且其中有一个数据表car，但目前这个表是空的，还没有内容。双击cardb表，在其中添加一些记录，添加后的内容如图6-7所示。

编号	车号	车名	整备	长度	宽度	轴距
1	SN001	帕萨特	1455	4872	1834	2803
2	SN002	君威	1585	4843	1856	2737
3	SN003	奥迪A4L	1590	4761	1826	2869
4	SN004	JEEP自由光	1735	4649	1859	2705
* （新建）			0	0	0	0

图6-7

单击“保存”按钮，关闭数据库。至此，数据库就建好了。

3. 访问Access数据库

在Qt中访问Access数据库的基本步骤如下：

（1）定义QSqlDatabase对象

QSqlDatabase类是Qt中和数据库打交道的基础，首先要创建QSqlDatabase类的对象，比如：

```
QSqlDatabase ldb;
```

（2）通过函数addDatabase()添加数据库的驱动程序

Access数据库对应的Qt驱动程序是QODBC，可以这样调用：

```
QSqlDatabase::addDatabase("QODBC");
```

（3）设置数据库名称

通过QSqlDatabase类的成员函数setDatabaseName()设置数据库名称，比如：

```
    ldb.setDatabaseName("DRIVER={Microsoft Access Driver (*.mdb, *.accdb)};FIL={MS
Access};DBQ=c:\\ex\\cardb.mdb");
```

注意：“Microsoft Access Driver (*.mdb, *.accdb)”是“ODBC 数据源管理器”对话框中显示出的Access数据库的驱动程序，如图6-8所示。

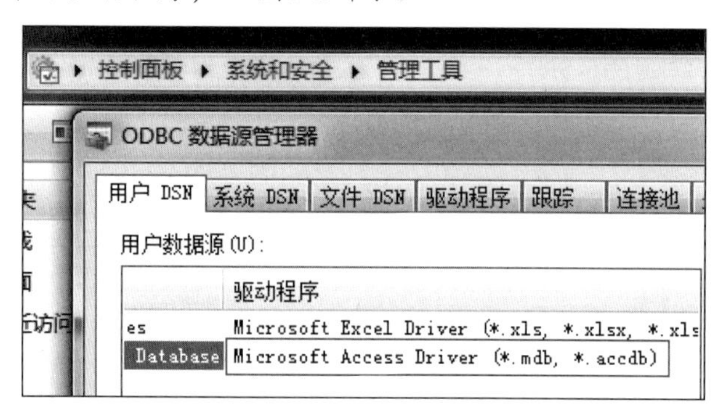

图6-8

要确保选择正确的数据库及其驱动程序。

（4）打开数据库

通过QSqlDatabase类的成员函数open()打开数据库，比如：

```
bool ok = ldb.open();
if(ok)
{
    puts("open cardb OK");
}
else
{
    QSqlError lastError = ldb.lastError();
    qDebug()<< lastError.driverText();
}
```

如果成功，函数open()就返回true，否则返回false。如果失败，则可用QSqlError:: driverText()得到错误信息。ldb.lastError会返回QSqlError对象。

（5）执行查询等操作

```
QSqlQuery mquery=QSqlQuery::QSqlQuery(ldb);
bool isok=mquery.exec("select * from car;");
if (!isok)
   ldb.close();
```

（6）定位记录，得到查询结果

```
mquery.next(); //定位到第一行记录
QString col1=mquery.value(1).toString();  //得到本行记录的第1列
QString col2=mquery.value(2).toString();  //得到本行记录的第2列
QString col3=mquery.value(3).toString();  //得到本行记录的第3列
QString col4=mquery.value(4).toString();  //得到本行记录的第4列
QString col5=mquery.value(5).toString();  //得到本行记录的第5列
```

（7）清除结果集，关闭数据库

```
mquery.clear();  //清除结果集
ldb.close();     //如果该连接不再使用，就可以关闭
```

【例6.2】 查询数据表cardb中的所有记录

（1）启动Qt Creator，新建一个mainwindow项目，项目名为test。

（2）把前面我们创建的数据库cardb.mdb放到c盘ex（新建的目录）目录下。当然也可以放到其他路径，但在程序中也要做相应的修改。

（3）打开mainwindow.ui，在窗口上放置一个List Widget控件和一个按钮，把List控件的objectName属性设置为list_out。然后为这个按钮添加clicked信号的槽函数：

```
void MainWindow::on_pushButton_clicked()
{
   visitdb();
}
```

其中，函数visitdb()是自定义的MainWindow的成员函数，定义如下：

```
int MainWindow::visitdb()
{
   QSqlDatabase ldb;
   ldb = QSqlDatabase::addDatabase("QODBC");
   bool ok = ldb.isValid();
   if(!ok)  //判断驱动程序是否有效
   {
      QMessageBox::critical(this,"读取Access数据库错误！", "1");
      return -1;
   }
   ldb.setDatabaseName("DRIVER={Microsoft Access Driver (*.mdb, *.accdb)};
   FIL={MS Access};DBQ=c:\\ex\\cardb.mdb");
   ok = ldb.open();
   if(ok)
```

```
        {
            /*
               新定义一个查询集合，并指定连接关键字。
               如果有多个连接，则可随意指定一个自己需要的
            */
            QSqlQuery mquery= QSqlQuery(ldb);
            bool isok=mquery.exec("select * from car;");
            if (!isok)
            {
                ldb.close();
                return -1;
            }
            // 如下操作是必须的，因为查出的结果集当前位置不在第一条记录上
            mquery.next();
            QString col1=mquery.value(1).toString();
            QString col2=mquery.value(2).toString();
            QString col3=mquery.value(3).toString();
            QString col4=mquery.value(4).toString();
            QString col5=mquery.value(5).toString();
            QString col6=mquery.value(6).toString();
            // 清除结果集
            mquery.clear();
            // 如果该连接不再使用，就可以关闭
            ldb.close();
            // 将从数据库读出的数据写到一个list控件里
            ui->list_out->insertItem(ui->list_out->count(),"第一条记录内容：");
            ui->list_out->insertItem(ui->list_out->count(),col1);
            ui->list_out->insertItem(ui->list_out->count(),col2);
            ui->list_out->insertItem(ui->list_out->count(),col3);
            ui->list_out->insertItem(ui->list_out->count(),col4);
            ui->list_out->insertItem(ui->list_out->count(),col5);
            ui->list_out->insertItem(ui->list_out->count(),col6);
        }
        else
        {
            // 打开本地数据库失败
            QSqlError lastError = ldb.lastError();
            qDebug()<< lastError.driverText();
            QMessageBox::critical(this, "读取Access数据库错误！",
lastError.driverText());
            return -1;
        }
    }
```

在mainwindow.h中添加visitdb()函数的声明。然后在mainwindow.cpp文件开头添加包含头文件的指令：

```
#include <QSqlDatabase>
#include <QSqlQuery>
#include <QSqlQueryModel>
#include <QSqlRecord>
```

```
#include <QSqlError>
#include <qDebug>
#include <QMessageBox>
```

（4）在项目配置文件test.pro中的QT += core gui后面添加：

```
QT += sql
```

（5）按Ctrl+R快捷键来运行这个项目，运行结果如图6-9所示。

图6-9

6.3.2 访问SQLite数据库

虽然Access也是主流数据库，功能也很强大，但是在Linux领域中无法使用。另外一款桌面数据库SQLite（官网为www.sqlite.org）可以跨平台，发展势头相当迅猛。

Qt对一些基本数据库存取功能的封装可谓是极大地方便了开发人员。现在我们就来学习Qt对SQLite这个数据库的读写。SQLite是一个小型的本地数据库，用于保存一些软件配置参数或量不是很大的数据相当方便。Qt本身自带了SQLite的驱动程序，直接使用相关的类库即可。Qt访问SQLite数据库的3种主要方式（使用3种类库去访问）分别为QSqlQuery、QSqlQueryModel和QSqlTableModel。这3种类库一个比一个更加上层，也就是一个比一个“封装”得更厉害。对于第三种QSqlTableModel类而言，根本就不需要开发者懂得SQL语言，也能操作SQLite数据库。最灵活的方式是通过QSqlQuery类，它可以通过强大的SQL语言来操作数据，因此QSqlQuery类使用的场合更多些。下面我们主要介绍QSqlQuery类的使用。

Qt可以直接新建和操作SQLite数据库，不需要再安装SQLite。不过，我们可以去网站www.sqliteexpert.com下载SQLite数据库管理工具SQLiteExpertProSetup64.exe，这样便于我们查看数据库中的表。如果不想下载，这个工具也可以在源码目录的子文件夹somesofts下找到。这个工具安装完毕后的界面如图6-10所示。

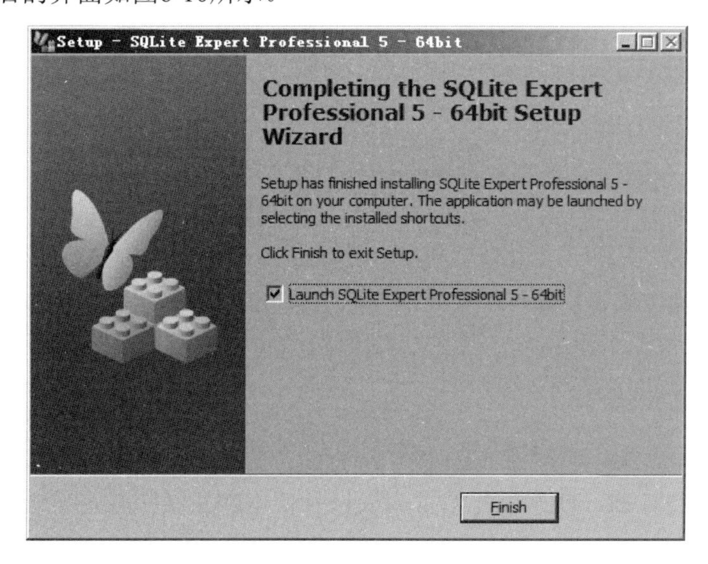

图6-10

1. 新建SQLite数据库

QSqlDatabase类提供了成员函数setDatabaseName和open，可以新建或连接访问数据。QSqlDatabase的一个实例表示连接。该连接通过受支持的数据库驱动程序之一提供对数据库的访问，该驱动程序派生自QSqlDriver。

利用QSqlDatabase的成员函数setDatabaseName就可以新建SQLite数据库，如果指定目录下没有数据库文件，就会在该目录下生成一个空的数据库文件，否则连接该文件。

【例6.3】 新建SQLite数据库

（1）启动Qt Creator，新建一个控制台项目，项目名为test。

（2）在项目配置文件test.pro中的“QT += core gui”后面添加：

```
QT += sql
```

（3）打开test.cpp，输入如下代码：

```
#include <QCoreApplication>
#include <QSqlDatabase>
#include <QSqlError>
#include <qDebug>
int main(int argc, char *argv[])
{
    QCoreApplication a(argc, argv);
    QSqlDatabase db = QSqlDatabase::addDatabase("QSQLITE");
    //如果本目录下没有该文件，则会在本目录下生成，否则连接该文件
    db.setDatabaseName("mylite.dat");
    if (!db.open())
        qDebug()<<db.lastError().text();
    else qDebug()<<"create ok";
    return a.exec();
}
```

（4）按Ctrl+R快捷键来运行这个项目，运行结果如图6-11所示。

```
create ok
```

图6-11

此时到 build-test-Desktop_Qt_6_2_3_MinGW_64_bit-Debug\目录下查看，可以看到多了一个0字节的文件mylite.dat，也就是我们新建的SQLite数据库文件。创建成功后，该文件默认为空的，然后就可以使用QSqlQuery类来操作数据库了。QSqlQuery类使用的是SQL语句，如果只需要使用高层级的数据库接口而不想使用SQL语句（即不用关心SQL具体的语法），则可以使用QSqlTableModel 类和QSqlRelationalTableModel类。下面通过QSqlQuery类来使用SQL语句。

2. 新建表并添加记录

通过QSqlQuery类的成员函数exec()来执行DML（数据操作语言）语句，如使用SELECT、INSERT、UPDATE和DELETE来操作数据库表以及使用DDL（数据定义语言）语句来新建数据。比如：

```
QSqlQuery query;
query.exec("DROP TABLE students");    //删除名为students的表
```

又比如创建表：

```
QSqlQuery query;
query.exec("CREATE TABLE students ("
           "id INTEGER PRIMARY KEY AUTOINCREMENT, "
           "name VARCHAR(40) NOT NULL, "
           " score INTEGER NOT NULL, "
           "class VARCHAR(40) NOT NULL)");
```

这段代码创建一个students表，字段名分别为id、name、score、class。其中，AUTOINCREMENT表示该列为整数递增，如果为空则自动填入1，然后在下面的每一行都会自动加1；PRIMARY KEY表示该列作为列表的主键；VARCHAR(40)表示该列为可变长字符串，默认只能存储英文、数字或者utf-8编码的字符，最多存储40个字节；INTEGER表示该列为带符号的整数；NOT NULL表示该列的内容不能为空。

表新建成功后，就可以添加记录了，示例代码如下：

```
query.exec("INSERT INTO students (name, score,class) "
            "VALUES ('小张', 85, '初2-1班')");
```

该段代码向students表中的“name, score,class”字段插入数据“'小张', 85, '初2-1班'”。

当有大批数据需要导入时，也可以先使用prepare()来绑定值，再通过bindValue()向绑定值加入数据。比如：

```
QStringList names;
names<<"小A"<<"小B"<<"小C"<<"小D"<<"小E"<<"小F"<<"小G"
         <<"小H"<<"小I"<<"小G"<<"小K"<<"小L"<<"小M"<<"小N";
QStringList clases;
clases<<"初1-1班"<<"初1-2班"<<"初1-3班"<<"初2-1班"
       <<"初2-2班"<<"初2-3班"<<"初3-1班"<<"初3-2班"<<"初3-3班";
foreach (QString name, names)             //从names表中获取所有名字
{
   query.bindValue(":name", name);         //向绑定值里加入名字
   query.bindValue(":score", (qrand() % 101));     //成绩
   query.bindValue(":class", clases[qrand()%clases.length()] );  //班级
   query.exec();               //加入库中
}
```

【例6.4】 新建表并添加记录

（1）启动Qt Creator，新建一个控制台项目，项目名为test。

（2）在项目配置文件test.pro中的“QT += core gui”后面添加：

```
QT += sql
```

（3）打开test.cpp，输入如下代码：

```
#include <QCoreApplication>
#include <QSqlDatabase>
#include <QSqlError>
#include <QSqlQuery>
#include <qDebug>
```

```
#include <QTime>
#include <QRandomGenerator>                    //随机数生成器的头文件
#pragma execution_character_set("utf-8")       //这样将中文添加到表中就不会出现乱码
int main(int argc, char *argv[])
{
   QCoreApplication a(argc, argv);
   QStringList names;
   names<<"小A"<<"小B"<<"小C"<<"小D"<<"小E"<<"小F"<<"小G"
           <<"小H"<<"小I"<<"小G"<<"小K"<<"小L"<<"小M"<<"小N";
   QStringList clases;
   clases<<"初1-1班"<<"初1-2班"<<"初1-3班"<<"初2-1班"
         <<"初2-2班"<<"初2-3班"<<"初3-1班"<<"初3-2班"<<"初3-3班";
   QSqlDatabase db = QSqlDatabase::addDatabase("QSQLITE");
   db.setDatabaseName("students.dat");                 //在本目录下生成
   if (!db.open())
      qDebug()<<db.lastError().text();
   {
      qDebug()<<"create database ok";
      QSqlQuery query;
      query.exec("DROP TABLE students");               //先清空一下表
      query.exec("CREATE TABLE students ("             //创建一个students表
                    "id INTEGER PRIMARY KEY AUTOINCREMENT, "
                    "name VARCHAR(40) NOT NULL, "
                    " score INTEGER NOT NULL, "
                    "class VARCHAR(40) NOT NULL)");
      qDebug()<<"create TABLE ok";
      //为每一列标题添加绑定值
      query.prepare("INSERT INTO students (name, score,class) "
                 "VALUES (:name, :score, :class)");
      foreach (QString name, names)                    //从names表里获取每个名字
      {
         QRandomGenerator rng(QTime::currentTime().msecsSinceStartOfDay());
//以秒数为种子构造随机数对象
         int sc = rng.bounded(1,100);
         int cl = rng.bounded(1,clases.length());
         query.bindValue(":name", name);                 //向绑定值里加入名字
         query.bindValue(":score", sc);                  //成绩
         query.bindValue(":class", clases[cl] );         //班级
         query.exec();                                   //加入库中
      }
   }
   return a.exec();
}
```

其中函数msecsSinceStartOfDay返回从一天开始的秒数，即从00:00:00开始的秒数。我们以这个秒数为种子构造随机数对象。

```
create database ok
create TABLE ok
insert record ok
```

图6-12

（4）按Ctrl+R快捷键以运行这个项目，运行结果如图6-12所示。

此时可以在build-test-Desktop_Qt_6_2_3_MinGW_64_bit-Debug路径下发现有个数据库文件students.dat，把它拖放SQLite Expert中，然后切换到data，就可以看到students表内的数据了，如图6-13所示。

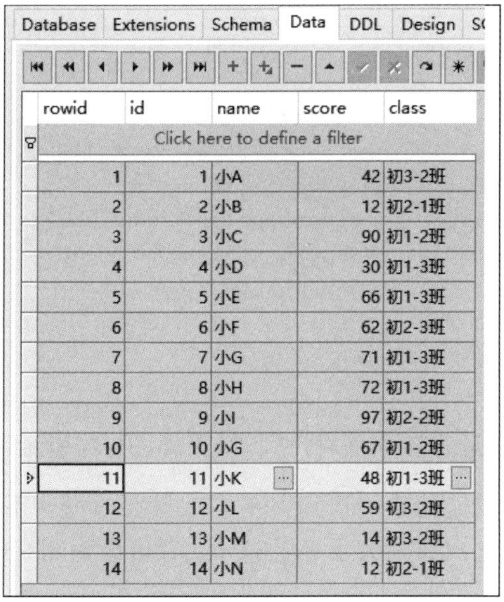

Database Extensions Schema Data DDL Design S(

rowid	id	name	score	class
1	1	小A	42	初3-2班
2	2	小B	12	初2-1班
3	3	小C	90	初1-2班
4	4	小D	30	初1-3班
5	5	小E	66	初1-3班
6	6	小F	62	初2-3班
7	7	小G	71	初1-3班
8	8	小H	72	初1-3班
9	9	小I	97	初2-2班
10	10	小G	67	初1-2班
11	11	小K	48	初1-3班
12	12	小L	59	初3-2班
13	13	小M	14	初3-2班
14	14	小N	12	初2-1班

图6-13

3. 查询表中的内容

数据表中有了数据，就可以查询表了。对students.dat文件进行查询时，需要使用WHERE关键字来实现。比如，查询成绩为60~80分的学生。

【例6.5】　查询成绩为60~80分的学生

（1）启动Qt Creator，新建一个控制台项目，项目名为test。

（2）在项目配置文件test.pro中的“QT += core gui”后面添加：

```
QT += sql
```

把上例生成的students数据库复制到d盘的根目录下。

（3）打开test.cpp，输入如下代码：

```
#include <QCoreApplication>
#include <QSqlDatabase>
#include <QSqlError>
#include <QSqlQuery>
#include <qDebug>
#pragma execution_character_set("utf-8")  //这样将中文添加到表中就不会出现乱码
int main(int argc, char *argv[])
{
    QCoreApplication a(argc, argv);
    QSqlDatabase db = QSqlDatabase::addDatabase("QSQLITE");
    db.setDatabaseName("d:\\students.dat");
    if (!db.open())
        qDebug()<<db.lastError().text();
    {
        qDebug()<<"open database ok";
        QSqlQuery query;
```

```
        query.exec("SELECT * FROM students WHERE score >= 60 AND score <= 80;");
        while(query.next())
        {
            QString id = query.value(0).toString();
            QString name = query.value(1).toString();
            QString score = query.value(2).toString();
            QString class = query.value(3).toString();
            qDebug()<<id<<name<<score<<classs;
        }
    }
    return a.exec();
}
```

（4）按Ctrl+R快捷键以运行这个项目，运行结果如图6-14所示。

```
open database ok
"5" "小E" "66" "初1-3班"
"6" "小F" "62" "初2-3班"
"7" "小G" "71" "初1-3班"
"8" "小H" "72" "初1-3班"
"10" "小G" "67" "初1-2班"
```

图6-14

参照该例，若要编写成其他查询语句，基本上只要改变一下select的写法即可，比如筛选出成绩大于等于80分或者班级为初3-3班的学生：

```
"SELECT * FROM students WHERE score >= 80 OR class == '
初3-3班';"
```

又比如，通过GLOB通配符来匹配班级名中带有"3-3"的班级中的学生：

```
"SELECT * FROM students WHERE class GLOB '*3-3*';"
```

4. 删除表中的内容

删除表中的内容可以通过下列3种语句来完成。

（1）DROP语句：用来删除整个表并且连表结构也一同删除，删除后只能使用CREATE TABLE来重新创建表。

（2）TRUNCATE语句：在SQLite中没有这个语句，在MySQL中有，用来清除数据表内的数据，但是表结构不会被删除。

（3）DELETE语句：删除部分记录，表结构不会被删除，删除的速度比上面两种语句慢，可以配合WHERE来删除指定的行。比如删除students表中所有的内容：

```
query.exec("DELETE FROM students");
```

又比如要删除id=3的一行记录：

```
query.exec("DELETE FROM students WHERE  id = 3");
```

5. 更新表中的内容

更新表中的内容一般用下面两种语句。

（1）UPDATE语句：用来修改表中的内容，可以通过WHERE语句来指定要修改的内容。比如，修改score和name指定列的内容：

```
query.exec("UPDATE  new_students  SET score = 100 , name = '小A'");
```

又比如小于60分的设为不合格、其他分数设为合格：

```
query.exec("UPDATE  new_students  SET 结果='不合格'  WHERE  score<60 ");
query.exec("UPDATE  new_students  SET 结果='合格'  WHERE  score>=60 ");
```

（2）ALTER TABLE语句：用来重新命名表，或者在已有的表中添加新的一列。比如将students重新命名为new_students：

```
query.exec("ALTER TABLE students RENAME TO new_students");
```

又比如向 new_students表中添加一列，标题为“结果”，内容格式为VARCHAR(10)：

```
query.exec("ALTER TABLE  new_students ADD COLUMN 结果 VARCHAR(10)");
```

第 7 章

Qt调用Windows下的动态链接库

我们在第3章讲述了Qt如何调用Linux下的静态库和动态库，那么Qt能否和Windows下的库联合作战呢？答案是肯定的。Qt是跨平台开发工具，所以也能和Windows下的动态库一起使用。

库在软件开发中扮演着重要的角色，尤其是当软件规模较大时，往往会将软件划分为许多模块，这些模块各自提供不同的功能，尤其是一些通用的功能都放在一个模块中，然后提供给其他模块调用，这样可以避免重复开发，提高了开发效率。而且，在多人开发的软件项目中，可以根据模块划分来进行分工，比如指定某个人负责开发某个库。

在Windows操作系统上，库以文件的形式存在，并且可以分为动态链接库（DLL）和静态链接库两种。动态链接库文件以.dll为后缀名，静态链接库文件以.lib为后缀名。不管是动态链接库还是静态链接库，都是向它们的调用者提供变量、函数或类。

这一章我们将讲述如何让Qt和Windows的DLL库交互，这也是多人开发时经常会遇到的场景，即中间件开发者把业务功能封装成库文件，然后交给界面开发者，界面开发者再调用这些DLL，组成一个带界面展示的完整软件。或许有些初学者没有学过动态链接库，为了节省大家去参阅其他参考书的时间，笔者这里将先介绍一下动态链接库的开发过程，再把生成的DLL放到Qt项目中去调用。

需要强调的是，虽然Qt界面的开发者不一定会参与业务逻辑的开发，但还是需要掌握动态链接库的基本开发过程，也需要掌握DLL库的一些基本概念，这样在调用时碰到问题才不至于茫然而不知所措。自己熟悉动态链接库后，和业务逻辑的开发者交流就会更加流畅。

我们将使用VC2017来开发动态链接库。VC2017不但能用于开发Qt程序，也是用于开发DLL库的利器。VC2017的基本使用我们在第2章介绍过了，读者只需要跟着本章的实例按步骤行事即可。

7.1 动态链接库的定义

动态链接库（Dynamic Linkable Library，DLL）是Windows上实现代码共享的一种方式。

动态链接库的源码就是函数或类的具体实现，源码经过编译后会生成一个后缀名为dll的文件，这个文件就是动态链接库文件，是一个二进制形式的文件，不可以单独运行，必须和它的调用者一起运行。它通常可以向其调用者提供变量、函数或类。动态链接库的调用者（或称为使用者）可以是应用程序（可执行程序，exe程序）或其他动态链接库，下面为了叙述方便直接说应用程序，大家只要知道DLL文件还可以调用其他DLL文件即可。动态链接库中提供给调用者调用的函数通常被称为导出函数，提供给调用者使用的类通常被称为导出类。

动态链接库经过编译后会生成一个.lib文件和一个.dll文件，这里的lib文件不是指静态链接库文件，而是导入库文件，虽然后缀名和静态链接库文件相同，但是两者没有任何关系。导入库文件中存放的是DLL文件中导出函数的名称和地址，应用程序采用隐式链接动态链接库（使用DLL的一种方式）的时候，会把导入库文件中的内容（导出函数或类的名称和地址）复制到应用程序的代码中，当应用程序运行时，就能知道动态链接库中导出函数（或类）的地址了。

DLL是和开发语言无关的，VC、VB、Delphi或C++ Builder等开发的DLL都可以被其他支持DLL技术的语言使用。

动态链接库广泛应用于Windows操作系统中。Windows操作系统这个庞大的软件本身就是由很多DLL文件所组成的，我们可以在c:\windows\system32下发现很多DLL文件。另外，DLL是组件技术的基础。

7.2　使用动态链接库的好处

使用动态链接库有以下几个优点：

（1）有利于代码和数据的共享

有些通用功能，比如字符串处理功能，在多个软件中都会用到，就没有必要在每次需要用到时都去实现一遍了，所以可以把通用功能放在一个DLL文件中，这样每次使用的时候只需加载DLL即可。

（2）有利于系统模块化开发

软件划分为多模块DLL后，可以由不同的人负责不同的DLL，而且只要定义好DLL的导出函数（或类）形式，就可以做到并行开发，大大提高了软件开发效率。

（3）有利于软件升级

软件划分为多个DLL模块，当需要升级模块时，只需升级相应模块的DLL文件即可，不必对整个系统全部升级。

（4）有利于保护软件技术

当软件厂商给其他软件公司提供功能模块时，不需要提供源码，只需要提供二进制形式的DLL文件，这样就可以把自己的技术细节隐藏起来。

7.3 动态链接库的分类

根据在DLL中是否使用了MFC类，可以把DLL分为非MFC DLL和MFC DLL。

非MFC DLL（Non-MFC DLL）也称Win32 DLL，这种动态链接库指的是不用MFC的类库结构直接用C语言编写的DLL，其导出的函数是标准的C接口，能被非MFC或MFC编写的应用程序所调用。如果建立的DLL不需要使用MFC，那么应该建立Non-MFC DLL，因为使用MFC会增大用户库的大小，会浪费用户的磁盘和内存空间。

MFC DLL意味着可以在这种DLL的内部使用MFC。MFC DLL分为规则的MFC DLL和扩展的MFC DLL。规则的MFC DLL包含一个继承自CWinApp的类，但它无消息循环，它是用MFC类库编写的，它的一个明显的特点是在源文件中有一个继承CWinApp的类（注意：此类DLL虽然从CWinApp派生，但没有消息循环），调用常规DLL的应用程序不必是MFC应用程序，它们可以是在Visual C++、Dephi、Visual Basic、Borland C等编译环境下利用DLL开发的应用程序。“规则的”意味着它不同于MFC扩展DLL，在MFC规则DLL的内部虽然可以使用MFC，但是它与应用程序的接口不能是MFC。而MFC扩展DLL与应用程序的接口可以是MFC，可以从MFC扩展DLL中导出一个MFC类的派生类。规则的MFC DLL能够被所有支持DLL技术的编程语言所编写的应用程序调用，当然也包括使用MFC的应用程序，在这种动态链接库中，包含一个从CWinApp继承下来的类，DllMain()函数由MFC自动提供。

扩展DLL和常规DLL不一样，它没有一个从CWinApp继承而来的类的对象，所以开发人员必须在DLL中的DllMain()函数中添加初始化代码和结束代码。与规则MFC DLL相比，扩展的DLL有如下不同点：

（1）它没有一个从CWinApp派生的对象。

（2）它必须有一个DLLMain()函数。

（3）DllMain()函数调用AfxInitExtensionModule()函数，必须检查该函数的返回值，如果返回0，DllMain()函数也返回0。

（4）如果它希望输出CRuntimeClass类的对象或者资源，则需要提供一个初始化函数来创建一个CDynLinkLibrary对象。

7.4 Win32 DLL的开发和Qt调用

7.4.1 在DLL中导出全局函数并调用

DLL的作用是把库中的变量、函数或类提供给其他程序使用，所以要生成一个有用的DLL，首先要把DLL中的变量、函数或类导出，再编译生成dll文件。导出就是对那些要给外部程序使用的变量、函数或类进行声明，通常有两种导出方式：第一种方式是通过关键字

_declspec(dllexport)导出，另一种是采用模块定义文件。无论采用哪种方法编译，最终都会生成dll文件和lib文件（导入库文件）。

1. 通过关键字_declspec(dllexport)导出

使用关键字_declspec(dllexport)可以从DLL导出数据、函数、类或类成员函数。这种方式比较简单，只要导出的内容前加_declspec(dllexport)即可。比如导出一个函数，可以在头文件声明函数：

```
_declspec(dllexport) void f();
_declspec(dllexport) int min(int a,int b);
```

注意，要写在函数类型之前。在函数f()定义的时候，可以不加_declspec(dllexport)。

【例7.1】 使用_declspec(dllexport)来导出函数

（1）启动VC2017，新建一个Win32项目，项目名为Test。

（2）在“Windows桌面项目”对话框上，选择应用程序类型为“动态链接库(.dll)”，在“其他选项”中选中“空项目”复选框，如图7-1所示。

（3）切换到解决方案视图，右击“头文件”，在弹出的快捷菜单中依次选择菜单项“添加→新建项”，然后在“添加新项”对话框上选择“头文件”，并在“名称”文本框里输入Test.h，如图7-2所示，最后单击“添加”按钮。

图7-1

图7-2

再切换到解决方案视图，右击“源文件”，在弹出的快捷菜单中依次选择菜单项“添加→新建项”，然后在“添加新项”对话框上选择“C++文件”，并在“名称”文本框里输入Test.cpp，最后单击“添加”按钮。

打开Test.h，输入如下代码：

```
#ifndef _TEST_H
#define _TEST_H //防止重复引用
#ifdef __cplusplus
extern "C" {
#endif
_declspec(dllexport) void f();  //声明函数f()为导出函数
#ifdef __cplusplus
}
#endif
#endif
```

打开Test.cpp，输入如下代码：

```
#include "Test.h"
#include "windows.h"     //为了使用MessageBox
#include "tchar.h"       //为了使用_T
void f()
{
   MessageBox(0,_T(" 你好，世界"), 0,0);
}
```

__cplusplus是cpp中的自定义宏，表示这是一段cpp的代码。也就是说，上面一段代码的含义是：如果这是一段cpp的代码，那么加入extern "C"{和}处理其中的代码。要明白为何使用extern "C"，还得从cpp中对函数的重载处理开始说起。在C++中，为了支持重载机制，在编译生成的汇编代码中要对函数的名字进行一些处理，加入函数的返回类型等。在C中，只是简单的函数名字而已，不会加入其他的信息。也就是说，C++和C对产生的函数名字的处理是不一样的。

这里extern "C"必须要有，否则Qt项目引用函数将会出错，会提示函数找不到的错误码（“DWORD dw = ::GetLastError();”，得到dw=127）。

（4）保存项目并生成解决方案，可以在解决方案目录中的Debug目录下发现生成的Test.dll，并且导入库文件Test.lib也在同一路径下。

2. 使用模块定义文件来导出

模块定义文件是一个文本文件，后缀名是.def，该文件中出现的函数名就是要导出的函数，链接器会读取这个文件，并根据里面出现的函数名知道哪些函数是导出函数。因此，def文件必须按照一定的格式来编写，通常格式如下：

```
LIBRARY MYDLL                   ;为DLL起个名称，此行也可以省略
DESCRIPTION "这是我的dll"  ;对DLL的解释，此行也可以省略
EXPORTS entryname[=internalname]   [@ordinal[NONAME]]   [CONSTANT]   [PRIVATE]
```

def文件中的关键字和用户标识符是区分字母大小写的。关键字LIBRARY后面的内容只是为DLL文件起个名字，但最终生成的DLL文件名则不是以它为准，实际上是以项目属性中设置的输出文件名为准。关键字DESCRIPTION用来对本动态库做一些说明。分号后面的内容是注释内容，不会被读取。上面第一行、第二行是可以省略的。

关键字EXPORTS必须要有，它后面的内容就是要导出的函数或变量。其中，entryname是要导出的函数或变量的名字，如果要导出的名字和DLL中定义的名称不同，则可以用internalname来说明DLL中内部定义的名字，比如DLL内部定义了函数f2，现在要把它导出为函数f1，则可以这样写：

```
EXPORTS
    f1=f2
```

@ordinal允许用序号导出函数，而不是以函数名导出，@后面的ordinal表示序号，引入库文件（.lib文件）中包含了序号和函数之间的映射，这样DLL的导出表里存放的是序号而不是函数名，这样可以优化DLL的大小，尤其是在要导出许多函数的情况下。导出表是DLL文件中的一部分，通常用来存放要导出函数的名字或序号。序号的范围是1到n。

NONAME关键字为可选项，表示只允许按照序号导出，不使用函数名（entryname）导出。

CONSTANT关键字也是可选项，表示导出的是变量（数据），而不是函数，使用DLL导出变量的程序（调用者）最好声明该变量为_declspec(dllimport)，否则只能把这个变量当成地址。

上述各项中，只有entryname项是必需的，其他可以省略。

【例7.2】　使用.def来导出函数

（1）启动VC2017，新建一个Win32项目，项目名是Test。

（2）在“Win32应用程序向导”对话框中，选择应用程序类型为“DLL”，附加选项则选中“空项目”。

（3）切换到解决方案视图，然后通过右击“头文件”来添加一个头文件Test.h，并为其添加如下代码：

```
#ifndef _TEST_H
#define _TEST_H  //防止重复引用
#include "tchar.h"   //为了使用_T
int f1(TCHAR *sz,int n);
void f2();
#endif
```

再通过右击“源文件”来添加一个C++文件Test.cpp，并为其添加如下代码：

```
#include "Test.h"
#include "windows.h" //为了使用MessageBox
int f1(TCHAR *sz, int n)
{
   MessageBox(0,sz, 0, 0);
   return n;
}
void f2()
{
   MessageBox(0, _T(" 你好, f2"), 0, 0);
}
```

然后右击“源文件”，打开“添加新项”对话框，在左边选中“代码”、右边选中“模块定义文件(.def)”，接着在“名称”文本框中输入Test.def，如图7-3所示。而后单击“添加”按钮，在Test.def文件中输入如下内容：

```
EXPORTS
f1
f2
```

图7-3

（4）切换到解决方案视图，然后右击Test，在弹出的快捷菜单中选择“生成”选项，这样会在解决方案的Debug目录下生成Test.dll和Test.lib。

7.4.2 在VC++中使用DLL的导出函数

为了验证前面生成的DLL的正确性，我们有必要先在VC++中进行调用，证明DLL确实可用了，再转到Qt中去调用，以防一开始就在Qt中调用，万一出错而不知道是Qt调用方式错误还是DLL本身的错误。

应用程序要调用DLL中的函数、变量等内容，必须知道这些导出内容的内存地址，这个过程叫链接。应用程序链接DLL有两种方式：隐式（动态）链接和显式（动态）链接。

动态链接库文件（DLL文件）的位置必须按照一定的规则存放，应用程序才能成功将其加载，尤其是隐式链接，因为隐式链接不能在程序中指定DLL文件的路径，只会去默认的约定路径中寻找DLL文件，当几个约定的路径上都没有DLL文件时，则会提示找不到DLL文件。Windows遵循下面的搜索顺序来定位DLL文件：

（1）应用程序EXE文件所在的同一目录。

（2）进程的当前工作目录，可以通过API函数GetCurrentDirectory()来获得。

（3）Windows系统目录，c:\Windows\system32，可以通过API函数GetSystemDirectory()来获得。

（4）Windows目录，比如c:\Windows，可以通过函数GetWindowsDirectory()来获得。

（5）列在Path环境变量中的一系列目录。

1. 隐式链接

隐式链接在应用程序（调用者）开发阶段就要把DLL的链接信息插入到应用程序（EXE）中，即调用者项目最终生成的应用程序（EXE）是包含DLL链接信息的，并且在开始执行时就要将DLL文件加载到内存当中，最终要等到应用程序运行结束才会释放DLL。

隐式链接实现起来相对比较简单。DLL项目在编译后会产生.dll文件和.lib文件。.lib文件也叫导入库文件，包含了DLL各种导出资源（数据、函数或类）的链接信息。应用程序如果要隐式链接DLL，比如通过导入库文件来获取DLL的链接信息，就是DLL中各种导出资源实际代码的指针（地址），通过这些指针，就可以具体执行DLL中的代码了。

隐式链接使用DLL的基本流程是：

（1）在应用程序项目中引用导入库文件（.lib）。

（2）在应用程序中包含头文件。

（3）在应用程序中调用DLL中的数据、函数或类。

其中，在应用程序项目中引用导入库文件又有3种方式：一是在项目属性中设置；二是使用指令#pragma comment；三是直接添加到解决方案视图中。下面我们分别演示这3种方式的例子，最后可以发现其实第三种方式最简单。

【例7.3】　隐式链接方式使用DLL（属性设置.lib文件）

（1）把例7.1的目录复制一份，然后打开它的解决方案。

（2）在解决方案中再添加一个项目来调用Test.dll中的函数f()。切换到解决方案视图，右击解决方案Test，然后在弹出的快捷菜单中依次选择菜单选项“添加→新建项目”，而后在“新建新项目”对话框中新建一个MFC应用程序，项目的名称是UseDll，接着在“MFC应用程序向导”对话框中选择应用程序类型为“基于对话框”，最后单击“完成”按钮，这样我们在解决方案中就建立了一个对话框项目。

再切换到UseDll的资源视图，打开对话框设计界面，删掉上面所有的控件，然后拖放一个按钮到对话框中，并为这个按钮添加单击事件处理函数，代码如下：

```
void CUseDllDlg::OnBnClickedButton1()
{
    // TODO:  在此添加控件通知处理的程序代码
    f();
}
```

在Test.cpp开头处添加包含头文件的指令：

```
#include "../Test//Test.h"
```

直接包含Test项目下的Test.h头文件，如果在Test.h中有修改，那么它的调用者UseDll项目就可以马上知道。

为UseDll项目设置Test.lib，打开UseDll的项目属性对话框，在左边选择“链接器→常规”，在右边找到“附加库目录”，在其旁边输入$(OutDir)，如图7-4所示。

$(OutDir)表示解决方案的输出路径，如d:\code\ch07\7.1\Test\Debug\，这样UseDll项目就知道要到解决方案的输出目录下去找导入库文件。接着在左边选择“输入”，在右边的“附加依赖项”旁边输入Test.lib，如图7-5所示。

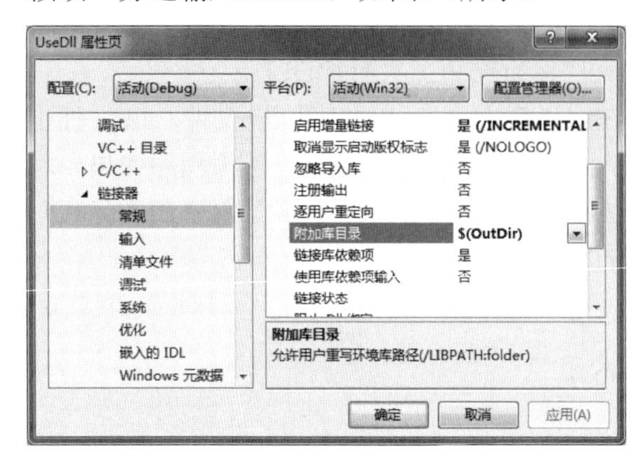

图7-4

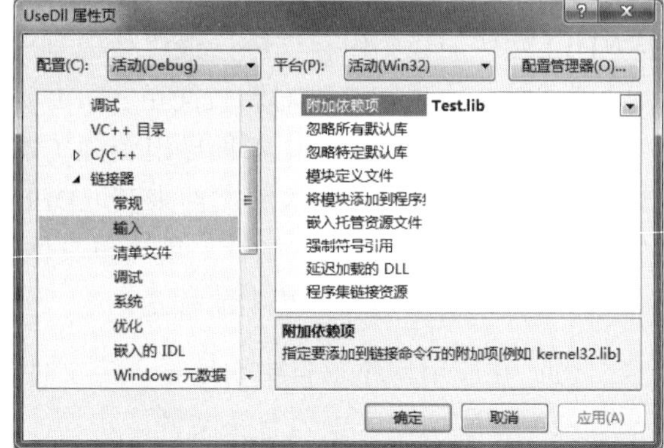

图7-5

这样就告诉了UseDll需要导入库文件Test.lib。最后单击“保存”按钮。

（3）保存项目并运行，运行结果如图7-6所示。

图7-6

【例7.4】 隐式链接方式使用DLL（#pragma comment引用.lib文件）

（1）把例7.1的目录复制一份，然后打开解决方案。

（2）解决方案中再添加一个项目来调用Test.dll中的函数f()。在这个项目中，通过指令#pragma comment来引用导入库文件Test.lib，新建的项目是一个对话框项目，项目名是UseDll2。然后打开对话框设计界面，去掉所有控件，然后放一个按钮，并添加单击事件处理函数，代码如下：

```
void CUseDll2Dlg::OnBnClickedButton1()
{
    // TODO:  在此添加控件通知处理程序代码
    f();
}
```

在Test.cpp开头处添加包含头文件和引入库的指令：

```
#include "../Test//Test.h"
#pragma comment(lib, "Test.lib")
```

Test.lib位于输出目录下，即解决方案的Debug目录，这个路径可以用$(OutDir)来表示，因此我们要为UseDll2设置Test.lib所在路径为$(OutDir)，即在项目属性对话框中把附加库目录设置为$(OutDir)，与UseDll项目的设置方法一样。

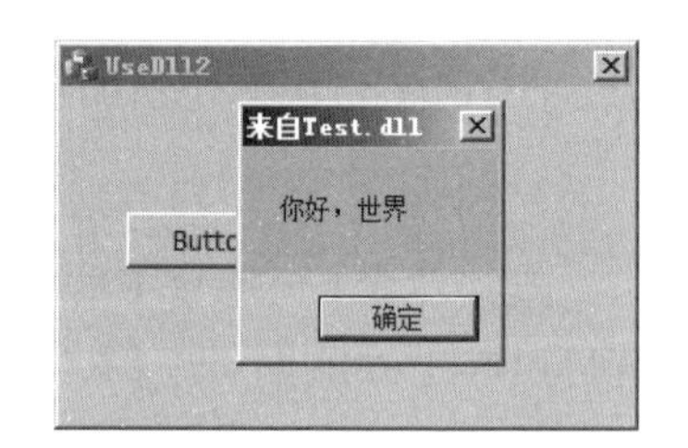

图7-7

（3）保存UseDll2项目并运行，运行结果如图7-7所示。

【例7.5】　隐式链接方式使用DLL（.lib文件添加到解决方案）

（1）把例7.1的目录复制一份，然后打开它的解决方案。

（2）在解决方案中再添加一个对话框项目UseDll3来调用Test.dll中的函数f()。将Test项目生成的导入库文件Test.lib直接拖入新建项目的解决方案视图中。

（3）切换到UseDll3的解决方案视图，同时打开解决方案目录下的Debug子目录，这个子目录下有Test项目生成的Test.lib文件（如果没有，可以先生成Test项目），然后把Test.lib文件拖放到UseDll3的解决方案视图中（拖放到项目名UseDll3时再松开鼠标按钮），此时会在UseDll3项目下出现Test.lib文件，如图7-8所示。

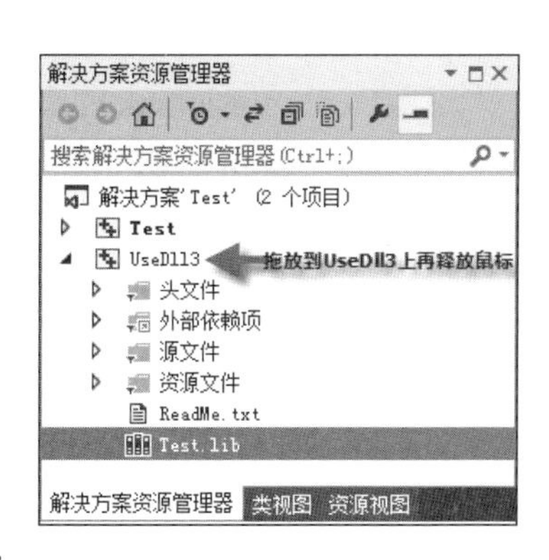

图7-8

（4）切换到UseDll3的资源视图，打开对话框设计界面，去掉所有控件，然后放入一个按钮，并添加单击事件处理函数，代码如下：

```
void CUseDll3Dlg::OnBnClickedButton1()
{
    // TODO:  在此添加控件通知处理的程序代码
    f();
}
```

在Test.cpp开头处添加包含头文件的指令：

```
#include "../Test//Test.h"
```

直接包含Test项目下的Test.h，如果在Test.h中有任何修改，那么它的调用者项目UseDll就可以马上知道。

（5）保存项目并运行，结果如图7-9所示。

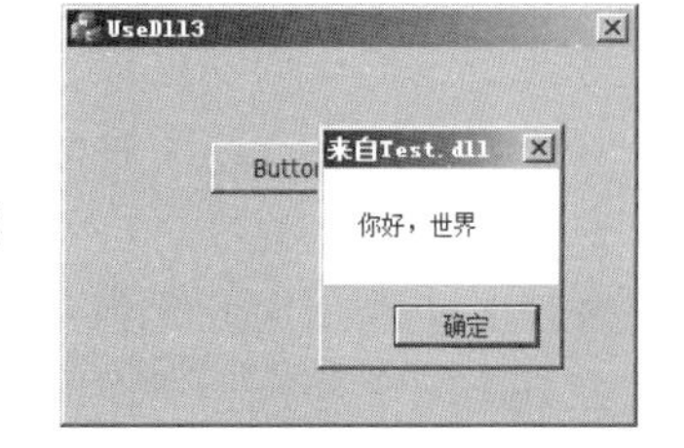

图7-9

2. 显式链接

前面提到，隐式链接使用DLL时，在应用程序（调用者）加载的同时也要把DLL加载到内存中。如果应用程序要使用多个DLL，在应用程序刚开始运行时就要把多个DLL加载到内存中，而且一直到应用程序运行结束才会从内存中卸载，即使在运行过程中某个DLL已经不需要再使用了，也无法卸载。显式链接则不存在这个问题，它可以使应用程序在需要用到DLL时再加载，并且在不需要DLL的时候就马上卸载掉。

显式链接方式不需要使用导入库文件（.lib文件），而是通过3个API函数来实现动态链接库的调用，即先通过函数LoadLibrary()来加载动态链接库，再通过函数GetProcAddress()来获取动态链接库中的导出函数地址并执行导出函数，最后通过函数FreeLibrary()来卸载动态链接库。

函数LoadLibrary()的原型声明如下：

```
HMODULE WINAPI LoadLibrary( LPCTSTR lpFileName);
```

其中，参数lpFileName指向要加载的动态链接库文件的路径（包括文件名的路径）或文件名，如果lpFileName不是路径而只是一个文件名，则这个函数会通过标准的搜索策略来搜索这个文件。如果这个函数成功找到文件，就返回加载成功的动态链接库模块句柄，如果失败，就返回NULL，失败错误代码可以通过函数GetLastError()来获得。

函数GetProcAddress()的原型声明如下：

```
FARPROC GetProcAddress(HMODULE hModule, LPCSTR lpProcName);
```

其中，参数hModule是动态链接库的模块句柄；参数lpProcName是动态链接库中导出函数或导出变量的名称，类型是LPCSTR，即CHAR *。如果这个函数成功，则返回期望的导出函数或导出变量的地址，否则返回NULL，失败错误代码可以通过函数GetLastError()来获得。

函数FreeLibrary()的原型声明如下：

```
BOOL FreeLibrary(HMODULE  hModule);
```

其中，函数hModule()是已经加载成功的动态链接库的模块句柄。如果函数成功，则返回非零，否则返回零。

下面通过一个例子来说明显式链接方式如何使用DLL。先用VC来调用一下DLL，以证明DLL本身没有问题。

【例7.6】 VC以显式方式使用动态链接库

（1）把例7.2的目录复制一份，然后打开它的解决方案。

（2）在解决方案中再添加一个Win32控制台项目，项目名为UseDll，用来调用Test.dll中的函数f()。打开UseDll项目中的UseDll.cpp，添加如下代码：

```
// UseDll.cpp : 定义控制台应用程序的入口点
//
#include "stdafx.h"
#include "windows.h"
typedef int(*FUNC)(TCHAR *, int);                    //定义函数指针类型
int _tmain(int argc, _TCHAR* argv[])
{
    HINSTANCE hDll = NULL;                            //定义DLL的句柄
    FUNC myf;//定义函数
    int res;
    hDll = LoadLibrary(_T("Test.dll"));               //加载DLL
    if (!hDll)
    {
        puts("Test.dll加载失败");
        goto end;
    }
    myf = (FUNC)GetProcAddress(hDll, "f1");           //获取Test.dll中的函数f1()的地址
    if (!myf)
    {
        puts("获取函数失败");
        goto end;
    }
    res = myf(_T("你好"), 10);                        //执行函数
    printf("返回值是：%d\n", res);
    FreeLibrary(hDll);                                //释放DLL
end:
```

```
    return 0;
}
```

调用Test.dll中的函数f1()，根据函数f1()的原型定义一个函数类型FUNC，有了这个函数类型，就可以定义函数名myf，该函数名最终用来存放Test.dll中函数f1()的地址。加载Test.dll通过API函数LoadLibrary()来实现，如果成功则把DLL模块句柄存放在hDll中。然后通过调用函数GetProcAddress()来获得Test.dll中函数f1()的地址，并存于myf中，接着执行函数myf()，其实就是执行函数f1()。等执行完毕后，再调用函数FreeLibrary()来释放动态链接库。

（3）保存项目并运行，结果如图7-10所示。

图7-10

7.4.3　函数DllMain()

控制台程序有入口函数main()，图形界面程序有入口函数WinMain()，DLL程序也可以有一个入口函数，就是DllMain()，但它不是必需的，是可选的。如果动态链接库程序中有函数DllMain()，则会在采用隐式链接时首先调用这个函数；在采用显式链接时，函数LoadLibrary()和FreeLibrary()都会调用函数DllMain()。

函数DllMain()不必自己建立，在新建一个Win32 DLL项目的时候，默认情况下会自动建立一个DllMain()函数。比如我们新建一个Win32项目，在向导程序中把应用程序类型设置为“动态链接库（.dll）”，其他选项保持默认设置即可，然后单击“确定”按钮，如图7-11所示。

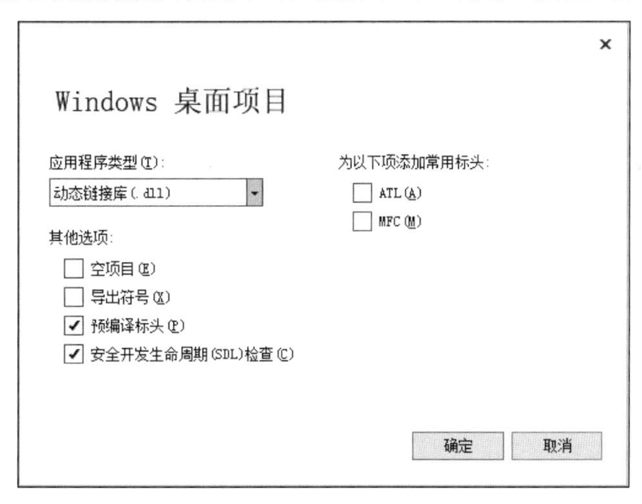

图7-11

然后会生成一个Win32 DLL项目，并且已经为我们创建了两个cpp文件：Test.cpp和dllmain.cpp。通常前者存放我们的实现代码，后者存放DLL的入口函数DllMain()。函数DllMain()的一般形式如下：

```
BOOL APIENTRY DllMain( HMODULE hModule, DWORD  ul_reason_for_call,
                       LPVOID lpReserved )
{
```

```
    switch (ul_reason_for_call)
    {
        case DLL_PROCESS_ATTACH:
        case DLL_THREAD_ATTACH:
        case DLL_THREAD_DETACH:
        case DLL_PROCESS_DETACH:
            break;
    }
    return TRUE;
}
```

函数DllMain()有3个参数：hModule为该DLL实例的句柄，也就是本DLL映射到进程地址空间后，在该进程地址空间中的位置lpReserved保留不用；ul_reason_for_call表示调用DllMain()函数的原因，有4种调用方式，分别是DLL_PROCESS_ATTACH、DLL_PROCESS_DETACH、DLL_THREAD_ATTACH和DLL_THREAD_DETACH。

（1）DLL_PROCESS_ATTACH

当一个DLL文件（通过隐式链接或显式链接的函数LoadLibrary()加载）被映射到进程的地址空间时，系统调用该DLL的DllMain()函数，并把DLL_PROCESS_ATTACH传递给参数ul_reason_for_call。这种调用只会发生在第一次映射时，如果同一个进程再次调用函数LoadLibrary()来加载已经映射进来的DLL，操作系统只会增加DLL的使用次数，而不会再用DLL_PROCESS_ATTACH调用DLL的DllMain()函数。不同进程用函数LoadLibrary()来加载同一个DLL时，每个进程的第一次映射都会用DLL_PROCESS_ATTACH调用DLL的DllMain()函数。一般可以把一些初始化的工作放在case DLL_PROCESS_ATTACH中。

（2）DLL_PROCESS_DETACH

当系统将一个DLL从进程地址空间中的映射撤销时，则会向DllMain()函数传入DLL_PROCESS_DETACH。可以在此处做一些清理工作，但要注意当用DLL_PROCESS_ATTACH调用DLL的DllMain()函数时，如果返回False，就说明没有初始化成功，系统仍会用DLL_PROCESS_DETACH调用DLL的DllMain()函数。因此，必须确保清理那些没有成功初始化的东西。

当调用FreeLibrary()时，若该进程的线程使用计数为0，则操作系统会使用DLL_PROCESS_DETACH来调用DllMain()函数；若使用计数大于0，则减少该DLL的计数。

除了FreeLibrary()函数可以解除DLL的映射之外，当进程结束的时候DLL映射也会被解除，但要注意，如果用函数TerminateProcess()来结束进程，则系统不会用DLL_PROCESS_DETACH来调用DLL的DllMain函数()。

（3）DLL_THREAD_ATTACH

当进程创建一个线程时，系统会检查当前已映射到该进程空间中的所有DLL映像，并用DLL_THREAD_ATTACH来调用每个DLL的DllMain()函数。

只有当所有DLL都完成了对DLL_THREAD_ATTACH的处理后，新线程才会执行它的线程函数。比如已经加载了DLL的进程中有创建线程的代码：

```
CreateThread(NULL, 0, ThreadProc, 0, 0, NULL);
```

函数ThreadProc()是线程函数，代码如下：

```
DWORD WINAPI ThreadProc(LPVOID lpParam)
{
    return 0;
}
```

当线程创建的时候会先调用DllMain()函数，并传入参数DLL_THREAD_ATTACH，再执行线程函数ThreadProc()。

另外，主线程不可能用DLL_THREAD_ATTACH来调用DllMain()函数，因为主线程必然是在进程初始化的时候用DLL_PROCESS_ATTACH调用DllMain()函数。

（4）DLL_THREAD_DETACH

当线程函数执行结束的时候，会用DLL_THREAD_DETACH来调用当前进程地址空间中所有DLL镜像的DllMain()函数。当每个DLL的DllMain()函数都处理完毕后，系统才会真正地结束线程。

如果线程在DLL被卸载（调用FreeLibrary()）之前结束，则会用DLL_THREAD_DETACH调用DllMain()函数。如果线程在DLL卸载之后结束，则不会用DLL_THREAD_DETACH来调用DllMain()函数。如果要在case DLL_THREAD_DETACH中释放内存，就一定要注意DLL_THREAD_DETACH有没有被执行到，否则会造成内存泄漏。

下面举例看一下DllMain()函数的序列化调用：

进程中有两个线程A与B。在进程的地址空间中，映射了一个名为SomeDll.dll的DLL。两个线程都准备通过调用CreateThread()来创建另外两个线程C和D。

当线程A调用CreateThread()来创建线程C的时候，系统会用DLL_THREAD_ATTACH来调用SomeDll.dll的DllMain()函数，当线程C执行DllMain()函数时，线程B调用CreateThread()函数来创建线程D。

这时，系统同样会用DLL_THREAD_ATTACH来调用SomeDll.dll的DllMain()函数，让线程D来执行其中的代码。只是系统会对DllMain()函数执行序列化，将线程D挂起，直至线程C执行完DllMain()函数中的代码返回为止。当线程C执行完DllMain()函数中的代码并返回时，可以继续执行C的线程函数。此时，系统会唤醒线程D，让D执行DllMain()函数中的代码。当线程D返回后，开始执行线程函数。

7.4.4 在Qt中调用DLL的导出函数

Qt调用DLL的导出函数有4种方法：第一种是使用Win32 API；第二种是使用Qt自身的API；第三种是直接调用DLL；第四种是可视化设置的方法，点点鼠标即可。

1. 使用Win32 API调用DLL导出函数

这个Win32 API就是函数LoadLibrary()，也就是显式链接方式。前面我们已经和它打过交道了（详见“显式链接”的章节）。加载DLL成功后，再调用Win32 API 函数GetProcAddress()来获取DLL中导出函数的地址，并保存在函数指针中，以后通过函数指针就可以直接调用导出函数，最后调用Win32 API 函数FreeLibrary()来释放DLL句柄。

值得注意的是，在Qt中调用Win32 API函数的时候，要在API函数前加::，表示该函数是一个全局的Win32 API函数，比如::LoadLibrary()。

【例7.7】 Qt利用Win32 API调用DLL导出函数（_declspec(dllexport)导出）

（1）启动Qt Creator，新建一个对话框项目，项目名为call。

（2）把例7.1在其解决方案的Debug目录下生成的Test.dll放到D盘。

（3）回到Qt Creator，打开对话框设计界面，在上面放置一个按钮，然后把按钮的text属性设置为“调用DLL的导出函数”，并为按钮添加clicked信号的槽函数：

```
void Dialog::on_pushButton_clicked()
{
    DWORD dw;
    HINSTANCE hDLL; // Handle to DLL
    FUNC lpfnDllFunc1; // Function pointer
    QString str;
    hDLL = ::LoadLibrary(L"d:\\Test.dll"); //注意别少了L
    if (hDLL)
    {
        lpfnDllFunc1 = (FUNC)GetProcAddress(hDLL,"f");//得到导出函数的实际地址
        if (!lpfnDllFunc1)
        {
            // 处理错误情况
            dw = ::GetLastError();
            FreeLibrary(hDLL);
            str=QString("GetProcAddress failed:%d1").arg(dw);
            QMessageBox::information(this,"Error code",str);
        }
        else
        {
            lpfnDllFunc1();          //调用导出函数
            FreeLibrary(hDLL);       //释放句柄
        }
    }
    else
    {
        dw = ::GetLastError();
        str=QString("Load dll failed:%1").arg(dw);
        QMessageBox::information(this,"Error",str);
    }
}
```

我们定义了HINSTANCE类型的DLL句柄hDLL，如果用LoadLibrary()函数加载DLL成功，就把返回的DLL句柄保存在hDLL中。FUNC是函数类型，在dialog.cpp文件开头中的定义如下：

```
typedef void ( * FUNC)();
```

注意例7.1中Test.dll内的导出函数f()既没有参数，也没有返回值，这里FUNC的返回类型和参数情况要与之对应。定义了FUNC后，就可以来定义函数指针了，在上面的代码中我们定义的函数指针是lpfnDllFunc1。

由于Qt项目默认在项目文件中采用Unicode编码，因此LoadLibrary()函数实际上被当作宽字符版本函数LoadLibraryW()，里面的参数字符串也必须是宽字符，需要加L（Win32编程中可以把普通字符串转为宽字符串的宏）。当然不用L也可以，但要把项目文件设置为窄字符集的项目文件，即去掉UNICODE设置，方法是在pro文件中添加DEFINES-= UNICODE。

如果::LoadLibrary()函数加载成功，就可以调用GetProcAddress()函数来获得导出函数在DLL中的实际内存地址。Win32 API函数GetProcAddress()不区分窄字符和宽字符版本，只有一个窄字符版本，因此第二个字符串前不需要加L。如果GetProcAddress()函数成功得到了导出函数的实际地址，就可以直接调用了。如果失败，我们将通过Win32 API函数GetLastError()来获得错误码，以便判断错误。

（4）在文件开头添加包含头文件的指令：

```
#include <windows.h>            //为了使用Win32 API函数
#include <QMessageBox>          //为了使用QMessageBox信息框
```

（5）按Ctrl+R快捷键运行项目，然后单击界面中的按钮，此时会报错，如图7-12所示。

这表明用LoadLibrary()函数加载Test.dll失败了。通过msdn去查询193这个错误码，或者到网址https://docs.microsoft.com/zh-cn/windows/win32/debug/system-error-codes中去查询。

可以发现，193错误码对应的英文提示是：

```
ERROR_BAD_EXE_FORMAT
   193 (0xC1)
%1 is not a valid Win32 application.
```

意思就是exe程序不是一个32位的Windows程序。仔细一想，确实如此，我们用Qt生成的可执行程序是64位的程序，而在64位的Windows系统中，一个64位的进程不能加载一个32位DLL。同理，一个32位的进程也不能加载一个64位的DLL。目前例7.1中的DLL是32位的，所以加载失败了。我们把例7.1中的Test项目目录复制一份到例7.7的目录下（或者其他目录也可以）。然后进入Test目录，用VC2017打开这个项目，然后在主界面的工具栏上找到“x86”，单击旁边的下三角按钮，而后选择“配置管理器”选项，如图7-13所示。

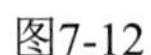
图7-12

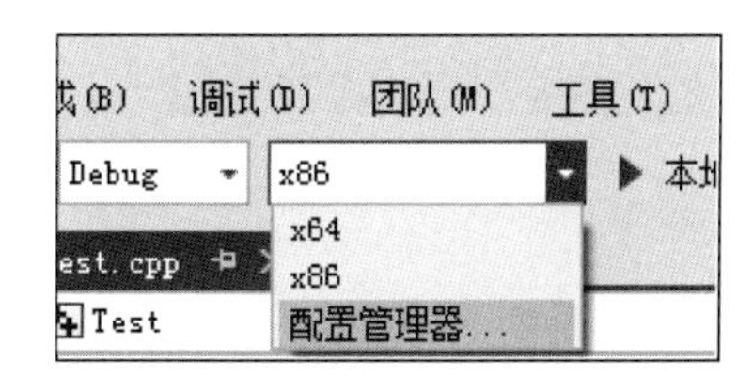

图7-13

此时将出现“配置管理器”对话框，然后在“活动解决方案平台”下选择“新建”选项，如图7-14所示。

随后将出现“新建解决方案平台”对话框，接着在“键入或选择新平台”下选择“x64”，而后单击“确定”按钮，如图7-15所示。

然后关闭配置管理器对话框。此时工具栏上应该出现“x64”，如果没有出现，重新选择一下，如图7-16所示。

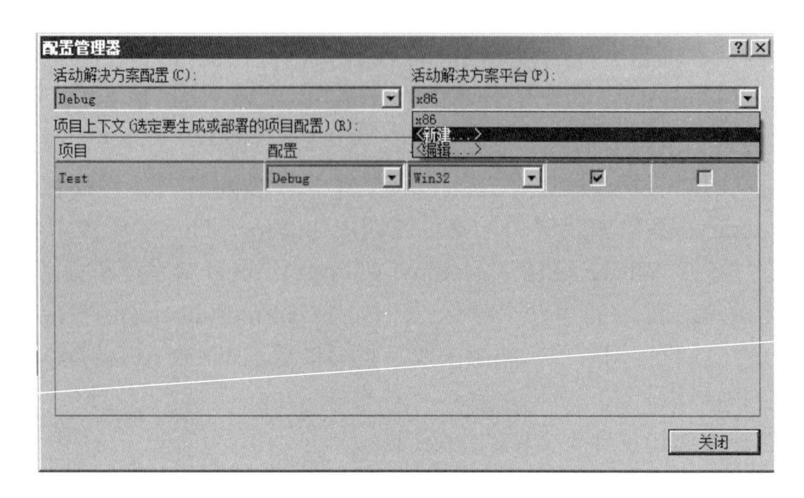

图7-14

现在64位的VC编译配置环境准备好了，下面按Ctrl+Shift+B快捷键（生成解决方案快捷键）来生成64位的Test.dll。这个文件在解决方案目录下的x64\Debug\路径下，我们把它放到D盘。

再回到Qt Creator中，按Ctrl+R快捷键运行项目，然后单击界面中的按钮，居然又报错了，不过错误提示不同，如图7-17所示。

和前面的错误提示不同，这次应该是DLL已经加载成功。查询错误码127，英文的错误提示如下：

```
ERROR_PROC_NOT_FOUND
    127 (0x7F)
    The specified procedure could not be found.
```

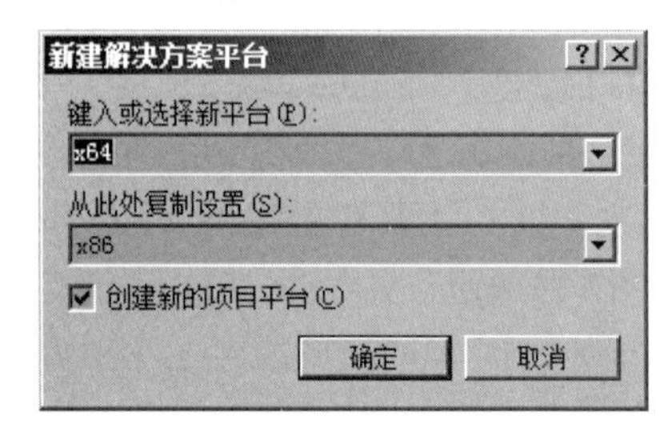

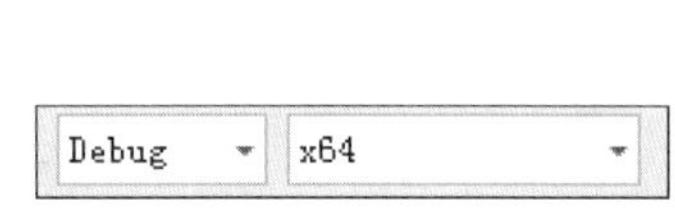

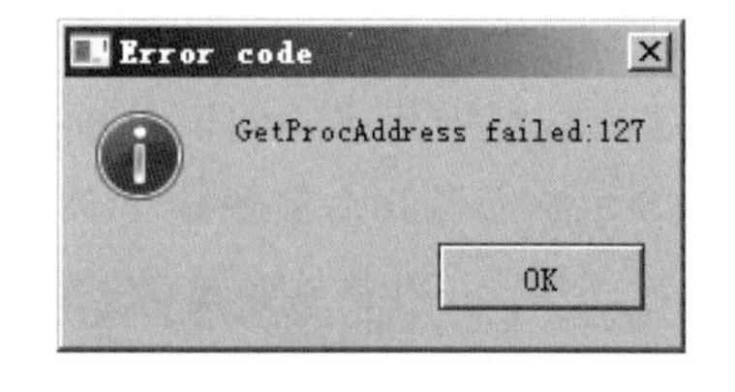

图7-15　　图7-16　　图7-17

它的意思是函数没有找到。我们可以用DLL查看工具depends.exe来查看，这个是老牌的VC工具，虽然现在VC已经不自带这个工具了，但是依旧可以从官网上下载（http://www.dependencywalker.com/），而且新下载的版本可以查看64位的DLL，而原VC6版本自带的这个工具只能查看32位版本的DLL。

笔者下载下来的版本是2.2。它是绿色软件，不需要安装，直接运行，然后把Test.dll拖进去，单击左边的TEST.DLL，右边就会显示该DLL中所有的导出函数，如图7-18所示。

E	Ordinal ^	Hint	Function	Entry Point
C++	1 (0x0001)	0 (0x0000)	?f@@YAXXZ	0x000111C2

图7-18

从图中可以看到Function下的导出函数名是“?f@@YAXXZ”。C++有重载功能，而且我们的Test项目是一个C++项目，所以导出的函数f()被C++编译器改名了，因为要支持重载。而我们现在在Qt中用了GetProcAddress()函数，它的第二个参数和Test.h的导出函数h()是一致的，所以就找不到了（因为Test.dll中并没有函数f()，只有?f@@YAXXZ）。那怎么才能让Test.dll导出函数f()呢？答案是用extern "C"。

用VC重新打开解决方案文件Test.h，然后修改Test.h：

```
#ifndef _TEST_H
#define _TEST_H
#ifdef __cplusplus  //如果是C++，则使用extern "C"
extern "C" {
#endif
_declspec(dllexport) void f();  //声明函数f()为导出函数
#ifdef __cplusplus
}
#endif
#endif
```

__cplusplus是cpp中的自定义宏。定义了这个宏就表示这是一段cpp的代码，也就是说，上面代码的含义是：如果这是一段cpp的代码，那么加入extern "C"来处理{}中括起来的代码。要明白为何使用extern "C"，还得从cpp中对函数的重载处理开始说起。在C++中，为了支持重载机制，在编译生成的汇编代码中，要对函数的名字进行一些处理，加入函数的返回类型等。而在C中，只是简单的函数名字而已，不会加入其他的信息，也就是C++和C对产生的函数名字的处理是不一样的。C++之父在设计C++之时，考虑到当时已经存在了大量的C代码，为了支持原来的C代码和已经写好的C库，需要在C++中尽可能支持C，extern "C"就是其中的一个策略。

在VC上依次单击主菜单的菜单选项“生成→重新生成解决方案”，然后把解决方案目录下的x64\Debug\Test.dll放到D盘。回到Qt Creator中，按Ctrl+R快捷键来运行这个项目，然后单击界面中的按钮，若显示结果如图7-19所示则表示成功了。

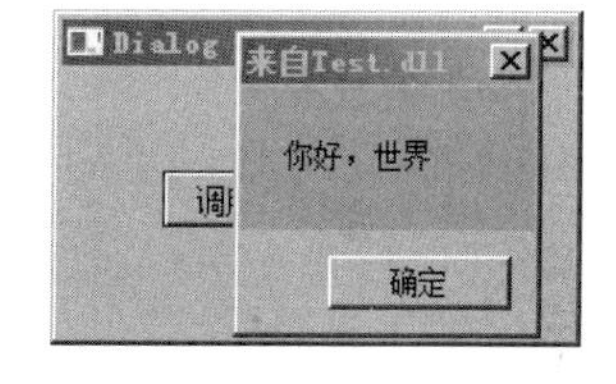

图7-19

这个“你好，世界”信息框是我们在Test.dll中的f()函数中调用MessageBox显示出来的，说明在Qt程序中调用dll的导出函数f()成功了。

总结一下，在Qt程序中如果需要利用Win32 API函数（显示链接）调用DLL中的导出函数，就要注意DLL是否是64位的，另外在头文件中还要加extern "C"。

这个Qt程序有一个地方需要完善一下：我们在LoadLibrary()函数中用了Test.dll，实际上相对路径用得更多一些，比如直接用"Test.dll"作为LoadLibrary()函数的参数，因此我们理解Test.dll放到哪些位置::LoadLibrary(L"Test.dll")才能找到。我们测试的第一个路径是把Test.dll和exe程序放在同一个目录下，把d:\Test.dll剪切并粘贴到Qt程序生成的路径下，即call项目的debug\目录下，再回到Qt Creator项目中的on_pushButton_clicked()函数中，修改调用LoadLibrary()函数的那一行：

```
hDLL = ::LoadLibrary(L"Test.dll");
```

按Ctrl+R快捷键来运行这个项目，然后单击界面中的按钮，成功了，如图7-20所示。

这说明放在和exe程序的同一个目录下，用相对路径是可以加载成功的。下面再把Test.dll剪切并粘贴到C:\Windows\System32下，这个路径也是经常存放DLL的地方，一般程序都会到这个路径下找所需的DLL。然后运行Qt项目，发现也成功了，如图7-21所示。

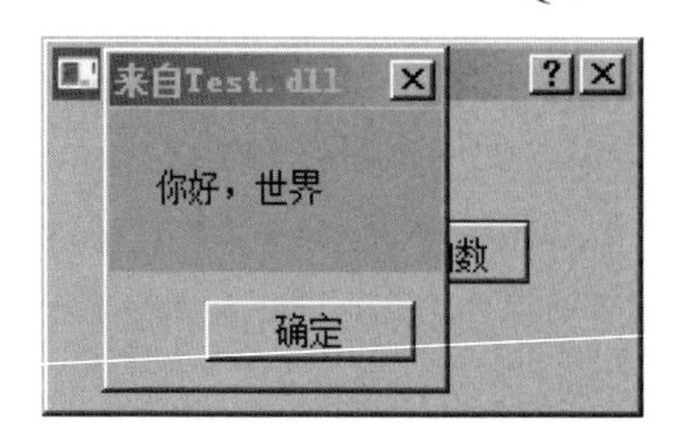

图7-20

图7-21

把C:\Windows\System32下的Test.dll删除，别"污染"了系统路径。至此，两大常用相对路径就都测试成功了，一个是和exe文件在同一个目录下，另外一个是在C:\Windows\System32目录下。

如果不想在头文件中写extern "C"，那么其他的方法也是有的，就是让DLL开发者不用_declspec(dllexport)导出函数，而使用def来导出函数。请看下例。

【例7.8】 Qt利用Win32 API调用DLL导出函数（def导出）

（1）启动Qt Creator，新建一个对话框项目，项目名为calldefdll。

（2）打开对话框设计界面，在上面放置一个按钮，然后把按钮的text属性设置为"调用DLL的导出函数"，并为按钮添加clicked信号的槽函数：

```
void Dialog::on_pushButton_clicked()
{
    DWORD dw;
    HINSTANCE hDLL; // Handle to DLL
    FUNC lpfnDllFunc1; // Function pointer
    QString str;
    hDLL = ::LoadLibrary(L"Test.dll"); //注意别少了L
    if (hDLL)
    {
        lpfnDllFunc1 = (FUNC)GetProcAddress(hDLL,"f2");//得到导出函数的实际地址
        if (!lpfnDllFunc1)
        {
            // 处理错误情况
            dw = ::GetLastError();
            FreeLibrary(hDLL);
            str=QString("GetProcAddress failed:%1").arg(dw);
            QMessageBox::information(this,"Error code",str);
        }
        else
        {
            lpfnDllFunc1();             //调用导出函数
            FreeLibrary(hDLL); //释放句柄
        }
```

```
    }
    else
    {
        dw = ::GetLastError();
        str=QString("Load dll failed:%1").arg(dw);
        QMessageBox::information(this,"Error",str);
    }
}
```

代码几乎和上例一样，再到dialog.cpp文件开头添加包含头文件的指令和FUNC的定义：

```
#include <windows.h>       //为了使用Win32 API函数
#include <QMessageBox>     //为了使用QMessageBox信息框
typedef void ( * FUNC)();
```

按Ctrl+R快捷键来运行这个项目，提示126的错误，该错误码表示DLL并不存在。下面我们生成64位的Test.dll并放到exe文件的同一个路径下。

（3）因为例7.2是用def生成DLL的，所以把例7.2的Test解决方案目录全部复制到calldefdll同一层目录。我们首先要对例7.2进行64位的改造，上例已经介绍过，这里不再赘述了。用VC打开新复制后的Test项目，重新生成解决方案，然后到解决方案目录的x64\Debug\下把生成的Test.dll复制到Qt可执行程序的生成路径debug\下，这样Test.dll和exe文件就在同一个目录下了。

（4）回到Qt Creator中，按Ctrl+R快捷键来运行这个项目，然后单击界面中的按钮，运行成功，如图7-22所示。

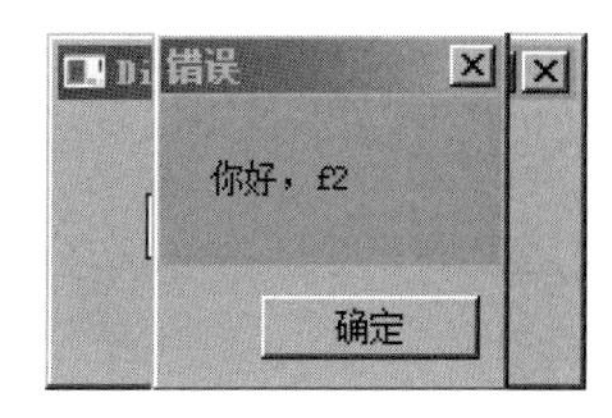

图7-22

这个“你好，f2”信息框是我们用Test.dll中的f2()函数调用MessageBox显示出来的。打开Test.h文件，发现其中并没有extern "C"之类的宏。以下是Test.h的内容，和例7.2不同的是，我们没有用TCHAR，而是明确指定f1()函数的sz参数是char*类型。

```
#ifndef _TEST_H
#define _TEST_H        //防止重复引用
#include "tchar.h"     //为了使用_T
int f1(char *sz,int n);
void f2();
#endif
```

这样就可以少写几行代码了，“功劳”全凭Test.def文件，是它指定了导出函数的具体名称。其内容如下：

```
EXPORTS
    f1
    f2
```

看到f1，突然想起来，我们前面调用的导出函数都是无参数无返回值的。这里正好有一个导出函数f1()，既有参数又有返回值，我们可以用它来练练手，学习在Qt中如何调用既有参数又有返回值的导出函数。为了使用char*，我们在VC中重新打开Test.cpp，并修改f1()的内容如下：

```
int f1(char *sz, int n)
{
    MessageBoxA(0,sz, 0, 0);
```

```
    return n;
}
```

因为Test项目是采用Unicode编码的项目，所以要明确调用MessageBoxA()函数来显示消息框，因为MessageBoxA()函数能使用char*的字符串。重新生成解决方案，并把生成的64位的Test.dll复制到Qt项目生成的可执行程序的同一目录中。

（5）在Qt Creator中打开对话框设计界面，在上面放置另一个按钮，然后把按钮的text属性设置为“调用DLL的导出函数（有参数又有返回值）”，并为按钮添加clicked信号的槽函数：

```
void Dialog::on_pushButton_2_clicked()
{
    DWORD dw;
    int res;
    HINSTANCE hDLL; // Handle to DLL
    FUNC1 lpfnDllFunc1; // Function pointer
    QString str;
    char sz[]="hello";
    hDLL = ::LoadLibrary(L"Test.dll"); //注意别少了L
    if (hDLL)
    {
        lpfnDllFunc1 =(FUNC1)GetProcAddress(hDLL,"f1");//得到导出函数的实际地址
        if (!lpfnDllFunc1)
        {
            // 处理错误情况
            dw = ::GetLastError();
            FreeLibrary(hDLL);
            str=QString("GetProcAddress failed:%1").arg(dw);
            QMessageBox::information(this,"Error code",str);
        }
        else
        {
            res = lpfnDllFunc1(sz,2);   //调用导出函数
            str=QString("f1 return:%1").arg(res);
            QMessageBox::information(this,"Note",str);
            FreeLibrary(hDLL);          //释放句柄
        }
    }
    else
    {
        dw = ::GetLastError();
        str=QString("Load dll failed:%1").arg(dw);
        QMessageBox::information(this,"Error",str);
    }
}
```

在调用lpfnDllFunc1()函数时，要注意传入两个参数：一个是char[]类型，另一个是int类型（整数类型）。另外，我们把lpfnDllFunc1()函数的返回值（也是int类型）存放在res中，并用QMessageBox把这些内容显示出来。f1()函数中的逻辑是显示传入的第一个参数中的内容，并把第二个整数类型的参数作为返回值返回，因此res应该是2。

（6）在Qt Creator中，按Ctrl+R快捷键来运行这个项目，然后单击下方的按钮，可以发现先后会显示两个信息框，一个是调用f1()函数显示的，另外一个是Qt中QMessageBox()函数显示的，如图7-23、图7-24所示。

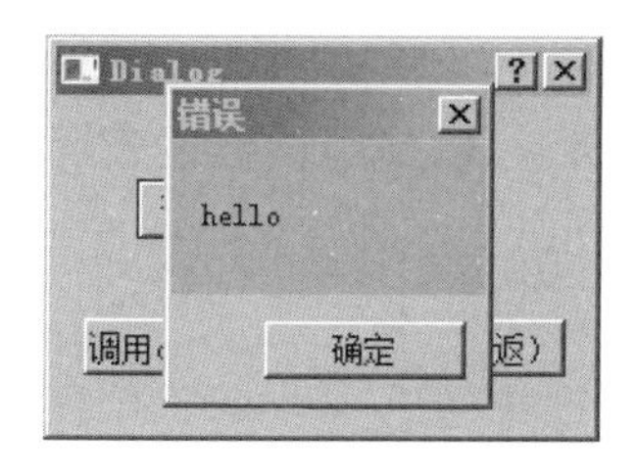

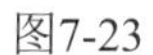
图7-23

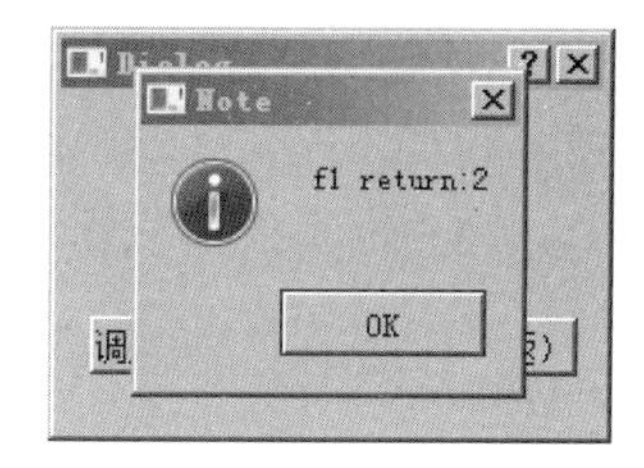

图7-24

至此，在Qt中调用DLL中的导出函数要进入尾声了。后面即将介绍进入Qt使用DLL中的导出变量。

2. 使用QLibrary类调用DLL导出函数

对于调用DLL的方法，Qt（QLibrary）本身就有相应的类，用起来和Win32的步骤差不多。使用QLibrary类可以在程序运行时加载动态链接库。一个QLibrary类的实例作用于单个共享库上。QLibrary类提供了一种平台无关的方式访问库中的函数，既可以在构建QLibrary类的实例时将要加载的库文件传入，也可以在创建实例后调用setFileName()显式地设置要加载的库文件的文件名。当加载库文件时，QLibrary类会搜索所有平台特定库文件存放的位置，除非传入的文件名中具有绝对路径。

如果传入的文件名中具有绝对路径，就会首先尝试加载该目录中的库文件。如果该文件找不到，QLibrary会使用不同平台特定的文件前缀或后缀再次尝试，比如UNIX和Mac平台的“lib”前缀、UNIX平台的“.so”后缀、Mac平台的“.dylib”后缀、Windows平台的“.dll”后缀。如果文件名中不含有绝对路径，QLibrary就会修改搜索顺序，首先尝试系统特定的前缀和后缀，紧接着是指定的文件路径。

所以，基于QLibrary对库文件的搜索机制，我们推荐在传入库文件时只传入该库文件的基本名，不写文件的前缀或后缀。这样一来，同一段代码可以运行于不同的操作系统中，并且该机制会保证进行最小次数的搜索。

QLibrary类中最重要的函数是load()，该函数动态地加载库文件，而函数isLoaded()可以用来检查库文件是否成功加载，resolve()函数则用来解析库中的符号地址，主要就是函数的地址。并且，resolve()函数在库文件未被加载时会隐式地尝试加载它。多个QLibrary类的实例可以访问同一个库文件。因为库文件一旦被加载，就会驻留在内存中，直到应用程序终止。当然，我们可以调用unload()函数来尝试卸载一个库文件，如果有其他QLibrary类的实例正在引用同一个库文件，unload()函数就会调用失败，并且该库文件会在所有实例都调用了unload()函数之后才被卸载。

QLibrary库的典型用法是去解析一个库中的导出符号，并调用该符号表示的C函数。这被称为“显式链接”。该过程和上面用Win32 API函数LoadLibrary()加载后再解析的过程一样。QLibrary类的一个典型用法如下：

```
QLibrary myLib("mylib");
typedef void (*MyPrototype)();
MyPrototype myFunction = (MyPrototype) myLib.resolve("mysymbol");
if (myFunction)
   myFunction();
```

出于方便，该类还提供了一个静态的resolve()函数，我们可以使用该函数来解析并调用一个库中的函数，而不需要先加载该库，如下代码所示：

```
typedef void (*MyPrototype)();
MyPrototype myFunction = (MyPrototype) QLibrary::resolve("mylib", "mysymbol");
if (myFunction)
   myFunction();
```

除了静态的resolve()函数，该类还提供了一个静态的isLibrary()函数，该函数可以根据特定平台来判断一个文件是否为可被加载的库，它的使用规则如表7-1所示。

表7-1 isLibrary()函数的使用规则

平　台	有效后缀
Windows	.dll，.DLL
UNIX/Linux	.so
AIX	.a
HP-UX	.sl，.so(HP-UXi)
OS X and iOS	.dylib，.bundle，.so

下面我们通过一个例子来简单使用一下该类。

【例7.9】 使用QLibrary类调用DLL的导出函数

（1）启动Qt Creator，新建一个对话框项目，项目名是call。

（2）打开对话框设计界面，在上面放置一个按钮，然后把按钮的text属性设置为“调用DLL的导出函数”，并为按钮添加clicked信号的槽函数：

```
void Dialog::on_pushButton_clicked()
{
   int res;
   FUNC myfunc;
   QString str;
   QLibrary lib("Test");
   if(lib.load())
   {
      myfunc = (FUNC)lib.resolve("f");
      if (!myfunc)
      {
         // 处理错误情况
         QMessageBox::information(this,"Error","resolve failed");
      }
      else
      {
         myfunc(); //调用导出函数
```

```
            }
        }
        else  QMessageBox::information(this,"Error","load failed");
    }
```

首先我们创建了QLibrary类的对象lib，构造函数的参数就是动态链接库文件的基本名Test，然后调用QLibrary类的成员函数load()来加载，如果加载成功，则调用QLibrary类的成员函数resolve()来解析DLL中的导出函数f()，如果不为NULL，则调用函数指针myfunc，这样就会调用到DLL中的导出函数。

接着在本文件开头添加包含头文件的指令和函数类型定义：

```
#include <QLibrary>
#include <QMessageBox>
typedef void (*FUNC)();
```

按Ctrl+B快捷键来构建这个项目，此时会生成call.exe。

（3）把例7.7在它的解决方案下的x64\Debug目录下生成的Test.dll放到call.exe的同一个目录（\debug）下。

按Ctrl+R快捷键来运行这个项目，然后单击界面中的按钮，显示Test.dll中f()函数的信息框，如图7-25所示。

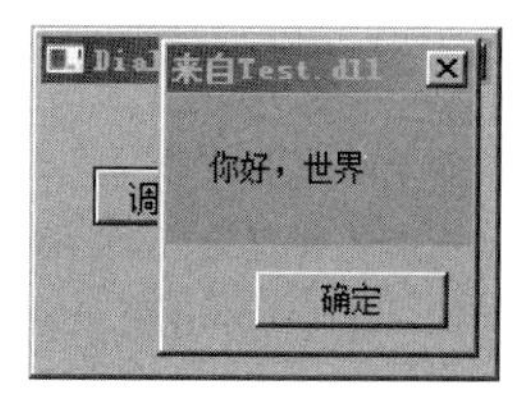

图7-25

至此，利用Qt自身的QLibrary类来调用DLL中的导出函数就成功了！

3. 直接调用 DLL中的导出函数

这一种方法比较简单，几乎不需要编码。首先把VC生成的导入库（.lib）文件放到Qt项目的项目目录下，把动态链接库（.dll）文件放到可执行程序的同一个目录下。然后在Qt项目的项目配置文件中指定导入库（.lib）文件的位置（既可以提供绝对路径，也可以提供相对路径），比如当前项目路径下有一个导入库文件，我们可以在Qt的项目配置文件（.pro）中添加如下相对路径：

```
LIBS += -L$$PWD/./ -lTest
```

其中，选项-L用来指定导入库文件的路径；$$PWD表示当前路径，在Qt项目中，表示项目路径。值得注意的是，每次修改了Qt项目配置文件（.pro）中的内容后，都要“重新构建所有项目”，而后按Ctrl+R快捷键来运行项目，否则可能不会生效。

最后在Qt项目中添加相应的头文件（和VC DLL项目的头文件内容相同，但不要直接复制过来，因为编码可能不同，建议新建，然后复制内容），这样就可以在需要的地方调用头文件中的导出变量了。

【例7.10】　直接法调用DLL中的导出变量

（1）启动Qt Creator，新建一个对话框项目，项目名为call。本例我们将直接调用例7.7中的导出函数f()。

（2）打开对话框设计界面，在上面放置一个按钮，然后把按钮的text属性设置为“调用DLL的导出函数”，并为按钮添加clicked信号的槽函数：

```
void Dialog::on_pushButton_clicked()
{
    f();
}
```

其中，f()是Test.dll中的导出函数。

在dialog.cpp开头添加包含头文件的指令：

```
#include "test.h"
```

在左边项目视图中右击Headers，然后在弹出的快捷菜单中选择“Add new...”选项，添加名为test.h的头文件，并在该头文件中输入如下内容：

```
#ifndef TEST_H
#define TEST_H
extern "C" void f();
#endif // TEST_H
```

函数f()的类型和例7.7项目中函数f()的类型相同。

按Ctrl+B快捷键来构建项目，这样输出目录就生成了。然后把例7.7的解决方案目录x64\Debug下的Test.dll文件复制到本例Qt的可执行程序生成目录的同一个目录下（即debug下），并把Test.lib复制到本例Qt项目目录下（和call.pro同一个目录）。

至此，文件已经放好。下面只需在Qt项目的项目配置文件（call.pro）中设置导入库文件Test.lib的引用即可。

（3）在Qt Creator中双击call.pro以打开它，然后在文件末尾“# Default rules for deployment.”前面添加：

```
LIBS += -LF:/mybook20180504-/qt/prj/code/07/7.10/call -lTest
```

其中，LIBS是Qt自带的变量，用于在.pro文件中指定需要包含的库，既可以包含Linux中的库，也可以包含Windows中的库。-L选项用来设置库所存放的路径，这里我们用了绝对路径，但绝对路径有时不方便，因此也可以使用相对路径。比如Test.lib存放在项目目录下，我们可以用如下的相对路径：

```
LIBS += -L$$PWD/./ -lTest
```

修改call.pro后，记得要“重新构建所有项目”，而后按Ctrl+R快捷键来运行这个项目，否则可能不会生效。

-l紧跟导入库的基本名（基本名就是没有后缀名的文件名，后缀名在有些操作系统中也叫扩展名，即Test.lib中的后缀名.lib不用写，只写Test即可）。这样，路径和库名称都设置好之后，就相当于告诉Qt项目它可以到这个设置中去找库文件。

（4）按Ctrl+R快捷键来运行这个项目，运行结果如图7-26所示。

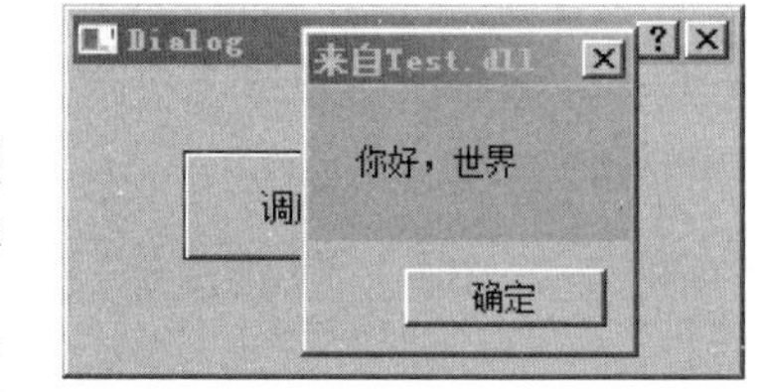

图7-26

4. 可视化法调用DLL中的导出函数

除了手动设置库文件的位置，还可以使用可视化导入的方式让Qt Creator自动生成导入库

文件。经过一通鼠标操作后，Qt会自动帮我们在项目配置文件（.pro）中添加导入库（.lib）的位置和名称，效果最终和直接法一致。

下面的例子依旧会调用例7.7中Test.dll的导出函数f()。我们需要把例7.7中64位的Test.dll放到本例可执行程序的同一个目录下。

【例7.11】 可视化法调用DLL中的导出函数

（1）启动Qt Creator，新建一个对话框项目，项目名为call。在本例中我们将直接调用例7.7中的导出函数f()。

（2）打开对话框设计界面，在上面放置一个按钮，然后把按钮的text属性设置为“调用DLL的导出函数”，并为按钮添加clicked信号的槽函数：

```
void Dialog::on_pushButton_clicked()
{
    f();
}
```

其中，f()是Test.dll中的导出函数。

在dialog.cpp开头添加包含头文件的指令：

```
#include "test.h"
```

在左边项目视图中右击Headers，然后在弹出的快捷菜单中选择“Add new...”选项，添加名为test.h的头文件，并输入如下内容：

```
#ifndef TEST_H
#define TEST_H
extern "C" void f();
#endif // TEST_H
```

函数f()的类型和例7.7项目中函数f()的类型相同。

按Ctrl+B快捷键来构建项目，这样输出目录就生成了。然后把例7.7的解决方案目录x64\Debug下的Test.dll文件复制到本例Qt的可执行程序生成目录的同一个目录下（即debug下），并把Test.lib复制到本例Qt项目目录下（和call.pro同一个目录）。

至此，文件已经存放好。下面只需通过鼠标操作在Qt项目的项目配置文件（call.pro）中设置好导入库文件Test.lib的引用即可。

在Qt Creator的项目视图中，右击树控件的根节点call，在弹出的快捷菜单中选择“添加库”选项，如图7-27所示。

此时会出现“添加库”对话框，选择“外部库”，然后单击“下一步”按钮。而后会出现用于选择库路径的“添加库”对话框，在该对话框中取消对“平台”下的“Linux”和“Mac”选项的勾选，然后在“库文件”右边单击“浏览”按钮，选择本项目目录下的Test.lib，再取消对“为debug版本添加'd'作为后缀”选项的勾选，如图7-28所示。

然后单击“下一步”按钮，出现“添加库”汇总对话框，并提示有3行代码被自动添加到call.pro中，单击“完成”按钮。此时查看call.pro文件，可以发现它的末尾处的确被添加了3行代码：

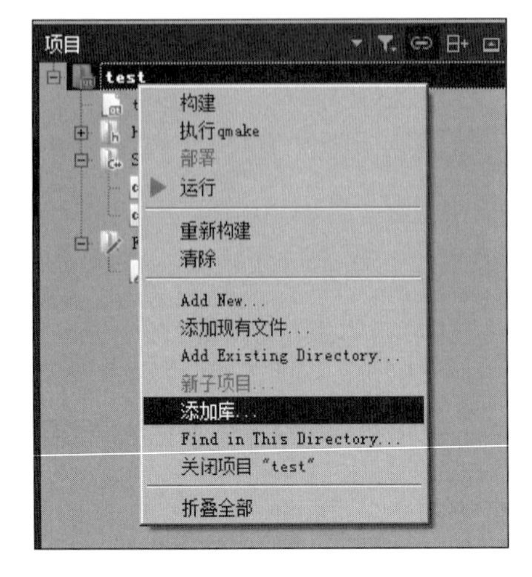

图7-27

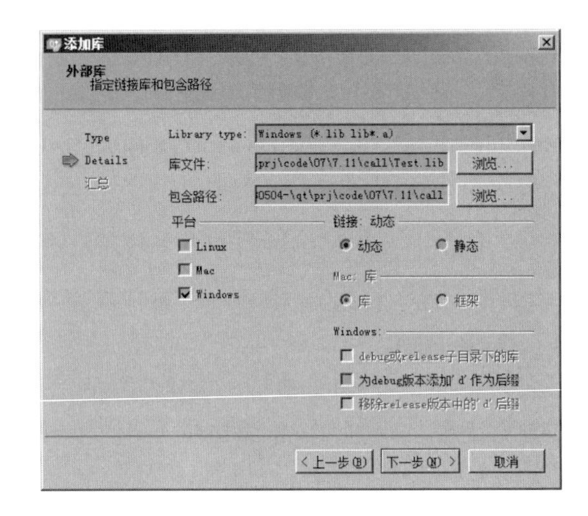

图7-28

```
win32: LIBS += -L$$PWD/./ -lTest
INCLUDEPATH += $$PWD/.
DEPENDPATH += $$PWD/.
```

第一行和我们前面采用直接调用法时手工添加的一样，分别用选项-L来指定导入库的路径、用选项-l指定导入库的名称Test（不带后缀名.lib）。

此时，依次单击主菜单的菜单选项“构建→重新构建所有项目”，然后按Ctrl+R快捷键来运行这个项目，单击运行界面中的按钮，出现“你好，世界”信息框，如图7-29所示。

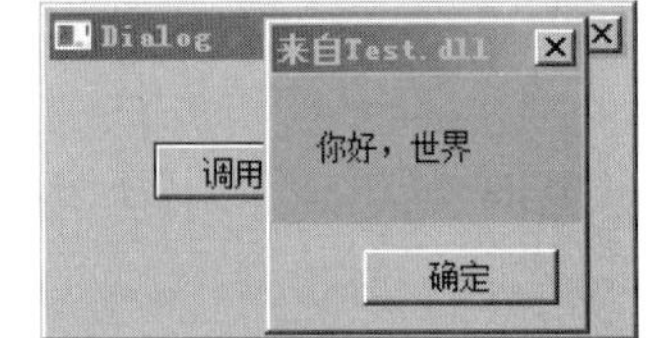

图7-29

至此，我们在Qt项目中调用DLL导出函数的4种方式全部介绍完毕。下面我们将介绍在Qt项目中调用DLL的导出变量，有了前面的基础，后面的理解就不会很难了。

7.4.5 在Qt中调用DLL的导出变量

1. 在DLL中导出变量

这里指的变量是DLL中的全局变量或类静态变量，而不能导出局部的变量或对象，因为局部变量或对象出了作用域就不存在了。导出一个变量或对象时，载入此DLL的每个客户程序都将获得自己的副本。如果两个不同的应用程序使用同一个DLL，那么一个应用程序所做的修改将不会影响另一个应用程序。

DLL定义的全局变量可以导出被调用程序访问。有两种方式可以用来导出变量：一种是使用模块定义文件，这种方式下在调用者项目中最好用_declspec(dllimport)来声明DLL中的变量，不声明的话也可以，但要把这个变量当作一个指针（地址）来使用，而非变量本身；另外一种方式是在DLL的头文件中使用_declspec(dllexport)进行声明，并且要在调用者项目中用_declspec(dllimport)来修饰导出的变量。

如果要导出DLL中类的静态变量，则必须在调用者项目中用_declspec(dllimport)对类进行修饰。

_declspec(dllimport)的作用是告诉调用者项目：这些函数、类或变量是从DLL中导入的，它能让编译器生成更好的代码，因为编译器通过它可以确定函数、变量或类是否存在于 DLL中，这使得编译器可以生成间接寻址的代码。对于函数，不使用_declspec(dllimport) 也能正确编译代码；对于全局变量，最好使用；对于类的静态变量，则必须要使用。

【例7.12】 以模块定义文件方式从DLL中导出全局变量（不使用_declspec(dllimport)）

（1）启动VC2017，新建一个Win32项目，项目名为Test。在向导程序中把应用程序类型设置为“DLL”，其他选项保持默认设置，然后单击“完成”按钮。

（2）打开Test.cpp，在其中定义一个全局变量：

```
int gdllvar=888;
```

再添加一个模块定义文件，并输入下列内容：

```
LIBRARY
EXPORTS
gdllvar CONSTANT
```

这样一个导出变量的DLL项目就完成了，编译后会生成Test.dll和Test.lib。

（3）在解决方案中添加一个新项目，用来调用Test.dll。这个新建项目是一个控制台项目，项目名是caller。同时打开caller项目的属性页对话框，展开左边的“链接器→常规”项，在右边的附加库目录旁输入“$(SolutionDir)$(Configuration)\”（表示解决方案的输出目录）；再在左边展开“链接器→输入”，在右边“附加依赖项”旁边输入“Test.lib”，然后单击“确定”按钮。

（4）打开caller.cpp，在其中输入如下代码：

```
#include "stdafx.h"
extern int gdllvar; //因为没有用__declspec(dllimport)，所以认为gdllvar为指针
int _tmain(int argc, _TCHAR* argv[])
{
    printf("%d,", *(int*)gdllvar);          //先输出原来的值
    *(int*)gdllvar = 66;                    //改为66
    printf("%d \n", *(int*)gdllvar);        //再输出新的值
    return 0;
}
```

需要注意的是，用extern int gdllvar声明所导入的并不是DLL中全局变量本身，而是其地址，应用程序（调用者）必须通过强制指针转换来使用DLL中的全局变量。这一点从*(int*)gdllvar中可以看出。因此在采用这种方式引用DLL全局变量时，千万不要进行如下赋值操作：

```
gdllvar= 100;
```

这样做的结果是使gdllvar指针的内容发生变化，在程序中再也引用不到DLL中的全局变量了。

（5）保存项目并运行，运行结果如图7-30所示。

图7-30

【例7.13】 以模块定义文件方式从DLL中导出全局变量（使用_declspec(dllimport)）

（1）打开VC2017，新建一个Win32项目，项目名为Test。在向导程序中把应用程序类型设置为“DLL”，其他选项保持默认设置，然后单击“完成”按钮。

（2）打开Test.cpp，在其中定义一个全局变量：

```
int gdllvar=888;
```

再添加一个模块定义文件，并输入下列内容：

```
LIBRARY
EXPORTS
gdllvar CONSTANT
```

这样一个导出变量的DLL项目就完成了，编译后会生成Test.dll和Test.lib。

（3）在解决方案中添加一个新的控制台项目，项目名为caller（用来调用Test.dll），然后打开caller.cpp，在其中输入如下代码：

```
#include "stdafx.h"
#pragma comment(lib,"..\\Debug\\Test.lib")
//用_declspec(dllimport)声明gdllvar是一个DLL中的变量
extern int _declspec(dllimport) gdllvar;
int _tmain(int argc, _TCHAR* argv[])
{
   printf("%d ", gdllvar);         //输出变量gdllvar原来的值
   gdllvar = 999;                  //这里就可以直接当变量使用了，无须进行强制指针转换
   printf("%d\n ", gdllvar);       //输出变量gdllvar的新值
   return 0;
}
```

通过_declspec(dllimport)方式声明变量后，编译器就知道gdllvar是DLL中的全局变量了，所以可以当变量来使用，而不再是变量的地址。建议大家在导出全局变量的时候最好用_declspec(dllimport)。

（4）保存项目并运行，运行结果如图7-31所示。

图7-31

【例7.14】 以_declspec(dllexport)方式从DLL中导出全局变量

（1）打开VC2017，新建一个Win32项目，项目名为Test，在向导程序中把应用程序类型设置为“DLL”，其他选项保持默认设置，然后单击“完成”按钮。

（2）切换到解决方案视图，新建一个头文件Test.h，输入如下代码：

```
#ifdef  INDLL
#define  SPEC  _declspec(dllexport)
#else
#define  SPEC  _declspec(dllimport)
#endif
extern  "C"
{
   SPEC  extern  int gdllvar1;          //声明要导出的全局变量
   SPEC  extern  int gdllvar2;          //声明要导出的全局变量
}
```

因为在调用者项目中是不认识_declspec(dllexport)的，所以要用一个宏INDLL来控制SPEC在不同项目中的定义。在DLL项目中，我们将定义INDLL，这样SPEC就是_declspec(dllexport)；在调用者项目中，我们不会定义INDLL，这样SPEC就是_declspec(dllimport)。另外，变量是在cpp文件中定义的，这里只是声明，所以要用extern。而且，为了让DLL中的导出变量名称和这里声明的变量名一致，要用extern "C"，以方便调用者能直接引用变量gdllvar1和gdllvar2。

（3）打开Test.cpp，在其中输入如下代码：

```
#include "stdafx.h"
#ifndef INDLL                              //这个宏定义必须在Test.h前面
#define INDLL
#endif
#include "Test.h"
int gdllvar1 = 88, gdllvar2=99;            //定义两个全局变量
```

宏INDLL必须在Test.h前面定义，这样Test.h中的SPEC才会被定义为_declspec(dllexport)。

（4）编译Test项目，得到Test.dll和Test.lib。

（5）切换到解决方案视图，在解决方案下添加一个新的控制台项目caller，它将使用Test.dll中导出的全局变量。

（6）打开caller.cpp，输入如下代码：

```
#include "stdafx.h"
#include "../Test/Test.h"
#pragma comment(lib,"../debug/Test.lib")
int _tmain(int argc, _TCHAR* argv[])
{
    printf("%d,%d\n", gdllvar1, gdllvar2);
    gdllvar1++;
    gdllvar2++;
    printf("%d,%d\n", gdllvar1, gdllvar2);
    return 0;
}
```

代码比较简单。

（7）把caller项目设为启动项目后编译运行，得到的运行结果如图7-32所示。

```
88,99
89,100
请按任意键继续. . .
```

图7-32

【例7.15】　从DLL中导出类的静态变量

（1）打开VC2017，新建一个Win32项目，项目名为Test，在向导程序中把应用程序类型设置为“DLL”，其他选项保持默认设置，然后单击“完成”按钮。

（2）切换到解决方案视图，新建一个头文件Test.h，输入如下代码：

```
#ifdef  INDLL
#define  SPEC  _declspec(dllexport)
#else
#define  SPEC  _declspec(dllimport)
#endif
```

```
class SPEC CMath
{
    public:
        CMath ();
        virtual ~ CMath ();
    public:
        static double  PI; //定义一个类的静态变量
};
```

通过控制宏INDLL可以让SPEC定义为_declspec(dllexport)或_declspec(dllimport)。在Test项目中，SPEC为_declspec(dllexport)；在调用者项目中，SPEC为_declspec(dllimport)。

（3）打开Test.cpp，在其中添加CMath类的实现，代码如下：

```
#include "stdafx.h"
#define INDLL //这样定义后，Test.h中的SPEC为_declspec(dllexport)
#include "Test.h"
CMath::CMath(){}
CMath::~CMath(){};
double CMath::PI = 3.14; //对类的静态变量赋值
```

INDLL必须在Test.h之前定义。编译Test项目，此时会生成Test.dll和Test.lib。

（4）切换到解决方案视图，添加一个新的控制台项目caller。caller生成的程序将对Test.dll进行调用。打开caller.cpp，输入如下代码：

```
#include "pch.h"
#include <stdio.h>
#include "../Test/Test.h"
#pragma comment(lib,"../debug/Test.lib")
int main()
{
    printf("%f\n", ++CMath::PI); //先让类的静态变量累加，然后打印结果
    return 0;
}
```

（5）把caller设为启动项目，然后保存项目并运行，运行结果如图7-33所示。

图7-33

2. 在Qt项目中调用DLL的导出变量

方法和步骤与在Qt中调用DLL导出函数一样，只不过是将导出函数换成导出变量而已。

3. 使用Win32 API调用DLL导出变量

Win32 API就是函数LoadLibrary()，也就是显式链接方式。前面我们已经和它打过交道了（详见“显式链接”的章节）。加载DLL成功后，再调用Win32 API 函数GetProcAddress()来获取DLL中导出变量的地址，并保存在指针中，以后通过变量指针就可以直接调用导出变量了，最后调用Win32 API函数FreeLibrary()来释放DLL句柄。GetProcAddress()函数既可以获得导出函数的地址，也可以获得导出变量的地址。

【例7.16】 Qt利用Win32 API调用DLL导出变量

（1）启动Qt Creator，新建一个对话框项目，项目名为call。

（2）在Qt Creator中，打开对话框设计界面，在上面放置一个按钮，然后把按钮的text属性设置为“调用DLL的导出变量”，并为按钮添加clicked信号的槽函数：

```
void Dialog::on_pushButton_clicked()
{
    DWORD dw;
    HINSTANCE hDLL; // Handle to DLL
    int n;
    int *pgdllvar; // Function pointer
    QString str;

    hDLL = ::LoadLibrary(L"Test.dll"); //注意有个L
    if (hDLL)
    {
        pgdllvar=(int*)GetProcAddress(hDLL,"gdllvar");//得到导出变量的实际地址
        if (!pgdllvar)
        {
            // 处理错误情况
            dw = ::GetLastError();
            FreeLibrary(hDLL);
            str=QString("GetProcAddress failed:%1").arg(dw);
            QMessageBox::information(this,"Error code",str);
        }
        else
        {
            n = *pgdllvar;//存放到整型变量n中
            str=QString("%1").arg(n);
            QMessageBox::information(this,"result",str);
            FreeLibrary(hDLL); //释放句柄
        }
    }
    else
    {
        dw = ::GetLastError();
        str=QString("Load dll failed:%1").arg(dw);
        QMessageBox::information(this,"Error",str);
    }
}
```

在上述代码中，我们定义了HINSTANCE类型的DLL句柄hDLL，如果用LoadLibrary()函数成功加载了DLL，将把返回的DLL句柄保存在hDLL中。

由于Qt项目默认采用Unicode编码，因此函数LoadLibrary()实际上是被当作宽字符版本函数LoadLibraryW()了，里面的参数字符串也必须是宽字符，需要加L，这是Win32编程中能把普通字符串转为宽字符串的宏。不用L也可以，但是要把项目设为窄字符集项目，即去掉UNICODE，方法是在pro文件中添加DEFINES-= UNICODE。

::LoadLibrary()函数如果加载成功，我们就可以调用GetProcAddress()来获得导出变量在DLL中的实际内存地址。Win32 API函数GetProcAddress()不区分窄字符和宽字符版本，只有一个窄字符版本，因此第二个字符串前不需要加L。如果GetProcAddress()函数成功得到导出变量

的实际地址，就可以直接用*pgdllvar来获得该内存区域的变量值。如果失败，那么我们将通过Win32 API函数GetLastError()来获得错误码，以便进一步判断导致错误的原因。

（3）在文件开头添加包含头文件的指令：

```
#include <windows.h>          //为了使用Win32 API函数
#include <QMessageBox>    //为了使用QMessageBox信息框
```

按Ctrl+B快捷键来构建这个项目，这样输出目录就生成了。下面我们把64位的dll文件放到输出目录（build-test-Desktop_Qt_5_12_2_MSVC2017_64bit-Debug\debug）下。64位的dll文件可以通过例7.12来生成，但要注意通过“配置管理器”新建x64的解决方案平台，这个步骤在例7.7中详细介绍过，这里不再赘述。然后在VC中生成64位的Test.dll，位于解决方案目录的\x64\Debug下。接着把Test.dll复制到Qt项目的\debug下，让Test.dll和Qt项目生成的可执行文件位于同一个目录。

（4）重新回到Qt Creator，按Ctrl+R快捷键来生成可执行程序，然后单击“调用DLL的导出变量”按钮，显示出888（Test.dll中导出变量的值，是在Test项目的Test.cpp中设置的），如图7-34所示。

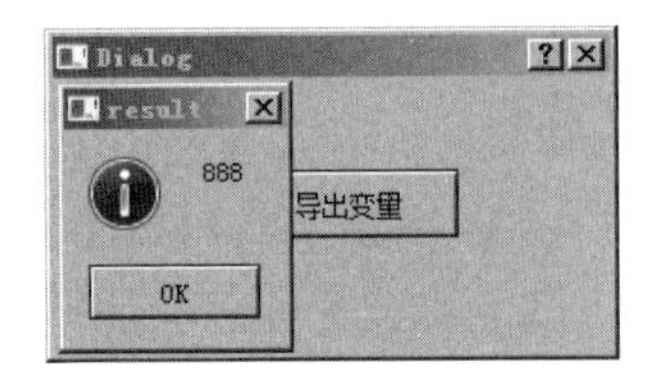

图7-34

4. 使用类QLibrary调用DLL导出变量

下面我们通过一个实例来简单了解一下。

【例7.17】 使用QLibrary类调用DLL的导出变量

（1）启动Qt Creator，新建一个对话框项目，项目名为call。

（2）打开对话框设计界面，在上面放置一个按钮，然后把按钮的text属性设置为“调用DLL的导出变量”，并为按钮添加clicked信号的槽函数：

```
void Dialog::on_pushButton_clicked()
{
    int n,*pn;
    QString str;
    QLibrary lib("Test");
    if(lib.load())
    {
        pn = (int *)lib.resolve("gdllvar");
        if (!pn)
        {
            // 处理错误情况
            QMessageBox::information(this,"Error","resolve failed");
        }
        else
```

```
        {
            n=*pn;
            str=QString("%1").arg(n);
            QMessageBox::information(this,"result",str);
        }
    }
    else QMessageBox::information(this,"Error","load failed");
}
```

首先我们创建了QLibrary类的对象lib，构造函数的参数就是动态链接库文件的基本名Test，然后调用QLibrary类的成员函数load()来加载，如果加载成功，就调用QLibrary类的成员函数resolve()来解析DLL中的导出变量gdllvar，如果不为NULL，就把*pn复制给整型变量n，然后打印n的值。

接着，在本文件开头添加包含头文件的指令：

```
#include <QLibrary>
#include <QMessageBox>
```

按Ctrl+B快捷键来构建这个项目，就会生成输出路径build-call-Desktop_Qt_5_12_2_MSVC2017_64bit-Debug\debug。

（3）用VC2017打开例7.13的Test项目，然后新建x64的解决方案平台，并生成64位的Test.dll，并把它复制到本例的debug目录下，让本例的Qt可执行程序和Test.dll文件在同一个目录下。

（4）按Ctrl+R快捷键来运行这个项目，然后单击界面中的按钮，显示Test.dll中f()函数的信息框，如图7-35所示。

图7-35

至此，利用Qt自身的QLibrary类来调用DLL中的导出变量成功了！

7.4.6　在DLL中导出类

前面介绍了从DLL中导出函数和变量，这里介绍从DLL中导出类，通常也有两种方式：一种是用模块定义文件方式导出；另一种是用关键字_declspec(dllexport)方式导出。对于导出类，在调用者项目中不使用_declspec(dllimport)也能正确编译代码。

【例7.18】　在DLL中导出类（使用模块定义文件）

（1）启动VC2017，新建一个Win32 DLL项目，项目名为Test。

（2）切换到解决方案视图，添加一个头文件Test.h，并在其中添加一个类的定义，代码如下：

```
class CMath
{
   public:
       int Add(int a, int b);
       int sub(int a, int b);
       CMath();
       ~CMath();
};
```

然后在Test.cpp中添加CMath类的成员函数的实现，代码如下：

```
#include "stdafx.h"
#include "Test.h"

int CMath::Add(int a, int b)
{
    return a + b;
}
int CMath::sub(int a, int b)
{
    return a - b;
}
CMath::CMath(){}
CMath::~CMath(){}
```

（3）设置生成MAP文件。依次单击VC IDE主菜单的菜单选项“项目→属性”，打开Test项目的项目属性页对话框，然后在对话框左边展开“配置属性→链接器→调试”，再在右边找到“生成映射文件”，选择“是 (/MAP)”选项，最后单击“确定”按钮关闭对话框，如图7-36所示。

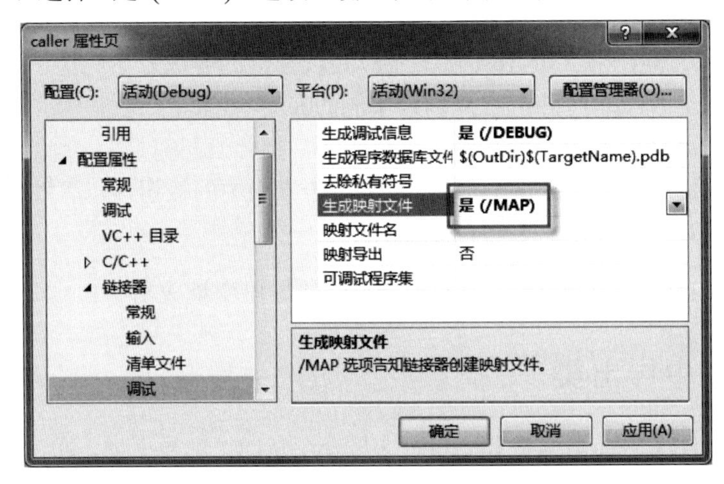

图7-36

重新生成Test，在解决方案目录下会生成Test.dll、Test.lib和Test.map，此时Test.dll中还没有导出函数。下面我们制作模块定义文件。用记事本打开Test.map，找到CMath类的4个成员函数的修饰名（修饰名就是函数在编译链内部的标识）。搜索“??0CMath”，可以找到如下内容：

```
0002:00000380       ??0CMath@@QAE@XZ          10011380 f   Test.obj
0002:000003c0       ??1CMath@@QAE@XZ          100113c0 f   Test.obj
0002:00000400       ?Add@CMath@@QAEHHH@Z       10011400 f   Test.obj
0002:00000440       ?sub@CMath@@QAEHHH@Z       10011440 f   Test.obj
```

问号开始的字符串就是函数的修饰名。把它们复制出来，粘贴到模块定义文件source.def中，内容如下：

```
LIBRARY
EXPORTS
??0CMath@@QAE@XZ @1            ;构造函数
```

```
??1CMath@@QAE@XZ @2             ;析构函数
?Add@CMath@@QAEHHH@Z @3         ;Add函数
?sub@CMath@@QAEHHH@Z @4         ;Sub函数
```

然后保存source.def，并编译Test项目，此时生成的Test.dll中就有4个导出函数了，它们都是CMath类的成员函数。现在就可以在调用者项目中使用CMath类了。

（4）切换到解决方案视图，新增一个控制台项目caller，然后在caller.cpp中输入如下内容：

```
#include "stdafx.h"
#include "../Test/Test.h"
#pragma  comment(lib,"../Debug/Test.lib") //指定导入库文件Test.lib

int _tmain(int argc, _TCHAR* argv[])
{
   CMath math; //用DLL中的CMath类定义一个对象

   printf("sum=%d\n",math.Add(500, 20));  //通过对象调用成员函数Add
   printf("sub=%d\n", math.sub(500, 20));      //通过对象调用成员函数sub

   return 0;
}
```

（5）把caller设为启动项目，然后保存项目并运行，运行结果如图7-37所示。

图7-37

【例7.19】　在DLL中导出类（使用_declspec(dllexport)）

（1）启动VC2017，新建一个Win32 DLL项目，项目名为Test。

（2）切换到解决方案视图，添加一个头文件Test.h，并输入如下代码：

```
class _declspec(dllexport) CMath
{
   public:
       int Add(int a, int b);
       int sub(int a, int b);
       CMath();
       ~CMath();
};
```

这里定义了一个CMath类，并用_declspec(dllexport)进行修饰，表明是一个导出类。

然后在Test.cpp中添加类的实现，代码如下：

```
#include "stdafx.h"
#include "Test.h"

int CMath::Add(int a, int b)
{
   return a + b;
}
int CMath::sub(int a, int b)
```

```
{
    return a - b;
}
CMath::CMath(){}
CMath::~CMath(){}
```

代码比较简单，分别实现加法和减法。编译Test项目，可以得到Test.dll和Test.lib。

（3）切换到解决方案视图，添加一个新的控制台项目caller，并使用Test.dll。在caller.cpp中输入如下代码：

```
#include "stdafx.h"
#include "../Test/Test.h"
#pragma comment(lib,"../debug/Test.lib")
int _tmain(int argc, _TCHAR* argv[])
{
    CMath math;
    printf("%d,%d\n", math.Add(10, 8), math.sub(20,3));

    return 0;
}
```

代码很简单，先定义一个对象math，然后打印两个成员函数的结果。

（4）把caller设为启动项目，然后运行，得到的运行结果如图7-38所示。

图7-38

7.4.7　在Qt项目中调用DLL的导出类

在Qt项目中使用DLL中导出类的方法和前面导出函数和导出变量的方法类似，只不过使用的类型是一种复合数据类型，所以无法通过Win32 API函数LoadLibrary()和Qt自带的QLibrary来使用，但是可以使用直接法和可视化法，即在Qt项目的.pro文件中用LIBS写明DLL对应的.lib文件信息，然后在Qt项目中声明类，就可以用类来定义对象了。

【例7.20】　利用直接法使用DLL中的导出类

（1）启动Qt Creator，新建一个对话框项目，项目名为call。

（2）准备使用例7.18中Test项目生成64位的DLL，但目前例7.18生成的是32位的。复制一份例7.18的Test项目到本例目录下，然后用VC打开这个项目，新建一个x64位解决方案平台。在VC项目中，打开source.def，删除里面的内容，接着重新生成解决方案。下面制作模块定义文件，用记事本打开x64\Debug下的Test.map，找到CMath类的4个成员函数的修饰名，并搜索“??0CMath”：

```
0002:000006a0  ??0CMath@@QEAA@XZ   00000001800116a0 f   Test.obj
0002:00000700  ??1CMath@@QEAA@XZ  0000000180011700 f   Test.obj
0002:00000760  ?Add@CMath@@QEAAHHH@Z  0000000180011760 f   Test.obj
0002:000007d0  ?sub@CMath@@QEAAHHH@Z  00000001800117d0 f   Test.obj
```

问号开始的字符串就是函数的修饰名。我们把它们复制到模块定义文件source.def中，内容如下：

```
LIBRARY
EXPORTS
??0CMath@@QEAA@XZ @1            ;构造函数
??1CMath@@QEAA@XZ @2            ;析构函数
?Add@CMath@@QEAAHHH@Z @3        ;Add函数
?sub@CMath@@QEAAHHH@Z @4        ;Sub函数
```

保存source.def，并编译Test项目，此时生成的\x64\Debug\Test.dll中就有4个导出函数了，它们都是CMath类的成员函数。现在我们就可以在Qt项目中使用CMath类了。

（3）在Qt Creator中，打开对话框设计界面，在上面放置一个按钮，然后把按钮的text属性设置为“使用DLL中的导出类”，并为按钮添加clicked信号的槽函数：

```
void Dialog::on_pushButton_clicked()
{
    CMath math;
    QString str;
    int c= math.Add(2,3);
    str=QString("%1").arg(c);
    QMessageBox::information(this,"result",str);
}
```

其中，CMath类是DLL中的导出类；Add()函数是CMath类的成员函数，传入参数2和3后，c得到的返回结果是5。

接着，在本文件开头添加类型的CMath声明（必须和DLL项目中CMath类的声明一致）。可以从DLL项目（Test项目）中复制一份过来，内容如下：

```
class  CMath
{
    public:
        int Add(int a, int b);
        int sub(int a, int b);
        ~CMath();
        CMath();
};
```

按Ctrl+B快捷键，使Qt项目生成输出目录（\debug）。先把Test项目的解决方案目录\x64\Debug\下的Test.dll存放到debug目录下，和可执行程序位于同一个目录，再把Test.lib存放到Qt项目目录下。

接着，在Qt Creator中打开call.pro，在“# Default rules for deployment.”上面添加一行代码：

```
LIBS += -L$$PWD/./ -lTest
```

该行代码告诉Qt项目要引入库的基本名（没有后缀名或扩展名）是Test，引入库Test.lib的路径就是当前项目的路径，$$PWD/./是一个相对路径，表示在当前项目的目录下。

依次单击主菜单的菜单选项“构建→重新构建所有项目”，稍等片刻，再按Ctrl+R快捷键来运行这个项目，然后单击界面中的按钮，就会出现有5的信息框，如图7-39所示。

至此，在Qt项目中使用DLL中的导出类就成功了！有一点需要再次强调一下，一定要把动态链接库Test.dll放到和Qt生成的exe文件的同一个目录或system32目录下，否则一旦找不到Test.dll，程序就将运行不起来。

图7-39

7.4.8 Qt生成DLL

前面我们主要讲述了利用VC生成DLL、用Qt来调用。现在反过来用Qt项目生成DLL、VC或其他语言（比如Delphi）来调用DLL，这也是团队合作开发中经常会碰到的场景，因为一个项目组或不同项目组中的不同开发者所用的语言很有可能不同，而大型软件往往是由不同的组件（比如DLL形式）组装而成的。

在Qt Creator中生成DLL不是很复杂，这是因为Qt Creator提供了很好的向导程序，我们只需要跟着向导程序一步步操作即可。

【例7.21】 在Qt项目中生成DLL

（1）启动Qt Creator，依次单击主菜单的菜单选项“文件→新建文件或项目”，或者直接按Ctrl+N快捷键，打开New File or Project对话框，然后在左边的“项目”下面选中Library，在右边选中“C++ Library”，如图7-40所示。

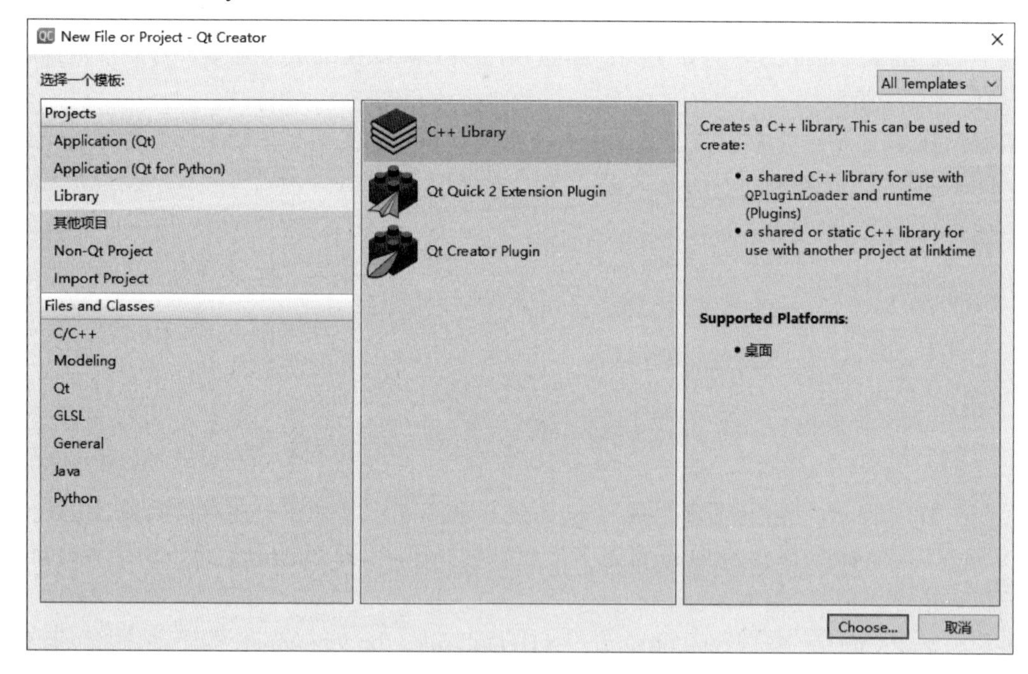

图7-40

然后单击右下角的Choose...按钮。此时将出现“项目介绍和位置”对话框。在该对话框上，输入项目名称test及其路径，类型保持“共享库”即可，而后单击“下一步”按钮。在“选择需要的模块”对话框中，如果我们的DLL中没有界面方面的功能，那么通常只需要保持QtCore的选中状态即可（这也是默认的状态），接着单击“下一步”按钮直到完成。

（2）在Qt Creator中，在左边“项目”视图中双击test.h，然后添加如下代码：

```
extern "C"
{
    TESTSHARED_EXPORT int add(int a ,int b);
}
```

我们声明了一个函数add()，用于计算a和b的和并返回计算的结果。宏TESTSHARED_EXPORT的作用是表示函数add()是导出函数。

双击test.cpp以打开这个文件，然后添加一个函数，代码如下：

```
int add(int a,int b)
{
    return a+b;
}
```

该函数用于计算a和b的和。

（3）保存项目并按Ctrl+B快捷键，稍等片刻，将在\debug目录下生成test.dll。此时启动Dependency Walker软件来查看test.dll，可以发现里面有add()导出函数了，如图7-41所示。

至此，在Qt下生成DLL就成功了。下面马上验证在Qt中调用的情况。在Qt中调用DLL的方式有好几种，前面已经介绍过，这里采用简单的可视化法。

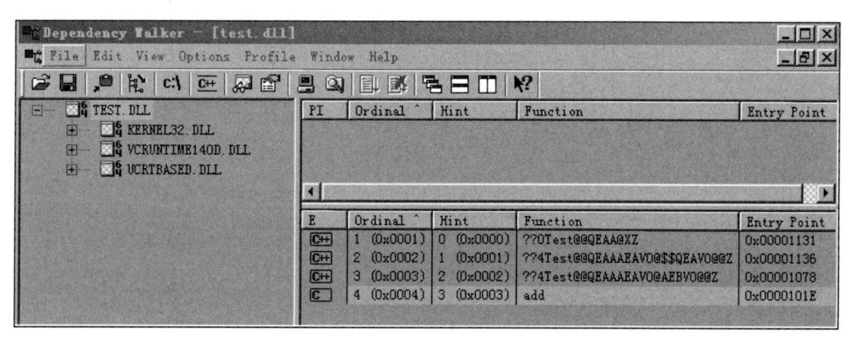

图7-41

【例7.22】 利用可视化法调用Qt生成的DLL

（1）启动Qt Creator，新建一个对话框项目，项目名为call。在本例中我们将直接调用上例生成的test.dll中的导出函数add()。

（2）打开对话框设计界面，在上面放置一个按钮，然后把按钮的text属性设置为“调用DLL的导出函数”，并为按钮添加clicked信号的槽函数：

```
void Dialog::on_pushButton_clicked()
{
    QString str;
    int sum = add(2,3);
    str=QString("sum=%1").arg(sum);
    QMessageBox::information(this,"rsult",str);
}
```

其中，add()是Test.dll中的导出函数。

在dialog.cpp开头添加导出函数的声明：

```
extern "C"
{
    int add(int a ,int b);
}
```

（3）按Ctrl+B快捷键来构建这个项目，输出目录就生成了。然后把上例解决方案目录debug下的test.dll复制到本例Qt的可执行程序生成的目录（本例的debug）下，并把Test.lib复制到本例Qt项目的目录下（和call.pro同一个目录）。

至此，文件已经存放好。下面只需通过鼠标操作在Qt项目的项目配置文件（call.pro）中设置导入库文件Test.lib的引用。在Qt Creator的项目视图中右击树控件的根节点call，在弹出的快捷菜单中单击“添加库”以便取消勾选，此时会出现“添加库”对话框，选择“外部库”，然后单击“下一步”按钮。随后会出现用于选择库路径的“添加库”对话框，在该对话框中取消对“平台”下的“Linux”和“Mac”选项的勾选，然后在“库文件”右边单击“浏览”按钮，选择本项目目录下的test.lib，再取消对“为debug版本添加'd'作为后缀”选项的勾选，然后单击“下一步”按钮，会出现“添加库”的汇总对话框，其中提示有3行代码被自动添加到call.pro中，直接单击“完成”按钮。至此，可视化引用库导入完毕。

依次单击主菜单的菜单选项“构建→重新构建所有项目”，再按Ctrl+R快捷键来运行这个项目，单击界面上的按钮，会出现“sum=5”信息框，如图7-42所示。

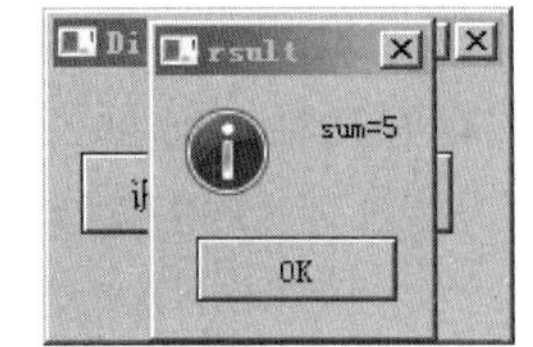

图7-42

7.4.9 其他语言调用Qt生成的DLL

下面我们将在其他主流开发语言中调用Qt生成的DLL，比如VC、Delphi等。

【例7.23】 在VC中调用Qt生成的DLL

（1）启动VC2017，新建一个控制台项目，项目名为vccall。

（2）在vccall.cpp中，输入如下代码：

```
#include "pch.h"
#include <iostream>
#include <windows.h>
// 定义函数指针
typedef int(*ADD)(int,int);

int main()
{
    HINSTANCE hDll = LoadLibraryA("test.dll");
    if (hDll != NULL)
    {
        ADD add = (ADD)GetProcAddress(hDll, "add");//实例化回调函数指针
        std::cout << "sum:" << add(2, 3);//执行回调函数
        FreeLibrary(hDll);
```

```
    }
    else
        std::cout << "LoadLibrary failed\n";
}
```

在上述代码中，我们用显式链接方式调用了test.dll中的add()函数，然后输出了add(2,3)的结果（2+3=5），最后释放句柄。

（3）保存项目并运行，运行结果如图7-43所示。

图7-43

在Win32方式下生成的动态链接库不但可以提供给C++语言使用，也可以提供给其他语言使用，比如Delphi、VB、C#等，这样使得掌握不同语言的开发人员可以进行联合开发，而不必要求大家都使用同一种开发语言。其他语言调用C/C++开发的动态链接库时必须要处理好两个问题：一个是函数调用的约定；另一个是函数名修饰的约定。

1. 函数的调用约定

函数的调用约定（Calling Convention）是指在函数调用时关于函数的多个参数入栈和出栈顺序的约定，通俗地讲就是关于堆栈的一些说明，首先是函数参数压栈的顺序，其次是压入堆栈的内容由谁来清除（调用者还是函数自己）。不同的语言定义了不同的函数调用约定。VC++中有5种调用约定：__cdecl、__stdcall、fastcall、thiscall和naked call。这里两个以下划线开头的关键字是微软自己的扩展关键字。

（1）__cdecl调用约定

__cdecl（也可写成_cdecl）调用约定又称为C调用约定，是C函数默认的调用约定，也是C++全局函数的默认调用约定，通常会省略，比如：

```
char func(int n);
char __cdecl func(int n);
```

两者一样，调用约定都是_cdecl，第一种写法没有写调用约定，就默认为_cdecl。在_cdecl调用约定下，函数的多个参数由调用者按从右到左的顺序压入堆栈，被调函数获得参数的序列是从左到右；清理堆栈的工作由调用者负责，因此函数参数的个数是可变的（如果是被调函数清理堆栈，则参数个数必须确定，否则被调函数事先无法知道参数的个数，事后的清除工作将无法正常进行）。VC还定义了宏：

```
#define WINAPIV __cdecl
```

（2）__stdcall调用约定

__stdcall（也可写成_stdcall）调用约定又称为Pascal调用约定，也是Pascal语言的调用约定。它的使用方式为：

```
char __stdcall func(int n);
```

在_stdcall调用约定下，函数的多个参数由调用者按从右到左的顺序压入堆栈，被调函数获得参数的序列是从左到右的；清理堆栈的工作由被调用函数负责。在VC中，常用宏WINAPI或CALLBACK来表示__stdcall调用约定，定义如下：

```
#define CALLBACK    __stdcall  //注意有两个下划线
#define WINAPI      __stdcall
```

Win32 API函数大都采用__stdcall调用，比如：

```
int WINAPI MessageBoxA(HWND,LPCSTR,LPSTR,UINT);
```

（3）__fastcall调用约定

__fastcall调用约定被称为快速调用约定。前两个双字（DWORD）参数或更小尺寸的参数通过寄存器ECX和EDX来传递，剩下的参数按照自右向左的顺序压栈传递。清理堆栈的工作由被调用函数来完成。它的使用方式为：

```
char __fastcall func(int n);
```

（4）thiscall调用约定

thiscall调用约定是C++中的非静态类成员函数的默认调用约定。thiscall只能被编译器使用，没有相应的关键字，因此不能由程序员指定。采用thiscall约定时，函数参数按照从右到左的顺序入栈，被调用的函数在返回前清理传送参数的栈。ECX寄存器传送一个额外的参数：this指针。

（5）naked call调用约定

naked call调用约定也被称为裸调，是一个不常用的调用约定，不建议使用。编译器不会给这样的函数增加初始化和清理的代码。naked call不是类型修饰符，必须和_declspec共同使用，比如：

```
_declspec(naked) char func(int n);
```

在上面的5种调用约定中，前3种比较常用。__cdecl只有在C/C++语言中才能用，但__cdecl调用有一个特点，就是能够实现可变参数的函数调用，比如函数printf，而用__stdcall调用是不可能的。几乎所有的语言都支持__stdcall调用，为了让C++开发的DLL供其他语言（比如Delphi语言）调用，应该将函数声明为__stdcall。在另外一些地方，比如编写COM组件，几乎都是stdcall调用。

2. 函数名修饰的约定

函数名修饰的约定就是编译器使用何种名字修饰方式来区分不同的函数。编译器在编译期间会为函数创建一个具有一定规则的修饰名，这项技术通常被称为名称改编（Name Mangling）或者名称修饰（Name Decoration）。C编译器和C++编译器的名称修饰规则是不同的，比如在__cdecl调用约定下，函数int f(int)在C编译器下产生的修饰名为f，而在C++编译器下产生的修饰名为?f@@YAHH@Z。我们可以通过工具Dependency Walker（VC6自带，可以在VC6的安装目录中通过搜索文件名“DEPENDS.EXE”找到，然后单独复制出来，也可以在网上搜索下载）来查看DLL中导出函数的修饰名。顺便说一句，这个工具还能查看生成DLL和其他DLL的依赖关系。所谓依赖关系，就是DLL运行时没有找到运行所需的其他DLL，那么这个DLL将无法加载运行。

打开工具Dependency Walker，然后把例7.1生成的Test.dll拖入主窗口，如图7-44所示。在右边Function列下有一串字符串“?f@@YAXXZ”，它正是动态链接库经过编译后导出函数f()

在DLL中的名字（确切地说叫函数修饰名）。也就是说，在编译生成的DLL文件中，函数f()已经没有了，变成了函数“?f@@YAXXZ”，如果调用者还是去调用函数f()，则将导致失败。

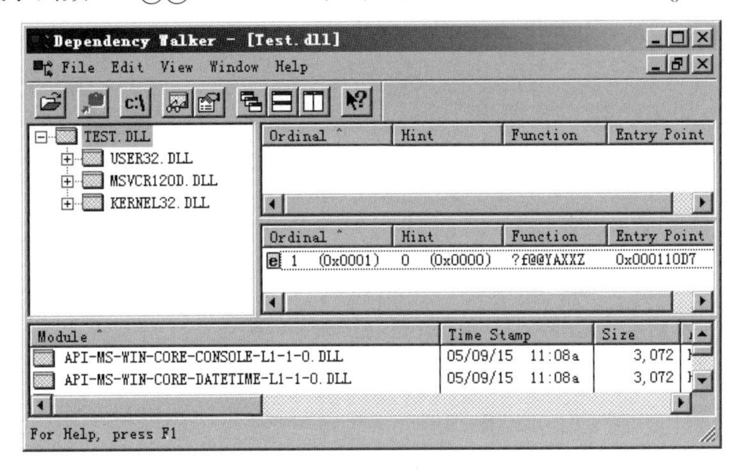

图7-44

在C语言中，对于__stdcall调用约定，编译器会在导出函数名前加一个下划线作为前缀，在函数名后面加上一个 "@" 符号和其所有参数的字节数之和，例如_functionname@number。对于_cdecl调用约定，函数名会保持原样。对于__fastcall调用约定，在导出函数名前会加上一个"@"符号，后面加上一个 "@" 符号和其所有参数的字节数之和，例如@functionname@number。

在C++语言中，函数修饰名的形式由类名、函数名、调用约定、返回类型、参数等共同决定。在__stdcall调用约定下遵循如下规则：

（1）函数修饰名以 "?" 开始，后跟函数名。

（2）函数名后面以 "@@YG" 标识参数表的开始，后跟参数表。

（3）参数表的第一项为该函数的返回值类型，其后依次为参数的数据类型，指针标识在其所指数据类型前。

（4）参数类型以代号表示：X——void；D——char；E——unsigned char；F——short；H——int；I——unsigned int；J——long；K——unsigned long；M——float；N——double；_N——bool；...；PA——指针，后面再加指针类型，如果相同类型的指针连续出现，则以 "0" 代替，一个 "0" 代表一次重复。

（5）参数表后以 "@Z" 标识整个名字的结束，如果该函数无参数，则以"Z"标识结束。

其格式为 "?functionname@@YG*****@Z" 或 "?functionname@@YG*XZ"，比如：

```
int  test1 (char *var1,unsigned long var2) -----"?test1@@YGHPADK@Z"
void test2() -----"?test2@@YGXXZ"
```

在__cdecl调用约定下，规则同上面的_stdcall调用约定，只是参数表的开始标识由 "@@YG" 变为 "@@YA"。

在__fastcall调用约定下，规则同上面的_stdcall调用约定，只是参数表的开始标识由 "@@YG" 变为 "@@YI"。

对于C++的类成员函数，其调用方式是thiscall，函数的名字修饰与非成员的C++函数稍有不同。首先是以问号 "?" 开头（如果是构造函数，则以两个问号开头），然后加函数名（如果是构造函数，则用0来代替构造函数名；如果是析构函数，则用1来代替析构函数名），接着是符号 "@"，然后是类名。其次是函数的访问权限标识，公有（public）成员函数的标识是 "@@QAE"，保护（protected）成员函数的标识是 "@@IAE"，私有（private）成员函数的标识是 "@@AAE"。如果函数声明使用了const关键字，则相应的标识应分别为 "@@QBE"、"@@IBE" 和 "@@ABE"。如果参数类型是类实例的引用，则使用 "AAV1"；如果是const类型的引用，则使用 "ABV1"。最后是参数表的开始，参数表的第一项为该函数的返回值类型，其后依次为参数的数据类型，指针标识在其所指数据类型前。参数类型以代号表示：X——void；D——char；E——unsigned char；F——short；H——int；I——unsigned int；J——long；K——unsigned long；M——float；N——double；_N——bool；...；PA——指针，后面再加指针类型，如果相同类型的指针连续出现，则以 "0" 代替，一个 "0" 代表一次重复；参数表后以 "@Z" 标识整个名字的结束，如果该函数无参数，则以 "Z" 标识结束。

下面先看一个比较简单的类的各函数修饰名：

```
class CMath
{
    public:
        int Add(int a, int b);
        int sub(int a, int b);
        CMath();
        CMath(int a);
        ~CMath();
};
```

根据thiscall的修饰规则，函数Add()的修饰名为 "?Add@CMath@@QAEHHH@Z"，函数sub()的修饰名为 "?sub@CMath@@QAEHHH@Z"，构造函数CMath()的修饰名为 "??0CMath@@QAE@XZ"，构造函数CMath(int a)的修饰名为 "??0CMath@@QAE@H@Z"，析构函数~CMath的修饰名为 "??1CMath@@QAE@XZ"。

再看一个稍微复杂一点的类的C++成员函数的名字修饰规则：

```
class CTest
{
    ...
    private:
        void Function(int);
    protected:
        void CopyInfo(const CTest &src);
    public:
        long DrawText(HDC hdc, long pos, const TCHAR* text, RGBQUAD color, BYTE
bUnder, bool bSet);
        long InsightClass(DWORD dwClass) const;
    ...
};
```

对于成员函数Function()，它的函数修饰名为 "?Function@CTest@@AAEXH@Z"，字符串 "@@AAE" 表示这是一个私有函数。成员函数CopyInfo()只有一个参数，是对CTest类的const引用参数，它的函数修饰名为 "?CopyInfo@CTest@@IAEXABV1@@Z"。DrawText()是一个比较复杂的函数声明，不仅有字符串参数，还有结构体参数和HDC句柄参数，需要指出的是HDC实际上是一个HDC__结构类型的指针，这个参数的表示就是 "PAUHDC__@@"，其完整的函数修饰名为 "?DrawText@CTest@@QAEJPAUHDC__@@JPBDUtagRGBQUAD@@E_N@Z"。

InsightClass()是一个const函数，它的成员函数标识是"@@QBE"，完整的修饰名就是"?InsightClass@CTest@@QBEJK@Z"。

3. 在Dephi中使用Qt生成的DLL

知道了函数调用约定和函数名修饰约定的概念后，在生成DLL的时候要注意了。为了使其他语言编写的程序（如Visual Basic应用程序、Delphi或C#的应用程序等）能调用C/C++编写的动态链接库中的导出函数，必须统一调用者和被调用者各自对函数的调用约定，并且不要让C/C++编译器对要导出的函数进行任何名称修饰。不对函数名进行修饰通常有如下几种做法：

（1）使用模块定义文件

在模块定义文件中，指定导出函数在编译后的DLL中的名称，最终编译生成的DLL中导出函数的名称就是模块定义文件中指定的名字。这是最简单的方式。

（2）用C语言方式编译并且指定__cdecl调用约定

如果不用模块定义文件，而使用关键字_declspec(dllexport)来导出函数，则只能让C++编译器以C语言方式进行编译，并且要指定调用约定为__cdecl，因为这个调用约定下的C语言函数名修饰规则是不改动原来的函数名称。

让C++编译器以C语言方式进行编译通常有两种方式：第一种方式是把源文件的后缀名改为.c，这样编译器就认为是一个C项目了，会以C编译器进行编译；第二种方式是在C++项目中头文件的导出函数前加extern "C"，比如：

```
extern "C" __declspec(dllexport) int _cdecl func (int a, int b);
```

如果有多个函数要导出，也可以这样写：

```
extern "C"
{
    __declspec(dllexport) int _cdecl func1(int a, int b);
    __declspec(dllexport) int _cdecl func2(int a, int b);
}
```

这种方式的源文件要求是cpp文件（这样VC会根据后缀名来决定使用C++编译器），由于extern "C"是C++中的指令，因此只有C++编译器才认得，它告诉C++编译器以C语言的方式进行编译。这个指令对于C编译器无效，它无法在C项目中使用。有时为了头文件的可移植性（无论当前源文件是.c还是.cpp，都无须修改头文件），可以这样写：

```
ifdef __cplusplus
extern "C" {
#endif
__declspec(dllexport) int __cdecl func1(int a, int b);
__declspec(dllexport) int __cdecl func2(int a, int b);
#ifdef __cplusplus
```

```
}
#endif
```

通过系统预定义的__cplusplus来判断当前项目是C++项目还是C项目，如果是C++项目，则extern "C"有效，反之无效。需要注意的是，调用约定必须是__cdecl，其他调用约定还是会对函数名进行修饰。

我们来看一个例子，在Delphi 7中调用Qt生成的DLL，Delphi中默认的函数调用约定是register，相当于_fastcall。我们一共导出两个函数，并在Qt项目中将两个导出函数指定为__stdcall和__cdecl调用约定，相应地在Delphi项目中声明为stdcall和cdecl。

【例7.24】 在Delphi中调用Qt的DLL

（1）启动Qt Creator，然后新建一个C++库工程。

（2）切换到解决方案视图，然后添加头文件Test.h，并在其中输入如下代码：

```
int __cdecl func_cdecl(int a, int b); //__cdecl也可以省略
int __stdcall func_stdcall(int a, int b);
```

（3）在Test.cpp末尾添加代码：

```
#include "Test.h"

int __cdecl func_cdecl(int a, int b)      //求和，__cdecl也可以省略
{
    return a + b;
}
int __stdcall func_stdcall(int a, int b)  //求积
{
    return a * b;
}
```

（4）按Ctrl+B快捷键以便编译生成Test.dll。

（5）打开Delphi 7，新建一个窗体项目myDelphi，并添加一个代码文件Unit2.pas，在其中输入调用Test.dll中的函数所需要的声明，代码如下：

```
unit Unit2;

interface
   Function func_cdecl( a:integer; b:integer ):integer; cdecl;
   Function func_stdcall( a:integer; b:integer ):integer; stdcall;
implementation
     function func_cdecl;external 'Test.DLL' name 'func_cdecl';
     function func_stdcall;external 'Test.DLL' name 'func_stdcall';
end.
```

然后切换到界面设计，在窗体上添加两个按钮，标题分别是“5+6”和“5*6”，并双击按钮，添加事件处理函数，代码如下：

```
procedure TForm1.Button1Click(Sender: TObject);
begin
   ShowMessage(IntToStr(func_cdecl(5,6)));
```

```
end;
procedure TForm1.Button2Click(Sender: TObject);
begin
    ShowMessage(IntToStr(func_stdcall(5,6)));
end;
```

（6）保存项目，把Test.dll存放到刚才保存项目所在的目录下，或者放到系统的System32中，然后运行项目，结果如图7-45所示。

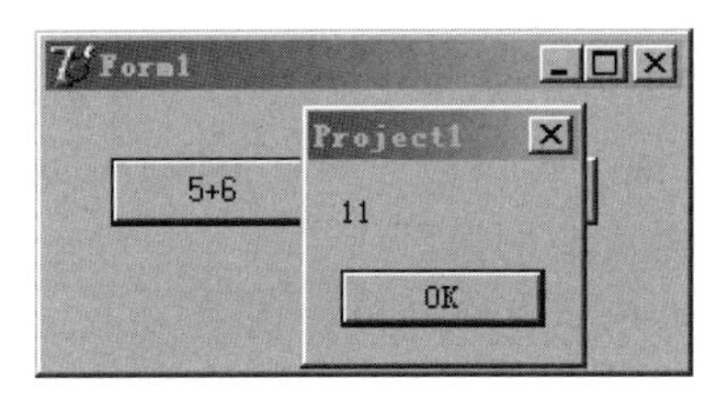

图7-45

7.5　MFC下DLL的开发和Qt的调用

7.5.1　MFC DLL的生成

前面讲了Win32 DLL的开发，它们不包含MFC类。如果DLL中包含MFC类，那么这类DLL就是基于MFC的DLL。由于基于MFC的DLL能够使用MFC类库，因此可以开发出功能更为强大的DLL。

这里要注意区分两个词：基于MFC的DLL和MFC DLL。前者是指我们自己开发的DLL中包含了MFC类，有时会简称为规则MFC DLL；后者是指提供MFC类库功能的DLL，是VC提供的。

基于MFC的DLL有3种类型：使用共享MFC DLL的规则DLL、带静态链接MFC的规则DLL和MFC扩展DLL。其中，带静态链接MFC的规则DLL就是把MFC库的代码放在我们最终开发生成的DLL中，这样最终生成的DLL文件尺寸比较大，但运行的时候不需要再提供MFC DLL文件；使用共享MFC DLL的规则DLL只是把MFC的一些链接信息包含在我们自己的DLL中，而不是将MFC类库所有代码都放入，等到运行时需要哪个MFC类就根据链接信息（入口地址）去执行，此种DLL不包含MFC DLL的代码，因此文件尺寸较小，但要注意我们生成的DLL在运行时要能够找到MFC DLL，通常可以把MFC DLL文件放在我们生成DLL的同一个目录下，也可以把MFC DLL文件放在System32文件夹下，尤其是在发布给用户的时候，要把自己的DLL和MFC DLL都提供给用户，因为我们的DLL用到了MFC类，即我们的DLL依赖于MFC DLL。

规则DLL可以被其他Windows编程语言（比如Delphi、C++Builder等）所使用，但规则MFC DLL与应用程序的导出类不能继承自MFC类，只能在DLL内部使用MFC类。如果规则DLL静态链接到MFC DLL，则其调用者（如果是MFC程序）也最好是静态链接到MFC DLL，这样可以在导出函数的参数中用CString，否则会出错。

扩展MFC DLL只能被MFC应用程序使用，接口可以包含MFC类等信息，用户使用MFC扩展DLL就像使用MFC本身的DLL一样，除了可以在MFC扩展DLL内部使用MFC外，MFC扩展DLL与应用程序的接口也可以继承自MFC，一般使用MFC扩展DLL来增强MFC的功能。MFC扩展DLL只能被动态链接到MFC的客户应用程序。另外，应用程序向导会为MFC规则DLL自动添加一个CWinApp对象，而MFC扩展DLL则不包含该对象，它只是被自动添加了DllMain()函数。MFC扩展DLL只使用MFC 动态链接库，MFC扩展DLL的真实作用体现在它提供的类虽然派生自MFC类，但是提供了比MFC类更强大的功能、更丰富的接口。

共享MFC DLL的规则DLL或MFC扩展DLL和它们的调用者程序是两个模块，如果DLL和EXE都有自己的资源，那么这些资源的ID可能重复。为了能正确找到DLL中的资源，在使用DLL资源之前要进行模块状态切换，告诉程序现在进入DLL模块了，将要使用的资源是DLL模块中的资源。等使用完毕后，再重新切换到应用程序模块中。常用的模块状态切换方法是使用宏AFX_MANAGE_STATE，并把函数AfxGetStaticModuleState()的返回值作为宏的参数，如AFX_MANAGE_STATE(AfxGetStaticModuleState())，最好在每个要使用DLL资源的导出函数开头使用该宏。比如ShowDlg()是一个导出函数，里面要显示一个对话框，对话框资源是在DLL中定义的，因此要在函数开头进行模块切换：

```
void ShowDlg()
{
    //作为接口函数的第一条语句进行模块状态切换
    AFX_MANAGE_STATE(AfxGetStaticModuleState());
    CDialog dlg(IDD_DLL_DIALOG);// IDD_DLL_DIALOG是DLL中的对话框ID
    dlg.DoModal();
    ...
}
```

宏AFX_MANAGE_STATE的声明如下：

```
AFX_MANAGE_STATE( AFX_MODULE_STATE* pModuleState )
```

其中，参数pModuleState 是指向类AFX_MODULE_STATE的对象指针，宏将pModuleState设置为当前的有效模块状态。

函数AfxGetStaticModuleState()在栈上（这意味着其作用域是局部的）创建一个AFX_MODULE_STATE类（模块全局数据，即模块状态）的对象，这个函数的原型声明如下：

```
AFX_MODULE_STATE* AFXAPI AfxGetStaticModuleState( );
```

函数返回AFX_MODULE_STATE类的对象指针。

由于函数AfxGetStaticModuleState()是在栈上创建对象的，因此放在导出函数中的时候，它的作用域范围就是导出函数的范围，该对象的析构函数将在导出函数结束的时候调用，而在AFX_MODULE_STATE类的析构函数中恢复先前的模块状态（也就是调用者程序的模块状态）。

如果将基于MFC的DLL切换到静态链接，则不需要用宏AFX_MANAGE_STATE，即使用了也不起作用。

【例7.25】 在规则MFC DLL中使用对话框（使用模块定义文件）

（1）启动VC2017，新建一个MFC DLL项目（在新建项目对话框上选择“MFC DLL”），项目名是Test。

（2）在“应用程序设置”对话框上选择DLL类型为“使用共享MFC DLL的规则DLL”，然后单击“完成”按钮。接着会自动生成一些代码，可以发现和普通MFC程序相当类似，有应用程序类CTestApp和实例句柄theApp，并且有应用类初始化函数CTestApp::InitInstance，我们可以在这个函数中加入一些初始化代码。

（3）切换到资源视图，添加一个对话框，ID为IDD_MYDLG，右击对话框界面，在弹出的快捷菜单中选择“添加类”选项，为对话框添加CMyDlg类，然后在MyDlg.h中为该类添加成员变量和成员函数：

```
CString m_strTitle;                //用来设置对话框标题的字符串对象
void SetTitle(CString str);        //用来设置对话框标题的函数
```

再在MyDlg.cpp中添加SetTitle()函数的实现，代码如下：

```
void CMyDlg::SetTitle(CString str)
{
    m_strTitle = str;
}
```

并重写对话框添加初始化函数OnInitDialog()，代码如下：

```
BOOL CMyDlg::OnInitDialog()
{
    CDialog::OnInitDialog();
    // TODO:  在此添加额外的初始化
    SetWindowText(m_strTitle); //设置对话框标题

    return TRUE;  // return TRUE unless you set the focus to a control
    // 异常: OCX 属性页应返回 FALSE
}
```

函数SetTitle()应该在对话框显示之前调用才能在对话框初始化的时候用自定义的字符串m_strTitle设置对话框标题。

（4）打开Test.cpp，在其中添加导出函数ShowDlg()显示对话框，代码如下：

```
void ShowDlg(TCHAR* sz) //调用者程序将传进来字符串
{
    AFX_MANAGE_STATE(AfxGetStaticModuleState()); //模块转换

    CMyDlg dlg;
    CString str;
    str.Format(_T("%s"), sz);
    dlg.SetTitle(str);       //设置字符串
    dlg.DoModal();           //创建并显示对话框
}
```

然后在文件开头包含头文件：

```
#include "MyDlg.h"
```

再打开Test.h，然后添加ShowDlg()的函数声明：

```
void ShowDlg(TCHAR*str);
```

然后添加模块定义文件，并输入如下内容：

```
LIBRARY
EXPORTS
    ; 此处可以是显式导出
    ShowDlg @1
```

（5）编译Test项目，将生成Test.dll和Test.lib。

（6）切换到解决方案视图，添加一个新建的MFC对话框项目，删除对话框中所有的控件，并在对话框上添加一个按钮，添加事件处理函数，代码如下：

```
#include "../Test/Test.h"
#pragma comment(lib,"../debug/Test.lib")
void CcallerDlg::OnBnClickedButton1()
{
    // TODO:  在此添加控件通知处理的程序代码
    ShowDlg(_T("我的对话框")); //调用Test.dll中的导出函数ShowDlg()
}
```

把caller项目设为启动项目，然后运行这个项目，会发现Test.dll中对话框的标题已经是我们设置的“我的对话框”了，运行结果如图7-46所示。

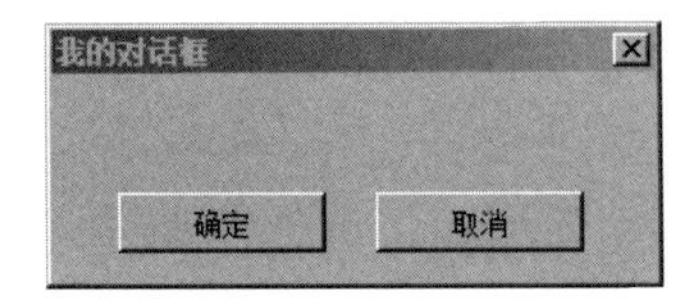

图7-46

【例7.26】 在规则MFC DLL中使用MFC类（使用__declspec(dllexport)）

（1）启动VC2017，新建一个规则MFC DLL项目（在新建项目对话框上选择“MFC DLL”），项目名为Test。

（2）在“应用程序设置”对话框上把DLL类型设置为“使用共享MFC DLL的规则DLL”，然后单击“完成”按钮。

（3）在Test.cpp中增加一个导出函数，代码如下：

```
extern "C" _declspec(dllexport) void ShowRes(CSize sz)
{
    AFX_MANAGE_STATE(AfxGetStaticModuleState());
    CString str;
    str.Format(_T("%d,%d"), sz.cx, sz.cy);

    AfxMessageBox(str);
}
```

（4）编译Test项目，生成Test.dll和Test.lib。

（5）切换到解决方案视图，新增一个MFC对话框项目caller，先删除对话框中的所有控件，而后在对话框中添加一个按钮并输入如下代码：

```
extern "C" _declspec(dllimport) void ShowRes(CSize sz); //声明函数
#pragma comment(lib,"../debug/Test.lib")

void CcallerDlg::OnBnClickedButton1()
{
    // TODO:在此添加控件通知处理的程序代码
    CSize sz(50, 300);
```

```
    ShowRes(sz);
}
```

把caller项目设为启动项目，然后保存项目并运行之，运行结果如图7-47所示。

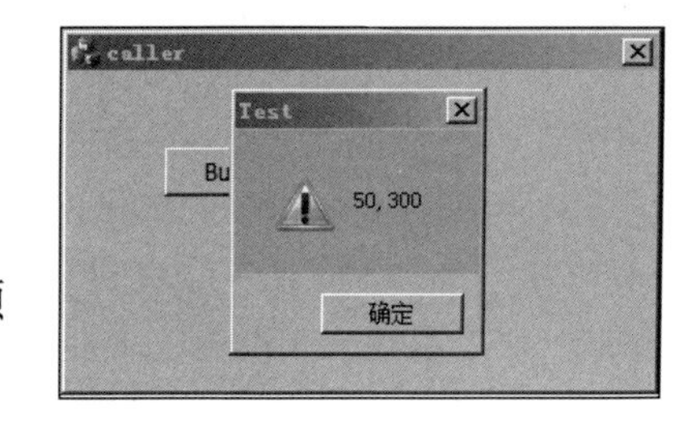

图7-47

【例7.27】 实现一个扩展MFC DLL来增强CStatic

（1）启动VC2017，新建一个扩展MFC DLL项目，项目名为Test。

（2）切换到类视图，然后选择“添加类”菜单选项，并添加一个MFC类，类名为CColorStatic，基类是CStatic。系统将自动生成ColorStatic.h和ColorStatic.cpp。

（3）打开ColorStatic.h，在类名前输入“AFX_EXT_CLASS”，表示这是一个扩展MFC导出类，然后添加两个私有成员变量来表示文本颜色和背景色，再添加一个公有成员函数来设置颜色，这样类的定义就变成如下形式：

```
class AFX_EXT_CLASS CColorStatic : public CStatic
{
    DECLARE_DYNAMIC(CColorStatic)
    public:
        CColorStatic();
        virtual ~CColorStatic();
        void SetColor(COLORREF TextColor);      //设置文本颜色
    private:;
        COLORREF  m_clrText;                    //文本颜色
    protected:
        DECLARE_MESSAGE_MAP()
    public:
        afx_msg void OnPaint();
};
```

打开ColorStatic.cpp，添加SetColor()函数的实现，代码如下：

```
void CColorStatic::SetColor(COLORREF clrTextColor)
{
    m_clrText = clrTextColor; //设置文字颜色
}
```

在OnPaint()函数中添加输出所设置颜色的文本，代码如下：

```
void CColorStatic::OnPaint()
{
    CPaintDC dc(this); // device context for painting
    // TODO:  在此处添加消息处理的程序代码
    // 不为绘图消息调用 CStatic::OnPaint()
    dc.SetBkMode(TRANSPARENT);                  //设置背景的透明度
    CFont *pFont = GetParent()->GetFont();      //得到父窗体的字体
    CFont *pOldFont;
    pOldFont = dc.SelectObject(pFont);          //选入父窗体的字体
    dc.SetTextColor(m_clrText);                 //设置文本颜色
```

```
    CString str;
    GetWindowText(str);                //得到静态控件上的文本
    dc.TextOut(0, 0, str);             //重新输出文本
    dc.SelectObject(pOldFont);         //恢复默认字体
}
```

编译项目以生成Test.dll和Test.lib。

（4）切换到解决方案视图，添加一个新建的对话框项目，然后删除对话框中的所有控件，添加一个按钮和一个静态文本控件。把静态文本控件的ID设置为IDC_STATIC_COLOR，并为之添加控件变量：

```
CStatic m_stColor;
```

把CStatic改为CColorStatic，并在callerDlg.h开头添加包含指令：

```
#include "../Test/ColorStatic.h"
```

在callerDlg.cpp中添加Test.lib的引用和按钮事件代码：

```
#pragma comment(lib,"../debug/Test.lib")
void CcallerDlg::OnBnClickedButton1()
{
    // TODO:  在此添加控件通知处理的程序代码
    m_stColor.SetColor(RGB(255,0,0)); //设置静态控件的文本颜色
    m_stColor.Invalidate();
}
```

把caller项目设为启动项目，然后运行这个项目，运行结果如图7-48所示。

图7-48

7.5.2 在Qt下调用MFC DLL

前面我们学习了MFC DLL的生成，并在VC中进行了调用和验证，以确定我们的MFC DLL是正确的。下面我们就可以放心大胆地在Qt下调用MFC DLL，一旦出现问题，基本就不需要怀疑是MFC DLL本身的问题，因为已经在VC下调用验证过了，可以集中精力排查在Qt下调用时引发的问题。

【例7.28】 在Qt下调用MFC DLL中的导出函数

（1）启动Qt Creator，新建一个对话框项目，项目名为call。

（2）打开对话框设计界面，在上面放置一个按钮，然后把按钮的text属性设置为“调用MFC DLL中的导出函数”，并为按钮添加clicked信号的槽函数：

```
void Dialog::on_pushButton_clicked()
{
    int res;
    FUNC myfunc;
    QString str;
    wchar_t s[]=L"我爱你中国";

    QLibrary lib("Test");
```

```
        if(lib.load())
        {
            myfunc = (FUNC)lib.resolve("ShowDlg");
            if (!myfunc)
            {
                // 处理错误情况
                QMessageBox::information(this,"Error","resolve failed");
            }
            else
            {
                myfunc(s); //调用导出函数
            }
        }
        else QMessageBox::information(this,"Error","load failed");
    }
```

首先我们创建了QLibrary类的对象lib，构造函数的参数就是动态链接库文件的基本名Test，然后调用QLibrary类的成员函数load()来加载，如果加载成功，就调用QLibrary类的成员函数resolve()来解析dll中的导出函数f()，如果不为NULL，就调用函数指针myfunc，这样就会调用到dll中的导出函数。

接着，在本文件开头添加包含头文件的指令和函数类型定义：

```
#include <QLibrary>
#include <QMessageBox>
typedef void (*FUNC)(wchar_t s[]);
```

按Ctrl+B快捷键来构建这个项目，此时会生成call.exe。

（3）重新打开例7.25的Test项目，然后生成x64平台的dll（这个过程不再赘述了）。然后把例7.25在其解决方案的x64\Debug目录下生成的Test.dll存放到与call.exe文件的同一个目录下，即debug下。

按Ctrl+R快捷键来运行这个项目，然后单击界面中的“调用MFC DLL中的导出函数”按钮，随后就会显示Test.dll中f()函数定义的信息框，如图7-49所示。

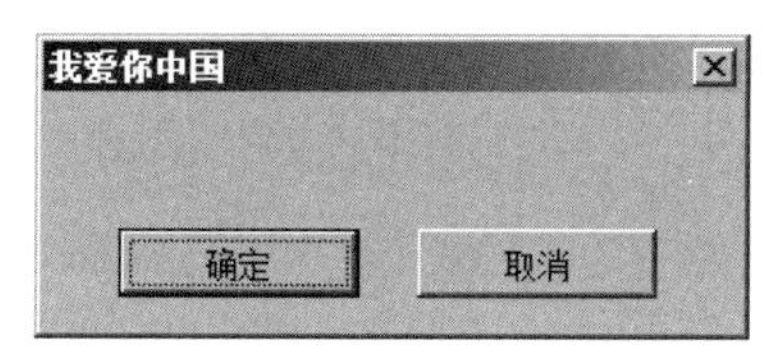

图7-49

这表明MFC DLL中的对话框调用成功了，并且我们传入的字符串“我爱你中国”被正确设置在对话框的标题栏上。

第 8 章

在Qt中使用Linux的静态库和动态库

本章使用的开发环境是Linux下的Qt，所以需要先准备好Linux下的Qt开发环境，具体步骤可以参考第2章。

8.1 Qt程序调用静态库和动态库

8.1.1 库的基本概念

在实际的软件开发中，对于一些需要被许多模块反复使用的公共代码，我们通常可以将它们编译为库文件。

库从本质上来说是一种可执行代码的二进制格式，可以被载入内存中执行。在Linux操作系统中，库以文件的形式存在，并且可以分为静态链接库和动态链接库两种，简称为静态库和动态库。静态链接库文件以.a为后缀名，动态链接库文件以.so为后缀名。不管是动态链接库还是静态链接库，它们都是向调用者提供变量、函数或类。

库文件是无法单独执行的，必须由可执行程序来调用，和可执行程序一起运行。

8.1.2 库的分类

静态库和动态库（后者也被称为共享库）的不同点在于代码被载入的时刻不同。静态库在程序编译时会被链接到目标代码中，目标程序运行时将不再需要该链接库，移植方便，但体积较大，较浪费空间和资源，这是因为所有相关的对象文件与牵涉到的库被链接合成一个可执行文件，导致可执行文件的体积较大。

动态库在程序编译时并不会被链接到目标代码中，而是在程序运行时才被载入，因此可执行文件体积较小。有了动态库，程序的升级相对变得简单，比如某个动态库升级了，只需要更换这个动态库文件即可，而不需要更换可执行文件。需要注意的是，可执行程序在运行时需要能找到动态库文件。可执行文件是动态库的调用者。

8.2 静 态 库

8.2.1 静态库的基本概念

静态库文件的后缀为.a，在Linux下一般命名为libxxx.a。当有程序使用某个静态库时，在链接步骤中，链接器将从静态库文件中取得代码，并复制到生成的可执行文件中，即需要使用的所有函数都从静态库中链接进了可执行文件中。因此，使用了静态库的可执行文件通常较大。使用静态库的优点也非常明显，即可执行程序最终运行时不需要静态库及其相关文件的支持了，因为所有要使用的函数都已经被链接到可执行文件中了，可执行文件可以独立于静态库而运行。有时候这也是一个缺点，比如静态库里的内容改变了，那么我们编写的程序（调用者）就必须要重新编译和链接。

8.2.2 静态库的创建和使用

通常使用ar命令来创建静态库。ar命令其实就是把一些目标文件（.o）组合在一起，成为一个单独的静态库。在Linux中创建静态库的步骤如下：

（1）编辑源文件（比如.c或.cpp文件）。

（2）通过gcc -c xxx.c或g++ -c xxx.cpp生成目标文件（.o文件）。

（3）用ar归档目标文件，生成静态库。

（4）配合静态库，写一个头文件，文件里的内容就是有关引用静态库中的函数、变量或类的声明。

要学会创建静态库，先要学会ar命令的使用。ar命令既可以创建静态库，也可以修改或提取已有静态库中的信息。它的常见用法如下：

```
ar [option] libxxx.a xx1.o xx2.o xx3.o …
```

其中，option是ar命令的选项；libxxx.a是生成的静态库文件的名字，xxx通常是我们自己设定的名字，lib是一种习惯，静态库的名字通常是以lib开头的；后面的xx1.o、xx2.o、xx3.o表示要归档进静态库中的目标代码文件，可以有多个，所以后面用省略号。

常用选项如下：

（1）选项c：用来创建一个库。不管库是否存在，都将创建。

（2）选项s：创建目标文件索引，在创建较大的库时能加快时间。如果不需要创建索引，可改成大写的S；如果.a文件缺少索引，还可以使用ranlib命令添加。

（3）选项r：在库中插入模块，当插入的模块名已经在库中存在时，将替换同名的模块。如果若干模块中有一个模块在库中不存在，ar就会显示一条错误消息，并不替换其他同名模块。默认情况下，新的成员会添加在库的结尾处，可以使用其他任选项来改变添加的位置。

（4）选项t：显示库文件中有哪些目标文件。注意，只显示文件名。

（5）选项tv：显示库文件中有哪些目标文件，显示的信息包括文件名、时间、大小等。

（6）选项s：显示静态库文件中的索引表。使用静态库的方法很简单；下面我们来看一个例子。

【例8.1】 创建并使用静态库（g++版）

（1）在虚拟机Ubuntu下打开终端窗口，输入编辑器命令gedit，然后输入如下代码：

```
#include <stdio.h>
int f()  //该函数用来获取年龄
{
   return 60;
}
```

代码很简单。这个源码文件将被编译为静态库，单击gedit窗口右上方的“保存”按钮，然后输入文件名“test.cpp”，将它保存到/root/ex/test/mylib目录下，其中ex、test和mylib是新建的目录（可以用命令“mkdir /root/ex/test/mylib/-p”来新建这些目录）。然后在终端窗口中输入如下编译命令：

```
root@tom-virtual-machine:~/ex/test/mylib# g++ -c test.cpp
```

其中，ar是静态函数库创建的命令；c是create（创建）的意思。此时会在test.cpp所在的同一个目录下生成test.o目标文件。

接着输入命令来生成静态库：

```
root@tom-virtual-machine:~/ex/test/mylib# ar rcs libtest.a test.o
```

随后会在同一个目录下生成libtest.a静态库文件。注意，所要生成的.a文件的名字前3位最好是lib，否则在链接的时候可能会找不到这个库。

（2）静态库生成了，我们编写一个C程序来调用它。为什么不能马上在Qt项目中调用这个静态库呢？这是为了确保静态库本身没有问题，之后万一在Qt项目中出现问题就不会怀疑是静态库本身的问题了。

编写一个C程序来使用该库中的函数f()。打开gedit，并输入如下代码：

```
extern int f();  //声明要使用的函数
#include <iostream>
using namespace std;

int main(int argc, char *argv[])
{
   int age = f();
   cout<<"my age:"<<age<<endl;
   return 0;
}
```

代码很简单。首先声明函数f()，然后就可以在main()函数中使用了。保存的文件名为main.cpp，保存的目标路径为/root/ex/test/main/，其中main目录是新建的目录，然后把/root/ex/test/mylib目录下的libtest.a文件复制到main目录下，再在命令行进行编译并运行：

```
[root@localhost test]# g++ -o main main.cpp -L. -ltest
```

其中，-L用来告诉g++去哪里找库文件，后面加一个点（.）表示在当前目录下找库文件。-l用来指定需链接的库，其中的lib和.a不用显式写出，g++或gcc会自动去寻找libtest.a，这也是我们前面生成静态库时文件名要用lib前缀的原因。默认情况下，g++或gcc会首先搜索动态库（.so）文件，找不到后再去寻找静态库（.a）文件。如果当前目录没有动态库文件，就会去找静态库文件。-o用于将main.c生成可执行程序main。执行后，将在同一个目录下生成可执行程序main，此时我们就可以运行main程序了：

```
root@tom-virtual-machine:~/ex/test/main# ./main
my age:60
```

gcc与g++使用静态库的过程类似，将g++换为gcc即可。

8.2.3　在Qt项目中使用静态库

前面我们创建了一个静态库，也成功使用了它，就说明我们创建的静态库是没有问题的，下面可以放心地交给Qt项目去使用了。

【例8.2】　在Qt项目中使用静态库

（1）在/root/ex下新建一个目录，目录名为8.2。我们的项目将放在/root/ex/8.2/目录下。

（2）在虚拟机Ubuntu的终端窗口中输入命令qtcreator来启动Qt Creator。在Qt Creator主界面上，依次单击主菜单的菜单选项“文件→新建文件或项目”，此时会出现New File or Project窗口，在该窗口中选择Qt Widgets Application选项，在向导程序的“项目介绍和位置”对话框中把项目名称设置为test、创建路径设置为/root/ex/8.2，如图8-1所示。

其他选项保持默认设置，接着连续单击“下一步”按钮，一直到向导程序完成。此时一个MainWindow程序框架就建立起来了。按Ctrl+R快捷键来运行一下这个项目，看看是否正常。

（3）在项目视图中右击test，在弹出的快捷菜单中选择“添加库”选项，如图8-2所示。

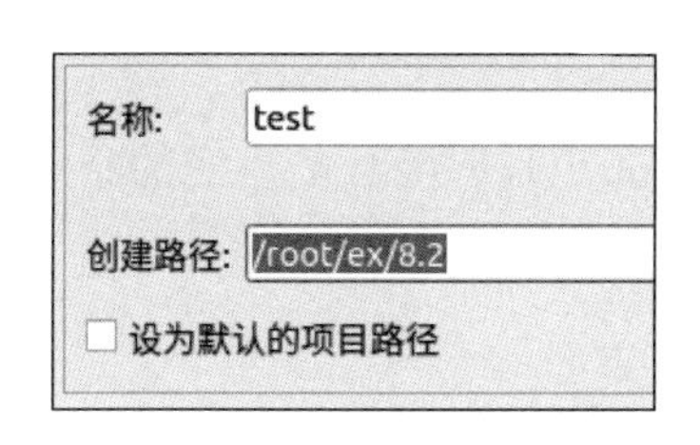

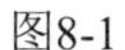
图8-1

图8-2

在“库类型”界面中，选择“外部库”，如图8-3所示。然后单击“下一步”按钮，出现“外部库”界面，在该界面中可以选择外部库文件。单击“库文件”右边的“浏览”按钮，选择/root/ex/test/mylib下的libtest.a文件，如图8-4所示。

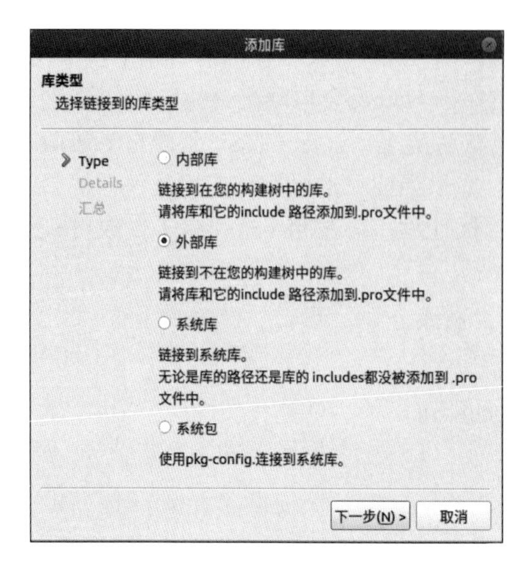

图8-3

图8-4

单击“下一步”按钮，出现“汇总”对话框，不用理睬，直接单击“完成”按钮。

（4）在Qt Creator中打开mainwindow.cpp，然后在构造函数mainwindow()上方输入f()函数的声明：

```
extern int f();
```

接着，在构造函数mainwindow()的末尾（在setupUi后面）输入如下代码：

```
int age = f();
QString str = QString::number(age);
setWindowTitle("my age is "+ str);
```

首先定义一个整型变量age来存放库函数f()的返回值。然后用Qt的字符串类Qstring定义一个字符串对象str，通过静态函数number()将age转为Qstring类型并存入str中。接着调用Qt设置窗口标题的API函数setWindowTitle()来设置窗口的标题。

（5）保存项目并按Ctrl+R快捷键来运行这个项目，运行结果如图8-5所示。

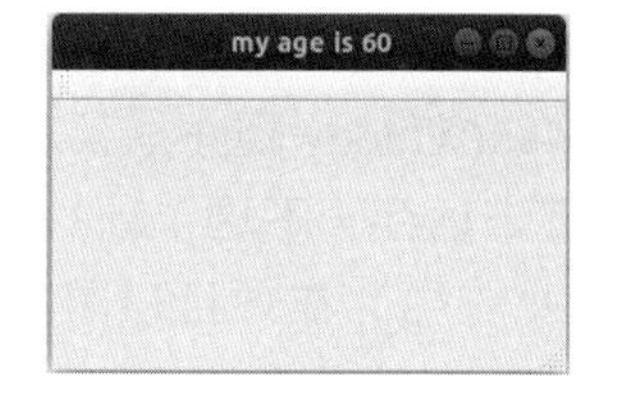

图8-5

可以看到，标题栏上显示了我们所设置的标题，其中60正是库函数f()返回的结果。这说明在Qt项目中成功使用了静态库！

8.3 动 态 库

8.3.1 动态库的基本概念

动态库又称为共享库。这类库的名字一般是libxxx.M.N.so，其中xxx为库的名字、M是库的主版本号、N是库的副版本号。当然也可以不要版本号，但名字必须有，即libxxx.so。相对于静态库，动态库在编译的时候并没有被编译和链接到目标代码中，程序执行到相关函数时才调用该动态库里相应的函数，因此使用动态库所产生的可执行文件比较小。由于动态库中的函数没有被整合进可执行程序中，而是在可执行程序运行时动态申请并调用，因此程序的运行环境中必须提供相应的动态库。动态库的改变并不会影响可执行程序，所以动态库的升级比较方便。Linux系统用几个重要的目录存放相应的库，比如/lib /usr/lib。

再总结一下静态库和动态库的区别。当使用静态库时，链接器会找出可执行程序所需的函数，然后将这些函数复制到可执行程序中，由于这种复制是完整的，因此一旦链接完成就不再需要静态库了。对于动态库而言，则不是这样。动态库会在可执行程序内留下一个标记，指明当程序执行时必须先载入这个动态库。由于动态库可以节省可执行程序的空间，因此Linux中进行编译和链接时默认操作是首先链接动态库，也就是说，如果同时存在静态库和动态库，且不特别指定，就将链接动态库。

8.3.2　动态库的创建和使用

动态库文件的后缀为.so，用gcc或g++直接生成。

【例8.3】　创建和使用动态库

把/root/ex/目录下的test目录删除（如果有），因为本例将在/roo/ex/test目录下创建文档。删除目录的命令是：rm –R /root/ex/test。

在虚拟机Ubuntu下打开终端窗口，输入编辑器命令gedit，然后输入如下代码：

```
#include  <stdio.h>
int f()
{
   return 61;
}
```

代码很简单。这个源码文件主要作为动态库。单击gedit窗口右上方的“保存”按钮，然后输入文件名test.cpp，保存到/root/ex/test/myso目录下，其中ex、test和myso是新建的目录（可以用命令“mkdir /root/ex/test/myso/ -p”来新建这些目录）。接着在终端窗口中输入编译命令：

```
[root@localhost test]# g++ test.cpp -fPIC -shared -o libtest.so
```

此时会在同一个目录下生成动态库文件libtest.so。上面命令行中的-shared用于指定要产生共享库，-fPIC用于指定使用“与地址无关的代码”，其中PIC的全称是Position Independent Code（字面意思是独立于位置的代码，即所谓的“与地址无关的代码”）。在Linux下编译共享库时，必须加上-fPIC参数，否则在链接时会出现错误提示。fPIC参数的目的是什么呢？共享库文件可能会被不同的进程加载到不同的内存位置上，如果共享对象中的指令使用了绝对地址、外部模块地址，那么在共享对象被加载时必须根据相关模块的加载位置对这个地址进行调整，也就是修改这些地址，让它在对应进程中能正确被访问，而被修改的程序段则不能实现多进程共享一份物理内存，而必须在每个进程的物理内存中有一个备份。fPIC参数就是为了让使用到同一个共享对象的多个进程能尽可能多地共享物理内存，把那些涉及绝对地址、外部模块地址访问的地方都抽离出来，保证代码段的内容在多进程中是相同的，从而实现共享。总之，-fPIC

（或-fpic）用于指定把共享库编译为“独立于位置的代码”即可。这样在可执行程序加载的时候就可以存放在内存中的任何位置。若不使用该选项，那么编译后生成的代码就是与地址关联的代码，在可执行程序加载时只能通过代码复制的方式来满足不同进程的需要，就无法实现真正意义上的地址共享。

动态库生成后，就可以使用了。先编写一个主函数。打开gedit，然后新建一个文件main.cpp，并输入如下代码：

```
extern int f();   //声明要使用的函数
#include <iostream>
using namespace std;

int main(int argc, char *argv[])
{
    int age = f();
    cout << "my age is " << age<< endl;
    return 0;
}
```

代码很简单。首先声明函数f()，然后就可以在main()函数中使用了。单击gedit窗口右上方的“保存”按钮，然后输入文件名main.cpp，保存到/root/ex/test/main目录下，其中ex、test和main是新建的目录（可以用命令“mkdir /root/ex/test/main/ -p”来新建这些目录）。接着在命令行进入root/ex/test/main/目录下并执行如下编译命令：

```
[root@localhost test]# g++ main.cpp -o main -L./ -ltest
```

其中，-L用来告诉g++去哪里找库文件，L后面的“./”表示在当前目录下寻找库，或者直接写-L.；-l用来指定具体的库，其中的lib和.so不用显式写出，g++会自动去寻找libtest.so。默认情况下g++或gcc会首先搜索动态库（.so）文件，找不到后再去寻找静态库（.a）文件。当前目录下以test命名的库文件有动态库文件（libtest.so），因此g++可以找到。

编译和链接后，就会在当前目录下生成可执行文件main，但是可能会运行不了（如果能运行，就可以跳过下面的内容）：

```
root@tom-virtual-machine:~/ex/test/main# ./main
./main: error while loading shared libraries: libtest.so: cannot open shared object
file: No such file or directory
```

上面的信息提示main程序找不到libtest.so，但是main文件和libtest.so明明都在同一个目录下！其原因是，虽然我们知道它们在同一个目录下，但是并没有告诉程序main，需要把动态库放到默认的搜索路径中或者直接告诉系统动态库的路径。具体来说有以下3种方式：

（1）将动态库复制到/usr/lib目录和/lib目录（不包含子目录）下

这两个路径是默认搜索的目录。需要注意的是，在有些系统中，把动态库放到这两个目录后还要执行一下ldconfig命令，否则程序还是提示找不到。把libtest.so移到/usr/lib目录下：

```
mv libtest.so /usr/lib
```

移动后，当前目录下就没有libtest.so文件了。执行ldconfig命令后再运行main程序：

```
ldconfig
./main
my age is 61
```

提示：很多开源软件通过源码包进行安装时，如果不指定--prefix，就会将库安装在/usr/local/lib目录下；当运行程序需要链接动态库时，就会提示找不到相关的.so库而报错。也就是说，/usr/local/lib目录不在系统默认的库搜索目录中。

（2）在命令前加环境变量

这种方法就是通过环境变量LD_LIBRARY_PATH来设置动态库路径，这样可执行程序就知道去哪里链接动态库了。

如果已经按照第一种方法操作了，就先把/usr/lib或/lib目录下的libtest.so文件删除：

```
cp -f /usr/lib/libtest.so
```

再回到/root/ex/main目录，把/root/ex/myso目录下的libtest.so文件复制到/root/ex/main目录下。添加环境变量后再运行main程序：

```
root@tom-virtual-machine:~/ex/test/main# cp ../myso/libtest.so ./
root@tom-virtual-machine:~/ex/test/main# LD_LIBRARY_PATH=./ ./main
my age is 61
```

我们把同一个目录下动态库libtest.so的相对路径“./”赋给了环境变量LD_LIBRARY_PATH，然后运行main程序就成功了。这种方式虽然简单，但是该环境变量只对当前命令有效，当该命令执行完成后，环境变量就无效了，除非每次执行main程序都这样加上环境变量。此法只能算作临时法，要想采用永久法，可以参考第三种方法。

（3）修改/etc/ld.so.conf文件

这是一种永久修改法，把采用动态库文件的路径加到/etc/ld.so.conf（这个文件叫动态库配置文件）中，接着执行ldconfig命令，而后系统就可以把我们添加的路径作为默认搜索路径了。

```
vi  /etc/ld.so.conf
```

然后在该文件末尾新起一行，加入库路径/root/ex/test/main/，保存并关闭。此时/etc/ld.so.conf文件的内容为：

```
root@tom-virtual-machine:~/ex/test/main# cat  /etc/ld.so.conf
include /etc/ld.so.conf.d/*.conf
/root/ex/test/main
```

其中，第一行原来就有。接着在命令行执行ldconfig命令，再开始执行main程序：

```
root@tom-virtual-machine:~/ex/test/main# ldconfig
root@tom-virtual-machine:~/ex/test/main# ./main
my age is 61
```

可以发现执行成功了。我们也可以把libtest.so文件存放到任意目录中，然后把这个目录的路径添加到/etc/ld.so.conf文件中，这样再也不用担心main程序找不到ibtest.so了。下面举例来说明，假如把libtest.so存放到/root/目录下，并执行main程序：

```
root@tom-virtual-machine:~/ex/test/main# mv libtest.so /root
```

```
root@tom-virtual-machine:~/ex/test/main# ./main
```

会出现“./main: error while loading shared libraries: libtest.so: cannot open shared object file: No such file or directory”的错误提示信息，即main程序找不到libtest.so了，因为/root/ex/main目录下没有了。修改/etc/ld.so.conf文件，把/root路径添加进去，添加后的内容如下：

```
root@tom-virtual-machine:~/ex/test/main# cat /etc/ld.so.conf
include /etc/ld.so.conf.d/*.conf
/root/ex/test/main
/root
```

然后执行ldconfig命令，再执行main程序：

```
root@tom-virtual-machine:~/ex/test/main# ldconfig
root@tom-virtual-machine:~/ex/test/main# ./main
my age is 61
```

成功了！值得注意的是，每次修改了/etc/ld.so.conf文件后都要执行ldconfig命令。ldconfig命令的用途主要是让配置文件的内容生效，以便在默认搜索目录（/lib和/usr/lib）以及动态库配置文件/etc/ld.so.conf内所列的目录下可以搜索出可共享的动态链接库（格式如前介绍，lib*.so*），进而创建出动态加载程序（ld.so程序）所需的链接和缓存文件。缓存文件默认为/etc/ld.so.cache，此文件保存已排好序的动态链接库名字列表。

【例8.4】 多个文件生成动态库

把/root/ex目录下的test目录删除（如果有），因为本例将在/roo/ex/test命令下创建文档。删除目录的命令是rm –R /root/ex/test。

在虚拟机Ubuntu下打开终端窗口，输入编辑器命令gedit，然后输入如下代码：

```
#include  <stdio.h>
int f1()
{
   return 61;
}
```

保存到/roo/ex/test/myso目录下，文件名为test1.cpp。其中，test和myso都是新建的目录。

再打开gedit，输入如下内容：

```
#include  <stdio.h>
int f2()
{
   return 61;
}
```

代码很简单，也保存到/roo/ex/test/myso目录下，文件名为test2.cpp。这两个文件主要作为动态库的源码文件。在命令行输入：

```
root@tom-virtual-machine:~/ex/test/myso# g++ test1.cpp test2.cpp -fPIC -shared -o
libtest.so
```

此时会在同一个目录下生成动态库文件libtest.so：

```
root@tom-virtual-machine:~/ex/test/myso# ls
libtest.so  test1.cpp  test2.cpp
```

动态库生成后，就可以使用了。先编写一个主函数，再打开gedit，然后新建一个main.cpp文件并输入如下代码：

```
extern int f1();   //声明要使用的函数
extern int f2();
#include <iostream>
using namespace std;

int main(int argc, char *argv[])
{
    int age = f1()+f2();
    cout << "my age is " << age<< endl;
    return 0;
}
```

代码很简单。首先声明函数f1()和f2()，然后就可以在main()函数中使用了。单击gedit窗口右上方的“保存”按钮，然后输入文件名main.cpp，将其保存到/root/ex/test/main目录下。其中，ex、test和main是新建的目录（可以用命令“mkdir /root/ex/test/main/ -p”来新建这些目录）。把/root/ex/test/myso目录下的libtest.so文件复制到/root/ex/test/main目录下，然后在命令行进入root/ex/test/main目录并执行如下编译：

```
root@tom-virtual-machine:~/ex/test/main# g++ main.cpp -L. -ltest -o main
```

把/root/ex/test/main这个路径加入到动态库配置文件/etc/ld.so.conf中（如果前面例子中已经加过，这里就不需要再加了），加入后的内容如下：

```
root@tom-virtual-machine:~/ex/test/main# cat /etc/ld.so.conf
include /etc/ld.so.conf.d/*.conf
/root/ex/test/main
```

执行ldconfig命令，再执行main程序：

```
root@tom-virtual-machine:~/ex/test/main# ldconfig
root@tom-virtual-machine:~/ex/test/main# ./main
my age is 122
```

运行成功了。其实多个文件组成库的过程和一个文件几乎是类似的，就是编译库的时候多加一个源文件而已。

8.3.3　在Qt中使用动态库

前面我们创建了一个动态库，也成功使用了它，这说明我们创建的动态库没有问题，下面就可以放心地交给Qt项目去使用了。

【例8.5】　在Qt项目中使用动态库

（1）在/root/ex目录下新建一个目录，目录的名字是8.5，我们的项目将存放在/root/ex/8.5目录下。

（2）在虚拟机Ubuntu的终端窗口中输入命令qtcreator来启动Qt Creator（如果没有成功，可以重新安装和配置环境变量）。在Qt Creator主界面上，依次单击主菜单的菜单选项“文件→新建文件或项目”，此时会出现New File or Project窗口，我们在该窗口上选择Qt Widgets Application，在向导程序的“项目介绍和位置”对话框中把项目名称设置为test、把路径设置为/root/ex/3.6，如图8-6所示。路径名也可以自定义，但是不要有中文。

其他选项保持默认设置，连接单击“下一步”按钮，一直到向导完成。此时一个MainWindow程序框架就搭建起来了。按Ctrl+R快捷键来运行一下这个项目，看看是否正常。

（3）在项目视图中右击test，在弹出的快捷菜单中选择“添加库”选项，如图8-7所示。

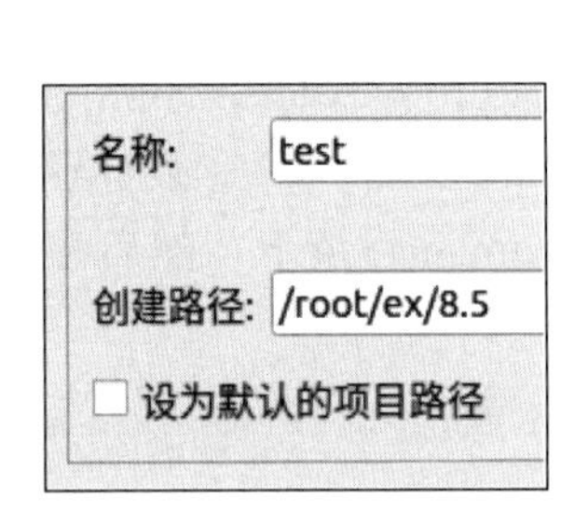

图8-6

图8-7

随后出现“库类型”界面，选择“外部库”，如图8-8所示。然后单击“下一步”按钮，出现“外部库”界面，在该界面中选择外部库文件，单击“库文件”右边的“浏览”按钮，选择/root/ex/test/myso目录下的libtest.so文件，如图8-9所示。

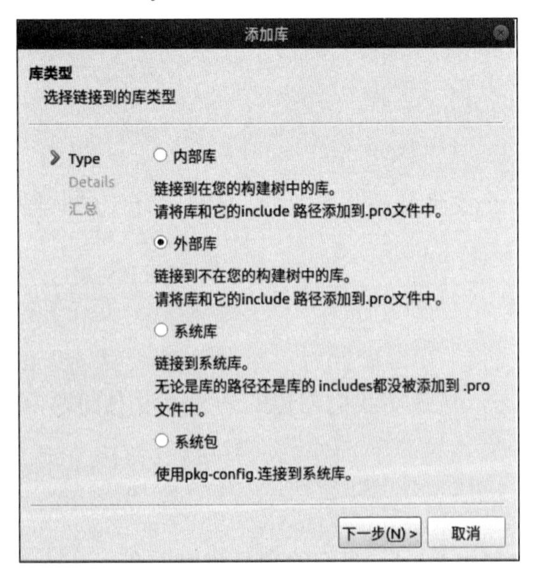

图8-8

图8-9

单击“下一步”按钮，出现“汇总”对话框，不用理睬，直接单击“完成”按钮。

（4）在Qt Creator中打开mainwindow.cpp，然后在构造函数mainwindow()上方输入f()函数的声明：

```
extern int f1(),f2();
```

接着在构造函数mainwindow()的末尾（在setupUi后面）输入如下代码：

```
int age = f1()+f2();
QString str = QString::number(age);
setWindowTitle("my age is "+ str);
```

首先定义整型变量age来存放库函数f()的返回值；然后用Qt的字符串类QString定义一个字符串对象str，并通过静态函数number()将age转为Qstring类型并存入str中；接着调用Qt设置窗口标题的API函数setWindowTitle()来设置窗口的标题。

（5）保存项目并按Ctrl+R快捷键来运行这个项目，运行结果如图8-10所示。

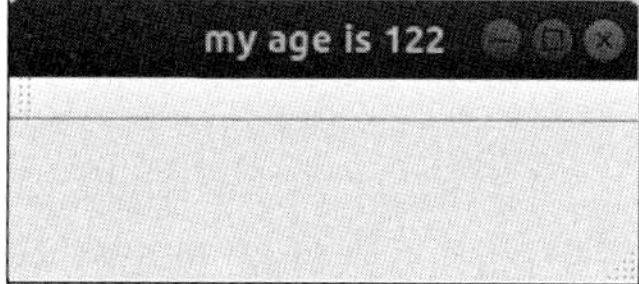

图8-10

可以看到，标题栏上显示了我们设置的标题，122正是库函数f1()和f2()返回值相加的结果。这说明动态库在Qt项目中使用成功！

第 9 章

Qt文件编程

Qt作为一个杰出的C++图形界面库，简化了文件读取操作，使得操作更易上手。虽然相比原生的C++文件读取操作节省的代码量并不是很大，但是条理更为清晰。这里我们将开始介绍如何利用Qt自身的类来读写文本文件、二进制文件和一些常用的目录操作。

9.1 输入/输出设备类

Qt的输入输出类QIODevice是Qt中所有I/O设备的基础接口类，诸如QFile、QBuffer和QTcpSocket等类为支持读/写数据块的设备提供了一个抽象接口。QIODevice类是抽象的，无法被实例化，一般是使用它所定义的接口来提供独立于具体设备的I/O功能。

9.2 文件类QFile

文件类QFile提供一个用于读/写文件的接口，继承自QFileDevice类。QFile类是一个可以用来读写文本文件、二进制文件和Qt资源的输入输出设备类。QFile类可以单独使用，也可以和QTextStream类或者QDataStream类一起使用。我们可以利用构造函数通过文件路径来加载文件，也可以随时调用setFileName()函数来改变文件。要使用QFile类，需要包含头文件：

```
#include <QFile>
```

QFile类使用的文件路径的分隔符是 '/'，不依赖操作系统，也不支持其他的分隔符。QFile类提供了与C++相似的文件读取和写入操作。我们先来了解一下该类常用的成员函数，包括公有成员函数（见表9-1）、虚拟公有函数（见表9-2）和静态公有函数（见表9-3）。

表9-1 公有成员函数

公有成员函数	说 明
QFile() QFile(const QString &name) QFile(QObject *parent) QFile(const QString &name, QObject *parent)	构造函数
bool copy(const QString &newName)	复制文件
bool exists() const	文件是否存在
bool link(const QString &linkName)	创建一个名为linkName的文件链接，该链接指向当前由fileName指定的文件。链接是什么取决于底层文件系统（在Windows上是一个快捷方式，在UNIX上是符号链接）。如果成功，返回true；否则返回false
bool open(FILE *fh, QIODevice::OpenMode mode, QFileDevice::FileHandleFlags handleFlags = DontCloseHandle) bool open(int fd, QIODevice::OpenMode mode, QFileDevice::FileHandleFlags handleFlags = DontCloseHandle)	打开文件。除了这两个公有成员函数外，还有一个虚拟函数的open()函数：virtual bool open(QIODevice::OpenMode mode)。若用该函数，则QFile对象要和文件已经关联
bool remove()	删除文件
bool rename(const QString &newName)	重命名文件
void setFileName(const QString &name)	设置要操作文件的文件名，可以不包含路径，也可以包含相对路径或绝对路径
QString symLinkTarget()	返回文件或目录的链接，对于Linux系统，返回的是符号链接；对于Windows系统，返回的是快捷方式

表9-2 虚拟公有函数

虚拟公有函数	说 明
virtual QString fileName()	返回由setFileName设置的文件名或QFile构造的文件名
virtual bool open(QIODevice::OpenMode mode)	打开文件
virtual QFileDevice::Permissions permissions()	得到文件的访问权限。比如： • QFileDevice::ReadOwner：读权限 • QFileDevice::WriteOwner：写权限 • QFileDevice::ExeOwner：可执行权限

virtual bool resize(qint64 sz)	对文件的大小进行截取，以字节为单位。比如：
	`//源文件的内容是hello，共5个字节`
	`QFile file("1.txt");`
	`qDebug() << file.size();`
	`// 截取文件的大小，只截取3个字节。所以最后`
	`// 源文件的内容只有：hel。如果重新设置的数字`
	`// 大于文件的内容，则以空字符填充`
	`file.resize(3);`

（续表）

虚拟公有函数	说　明
virtual bool setPermissions(QFileDevice:: Permissions permissions)	设置文件访问权限
virtual qint64 size()	返回文件的大小

表9-3　静态公有成员函数

静态公有函数	说　明
bool copy(const QString &fileName, const QString &newName)	复制文件
QString decodeName(const QByteArray &localFileName) QString decodeName(const char *localFileName)	返回给定localFileName的Unicode编码的版本。将文件名转换成由用户所在地区确定的本地8位编码。硬编码到应用程序中的文件名应该只使用7位ASCII文件名字符
QByteArray encodeName(const QString &fileName)	当使用QFile、QFileInfo与QDir来访问Qt的文件系统时，可以使用Unicode编码的文件名。在UNIX系统上，这些文件名被转换成为一个8位编码的格式。如果想在UNIX上实现自己的输入/输出文件，就需要使用这个函数来转换文件名。在Windows上，文件系统支持采用Unicode编码命名的文件，就不必使用这个函数了。默认情况下，这个函数把文件名转换到的8位本地编码格式取决于用户的工作场合。这就为用户给文件命名提供了丰富的选择空间。在应用程序中为文件名选择硬编码应该只选用7位ASCII 码 的 字 符 。 转 换 方 案 可 以 通 过 调 用 setEncodingFunction()函数来改变。如果希望提供给用户一个可以使用UTF-8编码命名存储文件的选择，那么这个函数应该是很有用的，不过要知道当其他程序使用这种编码的文件名时可能就不认识了
bool exists(const QString &fileName)	判断文件是否存在。如果给定fileName的文件存在，就返回true，否则返回false
bool link(const QString &fileName, const QString &linkName)	创建某个文件的链接。对于Linux系统，返回的是符号链接；对于Windows系统，返回的是快捷方式
QFileDevice::Permissions permissions(const QString &fileName)	返回某个文件的访问权限
bool remove(const QString &fileName)	删除文件
bool rename(const QString &oldName, const QString &newName)	重命名文件
bool resize(const QString &fileName, qint64 sz)	重新设置文件大小。resize用的是文件洞的形式，文件洞只有在真正需要向文件写数据的时候才向磁盘获取一个块。创建几个吉字节的文件时非常快，是因为根本没往磁盘里写大量的数据

（续表）

静态公有函数	说　明
bool resize(const QString &fileName, qint64 sz)	由于真正向文件写数据的时候才向磁盘获取一个块，因此获取的新块是随机的，并不连续
bool setPermissions(const QString &fileName, QFileDevice::Permissions permissions)	设置访问权限
QString symLinkTarget(const QString &fileName)	返回文件或文件夹的链接，对于Linux系统，返回的是符号链接；对于Windows系统，返回的是快捷方式

1. 构造函数

QFile类常用的构造函数有两种：

```
QFile()                        //构造一个没有名字的QFile对象，通常配合setFileName一起使用
QFile(const QString &name)     //构造一个以name为文件名的QFile对象
```

比如：

```
QFile fd;
fd.setFileName("d:\\test.txt");
```

或者等价于：

```
QFile fd("d:\\test.txt");
```

其实这只是关联到文件，此时无法对文件进行读写，只能进行一些获取大小、重命名、删除等的“外围”操作。如果要“深入”文件内部进行读写，还需要先打开文件。

2. 设置文件名

成员函数setFileName()可以为QFile对象设置要操作某个文件的文件名，文件名可以不带路径，也可以带相对路径或绝对路径。如果文件名不带路径，则默认路径是当前应用程序的当前路径。值得注意的是，如果文件已经打开，则不要调用该函数。该函数的原型声明如下：

```
void QFile::setFileName(const QString &name)
```

其中，参数name表示所设置的文件名。Qt支持的文件路径的分隔符是 '/'，这个分隔符不依赖于操作系统。

设置文件名后，QFile对象和某个具体文件就关联起来了。然后可以打开文件，进行读写操作。

下列代码片段演示了setFileName()函数的使用：

```
QFile file;                          //定义QFile对象
QDir::setCurrent("/tmp");            //设置当前路径
file.setFileName("readme.txt");      //设置QFile对象要打开的文件
QDir::setCurrent("/home");           //重新设置当前路径
file.open(QIODevice::ReadOnly);      //以只读方式打开文件 "/home/readme.txt"
```

3. 打开文件

成员函数open()以某种读写模式打开文件，该函数的原型声明如下：

```
bool QFile::open(QIODevice::OpenMode mode)
```

其中，参数mode表示读写模式，主要取值如下：

- QIODevice::ReadOnly：以只读方式打开文件。
- QIODevice::WriteOnly：以只写方式打开文件。
- QIODevice::ReadWrite：以读写方式打开文件。
- QIODevice::Text：以文本方式打开文件，读取时，行尾终止符被转换为 "\n"。写入时，行尾终止符将转换为本地编码，例如 Win32 的 "\r\n"。
- QIODevice::Append：以追加方式打开文件，以便将所有数据写入文件末尾，此模式下不能读文件。
- QIODevice::Truncate：以截取方式打开文件，文件原有的内容全部被删除。

这些方式可以单独使用，也可以以某些模式组合使用，比如：

```
QIODevice::WriteOnly | QIODevice::Text
```

表示以只写和文本方式打开文件。

如果打开文件成功，该函数就返回true，否则返回false。

4. 关闭文件

文件打开后，如果不再使用，需要调用函数close()来关闭。close()函数是QFile父类QFileDevice的成员函数。该函数的原型声明如下：

```
void QFileDevice::close()
```

函数close()会将文件缓冲区的内容写入磁盘，并清除文件缓冲区。

5. 读取文本文件

文本文件是指以纯文本格式存储的文件，例如用 Qt Creator编写的C++程序的头文件（.h文件）和源程序文件（.cpp文件）。HTML和XML文件也是纯文本文件，只是它们被读取之后需要对读取到的内容进行解析才能显示。

QFile类自身并没有提供从文件中读数据的函数，而是利用了其祖先类QIODevice的成员读函数read()。read()函数可用于从设备（比如磁盘）读取maxSize字节的字符到缓冲区，并返回实际读取的字节数。该函数有两种原型声明的形式。第一种原型声明如下：

```
qint64 QIODevice::read(char *data, qint64 maxSize)
```

其中，参数data指向缓冲区，读取到的数据将放在缓冲区中；maxSize表示最多要读取的数据量（字节数）。如果正确读取到数据，则返回读取到数据的字节数；如果发生错误，比如试图从以WriteOnly（只写）模式打开的设备读取数据时，此函数返回-1；如果没有可读的数据，则返回0。该函数通常用于读取文本文件。

另一种读取文本数据的函数是QIODevice::readLine()。该函数从设备读取一行ASCII字符，最多读取maxSize字节，并将读取到的数据存储在缓冲区data中。

```
qint64 readLine(char *data, qint64 maxSize);
```

其中，参数data指向一个缓冲区，用来存放读取到的行数据；maxSize表示最多要读取的字节数。如果成功，函数返回读取到的数据字节数；如果没出错也没有读到数据，则返回0；如果发生错误，则返回-1。值得注意的是，字符串终止字符 '\0' 总是附加到读取数据的行末，因此maxSize必须大于1。该函数通常用于读取文本文件。

这个函数用来读取文件中的一行字符，碰到下列情况就结束读取：

- 第一次读到 '\n'。
- 读取的数据量达到了（maxSize -1）。注意，'\0' 总是要附加到读取数据的行末，所以读到（maxSize -1）就停止了，以防缓冲区溢出。
- 探测到设备（文件）的结束字符。

比如，下列代码从文件中读取一行字符：

```
QFile file("box.txt");
if (file.open(QFile::ReadOnly)) {
    char buf[1024];
    qint64 lineLength = file.readLine(buf, sizeof(buf));
    if (lineLength != -1) {
        // the line is available in buf
    }
}
```

【例9.1】 调用read()函数读取文本文件

（1）启动Qt Creator，新建一个控制台项目，项目名为test。

（2）在项目中打开main.cpp，并输入如下代码：

```
#include <QCoreApplication>
#include <QFile>
#include <iostream>
using namespace std;
int main(int argc, char *argv[])
{
    QCoreApplication a(argc, argv);
    QString str = QCoreApplication::applicationDirPath();
    QFile file(str+"/myfile.txt");
    if (file.open(QFile::ReadOnly|QIODevice::Text))
    {
        char buf[1024];
        memset(buf,'k',1024);
        qint64 readcount = file.read(buf, sizeof(buf));
        buf[readcount]='\0';
        printf("%s",buf);
        file.close();
    }
    else puts("open file failed.");
```

```
    cout<<endl;
    return a.exec();
}
```

我们首先得到可执行程序所在的路径，然后和myfile.txt（要读取的文件）组成一个完整路径并作为参数传入QFile的构造函数中。注意，Qt的路径分隔符是 '/'，所以myfile.txt前要加上这个字符。接着用只读方式（QFile::ReadOnly）打开文件，打开成功后定义一个缓冲区buf，并用字符k来初始化缓冲区，目的是可以看清楚读取文件内容后是不会自动添加字符串结束标志符 '\0' 的。在读取文件后，为了方便打印字符串，需要在所读取的内容后面加 '\0'：

```
buf[readcount]='\0';
```

代码很简单，下面准备运行。

（3）在运行前，我们需要新建myfile.txt文件，可按Ctrl+B快捷键来生成输出目录（debug目录），然后在输出目录下新建一个文本文件myfile.txt，并输入一段文本：

```
abc
def
```

然后保存文件。myfile创建立好之后，接着就可以按Ctrl+R快捷键来运行程序了，运行结果如图9-1所示。

可以在“buf[readcount]='\0';”这一行设置一个断点，然后按F5键运行到此断点，查看一下buf[0]～buf[7]的内容，如图9-2所示。

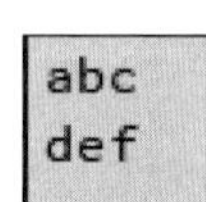

图9-1

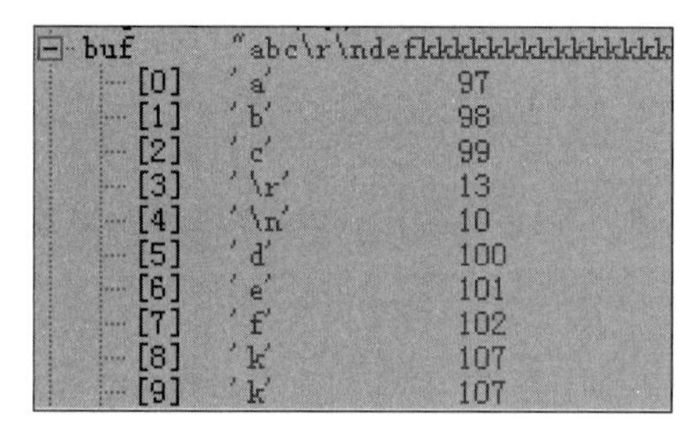

图9-2

buf[8]的值是 'k'，不便于直接打印字符串，因此要设置“buf[readcount]='\0';”。file.read()将会返回读取到的数据字节数。

6. 从文件中读取二进制数据

QFile类自身并没有提供从文件中读数据的函数，而是利用了其祖先类QIODevice的成员读函数read()。该函数的原型声明如下：

```
QByteArray read(qint64 maxSize);
```

该函数最多读取maxSize个字节的数据，内部位置指针后移maxSize，并返回一个QByteArray对象。该函数通常用于读取二进制文件。

另外，QIODevice::readAll()函数会从设备（比如磁盘文件）中读取所有数据，并返回QByteArray对象，即一个字节数组。该函数的原型声明如下：

```
QByteArray readAll();
```

该函数返回QByteArray对象，通常用于读取二进制文件。

【例9.2】　调用readAll()读取二进制文件

（1）启动Qt Creator，新建一个控制台项目，项目名为test。

（2）把源码项目目录下的test.jpg放到C盘，然后在test.cpp中输入如下代码：

```
#include <QCoreApplication>
#include <QFile>
#include <iostream>
using namespace std;
int main(int argc, char *argv[])
{
    QCoreApplication a(argc, argv);
    QByteArray ba;
    QFile file("c:/test.jpg");
    if(file.open(QIODevice::ReadOnly))
    {
        ba = file.readAll();
        file.close();
        cout<<ba.count()<<"Bytes"<<endl;
    }
    return a.exec();
}
```

首先用只读方式打开文件test.jpg，然后用QFile类的成员函数readAll()读取全部数据并存储到字节数组ba中，再打印出字节数组ba的大小，也就是文件的大小。

（3）按Ctrl+R快捷键来运行这个项目，运行结果如图9-3所示。

```
5925Bytes
```

图9-3

7. 写文本文件

QFile类自身并没有提供向文件写数据的函数，而是利用了其祖先类QIODevice的成员函数write()。

函数write()有两种形式。第一种形式最多写maxSize个字符到文件中，该函数的原型声明如下：

```
qint64 write(const char *data, qint64 maxSize);
```

其中，参数data是要写的数据；maxSize表示最多能写的字节数。如果函数写入成功，就返回实际写入的字节数；如果发生错误，就返回-1。

第二种形式更加简单，只有一个参数，该函数的原型声明如下：

```
qint64 write(const char *data);
```

其中，参数data是要写的数据，通常是一个元素，是8位字符且以 '\0' 结尾的字符串。如果函数写入成功，就返回实际写入的字节数；如果发生错误，就返回-1。

【例9.3】　向文本文件写数据

（1）启动Qt Creator，新建一个控制台项目，项目名为test。

（2）在test.cpp中输入如下代码：

```
#include <QCoreApplication>
#include <QFile>
int main(int argc, char *argv[])
{
    QCoreApplication a(argc, argv);
    QString filePath = "d:/test.txt";
    QFile file(filePath);
    if(!file.open(QIODevice::WriteOnly|QIODevice::NewOnly))
        return -1;
    file.write("Write a sentence.");
    file.write("\n");
    file.close();
    puts("write over\n");
    return a.exec();
}
```

我们先以只写和新建方式打开文本文件test.txt。因为用了NewOnly，所以当test.txt不存在时，程序会自动新建test.txt文件，如果test.txt已经存在，则打开失败。然后调用write()函数向test.txt写入一行字符串。最后关闭文件。

（3）按Ctrl+R快捷键来运行这个项目，运行结果如图9-4所示。

```
write over
```

图9-4

8. 写二进制文件

QFile类自身并没有提供向文件写数据的函数，而是利用了其祖先类QIODevice的成员函数write()。可调用函数write()向某个二进制文件写数据，该函数的原型声明如下：

```
qint64 write(const QByteArray &byteArray);
```

其中，参数byteArray表示要写入的数据。如果函数写入成功，就返回实际写入的字节数；如果发生错误，就返回-1。

【例9.4】 把二进制数据写入文件

（1）启动Qt Creator，新建一个控制台项目，项目名为test。

（2）打开test.cpp，输入如下代码：

```
#include <QCoreApplication>
#include <QFile>
#include <qDebug>
#include <iostream>
using namespace std;
int main(int argc, char *argv[])
{
    QCoreApplication a(argc, argv);
    QByteArray ba;
    ba.resize(5);
    ba[0] = 0x3c;
    ba[1] = 0xb8;
    ba[2] = 0x64;
    ba[3] = 0x18;
    ba[4] = 0xca;
```

```
    QFile file("d:\\myfile.dat");
    if(!file.open(QIODevice::WriteOnly ))
        qDebug()<<file.errorString();
    file.write(ba);
    file.close();
    cout<<"write over!"<<endl;
    return a.exec();
}
```

我们首先为字节数组ba准备了5个字节的数据；然后以只写方式打开文件，并调用write()函数写入字节数组，因为字节数组自带长度，所以只写5个字节的数据；最后关闭文件。

（3）按Ctrl+F5快捷键来运行这个项目，运行结果如图9-5所示。然后用ultraedit软件打开D盘的myfile.dat文件，可以查看里面的5个字节数据，如图9-6所示，说明写入二进制数据成功了。

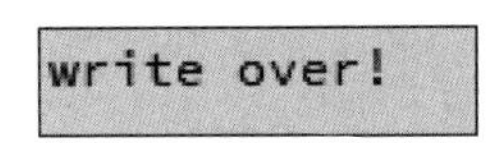

图9-5

图9-6

9. 判断文件是否存在

判断文件是否存在也是常用的文件操作。QFile类的成员函数exists()可以用来判断文件是否存在，该函数的原型声明如下：

```
bool  exists();
```

如果文件存在就返回true，否则返回false。

10. 获取文件名

QFile类的成员函数fileName()可以用来获取文件，这个函数的原型声明如下：

```
QString fileName();
```

函数返回QString类型的文件名。

11. 返回文件大小

QFile类的成员函数size()可以用来获取文件，该函数的原型声明如下：

```
qint64  size();
```

函数返回文件的大小（可以返回大文件的大小，因为返回类型是64位的数据类型qint64）。值得注意的是，对于打开的随机访问设备，此函数返回设备的大小；对于打开的顺序访问设备，将返回bytesAvailable()；如果设备关闭了，那么返回的大小将不反映设备的实际大小。

12. 删除文件

QFile类的静态成员函数remove()可以用来删除文件，该函数的原型声明如下：

```
bool QFile::remove(const QString &fileName);
```

其中，参数fileName表示要删除文件的文件名。

另外，QFile类也提供了非静态成员函数版本的remove()，使用的前提是QFile对象已经关联到某个文件。该函数的原型声明如下：

```
bool remove(const QString &fileName);
```

其中，参数fileName表示要删除文件的文件名。如果复制成功，就返回true，否则返回false。

13. 重命名文件

QFile类的静态成员函数rename()可以用来重命名文件，该函数的原型声明如下：

```
bool QFile::rename(const QString &oldName, const QString &newName);
```

其中，参数oldName表示文件原来的名字；newName表示文件重命名后的文件名。如果成功就返回true，否则返回false。

值得注意的是，若一个名为newName的文件已经存在，则函数rename()返回false（QFile不会覆盖它）。如果重命名操作失败，那么Qt将尝试将文件的内容复制到newName，然后删除原文件，只保留newName。如果复制操作失败或无法删除文件，则删除目标文件newName以恢复旧状态。

另外，QFile类也提供了非静态成员函数版本的rename()函数，使用的前提是QFile对象已经关联到某个文件。该函数的原型声明如下：

```
bool rename (const QString &newName);
```

参数newName表示文件重命名后的文件名。如果复制成功，就返回true，否则返回false。

14. 复制文件

QFile类的静态成员函数copy()可以用来复制文件，该函数的原型声明如下：

```
bool QFile::copy(const QString &fileName, const QString &newName);
```

其中，参数fileName是源文件的文件名；参数newName表示复制后新文件的文件名。如果复制成功，就返回true，否则返回false。

另外，QFile类也提供了非静态成员函数版本的copy()函数，使用的前提是QFile对象已经关联到某个文件。该函数的原型声明如下：

```
bool QFile::copy(const QString &newName);
```

参数newName表示复制后新文件的文件名。如果复制成功，就返回true，否则返回false。

【例9.5】 复制、重命名文件（静态函数版），并获取大小

（1）启动Qt Creator，新建一个控制台项目，项目名为test。

（2）把源码项目目录下的test.txt复制到D盘。然后在Qt Creator中打开test.cpp，输入如下代码：

```
#include <QCoreApplication>
#include <QFile>
#include <iostream>
```

```
using namespace std;
int main(int argc, char *argv[])
{
    QCoreApplication a(argc, argv);
    bool res = QFile::copy("d:\\test.txt","d:\\testNew.txt");
    if(true==res) cout<<"copy ok"<<endl;
    else cout<<"copy failed"<<endl;
    res = QFile::rename("d:\\testNew.txt", "d:\\testNew222.txt");
    if(true == res) cout<<"rename ok"<<endl;
    else cout<<"rename failed"<<endl;
    QFile fd("d:\\testNew222.txt");
    qint64 size = fd.size();
    cout<<"all done over,size="<<size<<endl;
    return a.exec();
}
```

我们首先复制了文件d:\\test.txt，然后把它重命名为d:\\testNew222.txt，最后获取了它的大小。获取文件大小不需要打开文件，只需要让QFile对象关联文件名即可，即用文件名传入QFile的构造函数。

（3）按Ctrl+F5快捷键来运行这个项目，运行结果如图9-7所示。

```
copy ok
rename ok
all done over,size=18
```

图9-7

【例9.6】 复制、重命名文件（非静态函数版）

（1）启动Qt Creator，新建一个控制台项目，项目名为test。

（2）把源码项目目录下的test.txt复制到D盘，并把D盘下的testNew.txt和testNew222.txt删除（如果有这两个文件）。然后在Qt Creator中打开test.cpp，输入如下代码：

```
#include <QCoreApplication>
#include <QFile>
#include <iostream>
using namespace std;
int main(int argc, char *argv[])
{
    QCoreApplication a(argc, argv);
    QFile file;
    file.setFileName("d:\\test.txt");
    bool res = file.copy("d:\\testNew.txt");
    if(true==res) puts("copy ok");
    else
    {
        puts("copy failed");
        return -1;
    }
    file.setFileName("d:\\testNew.txt");
    res = file.rename( "d:\\testNew222.txt");
```

```
    if(true == res) puts("rename ok");
    else
    {
        puts("rename failed");
        return -1;
    }
    file.setFileName("d:\\testNew222.txt");
    qint64 size = file.size();
    cout<<"file size="<<size<<endl;
    return a.exec();
}
```

在上述代码中，我们定义了QFile对象file，并通过成员函数setFileName()关联不同的文件，然后对不同文件进行操作。

（3）按Ctrl+R快捷键来运行这个项目，运行结果如图9-8所示。

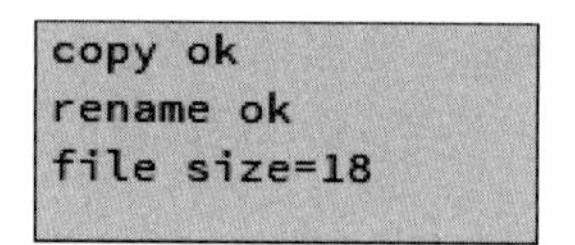

图9-8

第 10 章

Qt菜单栏、工具栏和状态栏

虽然菜单栏、工具栏和状态栏可以用在对话框项目中，但它们更多的是用在MainWindow项目中。菜单栏和工具栏通常位于主窗口上方的位置，状态栏位于主窗口下方的位置。菜单栏和工具栏都是用来接收鼠标操作的，以此来触发相应的操作，比如用户单击“退出”菜单项，程序就退出。工具栏和菜单栏都是用来执行用户命令的，它们接收的消息称为命令消息。状态栏通常是显示当前程序处于某种状态或对某个菜单项（工具栏按钮）进行解释，状态栏上有多个分隔的区域，用来显示不同的信息。

在本章中，实例的应用程序类型都是基于MainWindow项目的。

10.1 菜单的设计与开发

菜单是Qt程序中最常见的界面元素，几乎所有的Qt程序都有菜单，无论是Widget程序、MainWindow程序还是对话框程序。菜单是用户操作应用程序功能的重要媒介。菜单一般分两种：一种是位于程序界面的顶端，使用鼠标左键单击后才发生动作；另一种是在界面需要的地方右击鼠标，然后弹出一个小菜单（快捷菜单），接着用鼠标左键去单击其中的某个菜单项，这种菜单被称为上下文菜单（或右键菜单）。程序中所有的功能基本都可以通过菜单来表达。一个菜单包括很多菜单项，当我们单击某个菜单项的时候就会发出一个命令消息，触发相应的消息处理函数执行菜单命令。

工具栏也是一个窗口，既可以停靠在父类窗口的某一边，也可以处于悬浮状态。工具栏既可以出现在文档项目中，也可以出现在对话框项目中。

在Qt中，主窗口MainWindow上有一个菜单栏，然后菜单栏上有多个菜单（项），用户单击菜单（项）后，会触发一个动作。Qt中要建立菜单，有3个类很重要：菜单栏类QMenuBar、菜单类QMenu和动作类QAction。这3个类的联合作战图如图10-1所示。

菜单栏是主窗口存放菜单的地方，由QMenuBar类来描述，在此基础上添加不同的QMenu类和QAction类。Qt将用户与界面进行交互的元素抽象为一种“动作”，使用QAction类来表示。QAction类才是真正负责执行操作的类。

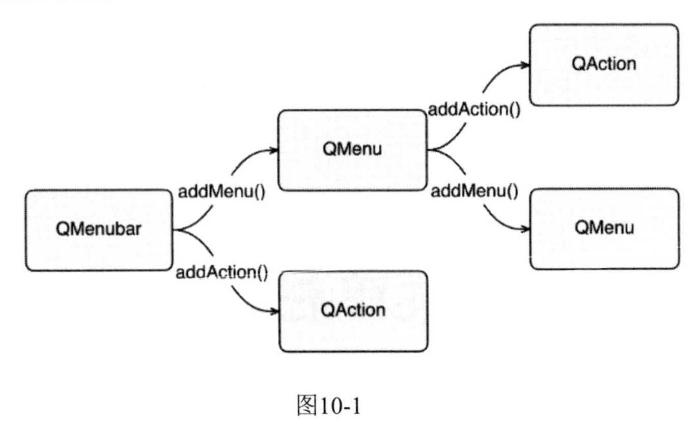

图10-1

创立一个可用的菜单，基本上要有5步操作：

（1）创建一个菜单栏对象：

```
QMenuBar  menuBar  = QMenuBar();
```

（2）创建一个叫mymenu的菜单：

```
QMenu menu = menu_bar.addMenu("mymenu");
```

（3）为菜单添加动作（对应的操作）：

```
QAction action = menu.addAction("new");
```

（4）把动作和槽函数SLOT()关联起来：

```
connect(menuBar,SIGNAL(triggered(QAction*)),this,SLOT(trigerMenu(QAction*)));
```

这样，单击菜单（或任何QAction按钮）时，QMenuBar对象就会发射triggered信号。

（5）定义动作处理函数trigerMenu()，它是一个槽函数。

10.1.1 菜单栏类QMenuBar

菜单栏是主窗口存放菜单的地方，由QMenuBar类来描述。该类的构造函数的原型声明如下：

```
QMenuBar(QWidget *parent = nullptr)
```

其中，参数parent是菜单栏所在窗口的对象指针。比如下面的代码可构造一个菜单栏：

```
QMenuBar* menuBar = new QMenuBar(this);
```

创建了菜单栏之后，就可以添加菜单了。添加菜单的函数为addMenu()，该函数的原型声明如下：

```
QAction *addMenu(QMenu *menu)
```

其中，参数menu是指向要添加的菜单的对象指针。如果成功，函数就返回动作对象指针，否则返回NULL。比如下面的代码就添加了一个菜单：

```
menuBar = new QMenuBar(this);
menuBar->addMenu(pmenu);
```

除了这两个重要的成员函数外，其他常用的成员函数如表10-1所示。

表10-1 其他常用的成员函数

成 员 函 数	说 明
menuBar()	返回主窗口的QmenuBar对象
addMenu()	在菜单栏中添加一个新的QMenu对象
addAction()	向QMenu菜单中添加一个动作按钮，其中包含文本或图标
setEnabled()	将动作按钮状态设置为启用/禁用
addSeperator()	在菜单中添加一条分割线
clear()	删除菜单/菜单栏的内容
setShortcut()	将快捷键关联到操作按钮
setText()	设置菜单项的文本
setTitle()	设置QMenu小控件的标题
text()	返回与QAction对象关联的文本
title()	返回QMenu菜单的标题

10.1.2 动作类QAction

Qt 将用户与界面进行交互的元素抽象为一种“动作”，使用QAction类来表示。QAction类才是真正负责执行操作的类。

单击菜单（QMenu）的动作由QAction来实现。QAction类提供了一个可以同时出现在菜单和工具条上的抽象用户界面的操作。在图形用户界面应用程序中，很多命令都可以通过菜单选项、工具栏按钮和键盘快捷键来调用，因为同一个操作将会被执行，而与它的调用方法无关，并且因为菜单和工具栏必须保持同步。一个动作可以被添加到菜单和工具条中，并且将会自动使它们同步。例如，按下“加粗”工具栏按钮，“加粗”菜单项将会被选中。

QAction类可以设置图标、菜单文本、状态栏文本、工具栏提示。它们可以分别通过函数setIconSet()、setText()、setStatusTip()、setToolTip()来设置。相应地，也可以通过函数icon()、text()、StatusTip()、ToolTip()来获取图标、菜单文本、状态栏文本、工具栏提示等。比如获取菜单文本的成员函数声明如下：

```
QString text() const
```

该函数直接返回菜单的标题。

10.1.3 菜单类QMenu

QMenu类封装了菜单功能，用于菜单栏菜单、上下文菜单和其他弹出菜单。当单击菜单栏菜单时将出现一个下拉菜单。调用QMenuBar::addMenu()函数可以将菜单插入菜单栏。上下文菜单通常通过一些特殊的键盘键或鼠标右击来调用，它们可以调用popup()函数异步执行，也可以调用exec()函数同步执行。菜单也可以响应按钮的按下动作而调用（即单击一个按钮，出现一个下拉菜单）这些函数，这类菜单与上下文菜单一样，只是调用方式不同。图10-2所示就是一个菜单栏菜单。

图10-2

“文件”和“编辑”都是菜单栏菜单上的菜单项，通常称为主菜单项，单击“文件”菜单后，会出现一个下拉菜单，下拉菜单上有3个子菜单项，名称分别是“新建”“保存”和“退出”。当我们单击子菜单项时，就会触发一个动作信号triggered，如果这个信号已关联了对应的槽函数，则该槽函数将被调用。

想要让主菜单项添加到菜单栏上，首先要创建主菜单对象，对应的构造函数的原型声明如下：

```
QMenu(const QString &title, QWidget *parent = nullptr)
```

其中，参数title是主菜单项名称。比如：

```
QMenu  *pmenu = new QMenu(QString::fromLocal8Bit ("文件"));
```

创建菜单对象后，就可以调用QMenuBar类的成员函数addMenu()来添加主菜单项，比如：

```
QMenuBar* menuBar = new QMenuBar(this);
menuBar->addMenu(pmenu);
```

如果是mainwindow项目，则默认已经有一个菜单栏，所以不需要再新建一个了，可以直接在现有菜单栏上添加主菜单项，代码如下：

```
this->menuBar()->addMenu(pmenu);
```

菜单栏类有addMenu()函数，菜单类QMenu也有addMenu()函数，用来添加下一级菜单，而不是用来处理响应的。要处理用户的响应，只能由子菜单项完成，或者说为主菜单项添加动作来完成，这个添加动作的成员函数是addAction()，该函数后面会讲到。

【例10.1】 添加两个主菜单项

（1）启动Qt Creator，新建一个MainWindow项目，项目名为test。

（2）在项目中打开mainwindow.cpp，在函数MainWindow()的末尾输入如下代码：

```
QMenu  *pmenu1 = new QMenu("文件");
QMenu  *pmenu2 = new QMenu("编辑");
this->menuBar()->addMenu(pmenu1);
this->menuBar()->addMenu(pmenu2);
```

代码很简单，我们创建了两个菜单对象指针pmenu1和pmenu2，然后调用函数addMenu()把它们加到默认的菜单栏中。这样就可以显示出主菜单项了。通常主菜单项只用于显示下拉菜单，而不是具体用于处理用户的动作。

图10-3

（3）按Ctrl+R快捷键来运行这个项目，运行结果如图10-3所示。

因为我们还未添加子菜单项，所以单击这个主菜单项不会出现下拉菜单。

下面我们准备添加子菜单项，并对单击子菜单项这个动作做出具体响应。添加子菜单项需要用到QMenu的成员函数addAction()，该函数有好几种形式，最简单的原型声明为：

```
QAction *addAction(const QString &text)
```

字符串text是子菜单项的标题名称，如果函数调用成功，就返回动作对象指针，该动作对象指针可以用于发送菜单的单击信号来触发槽函数。

因为子菜单用来响应用户的具体动作，添加子菜单项实际上就是在添加动作，所以使用了addAction这样的函数名。

值得注意的是，仅仅添加子菜单项还不能响应用户，还需要让action和槽函数（SLOT）建立关联：

```
connect(menuBar,SIGNAL(triggered(QAction*)),this,SLOT(trigerMenu (QAction*)));
```

之后，单击菜单时，QMenuBar对象就会发射triggered信号，然后在槽函数trigerMenu()中根据单击的菜单标题进行相应的处理。比如：

```
#if (QT_VERSION >= QT_VERSION_CHECK(6,0,0))
   #define z(s)  s
#else
   #define z(s) QString::fromLocal8Bit(s)  //兼容Qt 5
#endif
void MainWindow::trigerMenu(QAction* act)
{
   if(act->text() == z("新建"))             //判断是否单击了标题为“新建”的子菜单项
   {
      QMessageBox::information(this, z("注意"), z("新建成功"));
   }
   else if(act->text() == z("退出"))        //判断是否单击了标题为“退出”的子菜单项
   {
      this->close();
   }
}
```

【例10.2】 添加子菜单项，并响应动作

（1）启动Qt Creator，新建一个MainWindow项目，项目名为test。

（2）在项目中打开mainwindow.cpp，在函数MainWindow()的末尾输入如下代码：

```
QMenu *pmenu1 = new QMenu(z("文件"));
pmenu1->addAction(z("新建"));
pmenu1->addAction(z("退出"));
QMenu *pmenu2 = new QMenu(z("编辑"));
pmenu2->addAction(z("复制"));
pmenu2->addAction(z("粘贴"));
this->menuBar()->addMenu(pmenu1);
this->menuBar()->addMenu(pmenu2);
connect(this->menuBar(),SIGNAL(triggered(QAction*)),this,
SLOT(trigerMenu(QAction*)));
```

代码很简单，我们创建了两个菜单对象指针pmenu1和pmenu2，然后调用函数addAction()为每个主菜单项添加两个子菜单项。接着调用函数addMenu()把它们加到默认的菜单栏中。这

样就可以显示出主菜单项了。最后调用connect()函数将菜单栏（menuBar）的triggered信号和槽函数trigerMenu()关联起来，这样当单击菜单栏上的子菜单项时就会发射triggered信号。

为了支持低版本Qt的中文显示，在文件开头定义显示中文的宏：

```
#if(QT_VERSION >= QT_VERSION_CHECK(6,0,0))
    #define z(s)  s
#else
    #define z(s) QString::fromLocal8Bit(s)
#endif
```

（3）继续在mainwindow.cpp中添加槽函数trigerMenu()的具体定义：

```
void MainWindow::trigerMenu(QAction* act)
{
    if(act->text() == z("新建")) //判断是否单击了标题为“新建”的子菜单项
    {
        QMessageBox::information(this, z("注意"), z("新建成功"));
    }
    else if(act->text() == z("退出")) //判断是否单击了标题为“退出”的子菜单项
    {
        this->close();
    }
}
```

我们通过QAction类的成员函数text()来判断当前用户单击了哪个子菜单项，从而进行相应的处理；如果单击了“新建”子菜单项，则显示一个信息框；如果单击了“退出”子菜单项，则退出主窗口。

在文件开头添加包含头文件的指令：

```
#include <QMessageBox>
```

（4）在项目中打开mainwindow.h，为MainWindow类添加trigerMenu()函数的声明：

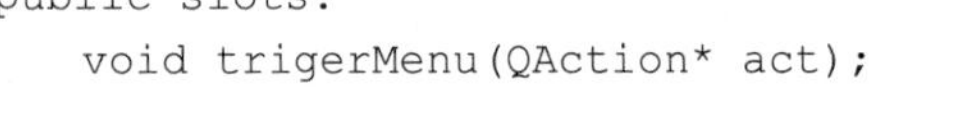

```
public slots:
    void trigerMenu(QAction* act);
```

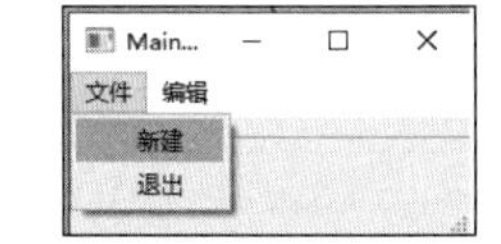

图10-4

（5）按Ctrl+R快捷键来运行这个项目，运行结果如图10-4所示。

除了主菜单项可出现下拉菜单，另外一种位于下拉菜单中的菜单项也是为了出现下一级的下拉菜单，通常这种菜单项旁边还有一个箭头，如图10-5所示。

其中，“Web开发者”就是这样的菜单，可以将其称为二级菜单项；相应的，“工具”和“帮助”可以称为一级主菜单项。二级菜单项的作用是为了出现二级下拉子菜单。下面我们来看一个例子。

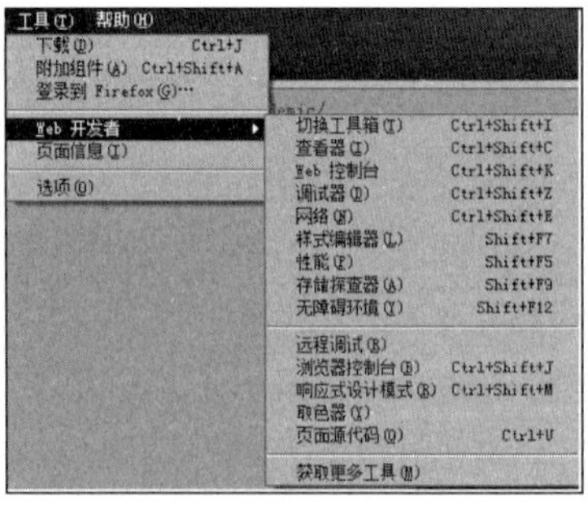

图10-5

【例10.3】 实现二级下拉子菜单

（1）启动Qt Creator，新建一个MainWindow项目，项目名为test。

（2）在项目中打开mainwindow.cpp，并在文件开头添加显示中文的宏：

```
#if (QT_VERSION >= QT_VERSION_CHECK(6,0,0))
   #define z(s)  s
#else
   #define z(s) QString::fromLocal8Bit(s)
#endif
```

接着在文件开头添加包含头文件的指令：

```
#include <QMessageBox>
```

然后在构造函数MainWindow()的末尾输入如下代码：

```
QMenu *pmenu1 = new QMenu(z("文件"));
pmenu1->addAction(z("新建"));
QMenu *pmenu1 = new QMenu(z("文件"));
pmenu1->addAction(z("新建"));
QMenu *pmenu1_1 = new QMenu(z("保存为"));
pmenu1_1->addAction(z("保存为图片"));
pmenu1_1->addAction(z("保存为文本"));
pmenu1->addMenu(pmenu1_1);
pmenu1->addAction(z("退出"));
QMenu *pmenu2 = new QMenu(z("编辑"));
pmenu2->addAction(z("复制"));
pmenu2->addAction(z("粘贴"));
this->menuBar()->addMenu(pmenu1);
this->menuBar()->addMenu(pmenu2);
connect(this->menuBar(),SIGNAL(triggered(QAction*)),this,SLOT(trigerMenu
(QAction*)));
```

我们创建了一个菜单对象指针pmenu1_1，作为第二级菜单项，然后为它添加2个二级子菜单项，标题分别为“保存为图片”和“保存为文本”。然后一级主菜单通过函数addMenu()把二级菜单项（pmenu1_1）添加进来。

（3）继续在mainwindow.cpp中添加槽函数trigerMenu()的具体定义：

```
void MainWindow::trigerMenu(QAction* act)
{
   if(act->text() == z("保存为图片")) //判断是否单击了标题为“保存为图片”的子菜单项
   {
      QMessageBox::information(this, z("注意"), z("保存为图片"));
   }
   else if(act->text() == z("退出")) //判断是否单击了标题为“退出”的子菜单项
   {
      this->close();
   }
}
```

我们通过QAction类的成员函数text()来判断当前用户单击了哪个子菜单项，从而进行相应的处理：如果单击了“保存为图片”子菜单项，则显示一个信息框，如果单击了“退出”子菜单项，则退出主窗口。

（4）在项目中打开mainwindow.h，为MainWindow类添加trigerMenu()函数的声明：

```
public slots:
   void trigerMenu(QAction* act);
```

（5）按Ctrl+R快捷键来运行这个项目，运行结果如图10-6所示。

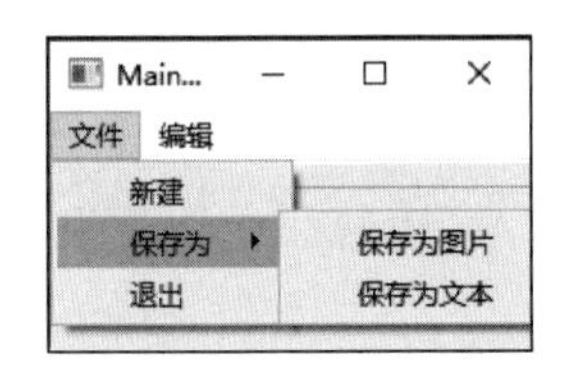

图10-6

在前面的例子中，处理菜单信号时发送者是菜单栏，我们在槽函数中通过判断菜单名来知道用户单击了哪个菜单。除了这种方式外，还可以为单个菜单项的信号关联槽函数，这样就不需要在槽函数中进行判断了。还记得addAction()的返回值吗？返回的是动作对象指针，可以通过该指针来发送子菜单的单击信号，从而触发槽函数。

【例10.4】 为单个菜单项添加槽

（1）启动Qt Creator，新建一个MainWindow项目，项目名为test。

（2）在项目中打开mainwindow.cpp，并在文件开头添加显示中文的宏：

```
#if (QT_VERSION >= QT_VERSION_CHECK(6,0,0))
   #define z(s)  s
#else
   #define z(s) QString::fromLocal8Bit(s)
#endif
```

接着在文件开头添加包含头文件的指令：

```
#include <QMessageBox>
```

然后在构造函数MainWindow()的末尾输入如下代码：

```
QMenu *pmenu1 = new QMenu(z("文件"));
QAction *pa1 = pmenu1->addAction(z("新建"));
QAction *pa2 = pmenu1->addAction(z("退出"));
QMenu *pmenu2 = new QMenu(z("编辑"));
pmenu2->addAction(z("复制"));
pmenu2->addAction(z("粘贴"));
this->menuBar()->addMenu(pmenu1);
this->menuBar()->addMenu(pmenu2);

connect(pa1, SIGNAL(triggered()), this, SLOT(onMenu1Event()));
connect(pa2, SIGNAL(triggered()), this, SLOT(onMenu2Event()));
```

可以看到connect()函数中的发送者是pa1和pa2了。要为单个菜单添加槽函数，只能一个一个编写connect()函数。onMenu1Event()和onMenu2Event()都是自定义的槽函数。

（3）继续在mainwindow.cpp中添加槽函数onMenu1Event()和onMenu2Event()的具体定义：

```
void MainWindow::onMenu1Event() //新建菜单的槽函数
{
   QMessageBox::information(this, z("注意"), z("新建成功"));
}
void MainWindow::onMenu2Event() //退出菜单槽函数
{
```

```
    close();
}
```

（4）在项目中打开mainwindow.h，为MainWindow类添加函数onMenu1Event()和onMenu2Event()的声明：

```
public slots:
    void onMenu1Event();
    void onMenu2Event();
```

（5）按Ctrl+R快捷键来运行这个项目，运行结果如图10-7所示。

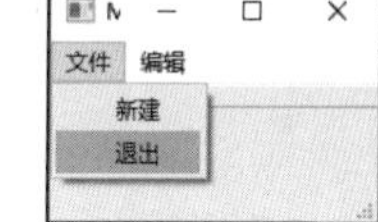

图10-7

10.1.4 以可视化方式添加菜单

前面我们添加菜单的方式都是通过代码方式“纯手工”来实现的，我们当然可以通过Qt Creator界面设计器以可视化方式来添加菜单，就像VB、VC一样。这种方式方便得多，也更为常用。

【例10.5】 以可视化方式添加菜单

（1）启动Qt Creator，新建一个MainWindow项目，项目名为test。我们在新建一个MainWindow项目后，双击mainwindow.ui，在出现的窗口设计界面中会发现顶部已经有两行（第一行是菜单栏，第二行是工具栏），如图10-8所示。

双击第一行左边的“在这里输入”，输入菜单名，然后按回车键即可；同时还会出现下拉菜单，定位到下拉菜单上并双击，可以继续输入子菜单项名，如图10-9所示。

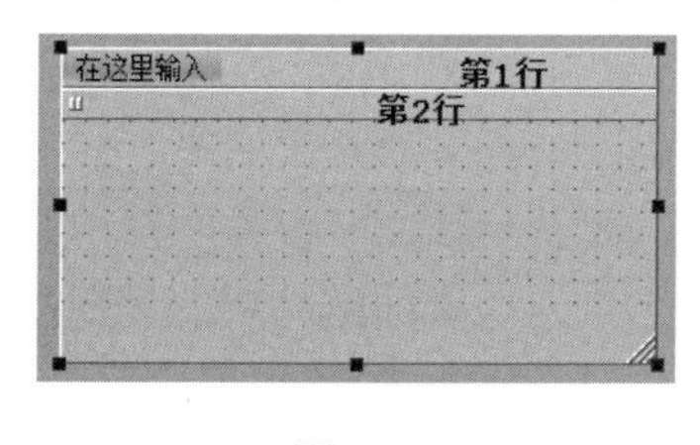

图10-8

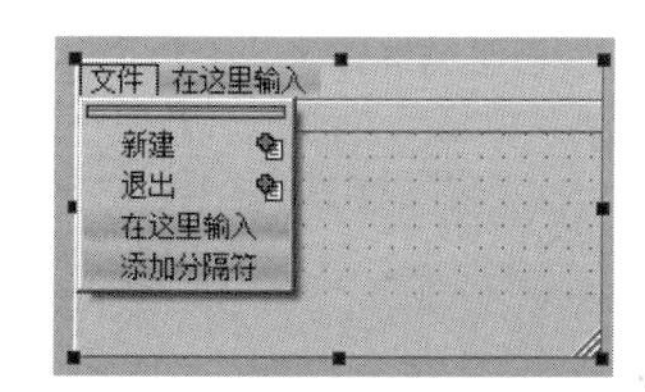

图10-9

我们添加了2个子菜单项“新建”和“退出”，下面为“新建”添加槽函数。

（2）在界面设计器的中下方右击action_2，然后在弹出的快捷菜单中选择“转到槽”选项，如图10-10所示。

其中，action_2是“新建”子菜单项的动作名。接着，在随后出现的“转到槽”对话框中选择信号triggered，如图10-11所示。

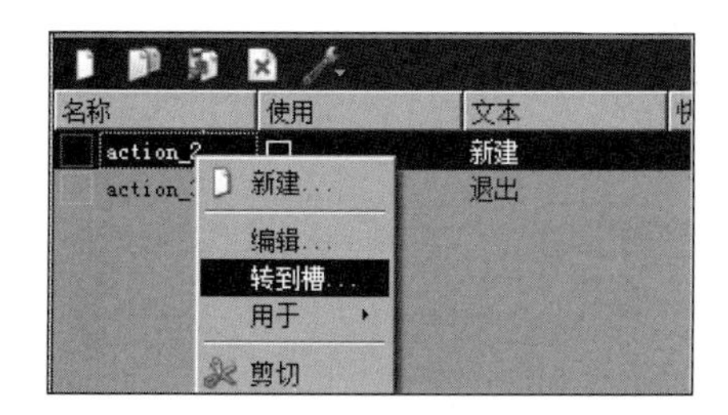

图10-10

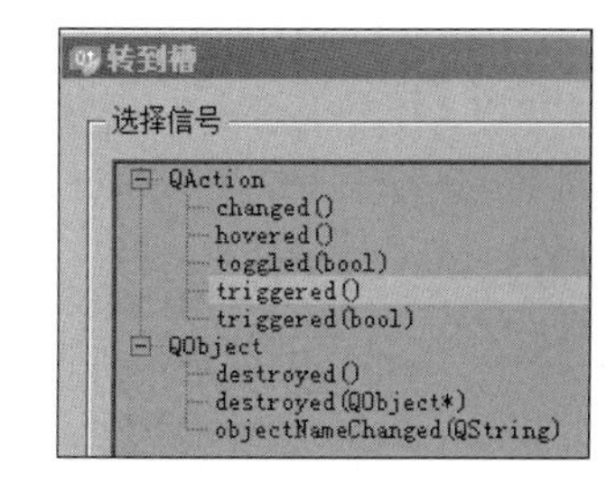

图10-11

单击OK按钮，将跳转到编辑器，并定位到槽函数on_action_2_triggered()处（单击“新建”子菜单项后要调用的函数），接着添加一行代码：

```
void MainWindow::on_action_2_triggered()
{
    QMessageBox::information(this, z("注意"), z("新建成功"));
}
```

回到界面设计器，以同样的方式右击action_3，为“退出”子菜单项添加槽函数，代码如下：

```
void MainWindow::on_action_3_triggered()
{
    close();
}
```

直接调用主窗口类的close()函数退出程序。最后在文件开头添加包含头文件的指令和中文字符串转换宏：

```
#include <QMessageBox>
#if (QT_VERSION >= QT_VERSION_CHECK(6,0,0))
    #define z(s)  s
#else //支持低版本Qt的中文显示
    #define z(s) QString::fromLocal8Bit(s)
#endif
```

（3）按Ctrl+R快捷键来运行这个项目，运行结果如图10-12所示。

图10-12

10.1.5 快捷菜单

快捷菜单又称为上下文菜单，通常在用鼠标右击的时候弹出。创建快捷菜单的方法和创建菜单栏菜单类似。基本步骤如下：

步骤01 把MainWindow类对象的ContextMenuPolicy属性设置为customContextMenu。

步骤02 为信号添加对应的槽函数customContextMenuRequested(QPoint)。

步骤03 在该槽函数中，创建QMenu对象，并添加动作（子菜单项），然后调用QMenu类的成员函数exec()，并把当前鼠标的位置作为参数传入。其中，QMenu::exec()用来弹出快捷菜单，该函数的原型声明如下：

```
QAction *exec(const QPoint &p, QAction *action = nullptr)
```

其中，p是要弹出的快捷菜单的位置。比如：

```
pMenu->exec(QCursor::pos());
```

【例10.6】 实现快捷菜单

（1）启动Qt Creator，新建一个MainWindow项目，项目名为test。

（2）打开mainwindow.ui，在属性视图上找到ContextMenuPolicy，并选择CustomContextMenu，如图10-13所示。

focusPolicy	NoFocus
contextMenuPolicy	CustomContextMenu
acceptDrops	
windowTitle	MainWindow

图10-13

（3）在项目中打开mainwindow.cpp，首先在文件开头添加显示中文的宏：

```
#if (QT_VERSION >= QT_VERSION_CHECK(6,0,0))
   #define z(s)  s
#else //支持低版本Qt的中文显示
   #define z(s) QString::fromLocal8Bit(s)
#endif
```

接着在文件开头添加包含头文件的指令：

```
#include <QMessageBox>
```

然后在构造函数MainWindow()的末尾输入如下代码：

```
//创建菜单对象
m_pMenu = new QMenu(this);
m_pa1=m_pMenu->addAction(z("新建"));
m_pa2 = m_pMenu->addAction(z("退出"));
//与鼠标右键单击信号建立关联
connect(m_pa1, SIGNAL(triggered()), this, SLOT(onMenu1Event()));
connect(m_pa2, SIGNAL(triggered()), this, SLOT(onMenu2Event()));
```

在mainwindow.h中为MainWindow类添加定义：

```
private:
    QMenu *m_pMenu;
    QAction *m_pa1,*m_pa2;
```

（4）在界面设计器中的主窗口右击，然后在弹出的快捷菜单中选择“转到槽”选项，接着选中信号对应的customContextMenuRequested(QPoint)，单击OK按钮，这样就为该信号添加了槽函数，我们在该函数中添加如下代码：

```
void MainWindow::on_MainWindow_customContextMenuRequested(const QPoint &pos)
{
   //在鼠标右击的地方显示菜单
   m_pMenu->exec(cursor().pos());
}
```

（5）再添加子菜单项的槽函数：

```
void MainWindow::onMenu1Event()        //新建菜单的槽函数
{
   QMessageBox::information(this, z("注意"), z("新建成功"));
}

void MainWindow::onMenu2Event()        //退出菜单槽函数
{
   close();
}
```

在头文件中添加槽函数的声明：

```
public slots:
    void onMenu1Event();
    void onMenu2Event();
```

（6）按Ctrl+R快捷键来运行这个项目，然后在窗口上右击鼠标，运行结果如图10-14所示。

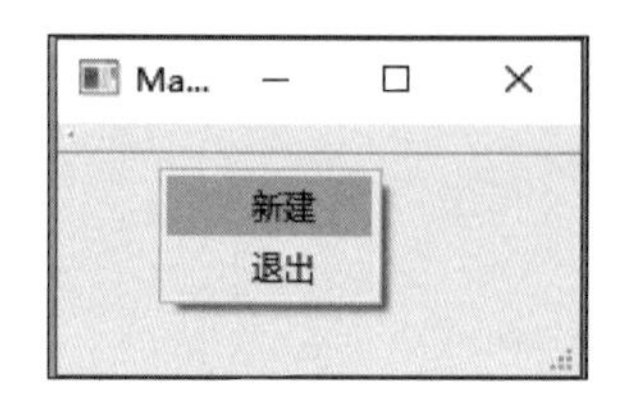

图10-14

10.2 工具栏的设计与开发

工具栏通常位于菜单栏的下方，上面存放着一个个的小按钮（简称工具栏按钮），如图10-15所示。

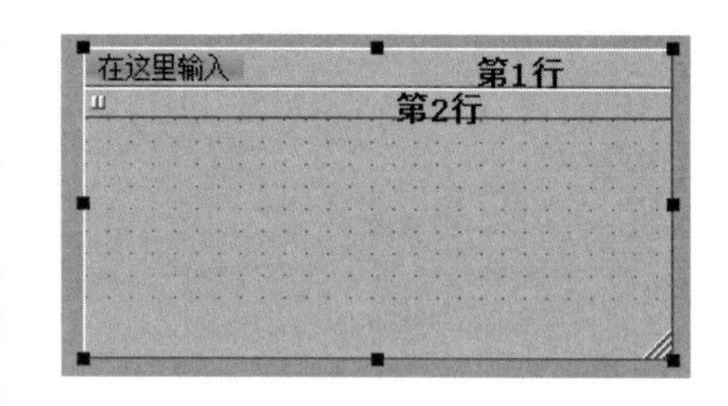

图10-15

第2行就是工具栏，它现在是空的。工具栏上的按钮可以和菜单联动，也可以独立完成功能。当用户单击工具栏上的按钮时，将触发一个信号，并调用相应的槽函数，从而响应用户的需求。我们新建的MainWindow项目也会默认自动生成一个工具栏，可以通过ui->mainToolBar来引用。

在Qt中，工具栏类是QToolBar，可以通过成员函数addAction()来添加小按钮。addAction()的参数通常是菜单调用addAction()返回的QAction对象指针（如下的pNew），比如：

```
QMenu *pFile = menuBar()->addMenu(z("文件"));
QAction *pNew =  pFile->addAction(z("新建"));
ui->mainToolBar->addAction(pNew);
```

【例10.7】 以代码方式实现简单的工具栏

（1）启动Qt Creator，新建一个MainWindow项目，项目名为test。

（2）在项目中打开mainwindow.cpp，首先在文件开头添加显示中文的宏：

```
#if (QT_VERSION >= QT_VERSION_CHECK(6,0,0))
    #define z(s)  s
#else //支持低版本Qt的中文显示
    #define z(s) QString::fromLocal8Bit(s)
#endif
```

接着在文件开头添加包含头文件的指令：

```
#include <QMessageBox>
```

然后在函数MainWindow()的末尾输入如下代码：

```
//添加菜单
QMenu *pFile = menuBar()->addMenu(z("文件"));
//为菜单项添加动作
QAction *pNew =  pFile->addAction(z("新建"));
QAction *pSave=  pFile->addAction(z("保存"));
```

```
pFile->addSeparator();//添加分割线
QAction *pExit =  pFile ->addAction(z("退出"));

//为工具栏添加快捷键
ui->mainToolBar->addAction(pNew);
ui->mainToolBar->addAction(pExit);

connect(pNew, SIGNAL(triggered()), this, SLOT(onNew()));
connect(pExit, SIGNAL(triggered()), this, SLOT(onExit()));
```

我们把pFile->addAction()和pFile->addAction()返回的QAction指针作为参数传给ui->mainToolBar->addAction()，这样单击工具栏按钮和单击子菜单项的功能就一样了，并且工具栏按钮也会显示子菜单项的标题。

（3）继续在mainwindow.cpp末尾添加2个子菜单项的槽函数，代码如下：

```
void MainWindow::onNew()          //“新建”菜单的槽函数
{
    QMessageBox::information(this, z("注意"), z("新建成功"));
}
void MainWindow::onExit()         //“退出”菜单的槽函数
{
    close();
}
```

打开mainwindow.h，添加槽函数的声明：

```
public slots:
    void onNew();
    void onExit();
```

（4）按Ctrl+R快捷键来运行这个项目，运行结果如图10-16所示。

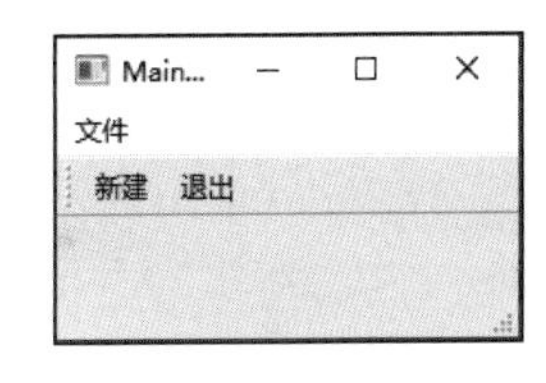

图10-16

一个简单的工具栏就创建好了，但看着总有点别扭，因为工具栏上的按钮通常是用图标来显示的，而不是文字，所以下面我们要实现一个带图标的工具栏，通过可视化方式来添加工具栏按钮。

【例10.8】 以可视化方式添加工具栏按钮（带图标）

（1）启动Qt Creator，新建一个MainWindow项目，项目名为test。

（2）设置图标和背景图片。在本例的项目目录下新建一个子目录res，并在该目录下放置几个ico图标文件，再把这两个文件添加进Qt项目中。

在Qt Creator中，依次单击主菜单的菜单选项“文件→新建文件或项目”，此时会出现New File or Project对话框，在该对话框的左边选择Qt，在右边选择Qt Resource File，然后单击“Choose…”按钮，随后显示出Qt Resource File对话框，在该对话框上输入一个名称，也就是为我们导入的资源起一个自定义的名字，比如myres，下面的路径保持不变，用项目路径即可。

继续单击“下一步”按钮，保持默认设置，直到完成为止。在主界面的项目视图中，稍等1秒，可以发现多了Resources，并且下面有一个myres.qrc。myres.qrc文件位于项目目录中，是一个xml格式的资源配置文件，与应用程序关联的图片、图标等资源文件由.qrc文件来指定，并用xml记录硬盘上的文件和资源名的对应关系，应用程序通过资源名来访问资源文件。值得注意的是，资源文件必须位于.qrc文件所在目录或者子目录下，而.qrc文件通常位于项目目录下，所以资源文件也将位于项目目录或者子目录下。

在磁盘的项目目录下新建一个res子目录，在里面存放好几个ico图标文件。然后回到项目中，右击myres.qrc，在弹出的快捷菜单中选择“Add Existing Directory…”选项，随后出现Add Existing Directory对话框，在该对话框中勾选res、gza.jpg和tool.ico三个选项，其他不选，如图10-17所示。

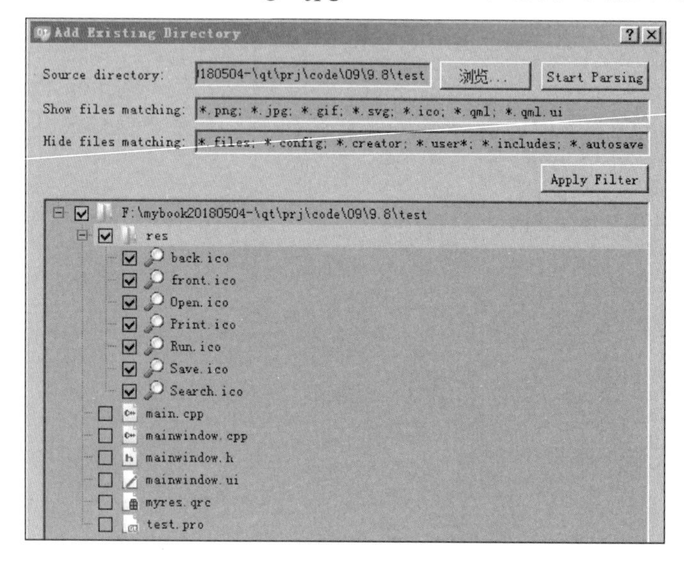

图10-17

然后单击OK按钮，出现如图10-18所示的提示框，单击Yes to All按钮。

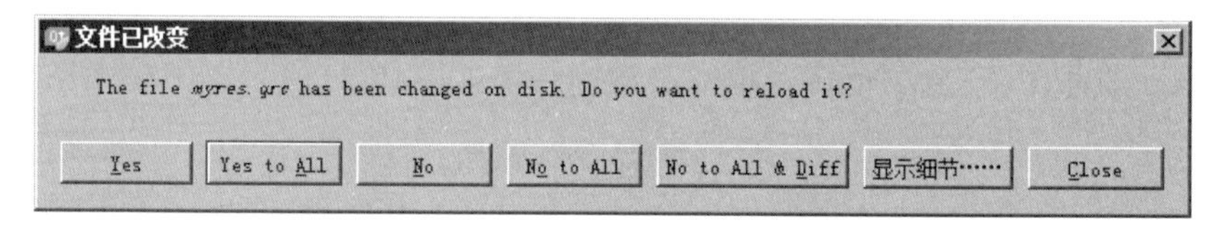

图10-18

这时，项目视图下的myres下多个了一个斜杠“/”，表示默认的资源前缀（前缀起到分类的作用，平时可以不管）。斜杠下面有个res，表示是在myres.qrc同一路径下的子目录res。res下有好几个.ico文件，和磁盘上正好对应起来，因为磁盘上res目录下正好有这几个文件。在主界面右边，显示每个资源的小图以及相应的相对路径，如图10-19所示。

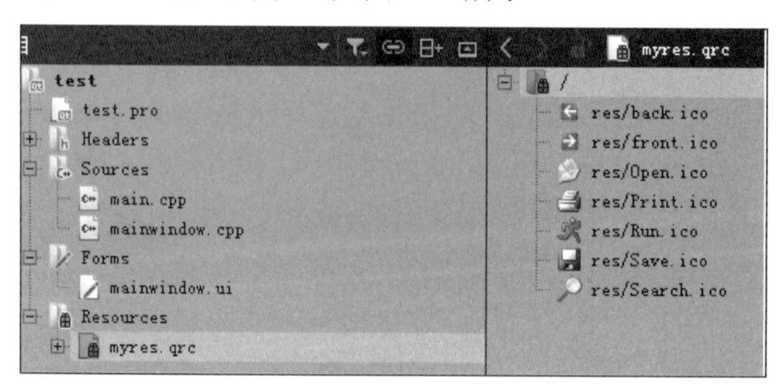

图10-19

一个图标文件和一个图片文件就算添加到项目中，变成项目的资源了。下面我们把这些图标放到工具栏中去。

（3）以可视化方式新建工具栏按钮，基本流程是新建action，为action设置图标，然后把action拖放到工具栏上。

双击mainwindow.ui，在界面设计器的中间下方可以看到一个工具栏，如图10-20所示。

图10-20

单击第一个按钮（用来新建action），弹出“新建动作”对话框，我们可以在该对话框中输入“新建”按钮的工具栏按钮提示（ToolTip）文本“新建文件夹”，这样鼠标停留在该action对应的工具栏按钮上时就会出现按钮的文本提示，在此例中为“新建文件夹”，如图10-21所示。

单击图标一行右方的3个点按钮，出现“选择资源”对话框，在该对话框左边选中res，在右边选中Open.ico，如图10-22所示。

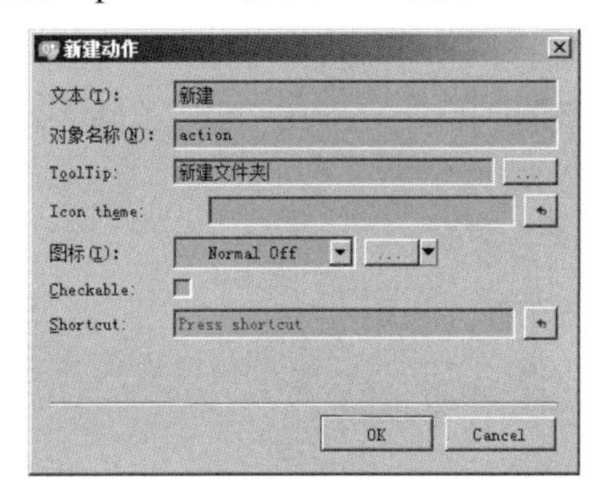

图10-21

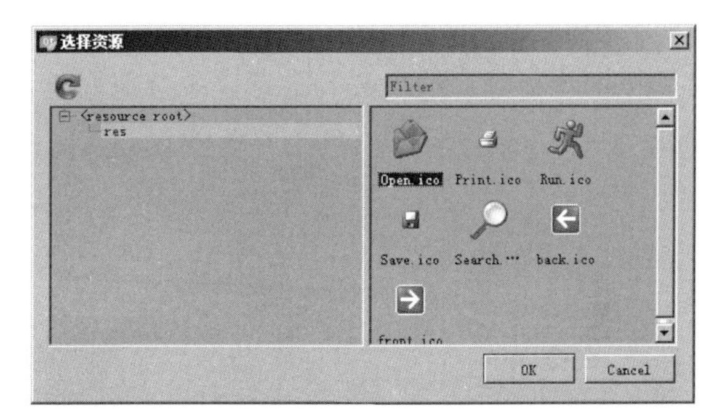

图10-22

然后单击OK按钮，这样Open.ico就设置到新建的action上了。回到“新建动作”对话框，可以看到“图标”是我们刚才选中的Open.ico，如图10-23所示。

单击OK按钮关闭“新建动作”对话框，一个action就新建成功了，如图10-24所示。

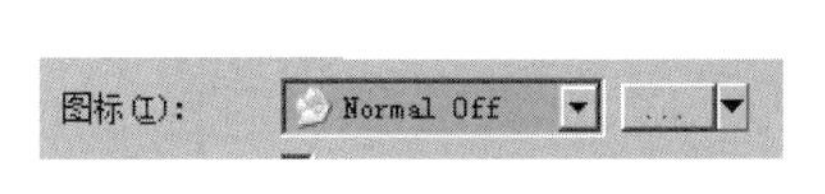

图10-23

图10-24

用鼠标左键选中“名称”下的action不要松开，然后把它拖放到窗口工具栏上，如图10-25所示。这样一个图标工具栏按钮就添加成功了！下面为这个按钮添加单击信号对应的槽函数。右击“名称”下的action，在弹出的快捷菜单中选择“转到槽”选项，如图10-26所示。然后在“转到槽”对话框中选择triggered()信号，如图10-27所示。

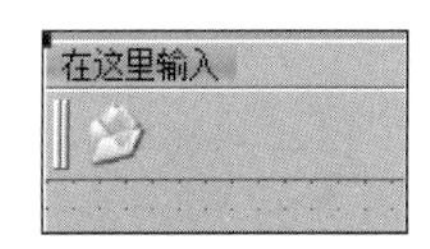

图10-25

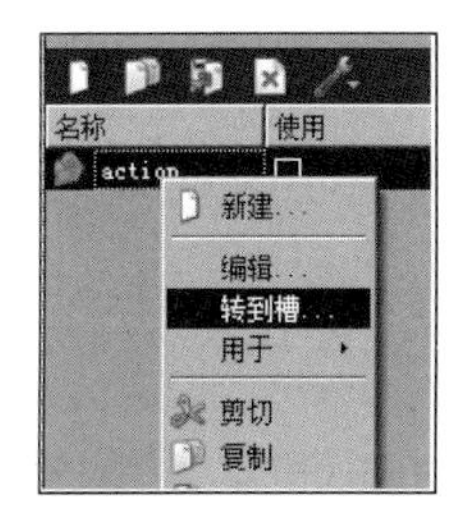

图10-26

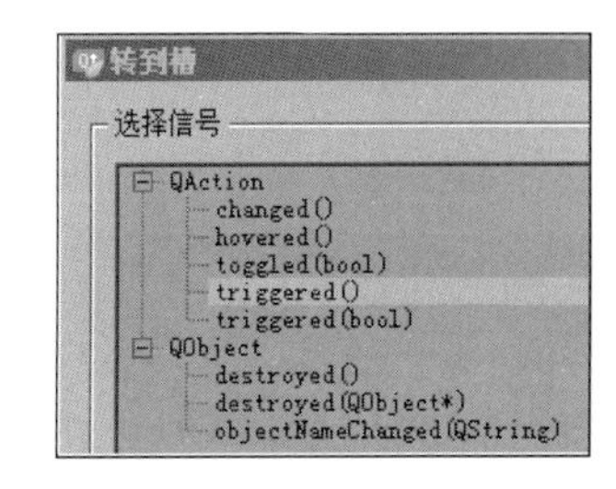

图10-27

然后单击OK按钮，添加该信号对应的槽函数，代码如下：

```
void MainWindow::on_action_triggered()
{
    QMessageBox::information(this, z("注意"), z("新建文件夹成功"));
}
```

在文件开头添加包含头文件的指令和显示中文的宏：

```
#include <QMessageBox>
#if (QT_VERSION >= QT_VERSION_CHECK(6,0,0))
    #define z(s)  s
#else //支持低版本Qt的中文显示
    #define z(s) QString::fromLocal8Bit(s)
#endif
```

以同样的方式添加其他action，并为每个工具选择图标，添加完成后的效果如图10-28所示。为了节省篇幅，这里只为最后一个“退出”按钮添加槽函数：

```
void MainWindow::on_action_7_triggered()
{
    close();
}
```

（4）按Ctrl+R快捷键来运行这个项目，运行结果如图10-29所示。

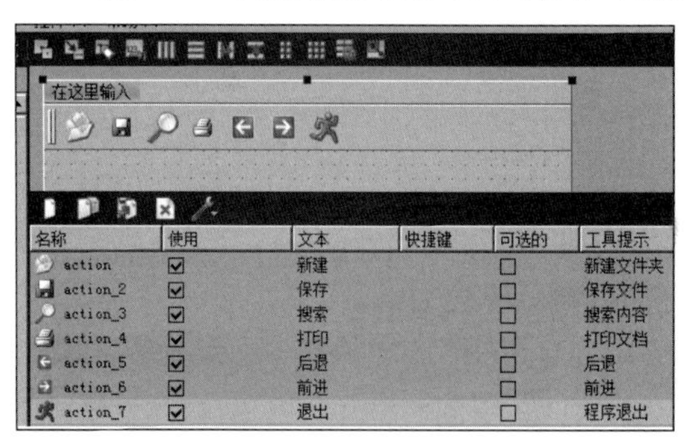

图10-28

图10-29

当我们把鼠标放在第一个按钮上时，还会出现工具栏的按钮提示“新建文件夹”。

10.3 状态栏的设计与开发

状态栏通常位于窗口的底部，用于显示某种状态信息或解释信息。在Qt中，QStatusBar类用于实现状态栏功能。状态栏的显示主要分为以下3种：

（1）一般信息显示，会被showMessage()函数显示的临时消息覆盖。要在状态栏上显示一般信息需要添加标签（QLabel），然后在标签里设置具体的文本信息。添加一般信息所在的标签用到的成员函数是addWidget()，该函数的原型声明如下：

```
void QStatusBar::addWidget(QWidget *widget, int stretch = 0)
```

其中，widget指向要添加到状态栏上的控件对象指针。

在状态栏上添加标签的示例代码如下：

```
QStatusBar* bar = statusBar();                          //获取状态栏
QLabel* first_statusLabel = new QLabel;                 //新建标签
first_statusLabel->setMinimumSize(150,20);              //设置标签最小尺寸、宽度和高度
first_statusLabel->setFrameShadow(QFrame::Sunken);          //设置标签阴影
bar->addWidget(first_statusLabel);                          //把标签添加到状态栏中
```

和菜单栏一样，新建的MainWindow项目会默认拥有一个状态栏，可以通过QMainWindow::statusBar()获得。

（2）永久信息显示，永久信息也是要显示在标签（QLabel）上的，状态栏需要通过成员函数addPermanentWidget()来添加显示永久信息的标签，所添加的标签从右边开始布局，第一个添加的标签在窗口底部最右边，第二个添加的标签显示在第一个标签的左边，以此类推。

addPermanentWidget()成员函数的声明如下：

```
void QStatusBar::addPermanentWidget(QWidget *widget, int stretch = 0)
```

其中，widget指向要添加到状态栏上的控件对象指针。

（3）临时信息显示，可以指定信息显示的时间，时间到了信息就消失。函数showMessage()用于显示临时信息。临时信息通常显示在状态栏的最左边，并且会覆盖所有的一般信息（比如有2个一般信息标签，但临时消息一来，它们都会消失，可以在下面的例子中体会到这一点）。函数showMessage()的声明如下：

```
void QStatusBar::showMessage(const QString &message, int timeout = 0)
```

其中，message是要显示的临时信息；timeout表示临时信息显示的时间，时间单位是毫秒。时间到了，又会恢复原来的一般信息。默认情况下timeout为0，表示不使用超时，此时将一直显示临时信息，直到调用clearMessage()来清除临时信息。

【例10.9】 状态栏上显示一般信息

（1）启动Qt Creator，新建一个MainWindow项目，项目名为test。

（2）在项目中打开mainwindow.cpp，首先在文件开头添加显示中文的宏：

```
#if (QT_VERSION >= QT_VERSION_CHECK(6,0,0))
   #define z(s)  s
#else //支持低版本Qt的中文显示
   #define z(s) QString::fromLocal8Bit(s)
#endif
```

然后在函数MainWindow()末尾输入如下代码：

```
QStatusBar* bar = statusBar();                          //获取状态栏
QLabel* first_statusLabel = new QLabel;                 //新建标签
first_statusLabel->setMinimumSize(50,20);               //设置标签最小尺寸、宽度和高度
first_statusLabel->setFrameShadow(QFrame::Sunken);          //设置标签阴影
first_statusLabel->setText(z("信息1"));                     //设置标签1的信息
```

```
QLabel* second_statusLabel = new QLabel;                    //新建标签
second_statusLabel->setMinimumSize(150,20);
second_statusLabel->setFrameShadow(QFrame::Sunken);        //设置标签阴影
second_statusLabel->setText(z("信息2"));                    //设置标签2的信息

bar->addWidget(first_statusLabel);
bar->addWidget(second_statusLabel);
```

我们在状态栏上放置了2个标签，这2个标签会自动从左到右排列在窗口底部。第一个标签的宽度是50、高度是20，第二个标签会自动从横坐标50这个位置开始放置。

（3）按Ctrl+R快捷键来运行这个项目，运行结果如图10-30所示。

图10-30

【例10.10】 在状态栏上显示临时信息、一般信息和永久信息

（1）启动Qt Creator，新建一个MainWindow项目，项目名为test。

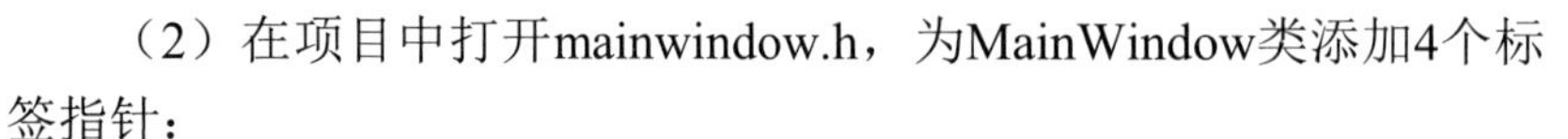

（2）在项目中打开mainwindow.h，为MainWindow类添加4个标签指针：

```
private:
   QLabel *m_status1,*m_status2,*m_status3, *m_status4;
```

其中，m_status1和m_status2用来显示一般信息；m_status3和m_status4用来显示永久信息。

在项目中打开mainwindow.cpp，为了支持低版本Qt，首先在文件开头添加显示中文的宏：

```
#pragma execution_character_set("utf-8")            //用于正确显示中文
```

然后在函数MainWindow()的末尾输入如下代码：

```
m_status1 = new QLabel;
m_status2 = new QLabel;
m_status3 = new QLabel;
m_status4 = new QLabel;

ui->statusBar->addPermanentWidget(m_status1);       //永久信息窗口
ui->statusBar->addPermanentWidget(m_status2);       //永久信息窗口
ui->statusBar->addWidget(m_status3);                //一般信息窗口
ui->statusBar->addWidget(m_status4);                //一般信息窗口
m_status1->setText("永久信息1");
m_status2->setText("永久信息2");
m_status3->setText("一般信息1");
m_status4->setText("一般信息2");
```

（3）双击mainwindow.ui，打开窗口设计界面，在窗口上放置2个按钮，把一个按钮的标题设置为“显示临时信息”、另外一个按钮标题设置为“重新设置第二个一般信息”。添加第一个按钮的槽函数：

```
void MainWindow::on_pushButton_clicked()
{
   ui->statusBar->showMessage("临时信息",3000);
}
```

设置显示临时信息3秒（3000毫秒）。

再为第二个按钮添加槽函数：

```
void MainWindow::on_pushButton_2_clicked()
{
    m_status4->setText("重新设置一般信息2成功");
}
```

单击“重新设置第二个一般信息”按钮后，将在第二个标签上显示文本字符串“重新设置一般信息2成功”。

（4）按Ctrl+R快捷键来运行这个项目，运行结果如图10-31所示。

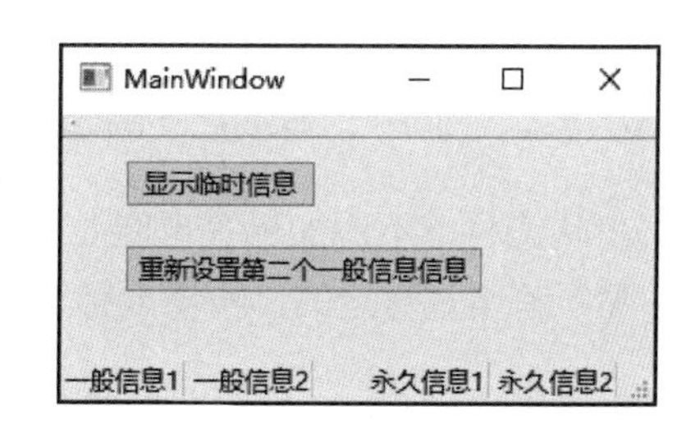

图10-31

从本例中我们可以看出，临时信息一旦要显示，状态栏左边的标签都要让位。

10.3.1　将子菜单项提示信息显示在状态栏上

左边除了显示showMessage的信息外，还可以显示动作（action）提示信息，这个动作一旦作为子菜单项，那么鼠标在该子菜单项上停留时状态栏左边就可以显示对应的提示信息，这样可以帮助用户知道这个子菜单项是干什么的，起到解释说明的作用。这个功能主要是通过QAction的成员函数setStatusTip来实现的，该函数声明如下：

```
void setStatusTip(const QString &statusTip)
```

其中，参数statusTip表示要显示在状态栏左边的提示信息。

【例10.11】　让子菜单项解释信息显示在状态栏上

（1）打开Qt Creator，新建一个MainWindow项目，项目名是test。

（2）在项目中打开mainwindow.cpp，为了支持低版本Qt，首先在文件开头添加显示中文的宏：

```
#pragma execution_character_set("utf-8")  //用于正确显示中文
```

然后在函数MainWindow()末尾输入如下代码：

```
QMenu  *pmenu1 = new QMenu("文件");
QAction *pa1 = pmenu1->addAction("新建");  //把动作加入菜单，作为子菜单项

pa1->setStatusTip("新建文件...");
QAction *pa2 = pmenu1->addAction("退出");
pa2->setStatusTip("退出程序");

this->menuBar()->addMenu(pmenu1);
```

我们调用setStatusTip()函数为每个action增加了状态栏提示信息，并最终加入到菜单中。

（3）按Ctrl+R快捷键来运行这个项目，运行结果如图10-32所示。

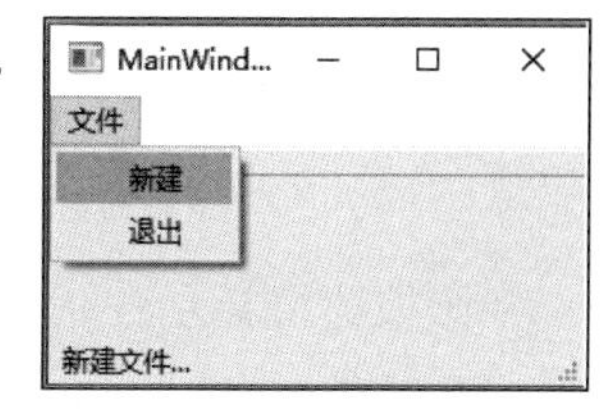

图10-32

我们可以看到，当鼠标停留在“新建”这个子菜单项上时，状态栏左边就会出现“新建文件...”提示信息。

10.3.2 临时信息不需要标签

状态栏上不添加标签也能显示信息，那么showMessage()函数显示的临时信息是否也不需要标签呢？答案是肯定的，不需要标签。

【例10.12】 证明临时信息不需要标签

（1）启动Qt Creator，新建一个MainWindow项目，项目名为test。

（2）双击mainwindow.ui，拖放一个按钮到窗口中，把它的标题设置为“状态栏显示临时信息”，并为之添加clicked信号的槽函数：

```
void MainWindow::on_pushButton_clicked()
{
    ui->statusBar->showMessage("临时信息",3000);
}
```

我们准备在状态栏上显示“临时信息”3秒（3000毫秒）。

在mainwindow.cpp文件开头添加显示中文的宏：

```
//用于支持低版本Qt正确显示中文
#pragma execution_character_set("utf-8")
```

（3）按Ctrl+R快捷键来运行这个项目，运行结果如图10-33所示。

图10-33

果然，临时信息和标签是没有关系的，有了标签反而碍事。临时消息的优先级比一般消息要高。

10.3.3 在状态栏上使用按钮

前面我们中规中矩地使用了状态栏，它就是一个安安静静地显示信息的小控件，不怎么和用户交互。那么能否在状态栏上放一些交互控件（比如按钮）呢？答案是可以的，虽然这样的应用场景不多。我们重新来看一下addWidget()函数，该函数的原型声明如下：

```
void QStatusBar::addWidget(QWidget *widget, int stretch = 0)
```

它的第一个参数是QWidget，所以放置按钮肯定也是可以的。

【例10.13】 在状态栏上使用按钮

（1）启动Qt Creator，新建一个MainWindow项目，项目名为test。

（2）在项目中打开mainwindow.h，为MainWindow类添加私有成员：

```
private:
    QPushButton *m_btn;
```

该按钮将显示在状态栏上。

在文件mainwindow.cpp开头添加包含头文件的指令和显示中文的宏：

```
#include <QMessageBox>
#pragma execution_character_set("utf-8")  //用于支持低版本Qt正确显示中文
```

然后在函数MainWindow()末尾输入如下代码：

```
m_btn = new QPushButton();
m_btn->setText("我是按钮我怕谁");
ui->statusBar->addWidget(m_btn);    //一般信息窗口

connect(m_btn, SIGNAL(clicked()), this, SLOT(onbtn()));
```

我们调用addWidget()函数添加按钮，并把clicked信号关联到自定义的槽函数onbtn()，该函数中的具体代码如下：

```
void MainWindow::onbtn() //单击按钮的槽函数
{
    QMessageBox::information(this, "注意", "禁止传播病毒！");
}
```

（3）在窗口上放置2个按钮：左边按钮的标题是“显示临时信息”，用来在状态栏上显示临时信息；右边按钮的标题是“清除临时信息”，用来清除状态栏上的临时信息。为“显示临时信息”按钮添加clicked信号的槽函数：

```
void MainWindow::on_pushButton_clicked()
{
    ui->statusBar->showMessage("临时信息");
}
```

为“清除临时信息”按钮添加clicked信号的槽函数：

```
void MainWindow::on_pushButton_2_clicked()
{
    ui->statusBar->clearMessage();
}
```

当单击“清除临时信息”按钮时，将恢复原来状态栏上的按钮。

（4）按Ctrl+R快捷键来运行这个项目，运行结果如图10-34所示。

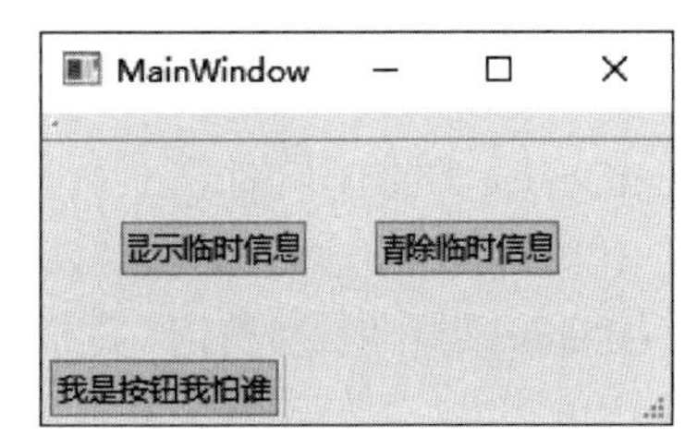

图10-34

第 11 章

Qt图形编程

11.1　概　　述

Qt中提供了强大的2D绘图系统，可以使用相同的API在屏幕和绘图设备上绘制图形，主要是基于QPainter、QPainterDevice和QPainterEngine这3个类：QPainter类执行绘图操作；QPainterDevice类与绘图设备有关，是一个二维空间的抽象；QPainterEngine类提供一些接口。

QPainter类用于执行绘图操作，它提供的API在GUI或QImage、QOpenGLPaintDevice、QWidget和QPaintDevice上显示图形（线、形状、渐变等）、文本和图像。绘图系统由QPainter类完成具体的绘制操作，QPainter类提供了大量高度优化的函数来完成GUI编程所需要的大部分绘制工作，它可以绘制一切想要的图形，从最简单的一条直线到任何复杂的图形，例如点、线、矩形、弧形、饼状图、多边形、贝塞尔弧线等。此外，QPainter类也支持一些高级特性，例如反走样（针对文字和图形边缘）、像素混合、渐变填充和矢量路径等，QPainter类也支持线性变换，例如平移、旋转、缩放。

QPainter类可以在继承自QPaintDevice类的任何对象上执行绘制操作。QPainter类也可以与QPrinter类一起使用来打印文件和创建PDF文档。这意味着通常既可以用相同的代码在屏幕上显示数据，也可以生成打印形式的报告。QPainter类一般通过控件的绘图事件paintEvent()函数进行绘制：首先创建QPainter对象，然后进行图形的绘制，最后要销毁QPainter类的对象。当窗口程序需要升级或者重新绘制时，调用此成员函数。调用函数repaint()和update()后，再调用函数paintEvent()。

QPaintDevice类不直接绘制物理显示界面，而是利用逻辑界面的中间媒介。例如，绘制矩形图形时，为了将对象绘制到QWidget、QGLPixelBuffer、QImage、QPixmap、QPicture等多种界面中间，必须使用QPaintDevice类。QPaintDevice类表示QPainter的绘图设备（画布）。QPaintDevice子类有QImage、QOpenGLPaintDevice、QWidget等，所以QPainter类可以在QImage、QOpenGLPaintDevice、QWidget上绘制图形。

QPaintEngine类提供了一些接口，以便 QPainter类可在不同的设备上进行绘制。

11.2 重绘事件处理函数paintEvent()

Qt中的重绘机制和Windows编程里面的重绘机制差不多，但是Qt的重绘机制更有特色、更加智能。基础控件类QWidget提供的paintEvent()函数是一个纯虚函数，继承它的子类想进行重绘时就必须重新实现。下列4种情况会发生重绘事件：

（1）当窗口控件第一次显示时，系统会自动产生一个绘图事件。

（2）repaint()与update()函数被调用时。

（3）当窗口控件被其他部件遮挡，然后又显示出来时，会对隐藏的区域产生一个重绘事件。

（4）重新调整窗口大小时。

paintEvent()函数是一个虚函数槽（slot），子类可以对父类的paintEvent()函数进行重写。当调用update()、repaint()函数的时候，paintEvent()函数会被调用。另外，当界面有任何改变的时候，比如从隐藏到显示、界面尺寸改变、界面内容改变等，paintEvent()函数也会被调用。paintEvent()函数是已经被高度优化过的函数，本身已经自动开启并实现了双缓冲（X11系统需要手动去开启双缓冲），因此在Qt中重绘操作不会引起屏幕上的任何闪烁现象。

有了paintEvent的知识之后，现在再来看看函数update()和repaint()。update()和repaint()是一样的，都需要重绘的对象主动去调用，然后执行重绘操作。update()和repaint()被调用之后都会去调用paintEvent().repaint()，之后会立即执行重绘操作，因此repaint()是最快的，紧急情况下需要立刻重绘的可以调用repaint()。但是调用repaint()的函数不能放到paintEvent()中调用。举个例子：有一个继承自QWidget类的子类MyWidget，并在子类中对paintEvent进行了重写。我们在MyWidget::myrepaint()中调用repaint()，myrepaint()又被重写的paintEvent()调用。这样调用repaint()的函数会被paintEvent()调用，由于repaint()是立即重绘，而且repaint()在调用paintEvent之前几乎不做任何优化操作，会直接造成死循环，即：先调用repaint()，继而调用paintEvent()，paintEvent()反过来又调用repaint()……如此循环。update()跟repaint()比较，update()更有优越性。update()调用之后并不是立即重绘，而是将重绘事件放入主消息循环中，由main()主函数的事件循环（Event Loop）来统一调度。update()在调用paintEvent()之前，还做了很多优化，如果update()被调用了很多次，最后这些update()会合并到一个大的重绘事件并加入到消息队列，最后只有这个大的update()被执行一次。同时也避免了repaint()中所提到的死循环。因此，一般情况下调用update()就够了。跟repaint()比起来，推荐调用update()函数。

打个比方，QPainter类相当于Qt中的画家，能够绘制各种基础图形，拥有绘图所需的画笔、画刷、字体。绘图常用的工具有画笔类QPen、画刷类QBrush和字体类QFont，都继承自QPainter类。QPen类用于绘制几何图形的边缘，由颜色、宽度、线条风格等参数组成。QBrush类是用于填充几何图形的调色板，由颜色和填充风格组成。QFont类用于文本绘制，由字体属性所组成。

QPaintDevice类相当于Qt中的画布、画家的绘图板，所有的QWidget类都继承自QPaintDevice类。

通常只需把绘图操作放在函数paintEvent()中即可，首先在Widget类中对该函数进行声明：

```
protected:
    void paintEvent(QPaintEvent *event) override;
```

然后把绘图函数放在paintEvent()函数中调用，比如：

```
void Widget::paintEvent(QPaintEvent *event)
{
    QPainter painter(this);
    painter.drawLine(30, 230, 350, 230);           //画线的函数
    painter.setPen(Qt::red);                        //设置画笔的颜色为红色
    painter.drawRect(10, 10, 100, 100);             //画矩形的函数
    painter.setPen(QPen(Qt::green, 5));             //设置画笔颜色为绿色、宽度是5
    painter.setBrush(Qt::blue);                     //设置画刷颜色为蓝色
    painter.drawEllipse(130, 10, 250, 200);         //画椭圆的函数
}
```

现在不熟悉这些绘图函数没关系，后面会详述，下面先来看看例子。

【例11.1】 第一个Qt画图程序

（1）启动Qt Creator，新建一个Widget项目（基类是QWidget），项目名为test。

（2）在widget.h中为Widget类添加函数paintEvent()的声明。我们要重写该虚函数，所以不要忘记加override。

```
protected:
    void paintEvent(QPaintEvent *event) override;
```

然后在widget.cpp中添加代码来实现该函数：

```
void Widget::paintEvent(QPaintEvent *event)
{
    QPainter painter(this);
    painter.drawLine(30, 230, 350, 230);        //画线的函数
    painter.setPen(Qt::red);                     //设置画笔的颜色为红色
    painter.drawRect(10, 10, 100, 100);          //画矩形的函数
    painter.setPen(QPen(Qt::green, 5));          //设置画笔颜色为绿色、宽度为5
    painter.setBrush(Qt::blue);                  //设置画刷颜色为蓝色
    painter.drawEllipse(130, 10, 250, 200);      //画椭圆的函数
}
```

画刷通常是用来填充背景色的，所以我们可以看到椭圆内部填充的颜色是蓝色。又因为我们设置了画笔的宽度是5，所以椭圆的边比较粗，而且是绿色的。

只要窗口或控件需要被重绘，paintEvent()函数就会被调用。每个要显示输出的窗口控件必须实现它。为了不让窗口重绘时能显示我们所绘制的图形，可以把绘图函数放在paintEvent()函数中。

最后，在Widget.cpp开头添加包含头文件的指令：

```
#include <QPainter>
```

（3）按Ctrl+R快捷键来运行这个项目，运行结果如图11-1所示。

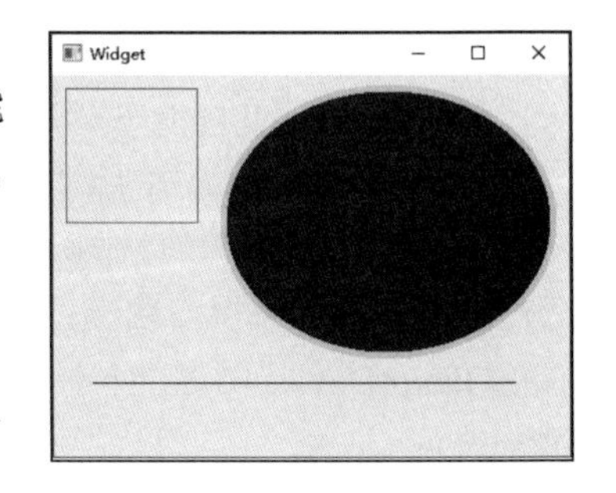

图11-1

11.3 点的坐标QPoint

在Qt中，点的坐标及其操作用QPoint类来表示。QPoint类表示一个平面上整数精度的点坐标，可以通过x()和y()等函数方便地进行存取；QPoint类重载了大量的运算符，可以作为一般的常数进行运算；QPoint类还可以表征为向量，进行向量的相关运算，例如乘除以及长度的计算。

QPoint类定义的坐标点参数的数据类型都是整数类型，不是浮点类型。如果想要使用浮点类型，那么相应的类是QPointF。

11.3.1 成员函数

QPoint类的常用成员函数如表11-1所示。

表11-1 QPoint类的常用成员函数

成员函数	说 明
QPoint() QPoint(int xpos,int ypos)	构造函数：第一个是构造横纵坐标均为0的QPoint对象，第二个是构造横纵坐标分别为x和y的QPoint对象
bool isNull() const	如果为(0,0)值，返回结果为true
int manhattanLength() const	计算向量的长度
int & rx()	返回x的引用值
int & ry()	返回y的引用值
void setX(int x)	更改x
void setY(int y)	更改y
int x() const	返回x的值
int y() const	返回y的值
QPoint &operator*=(float factor) QPoint &operator*=(double factor) QPoint &operator*=(int factor) QPoint &operator+=(const QPoint& point) QPoint &operator-=(const QPoint& point) QPoint &operator/=(qreal divisor)	重载的运算符

11.3.2 相关非成员

除了成员函数外，还有一些相关的非成员运算符，可用于点的计算，这些运算符的声明如下：

```
bool operator==(const QPoint &p1, const QPoint &p2) //比较点p1和p2是否相等
bool operator!=(const QPoint &p1, const QPoint &p2) //比较点p1和p2是否不等
```

比如，判断点pt是否为(10,10)：

```
if(pt == QPoint(10, 10))
    ...
```

11.3.3 定义一个点

比如定义一个点，坐标为(3,7)，代码如下：

```
QPoint p( 3, 7);
```

再定义一个点，坐标分别是(-1,4)，代码如下：

```
QPoint q(-1, 4);
```

如果要定义一个(0,0)点，可以直接用第一种形式的构造函数：

```
QPoint q();
```

11.3.4 计算欧氏距离（两点之间的距离）

QPoint类提供了一个静态成员函数dotProduct()，用于计算两点之间距离的平方和，该函数的原型声明如下：

```
int dotProduct(const QPoint& p1, const QPoint & p2);
```

也就是计算$(x_2-x_1)^2+(y_2-y_1)^2$。我们知道，在数学中，有一个欧氏距离的概念，欧氏距离也就是两点之间的实际距离，可以用以下公式来表示：

$$\rho=\sqrt{(x_2-x_1)^2+(y_2-y_1)^2}$$

由于开根号可能会出现小数，而QPoint类中点的坐标值都是整数，因此dotProduct()函数并没有开平方根，只是计算了平方和。

【例11.2】 计算欧氏距离的平方

（1）启动Qt Creator，新建一个widget项目，项目名为test。

（2）双击widget.ui打开界面设计器，在widget上放置一个按钮，并为按钮的clicked信号添加槽函数，代码如下：

```
void Widget::on_pushButton_clicked()
{
    QPoint p( 3, 7);
    QPoint q(-1, 4);
    int lengthSquared = QPoint::dotProduct(p, q);  //lengthSquared becomes 25
    qDebug("lengthSquared = %d",lengthSquared);
}
```

在上述代码中，定义两个点p和q，然后通过静态函数dotProduct()计算了这两个点的欧氏距离平方值，最终调用qDebug()函数在Qt Creator的输出窗口中输出结果。

（3）按Ctrl+R快捷键来运行这个项目，运行结果如下：

```
lengthSquared = 25
```

11.3.5 获取和设置点的分量值

在二维平面内，一个点有x和y两个坐标分量。QPoint类提供了成员函数x()和y()来分别获取x和y的分量值，也提供了函数setX()和setY()来设置分量值。其中，获取x和y坐标值的函数声明如下：

```
int x() const
int y() const
```

函数很简单，直接返回x或y的坐标值。

设置x和y坐标值的函数声明如下：

```
void setX(int x)
void setY(int y)
```

其中，参数x和y是要设置给点的x和y的坐标值。比如我们用当前x坐标值加1后作为新的x坐标值：

```
p.setX(p.x() + 1);
```

【例11.3】 获取或设置x、y坐标值

（1）启动Qt Creator，新建一个widget项目，项目名为test。

（2）双击widget.ui打开界面设计器，在widget上放置一个按钮，并为该按钮的clicked信号添加槽函数，代码如下：

```
void Widget::on_pushButton_clicked()
{
    QPoint p;
    p.setX(p.x() + 1);
    p.setY(p.y() + 5);
    qDebug("p.x=%d,p.y=%d",p.x(),p.y());
}
```

首先用不带参数的构造函数创建了一个QPoint类的对象p，此时它的坐标是(0,0)。然后通过函数p.x()和p.y()获得值是0，再分别加1、5，在调用函数setX()和setY设置给点p，因此点p的新坐标变为(1,5)。最终调用qDebug()在Qt Creator的输出窗口上输出结果。

（3）按Ctrl+R快捷键来运行这个项目，运行结果如下：

```
p.x=1,p.y=5
```

11.3.6 利用x和y坐标的引用值实现自加和自减

函数rx()和ry()既可以获取当前的坐标值，也能自己更新坐标值，这两个函数的原型声明如下：

```
int &rx()
int &ry()
```

比如：

```
QPoint p(1, 2);
p.rx()--;   // p becomes (0, 2)
p.ry()++;   // p becomes (0, 3)
```

11.3.7 利用重载运算符计算点坐标

（1）“+”运算符

```
QPoint &QPoint::operator+=(const QPoint &point)
```

比如：

```
QPoint p( 3, 7);
QPoint q(-1, 4);
p += q;    // p 变为 (2, 11)
```

（2）“–”运算符

```
QPoint &QPoint::operator-=(const QPoint &point)
```

比如：

```
QPoint p( 3, 7);
QPoint q(-1, 4);
p -= q;    // p变为(4, 3)
```

（3）“/”运算符

```
QPoint &QPoint::operator/=(qreal divisor)
```

比如：

```
QPoint p(-3, 10);
p /= 2.5;          // p 变为 (-1, 4)
```

注意：QPoint的坐标值是整数，所以计算过程中遇到小数会四舍五入。

（4）“*”运算符

```
QPoint &QPoint::operator*=(double factor)
```

比如：

```
QPoint p(-1, 4);
p *= 2.5;    // p 变为 (-3, 10)
```

11.4 矩形尺寸QSize

QSize类使用整数类型的值定义一个二维对象的尺寸，即宽和高。这里将QSize类中的常用接口整理出来，分为成员函数和友元函数，以方便大家理解。

11.4.1 成员函数

```
//成员函数
QSize();                                  //构造函数
QSize(int width, int height);             //构造函数
bool isEmpty();                           //w或h: <=0, true; 否则, false
bool isNull();                        //w且h: ==0, true; 否则, false
bool isValid();                           //w且h: >=0, true; 否则, false

void setWidth(int width);                 //设置宽度
void setHeight(int height);               //设置高度
int width() const;                        //获得宽度
int height() const;                       //获得高度
int & rwidth();                           //获得宽度的引用
int & rheight();                          //获得高度的引用

void transpose();                         //交换宽度和高度, 改变QSize自身
QSize transposed() const;                 //交换宽度和高度, 不改变QSize自身
//缩放, 改变QSize自身
void scale(int width, int height, Qt::AspectRatioMode);
void scale(QSize size, Qt::AspectRatioMode);        //缩放, 改变QSize自身
//缩放, 不改变QSize自身
QSize scaled(int width, int height, Qt::AspectRatioMode);
QSize scaled(QSize size, Qt::AspectRatioMode);      //缩放, 不改变QSize自身
//返回自身和参数比较后结合起来的最小尺寸
QSize boundedTo(const QSize &otherSize) const;
//返回自身和参数比较后结合起来的最大尺寸
QSize expandedTo(const QSize &otherSize) const;

//按比例进行扩大或缩放, 即宽、高都乘以q, 结果为四舍五入后的整数, 返回这个值的引用
QSize& operator*=(qreal q);

//按比例进行扩大或缩放, 即宽、高都除以q, 结果为四舍五入后的整数, 返回这个值的引用
QSize& operator/=(qreal q);

//将当前大小的宽、高与size的宽、高进行加法运算, 返回加法运算后的值的引用
QSize& operator+=(const QSize& size);

//将当前大小的宽、高与size的宽、高进行减法运算, 返回减法运算后的值的引用
QSize& operator-=(const QSize& size);
```

11.4.2 非成员函数

```
//如果size1不等于size2, 则返回true, 否则返回false
bool operator!=(const QSize& size1,const QSize& size2);

//如果size1等于size2, 则返回true, 否则返回false
bool operator==(const QSize& size1,const QSize& size2);

//返回size*q后的值
const QSize operator*(const QSize& size,qreal q);
```

```
//返回q*size后的值
const QSize operator*(qreal q,const QSize& size);
//返回size/q后的值
const QSize operator/(const QSize& size,qreal q);
//返回size1+size2后的值
const QSize operator+(const QSize& size1,const QSize& size2);
//返回size1-size2后的值
const QSize operator-(const QSize&,const QSize&);

QDataStream& operator<<(QDataStream&,const QSize&);
QDataStream& operator>>(QDataStream&,const QSize&);
```

11.4.3 定义一个矩形尺寸

矩形尺寸就是一个矩形的长和宽。在Qt中，一个矩形的尺寸（长和宽）可以用结构体QSize来构造，比如：

```
QSize sz(50,20);
```

这是一个有效的矩形尺寸。

如果直接用不带参数的构造函数，则宽度和高度都是-1，是一个无效的矩形尺寸，即isEmpty返回true。

【例11.4】 构造矩形尺寸

（1）打开Qt Creator，新建一个widget项目，项目名是test。

（2）双击widget.ui打开界面设计器，在widget上放置一个按钮，并添加按钮的clicked信号槽函数，如下代码：

```
void Widget::on_pushButton_clicked()
{
    QSize sz;
    if(sz.isEmpty())
        qDebug("sz isEmpty:%d,%d",sz.width(),sz.height());

    QSize sz2(50,30);
    if(sz2.isValid())
        qDebug("sz2 is valid,sz:%d,%d",sz2.width(),sz2.height());

    QSize sz3(0,0);
    if(sz3.isNull())
        qDebug("sz3 is isNull,sz3:%d,%d",sz3.width(),sz3.height());
}
```

（3）按Ctrl+R快捷键运行项目，运行结果如下：

```
sz isEmpty:-1,-1
sz2 is valid,sz:50,30
sz3 is isNull,sz3:0,0
```

11.4.4　获取和设置矩形尺寸的宽度和高度

在二维平面内，一个矩形尺寸有横向距离cx（宽度）和纵向距离cy（高度）。QSize类提供了成员函数width()和height()来获取宽度和高度，也提供了函数setWidth()和setHeight()来设置宽度和高度。其中，获取宽度和高度的函数声明如下：

```
int width() const
int height() const
```

这两个函数很简单，直接返回宽度和高度。

设置宽度和高度的函数声明如下：

```
void setWidth(int width)
void setHeight(int height)
```

【例11.5】　获取和设置矩形尺寸的宽度和高度

（1）启动Qt Creator，新建一个widget项目，项目名为test。

（2）双击widget.ui打开界面设计器，在widget上放置一个按钮，并为按钮的clicked信号添加槽函数，代码如下：

```
void Widget::on_pushButton_clicked()
{
    QSize sz(50,60);
    qDebug("width=%d,height=%d",sz.width(),sz.height());
    sz.setWidth(100);
    sz.setHeight(200);
    qDebug("width=%d,height=%d",sz.width(),sz.height());
}
```

（3）按Ctrl+R快捷键来运行这个项目，运行结果如下：

```
width=50,height=60
width=100,height=200
```

11.4.5　利用宽度和高度的引用值实现自加和自减

函数rwidth()和rheight()既可以获取当前的坐标值，也能自己更新坐标值，这两个函数的声明如下：

```
int &rwidth()
int &rheight()
```

比如：

```
QSize size(100, 10);
size.rheight() += 5;     // size变为(100,15)
size.rwidth() += 20;     // size变为(120,15)
```

11.4.6 缩放矩形尺寸

QSize类根据指定的模式可以将对象的大小缩放为具有给定宽度和高度的矩形尺寸。该功能是通过函数scale()来完成的，这个函数的原型声明如下：

```
void scale(int width,int height,Qt::AspectRatioMode mode);
```

其中，参数width和height是缩放后的宽度和高度；mode是缩放的模式。如果mode是Qt::IgnoreAspectRatio，则将大小设置为（width，height）；如果mode是Qt::KeepAspectRatio，则当前大小将缩放为内部（宽度，高度）尽可能大的矩形，从而保留纵横比；如果mode为Qt::KeepAspectRatioByExpanding，则将当前大小缩放为外部（宽度，高度）尽可能小的矩形，保留纵横比。

比如：

```
QSize t1(10, 12);
t1.scale(60, 60, Qt::IgnoreAspectRatio);              // t1是(60, 60)
QSize t2(10, 12);
t2.scale(60, 60, Qt::KeepAspectRatio);                // t2是(50, 60)
QSize t3(10, 12);
t3.scale(60, 60, Qt::KeepAspectRatioByExpanding);     // t3是(60, 72)
```

该函数还有一种形式：

```
void scale(const QSize& size,Qt::AspectRatioMode mode);
```

11.4.7 利用重载运算符计算矩形尺寸

（1）“+”运算符

```
QSize &QSize::operator+=(const QSize &size)
```

比如：

```
QSize s( 3, 7);
QSize r(-1, 4);
s += r;    // s 变为 (2,11)
```

（2）“–”运算符

```
QSize &QSize::operator-=(const QSize &size)
```

比如：

```
QSize s( 3, 7);
QSize r(-1, 4);
s -= r; // s变为(4,3)
```

（3）“/”运算符

```
QSize &QSize::operator/=(qreal divisor)
```

按比例进行缩小，即宽、高都除以divisor，结果为四舍五入后的整数，返回这个值的引用。

（4）“*”运算符

```
QSize &QSize::operator*=(qreal factor)
```

按比例进行扩大，即宽、高都乘以factor，结果为四舍五入后的整数，返回这个值的引用。

11.5 颜　　色

颜色是图形的一个重要属性。在Qt中，用QColor类来封装颜色的功能。QColor类提供了基于RGB、HSV或CMYK值的颜色。颜色通常用RGB（红色、绿色和蓝色）组件来指定，也可以用HSV（色相、饱和度和值）和CMYK（青色、品红、黄色和黑色）组件来指定。此外，还可以使用颜色名称来指定颜色。颜色名称可以是SVG 1.0的任何颜色名称。RGB、HSV和CMYK可用图11-2来表示。

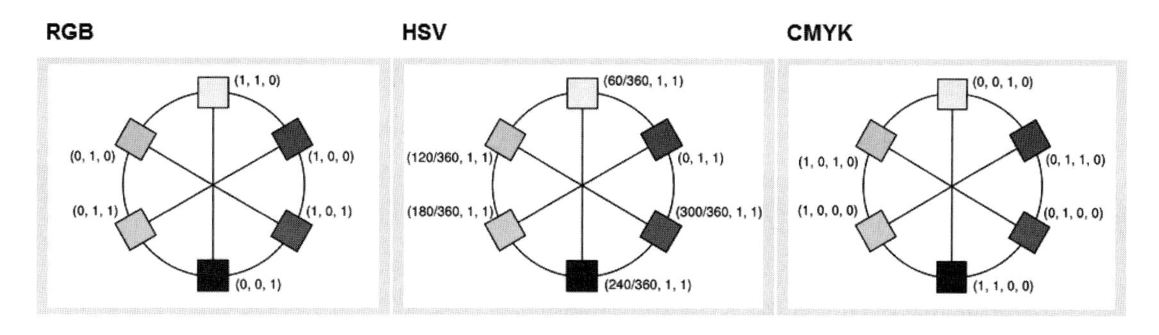

图11-2

QColor类的构造函数基于RGB值来创建颜色。要基于HSV或CMYK值创建QColor，可以分别调用toHsv()和toCmyk()函数。这些函数使用所需的格式返回颜色的副本。此外，静态函数fromRgb()、fromHsv()和fromCmyk()用指定的值创建颜色。也可以调用函数convertTo()以所需格式返回颜色的副本，或者调用更改颜色格式的setRgb()、setHsv()和setCmyk()函数将颜色转换为3种格式中的任何一种。

可以通过将RGB字符串（如“#112233”）、ARGB字符串（如“#ff112233”）或颜色名称（如“blue”）传递给setNamedColor()函数来设置颜色。颜色名称取自SVG 1.0颜色名称。颜色也可以调用setRgb()、setHsv()和setCmyk()函数来设置。要获得较浅或较深的颜色，可调用lighter()和darker()函数。

Qt提供了与“设备无关”的颜色接口，开发者使用颜色时无须和显卡硬件打交道，只需要遵从QColor类定义的颜色接口即可。现在的显卡都支持真彩色，用24位表示一个像素的颜色，其中红绿蓝三原色各占8位，这24位存储在一个32位的整数中，高8位置零。红绿蓝（RGB）是三原色，意思就是这3种颜色按照不同比例的混合可以获得不同的颜色，位数越多，能表示的颜色越多，24位可以表示出2^{24}=16777216种颜色。

成员函数isValid()可以判断一个给定的颜色是否有效，例如：一个RGB颜色超过了RGB组件规定的颜色范围就被视为无效。出于对性能的考虑，QColor通常会忽略一个无效的颜色值，因此isValid()函数的返回值有时是未定义的。

11.5.1 构造颜色

QColor类有多种构造函数，常用的有以下5种。

（1）QColor(int r, int g, int b, int a = ...)：传入r、g、b三个分量来创建一个颜色对象。其中最后一个参数a表示alpha-channel（alpha通道，表示颜色透明度的意思）。比如我们创建一个蓝色的颜色值：

```
QColor c(0,0,255);  //蓝色
```

（2）QColor(QRgb color)：用QRgb对象作为参数来创建一个QColor对象。QRgb是一个重定义的Qt类型，等同于unsigned int。它的格式如#AARRGGBB，其中AA是alpha通道值，表示颜色的透明度。可以通过函数qRgb()来返回QRgb值，该函数不是QColor的成员函数，这个函数的原型声明如下：

```
QRgb qRgb(int r, int g, int b);
```

三个参数分别是r、g、b三个分量。这说明已知r、g、b三个分量，可以转换为一个QRgb值。

（3）QColor(const QString &name)：用字符串name来创建一个QColor对象。功能类似的函数有setNamedColor()。

（4）QColor(const char *name)：用字符串name来创建一个QColor对象。

（5）QColor(const QColor &color)：用一个QColor对象来创建另外一个QColor对象。

11.5.2 获取和设置RGB分量

可以用成员函数getRgb()来获取r、g、b三个分量，该函数的原型声明如下：

```
void QColor::getRgb(int *r, int *g, int *b, int *a = nullptr)
```

其中，参数r、g、b为输出参数，分别用于获得r、g、b三个分量；最后一个参数a用于获得alpha通道值。

除了该函数外，要单独获取某个分量值，还可以调用red()、green()、blue()和alpha()这4个成员函数。

如果要设置r、g、b三个分量，可以调用成员函数setRgb()，该函数的原型声明如下：

```
void QColor::setRgb(int r, int g, int b, int a = 255)
```

其中，参数r、g和b分别为要设置的r、g、b三个分量；a为要设置的alpha通道值，默认是255。

11.5.3 QColor、QString和QRgb互转

（1）QColor转QRgb：利用函数qRgb()。比如：

```
QColor c(255,0,255);
```

```
QRgb mRgb = qRgb(c.red(),c.green(),c.blue());
```

（2）QRgb转QColor：利用构造函数QColor(QRgb color)。比如：

```
QColor mColor = QColor(mRgb);
```

（3）QRgb转QString：由于QRgb就是一个unsigned int类型，因此相当于把unsigned int转为QString。这对于QString而言很容易。比如：

```
QString mRgbStr = QString::number(mRgb,16);  //转为十六进制形式的字符串
```

（4）QString转为QColor：假设现在已经存在QRgb对应的QString字符串，可以先将QString字符串转为QRgb值，再利用构造函数QColor(QRgb color)。比如：

```
// mRgbStr是一个QRgb值的QString字符串
QColor color2(mRgbStr.toUInt(NULL,16));
```

【例11.6】　QColor、QString和QRgb互转

（1）启动Qt Creator，新建一个widget项目，项目名为test。

（2）双击widget.ui打开界面设计器，在widget上放置一个按钮，并为按钮的clicked信号添加槽函数，代码如下：

```
void Widget::on_pushButton_clicked()
{
    QColor c(255,0,255);
    //QColor >> QRgb(uint)
    QRgb mRgb = qRgb(c.red(),c.green(),c.blue());
    //QRgb(uint) >> QColor;
    QColor mColor = QColor(mRgb);
    //QRgb(uint) >> QString;
    QString mRgbStr = QString::number(mRgb,16);
    //QString >> unint >> QColor
    QColor color2(mRgbStr.toUInt(NULL,16));
    qDebug() << mRgb << mColor.red()<<mColor.green()<<mColor.blue() << mRgbStr;
}
```

（3）按Ctrl+R快捷键来运行这个项目，运行结果如下：

```
4294902015 255 0 255 "ffff00ff"
```

第一个输出4294902015转为十六进制是ffff00ff，其中第一个字节的ff是alpha通道值。在最后一个输出的ffff00ff中，第一个字节ff是alpha通道值，默认是255。

11.6　画笔类QPen

Qt中画笔的功能用QPen类来封装。QPen类定义了QPainter类应该怎样画线或者轮廓线。一个QPen类的属性总共有5种：线的样式，线的粗细，线的颜色，线的端点样式，线与线之间的连接方式。其实与线有关的绝大多数函数都是围绕这5个属性来使用的。

11.6.1 画笔的属性

1. 线的样式

枚举类型Qt::PenStyle定义了线的样式（线型）。Qt::PenStyle的枚举值如表11-2所示。

表11-2 Qt::PenStyle的枚举值

枚 举	数 值	说 明
Qt::NoPen	0	根本就没有线
Qt::SolidLine	1	一条简单的线，默认值
Qt::DashLine	2	由一些像素分隔的短线
Qt::DotLine	3	由一些像素分隔的点
Qt::DashDotLine	4	轮流交替的点和短线
Qt::DashDotDotLine	5	一个短线，两个点，一个短线，两个点
Qt::CustomDashLine	6	自定义样式

画笔样式的示例图如图11-3所示。

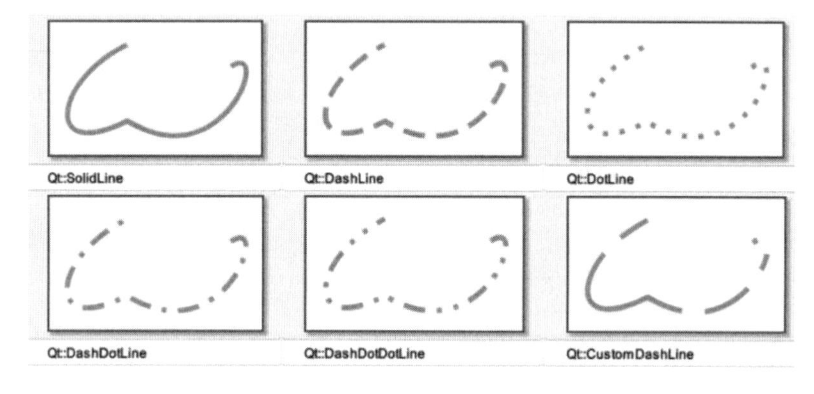

图11-3

设置画笔样式的成员函数是setStyle()，该函数的原型声明如下：

```
void QPen::setStyle(Qt::PenStyle style)
```

其中，参数style表示要设置的画笔样式，取值范围为Qt::PenStyle枚举中的6个枚举值，比如Qt::SolidLine。

为笔设置DashDotLine样式，代码如下：

```
QPen pen;  // creates a default pen
pen.setStyle(Qt::DashDotLine);
```

另外，还可以用函数setDashOffset()和setDashPattern()设置自定义的线条样式，比如：

```
QPen pen;
QVector<qreal> dashes;
qreal space = 4;
dashes << 1 << space << 3 << space << 9 << space<< 27 << space << 9 << space;
pen.setDashPattern(dashes);
```

2. 线的粗细

这个属性好理解，就像自动铅笔一样，粗细规格有0.5、0.7，画出来的线的粗细是不同的。粗细也可以称为宽度。用于设置笔宽度的成员函数是setWidth()，该函数的原型声明如下：

```
void setWidth(int width)
```

其中，参数width是要设置的宽度，单位是像素。

如果要获取笔的当前宽度，可以调用成员函数width()，该函数的原型声明如下：

```
int width() const
```

该函数直接返回笔的宽度，单位是像素。

另外，Qt为了增加笔宽的精度，还提供了一对浮点数版本的函数：

```
void  setWidthF(qreal width)
qreal widthF() const
```

设置的线的宽度和返回的宽度都是实数类型（qreal）。

3. 线的颜色

这个属性好理解，就像水彩笔一样，有红色、绿色、蓝色等，不同颜色的笔画出来的线具有不同的颜色。颜色可以用QColor类的对象来表示。用于设置笔颜色的成员函数是setColor()，该函数的原型声明如下：

```
void setColor(const QColor &color)
```

其中，参数color是要设置的颜色。

如果要获取笔的当前宽度，可以调用成员函数color()，该函数的原型声明如下：

```
QColor color() const
```

该函数直接返回笔的颜色。

另外，也可以直接用QColor对象来构造一个画笔：

```
QPen(const QColor &color)
```

4. 线的端点（末端）样式

线的端点样式（Cap Style）定义了线的端点是如何绘制的，包括直角顶点、圆角顶点和平顶点，默认值为FlatCap。顶点格式对于零宽度的Pen无效。在Windows 95和Windows 98上，Cap Style无效。直角顶点在宽线上才会呈现出来。

Qt::PenCapStyle定义了3种端点样式，如图11-4所示。这3个枚举值的定义如表11-3所示。

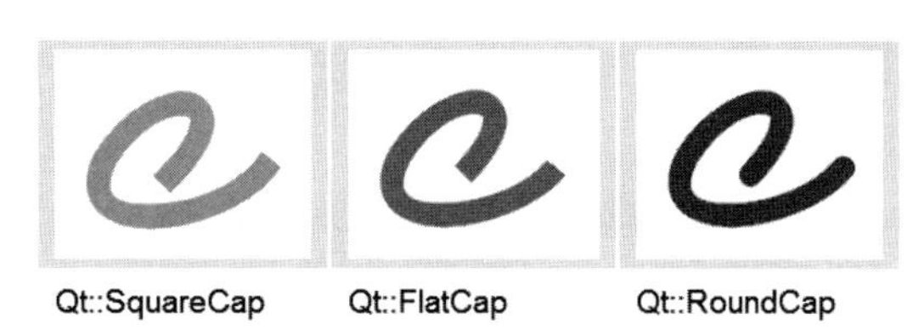

图11-4

表11-3 Qt::PenCapStyle的3个枚举值

枚 举 值	数 值	说 明
Qt::FlatCap	0x00	平顶点，不覆盖线条端点的正方形线条端点
Qt::SquareCap	0x10	直角顶点，覆盖端点并超出其一半宽度的正方形线端点
Qt::RoundCap	0x20	圆顶点

关于线的端点，对于非零宽度的线来说，它完全取决于Cap Style。对于零宽度的线来说，QPainter将尽量保证绘制出线的端点，但是这不是绝对的，取决于绘制引擎的类型。在笔者测试过的测试系统中，所有非对角线的端点都绘制出来了。

5. 线与线之间的连接方式

线与线之间的连接样式（Join Style）用于定义两条相交线的连接点是如何绘制的，默认格式为斜角连接（MiterJoin）。线与线的连接样式同样对零宽度的线无效。枚举Qt::PenJoinStyle定义了斜角连接、倒角连接、圆角连接三种，如图11-5所示。这3个枚举值的定义如表11-4所示。

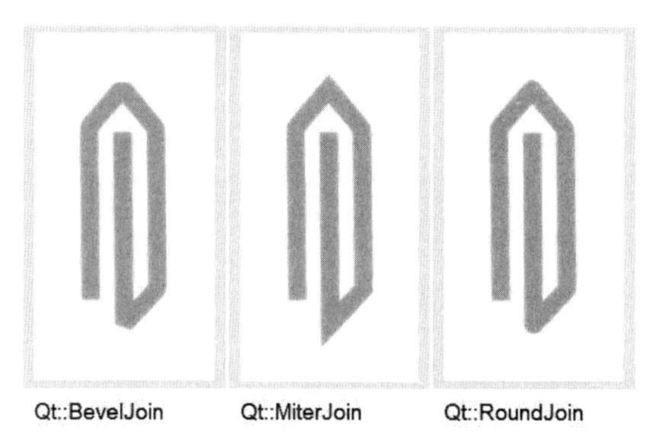

图11-5

表11-4 Qt::PenJoinStyle的3个枚举值

枚 举 值	数 值	说 明
Qt::MiterJoin	0x00	线的外缘延伸成一定角度，并填充此区域
Qt::BevelJoin	0x40	两条线之间的三角形缺口被填满
Qt::RoundCap	0x80	两条线之间被圆弧填充

11.6.2 构造一支画笔

QPen类提供了以下5种构造函数。

（1）QPen()：不带参数，创建一支黑色的、SolidLine样式、宽度为1像素的画笔。

（2）QPen(Qt::PenStyle style)：用样式style来创建一支黑色的、宽度为1像素的画笔。

（3）QPen(const QColor &color)：用颜色color来创建一支SolidLine样式、宽度为1像素的画笔。

（4）QPen(const QBrush &brush, qreal width, Qt::PenStyle style = Qt::SolidLine, Qt::PenCapStyle cap = Qt::SquareCap, Qt::PenJoinStyle join = Qt::BevelJoin)：用指定的画刷、宽度、风格、端点样式和连接样式来创建一支画笔。

（5）QPen(const QPen &pen)：用已有的画笔来创建另外一支画笔。

11.6.3 获取或设置画笔颜色

可以调用成员函数color()来获取画笔的颜色，该函数的原型声明如下：

```
QColor color() const
```

返回QColor对象。

如果要设置画笔的颜色，可以调用成员函数setColor()，该函数的原型声明如下：

```
void setColor(const QColor &color)
```

其中，参数color是要设置的颜色。

11.6.4 获取或设置画笔宽度

可以调用成员函数width()来获取画笔的颜色，该函数的原型声明如下：

```
int width() const
```

返回画笔的宽度，即笔的粗细。

如果要设置画笔的宽度，可以调用成员函数setWidth()，该函数的原型声明如下：

```
void setWidth(int width)
```

其中，参数width是要设置的宽度。

上面是整数版本的函数，还有实数版本的函数：

```
qreal QPen::widthF() const
void QPen::setWidthF(qreal width)
```

11.6.5 获取或设置画笔线型样式

可以调用成员函数style()来获取画笔线型样式，该函数的原型声明如下：

```
Qt::PenStyle QPen::style() const
```

返回画笔的样式。

如果要设置画笔的样式，可以调用成员函数setStyle()，该函数的原型声明如下：

```
void QPen::setStyle(Qt::PenStyle style)
```

其中，参数style是要设置的画笔线型样式。

11.7 画　刷

画刷通常用来填充图形的背景，就像油漆工用的刷子一样，除了刷单色外还能刷图片。在

Qt中，画刷用QBrush类来实现。QBrush类的构造函数有好几种，常用的形式如下：

```
QBrush ( Qt::BrushStyle style )
```

其中，Qt::BrushStyle是一个枚举，定义了不同的画刷样式；style用于定义填充模式，通过枚举类型Qt::BrushStyle来实现。填充模式包括基本填充、渐变填充和纹理填充模式。Qt::BrushStyle的枚举值如表11-5所示。

表11-5 Qt::BrushStyle的枚举值

常　量	值	说　明
Qt::NoBrush	0	无画笔图案
Qt::SolidPattern	1	统一颜色
Qt::Dense1Pattern	2	极密刷纹
Qt::Dense2Pattern	3	非常密集的刷纹图案
Qt::Dense3Pattern	4	稍密的刷纹图案
Qt::Dense4Pattern	5	半密刷纹
Qt::Dense5Pattern	6	有点稀疏的刷纹图案
Qt::Dense6Pattern	7	非常稀疏的刷纹图案
Qt::Dense7Pattern	8	极稀疏的刷纹图案
Qt::HorPattern	9	水平线
Qt::VerPattern	10	垂直线
Qt::CrossPattern	11	跨越水平线和垂直线
Qt::BDiagPattern	12	后向对角线
Qt::FDiagPattern	13	前向对角线
Qt::DiagCrossPattern	14	交叉对角线
Qt::LinearGradientPattern	15	线性渐变（使用专用QBrush构造函数来设置）
Qt::ConicalGradientPattern	17	锥形渐变（使用专用QBrush构造函数来设置）
Qt::RadialGradientPattern	16	径向渐变（使用专用QBrush构造函数来设置）
Qt::TexturePattern	24	自定义图案

图11-6是不同填充模式的效果。

还有一种常用的构造函数形式，具体如下：

```
QBrush(const QColor &color, Qt::BrushStyle style = Qt::SolidPattern)
```

其中，参数color定义画刷的颜色；参数style定义画刷的样式。

下面的代码创建了一个蓝色画刷：

```
QBrush brush(QColor(0, 0, 255), Qt::Dense4Pattern);     //创建画刷
```

使用画刷时，还得调用QPainter:: setBrush()进行设置，比如：

```
QPainter painter(this);
QBrush brush(QColor(0, 0, 255), Qt::Dense4Pattern);     //创建画刷
painter.setBrush(brush);                                //使用画刷
painter.drawEllipse(220, 20, 50, 50);                   //绘制椭圆，并用画刷填充
```

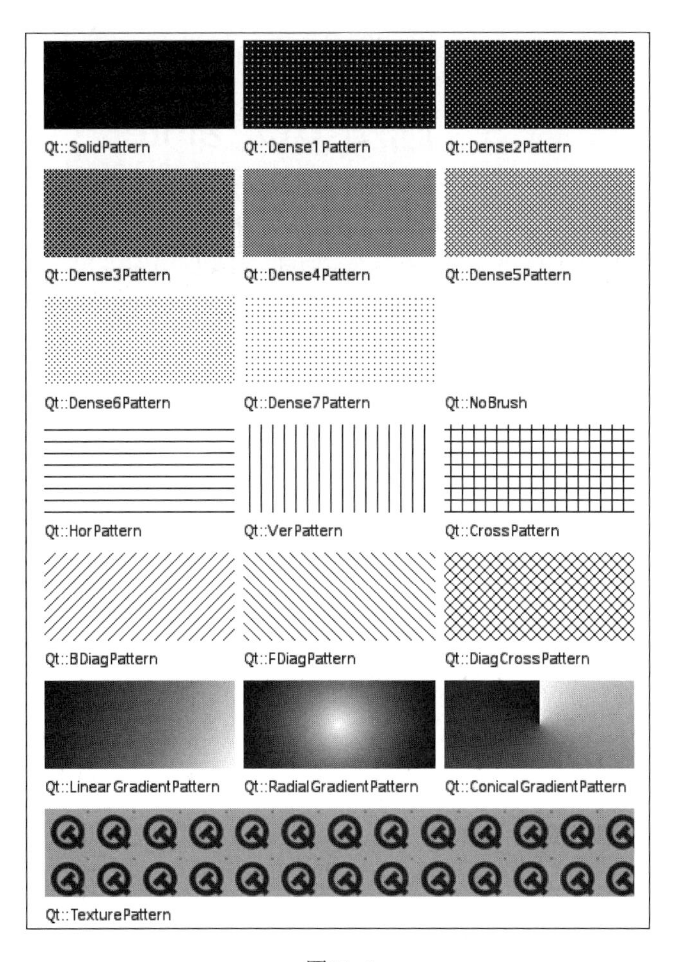

图11-6

画刷除了刷背景色外，还可以把磁盘上的图片刷到图形中。这要用到QBrush类的另一种构造函数：

```
QBrush(const QPixmap &pixmap)
```

其中，pixmap为从磁盘加载的图片。比如：

```
void Widget::paintEvent(QPaintEvent *event)
{
    QPainter painter;
    painter.begin(this);

    QPixmap pixmap("F:\\MyCode\\brush\\resources\\qtblog.png");
    int w = pixmap.width();
    int h = pixmap.height();
    pixmap.scaled(w, h, Qt::IgnoreAspectRatio, Qt::SmoothTransformation);

    QBrush brush(pixmap);   //设置画刷为pixmap文件，也就是用pixmap图形填充矩形
    painter.setBrush(brush);
    painter.drawRect(0, 0, w, h);
    painter.end();
}
```

11.8 画图类QPainter

QPaintDevice、QPaintEngine和QPainter类是Qt绘制系统的3个核心类：QPainter类用于进行绘制的实际操作；QPaintEngine类是继承自QPainterDevice的类；QPaintDevice类是能够在其中进行绘制的类，也就是说，QPainter类可以在任何QPaintDevice的子类上进行绘制。

很多绘制图形（比如画圆、画矩形）和绘制文本的功能都是由QPainter类的成员函数提供的。下面的代码演示了利用QPainter类绘制文本的功能。

```
void SimpleExampleWidget::paintEvent(QPaintEvent *)
{
    QPainter painter(this);                                //定义QPainter对象
    painter.setPen(Qt::blue);                              //设置蓝色的笔
    painter.setFont(QFont("Arial", 30));                   //设置字体
    painter.drawText(rect(), Qt::AlignCenter, "Qt");       //绘制文本
}
```

11.8.1 画直线

用于画直线的成员函数是drawLine()。它的原型有好几种形式，常用的是：

```
void drawLine(int x1, int y1, int x2, int y2)
```

其中，x1和y1是起始点的横纵坐标，x2和y2是终点的横纵坐标。

另外，还有一种常用的形式：

```
void drawLine(const QPoint &p1, const QPoint &p2)
```

其中，p1是起始点的坐标，p2是终点的坐标。

11.8.2 画矩形

用于画矩形的成员函数是drawRect()。它的原型有好几种形式，常用的是：

```
void drawRect(int x, int y, int width, int height)
```

其中，x和y是要画矩形的左上角顶点的横坐标和纵坐标值；width是矩形的宽度，height是矩形的高度。

另外，还有一种常用的形式：

```
void drawRect(const QRect &rectangle)
```

其中，参数rectangle是要画矩形的矩形坐标对象。

11.8.3 画椭圆和圆

其实圆是椭圆的一种特殊形式。用于画椭圆和圆的成员函数是drawEllipse()，它的原型有好几种形式，常用的是：

```
void QPainter::drawEllipse(const QRect &rectangle)
```

其中，参数rectangle是要画椭圆的矩形边界对应的坐标。

另外，还有一种常用的形式：

```
void QPainter::drawEllipse(int x, int y, int width, int height)
```

其中，参数x和y是要画椭圆的圆点（中心点）的横坐标和纵坐标值；width和height是椭圆的长轴和短轴的值。其实也就是3个参数：圆心，水平方向半径，垂直方向半径。当width和height相同时，所画的椭圆就是一个圆。

11.8.4 绘制文本

用于绘制文本的成员函数是drawText()。它的原型有好几种形式，常用的是：

```
void drawText(const QPoint &position, const QString &text)
```

其中，position是要画文本字符串的左上角的顶点坐标；text是要绘制的文本字符串。

另外，还有一种常用的形式：

```
void QPainter::drawText(int x, int y, const QString &text)
```

其中，参数x和y是要绘制文本字符串的左上角顶点的横坐标和纵坐标值；text是要绘制文本字符串。

【例11.7】 利用QPainter画直线、矩形和圆

（1）启动Qt Creator，新建一个MainWindow项目，项目名为test。

（2）在Qt Creator中打开mainwindow.h，添加paintEvent()函数的声明：

```
protected:
    void paintEvent(QPaintEvent *event);    //重绘事件处理函数的声明
```

（3）在Qt Creator中打开mainwindow.cpp，添加paintEvent()函数的定义：

```
void MainWindow::paintEvent(QPaintEvent *)
{
    QPainter p(this);            //创建画家对象，指定当前窗口为绘图设备
    //画直线
    #if 1                        //如果#if 0，则用默认画笔画图形
    //自定义画笔用以绘制轮廓线
    QPen pen;
    pen.setWidth(5);                         //设置线宽
    //pen.setColor(Qt::red);                 //设置颜色
    pen.setColor( QColor(14, 9, 234) );      //rgb设置颜色
    pen.setStyle(Qt::DashLine);              //设置风格
```

```
    //把画笔交给画家
    p.setPen(pen);
    #endif
    p.drawLine(0,0,50,50);                  //起点和终点坐标
    //画矩形
    p.drawRect(50,50,150,150);
    //画圆
    p.drawEllipse(QPoint(50,50),50,25);     //参数：圆心，水平方向半径，垂直方向半径
    //画文本
    p.drawText(QPoint(100,30),"hello world");
}
```

在窗口重绘（状态改变）的时候，paintEvent()函数被调用。其中，坐标(0,0)是在工具栏的上方。

在文件开头添加包含头文件的指令：

```
#include <QPainter.h>
```

（4）按Ctrl+R快捷键来运行这个项目，运行结果如图11-7所示。

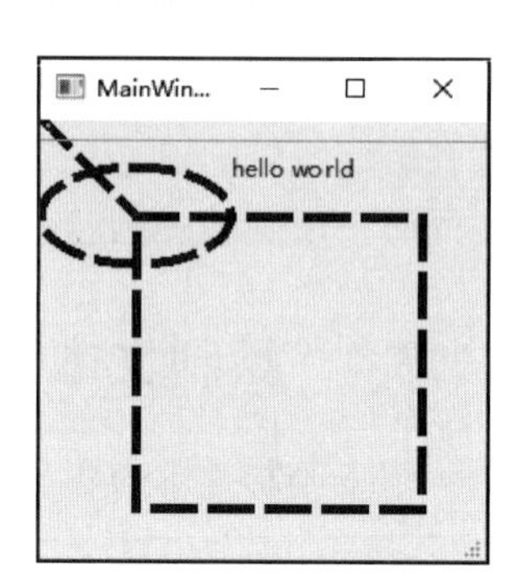

图11-7

【例11.8】 用画刷填充椭圆

（1）启动Qt Creator，新建一个MainWindow项目，项目名为test。

（2）在Qt Creator中打开mainwindow.h，添加paintEvent()函数的声明：

```
protected:
    void paintEvent(QPaintEvent *event);  //重绘事件处理函数的声明
```

（3）在Qt Creator中打开mainwindow.cpp，添加paintEvent()函数的定义：

```
void MainWindow::paintEvent(QPaintEvent *)
{
    QPainter painter(this);
    QBrush brush(QColor(0, 0, 255), Qt::Dense4Pattern);     //创建画刷
    painter.setBrush(brush);                                 //使用画刷
    painter.drawEllipse(20, 20, 70, 50);                     //绘制椭圆，并用画刷填充
}
```

在文件开头添加包含头文件的指令：

```
#include <QPainter.h>
```

（4）按Ctrl+R快捷键来运行这个项目，运行结果如图11-8所示。

图11-8

【例11.9】 把磁盘上的图片用画刷进行填充

（1）启动Qt Creator，新建一个MainWindow项目，项目名为test。

（2）把项目目录下的cc.jpg放到D盘下。在Qt Creator中打开mainwindow.h，并添加paintEvent()函数的声明：

```
protected:
    void paintEvent(QPaintEvent *event);   //重绘事件处理函数的声明
```

（3）在Qt Creator中打开mainwindow.cpp，在构造函数MainWindow()的末尾添加如下代码：

```
ui->mainToolBar->hide();  //用于隐藏默认的工具栏
```

然后，在该程序文件中添加paintEvent()函数的定义：

```
void MainWindow::paintEvent(QPaintEvent *event)
{
    QPainter painter;
    painter.begin(this);
    QPixmap pixmap("d:\\cc.jpg");
    int w = pixmap.width();
    int h = pixmap.height();
    pixmap.scaled(w, h, Qt::IgnoreAspectRatio, Qt::SmoothTransformation);
    QBrush brush(pixmap); //把pixmap文件设置为画刷，也就是用pixmap图形填充矩形
    painter.setBrush(brush);
    painter.drawRect(0, 0, w, h);
    painter.end();
}
```

我们利用QPixmap类加载了D盘上的图片文件cc.jpg，然后加载到画刷中，在画矩形的时候图片内容就填充到矩形中去了。因为是从窗口(0,0)位置开始画的，所以隐藏了工具栏，否则会画到工具栏上。

在文件开头添加包含头文件的指令：

```
#include <QPainter.h>
```

（4）在Qt Creator中打开mainwindow.h，添加paintEvent()函数的声明：

```
protected:
    void paintEvent(QPaintEvent *event);//重绘事件处理函数的声明
```

（5）按Ctrl+R快捷键运行项目，运行结果如图11-9所示。

图11-9

第 12 章 Qt多线程编程

在这个多核时代，如何充分利用每个CPU内核是一个绕不开的话题，从需要为成千上万的用户同时提供服务的服务端应用程序到需要同时打开十几个页面，每个页面都有几十个乃至上百个链接的Web浏览器应用程序，从保持着几太字节（万亿字节）甚至几拍字节（千万亿字节）数据的数据库系统到手机上一个有良好用户响应能力的App，为了充分利用每个CPU内核，都会想到是否可以使用多线程技术。这里所说的“充分利用”包含两个层面的意思，一个是使用到所有的内核，另一个是内核不空闲，不让某个内核长时间处于空闲状态。在C++ 98时代，C++标准并没有包含多线程的支持，人们只能直接调用操作系统提供的SDK API来编写多线程的程序，不同的操作系统提供的SDK API以及线程控制能力不尽相同。到了C++ 11，终于在标准之中加入了正式的多线程支持，从而可以使用标准形式的类来创建与执行线程，也使得我们可以使用标准形式的锁、原子操作、线程本地存储（TLS）等来进行复杂的各种模式的多线程编程。C++ 11还提供了一些高级概念，比如promise/future、packaged_task、async等，以简化某些模式的多线程编程。Qt自带的多线程功能早已横跨Windows和Linux等多平台，强势压制了Windows下语言的多线程、Linux POSIX多线程以及C++ 11/14/17多线程。

多线程可以让应用程序拥有更加出色的性能，与此同时如果没有用好，多线程又是比较容易出错且难以查找到错误所在，甚至可以让人们觉得自己陷进了泥潭。作为一名C/C++/Qt程序员，掌握好多线程开发技术是学习的重中之重。

12.1 使用多线程的好处

多线程编程技术作为现代软件开发的流行技术，正确地使用它将会带来巨大的优势。

（1）让软件拥有灵敏的响应

在单线程软件中，同时存在多个任务时，比如读写文件、更新用户界面、网络连接、打印文档等，按照先后次序执行，即先完成前面的任务再执行后面的任务，如果某个任务执行的时间较长，比如读写一个大文件，那么用户界面无法及时更新，软件没有任何响应，看起来像死机一样，用户体验很不好。怎么解决这个问题呢？人们提出了多线程编程技术。在采用多线程编程技术的程序中，多个任务由不同的线程去执行，不同线程各自占用一段CPU时间，即使线程任务还没完成，也会让出CPU时间给其他线程去执行。这样在用户角度看起来好像几个任务是同时进行的，至少界面上能得到及时更新，大大改善了用户对软件的体验，提高了软件的响应速度和友好度。

（2）充分利用多核处理器

随着多核处理器日益普及，单线程的程序愈发成为性能的瓶颈。比如计算机有2个CPU核，单线程软件同一时刻只能让一个线程在一个CPU核上运行，另外一个核就可能空闲在那里，无法发挥性能。如果软件设计了两个线程，则同一时刻可以让两个线程在不同的CPU核上同时运行，运行效率增加了一倍。

（3）更高效的通信

对于同一进程的线程来说，它们共享该进程的地址空间，可以访问相同的数据。通过数据共享方式使得线程之间的通信比进程之间的通信更高效和方便。

（4）开销比进程小

创建线程、线程切换等这些操作所带来的系统开销比进程的类似操作所需开销要小得多。由于线程共享进程资源，因此创建线程时不需要再为其分配内存空间等资源，创建时间也更短。比如在Solaris2操作系统上，创建进程的时间大约是创建线程的30倍。线程作为基本执行单元，当从同一个进程的某个线程切换到另一个线程时，需要载入的信息比进程之间切换要少，所以切换速度快，比如Solaris2操作系统中线程的切换比进程切换快大约5倍。

12.2 多线程编程的基本概念

12.2.1 操作系统和多线程

要在应用程序中实现多线程，就必须有操作系统的支持。Linux 32位或64位操作系统对应用程序提供了多线程的支持，所以Windows NT/2000/XP/7/8/10是一个多线程操作系统。根据进程与线程的支持情况，可以把操作系统大致分为如下几类：

（1）单进程、单线程，MS-DOS大致是这种操作系统。

（2）多进程、单线程，多数UNIX（及类UNIX的Linux）是这种操作系统。

（3）多进程、多线程，Win32（Windows NT/2000/XP/7/8/10等）、Solaris 2.x和OS/2都是这种操作系统。

（4）单进程、多线程，VxWorks是这种操作系统。

具体到Qt的开发环境，它提供了一套线程类及其成员函数来管理线程，用户可以不必去花精力了解平台开发语言的多线程知识。

12.2.2 线程的基本概念

现代操作系统大多支持多线程，每个进程中至少有一个线程，即使没有使用多线程编程技术，进程也含有一个主线程，所以也可以说CPU中执行的是线程。线程是程序的最小执行单位，是操作系统分配CPU时间的最小实体。一个进程的执行说到底是从主线程开始的，如果需要可以在程序任何地方开辟新的线程，其他线程都由主线程创建。一个进程正在运行，也可以说是一个进程中的某个线程正在运行。一个进程的所有线程共享该进程的公共资源，比如虚拟地址空间、全局变量等。每个线程也可以拥有自己私有的资源，如堆栈、在堆栈中定义的静态变量和动态变量、CPU寄存器的状态等。

线程总是在某个进程环境中创建的，并且会在这个进程内部销毁，正所谓“始于进程而终于进程”。线程和进程的关系是：线程是属于进程的，线程运行在进程空间内，同一进程所产生的线程共享同一个内存空间，当进程退出时该进程所产生的线程都会被强制退出并清除。线程可与属于同一进程的其他线程共享进程所拥有的全部资源，但是其本身基本上不拥有系统资源，只拥有一点在运行中必不可少的信息（如程序计数器、一组寄存器和线程栈，线程栈用于维护线程在执行代码时所需的所有函数参数和局部变量）。

相对于进程来说，线程所占用资源更少，比如创建进程，系统要为进程分配很大的私有空间，占用的资源较多；对多线程程序来说，由于多个线程共享一个进程地址空间，因此占用资源较少。此外，在进程之间切换时需要交换整个地址空间；而在线程之间切换时只是切换线程的上下文环境，因此效率更高。在操作系统中引入线程带来的主要好处是：

（1）在进程内创建、终止线程比创建、终止进程要快。

（2）同一个进程内的线程间切换比进程间的切换要快，尤其是用户级线程间的切换。

（3）每个进程都具有独立的地址空间，而该进程内的所有线程共享该地址空间，因此线程的出现可以解决父子进程模型中子进程必须复制父进程地址空间的问题。

（4）线程对解决客户/服务器模型非常有效。

虽然多线程给应用开发带来了不少好处，但并不是所有情况下都要去使用多线程，要具体问题具体分析，通常在下列情况下可以考虑使用多线程：

（1）应用程序中的各任务相对独立。

（2）某些任务耗时较多。

（3）各任务有不同的优先级。

（4）一些实时系统应用。

值得注意的是，一个进程中的所有线程共享父进程的变量，但同时每个线程都可以拥有自己的变量。

12.2.3 线程的状态

一个线程从创建到结束是一个生命周期，总是处于下面4个状态中的一个。

（1）就绪态

就绪态表示线程能够运行的条件已经满足，只是在等待处理器（处理器要根据调度策略把就绪态的线程调度到处理器中运行）。处于就绪态的原因可能是线程刚刚被创建（刚创建的线程不一定马上运行，一般先处于就绪态），或可能刚刚从阻塞状态中恢复，或可能被其他线程抢占而处于就绪态。

（2）运行态

运行态表示线程正在处理器中运行，正占用着处理器。

（3）阻塞态

由于在等待处理器之外的其他条件而无法运行的状态叫作阻塞态。这里的其他条件包括I/O操作、互斥锁的释放、条件变量的改变等。

（4）终止态

终止态就是线程的线程函数运行结束或被其他线程取消后所处的状态。处于终止态的线程虽然已经结束，但是其所占用的资源还没有被回收，而且可以被重新复活。我们不应该长时间让线程处于这种状态。线程处于终止态后应该及时进行资源回收，至于如何回收，在后续章节会进行讲解。

12.2.4 线程函数

线程函数就是线程创建后进入运行态要执行的函数。执行线程，说到底就是执行线程函数。这个函数是我们自定义的，然后在创建线程时把该函数名作为参数传入线程创建函数。

同理，中断线程的执行，就是中断线程函数的执行，以后恢复线程的时候就会从前面线程函数暂停的地方开始继续执行下面的代码。结束线程也就不再运行线程函数了。

线程函数可以是一个全局函数或类的静态函数，比如在POSIX线程库中，它通常这样声明：

```
void *ThreadProc (void *arg);
```

其中，参数arg指向要传给线程的数据，这个参数是在创建线程的时候作为参数传入线程创建函数中的。函数的返回值应该表示线程函数运行的结果：成功还是失败。注意，函数名ThreadProc是可以是自定义的，是用户自己先定义好再由系统来调用的函数。

在Qt中，线程函数是一个不能直接调用、需要实现的虚拟函数：

```
QThread::run();
```

我们通常需要自己继承QThread，并实现run()函数，然后由系统来调用。

12.2.5 线程标识

既然句柄是用来标识线程对象的，那么线程本身用什么来标识呢？在创建线程的时候，系统会为线程分配一个唯一的ID作为线程的标识，这个ID号从线程创建开始就存在，一直伴随着线程的结束才消失。线程结束后该ID就不存在了，不需要去显式清除。

通常线程创建成功后会返回一个线程ID。

12.2.6 Qt多线程编程的3种方式

在Qt开发环境中，通常用3种方式来开发多线程程序：第一种是利用大名鼎鼎的POSIX多线程库来开发多线程程序；第二种是利用Qt自带的线程类来开发多线程程序；第三种是利用Qt自身的线程类。这3种方式各有利弊。第一种方法比较传统，应用面更广。第二种方式比较新，完全基于C++语言自身，应用广，但维护老项目时用不上（老项目很多都用的POSIX线程库）。第三种是Qt自己推出的方式，有局限性，开发出的代码只能在Qt程序中使用。为何Qt的C++程序员也要熟悉POSIX多线程开发呢？这是因为Qt线程成熟之前，C++里面使用多线程一般都是利用POSIX的多线程API，或者把POSIX多线程API封装成类，然后在公司内部供大家使用，所以一些老项目都是和POSIX多线程库相关的，这也使得我们必须熟悉它，因为很可能进入公司后会要求维护以前的程序代码。Qt自带的线程类很可能在以后开发新的项目时会用到，尤其是和Qt界面相关的场合。至于C++ 11的线程类，更是重要，是语言级别的。

总之，技多不压身，我们将先后介绍这3种方式。

12.3 在Qt中使用POSIX多线程库

在用POSIX多线程API线程函数进行开发之前，我们首先要熟悉这些API函数。常见的与线程有关的基本API函数如表12-1所示。

表12-1 与线程有关的基本API函数

API函数	说 明
pthread_create	创建线程
pthread_exit	线程终止自身的执行
pthread_join	等待一个线程的结束
pthread_self	获取线程ID
pthread_cancel	取消另一个线程
pthread_exit	在线程函数中调用，用于退出线程函数
pthread_kill	向线程发送一个信号

使用这些API函数，需要包含头文件pthread.h，并且在编译的时候需要加上库pthread（表示包含多线程库文件）。

12.3.1 线程的创建

在POSIX API中，创建线程的函数是pthread_create()，该函数的原型声明如下：

```
int pthread_create(pthread_t *pid, const pthread_attr_t *attr,void *
(*start_routine)(void *),void *arg);
```

其中，参数pid是一个指针，指向创建成功后的线程ID，pthread_t其实就是unsigned long int；attr是指向线程属性结构pthread_attr_t的指针，如果为NULL则使用默认属性；start_routine指向线程函数的地址，线程函数就是线程创建后要执行的函数；arg指向传给线程函数的参数；如果成功，该函数返回0。

CreateThread()函数创建完子线程后，主线程会继续执行CreateThread()函数后面的代码，可能会出现创建的子线程还没执行完主线程就结束了，比如控制台程序，主线程结束就意味着进程结束了。在这种情况下，我们需要让主线程等待，等待子线程全部运行结束后再继续执行主线程。还有一种情况，主线程为了统计各个子线程的工作结果而需要等待子线程结束完毕后再继续执行，此时主线程就要等待了。POSIX提供了函数pthread_join()来等待子线程结束，即子线程的线程函数执行完毕后函数pthread_join()才会返回，因此pthread_join()是一个阻塞函数。函数pthread_join()会让主线程挂起（休眠，就是让出CPU），直到子线程都退出，同时pthread_join()能让子线程所占用的资源得到释放。子线程退出后，主线程会接收到系统的信号，从休眠中恢复。函数pthread_join()声明如下：

```
int pthread_join(pthread_t pid, void **value_ptr);
```

其中，参数pid是所等待线程的ID号；value_ptr通常可设为NULL，如果不为NULL，pthread_join()则会复制一份线程退出值到一个内存区域，并让*value_ptr指向该内存区域，因此函数pthread_join()还有一个重要功能，就是能获得子线程的返回值（这一点后面会看到）。如果该函数执行成功就返回0，否则返回错误码。

下面来看几个简单的例子。虽然POSIX库是跨平台的，但在Linux下支持得更好，因此这里在Ubuntu下演示。

【例12.1】 创建一个简单的线程，不传参数

（1）启动Qt Creator，新建一个控制台项目，项目名为test。

（2）打开test.cpp，在test.cpp中输入如下代码：

```
#include <QCoreApplication>
#include <unistd.h> //for sleep
#include <iostream>
using namespace std;

void *thfunc(void *arg) //线程函数
{
    cout<<"in thfunc"<<endl;
    return (void *)0;
}

int main(int argc, char *argv[])
{
    QCoreApplication a(argc, argv);
    pthread_t tidp;
    int ret;

    ret = pthread_create(&tidp, NULL, thfunc, NULL); //创建线程
    if (ret)
```

```
    {
        cout<<"pthread_create failed:"<<ret<<endl;
        return -1;
    }

    sleep(1); //main线程挂起1秒钟，为了让子线程有机会执行
    cout<<"in main:thread is created"<<endl;

    return a.exec();
}
```

我们定义了一个全局函数thfunc()作为线程函数，该线程函数并没有实现复杂的功能，只是打印了一行字符串。在主函数main()中，通过库函数pthread_create()创建了线程，一旦创建成功，就开始执行线程函数thfunc()。另外，Qt Creator非常智能，已经不需要在代码中手动添加pthread头文件和库了，就像一个内置线程库。

（3）按Ctrl+R快捷键来运行这个项目，运行结果如图12-1所示。

```
in thfunc
in main:thread is created
```

图12-1

在这个例子中，首先创建一个线程，在线程函数中打印一行字符串后结束，而主线程在创建子线程后会等待1秒，这样不至于因为主线程的过早结束而导致进程结束，因为进程结束了子线程就没有机会执行了。如果没有等待函数sleep()，则子线程的线程函数可能还没来得及执行主线程就结束了，这样会导致子线程的线程函数没有机会执行，这是因为主线程结束了，整个应用程序就退出了。

【例12.2】 创建一个线程，并传入整数类型的参数

（1）启动Qt Creator，新建一个控制台项目，项目名为test。

（2）打开test.cpp，在test.cpp中输入如下代码：

```
#include <QCoreApplication>
#include <iostream>
using namespace std;
void *thfunc(void *arg)
{
    int *pn = (int*)(arg); //获取参数的地址
    int n = *pn;

    printf("in thfunc:n=%d\n", n);
    return (void *)0;
}

int main(int argc, char *argv[])
{
    QCoreApplication a(argc, argv);

    pthread_t tidp;
    int ret, n=110;

    ret = pthread_create(&tidp, NULL, thfunc, &n);//创建线程并传递n的地址
    if (ret)
    {
        printf("pthread_create failed:%d\n", ret);
        return -1;
    }
```

```
    pthread_join(tidp,NULL); //等待子线程结束
    printf("in main:thread is created\n");
cout<<endl;

    return a.exec();
}
```

（3）按Ctrl+R快捷键来运行这个项目，运行结果如图12-2所示。

```
in thfunc:n=110
in main:thread is created
```

图12-2

这个例子和上面的例子有两点不同：一是创建线程的时候，把一个整数类型变量的地址作为参数传给线程函数；另一个是等待子线程结束没有调用sleep()函数，而是调用pthread_join()。Sleep()只是等待一个固定的时间，有可能在这个固定的时间内子线程早已结束了，或者子线程运行的时间大于这个固定时间，因此用它来等待子线程结束并不精确；调用函数pthread_join()则会一直等到子线程结束后才执行该函数后面的代码。我们可以注意到pthread_join()函数的第一个参数是子线程的ID。

【例12.3】 创建一个线程，并传递字符串作为参数

（1）启动Qt Creator，新建一个控制台项目，项目名为test。

（2）打开test.cpp，在test.cpp中输入如下代码：

```
#include <QCoreApplication>
#include <iostream>
using namespace std;
void *thfunc(void *arg)
{
    char *str;
    str = (char *)arg;                          //得到传进来的字符串
    printf("in thfunc:str=%s\n", str);      //打印字符串
    return (void *)0;
}

int main(int argc, char *argv[])
{
    QCoreApplication a(argc, argv);
    pthread_t tidp;
    int ret;
    const char *str = "hello world";
    ret = pthread_create(&tidp, NULL, thfunc, (void *)str);  //创建线程并传递str
    if (ret)
    {
        printf("pthread_create failed:%d\n", ret);
        return -1;
    }
    pthread_join(tidp, NULL);                     //等待子线程结束
    printf("in main:thread is created\n");
    cout<<endl;
    return a.exec();
}
```

（3）按Ctrl+R快捷键来运行这个项目，运行结果如图12-3所示。

```
in thfunc:str=hello world
in main:thread is created
```

图12-3

【例12.4】 创建一个线程，并传递结构体作为参数

（1）启动Qt Creator，新建一个控制台项目，项目名为test。

（2）打开test.cpp，在test.cpp中输入如下代码：

```
#include <QCoreApplication>
#include <iostream>
using namespace std;
typedef struct                                              //定义结构体的类型
{
    int n;
    char *str;
}MYSTRUCT;
void *thfunc(void *arg)
{
    MYSTRUCT *p = (MYSTRUCT*)arg;
    printf("in thfunc:n=%d,str=%s\n", p->n,p->str);      //打印结构体的内容
    return (void *)0;
}

int main(int argc, char *argv[])
{
    QCoreApplication a(argc, argv);

    pthread_t tidp;
    int ret;
    MYSTRUCT mystruct;                                    //定义结构体
    //初始化结构体
    mystruct.n = 110;
    mystruct.str = "hello world";

    //创建线程并传递结构体的地址
    ret = pthread_create(&tidp, NULL, thfunc, (void *)&mystruct);
    if (ret)
    {
        printf("pthread_create failed:%d\n", ret);
        return -1;
    }
    pthread_join(tidp, NULL);  //等待子线程结束
    printf("in main:thread is created\n");
    cout<<endl;

    return a.exec();
}
```

（3）按Ctrl+R快捷键来运行这个项目，运行结果如图12-4所示。

```
in thfunc:n=110,str=hello world
in main:thread is created
```

图12-4

【例12.5】 创建一个线程，共享进程数据

（1）启动Qt Creator，新建一个控制台项目，项目名为test。

（2）打开test.cpp，在test.cpp中输入如下代码：

```
#include <pthread.h>
#include <stdio.h>
#include <iostream>
using namespace std;

int gn = 10; //定义一个全局变量，将会在主线程和子线程中用到
void *thfunc(void *arg)
{
   gn++;    //递增1
   printf("in thfunc:gn=%d,\n", gn); //打印全局变量gn值
   return (void *)0;
}

int main(int argc, char *argv [])
{
   pthread_t tidp;
   int ret;

   ret = pthread_create(&tidp, NULL, thfunc, NULL);
   if (ret)
   {
      printf("pthread_create failed:%d\n", ret);
      return -1;
   }
   pthread_join(tidp, NULL);          //等待子线程结束
   gn++;                              //子线程结束后，gn再递增1
   printf("in main:gn=%d\n", gn);     //再次打印全局变量gn值
   cout<<endl;
   return 0;
}
```

（3）按Ctrl+R快捷键来运行这个项目，运行结果如图12-5所示。

```
in thfunc:gn=11,
in main:gn=12
```

图12-5

全局变量gn首先在子线程中递增1，在子线程结束后再在主线程中递增1。两个线程都对同一个全局变量进行了访问。

12.3.2 线程的属性

POSIX标准规定线程具有多个属性，那么具体有哪些属性呢？线程的主要属性包括分离状态（Detached State）、调度策略和参数（Scheduling Policy and Parameters）、作用域（Scope）、堆栈尺寸（Stack Size）、堆栈地址（Stack Address）、优先级（Priority）等。Linux为线程属性定义了一个联合体pthread_attr_t，注意是联合体而不是结构体，定义的地方在/usr/include/bits/pthreadtypes.h中，定义如下：

```
union pthread_attr_t
{
    char __size[__SIZEOF_PTHREAD_ATTR_T];
    long int __align;
};
```

从这个定义中可以看出，属性值都存放在数组__size中，很不方便存取。别急，Linux已经准备了一组专门用于存取属性值的函数，在后面具体讲解某个属性的时候会看到。获取线程的属性时，首先调用函数pthread_getattr_np()来获取属性结构体的值，再调用相应的函数来具体获得某个属性值。函数pthread_getattr_np()的原型声明如下：

```
int pthread_getattr_np(pthread_t thread, pthread_attr_t *attr);
```

其中，参数thread是线程id，attr返回线程属性结构体的内容。如果函数运行成功，就返回0，否则返回错误码。注意，使用该函数需要定义宏_GNU_SOURCE，而且要在pthread.h前定义，例如：

```
#define _GNU_SOURCE          /* See feature_test_macros(7) */
#include <pthread.h>
```

并且，当函数pthread_getattr_np()获得的属性结构体变量不再需要时，应该调用函数pthread_attr_destroy()进行销毁。

我们前面调用pthread_create()创建线程时，属性结构体指针参数用了NULL，此时创建的线程具有默认属性，即为非分离、大小为1MB的堆栈、与父进程同样级别的优先级。如果要创建非默认属性的线程，则可以在创建线程之前调用函数pthread_attr_init()来初始化一个线程属性的结构体，再调用相应API函数来设置相应的属性，接着把属性结构体作为指针参数传入pthread_create()函数。函数pthread_attr_init()的原型声明如下：

```
int pthread_attr_init(pthread_attr_t *attr);
```

其中，参数attr为指向线程属性结构体的指针。如果函数执行成功就返回0，否则返回一个错误码。

需要注意的一点是：调用函数pthread_attr_init()初始化线程属性，线程运行完毕（传入pthread_create）之后需要调用pthread_attr_destroy()进行销毁，从而释放相关的资源。函数pthread_attr_destroy()的原型声明如下：

```
int pthread_attr_destroy(pthread_attr_t *attr);
```

其中，参数attr为指向线程属性结构体的指针。如果函数运行成功就返回0，否则返回一个错误码。

除了创建时指定属性外，我们也可以通过一些API函数来改变已经创建了线程的默认属性，后面讲具体属性的时候再详述。至此，线程属性的设置方法我们基本了解了，那获取线程属性的方法呢？答案是通过函数pthread_getattr_np()，该函数可以获取某个正在运行的线程的属性，该函数的原型声明如下：

```
int pthread_getattr_np(pthread_t thread, pthread_attr_t *attr);
```

其中，参数thread是要获取属性的线程ID，attr用于返回得到的属性。如果函数执行成功就返回0，否则为错误码。

下面我们通过例子来演示一下该函数的使用。

1. 分离状态

分离状态（Detached State）是线程很重要的一个属性。POSIX线程的分离状态决定一个线程以什么样的方式来终止自己。要注意和前面线程的状态相区别，前面所说的线程的状态是不同操作系统上的线程都有的状态（线程当前活动状态的说明），而这里所说的分离状态是POSIX标准下的属性所特有的，用于表明该线程以何种方式终止自己。默认的分离状态是可连接的，即创建线程时如果使用默认属性，则分离状态属性就是可连接的，因此默认属性下创建的线程是可连接的线程。

POSIX下的线程要么是分离的，要么是非分离的（也称可连接的，joinable）。前者用宏PTHREAD_CREATE_DETACHED表示，后者用宏PTHREAD_CREATE_JOINABLEB表示。默认情况下创建的线程是可连接的，一个可连接的线程可以被其他线程收回资源和杀死（或称撤销），并且不会主动释放资源（比如堆栈空间），必须等待其他线程来回收它占用的资源，因此我们要在主线程中调用pthread_join()函数（阻塞函数，当它返回时所等待的线程的资源就被释放了）。再次强调，如果是可连接的线程，那么线程函数自己返回结束时或调用pthread_exit()结束时都不会释放线程所占用的堆栈和线程描述符（总计8KB多），必须调用pthread_join()且返回后才会释放这些资源。这对于父进程长时间运行的进程来说会是灾难性的。因为父进程不退出并且没有调用pthread_join()，则这些可连接线程的资源就一直不会释放，相当于变成僵尸线程，僵尸线程越来越多，再想创建新线程时将没有资源可用！如果不调用pthread_join()，并且父进程先于可连接子线程退出，那会不会资源泄漏呢？答案是不会，如果父进程先于子线程退出，那么它将被init进程所收养，这时init进程就是它的父进程，将会调用wait()系列函数为其回收资源。因此不会造成资源泄漏。重要的事情再说一遍，一个可连接的线程所占用的内存仅当有线程对其执行pthread_join()后才会释放，因此为了避免内存泄漏，可连接的线程在终止时，要么已被设为DETACHED（可分离），要么调用pthread_join()函数来回收资源。另外，一个线程不能被多个线程等待，否则第一个接收到信号的线程成功返回，其余调用pthread_join()的线程将得到错误代码ESRCH。

了解了可连接的线程，再来看一下可分离的线程。这种线程运行结束时，它的资源将会立刻被系统回收。可以这样理解，这种线程是能独立（分离）出去的，可以自生自灭，父线程不用管它。将一个线程设置为可分离状态有两种方法：一种方法是调用函数pthread_detach()，它可以将线程转换为可分离线程；另一种方法是在创建线程时就将它设置为可分离状态，基本过程是首先初始化一个线程属性的结构体变量（通过函数pthread_attr_init()），然后将它设置为可分离状态（通过函数pthread_attr_setdetachstate()），最后将该结构体变量的地址作为参数传入线程创建函数pthread_create()，这样所创建出来的线程就直接处于可分离状态了。

函数pthread_attr_setdetachstate()用来设置线程的分离状态属性，声明如下：

```
int pthread_attr_setdetachstate(pthread_attr_t * attr, int detachstate);
```

其中，参数attr是要设置的属性结构体；detachstate是要设置的分离状态值，可以取值为PTHREAD_CREATE_DETACHED或PTHREAD_CREATE_JOINABLE。如果函数执行成功就返回0，否则返回非零错误码。

【例12.6】 创建一个可分离线程

（1）启动Qt Creator，新建一个控制台项目，项目名为test。

（2）打开test.cpp，在test.cpp中输入如下代码：

```
#include <QCoreApplication>
#include <unistd.h> //for sleep
#include <iostream>
using namespace std;

void *thfunc(void *arg)
{
   cout<<"sub thread is running"<<endl;
   return NULL;
}

int main(int argc, char *argv[])
{
   QCoreApplication a(argc, argv);

   pthread_t thread_id;
   pthread_attr_t thread_attr;
   struct sched_param thread_param;
   size_t stack_size;
   int res;

   res = pthread_attr_init(&thread_attr);
   if (res)
      cout<<"pthread_attr_init failed:"<<res<<endl;

   res = pthread_attr_setdetachstate( &thread_attr,PTHREAD_CREATE_DETACHED);
   if (res)
      cout<<"pthread_attr_setdetachstate failed:"<<res<<endl;

   res = pthread_create( &thread_id, &thread_attr, thfunc,
      NULL);
   if (res )
      cout<<"pthread_create failed:"<<res<<endl;
   cout<<"main thread will exit\n"<<endl;

   sleep(1);

   return a.exec();
}
```

（3）按Ctrl+R快捷键来运行这个项目，运行结果如图12-6所示。

```
main thread will exit

sub thread is running
```

图12-6

在上面的代码中，我们首先初始化了一个线程属性结构体，然后设置其分离状态为PTHREAD_CREATE_DETACHED，并用这个属性结构体作为参数传入线程创建函数中。这样创建出来的线程就是可分离的线程。这意味着，该线程结束时，它所占用的任何资源都可以立刻被系统回收。在程序的最后让main线程挂起1秒，让子线程有机会执行。因为如果main线程很早就退出，则会导致整个进程很早退出，子线程就没有机会执行了。

如果子线程执行的时间长，那么sleep()函数到底应该睡眠多少秒呢？有没有一种机制不用sleep()函数，而让子线程完整执行完呢？答案是肯定的。对于可连接的线程，主线程可以调用pthread_join()函数等待子线程结束。对于可分离线程，并没有这样的函数，但是可以先让主线程退出而进程不退出，一直等到子线程退出了才退出进程。也就是说，在主线程中调用函数pthread_exit()，如果在main线程中调用了pthread_exit()，那么此时终止的只是main线程，而进程的资源会为由main线程创建的其他线程保持打开的状态，直到其他线程都终止。值得注意的是，如果在非main线程（其他子线程）中调用pthread_exit()，则不会有这样的效果，只会退出当前子线程。重新改写上例，不调用sleep()，显得更专业一些。

【例12.7】　创建一个可分离的线程，且main线程先退出

（1）启动Qt Creator，新建一个控制台项目，项目名为test。

（2）打开test.cpp，在test.cpp中输入如下代码：

```
#include <iostream>
#include <pthread.h>

using namespace std;

void *thfunc(void *arg)
{
    cout<<("sub thread is running\n");
    return NULL;
}

int main(int argc, char *argv[])
{
    pthread_t thread_id;
    pthread_attr_t thread_attr;
    struct sched_param thread_param;
    size_t stack_size;
    int res;

    res = pthread_attr_init(&thread_attr);  //初始化线程结构体
    if (res)
        cout<<"pthread_attr_init failed:"<<res<<endl;

    res = pthread_attr_setdetachstate( &thread_attr, PTHREAD_CREATE_DETACHED); //
设置分离状态
    if (res)
        cout<<"pthread_attr_setdetachstate failed:"<<res<<endl;

    //创建一个可分离的线程
    res = pthread_create( &thread_id, &thread_attr, thfunc,
        NULL);
    if (res )
        cout<<"pthread_create failed:"<<res<<endl;
    cout<<"main thread will exit\n"<<endl;

    pthread_exit(NULL);  //主线程退出，但进程不会此刻退出，下面的语句不会再执行
     //此句不会执行
    cout << "main thread has  exited,this line will not run\n" << endl;
    return 0;
}
```

（3）按Ctrl+R快捷键来运行项目，运行结果如图12-7所示。

正如我们预料的那样，在main线程中调用了函数pthread_exit()后将退出main线程，但进程并不会在此刻退出，而是等到子线程结束后才退出。因为是分离的线程，所以它结束的时候所占用的资源会立刻被系统回收。如果是一个可连接的（joinable）线程，则必须在创建它的线程中调用 pthread_join()函数来等待可连接线程的结束并释放该线程占用的资源。因此，在上面的代码中如果创建的是可连接的线程，则main()函数不能调用pthread_exit()函数先退出。在此，我们再总结一下可连接的线程和可分离的线程的重要区别：在任何一个时间点上，线程是可连接的（Joinable），或者是分离的（Detached）。一个可连接的线程在自己退出或pthread_exit()时都不会释放线程所占用堆栈和线程描述符（总计8KB多），需要通过其他线程调用pthread_join()之后才释放这些资源；一个分离的线程是不能被其他线程回收或杀死的，所占的资源在它终止时由系统自动释放。

```
main thread will exit

sub thread is running
```

图12-7

除了直接创建可分离的线程外，还能把一个可连接的线程转换为可分离的线程。这样做有一个好处，就是把线程的分离状态转为可分离后，它就可以自己退出或调用pthread_exit()函数后由系统回收资源。转换方法是调用函数pthread_detach()。该函数可以把一个可连接的线程转变为一个可分离的线程，这个函数的原型声明如下：

```
int pthread_detach(pthread_t thread);
```

其中，参数thread是要设置为分离状态的线程ID。如果函数调用成功就返回0，否则返回一个错误码（比如返回EINVAL，表示目标线程不是一个可连接的线程；或者返回ESRCH，表示该ID的线程没有找到）。需要注意的是，如果一个线程已经被其他线程连接了，则pthread_detach()函数不会产生作用，并且该线程继续处于可连接的状态。同时，一个线程成功地进行了pthread_detach后，再想要去连接时一定会失败。

下面我们来看一个例子。首先创建一个可连接的线程，然后获取其分离状态，把它转换为可分离的线程，再获取其分离状态的属性。获取分离状态的函数是pthread_attr_getdetachstate()，该函数的原型声明如下：

```
int pthread_attr_getdetachstate(pthread_attr_t *attr, int *detachstate);
```

其中，参数attr为属性结构体指针，detachstate用于返回分离状态。如果函数调用成功就返回0，否则返回错误码。

【例12.8】 获取线程的分离状态属性

（1）启动Qt Creator，新建一个控制台项目，项目名为test。

（2）打开test.cpp，在test.cpp中输入如下代码：

```
#include <QCoreApplication>

#include <stdio.h>
#include <stdlib.h>
#include <unistd.h>
#include <errno.h>
#include <iostream>
using namespace std;

//输出自定义的错误信息
```

```
    #define handle_error_en(en, msg) do { errno = en; perror(msg); exit(EXIT_FAILURE); } 
while (0)

    static void * thread_start(void *arg)
    {
        int i,s;
        pthread_attr_t gattr;                                      //定义线程属性结构体

        //获取当前线程属性结构值，该函数前面讲过了
        s = pthread_getattr_np(pthread_self(), &gattr);
        if (s != 0)
            handle_error_en(s, "pthread_getattr_np");              //打印错误信息

        printf("Thread's detachstate attributes:\n");

        //从属性结构值中获取分离状态的属性
        s = pthread_attr_getdetachstate(&gattr, &i);
        if (s)
            handle_error_en(s, "pthread_attr_getdetachstate");
        printf("Detach state        = %s\n",                       //打印当前分离状态的属性
            (i == PTHREAD_CREATE_DETACHED) ? "PTHREAD_CREATE_DETACHED" :
            (i == PTHREAD_CREATE_JOINABLE) ? "PTHREAD_CREATE_JOINABLE" :
            "???");

        pthread_attr_destroy(&gattr);
    }

    int main(int argc, char *argv[])
    {
        QCoreApplication a(argc, argv);
        pthread_t thr;
        int s;

        s = pthread_create(&thr, NULL, &thread_start, NULL);   //创建线程
        if (s != 0)
        {
            handle_error_en(s, "pthread_create");
            return 0;
        }

        pthread_join(thr, NULL);                                  //等待子线程结束
        cout<<endl;

        return a.exec();
    }
```

（3）按Ctrl+R快捷键来运行这个项目，运行结果如图12-8所示。

```
Thread's detachstate attributes:
Detach state        = PTHREAD_CREATE_JOINABLE
```

图12-8

从运行结果可见，默认创建的线程就是一个可连接的线程，即其分离状态的属性是可连接的。下面我们再看一个例子，把一个可连接的线程转换成可分离的线程，并查看其前后的分离状态属性。

【例12.9】 把可连接的线程转为可分离的线程

（1）启动Qt Creator，新建一个控制台项目，项目名为test。

（2）打开test.cpp，在test.cpp中输入如下代码：

```
#include <QCoreApplication>
#include <stdio.h>
#include <stdlib.h>
#include <unistd.h>
#include <errno.h>

static void * thread_start(void *arg)
{
    int i,s;
    pthread_attr_t gattr;

    s = pthread_getattr_np(pthread_self(), &gattr);
    if (s != 0)
        printf("pthread_getattr_np failed\n");

    s = pthread_attr_getdetachstate(&gattr, &i);
    if (s)
        printf(  "pthread_attr_getdetachstate failed");
    printf("Detach state        = %s\n",
        (i == PTHREAD_CREATE_DETACHED) ? "PTHREAD_CREATE_DETACHED" :
        (i == PTHREAD_CREATE_JOINABLE) ? "PTHREAD_CREATE_JOINABLE" :
        "???");

    pthread_detach(pthread_self()); //把线程转换为可分离的线程

    s = pthread_getattr_np(pthread_self(), &gattr);
    if (s != 0)
        printf("pthread_getattr_np failed\n");
    s = pthread_attr_getdetachstate(&gattr, &i);
    if (s)
        printf(" pthread_attr_getdetachstate failed");
    printf("after pthread_detach,\nDetach state        = %s\n",
        (i == PTHREAD_CREATE_DETACHED) ? "PTHREAD_CREATE_DETACHED" :
        (i == PTHREAD_CREATE_JOINABLE) ? "PTHREAD_CREATE_JOINABLE" :
        "???");

     pthread_attr_destroy(&gattr);  //销毁属性
}

int main(int argc, char *argv[])
{
    QCoreApplication a(argc, argv);
    pthread_t thread_id;
    int s;

    s = pthread_create(&thread_id, NULL, &thread_start, NULL);
    if (s != 0)
    {
        printf("pthread_create failed\n");
        return 0;
```

```
    }
    pthread_exit(NULL);//主线程退出，但进程并不马上结束

    return a.exec();
}
```

（3）按Ctrl+R快捷键来运行这个项目，运行结果如图12-9所示。

```
Detach state          = PTHREAD_CREATE_JOINABLE
after pthread_detach,
Detach state          = PTHREAD_CREATE_DETACHED
```

图12-9

2. 堆栈尺寸

除了分离状态的属性外，线程的另外一个重要属性是堆栈尺寸。这对于我们在线程函数中开设堆栈上的内存空间非常重要。像局部变量、函数参数、返回地址等都存放在堆栈空间里，而动态分配的内存（比如用malloc）或全局变量等都属于堆栈空间。我们学了堆栈尺寸属性后，要注意，在线程函数中开设局部变量（尤其是数组）不要超过默认堆栈空间的大小。获取线程堆栈尺寸属性的函数是pthread_attr_getstacksize()，该函数的原型声明如下：

```
int pthread_attr_getstacksize(pthread_attr_t *attr, size_t *stacksize);
```

其中，参数attr指向属性结构体；stacksize用于获得堆栈尺寸（单位是字节），指向size_t类型的变量。如果函数调用成功就返回0，否则返回错误码。

【例12.10】　获得线程默认的堆栈尺寸和最小尺寸

（1）启动Qt Creator，新建一个控制台项目，项目名为test。

（2）打开test.cpp，在test.cpp中输入如下代码：

```
#include <QCoreApplication>
#include <stdio.h>
#include <stdlib.h>
#include <unistd.h>
#include <errno.h>
#include <limits.h>
#include <iostream>
using namespace std;
static void * thread_start(void *arg)
{
    int i,res;
    size_t stack_size;
    pthread_attr_t gattr;

    res = pthread_getattr_np(pthread_self(), &gattr);
    if (res)
        printf("pthread_getattr_np failed\n");

    res = pthread_attr_getstacksize(&gattr, &stack_size);
    if (res)
        printf("pthread_getattr_np failed\n");
```

```
    printf("Default stack size is %u byte; \nminimum is %u byte\n", stack_size,
PTHREAD_STACK_MIN);
    cout<<endl;

     pthread_attr_destroy(&gattr);
}

int main(int argc, char *argv[])
{
    QCoreApplication a(argc, argv);
    pthread_t thread_id;
    int s;

    s = pthread_create(&thread_id, NULL, &thread_start, NULL);
    if (s != 0)
    {
        printf("pthread_create failed\n");
        return 0;
    }
    pthread_join(thread_id, NULL); //等待子线程结束

    return a.exec();
}
```

（3）按Ctrl+R快捷键来运行这个项目，运行结果如图12-10所示。

```
Default stack size is 8388608 byte;
minimum is 16384 byte
```

图12-10

3. 调度策略

线程的调度策略是线程的另一个重要属性。某个线程肯定有一种策略来调度。进程中有了多个线程后，就要管理这些线程如何去占用CPU，这就是线程调度。线程调度通常由操作系统来安排，不同操作系统的调度方法（或称调度策略）不同，比如有的操作系统采用轮询法来调度。在理解线程调度之前，先要了解一下实时与非实时。实时就是指操作系统对一些中断等的响应时效性非常高。非实时正好相反。目前VxWorks属于实时操作系统，而Windows和Linux则属于非实时操作系统，也叫分时操作系统。响应实时的表现主要是抢占，抢占是通过优先级来控制的，优先级高的任务优先占用CPU。

Linux虽然是一个非实时操作系统，但是它的线程也有实时和分时之分，具体的调度策略可以分为3种：SCHED_OTHER（分时调度策略）、SCHED_FIFO（先来先服务调度策略）、SCHED_RR（实时的分时调度策略）。我们创建线程的时候可以指定其调度策略。默认的调度策略是SCHED_OTHER。SCHED_FIFO和SCHED_RR只用于实时线程。

（1）SCHED_OTHER

SCHED_OTHER表示分时调度策略（也可称轮转策略），是一种非实时调度策略，系统会为每个线程分配一段运行时间，称为时间片。该调度策略不支持线程优先级，无论获取该调度策略下的最高、最低优先级都是0。该调度策略有点像排队上买票，前面的人占用了位置，后一个人是轮不上的，而且也不能强行占用（不支持优先级，没有VIP特权之说）。

（2）SCHED_FIFO

SCHED_FIFO表示先来先服务调度策略，是一种实时调度策略，支持优先级抢占，可以算是一种实时调度策略。在SCHED_FIFO策略下，CPU按照创建线程的先后让一个先来的线程执行完再调度下一个线程。线程一旦占用CPU就会一直运行，直到有更高优先级的任务到达或原线程放弃。如果有和正在运行的线程具有同样优先级的线程就绪，则必须等待正在运行的线程主动放弃后才可以占用CPU投入运行。在SCHED_FIFO策略下，可设置的优先级范围是1～99。

（3）SHCED_RR

SHCED_RR表示时间片轮转（轮询）调度策略，但支持优先级抢占，因此也是一种实时调度策略。在SHCED_RR策略下，CPU会分配给每个线程一个特定的时间片，当线程的时间片用完时，系统将重新分配时间片，并将线程置于实时线程就绪队列的尾部，这样即可保证所有具有相同优先级的线程能够被公平地调度。

下面我们来看一个例子，获取这3种调度策略下可设置的最低和最高优先级，主要调用的函数是sched_get_priority_min()和sched_get_priority_max()。这两个函数都在sched.h 中声明，函数原型如下：

```
int sched_get_priority_min(int policy);
int sched_get_priority_max(int policy);
```

这两个函数获取实时线程可设置的最低和最高优先级值。其中，参数policy为调度策略，可以取值为SCHED_FIFO、SCHED_RR或SCHED_OTHER。对于SCHED_OTHER，由于是分时策略，因此返回0；对于另外两个策略，返回的最低优先级是1、最高优先级是99。

【例12.11】　获取线程在3种调度策略下可设置的最低和最高优先级

（1）启动Qt Creator，新建一个控制台项目，项目名为test。

（2）打开test.cpp，在test.cpp中输入如下代码：

```
#include <QCoreApplication>
#include <unistd.h>
#include <sched.h>
#include <iostream>
using namespace std;

int main(int argc, char *argv[])
{
    QCoreApplication a(argc, argv);
    printf("Valid priority range for SCHED_OTHER: %d - %d\n",
    sched_get_priority_min(SCHED_OTHER),    //获取SCHED_OTHER可设置的最低优先级
    sched_get_priority_max(SCHED_OTHER)); //获取SCHED_OTHER可设置的最高优先级
    printf("Valid priority range for SCHED_FIFO: %d - %d\n",
    sched_get_priority_min(SCHED_FIFO),    //获取SCHED_ FIFO可设置的最低优先级
    sched_get_priority_max(SCHED_FIFO));   //获取SCHED_ FIFO可设置的最高优先级
    printf("Valid priority range for SCHED_RR: %d - %d\n",
    sched_get_priority_min(SCHED_RR),      //获取SCHED_ RR可设置的最低优先级
    sched_get_priority_max(SCHED_RR));          //获取SCHED_ RR可设置的最高优先级
    cout<<endl;
```

```
    return a.exec();
}
```

（3）按Ctrl+R快捷键来运行这个项目，运行结果如图12-11所示。

```
Valid priority range for SCHED_OTHER: 0 - 0
Valid priority range for SCHED_FIFO: 1 - 99
Valid priority range for SCHED_RR: 1 - 99
```

图12-11

对于SCHED_FIFO和SHCED_RR调度策略，由于支持优先级抢占，因此具有高优先级的可运行（就绪状态下的）线程总是先运行。如果出现一个更高优先级的线程就绪，那么正在运行的线程就可能在自己的CPU时间片未用完之前就被抢占了，甚至会在未开始其时间片前就被抢占了，而要按照调度策略等待下一次被选择运行。当Linux系统进行线程切换的时候，将执行一个上下文转换的操作，所谓上下文转换就是保存正在运行线程的相关状态，加载另一个线程的状态，开始新线程的执行。

需要说明的是，虽然Linux支持实时调度策略（比如SCHED_FIFO和SCHED_RR），但是它依旧属于非实时操作系统，这是因为实时操作系统对响应时间有非常严格的要求，而Linux作为一个通用操作系统达不到这一要求（通用操作系统要求能支持一些响应速度较差的硬件，从硬件角度就达不到实时要求）。此外，Linux的线程优先级是动态的，也就是说即使高优先级线程还没有完成，低优先级的线程还是会得到一定的时间片。宇宙飞船常用的操作系统VxWorks就是一个RTOS（Real-Time Operating System，实时操作系统）。

12.3.3 线程的结束

线程安全退出是编写多线程程序时的一个重要话题。在Linux下，线程的结束通常由以下原因所致：

（1）在线程函数中调用pthread_exit()函数。

（2）线程所属的进程结束了，比如进程调用了exit()。

（3）线程函数执行结束后（return）返回了。

（4）线程被同一进程中的其他线程通知结束或取消。

和Windows下的线程退出函数ExitThread()不同，函数pthread_exit()不会导致C++对象被析构，所以可以放心使用。第二种方式最好不用，因为线程函数如果有C++对象，则C++对象不会被销毁。第三种方式推荐使用，线程函数执行到return后结束是最安全的方式，应该尽量将线程设计成这种形式，也就是在想让线程终止运行时，用return返回。最后一种方式通常用于其他线程要求目标线程结束运行的情况，比如目标线程中执行了一个耗时的复杂科学计算，但用户等不及了，想中途停止它，此时就可以向目标线程发送取消信号。其实，第一种和第三种方式属于线程自己主动终止；第二种和第四种方式属于被动结束，就是自己并不想结束，但外部线程希望自己终止。

一般情况下，进程中各个线程的运行是相互独立的，线程的终止并不会相互通知，也不会影响其他的线程。对于可连接的线程，它终止后所占用的资源并不会随着线程的终止而归还给系统，而是仍为线程的其他进程持有，可以调用pthread_join()函数来同步并释放资源。

1. 线程主动结束

线程主动结束，一般就是在线程函数中使用return语句或调用pthread_exit()函数。函数pthread_exit()的原型声明如下：

```
void pthread_exit(void *retval);
```

其中，参数retval是线程退出时返回给主线程的值，线程函数的返回类型是void*。值得注意的是，在main线程中调用“pthread_exit(NULL);”的时候将结束main线程，但进程并不会立即退出。

下面来看一个线程主动结束的例子。

【例12.12】 线程终止并得到线程的退出码

（1）启动Qt Creator，新建一个控制台项目，项目名为test。

（2）打开test.cpp，在test.cpp中输入如下代码：

```
#include <QCoreApplication>
#include <stdio.h>
#include <string.h>
#include <unistd.h>
#include <errno.h>
#include <iostream>
using namespace std;

#define PTHREAD_NUM    2

void *thrfunc1(void *arg)                    //第一个线程函数
{
    static int count = 1;                    //这里需要是静态变量
    pthread_exit((void*)(&count));           //通过pthread_exit结束线程
}
void *thrfunc2(void *arg)
{
    static int count = 2;
    return (void *)(&count);                 //线程函数返回
}

int main(int argc, char *argv[])
{
    QCoreApplication a(argc, argv);
    pthread_t pid[PTHREAD_NUM];              //定义两个线程id
    int retPid;
    int *pRet1;                              //注意这里是指针
    int * pRet2;

    //创建第1个线程
    if ((retPid = pthread_create(&pid[0], NULL, thrfunc1, NULL)) != 0)
    {
        perror("create pid first failed");
```

```
        return -1;
    }
    //创建第2个线程
    if ((retPid = pthread_create(&pid[1], NULL, thrfunc2, NULL)) != 0)
    {
        perror("create pid second failed");
        return -1;
    }

    if (pid[0] != 0)
    {
        //注意pthread_join()函数的第二个参数的用法
        pthread_join(pid[0], (void**)& pRet1);
        printf("get thread 0 exitcode: %d\n", * pRet1);        //打印线程返回值
    }
    if (pid[1] != 0)
    {
        pthread_join(pid[1], (void**)& pRet2);
        printf("get thread 1 exitcode: %d\n", * pRet2);        //打印线程返回值
    }
    cout<endl;

    return a.exec();
}
```

（3）按Ctrl+R快捷键来运行这个项目，运行结果如图12-12所示。

```
get thread 0 exitcode: 1
get thread 1 exitcode: 2
```

图12-12

从这个例子可以看到，线程返回值有两种方式：一种是调用函数pthread_exit()；另一种是直接用return返回。此外在这个例子中，用了不少强制转换。首先看函数thrfunc1()中的最后一句“pthread_exit((void*)(&count));”。我们知道pthread_exit()函数的参数类型为void *，只能通过指针的形式，故把整数类型变量count转换为整数类型指针，即&count（为int*类型），这时再与void*匹配，需要进行强制转换，也就是代码中的“(void*)(&count);”。函数thrfunc2()中的return返回值时，同样也需要进行强制类型转换，线程函数的返回类型是void*，对于count这个整数类型的变量来说，必须转换为void型的指针类型（void*），因此要用 (void*)((int*)&count)。

说完了返回值的情况，现在来说说接收。接收返回值的函数pthread_join()有两个作用：其一是等待线程结束；其二是获取线程结束时的返回值。pthread_join()函数的第二个参数类型是void**二级指针，所以我们把整型指针pRet1的地址（int**类型）赋给它，再显式地转换为void**。

还要注意一点，返回整数值的时候使用了static关键字，这是因为必须确定返回值的地址是不变的。如果不用static，那么对于count变量而言，从内存上来讲，属于在堆栈区开设的变量，在调用结束时它占用的内存空间必然是要释放掉的，这时就没有办法找到count所代表内容的地址空间了。这就是为什么很多人在看到swap交换函数的时候，为什么写成swap(int,int)没办法进行的原因。所以，如果我们需要修改传过来的参数，就必须使用这个参数的地址，或者是一个变量本身具有不变的内存地址空间，否则要么变量值的修改失败，要么返回值是随机值。把返回值定义成静态变量的话，线程结束后其存储单元依然存在，在main线程中就可以通过指针引用到它的值并打印

出来。不用静态变量，结果必将不同。还可以试着返回一个字符串，会比返回一个整数更能看出这种差别。

2. 线程被动结束

某个线程可能在执行一项耗时的计算任务，而用户没有耐心，希望结束该线程，此时线程要被动地结束。如何被动结束呢？一种方法是在同进程的另外一个线程中通过函数pthread_kill()发送信号给要结束的线程，目标线程收到信号后退出；另外一种方法是在同进程的其他线程中通过函数pthread_cancel()来取消目标线程的执行。我们先来看看pthread_kill()函数。向线程发送信号的函数是pthread_kill()，注意它不是杀死（kill）线程，而是向线程发信号，因此线程之间交流信息可以用这个函数，需要注意的是，接收信号的线程必须先用sigaction()函数注册该信号的处理函数。函数pthread_kill()的原型声明如下：

```
int pthread_kill(pthread_t threadId, int signal);
```

其中，参数threadId是接收信号的线程ID；signal是信号，通常是一个大于0的值，如果等于0，就是用来探测线程是否存在。如果函数调用成功就返回0，否则返回错误码，若为ESRCH则表示线程不存在；若为EINVAL则表示信号不合法。

向指定ID的线程发送signal信号，如果线程代码内不进行处理，则按照信号默认的行为影响整个进程，也就是说，如果给一个线程发送了SIGQUIT，但线程没有实现signal的处理函数，则整个进程退出。所以，如果int sig的参数不是0，那么一定要清楚到底要干什么，最好要实现线程的信号处理函数，否则就会影响整个进程。

【例12.13】 向线程发送请求结束信号

（1）启动Qt Creator，新建一个控制台项目，项目名为test。

（2）打开test.cpp，在test.cpp中输入如下代码：

```
#include <QCoreApplication>
#include <iostream>
#include <signal.h>
#include <unistd.h> //sleep
using namespace std;

static void on_signal_term(int sig) //信号处理函数
{
    cout << "sub thread will exit" << endl;
    pthread_exit(NULL);
}
void *thfunc(void *arg)
{
    signal(SIGQUIT, on_signal_term);   //注册信号处理函数

    int tm = 50;
    while (true)                       //死循环，模拟一个长时间计算任务
    {
        cout << "thrfunc--left:"<<tm<<" s--" <<endl;
        sleep(1);
        tm--;                          //每过1秒，tm就减一
```

```
    }

    return (void *)0;
}

int main(int argc, char *argv[])
{
    QCoreApplication a(argc, argv);
    pthread_t    pid;
    int res;

    res = pthread_create(&pid, NULL, thfunc, NULL);    //创建子线程
    sleep(5);                                          //让出CPU 5秒，让子线程执行
    //5秒结束后，开始向子线程发送SIGQUIT信号，通知其结束
    pthread_kill(pid, SIGQUIT);
    pthread_join(pid, NULL);                           //等待子线程结束
    cout << "sub thread has completed,main thread will exit"<<endl;

    return a.exec();
}
```

（3）按Ctrl+R快捷键来运行这个项目，运行结果如图12-13所示。

```
thrfunc--left:50 s--
thrfunc--left:49 s--
thrfunc--left:48 s--
thrfunc--left:47 s--
thrfunc--left:46 s--
sub thread will exit
sub thread has completed,main thread will exit
```

图12-13

在执行子线程的时候，主线程等了5秒后开始向子进程发送信号SIGQUIT。在子线程中已经注册了SIGQUIT的处理函数on_signal_term()。如果没有注册信号SIGQUIT的处理函数，则将调用默认的处理程序来结束线程所属的进程。试着把“signal(SIGQUIT, on_signal_term);”注释掉，再运行一下，可以发现在子线程运行5秒之后整个进程结束了，“pthread_kill(pid, SIGQUIT);”后面的语句不会再执行。

既然说到了pthread_kill()函数，顺便再讲一下它还有一种常见的应用，即判断线程是否存活，方法是发送信号0（一个保留信号），然后根据返回值就可以知道目标线程是否还存活着。请看下例。

【例12.14】 判断线程是否已经结束

（1）启动Qt Creator，新建一个控制台项目，项目名为test。

（2）打开test.cpp，在test.cpp中输入如下代码：

```
#include <QCoreApplication>
#include <iostream>
#include <signal.h>
#include <unistd.h>             //sleep
#include "errno.h"              //for ESRCH
using namespace std;
```

```
void *thfunc(void *arg)          //线程函数
{
    int tm = 50;
    while (tm>48)                //当tm递减到小于等于48时，循环退出
    {
        cout << "thrfunc--left:"<<tm<<" s--" <<endl;
        sleep(1);
        tm--;
    }
    return (void *)0;
}

int main(int argc, char *argv[])
{
    QCoreApplication a(argc, argv);
    pthread_t    pid;
    int res;

    res = pthread_create(&pid, NULL, thfunc, NULL);      //创建线程
    sleep(5);
    int kill_rc = pthread_kill(pid, 0);                  //发送信号0,探测线程是否存活
    //打印探测结果
    if (kill_rc == ESRCH)
        cout<<"the specified thread did not exists or already quit\n";
    else if (kill_rc == EINVAL)
        cout<<"signal is invalid\n";
    else
        cout<<"the specified thread is alive\n";
    cout<<endl;
    return a.exec();
}
```

（3）按Ctrl+R快捷键来运行这个项目，运行结果如图12-14所示。

```
thrfunc--left:50 s--
thrfunc--left:49 s--
the specified thread did not exists or already quit
```

图12-14

在上面的例子中，主线程休眠5秒后探测子线程是否存活，结果是活着的，因为子线程一直处于死循环状态。如果要让探测结果为子线程不存在，可以把死循环改为一个可以跳出循环的条件，比如while(tm>48)。

除了通过函数pthread_kill()发送信号来通知线程结束，我们还可以通过函数pthread_cancel()来取消某个线程的执行。所谓取消某个线程的执行，是指发送取消请求，请求线程终止运行。注意，就算发送成功也不一定意味着线程就会停止运行。函数pthread_cancel()的原型声明如下：

```
int pthread_cancel(pthread_t thread);
```

其中，参数thread表示要被取消线程（目标线程）的线程ID。如果发送取消请求成功，则函数返回0，否则返回错误码。发送取消请求成功并不意味着目标线程就立即停止运行了，即系统并不会马上关闭被取消线程，只有在被取消线程下次调用一些系统函数或C库函数（比如

printf）或者调用函数pthread_testcancel()让内核去检测是否需要取消当前线程时，才会真正结束线程。这种在线程执行过程中检测是否有未响应取消信号的地方叫作取消点，常见的取消点有printf、pthread_testcancel、read/write、sleep等函数调用的地方。如果取消线程成功了，就将自动返回常数PTHREAD_CANCELED（这个值是-1），可以通过pthread_join()函数获得这个退出值。

函数pthread_testcancel()让内核去检测是否需要取消当前线程，该函数的原型声明如下：

```
void pthread_testcancel(void);
```

可别小看了pthread_testcancel()函数，它可以在线程处于死循环中时让系统（内核）有机会去检查是否有取消请求发送过来，如果不调用pthread_testcancel()函数，则函数pthread_cancel()取消不了目标线程。下面我们可以看两个例子：第一个例子不调用函数pthread_testcancel()，无法取消目标线程；第二个例子调用函数pthread_testcancel()，取消成功（取消成功的意思就是取消请求不但发送成功了，而且目标线程停止运行了）。

【例12.15】 取消线程失败

（1）启动Qt Creator，新建一个控制台项目，项目名为test。

（2）打开test.cpp，在test.cpp中输入如下代码：

```
#include <QCoreApplication>
#include<stdio.h>
#include<stdlib.h>
#include <unistd.h> //sleep
void *thfunc(void *arg)
{
    int i = 1;
    cout<<"thread start-------- "<<endl;
    while (1)  //死循环
        i++;

    return (void *)0;
}

int main(int argc, char *argv[])
{
    QCoreApplication a(argc, argv);
    void *ret = NULL;
    int iret = 0;
    pthread_t tid;
    pthread_create(&tid, NULL, thfunc, NULL);  //创建线程
    sleep(1);

    pthread_cancel(tid);                        //发送取消线程的请求
    pthread_join(tid, &ret);                    //等待线程结束
    if (ret == PTHREAD_CANCELED)                //判断是否成功取消线程
        cout<<"thread has stopped,and exit code: "<<ret;  //打印下返回值
    else
        cout<<"some error occured";
    cout<<endl;
```

```
    return a.exec();
}
```

（3）按Ctrl+R快捷键来运行这个项目，运行结果如图12-15所示。

```
thread start--------
```

图12-15

从运行结果可以看出，程序打印输出“thread start--------”后就没有反应了，只能通过按Ctrl+C快捷键来停止进程。这说明主线程中虽然发送取消请求了，但是并没有让子线程停止运行，因为如果停止运行，pthread_join()函数会返回，然后会打印其后面的语句。下面改进一下这个程序，在while循环中加一个函数pthread_testcancel()。

【例12.16】 取消线程成功

（1）启动Qt Creator，新建一个控制台项目，项目名为test。

（2）打开test.cpp，在test.cpp中输入如下代码：

```
#include <QCoreApplication>
#include<stdio.h>
#include<stdlib.h>
#include <unistd.h> //sleep
#include <iostream>
using namespace std;

void *thfunc(void *arg)
{
    int i = 1;
    printf("thread start-------- \n");
    while (1)
    {
        i++;
        pthread_testcancel();                          //让系统测试取消请求
    }
    cout<<endl;
    return (void *)0;
}

int main(int argc, char *argv[])
{
    QCoreApplication a(argc, argv);
    void *ret = NULL;
    int iret = 0;
    pthread_t tid;
    pthread_create(&tid, NULL, thfunc, NULL);        //创建线程
    sleep(1);

    pthread_cancel(tid);                             //发送取消线程的请求
    pthread_join(tid, &ret);                         //等待线程结束
    if (ret == PTHREAD_CANCELED)                     //判断是否成功取消线程
        //打印返回值，应该是-1
        printf("thread has stopped,and exit code: %d\n", ret);
    else
        printf("some error occured");
```

```
    cout<<endl;

    return a.exec();
}
```

（3）按Ctrl+R快捷键来运行这个项目，运行结果如图12-16所示。

```
thread start--------
thread has stopped,and exit code: -1
```

图12-16

在这个例子中，取消线程成功了：目标线程停止运行，pthread_join()函数返回，并且得到的线程返回值是PTHREAD_CANCELED。原因就在于我们在while死循环中添加了函数pthread_testcancel()，让系统每次循环都去检查一下有没有取消请求到来。不调用pthread_testcancel()函数的话，也可以在while循环中用sleep()函数来代替，但是这样会影响while的速度。在实际开发中，应该根据具体项目来选择使用。

12.3.4 线程退出时的清理机会

前面讲解了线程的结束，其中主动结束可以认为是线程正常终止，是可预见的；被动结束是其他线程要求其结束，是不可预见的，是一种异常终止。不论是可预见的线程终止还是异常终止，都会存在资源释放的问题。在不考虑因运行出错而退出的情况下，如何保证线程终止时顺利地释放掉自己所占用的资源（特别是加锁资源）是一个必须要考虑解决的问题。最经常出现的情形是资源独占锁的使用：线程为了访问临界资源而为其加上锁，但在访问过程中线程被外界取消了，如果取消成功，则该临界资源将永远处于锁定状态而得不到释放。外界取消线程的操作是不可预见的，因此的确需要一个机制来简化用于资源释放的编程，也就是需要一个在线程退出时执行清理操作的机会。关于锁后面会讲到，这里只需要知道谁上了锁谁就要负责解锁即可，否则会引起程序死锁！我们来看一个场景，比如线程1执行一段代码：

```
void *thread1(void *arg)
{
    pthread_mutex_lock(&mutex);  //上锁
    //调用某个阻塞函数，比如套接字的accept()，该函数等待客户连接
    sock = accept(......);
    pthread_mutex_unlock(&mutex);
}
```

在这个例子中，如果线程1执行accept()函数时阻塞（也就是等在那里，有客户端连接的时候才返回，或者出现其他故障），线程2就会发现线程1等了很久，它想关掉线程1，于是调用pthread_cancel()函数或者类似函数，请求线程1立即退出。这时线程1仍然在accept等待中，当收到线程2的cancel信号后从accept中退出，然后终止线程。注意，这时线程1还没有执行解锁函数“pthread_mutex_unlock(&mutex);”，也就是说锁定的资源没有被释放，这样就会造成其他线程的死锁问题，也就是其他在等待这个锁定资源的线程将永远等不到。所以必须在线程接收到cancel信号后用一种方法来保证异常退出（也就是线程没到达终点）时可以执行清理操作（主要是解锁资源方面）。

POSIX线程库提供了函数pthread_cleanup_push()和pthread_cleanup_pop()，用于让线程退出时执行一些清理操作。这两个函数采用先入后出的堆栈结构进行管理，前者用于把一个函数压入清理函数栈，后者用于弹出栈顶的清理函数，并根据参数来决定是否执行清理函数。多次调用函数pthread_cleanup_push()将把当前在栈顶的清理函数往下压，弹出清理函数时在栈顶的清理函数将先被弹出。pthread_cleanup_push()函数的原型声明如下：

```
void pthread_cleanup_push(void (*routine)(void *), void *arg);
```

其中，参数routine是一个函数指针，arg是该函数的参数。用pthread_cleanup_push()压栈的清理函数在下面3种情况下会执行：

（1）线程主动结束时，比如return或调用pthread_exit()函数。

（2）调用函数pthread_cleanup_pop()，且它的参数为非0时。

（3）线程被其他线程取消时，也就是有其他线程对该线程调用了pthread_cancel()函数。

函数pthread_cleanup_pop()的原型声明如下：

```
void pthread_cleanup_pop(int execute);
```

其中，参数execute用来决定在弹出栈顶清理函数的同时是否执行清理函数，取0时表示不执行清理函数，取非0时表示执行清理函数。需要注意的是，函数pthread_cleanup_pop()与pthread_cleanup_push()必须成对地出现在同一个函数中，否则就是语法错误。

了解了这两个函数后，可以把上面可能会引起死锁的线程1的代码改写一下：

```
void *thread1(void *arg)
{
    pthread_cleanup_push(clean_func,...)        //压栈一个清理函数 clean_func()
    pthread_mutex_lock(&mutex);                 //上锁
    //调用某个阻塞函数，比如套接字的accept()，该函数等待客户连接
    sock = accept(...);

    pthread_mutex_unlock(&mutex);               //解锁
    pthread_cleanup_pop(0);                     //弹出清理函数，但不执行，因为参数是0
    return NULL;
}
```

在上面的代码中，如果accept被其他线程取消后线程1退出，则会自动调用clean_func()函数，在这个函数中释放锁资源。如果accept没有被取消，那么线程继续执行，当执行到“pthread_mutex_unlock(&mutex);”时，线程自己正确地释放资源，再执行到“pthread_cleanup_pop(0);”时把前面压栈的清理函数clean_func()弹出栈，不执行（因为参数是0）。现在的流程就安全了。

【例12.17】　线程主动结束时候调用清理函数

（1）启动Qt Creator，新建一个控制台项目，项目名为test。

（2）打开test.cpp，在test.cpp中输入如下代码：

```
#include <QCoreApplication>
#include <stdio.h>
```

```
#include <stdlib.h>
#include <pthread.h>
#include <string.h>                //strerror
#include <iostream>
using namespace std;
void mycleanfunc(void *arg)        //清理函数
{
   cout<<"mycleanfunc:"<<*((int *)arg)<<endl;      //打印传进来的不同参数
}
void *thfrunc1(void *arg)
{
   int m=1;
   cout<<"thfrunc1 comes"<<endl;
   pthread_cleanup_push(mycleanfunc, &m);          //把清理函数压栈
   return (void *)0;                               //退出线程
   pthread_cleanup_pop(0);    //把清理函数出栈，这句不会执行，但必须有，否则编译不过

}

void *thfrunc2(void *arg)
{
   int m = 2;
   cout<<"thfrunc2 comes"<<endl;
   pthread_cleanup_push(mycleanfunc, &m);      //把清理函数压栈
   pthread_exit(0);                            //退出线程
   pthread_cleanup_pop(0);        //把清理函数出栈，这句不会执行，但必须有，否则编译不过

}

int main(int argc, char *argv[])
{
   QCoreApplication a(argc, argv);
   pthread_t pid1,pid2;
   int res;
   res = pthread_create(&pid1, NULL, thfrunc1, NULL);      //创建线程1
   if (res)
   {
      cout<<"pthread_create failed:"<<strerror(res)<<endl;
      exit(1);
   }
   pthread_join(pid1, NULL);                               //等待线程1结束

   res = pthread_create(&pid2, NULL, thfrunc2, NULL);      //创建线程2
   if (res)
   {
      cout<<"pthread_create failed:"<<strerror(res)<<endl;
      exit(1);
   }
   pthread_join(pid2, NULL);                               //等待线程2结束

   return a.exec();
}
```

（3）按Ctrl+R快捷键来运行这个项目，运行结果如图12-17所示。

```
thfrunc1 comes
mycleanfunc:1
thfrunc2 comes
mycleanfunc:2
```

图12-17

从例子中可以看出，无论是return还是pthread_exit()函数都会调用清理函数的执行。值得注意的是，pthread_cleanup_pop()函数必须和pthread_cleanup_push()函数成对出现在同一个函数中，否则编译通不过（可以把pthread_cleanup_pop()函数调用语句注释掉后编译试试）。这个例子是让线程主动调用清理函数，下面是一个由pthread_cleanup_pop()函数调用并执行清理函数的例子。

【例12.18】 pthread_cleanup_pop()函数调用清理函数

（1）启动Qt Creator，新建一个控制台项目，项目名为test。

（2）打开test.cpp，在test.cpp中输入如下代码：

```
#include <QCoreApplication>
#include <stdio.h>
#include <stdlib.h>
#include <pthread.h>
#include <string.h>                              //strerror
#include <iostream>
using namespace std;

void mycleanfunc(void *arg)                      //清理函数
{
   cout<<"mycleanfunc:"<<*((int *)arg)<<endl;
}
void *thfrunc1(void *arg)                        //线程函数
{
   int m=1,n=2;
   cout<<"thfrunc1 comes"<<endl;
   pthread_cleanup_push(mycleanfunc, &m);      //把清理函数压栈
   pthread_cleanup_push(mycleanfunc, &n);      //再压一个清理函数压栈
   pthread_cleanup_pop(1);                     //出栈清理函数，并执行
   pthread_exit(0);                            //退出线程
   pthread_cleanup_pop(0);                     //不会执行，仅仅为了成对
}

int main(int argc, char *argv[])
{
   QCoreApplication a(argc, argv);
   pthread_t pid1 ;
   int res;
   res = pthread_create(&pid1, NULL, thfrunc1, NULL);      //创建线程
   if (res)
   {
      cout<<"pthread_create failed:"<<strerror(res);
      exit(1);
   }
   pthread_join(pid1, NULL);                                //等待线程结束
   cout<<"main over"<<endl;
   return a.exec();
}
```

（3）按Ctrl+R快捷键来运行这个项目，运行结果如图12-18所示。

```
thfrunc1 comes
mycleanfunc:2
mycleanfunc:1
main over
```

图12-18

从这个例子中可以看出，我们连续压了两次清理函数入栈，第一次压栈的清理函数为栈底，第二次压栈的清理函数为栈顶，出栈的时候应该是第二次压栈的清理函数先执行，因此“pthread_cleanup_pop(1);”执行的是传n进去的清理函数，输出的整数值是2。pthread_exit()退出线程时，引发执行的清理函数是传m进去的清理函数，输出的整数值是1。下面再看一种情况，即线程被取消时引发清理函数的执行。

【例12.19】 取消线程时引发清理函数的执行

（1）启动Qt Creator，新建一个控制台项目，项目名为test。

（2）打开test.cpp，在test.cpp中输入如下代码：

```
#include <QCoreApplication>
#include<stdio.h>
#include<stdlib.h>
#include <unistd.h>                     //sleep
#include <iostream>
using namespace std;

void mycleanfunc(void *arg)             //清理函数
{
    cout<<"mycleanfunc:"<<*((int *)arg)<<endl;
}

void *thfunc(void *arg)
{
    int i = 1;
    cout<<"thread start--------"<<endl;
    pthread_cleanup_push(mycleanfunc, &i);      //把清理函数压栈
    while (1)
    {
        i++;
        cout<<"i="<<i<<endl;
    }
    cout<<"this line will not run"<<endl;       //这句不会调用
    pthread_cleanup_pop(0);                     //仅仅为了成对调用

    return (void *)0;
}


int main(int argc, char *argv[])
{
    QCoreApplication a(argc, argv);
    void *ret = NULL;
    int iret = 0;
    pthread_t tid;
    pthread_create(&tid, NULL, thfunc, NULL);  //创建线程
    sleep(1);                                  //等待一会，让子线程开始while循环

    pthread_cancel(tid);                       //发送取消线程的请求
    pthread_join(tid, &ret);                   //等待线程结束
    if (ret == PTHREAD_CANCELED)               //判断是否成功取消线程
        cout<<"thread has stopped,and exit code:"<<ret<<endl;//打印返回值，应该是-1
```

```
    else
        cout<<"some error occured"<<endl;

    return a.exec();
}
```

（3）按Ctrl+R快捷键来运行这个项目，运行结果如图12-19所示。

```
i=28878
i=28879
i=28880
i=28881
i=28882
i=28883
i=28884
i=28885
i=28886
```

图12-19

从这个例子可以看出，子线程在循环打印i的值，直到被取消，由于循环里有系统调用printf，因此取消成功时，将会执行清理函数，在清理函数中打印的i值将是执行很多次i++后的值，这是因为我们压栈清理函数的时候传给清理函数的是i的地址，而执行清理函数的时候i的值已经变了，因此打印的是最新的i值。

12.4 在Qt中使用C++ 11线程类

前面讲的线程利用的是POSIX线程库，这是传统C/C++程序员使用线程的方式。在C++ 11中，提供了语言层面使用线程的方式。最令人兴奋的是，Qt已经内置支持C++ 11，比如新建一个控制台项目后，可以在项目配置文件（.pro）中看到下面这一句：

```
CONFIG += c++11 console
```

这说明Qt已经完全从内部支持C++ 11。

C++ 11新标准中引入了如下5个头文件来支持多线程编程。

- atomic：该头文件主要声明了两个类，即std::atomic 和 std::atomic_flag，另外还声明了一套C语言风格的原子类型和与C语言兼容的原子操作函数。
- thread：该头文件主要声明了std::thread类，另外std::this_thread命名空间也在该头文件中。
- mutex：该头文件主要声明了与互斥量（mutex）相关的类，包括std::mutex系列类、std::lock_guard、std::unique_lock以及其他的类型和函数。
- condition_variable：该头文件主要声明了与条件变量相关的类，包括std::condition_variable和std::condition_variable_any。
- future：该头文件主要声明了std::promise和std::package_task这两个 Provider 类，以及std::future和std::shared_future这两个Future类，另外还有一些与之相关的类型和函数，比如std::async函数。

显然，std::thread类是非常重要的类，它的常用成员函数如表12-2所示。

表12-2 类std::thread的常用成员函数

成员函数	说明（public访问方式）
thread	构造函数，有4种形式
get_id	获得线程ID
joinable	判断线程对象是否可连接

（续表）

成员函数	说明（public访问方式）
join	等待线程结束，是阻塞函数
native_handle	用于获得与操作系统相关的原生线程句柄（需要本地库支持）
swap	线程交换
detach	分离线程

12.4.1 线程的创建

在C++ 11中，创建线程的方式是用std::thread类的构造函数，std::thread类在 #include<thread>头文件中声明，因此使用std::thread类时需要包含头文件thread，即#include <thread>。std::thread类的构造函数有4种形式：不带参数的默认构造函数、初始化构造函数、移动构造函数。

虽然thread类的初始化可以提供这么丰富和方便的形式，但是其实现的底层依然是创建一个pthread线程并运行，有些实现甚至是直接调用pthread_create()来创建的。

1. 默认构造函数

默认构造函数是不带参数的，声明如下：

```
thread();
```

默认构造函数刚创建的thread对象，它的线程是不会马上运行的。

【例12.20】 批量创建线程

（1）启动Qt Creator，新建一个控制台项目，项目名为test。

（2）打开test.cpp，在test.cpp中输入如下代码：

```
#include <QCoreApplication>
#include <stdio.h>
#include <stdlib.h>
#include <chrono>         // std::chrono::seconds
#include <iostream>       // std::cout
#include <thread>         // std::thread, std::this_thread::sleep_for
using namespace std;
void thfunc(int n)        //线程函数
{
   cout << "thfunc:" << n  <<  endl;
}

int main(int argc, char *argv[])
{
   QCoreApplication a(argc, argv);
   std::thread threads[5];        //批量创建5个thread对象，但此时这些线程并不会执行
   cout << "create 5 threads..."<<endl;
   for (int i = 0; i < 5; i++)
      threads[i] = std::thread(thfunc, i + 1); //这里开始执行线程函数thfunc()

   for (auto& t : threads)        //等待每个线程结束
      t.join();

   cout << "All threads joined."<<endl;
```

```
    return a.exec();
}
```

（3）按Ctrl+R快捷键来运行这个项目，运行结果如图12-20所示。

```
create 5 threads...
thfunc:5
thfunc:4
thfunc:3
thfunc:2
thfunc:1
All threads joined.
```

图12-20

我们创建了5个线程对象，刚创建的时候并不会执行这些线程，然后将初始化构造函数（下面会讲到）的返回值赋给它们。创建的线程都是可连接的线程，所以要调用join()函数来等待它们结束，这个函数下面也会讲到。执行这个程序多次，可以发现打印的次序并不都一样，这与CPU的调度有关。

2. 初始化构造函数

初始化构造函数是指是把线程函数的指针和线程函数的参数（如果有）都传入到线程类的构造函数中。这种形式最常用，由于传入了线程函数，因此定义线程对象的时候就会开始执行线程函数，如果线程函数需要参数。可以在构造函数中传入。初始化构造函数的形式如下：

```
template <class Fn, class... Args>
explicit thread (Fn&& fn, Args&&... args);
```

其中，fn是线程函数指针；args是可选的，是要传入线程函数的参数。创建好线程对象后，主线程会继续执行后面的代码，创建的子线程可能还没执行完主线程就结束了，比如控制台程序，主线程结束就意味着进程结束了。在这种情况下，我们需要让主线程等待，等待子线程全部运行结束后再继续执行主线程。还有一种情况，主线程为了统计各个子线程的工作结果而需要等待子线程结束完毕后再继续执行，此时主线程就要等待了。thread类提供了成员函数join()来等待子线程结束，即子线程线程函数执行后，join()函数才返回，因此join()是一个阻塞函数。函数join()会让主线程挂起（休眠，就是让出CPU），直到子线程都退出，同时join()能让子线程所占用的资源得到释放。子线程退出后，主线程会接收到系统的信号，从休眠中恢复。这一过程和POSIX类似，只是函数形式不同而已。有了POSIX线程方面的基础，理解这里的内容应该不难。成员函数join()的声明如下：

```
void join();
```

值得注意的是，这样创建的线程是可连接的（Joinable）线程，因此thread对象必须在销毁时调用join()函数，或者将其设置为可分离的（Detached）。

下面我们来看几个通过初始化构造函数来创建线程的例子。

【例12.21】 创建一个线程，不传参数

（1）启动Qt Creator，新建一个控制台项目，项目名为test。

（2）打开test.cpp，在test.cpp中输入如下代码：

```
#include <QCoreApplication>
#include <iostream>
#include <thread>
#include <unistd.h>            //sleep
using namespace std;           //使用命名空间std

void thfunc()                  //子线程的线程函数
```

```
{
    cout << "i am c++11 thread func" << endl;
}

int main(int argc, char *argv[])
{
    QCoreApplication a(argc, argv);
    thread t(thfunc);          //定义线程对象，并传入线程函数指针
    sleep(1);                  //main线程挂起1秒钟，为了让子线程有机会执行

    return a.exec();
}
```

（3）按Ctrl+R快捷键来运行这个项目，运行结果如图12-21所示。

```
i am c++11 thread func
```

图12-21

值得注意的是，编译C++11代码的时候要加上编译命令函数-std=c++11。在这个例子中，首先创建一个线程对象，然后马上执行传入构造函数的线程函数，打印一行字符串后结束。主线程在创建子线程后会等待一秒再结束，这样就不至于因为主线程的过早结束而导致整个进程结束，如果进程结束，子线程就没有机会执行了。如果没有调用等待函数sleep()，那么子线程的线程函数可能还没来得及执行主线程就结束了，整个应用程序也就退出了。

【例12.22】 创建一个线程，并传入整数类型的参数

（1）启动Qt Creator，新建一个控制台项目，项目名为test。

（2）打开test.cpp，在test.cpp中输入如下代码：

```
#include <QCoreApplication>
#include <iostream>
#include <thread>
using namespace std;

void thfunc(int n)                          //线程函数
{
    cout << "thfunc: " << n << endl;        //这里的n是1
}

int main(int argc, char *argv[])
{
    QCoreApplication a(argc, argv);
    thread t(thfunc,1);            //定义线程对象t，并传入线程函数指针和线程函数参数
    t.join();                      //等待线程对象t结束

    return a.exec();
}
```

（3）按Ctrl+R快捷键来运行这个项目，运行结果如图12-22所示。

```
thfunc: 1
```

图12-22

这个例子和上面的例子有两点不同：一是创建线程的时候把一个整数作为参数传给构造函数；二是等待子线程结束没有调用sleep()函数，而是调用join()。sleep()函数只是等待一个固定的时间，有可能在这个固定的时间内子线程早已结束，或者子线程运行的时间大于这个固定时间，因此用它来等待子线程结束并不精确。用函数join()则会一直等到子线程结束后才执行该函数后面的代码。

【例12.23】 创建一个线程，并传递字符串作为参数

（1）启动Qt Creator，新建一个控制台项目，项目名为test。

（2）打开test.cpp，在test.cpp中输入如下代码：

```
#include <iostream>
#include <thread>
using namespace std;

void thfunc(char *s)                          //线程函数
{
    cout << "thfunc: " <<s << endl;           //这里s就是boy and girl
}

int main(int argc, char *argv[])
{
    char s[] = "boy and girl";                //定义一个字符串
    thread t(thfunc,s);                       //定义线程对象，并传入字符串s
    t.join();                                 //等待t执行结束

    return 0;
}
```

（3）按Ctrl+R快捷键来运行这个项目，运行结果如图12-23所示。

```
thfunc: boy and girl
```

图12-23

【例12.24】 创建一个线程，并传递结构体作为参数

（1）启动Qt Creator，新建一个控制台项目，项目名为test。

（2）打开test.cpp，在test.cpp中输入如下代码：

```
#include <QCoreApplication>
#include <iostream>
#include <thread>
using namespace std;

typedef struct                        //定义结构体的类型
{
    int n;
    const char *str;                  //注意这里要有const，否则会有警告
}MYSTRUCT;

void thfunc(void *arg)                //线程函数
{
    MYSTRUCT *p = (MYSTRUCT*)arg;
    //打印结构体的内容
    cout << "in thfunc:n=" << p->n<<",str="<< p->str <<endl;
}

int main(int argc, char *argv[])
{
    QCoreApplication a(argc, argv);
    MYSTRUCT mystruct;                //定义结构体
    //初始化结构体
    mystruct.n = 110;
```

```
    mystruct.str = "hello world";

    thread t(thfunc, &mystruct);        //定义线程对象t，并传入结构体变量的地址
    t.join();                           //等待线程对象t结束

    return a.exec();
}
```

（3）按Ctrl+R快捷键来运行这个项目，运行结果如图12-24所示。

```
in thfunc:n=110,str=hello world
```

图12-24

在上面的例子中，我们通过结构体把多个值传给了线程函数，下面不用结构体作为载体，而直接把多个值通过构造函数传给线程函数，其中有一个参数是指针，可以在线程中修改其值。

【例12.25】 创建一个线程，传多个参数给线程函数

（1）启动Qt Creator，新建一个控制台项目，项目名为test。

（2）打开test.cpp，在test.cpp中输入如下代码：

```
#include <QCoreApplication>
#include <iostream>
#include <thread>
using namespace std;

void thfunc(int n,int m,int *pk,char s[])       //线程函数
{
    cout << "in thfunc:n=" <<n<<",m="<<m<<",k="<<* pk <<"\nstr="<<s<<endl;
    *pk = 5000;                                 //修改* pk
}

int main(int argc, char *argv[])
{
    QCoreApplication a(argc, argv);
    int n = 110,m=200,k=5;
    char str[] = "hello world";

    thread t(thfunc, n,m,&k,str);       //定义线程对象t，并传入多个参数
    t.join();                           //等待线程对象t结束
    cout << "k=" << k << endl;          //此时打印应该是5000

    return a.exec();
}
```

（3）按Ctrl+R快捷键来运行这个项目，运行结果如图12-25所示。

```
in thfunc:n=110,m=200,k=5
str=hello world
k=5000
```

图12-25

在这个例子中，我们传入了多个参数给构造函数（线程函数也要准备多样的形参），并且其中一个是整数类型的地址（&k）。我们在线程中修改了&k所指向变量的内容，等子线程结束后，在主线程中打印k的值，发现它的值变了。

前面提到，默认创建的线程都是可连接的线程，需要调用join()函数来等待该线程的结束并释放其占用的资源。除了以调用join()函数的方式来等待结束外，还可以调用成员函数detach()把可连接的线程分离。变成可分离的线程后，线程结束后就可以由系统自动回收资源，这样就

不需要等待子线程结束，主线程可以自己先行结束。detach()函数的形式如下：

```
void detach();
```

【例12.26】 把可连接的线程转为分离的线程（C++11和POSIX联合作战）

（1）启动Qt Creator，新建一个控制台项目，项目名为test。

（2）打开test.cpp，在test.cpp中输入如下代码：

```
#include <QCoreApplication>
#include <iostream>
#include <thread>
#include <unistd.h> //for sleep
using namespace std;
void thfunc(int n,int m,int *k,char s[])       //线程函数
{
    cout << "in thfunc:n=" <<n<<",m="<<m<<",k="<<*k<<"\nstr="<<s<<endl;
    *k = 5000;
}

int main(int argc, char *argv[])
{
    QCoreApplication a(argc, argv);
    int n = 110,m=200,k=5;
    char str[] = "hello world";

    thread t(thfunc, n,m,&k,str);                //定义线程对象
    sleep(1);
    t.detach();  //分离线程

    cout << "k=" << k << endl;                   //这里输出3
    pthread_exit(NULL);              //main线程结束，但进程并不会结束，下面一句不会执行

    cout << "this line will not run"<< endl;    //这一句不会执行

    return a.exec();
}
```

（3）按Ctrl+R快捷键来运行这个项目，运行结果如图12-26所示。

```
in thfunc:n=110,m=200,k=5
str=hello world
k=5000
```

图12-26

为了展示效果，我们在主线程中执行“pthread_exit(NULL);”来结束主线程。如前文所述，在main线程中执行“pthread_exit(NULL);”的时候将结束main线程，但进程并不会立即退出，要等所有的线程全部结束后进程才会结束，所以能看到子线程中函数打印的内容。主线程会先打印k值，这是因为打印k值的时候线程还没有切换。从这个例子也可以看出，C++11可以和POSIX联合作战，充分体现了C++的强大威力。

3. 移动（move）构造函数

通过移动构造函数的方式来创建线程是C++11创建线程的另一种常用方式。它通过向thread()构造函数中传入一个C++对象来创建线程。这种形式的构造函数定义如下：

```
thread (thread&& x);
```

调用成功之后，x不代表任何thread对象。

【例12.27】 通过移动构造函数来启动线程

（1）启动Qt Creator，新建一个控制台项目，项目名为test。

（2）打开test.cpp，在test.cpp中输入如下代码：

```
#include <QCoreApplication>
#include <iostream>
#include <thread>
using namespace std;
void fun(int & n)  //线程函数
{
    cout << "fun: " << n << endl;
    n += 20;
    this_thread::sleep_for(chrono::milliseconds(10));   //等待10毫秒
}
int main(int argc, char *argv[])
{
    QCoreApplication a(argc, argv);
    int n = 0;
    cout << "n=" << n << endl;
    n = 10;
    thread t1(fun, ref(n));    //ref(n)是取n的引用
    thread t2(move(t1));       //t2执行fun，t1不是thread对象
    t2.join();                 //等待t2执行完毕
    cout << "n=" << n << endl;
    return a.exec();
}
```

（3）按Ctrl+R快捷键来运行这个项目，运行结果如图12-27所示。

```
n=0
fun: 10
n=30
```

图12-27

从这个例子可以看出，t1并不会执行，执行的是t2，因为t1的线程函数移给t2了。

12.4.2 线程的标识符

线程的标识符（id）可以用来唯一标识某个thread对象所对应的线程，以区别不同的线程。两个标识符相同的thread对象是同一个线程，或者还都没有线程。两个标识符不同的thread对象代表不同的线程，或者一个thread对象有线程、另一个没有。

thread类提供了成员函数getid()来获取线程id，该函数的原型声明如下：

```
thread::id get_id()
```

其中，id是线程标识符的类型，是thread类的成员，用来唯一标识某个线程。

有时候，为了查看两个thread对象的id是否相同，可以在调试时把id打印出来。它们的数值虽然没有什么含义，但是可以比较是否相同，作为调试中的判断依据。

【例12.28】 线程比较

（1）启动Qt Creator，新建一个控制台项目，项目名为test。

（2）打开test.cpp，在test.cpp中输入如下代码：

```
#include <iostream> // std::cout
#include <thread>  // std::thread, std::thread::id, std::this_thread::get_id
using namespace std;
thread::id main_thread_id =  this_thread::get_id();    //获取主线程id
void is_main_thread()
{
   if (main_thread_id == this_thread::get_id())        //判断是否和主线程id相同
      cout << "This is the main thread."<<endl;
   else
      cout << "This is not the main thread."<<endl;
}
int main()
{
   is_main_thread();             // is_main_thread作为main线程的普通函数来调用
   thread th(is_main_thread);    // is_main_thread作为线程函数来调用
   th.join();                    //等待th结束
   return 0;
}
```

（3）按Ctrl+R快捷键来运行这个项目，运行结果如图12-28所示。

is_main_thread()函数第一次调用时是main线程中的普通函数，等到的id肯定和main_thread_id相同；第二次是作为一个子线程的线程函数，等到的id是子线程的id，和main_thread_id不同。

```
This is the main thread.
This is not the main thread.
```

图12-28

12.4.3 当前线程this_thread

在实际的线程开发中，经常需要访问当前线程。C++ 11提供了一个命名空间this_thread来引用当前线程，该命名空间集合了4个有用的函数：get_id()、yield()、sleep_until()、sleep_for()。函数get_id()和thread类的成员函数get_id()是同一个意思，都是用来获取线程id的。

1. 让出CPU时间

调用函数yield()的线程将让出自己的CPU时间片，以便其他线程有机会运行，该函数的声明如下：

```
void yield();
```

调用该函数的线程放弃执行，回到就绪态。光看这个函数似乎有点抽象，下面通过一个例子来说明该函数的作用。这个例子实现的功能是创建10个线程，在每个线程中让一个变量从1累加到100万，谁先完成就先打印谁的编号，以此排名。为了公平起见，创建线程时先不让它们占用CPU时间，一直到main主线程改变全局变量值才让各个子线程开始累加。

【例12.29】 为线程排名次

（1）启动Qt Creator，新建一个控制台项目，项目名为test。

（2）打开test.cpp，在test.cpp中输入如下代码：

```
#include <QCoreApplication>
#include <iostream>       // std::cout
#include <thread>         // std::thread, std::this_thread::yield
#include <atomic>         // std::atomic
using namespace std;
atomic<bool> ready(false);    //定义全局变量

void thfunc(int id)
{
   while (!ready)             //一直等待，直到main主线程中重置全局变量ready
      this_thread::yield();  //让出自己的CPU时间片
   for (volatile int i = 0; i < 1000000; ++i)      //开始累加到100万
   {}
   //累加完毕后，打印本线程的序号，这样最终输出的才是排名，先完成先打印
   cout << id<<",";
}
int main(int argc, char *argv[])
{
   QCoreApplication a(argc, argv);
   thread threads[10];                              //定义10个线程对象
   cout << "race of 10 threads that count to 1 million:\n";
   for (int i = 0; i < 10; ++i)
      //启动线程，把i当作参数传入线程函数，用于标记线程的序号
      threads[i] = thread(thfunc, i);
   ready = true;                                    // 重置全局变量
   for (auto& th : threads) th.join();              //等待10个线程全部结束
   cout << endl;
   return a.exec();
}
```

（3）按Ctrl+R快捷键来运行这个项目，运行结果如图12-29所示。

```
race of 10 threads that count to 1 million:
6,7,8,9,3,1,4,5,2,0,
```

图12-29

运行此示例程序多次，那么每次的结果是不同的。线程刚刚启动的时候，都一直在while循环中让出自己的CPU时间，这就是函数yield()的作用。this_thread在子线程中使用，代表这个子线程。一旦跳出while循环，就开始累加，一直到加到100万，最后输出序号，全部序号输出后，得到跑完100万的排名。atomic用来定义在全局变量ready上的操作都是原子操作。原子操作（后续章节会讲到）表示在多个线程访问同一个全局资源的时候，确保所有其他的线程都不在同一时间内访问这个相同的全局资源，也就是确保在同一时刻只有唯一的线程对这个全局资源进行访问。这有点类似于互斥对象对共享资源访问的保护，但是原子操作更加接近底层，因而效率更高。

2. 让线程暂停一段时间

函数sleep_until()和sleep_for()用来阻塞线程，会让线程暂停执行一段时间。函数sleep_until()的原型声明如下：

```
template <class Clock, class Duration>
```

```
void sleep_until (const chrono::time_point<Clock,Duration>& abs_time);
```

其中，参数abs_time表示函数阻塞线程到abs_time这个时间点，然后继续执行。

函数sleep_for()的功能与函数sleep_until()类似，不过它是挂起线程一段时间，时间长度由参数决定，它的原型声明如下：

```
template <class Rep, class Period>
void sleep_for (const chrono::duration<Rep,Period>& rel_time);
```

其中，参数rel_time表示线程挂起的时间段，在这段时间内线程暂停执行。

下面我们通过两个例子来加深对这两个函数的理解。

【例12.30】 暂停线程到下一分钟

（1）启动Qt Creator，新建一个控制台项目，项目名为test。

（2）打开test.cpp，在test.cpp中输入如下代码：

```
#include <QCoreApplication>
#include <iostream>      // std::cout
#include <thread>        // std::this_thread::sleep_until
#include <chrono>        // std::chrono::system_clock
#include <ctime>         // std::time_t, std::tm, std::localtime, std::mktime
#include <time.h>
#include <stddef.h>
using namespace std;
void getNowTime()                                    //获取并打印当前时间
{
    timespec time;
    struct  tm nowTime;
    clock_gettime(CLOCK_REALTIME, &time);            //获取相对于1970到现在的秒数
    localtime_r(&time.tv_sec, &nowTime);
    char current[1024];
    printf(
        "%04d-%02d-%02d %02d:%02d:%02d\n",
        nowTime.tm_year + 1900,
        nowTime.tm_mon+1,
        nowTime.tm_mday,
        nowTime.tm_hour,
        nowTime.tm_min,
        nowTime.tm_sec);
    cout<<endl;
}
int main(int argc, char *argv[])
{
    QCoreApplication a(argc, argv);
    using std::chrono::system_clock;
    std::time_t tt = system_clock::to_time_t(system_clock::now());
    struct std::tm * ptm = std::localtime(&tt);
    getNowTime();                        //打印当前时间
    cout << "Waiting for the next minute to begin..."<<endl;
    ++ptm->tm_min;                       //累加一分钟
```

```
    ptm->tm_sec = 0;                    //秒数置0
    //暂停执行到下一个整分的时间点
    this_thread::sleep_until(system_clock::from_time_t(mktime(ptm)));
    getNowTime();                       //打印当前时间
    return a.exec();
}
```

（3）按Ctrl+R快捷键来运行这个项目，运行结果如图12-30所示。

```
2022-04-18 10:51:33

Waiting for the next minute to begin...
2022-04-18 10:52:00
```

图12-30

main主线程到sleep_until()处开始挂起，然后到了下一个整分的时间（就是分钟加1，秒钟为0）再继续执行。

【例12.31】 暂停线程5秒

（1）启动Qt Creator，新建一个控制台项目，项目名为test。

（2）打开test.cpp，在test.cpp中输入如下代码：

```
#include <iostream>      // std::cout, std::endl
#include <thread>        // std::this_thread::sleep_for
#include <chrono>        // std::chrono::seconds
using  namespace std;
int main(int argc, char *argv[])
{
    QCoreApplication a(argc, argv);
    cout << "countdown:\n";
    for (int i = 5; i > 0; --i)
    {
        cout << i << std::endl;
        this_thread::sleep_for(std::chrono::seconds(1));  //暂停一秒
    }
    cout << "Lift off!"<<endl;
    return a.exec();
}
```

（3）按Ctrl+R快捷键来运行这个项目，运行结果如图12-31所示。

```
countdown:
5
4
3
2
1
Lift off!
```

图12-31

12.5 使用Qt自身的线程类

12.5.1 QThread类的基本使用

Qt提供了QThread类以进行多任务处理。与多任务处理一样，Qt提供的线程可以做到单个线程做不到的事情。例如，在网络应用程序中，可以使用线程处理多种连接器。QThread类提供了一个与平台无关的方式来管理线程。首先用一个类继承QThread类，然后重新改写QThread类的虚函数run()。只需要实例该类，然后调用函数start()，就可以开启新的多线程(run()函数被自动调用)。除此之外，还有一种方法，即继承QObject类，然后调用moveToThread()函数开启一个线程槽函数，把要花费大量时间计算的代码放入该线程槽函数中。

我们主要来看第一种方法。注意：只有执行了run()函数才是新的线程在执行，所有复杂的逻辑都应该放在run()函数里面。当run()函数运行完毕后，该线程的生命周期就结束了。run()函数的原型声明如下：

```
[virtual protected] void QThread::run()
```

我们要做的就是把新线程要执行的操作放到run()函数(线程函数)中。除了run()函数之外，表12-3所示的几个QThread成员函数有时也会用到。

表12-3 QThread常用成员函数

公有成员函数	说　明	公有槽函数	说　明
QThread(QObject *parent = nullptr);	构造函数	void quit();	退出线程的事件循环，并给出返回码
void exit(int returnCode = 0);	退出线程的事件循环，并给出返回码	void start(QThread::Priority priority = InheritPriority);	启动线程并执行run()函数
bool isFinished();	判断线程是否结束，如果结束就返回true，否则返回false	void terminate();	终止线程的执行
bool isRunning();	判断线程是否运行，如果运行就返回true，否则返回false		
QThread::Priority priority();	返回线程的优先级		
void setPriority(QThread::Priority priority);	设置一个正在运行的线程的优先级		
void setStackSize(uint stackSize);	设置一个线程堆栈的最大尺寸		

（续表）

公有成员函数	说　明	公有槽函数	说　明
uint stackSize();	如果用setStackSize()设置过，则返回一个线程堆栈的最大尺寸，否则返回0		
bool wait(unsigned long time = ULONG_MAX);	阻塞线程直到某些条件满足才解除阻塞，比如时间到、线程执行结束		

顺便复习下公有槽函数（Public Slot），槽函数是普通的C++成员函数，能被正常调用，它们唯一的特性就是能和信号相关联。当和其关联的信号被发射时，这个槽函数就会被调用。槽函数可以有参数，但槽函数的参数不能有默认值。槽函数是普通的成员函数，因此和其他的函数相同，它们也有存取权限。槽函数的存取权限决定了谁能够和之相关联。与普通的C++成员函数相同，槽函数也分为3种类型，即public slot、private slot和protected slot。

我们知道，C/C++程序都是从main()函数开始执行的。main()函数其实就是主进程的入口，main()函数退出了，则主进程就退出，整个进程也就结束了。对于使用QThread类创建的进程而言，run()函数是新线程的入口，run()函数退出，就意味着线程的终止。

创建多线程的步骤如下：

步骤01 新建一个MyThread了，它的基类为QThread。

步骤02 重写MyThread类的虚函数run()，即新建一个函数protected void run()，然后对其进行定义。

步骤03 在需要用到多线程的地方实例化MyThread，然后调用函数MyThread::start()开启一个线程，自动运行函数run()。

步骤04 当停止线程时，调用MyThread::wait()函数，等待线程结束，并回收线程占用的资源。

比如实现一个复制文件（是一个耗时操作）的功能，用单线程程序的话，程序界面可能会卡死到复制操作结束。其实，可以把复制文件操作放到子线程中进行，这样界面操作依然在主线程中进行，界面也不会被卡死。

自定义一个类，继承自QThread类，比如：

```
CopyFileThread: public QThread
{
    Q_OBJECT
    public:
        CopyFileThread(QObject * parent = 0);
    protected:
        void run(); // 新线程的入口
    // 省略掉一些内容
}
```

在对应的cpp文件中定义run()函数：

```
void CopyFileThread::run()
{
```

```
    // 新线程的入口
    // 初始化和操作放在这里
}
```

将run()函数编写好之后，在主线程的代码中生成一个CopyFileThread实例，例如：

```
// mainwindow.h中
CopyFileThread * m_cpyThread;
// mainwindow.cpp中
m_cpyThread = new CopyFileThread;
```

在要开始复制的时候（比如单击“复制”按钮），让这个线程开始执行：

```
m_cpyThread->start();
```

注意，要调用start()函数来启动子线程，而不是run()函数。start()函数会自动调用run()函数。

线程开始执行后，进入run()函数，执行复制文件的操作。此时，主线程的显示和操作都不会受影响。

如果需要对复制过程中可能发生的事件进行处理，例如界面显示复制进度、出错返回等，应该从CopyFileThread()函数中发出信号，并事先关联到mainwindow的槽函数，由槽函数来处理事件。

【例12.32】 QThread类的基本使用

（1）启动Qt Creator，新建一个控制台项目，项目名为test。

（2）打开test.cpp，在test.cpp中输入如下代码：

```
#include <QCoreApplication>
#include <QThread>
#include <iostream>
using namespace std;
class MyThread : public QThread
{
  public:
    virtual void run();
};
void MyThread::run()
{
  for( int count = 0; count < 10; count++ ) {
    qDebug( "ping %d",count );
  }
}
int main(int argc, char *argv[])
{
  QCoreApplication a(argc, argv);
  MyThread thA;
  thA.start(); //自动调用run()函数，否则即使创建了该线程，也是一开始就挂起
  //要等待线程a退出
  thA.wait();
  cout<<"thread A is over."<<endl;
  return a.exec();
}
```

首先从QThread类继承了一个自定义类MyThread，并且实现了run()函数。然后在main()主函数中创建MyThread类的对象thA，并调用QThread类的start()函数，该函数将会启动子线程，即run()函数会执行。此时主线程开始调用了“thA.wait();”，一直在等待子线程结束。子线程结束后主线程才会打印出“thread A is over.”。

（3）保存项目并按Ctrl+R快捷键来运行这个项目，运行结果如图12-32所示。

```
ping 0
ping 1
ping 2
ping 3
ping 4
ping 5
ping 6
ping 7
ping 8
ping 9
thread A is over.
```

图12-32

12.5.2 线程间通信

Qt线程间（数据）通信主要有两种方式：

（1）使用共享内存，也就是使用两个线程都能够共享的变量（如全局变量），这样两个线程都能够访问和修改该变量，从而达到共享数据的目的。

（2）使用信号/槽（Singal/Slot）机制，把数据从一个线程传递到另外一个线程。

第一种方法在各个编程语言中都普遍使用，而第二种方法是Qt特有的。这里我们主要介绍第二种方法。我们来看一个例子，子线程发送信号（信号参数是一个整数）给主线程，主线程得到这个信号后显示在标签控件上，子线程每隔一秒就累加一次整数，相当于一个计数器。主线程也可以发送信号给子线程，把计数器重置为0。这一来一往就实现了子线程和主线程的相互通信。示例程序虽小，但是功能与原理和大示例是一样的。从小示例程序开始，先掌握原理，再扩充就不难了。

【例12.33】 子线程和主线程之间的双向通信

（1）新建一个对话框项目，项目名为test。

（2）新建一个子线程类，要先创建头文件和cpp文件。切换到项目视图，右击Headers，然后在弹出的快捷菜单中选择Add New选项，添加一个头文件，文件名是testthread.h，然后输入如下代码：

```
#ifndef TESTTHREAD_H
#define TESTTHREAD_H
#include <QThread>
#include "testthread.h"
class TestThread : public QThread
{
    Q_OBJECT
    public:
        TestThread(QObject *parent = 0); //构造函数
    protected:
        void run(); //线程函数
    signals:
        void TestSignal(int);
    public slots:
        void ResetSlot();
    private:
```

```
    int number;
};

#endif // TESTTHREAD_H
```

我们定义了子线程类TestThread，它继承于Qt自身的线程类QThread。在TestThread类中，run()是线程函数。信号函数TestSignal()用于子线程向主线程发送信号。槽函数ResetSlot()用于处理主线程向子线程发送的信号。私有变量number相当于一个计数器，每隔一秒就累加一次。

继续在项目视图中，右击Sources，然后在弹出的快捷菜单中选择Add New选项，添加一个C++源码文件，文件名是testthread.cpp，然后输入如下代码：

```
#include "testthread.h"
TestThread::TestThread(QObject *parent) :
    QThread(parent)
{
    number = 0;
}
void TestThread::run()
{
    while(1)
    {
        emit TestSignal(number); //触发信号
        number++;
        sleep(1);
    }
}
void TestThread::ResetSlot()
{
    number = 0;
    emit TestSignal(number);
}
```

在构造函数TestThread()中，初始化number为0。在线程函数run()中，我们用了while死循环。在循环中，每隔一秒就触发一次信号函数TestSignal()，并把当前number传送出去（给主线程），这样主线程可以在界面上显示number的值。信号函数TestSignal()所对应的槽函数将在主线程中定义并与信号关联。

槽函数ResetSlot()的作用是将计数器number重置为0，然后把number发送给主线程进行显示。这个槽函数ResetSlot()所关联的信号将在主线程中定义并建立关联。至此，子线程全部定义完毕。下面我们开始在主线程（界面线程）中添加代码。

（3）在项目视图中，双击Forms下的dialog.ui，打开对话框设计界面，然后放置3个按钮和文本标签（TextLabel），如图12-33所示。

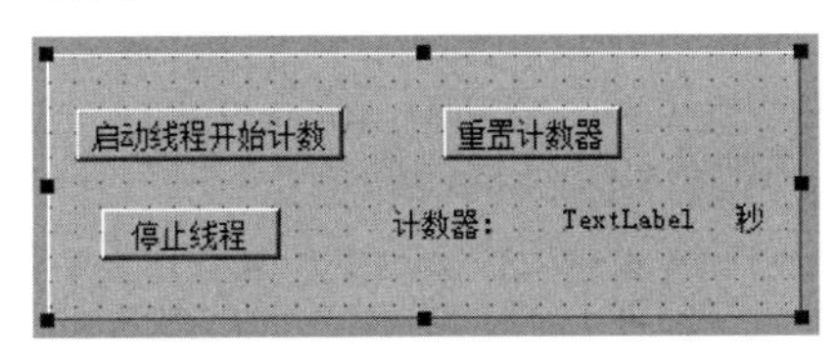

图12-33

为“启动线程开始计数”按钮添加clicked信号的槽函数，代码如下：

```
void Dialog::on_pushButton_clicked()
{
    t->start();  //执行子线程
}
```

其中，t是指向子线程类TestThread对象的指针，是Dialog类的私有成员变量。

打开dialog.h，为Dialog类添加私有成员变量：

```
private:
    TestThread *t;   //定义子线程类的指针
```

同时在文件开头添加包含头文件的指令：

```
#include "testthread.h"
```

并在Dialog类中定义信号：

```
signals:
    void ResetSignal();
```

这个信号将发给子线程，并将调用子线程的槽函数ResetSlot()。我们在对话框上单击“重置计数器”按钮将发送该信号。

回到对话框设计界面，为按钮“重置计数器”添加clicked信号对应的槽函数：

```
void Dialog::on_pushButton_3_clicked()
{
    emit ResetSignal();
}
```

该槽函数将发送重置计数器的信号ResetSignal。

下面在dialog.cpp中定义子线程发给主线程的信号TestSignal所对应的槽函数：

```
void Dialog::DisplayMsg(int num)
{
    ui->label->setText(QString::number(num));
}
```

该函数用于在标签控件上显示传进来的整数num。接着，在dialog.h中为类添加槽函数的声明：

```
private slots:
    void DisplayMsg(int num);
```

其中，num是信号TestSignal传进来的number。

（4）打开dialog.cpp，在构造函数dialog()末尾添加创建子线程类对象的代码和信号/槽的关联代码：

```
t = new TestThread();
connect(t, SIGNAL(TestSignal(int)), this, SLOT(DisplayMsg(int)));
connect(this, SIGNAL(ResetSignal()), t, SLOT(ResetSlot()));
```

注意，t必须在connect()函数调用之前创建。

（5）切换到对话框设计界面，为按钮“停止线程”添加clicked信号相关联的槽函数，代码如下：

```
void Dialog::on_pushButton_2_clicked()
{
    t->terminate(); //结束线程
}
```

代码很简单，调用QThread类的成员函数terminate()来结束线程，然后界面上的计数就停止了，因为run()函数中while循环不再工作了。

（6）按Ctrl+R快捷键来运行这个项目，然后单击“启动线程开始计数”按钮，可以看到每隔一秒，数字都会累加一次，如图12-34所示。

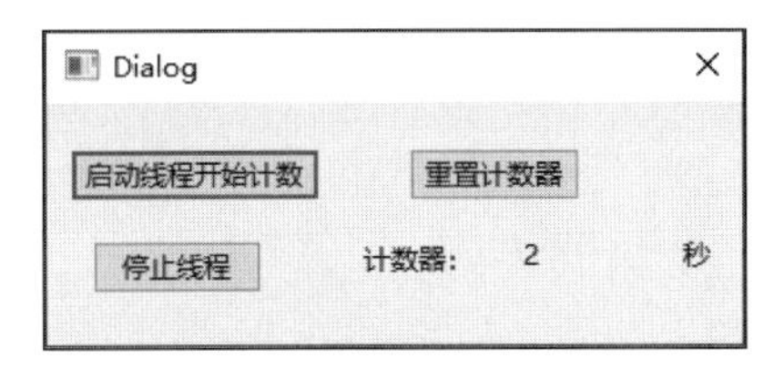

图12-34

在计数器累加的同时，依然可以拖动对话框，也就是界面没有因为从事某种运算（本例是简单的累加运算）而卡死，如果不用子线程（即在主线程中进行累加运算），那么在累加运算结束之前界面是“假死”状态的。

下面对本例做进一步的优化，使之更符合实际应用。一般专业软件会用一个进度条来表示某种耗时计算的进度，我们可以在界面上增加一个进度条来表示当前的计算进度。

【例12.34】　用进度条表示子进程中的计算进度

（1）新建一个对话框项目，项目名为test。

（2）新建一个子线程类，要先创建头文件和cpp文件。切换到项目视图，右击Headers，然后在弹出的快捷菜单中选择Add New选项，添加一个头文件，文件名为testthread.h，再输入如下代码：

```
#ifndef TESTTHREAD_H
#define TESTTHREAD_H
#include <QThread>
#include "testthread.h"
class TestThread : public QThread
{
    Q_OBJECT
    public:
        TestThread(QObject *parent = 0);
    protected:
        void run();
    signals:
        void TestSignal(int);
    private:
        int number;
```

```
};
#endif // TESTTHREAD_H
```

我们定义了子线程TestThread类，它继承于Qt自身的线程类QThread。在TestThread类中，run()是线程函数。信号函数TestSignal()用于子线程向主线程发送信号。私有变量number相当于一个计数器，每隔一秒就累加一次。

继续在项目视图中右击Sources，然后在弹出的快捷菜单中选择Add New选项，添加一个C++源码文件，文件名为testthread.cpp，然后输入如下代码：

```
#include "testthread.h"
TestThread::TestThread(QObject *parent) :
    QThread(parent)
{
}
void TestThread::run()
{
    for(number=0;number<100;number++)
    {
        emit TestSignal(number); //触发信号
        sleep(1);
    }
}
```

这里我们实现了线程函数run()，它在for循环中每隔一秒就发送信号TestSignal，以此来让界面上的进度条前进一步。至此，子进程定义完毕。下面我们开始在主线程（界面线程）中添加代码。

（3）在项目视图中，双击Forms下的dialog.ui，打开对话框设计界面，然后放置2个按钮和1个进度条控件，如图12-35所示。

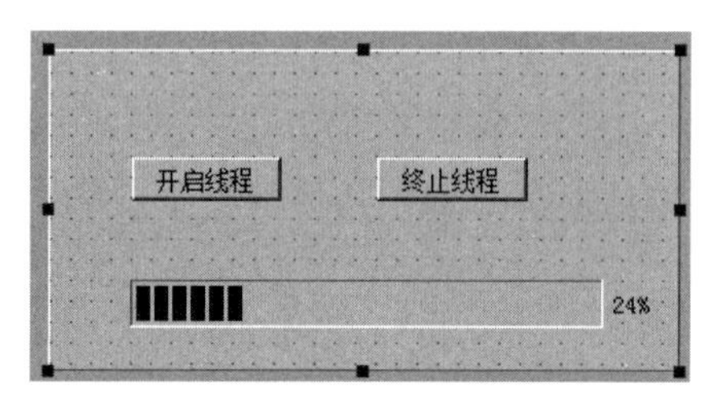

图12-35

为“开启线程”按钮添加clicked信号对应的槽函数，代码如下：

```
void Dialog::on_pushButton_clicked()
{
    t->start(); //执行子线程
}
```

其中，t是指向子线程类TestThread对象的指针，是Dialog类的私有成员变量。

打开dialog.h，为Dialog类添加私有成员变量：

```
private:
    TestThread *t;   //定义子线程类的指针
```

同时在文件开头添加保护头文件的指令：

```
#include "testthread.h"
```

下面在dialog.cpp中定义子线程发给主线程的信号TestSignal所对应的槽函数：

```
void Dialog::DisplayMsg(int num)
{
    ui->progressBar->setValue(num); //设置进度条的当前位置
}
```

并在Dialog类中声明该槽函数：

```
private slots:
    void DisplayMsg(int num);
```

接着，在构造函数中添加代码：

```
ui->progressBar->setRange(0,10); //设置进度条的范围
t = new TestThread();
connect(t, SIGNAL(TestSignal(int)), this, SLOT(DisplayMsg(int)));
```

首先设置进度条的范围，和子线程run()函数里的for循环上限一致，这样子线程里的number计算完毕，进度条也正好到头。接着，为子线程对象指针t分配空间。最后，将信号TestSignal和槽函数DisplayMsg()进行关联，这样一旦触发信号TestSignal，就可以在槽函数DisplayMsg()中进行处理，也就是更新进度条的位置。

（4）按Ctrl+R快捷键来运行这个项目，然后单击“开启线程”按钮，可以发现进度条向前走了。如果要停止，可以单击“终止线程”按钮，再单击“开启线程”按钮，进度条就会重新开始走，因为线程函数run()中的for循环里number初始值设置的是0。这个项目的运行结果如图12-36所示。

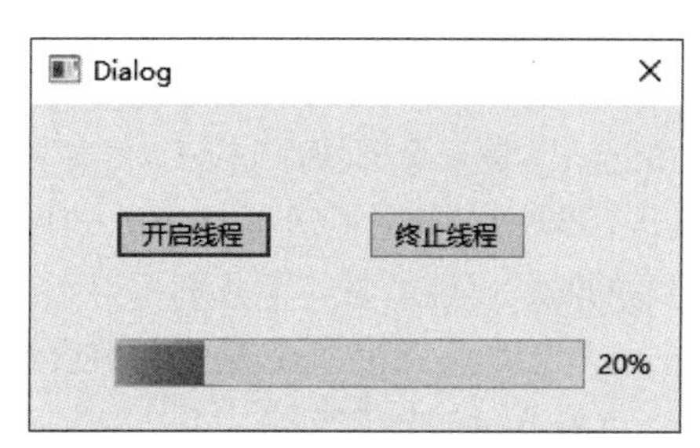

图12-36

第 13 章

Qt多媒体编程

13.1 概　　述

Qt通过Qt multimedia模块提供多媒体功能。Qt multimedia模块基于不同的平台抽象出多媒体接口来实现平台相关的特性和硬件加速。这些多媒体接口功能覆盖了播放视频音频、录制视频音频的功能，包括支持多种多媒体封装格式，它还支持摄像头、耳机、麦克风等设备。下面列举一些通过multimedia APIs可以实现的功能：访问音频输入输出设备；播放低延时音效；支持多媒体播放列表；音频视频编码；收音机功能；支持摄像头的预览、拍照、录像等功能；播放 3D positional audio；把音频视频解码到内存或者文件中；获取正在录制或者播放的音频和视频数据。

Qt 6.2的多媒体模块发生了重大升级！相对于Qt 5，剔除了不少类和函数，也增加了不少类和函数，以支持新设备新功能。Qt 6.2的第一个测试版刚刚发布，并在多个其他新附加组件中加入了全新的Qt多媒体模块。Qt Multimedia是一个模块，它在Qt 6中发生了一些相当大的变化。在很多方面，它是一个新的API和实现，即使它重用了Qt 5.15中的一些代码。虽然我们试图为大多数模块保持Qt 5和Qt 6之间尽可能多的源代码兼容性，但我们不得不在此处进行大量更改，以使API和实现适合未来，最终决定以最好的为目标API而不是最大的兼容性。Qt 5中的Qt多媒体有一个相当松散定义的范围。不同后端对 API不同部分的支持并不一致，而且API本身的部分也不容易跨平台使用。对于Qt 6，我们尝试在一定程度上缩小范围，并致力于开发一组一致的功能，这些功能适用于所有支持的平台。我们还没有达到这个目标，但希望通过Qt 6.2的发布填补大部分实施空白。

这些功能涵盖了用户过去使用Qt多媒体的大部分用例。我们的目标是首先关注那些核心用例，并确保它们在我们的所有平台上一致工作，然后再使用新功能扩展模块。以下几点是Qt 6中多媒体模块的设计目标：

Qt 6.2 中支持的主要用例是：（1）支持音频和视频播放；（2）支持音频和视频录制（来自相机和麦克风）；（3）支持低级（基于PCM）音频和音频解码；（4）与Qt Quick和小部件集成；（5）尽量使用硬件加速等。如果你一直在Qt 5中使用Qt Multimedia，则需要对你的实现进行修改。

我们来看一下Qt 6多媒体模块内部架构的变化。在Qt 5中，Qt多媒体具有复杂的基于插件的架构，使用多个插件来实现不同的前端功能。一个完整的多媒体后端实现将包含不少于 4 个插件。用于实现这些插件的后端API是公开的，很难调整和改进这些后端的功能。构建的架构非常难以维护和开发模块。在Qt 6中，则简化了这一过程并移除插件基础设施。现在在编译时选择后端并编译到Qt Multimedia的共享库中。现在只有一个后端API，涵盖了所有多媒体，消除了Qt 5中人为拆分成多个后端的问题。最后，官方选择将后端API设为私有，以便将来可以轻松调整和扩展它。完成后，我们可以仔细查看平台相关后端代码所需的API和接口。官方设法将实现多媒体后端所需的类集从40个减少到15个，并减少了纯虚拟方法的数量，为许多非必要功能提供了后备实现。新的后端API在某种程度上模仿了Qt Gui 中用于窗口系统集成的QPA架构，并且新的QPlatformMediaIntegration类现在确实作为一个通用的入口点和工厂类来实例化平台相关的后端对象。在大多数情况下，官方现在的目标是在公共 API 中的类和实现该功能的类之间建立一对一的关系。因此，公共QMediaPlayer API有一个QPlatformMediaPlayer类实现平台相关功能。除了这些修改，官方还删除了大量在前端和后端之间重复的代码，并避免它们之间的大量调用转移。有了这个，我们还可以将许多跨平台功能和验证移到代码的共享、平台独立部分中。总而言之，这极大地简化了我们的代码库，并在不丢失大量功能的情况下大大减少了代码大小。Qt 5.15中的Qt Multimedia大约有140000行代码，而目前在Qt 6中减少到大约74000行代码。

在Qt 6中，还重新审视了支持的后端，并将其缩减为将来可以支持的一组。例如，在Qt 5中，在Windows上有三个完全不同的后端实现，使用DirectShow、WMF和一个单独的基于WMF的WinRT实现。

Qt Multimedia公共API由5个大型功能块组成。其中三个块已经存在于Qt 5中，但是这些块中的API发生了重大变化。功能块是：（1）设备发现；（2）低电平音频；（3）播放和解码；（4）捕获和记录；（5）视频输出管道。在做新的API的时候，官方希望在C++和QML之间有一个统一的API。这使我们可以删除大量代码，这些代码只是简单地包装了C++ API并以稍微不同的方式将其暴露给QML。对于大多数公共C++类，现在有一个相应的同名QML项。（QML是Qt Meta-object Language的缩写，它是一种声明式编程语言，并且它是Qt框架的一个组成部分，让开发人员快速、便捷地开发出用户界面。）

下面，我们来了解一下Qt Multimedia公共API的5个功能块。

（1）设备发现

新的QMediaDevices类旨在为用户提供有关可用音频和视频设备的信息。它允许列出可用的音频输入（通常是麦克风）、音频输出（扬声器和耳机）和摄像头。我们可以检索默认设备，类还会通知有关配置的任何更改，例如，当用户连接外部USB摄像头时，将发送信号videoInputsChanged，我们可以捕捉这个信号，示例代码如下：

```
connect(&m_devices,SIGNAL(videoInputsChanged()),this,SLOT(mytest()));
```

其中，m_devices是一个成员变量，类型是QMediaDevices对象；mytest是自定义的槽函数。

（2）低电平音频

此功能块有助于使用原始PCM数据处理低电平音频，并直接从音频设备读取或写入该数据。这个功能块在架构上仍然与我们在Qt 5中的非常相似，但很多细节都发生了变化。最值得注意的是，读取或写入音频设备的低级类已修改了名称，它们现在命名为QAudioSource和

QAudioSink。命名反映了它们的低级性质，并释放了我们在Qt 5中的旧名称（QAudioInput和QAudioOutput）以用于播放和捕获API。QAudioFormat API已被清理和简化，现在支撑最常用的PCM数据格式（8位无符号整型，16和32位有符号整数和浮点数据）。QAudioFormat还获得了新的API来处理音频通道的定位信息，但目前后端尚未完全支持。另外，Qt 6中还删除了已弃用的QSound类，并推出了QSoundEffect类，它是以低延迟播放短声音的替代品。QSoundEffect目前仍要求用户使用WAV作为效果格式，但官方计划扩展此格式，并允许在Qt 6.2之后通过类播放压缩的音频数据。

（3）回放

处理媒体文件播放的主要类是QMediaPlayer。QMediaPlayer的API已经比Qt 5简化了。官方计划在Qt 6.2之后，将播放列表功能作为一个单独的独立类，然后用户可以在需要时连接到QMediaPlayer。值得注意的是，Qt 6中的QMediaPlayer要求用户使用setAudioOutput()和setVideoOutput()方法，将其主动连接到音频和视频输出。不设置音频输出将意味着媒体播放器不播放音频，这一点是和Qt 5不一样的地方，在Qt 5中始终选择默认音频输出。除了QMediaPlayer之外，Qt 6还支持QAudioDecoder类在跨平台时将音频文件解码为原始PCM数据。而Qt 5中，该类并未在所有平台上实现。用C++实现的最小媒体播放器代码如下所示：

```
//widget示例
QMediaPlayer player;
QAudioOutput audioOutput; // chooses the default audio routing
player.setAudioOutput(&audioOutput);
QVideoWidget *videoOutput = new QVideoWidget;
player.setVideoOutput(videoOutput);
player.setSource("mymediafile.mp4");
player.play();
```

另一方面，QMediaPlayer获得了渲染字幕的能力，用户现在可以使用setActiveAudio Track()、setActiveVideoTrack()和setActiveSubtitleTrack()方法，检查和选择所需的音频、视频或字幕轨道。

（4）捕获和记录

捕获和记录功能在Qt 6中经历了最大的API更改。在Qt 5中，用户必须神奇地将相机连接到记录器，而Qt 6现在带有更明确的API来设置捕获管道。Qt 6中的中心类是QmediaCaptureSession，录制音频/视频或捕获图像时始终需要此类。要设置录音会话，用户可以使用setAudioInput()将音频输入连接到会话；如果想从相机录制，请使用setCamera()连接相机。这里要注意的一件事是，QAudioInput和QCamera充当两个输入通道。使用QAudioInput::setDevice()或QCamera::setCameraDevice()选择要使用的物理设备。选择设备后，QAudioInput和QCamera允许用户更改该设备的属性，例如设置音量或相机的分辨率和帧速率。QMediaCaptureSession允许将音频和视频输出连接到设备以进行预览和监视。要拍摄静止图像，则使用setImageCapture()将QImageCapture对象连接到设备。要录制音频和视频，请将QMediaRecorder连接到会话。QMediaRecorder允许通过指定一个请求记录特定的文件格式和编解码器QMediaFormat。在Qt 6中，官方没有在此处提供跨平台API，使用不同格式和编解码器的枚举。由于编解码器支持取决于平台，用户还可以查询QMediaFormat以获取支持的文件格式和编解码器集。后端也将始终尝试将请求的格式解析为支持的格式。因此，如果用户请求带有H265视频编解码器的MPEG4文件，但不支持H265，则它可能会回退到H264或其他受支持的编解码器。除了设置格式之外，用户还可以在编码器上设置其他属性，例如质量、分辨率和帧率。示例代码如下：

```
QMediaCaptureSession session;
QCamera camera;
session.addCamera(&camera);
QImageCapture imageCapture;
session.addImageCapture(&imageCapture);
camera.start();
imageCapture.captureToFile("myimage.jpg");

QMediaRecorder recorder;
session.setRecorder(&recorder);

QMediaFormat format(QMediaFormat::MPEG4);
format.setAudioCodec(QMediaFormat::AudioCodec::AAC);
format.setVideoCodec(QMediaFormat::VideoCodec::H265);
recorder.setMediaFormat(format);

recorder.setOutputLocation("mycapture.mp4");
recorder.record();
```

（5）视频管道

视频管道在Qt 6中被完全重写，目的是让它更容易用于自定义的用例，并允许解码和渲染的完全硬件加速，以及在软件中接收原始视频数据。大部分API只能从C++中访问，在QML方面，有一个VideoOutput QML元素，它可以很容易地连接到着色器一样的效果，或者可以作为Qt Quick 3D中材料的SourceItem使用。如果用户使用Qt Widgets，QVideoWidget类可以作为视频的输出。对于更低层次的访问，C++端的中心类是QVideoSink，这个类可以用来接收来自媒体播放器或捕获会话的单个视频帧。然后，单个的QVideoFrame对象可以被映射到内存中，用户必须准备好处理各种YUV和RGB格式，可以使用QPainter进行渲染，或者可以转换为QImage。

目前，Qt 6的多媒体模块还在发展和更新中，以后还会提供更多的功能出来。由于从Qt 6开始，将对多媒体模块内部架构进行重大重构，使其更好地支持流行的多媒体设备，因此从Qt 6.0到Qt 6.2.3中，暂不支持多媒体模块，因为还在重构和维护中！到目前为止，默认安装的Qt 6.2的版本就是Qt 6.2.3。那么如何在Qt 6.2中使用多媒体技术呢？答案是自定义安装一个Qt 6.2.4，在这个版本中，对多媒体进行了有限的支持，因为以后还要进行更新，但播放一些歌曲和视频足够了。那么如何自定义安装Qt 6.2.4呢？首先关闭所有杀毒软件（包括电脑管家或安全卫士等），否则在线安装的时候下载会经常失败，笔者当初开着电脑管家安装，一直下载失败，白白浪费了时间。我们可以在源码目录下的子文件夹somesofts下双击打开在线安装程序qt-unified-windows-x86-4.3.0-online.exe，这个程序在第2章介绍过，所以不陌生。启动后，一直单击“下一步”按钮，直到出现“安装文件夹”对话框，我们设置Qt的安装路径是d:\Qt，因为在第2章的Qt安装在c盘，所以这里要换个路径，比如D盘；然后选中“Custom installation”，如图13-1所示。

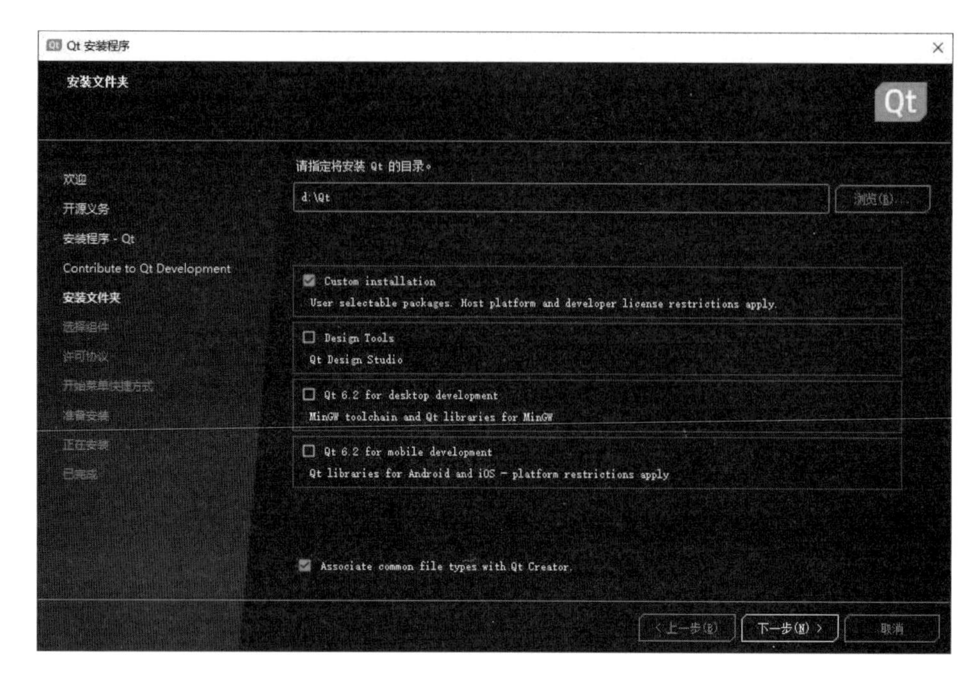

图13-1

接着单击“下一步”按钮，在“选择组件对话框”上，展开Qt 6.2.4，选中“MinGW 11.2.0 64-bit”和Additional Libraries下的“Qt Multimedia”，如图13-2所示。

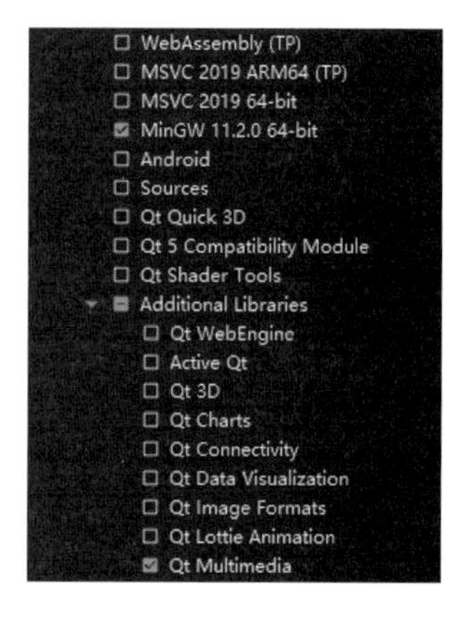

图13-2

然后单击“下一步”按钮，直到安装完成。这样，我们的计算机中就安装了Qt 6.2.3和Qt 6.2.4版本，本章的实例必须使用Qt 6.2.4，而其他章节的实例既可以用Qt 6.2.3，也可用Qt 6.2.4。读者通过笔者介绍的这个方法，可以学习到支持不同操作系统的方法。比如，现在Qt 6已经不支持Windows 7了，而Windows 7甚至Windows XP在各大科研机构和军事方面还在广泛的使用，所以我们很可能在使用Qt 6的时候，还需要继续使用Qt 5，此时，就可以像刚才那样自定义安装一个Qt 5.x版本的Qt，以达到支持Windows 7的目的！这些都是笔者的一线开发的经验之谈！现在完全放弃Qt 5而使用Qt 6是不现实的，在很长的一段时间内，Qt 6和Qt 5将会共存！总之一句话，见招拆招，根据不同的平台和项目，选择不同的Qt版本，此乃务实之道！

Qt多媒体模块包括多个类，表13-1是一些典型的多媒体应用所需要用到的主要类。

表13-1　主要的多媒体应用类

媒体模块中的主要类	功　能
QMediaPlayer	播放压缩音频（MP3、AAC等）
QSoundEffect	播放音效文件（WAV文件）
QAudioOutput	播放低延迟的音频
QAudioInput	访问原始音频输入数据
QMediaPlayer，QVideoWidget，QGraphicsVideoItem	视频播放
QMediaPlayer，QVideoFrame	视频处理

（续表）

媒体模块中的主要类	功　　能
QCamera，QVideoWidget，QGraphicsVideoItem	摄像头取景框
QCamera，QVideoFrame	取景框预览处理
QCamera	摄像头拍照
QCamera，QMediaRecorder	摄像头录像

13.2 媒体设备类QMediaDevices

类QMediaDevices提供有关可用多媒体设备和系统默认设置的信息。它监测以下三组设备：音频输入设备（麦克风）、音频输出设备（扬声器、耳机）和视频输入设备（摄像头）。该类继承自类QObject。

类QMediaDevices为每个设备组提供单独的列表。如果检测到新设备已连接到系统或连接的设备已断开与系统的连接，它将更新相应的设备列表，并发出通知更改的信号。

QMediaDevices监控每个设备组的系统默认值。它将通知通过系统设置进行的任何更改。例如，如果用户在系统设置中选择新的默认音频输出，QMediaDevices将相应地更新默认音频输出并发出信号。如果系统没有为摄像头或音频输入提供默认设置，QMediaDevices将从列表中选择第一个设备作为默认设备。虽然使用默认的输入和输出设备通常足以播放或录制多媒体，但有些应用场合需要明确选择要使用的设备。QMediaDevices是一个单例对象，所有getter都是线程安全的。

要使用QMediaDevices，需要在工程文件中包含multimedia模块，代码如下：

```
QT += multimedia
```

类QMediaDevices的公有静态成员函数如下：

```
/*返回系统上可用音频输入设备的列表。这些设备通常是麦克风。设备可以是内置的，也可以通过USB或蓝牙连接。*/
QList<QAudioDevice> audioInputs()
/*返回系统上可用音频输出设备的列表。这些设备通常是扬声器或耳机。设备可以是内置的，也可以通过USB或蓝牙连接。*/
QList<QAudioDevice> audioOutputs()
/*返回默认的音频输入设备。默认设备可以在应用程序运行期间更改。在这种情况下会发出audioInputsChanged信号。*/
QAudioDevice defaultAudioInput()
/*返回默认的音频输出设备。默认设备可以在应用程序运行期间更改。在这种情况下会发出audioOutputsChanged信号。*/
QAudioDevice defaultAudioOutput()
/*返回系统上的默认摄像头。注意：如果没有默认摄像头或根本没有摄像头，则在使用返回的对象之前，应使用isNull检查该对象。默认设备可以在应用程序运行期间更改。在这种情况下，会发出videoInputsChanged信号。*/
QCameraDevice defaultVideoInput()
QList<QCameraDevice> videoInputs()    //返回系统上可用摄像头的列表
```

类QMediaDevices的信号如下：

```
void audioInputsChanged()          //音频输入设备发生变化
void audioOutputsChanged()         //音频输出设备发生变化
void videoInputsChanged()          //视频输入设备发生变化
```

下面看个实例，探测一些多媒体设备的插拔。

【例13.1】 探测耳机和USB摄像头的插拔

（1）启动Qt Creator，新建一个QMainWindow类型项目，项目名为app，在工程文件test.pro中添加：

```
QT += multimedia
```

因为我们用到的多媒体设备类QMediaDevices属于multimedia模块。打开mainwindow.h，在该文件开头添加头文件：

```
#include <QMediaDevices>
```

然后为类MainWindow添加一个私有成员变量：

```
private:
    QMediaDevices m_devices;
```

再添加一个槽函数声明：

```
public slots:
void videoChange();        //USB摄像头插拔的槽函数
void audioChange();        //耳机插拔的槽函数
```

USB摄像头属于视频输入设备，我们需要把它与信号videoInputsChanged关联到槽函数videoChange；而耳机属于音频输出设备，我们需要把它与信号audioOutputsChanged关联到槽函数audioChange。因此打开mainwindow.cpp，在构造函数MainWindow的末尾添加代码如下：

```
connect(&m_devices,SIGNAL(videoInputsChanged()),this,SLOT(videoChange()));
connect(&m_devices,SIGNAL(audioOutputsChanged()),this,SLOT(audioChange()));
```

然后在mainwindow.cpp的开头添加3个头文件：

```
#include <QMessageBox>
#include <QAudioDevice>
#include <QCameraDevice>
```

最后在该文件末尾添加2个槽函数的实现，代码如下：

```
void MainWindow::videoChange()
{
    QCameraDevice cd = m_devices.defaultVideoInput();
    if(cd.isNull())
        QMessageBox::information(this,"notic","video input device has been pulled
out");
    else
        QMessageBox::information(this,"notic","video input device has been
```

```
inserted");
    }
    void MainWindow::audioChange()
    {
        QAudioDevice ad = m_devices.defaultAudioOutput();
        if(ad.isNull())
            QMessageBox::information(this,"notic","audio output device has been pulled
out");
        else
            QMessageBox::information(this,"notic","audio output device has been
inserted");
    }
```

在这2个槽函数中，我们先得到当前默认的视频输入设备（defaultVideoInput）和默认的音频输出设备（defaultAudioOutput），然后通过函数isNull判断默认的视频或音频设备是否存在，如果不存在了，则肯定是拔除（pull out）了，否则就是插入（insert）了。类QCameraDevice提供有关相机设备的一般信息。QAudioDevice类提供有关音频设备及其功能的信息，后面章节还会详细介绍。

（2）按Ctrl+R快捷键运行程序，然后插拔耳机或摄像头，就会跳出如图13-3所示的信息框。

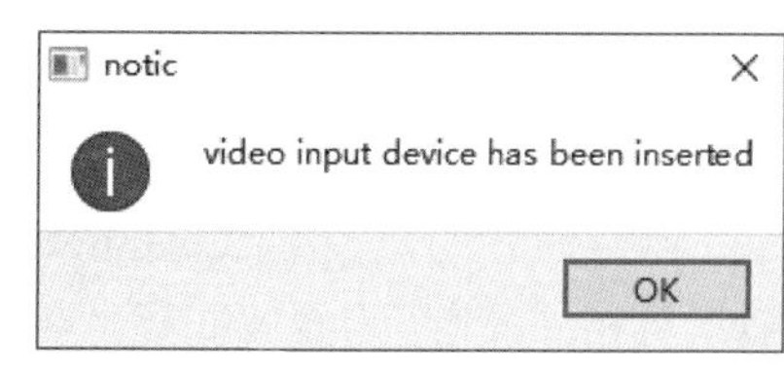

图13-3

13.3 音频设备类QAudioDevice

QAudioDevice描述了系统中可用于输入或播放的音频设备。Qt使用QAudioDevice来构造与设备通信的类，例如QAudioSource和QAudioSink。它还用于确定在捕获会话或媒体播放期间使用的输入或输出设备。用户还可以查询每个设备所支持的格式。此上下文中的格式是由通道计数、采样率和采样类型组成的集合。格式由QAudioFormat类表示。

类QaudioDevice有个公有枚举，表示输入或输出设备，该枚举定义如下：

```
enum Mode { Null, Input, Output }
```

类QaudioDevice的常用公有成员函数如下：

```
QAudioDevice(QAudioDevice &&other)  //从另外QaudioDevice对象以剪切方式构造
QAudioDevice(const QAudioDevice &other)  //从另外QaudioDevice对象以复制方式构造
QAudioDevice() //构造一个空的QaudioDevice对象
//将QAudioDevice对象设置为与其他对象相等
QAudioDevice &operator=(const QAudioDevice &other)
QAudioDevice &operator=(QAudioDevice &&other) //将其他对象移动到QAudioDevice对象中
 ~QAudioDevice()  //析构函数，销毁此音频设备信息
QString description() const //返回音频设备的可读名称，使用此字符串将设备呈现给用户
//返回音频设备的标识符。设备名称因使用的平台/音频插件而异。它们是音频设备的唯一标识符
QByteArray id() const
bool isDefault() const //如果是默认的音频设备，则返回true
```

```
//如果此QAudioDevice描述的音频设备支持提供的设置（settings），则返回true
bool isFormatSupported(const QAudioFormat &settings) const
bool isNull() const  //判断此QAudioDevice对象是否包含有效的设备定义
//返回支持的最大通道计数。单声道声音通常为1，立体声声音通常为2
int maximumChannelCount() const
int maximumSampleRate() const //返回支持的最大采样率（赫兹）
//返回支持的最小通道计数。单声道声音通常为1，立体声声音通常为2
int minimumChannelCount() const
int minimumSampleRate() const//返回支持的最小采样率（赫兹）
QAudioDevice::Mode mode() const //返回此设备是输入设备还是输出设备
//返回此设备的默认音频格式设置。这些设置由正在使用的平台/音频插件提供
QAudioFormat preferredFormat() const
QList<QAudioFormat::SampleFormat> supportedSampleFormats() const //返回支持的样本
类型列表
//如果此QAudioDevice类表示不同于其他音频设备的音频设备，则返回true
bool operator!=(const QAudioDevice &other) const
//如果此QAudioDevice类与其他类代表相同的音频设备，则返回true
bool operator==(const QAudioDevice &other) const
```

值得注意的是，由于QAudioOutput支持的输入数据必须是原始数据，所以对于mp3、WAV、AAC等格式文件，需要解码后才能支持播放。而在Qt中，提供了QMediaPlayer类可以支持解码，但是该类的解码协议都是基于平台的，如果平台自身无法播放，那么QMediaPlayer也无法播放。关于类QMediaPlayer我们稍后讲到。

下面我们通过一个实例来得到系统所认可的、可用的音频输出设备。当然，如果读者没有耳机，用扬声器（音响）也是可以的。

【例13.2】 得到插入耳机后音频设备的名称

（1）启动Qt Creator，新建一个控制台类型项目，项目名为test，在工程文件test.pro中添加：

```
QT += multimedia
```

打开main.cpp，在该文件开头添加头文件：

```
#include <QAudioDevice>
#include <QMediaDevices>
```

然后在main函数中添加代码如下：

```
int main(int argc, char *argv[])
{
    QCoreApplication a(argc, argv);
    const auto deviceInfos = QMediaDevices::audioOutputs();
    qDebug()<<deviceInfos.length(); //得到设备数量
    for (const QAudioDevice &deviceInfo : deviceInfos)
        qDebug() << "Device: " << deviceInfo.description();
    return a.exec();
}
```

我们通过函数audioOutputs得到当前可用的音频输出设备的列表，所谓可用输出音频设备，

通常指声卡工作正常，且该声卡上也已经插入了耳机或扬声器等音频输出设备。在for循环中，我们通过QAudioDevice的description函数得到可用音频输出设备的名称。

（2）在PC上插入耳机，然后按Ctrl+R快捷键运行程序，运行结果如下：

```
1
Device:  "扬声器 (Realtek High Definition Audio)"
```

其中，Realtek High Definition Audio一般是集成的Realtek声卡芯片的音频处理芯片，也就是电脑上的声卡。

至此，我们是否能马上播放一个MP3歌曲听听呢？很遗憾，还不行，音频输出设备虽然已经准备好了，但还要为MP3文件（数据）到音频设备之间架起一个通道或接口，以便让数据顺利达到耳机或扬声器，这个工作由类QAudioOutput来完成。

13.4 音频输出类QAudioOutput

QAudioOutput类提供用于发送音频数据到音频输出设备的接口，该类继承自QObject。此类表示可与QMediaPlayer或QMediaCaptureSession一起使用的音频输出通道。它可以选择要使用的物理输出设备，使通道静音，并更改通道的音量，即调节音量和控制静音这两个重要操作可以通过类QaudioOutput来实现。

类QAudioOutput的普通公有成员函数如下：

```
explicit QAudioOutput(QObject *parent = nullptr); //构造函数
explicit QAudioOutput(const QAudioDevice &device, QObject *parent = nullptr);//
构造函数
~QAudioOutput();                    //析构函数
QAudioDevice device() const;        //表示此输出连接到的音频设备
float volume() const;               //得到当前音量
bool isMuted() const;               //当前媒体是否静音
```

其中，device函数表示此输出连接到的音频设备，可用于从QMediaDevices::audioOutputs()列表中选择输出设备。通过将此属性设置为默认构造的QAudioDevice对象，可以选择系统默认音频输出。

类QAudioOutput槽函数和信号声明如下：

```
public Q_SLOTS:
    void setDevice(const QAudioDevice &device); //设置连接到此输出的音频设备
    void setVolume(float volume);               //设置音量(0.0~1.0，默认音量为1.0)
    void setMuted(bool muted);                  //设置是否静音
Q_SIGNALS:
    void deviceChanged();                       //音频设备发生变化的信号
    void volumeChanged(float volume);           //音量发生变化的信号
    void mutedChanged(bool muted);              //静音状态发生变化的信号
```

signals或Q_SIGNALS声明的函数就是一个信号，可以看作是一个请求或者一个动作的标志。如果一个对象在达到一个状态或者需要一个请求等操作的时候，其会触发这个信号。Qt

实现触发请求，使用emit命令（emit信号函数）。信号通常没有返回值，项目开发中一般都是void，函数中根据情况声明对应的参数列表，该函数只需要声明。槽函数通过SLOTS或Q_SLOTS关键字声明，槽函数其实就是一个普通的函数，槽函数里边的参数列表应该跟绑定的信号函数参数列表（参数类型和个数）一致，当然参数个数可以比信号少，多余的信号函数参数被忽略了。注意，参数槽函数参数个数少，但是前面的顺序必须跟信号函数的参数顺序一致。

下面我们看一个实例，实现音量的设置和获取，并感知音量的变化。

【例13.3】 设置和获取音量并感知音量的改变

（1）启动Qt Creator，新建一个QMainWindow类型项目，项目名为app，在工程文件test.pro中添加：

```
QT += multimedia
```

打开mainwindow.ui，在窗口界面上放置2个按钮，一个按钮的标题是“设置音量”，另外一个按钮的标题是“获取音量”。

打开mainwindow.h，在该文件开头添加头文件：

```
#include <QMediaDevices>
#include <QAudioOutput>
```

然后在类MainWindow中添加音量改变的槽函数声明：

```
public slots:
   void volumnChange(float v);
```

当我们调用setVolume时候，将会调用这个函数，从而可以在这个函数中同步更新控件的状态，比如设置大音量时候，通常会把滑块控件的指针移动到最高处。

再在类MainWindow中添加一个私有成员变量：

```
QAudioOutput m_ao;
```

（2）打开mainwindow.cpp，在文件开头添加头文件：

```
#include <QMessageBox>
#include <QAudioDevice>
```

在构造函数MainWindow中添加代码如下：

```
    QAudioDevice ad = m_ao.device(); //获取当前可用的默认音频输出设备
    if(ad.isNull()){ QMessageBox::information(this,"notic","please insert audio
output device");exit(-1);}
    else QMessageBox::information(this,"notic",ad.description()); //如果存在，就答应下
设备信息

    QString str;
    float v = m_ao.volume();  //得到音量，刚开始应该是默认值1
    str=QString("%1").arg(v);
    QMessageBox::information(this,"notic","now volume is:"+str);//显示下获得的音量
    //关联信号volumeChanged到自定义的槽函数volumnChange
    connect(&m_ao, &QAudioOutput::volumeChanged, this, &MainWindow::volumnChange);
```

代码中，我们首先获取当前可用的默认音频输出设备，并将其信息显示出来，然后再获取初始时候的音量值并显示。m_ao是QAudioOutput对象，在实例化的时候，就可以自动获取当前系统中可用的默认音频输出设备，所以我们通过device函数可以直接得到设备。

再在本文件中添加槽函数volumnChange的实现：

```
void MainWindow::volumnChange(float v)  //v的值就是设置音量后的音量值
{
    QString str;
    str=QString("%1").arg(v);
    QMessageBox::information(this,"notic","audio volumn has been changed,now
volume is:"+str);
}
```

参数v的值是更新音量后的新值，我们将其显示在信息框中。

然后回到窗口界面上，为2个按钮可视化添加单击槽，代码如下：

```
void MainWindow::on_btnSetV_clicked()
{
    m_ao.setVolume(0.8);  // volume in the range [0..1.0]
}

void MainWindow::on_btnGetV_clicked()
{
    QString str;
    float t=m_ao.volume();
    str=QString("%1").arg(t);
    QMessageBox::information(this,"notic",str);
}
```

在“设置音量”按钮的槽函数on_btnSetV_clicked中，我们调用setVolume来设置一个音量值，这里是0.8。setVolume本身就是槽函数，也可以通过发送信号将其调用，现在为了简单起见，直接调用了，效果一样。其实，槽函数既能够和信号关联，也能够像普通函数一样直接调用。

函数on_btnGetV_clicked是“获取音量”按钮的槽函数，就是通过函数volume，看音量有没有更新成功。

（3）在PC上插上耳机，然后按Ctrl+R快捷键运行程序，单击“设置音量”按钮，运行结果如图13-4所示。

图13-4

至此，音频设备，音量都设置完成。现在可以播放MP3歌曲了，在下一节的QMediaPlayer类中我们可以听歌了！

13.5 媒体播放类QMediaPlayer

QMediaPlayer类是一个高级媒体播放类。它可以用来播放视频媒体文件的音频。要播放的内容被指定为QUrl对象。QMediaPlayer类可以通过调用成员setSource函数设置播放单个文件。QMediaPlayer类播放的文件可以是本地文件，也可以是网络上的媒体文件。通过QMediaPlayer类，我们可以对播放的动作进行控制，比如开始播放、暂停、停止播放等。

13.5.1 成员函数和槽函数

QMediaPlayer类可以播放经过压缩的音频或视频文件，如MP3、MP4、WMV等格式的文件，QMediaplayer类可以播放单个文件。

QMediaPlayer类的公有成员函数如下：

```
QMediaPlayer(QObject *parent = nullptr) //构造函数，将QMediaPlayer实例构造为父对象的子对象
virtual ~QMediaPlayer()          //析构函数
int activeAudioTrack() const     //返回当前活动的音频曲目
//返回当前活动的字幕曲目
int activeSubtitleTrack() const
//返回当前活动的视频曲目。默认情况下，将选择第一个可用的音频曲目
int activeVideoTrack() const
/*设置媒体播放器使用的音频输出设备，即播放媒体时要使用的当前音频输出。设置新的音频输出将替换当前使用的输出。若设置为nullptr将禁用任何音频输出。*/
QAudioOutput *audioOutput() const
/*列出媒体中可用的音频曲目集。返回的QMediaMetaData描述了各个轨迹的属性。例如，不同的音频曲目可以包含不同语言的音频。*/
QList<QMediaMetaData> audioTracks() const
/*在缓冲数据时返回一个介于0和1之间的数字。0表示没有可用的缓冲数据，在这种情况下通常会暂停播放。一旦缓冲区达到1，播放将恢复，这意味着缓冲了足够的数据，可以恢复播放。对于本地文件，bufferProgress()将始终返回1。*/
float bufferProgress() const
/*返回描述当前缓冲数据的QMediaTimeRange。当从远程源传输流媒体时，可以在本地使用媒体文件的不同部分。返回的QMediaTimeRange对象描述了缓冲并可立即播放的时间范围。*/
QMediaTimeRange bufferedTimeRange() const
/*返回当前媒体的持续时间（毫秒）。如果媒体播放器没有有效的媒体文件或流，则返回0。对于实时流，播放期间的持续时间通常会随着可用数据的增加而改变*/
qint64 duration() const
QMediaPlayer::Error error() const          //返回当前错误状态
QString errorString() const                //返回更详细地描述当前错误条件的字符串
bool hasAudio() const                      //判断媒体是否包含音频
bool hasVideo() const                      //判断媒体是否包含视频
bool isAvailable() const                   //如果此平台支持媒体播放器，则返回true
//如果媒体可查找，则返回true。大多数基于文件的媒体文件都是可查找的，但实时流通常不是
bool isSeekable() const
```

```
    int loops() const   //得到播放机停止前播放媒体的频率，默认值为1
    /*返回当前媒体流的状态。流状态描述当前流的播放进度。默认情况下，此属性为
QMediaPlayer::NoMedia  */
    QMediaPlayer::MediaStatus mediaStatus() const
    //返回媒体播放器使用的当前媒体的元数据。元数据可以包含视频标题或创建日期等信息
    QMediaMetaData metaData() const
    qreal playbackRate() const //返回当前播放速率
    /*返回媒体播放器的当前状态，比如QMediaPlayer::StoppedState表示停止播放状态；
QMediaPlayer::PlayingState表示正在播放状态；QMediaPlayer::PausedState表示暂停播放状态。*/
    QMediaPlayer::PlaybackState playbackState() const
    /*返回正在以毫秒为单位播放的媒体中的当前位置。如果媒体播放器没有有效的媒体文件或流，则返回0。
对于实时流，播放期间的持续时间通常会随着可用数据的增加而改变。*/
    qint64 position() const
    //设置当前活动的音频曲目，将索引设置为-1则禁用所有视频曲目
    void setActiveAudioTrack(int index)
    //设置当前活动的字幕曲目，将索引设置为-1则禁用字幕。默认情况下，字幕处于禁用状态
    void setActiveSubtitleTrack(int index)
    void setActiveVideoTrack(int index)  //设置当前活动的视频曲目
    void setAudioOutput(QAudioOutput *output)
    /*确定播放机停止前播放媒体的频率。设置为QMediaPlayer::Infinite可永久循环当前媒体文件。将
此属性设置为0无效。*/
    void setLoops(int loops)
    /*设置媒体播放器使用的视频输出。媒体播放器只能连接一个视频输出，因此设置此属性将替换以前连接
的视频输出。若设置为nullptr将禁用视频输出。*/
    void setVideoOutput(QObject *)
    //返回播放器对象正在使用的活动媒体源
    QUrl source() const
    //返回媒体数据的流源。这仅在流被传递到setSource()时有效
    const QIODevice *sourceDevice() const
    //列出媒体中可用的字幕曲目集。返回的QMediaMetaData描述了各个轨迹的属性
    QList<QMediaMetaData> subtitleTracks() const
    QObject *videoOutput() const //返回媒体播放器使用的视频输出
    //列出媒体中可用的视频曲目集。返回的QMediaMetaData描述了各个轨迹的属性
    QList<QMediaMetaData> videoTracks() const
```

QMediaPlayer类的公有槽函数如下：

```
    void pause()  //暂停播放
    void play()   //开始播放
    /*设置当前媒体的播放速率。该值是应用于媒体标准播放速率的乘数。默认情况下，该值为1.0，表示媒
体正在以标准速度播放。大于1.0的值将增加播放速率。可以设置小于零的值，并指示介质应以标准速度的倍数倒
带。并非所有播放服务都支持更改播放速率。定义为快进或快退时音频和视频的状态和质量。*/
    void setPlaybackRate(qreal rate)
    /*设置当前媒体的播放位置。该值是当前播放位置，以媒体开始播放后的毫秒为单位。位置的周期性变化
将通过positionChanged()信号指示。如果seekable属性为true，则可以将该属性设置为毫秒。*/
    void setPosition(qint64 position)
    /*设置要播放的媒体源，比如一个本地的MP4文件。将媒体设置为空QUrl将导致播放机放弃与当前媒体源
相关的所有信息，并停止与该媒体相关的所有I/O操作。*/
    void setSource(const QUrl &source)
    /*设置当前源设备。媒体数据将从设备中读取。可以提供sourceUrl来解析有关媒体、mime类型等的其
他信息。设备必须是开放的、可读的。对于macOS，该设备也应该是可搜索的。*/
```

```
void setSourceDevice(QIODevice *device, const QUrl &sourceUrl = QUrl())
void stop() //停止播放
```

13.5.2 重要信号

通过QMediaPlayer类播放媒体文件时，有几个有用的信号可以反映播放状态或文件信息。

（1）void playbackStateChanged(QMediaPlayer::PlaybackState newState)信号：在调用play()、pause()和stop()函数时发射，可以反映播放器当前的状态。状态用枚举类型QMediaPlayer::PlaybackState来表示，有以下3种取值：

- QMediaPlayer::StoppedState：媒体播放器未播放内容，将从当前曲目的开头开始播放。
- QMediaPlayer::PlayingState：媒体播放器当前正在播放内容。
- QMediaPlayer::PausedState：媒体播放器已暂停播放，当前曲目的播放将从播放器暂停的位置恢复。

（2）void durationChanged(qint64 duration)信号：在文件的时间长度变化时发射，一般在切换播放文件时发射。

（3）void positionChanged(qint64 position)信号：当前文件播放位置变化时发射，可以反映文件的播放进度。

13.5.3 播放音频

播放音频文件的步骤如下：

步骤01 创建QMediaPlayer类的对象：

```
QMediaPlayer *player = new QMediaPlayer;
```

步骤02 通过成员函数setSource()设置媒体文件：

```
player->setSource(QUrl::fromLocalFile("/****/test.mp3"));
```

步骤03 设置音频输出接口：

```
QAudioOutput audioOutput; // chooses the default audio routing
player->setAudioOutput(&audioOutput);//设置音频输出接口
```

步骤04 进行播放：

```
player->play();
```

【例13.4】 控制台播放MP3歌曲

（1）启动Qt Creator，新建一个控制台项目，项目名为test，在工程文件test.pro中添加：

```
QT += multimedia
```

因为我们用到的两个多媒体类QMediaPlayer和QAudioOutput都属于multimedia模块。

（2）把本例源码目录下的“梦里水乡.mp3”复制到D盘根目录下。

（3）在项目中打开test.cpp，并输入如下代码：

```
#include <QCoreApplication>
#include <QMediaPlayer>
#include <QAudioOutput>
#include <qDebug>
#pragma execution_character_set("utf-8") //支持中文歌曲名
int main(int argc, char *argv[])
{
    QCoreApplication a(argc, argv);
    QMediaPlayer player;
    QAudioOutput audioOutput; // chooses the default audio routing
    player.setAudioOutput(&audioOutput);//设置音频输出接口
    player.setSource(QUrl::fromLocalFile("d:\\梦里水乡.mp3"));//设置MP3文件
    player.play();        //启动播放
    qDebug()<<"正在播放 梦里水乡...";
    return a.exec();
}
```

我们用最简洁的代码播放了一个MP3歌曲。首先创建QMediaPlayer对象和QAudioOutput对象，然后调用函数setAudioOutput来设置音频输出接口，再调用setSource设置要播放的文件，最后调用play进行播放。

正在播放 梦里水乡...

图13-5

（4）在PC上插上耳机，按Ctrl+R快捷键来运行这个项目，运行结果如图13-5所示。当文字出现的时候，音乐随之响起。这个例子说明控制台程序也是可以播放歌曲的。

13.5.4 播放视频

QMediaPlayer类除了可以播放音频外，还可以播放视频。在播放视频的时候，QMediaPlayer类的主要作用是对视频文件进行解码，解码后的帧需要在界面组件上显示出来，从而达到播放视频的效果。视频显示的界面组件有QVideoWidget类或QGraphicsVideoItem类，可以直接使用，也可以从这两个类继承来自定义视频显示组件。

值得注意的是，要在Qt程序中播放视频（比如MP4），需要预先在操作系统中安装视频解码工具，推荐安装LAVFilters-0.65.exe（可以去网上下载）。

这里，我们使用QVideoWidget类作为视频显示的界面组件。要在项目中使用QVideoWidget类，需要在.pro文件中添加“QT+=multimediawidgets”这行语句。另外，我们还需要使用QMediaPlayer类，因此可以组合成“QT += multimedia multimediawidgets”语句。

QVideoWidget类是一个用来展示视频、播放视频的控件，可以理解为QMediaPlayer类的一个输出端。使用QVideoWidget类时，需要先创建一个QMediaPlayer对象，然后将QMediaPlayer的VideoOutput设置为QVideoWidget对象，比如：

```
player = new QMediaPlayer;
//播放网络上的视频文件
player->setSource(QMediaContent(QUrl("http://example.com/myclip2.mp4")));
//播放本地的视频
//player->setSource(QUrl::fromLocalFile("d:\\上海新闻.mp4"));
videoWidget = new QVideoWidget;
```

```
player->setVideoOutput(videoWidget); //设置媒体播放器使用的视频输出
QAudioOutput audioOutput; // chooses the default audio routing
player->setAudioOutput(&audioOutput); //设置媒体播放器使用的音频输出设备
videoWidget->show();
player->play();
```

【例13.5】 控制台程序播放MP4视频

（1）启动Qt Creator，新建一个控制台项目，项目名为test。

（2）把本例源码目录下的“上海新闻.mp4”复制到D盘根目录下。

（3）在项目中打开test.cpp，并输入如下代码：

```
#include <QApplication>  //注意，这里是QApplication
#include <QFile>
#include <QWidget>
#include <QUrl>
#include <QVBoxLayout>
#include <QMediaPlayer>
#include <QVideoWidget>
#include <QAudioOutput>
#pragma execution_character_set("utf-8")  //支持中文的文件名
int main(int argc, char *argv[])
{
   QApplication a(argc, argv);             //注意，这里是QApplication
   QWidget *widget = new QWidget;
   widget->resize(400, 300);               //调整控件大小
   QVBoxLayout *layout = new QVBoxLayout;
   QMediaPlayer* player = new QMediaPlayer;
   QVideoWidget* vw = new QVideoWidget;
   layout->addWidget(vw);
   widget->setLayout(layout);
   player->setVideoOutput(vw);
   QAudioOutput audioOutput;               // chooses the default audio routing
   player->setAudioOutput(&audioOutput);  //设置音频输出接口
   QFile file("d:\\上海新闻.mp4");
   if(!file.open(QIODevice::ReadOnly))    //判断视频文件是否能打开
   {
      qDebug() << "Could not open file";
      return -1;
   }
   //设置视频文件
   player-> setSource(QUrl::fromLocalFile("d:\\上海新闻.mp4"));
   player->play();                  //开始播放
   widget->show();                  //显示控件窗口
   return a.exec();
}
```

因为使用小控件需要预先创建QApplication类的对象，所以开始就创建了QApplication类的对象a，然后创建了布局QVBoxLayout类的对象，并把QVideoWidget对象加入布局中，接着调用QWidget::setLayout())把布局设置到控件中，这样视频就可以在小控件上播放了。最后在test.pro中加入“QT += widgets”。

（4）按Ctrl+R快捷键来运行这个项目，运行结果如图13-6所示。

图13-6

前面我们用简洁的代码演示了如何播放一个MP4视频文件，虽然程序功能很小，但是对于教学和学习来说，刚开始接触时，越简洁的例子越合适，一上来就实现一个功能完备的例子往往会让初学者顾此失彼，抓不着重点。在掌握简单的核心代码的基础上，再慢慢拓展新的功能，这样的学习效果会更好。下面我们将稍微扩展一点功能。

【例13.6】 我的简易视频播放器

（1）启动Qt Creator，新建一个对话框项目，项目名为test。

（2）双击dialog.ui打开该界面文件，在对话框中放置一个Widget控件、一个标签和4个按钮，设计后的界面如图13-7所示。

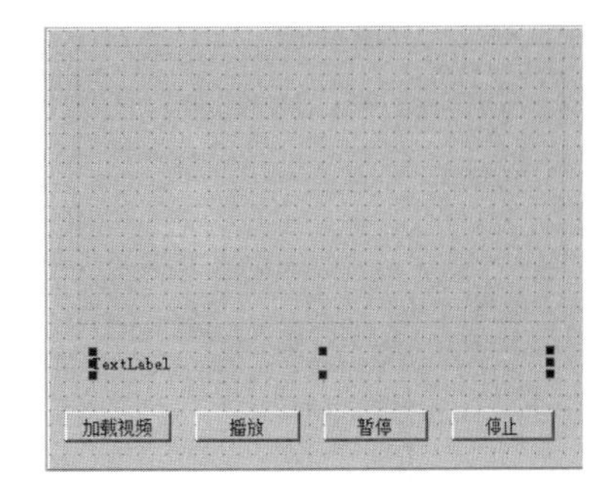

图13-7

其中，Widget控件将显示播放的视频，标签TextLabel将显示当前加载的视频文件名。

（3）打开dialog.h，在文件开头添加包含头文件的指令：

```
#include <QMediaPlayer>
#include <QVideoWidget>
#include <QAudioOutput>
```

并为Dialog类添加私有成员变量：

```
QMediaPlayer *m_player;
QVideoWidget *m_videoWidget;
QString m_curFile;
QAudioOutput m_audioOutput;
```

其中，m_curFile用于保存当前加载的视频之文件名（带路径）。

（4）打开dialog.cpp，在构造函数Dialog()的末尾输入如下代码：

```
QVBoxLayout *layout = new QVBoxLayout;
m_player = new QMediaPlayer;
m_videoWidget = new QVideoWidget;
layout->addWidget(m_videoWidget);
ui->widget->setLayout(layout);              //把布局设置到widget控件
```

先创建一个布局，然后加入m_videoWidget，最后把布局设置到Widget控件中。

（5）双击dialog.ui打开该界面文件，为“加载视频”按钮添加clicked信号对应的槽函数，代码如下：

```
void Dialog::on_pushButton_4_clicked()
{
    QString curPath=QDir::homePath();       //获取系统当前目录
    QString dlgTitle="选择视频文件";          //对话框标题
    QString filter="mp4文件(*.mp4);;wmv文件(*.wmv);;所有文件(*.*)";
    QString aFile=QFileDialog::getOpenFileName(this,dlgTitle, curPath,filter);
    if (aFile.isEmpty())
```

```
        return;
    QFileInfo   fileInfo(aFile);
    ui->label->setText(aFile);
    m_curFile = aFile;
    m_player->setVideoOutput(m_videoWidget);
    // chooses the default audio routing
    m_player->setAudioOutput(&m_audioOutput);          //设置音频输出接口
    m_player->setSource(QUrl::fromLocalFile(aFile));   //设置播放文件
    m_player->play();
}
```

该按钮是所有操作的第一步，必须先加载视频文件。单击该按钮时，将出现文件选择对话框。接着选择不同的视频文件，然后把文件名保存到m_curFile。而后设置视频输出和播放文件，最后开始播放。

为“播放”按钮添加clicked信号对应的槽函数，代码如下：

```
void Dialog::on_pushButton_clicked()
{
    if(m_curFile.isEmpty())
    {
        QMessageBox::information(this,"注意","请先加载视频文件");
        return;
    }
    QFile file(m_curFile); //判断是否可读
    if(!file.open(QIODevice::ReadOnly))
    {
        QMessageBox::information(this,"error","open file failed");
        qDebug() << "Could not open file";
        return;
    }
    m_player->setVideoOutput(m_videoWidget);              //设置视频显示对象
    m_player->setAudioOutput(&m_audioOutput);             //设置音频输出接口
    m_player->setSource(QUrl::fromLocalFile(m_curFile));  //设置视频文件
    m_player->play(); //开始播放
}
```

在单击“停止”按钮后，如果需要再次播放当前文件，就可以单击“播放”按钮进行播放了。先判断视频文件有没有加载过，然后判断是否可读，这样就知道文件是否存在了。最后设置视频显示对象和视频文件，而后开始播放。

为“暂停”按钮添加clicked信号对应的槽函数，代码如下：

```
void Dialog::on_pushButton_2_clicked()
{
    if(m_player->playbackState()==QMediaPlayer::PausedState)
    {
        m_player->setPosition(m_player->position());   //设置播放进度到当前进度
        m_player->play();                              //开始播放
        ui->pushButton_2->setText("暂停");
    }
    else if(m_player->playbackState()==QMediaPlayer::PlayingState)
```

```
    {
        m_player->pause();  //暂停播放
        ui->pushButton_2->setText("继续");
    }
}
```

首先判断当前播放状态是否为暂停（QMediaPlayer::PausedState），如果是，则设置播放进度（位置）到当前的进度，然后开始播放，并修改该按钮标题为“暂停”。如果当前播放状态是正在播放（QMediaPlayer::PlayingState），则调用函数pause()暂停播放，并修改按钮标题为“继续”。

为“停止”按钮添加clicked信号对应的槽函数，代码如下：

```
void Dialog::on_pushButton_3_clicked()
{
    m_player->stop();
}
```

停止就简单了，直接调用成员函数stop()即可。

（6）在PC上插上耳机，按Ctrl+R快捷键来运行这个项目，单击“加载视频”按钮，然后选择mp4文件，运行结果如图13-8所示。

图13-8

虽然我们这个实例是一个比较简易的播放器，但笔者也是故意这样设计的，不想把很多功能一股脑儿的都放在一个实例中，这样会让学习曲线变得陡峭，让学习者在浩瀚的代码中晕头转向，最终抓不到重点。因此笔者宁愿把不同的功能拆分成几个例子，每个例子有不同的侧重点，从而反而容易掌握不同的要点，做到稳扎稳打，各个击破！就拿视频播放器来说，一个完善的视频播放肯定不止加载视频、播放、暂停、停止这些功能，还要有全屏播放、键盘控制播放（比如按空格实现暂停）等功能，这些功能我们在下一个实例中实现，全屏功能需要类QVideoWidget，我们先来了解这个类。

13.6 视频小部件类QVideoWidget

QVideoWidget类提供了一个小部件，用于显示由媒体对象生成的视频。将QVideoWidget连接到QMediaPlayer或QCamera可以显示该对象的视频或图像输出。要使用这个类，需要在工程文件中包含：QT += multimediawidgets。

QVideoWidget类的常用公有成员函数如下：

```
QVideoWidget(QWidget *parent = nullptr)          //构造函数，构造一个新的视频小部件
virtual ~QVideoWidget()                          //析构函数
Qt::AspectRatioMode aspectRatioMode() const      //视频根据其纵横比进行缩放的方式
bool isFullScreen() const                        //是否处于全屏状态
```

QVideoWidget类的槽函数如下：

```
void setAspectRatioMode(Qt::AspectRatioMode mode)//设置视频根据其纵横比进行缩放的方式
//设置视频窗口播放或全屏播放，当fullScreen为true时候，则全屏播放
void setFullScreen(bool fullScreen)
```

【例13.7】 支持全屏的多视频同时播放的播放器

（1）启动Qt Creator，新建一个MainWindow项目，项目名为test。在工程文件中添加：

```
QT += multimediawidgets multimedia
```

（2）双击mainwindow.ui打开该界面文件，在窗口上放置1个按钮，按钮的标题是“打开并播放”。

（3）在工程中新建一个头文件videowidget.h，文件内容如下：

```
#ifndef VIDEOWIDGET_H
#define VIDEOWIDGET_H
#include <QVideoWidget>
#include <QMediaPlayer>
#include <QAudioOutput>

class VideoWidget : public QVideoWidget
{
    Q_OBJECT

    public:
        void  play(QString src);                                 //播放某个媒体文件
        explicit VideoWidget(QWidget *parent = nullptr);         //构造函数

    protected:
        void keyPressEvent(QKeyEvent *event) override;           //处理按键
        void mouseDoubleClickEvent(QMouseEvent *event) override; //处理鼠标双击
    private:
        QAudioOutput *m_audioOutput;
        QMediaPlayer *player;
};
#endif // VIDEOWIDGET_H
```

再在工程中新建一个文件videowidget.cpp，文件内容如下：

```
#include "videowidget.h"
#include <QKeyEvent>
#include <QMouseEvent>

VideoWidget::VideoWidget(QWidget *parent)   //构造函数
    : QVideoWidget(parent)
{
    setSizePolicy(QSizePolicy::Ignored, QSizePolicy::Ignored);

    QPalette p = palette();
    p.setColor(QPalette::Window, Qt::black);
    setPalette(p);

#ifndef Q_OS_ANDROID // QTBUG-95723
    setAttribute(Qt::WA_OpaquePaintEvent);
```

```
#endif
}

void VideoWidget::keyPressEvent(QKeyEvent *event)  //按键消息处理
{
    //如果现在处于视频处于全屏播放，并且用户按了esc键或回退键，则进行窗口播放
    if ((event->key() == Qt::Key_Escape || event->key() == Qt::Key_Back) &&
isFullScreen()) {
        setFullScreen(false);
        event->accept();
    }
    else if (event->key() == Qt::Key_Space) {  //如果按了空格键，则继续播放或暂停播放
        if(player->playbackState()==QMediaPlayer::PausedState) player->play();
        else player->pause();
        event->accept();
    }
    else {
        QVideoWidget::keyPressEvent(event);
    }
}
//如果用户双击视频，则全屏或取消全屏
void VideoWidget::mouseDoubleClickEvent(QMouseEvent *event)
{
    setFullScreen(!isFullScreen());
    event->accept();
}

//播放视频
void VideoWidget::play(QString src)
{
    player = new QMediaPlayer;  //实例化QMediaPlayer

    QAudioOutput audioOutput; // chooses the default audio routing
    player->setAudioOutput(&audioOutput);      //设置音频输出

    player->setSource(QUrl(src));              //设置媒体源
    player->setVideoOutput(this);              //设置视频输出
     show(); //显示小部件
     player->play(); //开始播放
}
```

然后在mainwindow.h的开头添加一个头文件：

```
#include <videowidget.h>
```

并为类MainWindow添加一个成员变量：

```
VideoWidget *myvw;
```

接着，再为按钮“打开并播放”添加单击事件处理函数，代码如下：

```
void MainWindow::on_pushButton_clicked()
{
    QString path = QFileDialog::getOpenFileName(this, "Open media file", "d:/",
"Media Files(*.mp4 *.wmv)");
```

```
    if(path=="") return;
    myvw = new VideoWidget();
    myvw->play(path);
}
```

代码中，我们首先通过QFileDialog::getOpenFileName让用户选择一个视频文件，然后实例化VideoWidget，最后调用play函数进行播放。

（4）在PC上插上耳机或连上扬声器，保存工程并运行，然后我们先后打开2个视频文件，运行结果如图13-9所示。

图13-9

可以看出，两个视频在同时播放了，如果双击其中的某个视频，则会全屏，再次双击又会恢复窗口播放。

13.7 相机设备类QCameraDevice

类QCameraDevice代表一个物理相机设备及其属性。该类的公有成员函数如下：

```
QCameraDevice(const QCameraDevice &other)  //复制构造函数
QCameraDevice()                            //构造一个空的摄像机设备
//将QCameraDevice对象设置为与其他对象相等
QCameraDevice &operator=(const QCameraDevice &other)
~QCameraDevice()                           //析构函数
QString description() const                //返回相机的可读描述，使用此字符串将设备呈现给用户
//返回相机的设备id，这是一个唯一的标识摄像头的id
QByteArray id() const
bool isDefault() const                     //如果这是默认相机设备，则返回true
bool isNull() const                        //如果此QCameraDevice为null或无效，则返回true
QList<QSize> photoResolutions() const      //返回相机可用于捕获静止图像的分辨率列表
//返回相机在硬件系统上的物理位置，通常用于标识手机上的前置摄像头还是后置摄像头
QCameraDevice::Position position() const
QList<QCameraFormat> videoFormats() const   //返回相机支持的视频格式
//如果此QCameraDevice与其他QCameraDevice不同，则返回true
bool operator!=(const QCameraDevice &other) const
//如果此QCameraDevice等于其他，则返回true。
bool operator==(const QCameraDevice &other) const
```

这个QCameraDevice类最重要的功能就是枚举摄像头，我们来看一个实例，枚举当前PC上插着的USB摄像头。

【例13.8】 枚举PC上的USB摄像头

（1）启动Qt Creator，新建一个控制台项目，项目名为app。在工程文件中添加：

```
QT += multimedia
```

（2）双击main.cpp，输入代码如下：

```
#include <QCoreApplication>
#include <QCameraDevice>
#include <QMediaDevices>
int main(int argc, char *argv[])
{
    QCoreApplication a(argc, argv);
    const QList<QCameraDevice> cameras = QMediaDevices::videoInputs();
    for (const QCameraDevice &mycameraDevice : cameras)
    {
        qDebug() << mycameraDevice.description();
        qDebug() << mycameraDevice.id();
        qDebug() << mycameraDevice.position();
    }
    return a.exec();
}
```

相机是一个视频输入设备，所以我们首先用videoInputs函数来得到当前PC上的所有视频输入设备，并存入列表变量cameras中，然后通过for来逐个遍历cameras中的元素。

（3）在PC上插上一个USB摄像头，然后按Ctrl+R快捷键运行程序，运行结果如下：

```
"USB Camera"
"\\\\?\\usb#vid_057e&pid_030a&mi_00#6&29645c09&0&0000#{e5323777-f976-4f5b-9b55
-b94699c46e44}\\global"
QCameraDevice::UnspecifiedPosition
```

第一行是相机描述，表明是一个USB相机。第二行是硬件id信息，包括了厂家id（vid）和产品id（pid）等信息。第三行是位置信息，通常PC上的摄像头并不区分前后摄像头，前后摄像头的位置概念通常用在手机上。

好了，摄像头设备我们枚举到了，下面就可以准备使用摄像头了。对于使用摄像头，Qt也给出了一个类QCamera，通过这个类，我们可以进行预览、拍照和录像等常见操作。

13.8 相机接口类QCamera

前面播放歌曲和播放视频都是属于内容输出范畴，现在我们要玩玩内容输入了，最常见的内容输入就是摄像头（相机）录制。在Qt中，QCamera类为系统摄像头设备提供接口，通过这个类，我们可以实现摄像头的预览、拍摄（图片）和录像。

类QCamera的父类是QObject。类QCamera的公有成员函数如下：

```
/*构造一个QCamera，使用位于指定位置的硬件摄像头。例如，在手机上，它可以很容易地在前向摄像头和后向摄像头之间进行选择。如果指定位置没有可用的摄像头，或者位置为QCameraDevice::UnspecifiedPosition，则使用默认摄像头。*/
QCamera(QCameraDevice::Position position, QObject *parent = nullptr)
//从摄像头设备对象cameraDevice和父项构建QCamera。
QCamera(const QCameraDevice &cameraDevice, QObject *parent = nullptr)
//构建QCamera，如果有多个摄像头可用，则选择系统上的默认摄像头
QCamera(QObject *parent = nullptr)
virtual ~QCamera() //析构函数
QCameraDevice cameraDevice() const //返回与此相机关联的QCameraDevice对象
QCameraFormat cameraFormat() const //返回相机当前使用的相机格式
//返回此相机连接到的捕获会话，如果相机未连接到捕获会话，则返回nullptr
QMediaCaptureSession *captureSession() const
//如果当前白平衡模式为WhiteBalanceManual，则返回当前色温。对于其他模式，返回值未定义
int colorTemperature() const
/*返回自定义焦点在相对帧坐标中的位置。QPointF(0,0)点到左上帧点，QPointF(0.5,0.5)点到帧中心。“自定义焦点”属性仅在FocusPointCustom focus模式下使用。*/
QPointF customFocusPoint() const
QCamera::Error error() const //返回相机的错误状态
QString errorString() const //返回描述相机错误状态的可读字符串
/*以EV为单位的曝光补偿，EV是英语Exposure Values的缩写，是反映曝光多少的一个量，其最初定义为：当感光度为ISO 100、光圈系数为F1、曝光时间为1秒时，曝光量定义为0。*/
float exposureCompensation() const
QCamera::ExposureMode exposureMode() const //此属性保存正在使用的曝光模式
float exposureTime() const //相机的曝光时间（以秒为单位）
//此属性保存正在使用的闪存模式。如果相机有闪光灯，则启用特定的闪光灯模式
QCamera::FlashMode flashMode() const
/*返回相机的大致焦距。报告的值介于0和1之间，0表示最接近的焦距，1表示尽可能远。请注意，1通常是无穷大，但并不总是无穷大。除非焦距模式设置为FocusModeManual，否则焦距设置将被忽略。*/
float focusDistance() const
/*返回当前相机聚焦模式。所有自动对焦模式都将持续对焦。通过将焦点模式设置为FocusModeManual，可以锁定焦点。这将保持当前对焦并停止任何自动对焦。*/
QCamera::FocusMode focusMode() const
QPointF focusPoint() const //返回自动对焦系统当前用于对焦的点
bool isActive() const //如果相机当前处于活动状态，则返回true
bool isAvailable() const //如果可以使用相机，则返回true
//如果支持曝光模式，则返回true。
bool isExposureModeSupported(QCamera::ExposureMode mode) const
bool isFlashModeSupported(QCamera::FlashMode mode) const //如果支持闪存模式，则返回true
bool isFlashReady() const //如果闪光灯准备好，则返回true
//如果相机支持对焦模式，则返回true
bool isFocusModeSupported(QCamera::FocusMode mode) const
bool isTorchModeSupported(QCamera::TorchMode mode) const//如果支持火炬模式，则返回true
//如果支持白平衡模式，则返回true
bool isWhiteBalanceModeSupported(QCamera::WhiteBalanceMode mode) const
int isoSensitivity() const //得到相机当前使用的ISO感光度
//以秒为单位返回手动曝光时间，如果相机使用自动曝光时间，则返回-1
float manualExposureTime() const
int manualIsoSensitivity() const //得到手动设置的ISO感光度
float maximumExposureTime() const //返回以秒为单位的最大曝光时间
int maximumIsoSensitivity() const //返回相机支持的最大ISO感光度
//返回最大缩放因子。对于不支持缩放的相机，这将是1.0
```

```
    float maximumZoomFactor() const
    float minimumExposureTime() const //返回以秒为单位的最小曝光时间
    int minimumIsoSensitivity() const //返回相机支持的最低ISO感光度
    //返回最小缩放因子。对于不支持缩放的相机，这将是1.0
    float minimumZoomFactor() const
    /*将相机对象连接到cameraDevice描述的物理相机设备。使用默认构造的QCameraDevice对象作为
cameraDevice将摄像头连接到系统默认摄像头设备。*/
    void setCameraDevice(const QCameraDevice &cameraDevice)
    //设置相机使用指定的格式。这可用于定义用于记录和图像捕获的特定分辨率和帧速率
    void setCameraFormat(const QCameraFormat &format)
    /*设置自定义焦点在相对帧坐标中的位置，“自定义焦点”属性仅在FocusPointCustom focus模式下
使用。您可以通过使用功能查询supportedFeatures来检查是否支持自定义焦点。*/
    void setCustomFocusPoint(const QPointF &point)
    /*设置相机的焦距。d的值介于0和1之间，0表示最接近的焦距，1表示尽可能远。请注意，1通常是无穷大，
但并不总是无穷大。除非焦距模式设置为FocusModeManual，否则焦距设置将被忽略。*/
    void setFocusDistance(float d)
    /*设置当前相机聚焦模式。所有自动对焦模式都将持续对焦。通过将焦点模式设置为FocusModeManual，
可以锁定焦点。这将保持当前对焦并停止任何自动对焦。*/
    void setFocusMode(QCamera::FocusMode mode)
    void setZoomFactor(float factor) //设置缩放因子
    QCamera::Features supportedFeatures() const //返回此相机支持的功能
    /*返回正在使用的火炬模式。火炬是一个连续的光源。它可以在低光条件下录制视频时使用。启用火炬模
式通常会覆盖任何当前设置的闪光模式。*/
    QCamera::TorchMode torchMode() const
    QCamera::WhiteBalanceMode whiteBalanceMode() const //返回正在使用的白平衡模式
    //获取当前的缩放因子。值将被限制在minimumZoomFactor和maximumZoomFactor之间
    float zoomFactor() const
```

另外，类QCamera的公有槽函数声明如下：

```
    void setActive(bool active) //如果参数active为true，则打开相机，否则关闭相机
    void setAutoExposureTime()  //使用自动计算的曝光时间
    void setAutoIsoSensitivity()  //设置启动ISO感光
    /*将手动白平衡设置为色温。当whiteBalanceMode()设置为WhiteBalanceManual时使用。单位是开
尔文。只有在支持WhiteBalanceManual的情况下，设置色温才会生效。在这种情况下，将温度设置为大于0将
自动将白平衡模式设置为白平衡手动。将温度设置为0将白平衡模式重置为白平衡自动。*/
    void setColorTemperature(int colorTemperature)
    //通过参数ev设置曝光补偿。曝光补偿属性允许调整自动计算的曝光
    void setExposureCompensation(float ev)
    void setExposureMode(QCamera::ExposureMode mode) //设置曝光模式
    //设置闪光模式，如果相机有闪光灯，则可以启用特定的闪光灯模式
    void setFlashMode(QCamera::FlashMode mode)
    void setManualExposureTime(float seconds)  //手动设置曝光时间
    //手动设置ISO感光度，设置为-1（默认值）意味着相机会自动调整ISO感光度
    void setManualIsoSensitivity(int iso)
    /*此属性保存正在使用的火炬模式。火炬是一个连续的光源。它可以在低光条件下录制视频时使用。启用火
炬模式通常会覆盖任何当前设置的闪光模式。*/
    void setTorchMode(QCamera::TorchMode mode)
    void setWhiteBalanceMode(QCamera::WhiteBalanceMode mode) //设置白平衡模式
    void start()            //启动摄像机
    void stop()             //让摄像机停止工作。与setActive(false)效果相同
    /*使用速率rate进行缩放，factor是缩放因子。速率以每秒二次幂表示。以1的速率，从1的缩放因子变为
4需要2秒。*/
    void zoomTo(float factor, float rate)
```

洋洋洒洒不少功能函数，看来Qt对于相机功能的支持可谓专业！这就方便广大开发者开发

出基于移动手持设备的相机应用。这个类主要功能还是获取和设置与拍照相关的参数。如果想要得到视频数据，我们还需要认识类QMediaCaptureSession。

13.9 媒体捕获会话类QmediaCaptureSession

QMediaCaptureSession类允许捕获音频和视频内容，它相当于一个桥梁，把数据流从相机接口类QCamera中输出，然后显示在某个窗口上，用户就可以实时看到音视频数据了。该类的父类是QObject。该类的公有成员函数如下：

```
QMediaCaptureSession(QObject *parent = nullptr) //构造函数，为父对象媒体创建会话
virtual ~QMediaCaptureSession()       //析构函数，销毁会话
QAudioInput *audioInput() const       //返回用于捕获音频的设备
QAudioOutput *audioOutput() const     //返回用于输出音频的设备
QCamera *camera() const               //返回捕获视频的摄像头
//返回捕获静态图像的对象。将QImageCapture对象添加到捕获会话中，以便从相机捕获静态图像
QImageCapture *imageCapture()
/*返回捕获音频/视频的recorder对象。向捕获会话添加QMediareRecorder对象，以允许录制捕获会话中的音频和/或视频。*/
QMediaRecorder *recorder()
/*将音频输入设备设置为输入。如果将其设置为空QAudioDevice，捕获会话将使用操作系统定义的默认输入。*/
void setAudioInput(QAudioInput *input)
void setAudioOutput(QAudioOutput *output)                //将音频输出设备设置为输出
void setCamera(QCamera *camera)                          //设置捕获视频的摄像头
void setImageCapture(QImageCapture *imageCapture)        //设置用于捕获静态图像的对象
void setRecorder(QMediaRecorder *recorder)    //设置捕获音频/视频的recorder对象
void setVideoOutput(QObject *output) //将QObject（输出）设置为捕获会话的视频预览
void setVideoSink(QVideoSink *sink) //将QVideoSink（接收器）设置为捕获会话的视频预览
QObject *videoOutput() const         //得到视频输出对象
```

类QMediaCaptureSession是管理本地设备上媒体捕获的中心类。我们可以使用函数setCamera和setAudioInput将摄像头和麦克风连接到QMediaCaptureSession。通过使用函数setVideoOutput设置QVideoWidget的QVideoSink，可以看到捕获媒体的预览，通过使用函数setAudioOutput将音频路由到输出设备，可以听到捕获媒体的预览。通过在捕获会话上设置QImageCapture对象，可以从相机捕获静态图像（即拍照功能），并使用QMediareRecorder录制音频/视频。所以，为了实现预览，我们还需要了解类QVideoWidget；为了实现拍照，还需要了解QimageCapture；为了实现录像，还需要了解QmediareRecorder。

13.10 视频部件类QVideoWidget

QVideoWidget类是用于显示由媒体对象生成的视频的部件，该类的父类是QWidget。类QVideoWidget的公有成员函数如下：

```
//构造函数，构造一个新的视频小部件。父对象被传递给QWidget
QVideoWidget(QWidget *parent = nullptr)
virtual ~QVideoWidget()                          //析构函数
Qt::AspectRatioMode aspectRatioMode() const      //返回视频根据其纵横比进行缩放的方式
bool isFullScreen() const                        //判断视频处于窗口显示还是全屏显示
```

类QVideoWidget有两个公有槽函数：

```
void setAspectRatioMode(Qt::AspectRatioMode mode) //设置视频根据其纵横比进行缩放的方式
void setFullScreen(bool fullScreen) //设置是否全屏
```

13.11　图片捕获类QImageCapture

QImageCapture类用于捕获媒体内容为图片，最常用的应用就是从视频中截取图片。该类的公有成员函数如下：

```
/*构造函数，从父对象构造图像捕获对象，该对象可以捕获相机生成的单个静态图像。必须将图像捕获对象和QCamera连接到捕获会话才能捕获图像。*/
QImageCapture(QObject *parent = nullptr)
virtual ~QImageCapture()                         //析构函数
/*将附加元数据添加到嵌入到捕获图像中的任何现有元数据中。元数据（Metadata），又称中介数据、中继数据，为描述数据的数据，主要是描述数据属性（property）的信息；元数据是关于数据的组织、数据域及其关系的信息，这里简言之，元数据就是关于（图片）数据的数据。*/
void addMetaData(const QMediaMetaData &metaData)
//返回此相机连接的捕获会话，如果相机未连接到捕获会话，则返回nullptr
QMediaCaptureSession *captureSession() const
QImageCapture::Error error() const               //返回当前错误状态
QString errorString() const                      //返回描述当前错误状态的字符串
QImageCapture::FileFormat fileFormat() const     //返回保存图像的格式
bool isAvailable() const                    //如果图像捕获服务已准备好使用，则返回true
/*如果相机已准备好立即拍摄图像，则为真。不允许在readyForCapture为false时调用capture()，这会导致错误。*/
bool isReadyForCapture() const
QMediaMetaData metaData() const                            //返回将嵌入图像的元数据
QImageCapture::Quality quality() const                     //返回保存图像的编码质量
QSize resolution() const                                   //返回编码图像的分辨率
void setFileFormat(QImageCapture::FileFormat format)       //设置图像格式
//用一组元数据替换要嵌入到捕获图像中的任何现有元数据
void setMetaData(const QMediaMetaData &metaData)
void setQuality(QImageCapture::Quality quality)            //设置图像编码质量
/*设置编码图像的分辨率。空QSize表示编码器应根据图像源的可用内容和编解码器的限制做出最佳选择。*/
void setResolution(const QSize &resolution)
void setResolution(int width, int height) //重载函数，设置编码图像分辨率的宽度和高度
```

QImageCapture类的公有槽函数如下：

```
int capture() //捕获图像并使其可用于QImage。在大多数情况下，此操作是异步的
```

```
    /*捕获图像并将其保存到文件,如果参数为空,则默认保存到C:\Users\Administrator\Pictures下。
在大多数情况下，此操作是异步的。*/
    int captureToFile(const QString &file = QString())
```

QImageCapture类的信号如下：

```
    void errorChanged()                          //表示错误发生改变
    //表示捕获请求id已失败，并带有错误和错误字符串描述
    void errorOccurred(int id, QImageCapture::Error error, const QString
&errorString)
    void fileFormatChanged()                     //表示文件格式发生改变
    //请求id的帧可用时发出的信号
    void imageAvailable(int id, const QVideoFrame &frame)
    //捕获具有请求id的帧时发出的信号，但尚未处理和保存。可以向用户显示帧预览
    void imageCaptured(int id, const QImage &preview)
    void imageExposed(int id)                    //请求id的帧暴露时发出的信号
    //调用QImageCapture::CaptureToFile时并将请求id为的帧保存到文件名时发出的信号
    void imageSaved(int id, const QString &fileName)
    void metaDataChanged()                       //嵌入图像的元数据发生变化时候发出的信号
    void qualityChanged()                        //图像编码质量发生变化时发出的信号
    void readyForCaptureChanged(bool ready)      //相机捕获状态发生改变时发出的信号
```

13.12 编码和记录视频类QMediaRecorder

QMediaRecorder类用于编码和记录捕获的媒体会话，比如（音）视频流，该类常用的场合就是用来视频录像。该类的公有成员函数如下：

```
    //构造一个媒体记录器，用于记录麦克风和摄像头产生的媒体。媒体录制器是父对象的子对象
    QMediaRecorder(QObject *parent = nullptr)
    virtual ~QMediaRecorder()                //析构函数
    /*返回最后一个媒体内容的实际位置。实际位置通常在录制开始后可用，并在设置新位置或新录制开始时重
置。*/
    QUrl actualLocation() const
    int audioBitRate() const                 //返回压缩音频流的比特率，单位为比特/秒
    int audioChannelCount() const            //返回音频通道数
    int audioSampleRate() const              //返回以赫兹为单位的音频采样率
    qint64 duration() const                  //此属性保存记录的媒体持续时间（毫秒）
    QMediaRecorder::EncodingMode encodingMode() const //返回编码模式
    QMediaRecorder::Error error() const                  //返回当前错误状态
    QString errorString() const                  //返回描述当前错误状态的字符串
    bool isAvailable() const                 //如果媒体录制器服务已准备好使用，则返回true
    QMediaFormat mediaFormat() const  //返回媒体格式
    QMediaMetaData metaData() const              //返回与录制关联的元数据。
    /*返回媒体内容的目标位置。设置位置可能会失败，例如，当服务仅支持本地文件系统位置，但传递了网络
URL时。如果操作失败，将发出ErrorOccursed()信号。输出位置可以是相对的，也可以是空的；在后一种情况
下，记录器使用系统特定的位置和文件命名方案。*/
    QUrl outputLocation() const
```

```
/*返回前媒体录制器的录制质量，有以下这些质量：VeryLowQuality, LowQuality, NormalQuality,
HighQuality, VeryHighQuality*/
QMediaRecorder::Quality quality() const
QMediaRecorder::RecorderState recorderState() const //返回当前媒体录制器状态
void setAudioBitRate(int bitRate)                  //以位/秒为单位设置音频比特率
//设置音频通道的数量。值-1表示录音机应根据音频源的可用内容和编解码器的限制做出最佳选择
void setAudioChannelCount(int channels)
/*以赫兹为单位设置音频采样器。值-1表示录音机应根据音频源的可用内容和编解码器的限制做出最佳选择。
*/
void setAudioSampleRate(int sampleRate)
/*设置编码模式设置。如果设置了ConstantQualityEncoding，则使用质量编码参数并忽略比特率，否
则使用比特率。*/
void setEncodingMode(QMediaRecorder::EncodingMode mode)
void setMediaFormat(const QMediaFormat &format)    //设置媒体格式
void setMetaData(const QMediaMetaData &metaData)  //将元数据设置为元数据
/*设置媒体内容的目标位置。设置位置可能会失败，例如，当服务仅支持本地文件系统位置，但传递了网络
URL时。如果操作失败，将发出ErrorOccursed()信号。输出位置可以是相对的，也可以是空的；在后一种情况
下，记录器使用系统特定的位置和文件命名方案。*/
void setOutputLocation(const QUrl &location)
void setQuality(QMediaRecorder::Quality quality)  //设置媒体录制器质量
void setVideoBitRate(int bitRate)             //以每秒比特数为单位设置视频比特率
//设置视频帧率。值为0表示录像机应根据视频源的可用内容和编解码器的限制做出最佳选择
void setVideoFrameRate(qreal frameRate)
/*将编码视频的分辨率设置为大小。传递一个空QSize，使录像机根据视频源的可用内容和编解码器的限制
选择最佳分辨率。 */
void setVideoResolution(const QSize &size)
//设置编码视频分辨率的宽度和高度。这是一个重载函数
void setVideoResolution(int width, int height)
int videoBitRate() const                //返回压缩视频流的比特率，单位为比特/秒
qreal videoFrameRate() const                //返回视频帧速率
QSize videoResolution() const               //返回编码视频的分辨率
```

QMediaRecorder类三个重要的公有槽函数如下：

```
void pause()           //暂停录制
void record()          //开始录制
void stop()            //停止录制
```

QMediaRecorder类的信号如下：

```
//表示所记录介质的实际位置已更改的信号。该信号通常在录制开始时发出
void actualLocationChanged(const QUrl &location)
void durationChanged(qint64 duration) //表示已录制媒体的持续时间已更改
void errorChanged() //错误改变信号
//发出错误发生的信号，错误字符串包含错误描述
void errorOccurred(QMediaRecorder::Error error, const QString &errorString)
void mediaFormatChanged() //媒体格式发生改变的信号
//表示媒体对象的元数据已更改。如果更改了多个元数据元素，metaDataChanged()将发出一次
void metaDataChanged()
//表示媒体记录器的状态已更改的信号
void recorderStateChanged(QMediaRecorder::RecorderState state)
```

到现在我们把录像功能所需的基础知识都基本介绍完了，相信大家迫不及待地想实现视频预览、视频截图和视频录像功能了，下面我们就来实现这些功能，而且会用到上面介绍的几个类。

【例13.9】 实现预览、拍照和录像

（1）启动Qt Creator，新建一个MainWindow项目，项目名为app。在工程文件中添加：

```
QT += multimedia multimediawidgets
```

（2）首先进行界面设计。在Qt Creator中双击mainwindow.ui，先在菜单栏处输入“设备”后按回车键，并设置该菜单项的对象名（objectName）为menuDevices，这样就添加一个菜单项，以后当我们将摄像头插入电脑时，这个“设备”菜单项下面会显示当前插入的摄像头的子菜单项，单击这个子菜单，会启动摄像头工作。如果拔出摄像头，则删除子菜单，然后，在部件工具箱的“Containers”栏下选中名为“Stacked Widget”这个部件，拖放到窗口上，并调整大小，使其左上角对其到菜单项下，右边和窗口边缘对齐，下方则不需要和窗口边缘对齐，因为我们稍后还要放置一些按钮。“Stacked Widget”部件是可以进行多个页面切换的，每个页面都可以放自己的控件，然后实现相关的功能，我们将在这个部件的不同页面上分别放置2个子部件，一个是QVideoWidget，用于视频预览；另外一个是QLabel，用于截图时候，实现所截图的图片单独显示几秒的效果。

在部件工具箱的“Display Widgets”栏下选中“Label”部件，并拖放到窗口上“Stacked Widget”部件中，让其大小稍微小于“Stacked Widget”部件，设置其对象名（objectName）为lastImagePreviewLabel。此时可以在右边对象检查器视图中看到lastImagePreviewLabel对象位于“Stackedwidget”的Page页下，如图13-10所示。

下面我们再添加一个“Widget”，使其位于“Stackedwidget”的page_2页下，首先要对窗口上的“Stacked Widget”部件的右上方的右边箭头单击一下，这样就切换到第二个页面，然后我们在部件工具箱的“Containers”栏下选中名为“Widget”这个部件，并拖放到窗口上“Stacked Widget”这个部件中，让其大小稍微小于“Stacked Widget”部件，我们设置“Widget”部件的对象名（objectName）为viewfinder，此时可以在右边对象检查器视图中看到viewfinder对象位于“Stackedwidget”的page_2页下了，如图13-11所示。

图13-10

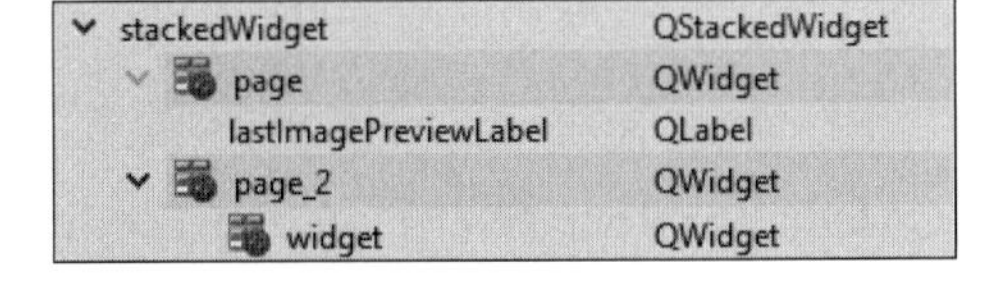

图13-11

我们可以对“stackedWidget”右击，然后在右键菜单上选择“改变页顺序...”来查看一下每个页对应的索引号，此时出现如图13-12所示的对话框。

索引号比较重要，以后要切换显示某个页，就是通过这个索引号来确定的。现在我们知道，lastImagePreviewLabel对象位于索引号是0的页上，viewfinder对象位于索引号是1的页上。之后单击“确定”按钮，关闭对话框。

下面把viewfinder对象类型提升为QVideoWidget。现在viewfinder这个对象的类型是QWidget，我们放置这个Widget部件的目的是为了让捕获的视频流在这里播放，因此仅仅使用Widget部件是不行的，前一节提到，QVideoWidget类是用于显示由媒体对象生成的视频的部件，因此需要把对象viewfinder的类型更改为QVideoWidget，在“Object inspector”（对象检查器）视图中，右击

“viewfinder”，然后在弹出的右键菜单上选择“提升为...”菜单项，此时将出现“提升的窗口部件”对话框，如图13-13所示。

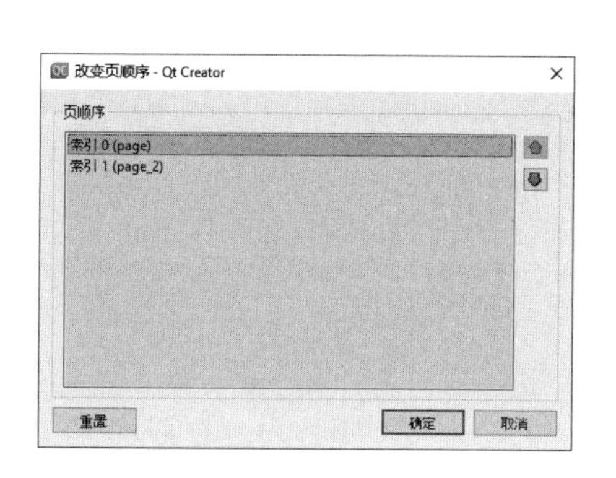

图13-12

图13-13

在“提升的类名称”右边的文本框中输入“QVideoWidget”，并单击按钮“添加”，此时这个类就被添加到上方列表框中去了，如图13-14所示。

最后单击“提升”按钮来关闭对话框。此时，在“Object inspector”视图中，可以看到对象viewfinder对应的类是QVideoWidget了，如图13-15所示。

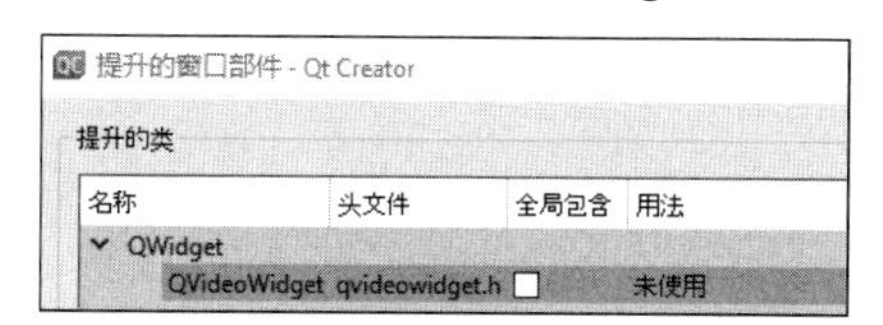

图13-14

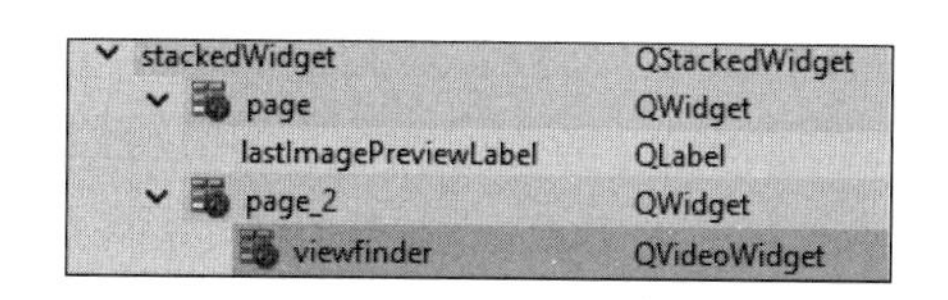

图13-15

这就说明，我们把对象viewfinder对应的类修改成功了，以后捕获到的视频流就可以在viewfinder中播放了。至此，界面设计最复杂的部分结束了，下面我们再从工具箱中拖放4个按钮，分别设置名称为“截图”“开始录像”“停止录像”和“暂停录像”，对象名分别设置为“btnTakeImage”“btnRecord”“btnStopRecord”和“btnPauseRecord”。最终界面设计效果如图13-16所示。

好了，界面设计部分暂时结束。下面开始编写代码。

（3）打开mainwindow.h，在该文件开头输入头文件：

```
#include <QMainWindow>
#include <QActionGroup>
#include <QMediaCaptureSession>
#include <QImageCapture>
#include <QCamera>
#include <QMediaRecorder>
#include <QMediaDevices>
#include <QAudioInput>
```

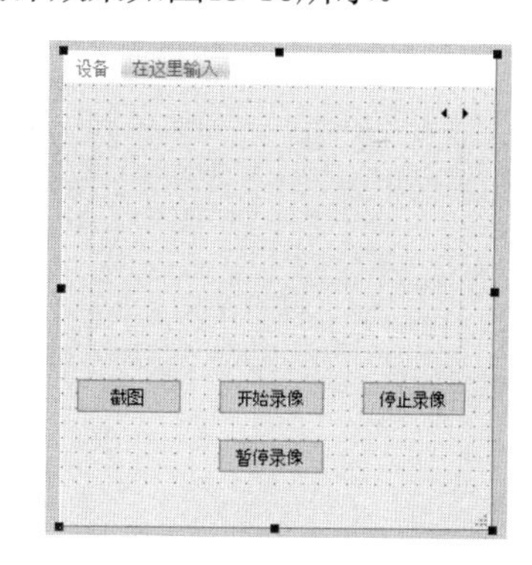

图13-16

并为类MainWindow添加几个公有成员函数的声明：

```
void updateRecorderState(QMediaRecorder::RecorderState state);//更新按钮状态
//显示捕获错误
```

```
    void displayCaptureError(int id, const QImageCapture::Error error, const QString
&errorString);
    void displayRecorderError();                          //显示录制器发生的错误
    void updateRecordTime();                              //在状态栏上显示录制的秒数
    void imageSaved(int id, const QString &fileName);    //截图保存
    void displayCapturedImage();                          //显示捕获的图片
    void displayViewfinder();                             //显示视频预览
    void processCapturedImage(int requestId, const QImage& img);   //处理捕获图片
    void readyForCapture(bool ready);                     //设置是否准备好捕获
    void updateCameras();                    //如果当前系统已插入了摄像头，则更新菜单项
    void setCamera(const QCameraDevice &cameraDevice);//启动摄像头，实现预览
```

随后，添加几个私有成员变量：

```
QMediaDevices m_devices;                            //媒体设备对象
bool m_isCapturingImage = false;                    //是否正在截图
QScopedPointer<QAudioInput> m_audioInput;           //音频输入接口的对象指针
QScopedPointer<QMediaRecorder> m_mediaRecorder;     //媒体记录器的对象指针
QImageCapture *m_imageCapture;                      //图片捕获对象的指针
QMediaCaptureSession m_captureSession;              //媒体捕获会话对象
QScopedPointer<QCamera> m_camera;                   //相机接口对象指针
QActionGroup *videoDevicesGroup  = nullptr;         //行为组对象指针
```

再添加一个槽函数声明：

```
private slots:
    void setCamera_action(QAction *action);
```

再打开mainwindow.cpp，在构造函数MainWindow中添加代码如下：

```
MainWindow::MainWindow(QWidget *parent)
    : QMainWindow(parent)
    , ui(new Ui::MainWindow)
{
    ui->setupUi(this);

    m_audioInput.reset(new QAudioInput);                   //实例化音频输入接口
    m_captureSession.setAudioInput(m_audioInput.get()); //为捕获会话设置音频输入
    //Camera devices:
    videoDevicesGroup = new QActionGroup(this);           //实例化菜单行为组
    videoDevicesGroup->setExclusive(true);                //设置互斥
    updateCameras();                              //如果已经插入摄像头，则添加一个菜单项
    //关联视频输入改变信号到槽函数updateCameras
    connect(&m_devices, &QMediaDevices::videoInputsChanged, this,
&updateCameras);
    //关联摄像头子菜单行为信号到槽函数setCamera_action
    connect(videoDevicesGroup, &QActionGroup::triggered, this,
&setCamera_action);
    setCamera(QMediaDevices::defaultVideoInput()); //启动默认的摄像头实现预览
}
```

然后添加各个成员功能函数的实现，代码如下：

```
//动态子菜单“USB摄像头”将调用这个函数
void MainWindow::setCamera_action(QAction *action)
```

```
    {
        setCamera(qvariant_cast<QCameraDevice>(action->data()));//启动摄像头
    }
    //根据录制状态的变化，更新录制相关按钮的使能状态
    void MainWindow::updateRecorderState(QMediaRecorder::RecorderState state)
    {
        switch (state) {
        case QMediaRecorder::StoppedState:
            ui->btnRecord->setEnabled(true);
            ui->btnPauseRecord->setEnabled(true);
            ui->btnStopRecord->setEnabled(false);
            break;
        case QMediaRecorder::PausedState:
            ui->btnRecord->setEnabled(true);
            ui->btnPauseRecord->setEnabled(false);
            ui->btnStopRecord->setEnabled(true);
            break;
        case QMediaRecorder::RecordingState:
            ui->btnRecord->setEnabled(false);
            ui->btnPauseRecord->setEnabled(true);
            ui->btnStopRecord->setEnabled(true);
            break;
        }
    }
    //根据当前视频输入设备，动态更新子菜单
    void MainWindow::updateCameras()
    {
        ui->menuDevices->clear();
        const QList<QCameraDevice> availableCameras = QMediaDevices::videoInputs();

        for (const QCameraDevice &cameraDevice : availableCameras) {
            QAction *videoDeviceAction = new QAction(cameraDevice.description(),
videoDevicesGroup);
            videoDeviceAction->setCheckable(true);
            videoDeviceAction->setData(QVariant::fromValue(cameraDevice));
            if (cameraDevice == QMediaDevices::defaultVideoInput())
                videoDeviceAction->setChecked(true);
            ui->menuDevices->addAction(videoDeviceAction);  //添加行为
        }//for
    }
    //启动摄像头工作，并设置截图和录像的相关工作，为了截图和录像做好准备
    void MainWindow::setCamera(const QCameraDevice &cameraDevice)
    {
        m_camera.reset(new QCamera(cameraDevice));
        m_captureSession.setCamera(m_camera.data());

        if (!m_mediaRecorder) {
            m_mediaRecorder.reset(new QMediaRecorder); //实例化媒体录制器
            m_captureSession.setRecorder(m_mediaRecorder.data());//为捕获会话设置录制
器
            connect(m_mediaRecorder.data(), &QMediaRecorder::recorderStateChanged,
this, &updateRecorderState);
```

```
        }
        //根据录制状态更新按钮使能状态
        updateRecorderState(m_mediaRecorder->recorderState());
        m_captureSession.setVideoOutput(ui->viewfinder);
        m_camera->start();

        //截图相关工作的准备
        m_imageCapture = new QImageCapture; //实例化图片捕获对象
        //为捕获会话设置图片捕获对象
        m_captureSession.setImageCapture(m_imageCapture);
       //关联一些信号处理
        connect(m_imageCapture, &QImageCapture::readyForCaptureChanged, this,
&readyForCapture);
        connect(m_imageCapture, &QImageCapture::imageCaptured, this,
&processCapturedImage);
        connect(m_imageCapture, &QImageCapture::imageSaved, this, &imageSaved);
        readyForCapture(m_imageCapture->isReadyForCapture());
        connect(m_imageCapture, &QImageCapture::errorOccurred, this,
&displayCaptureError);

        //录像相关工作的准备
        connect(m_mediaRecorder.data(), &QMediaRecorder::durationChanged, this,
&updateRecordTime);
        connect(m_mediaRecorder.data(), &QMediaRecorder::errorChanged, this,
&displayRecorderError);
    }
    //显示截图时发生的错误
    void MainWindow::displayCaptureError(int id, const QImageCapture::Error error,
const QString &errorString)
    {
        Q_UNUSED(id);
        Q_UNUSED(error);
        QMessageBox::warning(this, tr("Image Capture Error"), errorString);
        m_isCapturingImage = false;
    }

    //显示录制时发生的错误，比如在录制时，拔出摄像头
    void MainWindow::displayRecorderError()
    {
        if (m_mediaRecorder->error() != QMediaRecorder::NoError)
            QMessageBox::warning(this, tr("Capture Error"),
m_mediaRecorder->errorString());
    }

    //在状态栏上显示录制时候的秒数
    void MainWindow::updateRecordTime()
    {
        QString str = QString("Recorded %1
sec").arg(m_mediaRecorder->duration()/1000);
        ui->statusbar->showMessage(str);
    }

    //图片保存
    void MainWindow::imageSaved(int id, const QString &fileName)
```

```
{
    Q_UNUSED(id);
    ui->statusbar->showMessage(tr("Captured \"%1\"").arg(QDir::
toNativeSeparators(fileName)));

    m_isCapturingImage = false;
    if (m_applicationExiting)
        close();
}
//在截图时，让所截的图片单独显示1秒，然后再继续显示视频预览
void MainWindow::processCapturedImage(int requestId, const QImage& img)
{
    Q_UNUSED(requestId);
    QImage scaledImage = img.scaled(ui->viewfinder->size(),
                                    Qt::KeepAspectRatio,
                                    Qt::SmoothTransformation);

    ui->lastImagePreviewLabel->setPixmap(QPixmap::fromImage(scaledImage));

    // Display captured image for 1 seconds.
    displayCapturedImage(); //显示所截取的图片
    QTimer::singleShot(1000, this, &displayViewfinder);
}
////显示截图标签页，该标签页在部件stackedWidget的索引0上
void MainWindow::displayCapturedImage()
{
    ui->stackedWidget->setCurrentIndex(0);
}
//显示预览页，视频预览页在部件stackedWidget的索引1上
void MainWindow::displayViewfinder()
{
    ui->stackedWidget->setCurrentIndex(1);
}
//更新截图按钮的使能状态
void MainWindow::readyForCapture(bool ready)
{
    ui->btnTakeImage->setEnabled(ready);
}
```

最后为4个按钮添加按钮槽函数，代码如下：

```
void MainWindow::on_btnTakeImage_clicked()      //截图按钮的槽函数
{
    m_isCapturingImage = true;                  //表示正在截图
    m_imageCapture->captureToFile();            //截图的图片
}

void MainWindow::on_btnRecord_clicked()         //开始录像按钮的槽函数
{
    m_mediaRecorder->record();                  //开始录像
    updateRecordTime();                         //录像的同时，在状态栏上显示秒数
}

void MainWindow::on_btnStopRecord_clicked()     //停止录像按钮的槽函数
```

```
    {
        m_mediaRecorder->stop();                        //停止录像
    }
    void MainWindow::on_btnPauseRecord_clicked()    //暂停录像的按钮的槽函数
    {
        m_mediaRecorder->pause();                       //暂停录像
    }
```

值得注意的是，默认情况下，截图所保存的路径是C:\Users\Administrator\Pictures，录像所保存的路径是C:\Users\Administrator\Videos。

（4）开始运行工程。此时如果插上USB摄像头，再按Ctrl+R快捷键运行工程，可以发现能预览了，如果单击“截图”按钮，则会截图，运行结果如图13-17所示。

如果单击“开始录像”按钮，则开始录像，并在状态栏上会显示录制的时间秒数，如图13-18所示。

图13-17

图13-18

第 14 章

Qt网络编程

本章讲述Qt网络编程。网络编程是一个很广的话题，如果要全面论述，一本厚厚的书都不够，根本不可能在一章里讲完。本章将首先讲解因特网所采用的TCP/IP协议的基本概念，然后讲解基本的Qt套接字（Socket）编程。在本书的后续学习书籍中，笔者将出版一本专门讲述Qt网络编程知识的图书。

14.1 TCP/IP协议

14.1.1 TCP/IP协议的基本概念

TCP/IP（Transmission Control Protocol/Internet Protocol，传输控制协议/因特网互联协议）又名网络通信协议，是Internet最基本的协议、Internet国际互联网络的基础。TCP/IP协议不是指一个协议，也不是TCP和IP这两个协议的合称，而是一个协议簇，包括多个网络协议，比如IP、IMCP、TCP、HTTP、FTP、POP3等。TCP/IP定义了计算机操作系统如何连入因特网以及数据如何在不同设备之间传输的标准。

TCP/IP协议是为了解决不同系统的计算机之间的传输通信而提出的一个标准。不同系统的计算机采用了同一种协议后就能相互进行通信，从而建立网络连接、实现资源共享和网络通信。就像两个讲不同语言的人，如果都能用英语说话，就能相互交流了。

14.1.2 TCP/IP协议的分层结构

TCP/IP协议簇按照层次由上到下，可以分成4层，分别是应用层、传输层、网际层和网络接口层。

应用层（Application Layer）包含所有的高层协议，比如虚拟终端协议（TELecommunications NETwork，TELNET）、文件传输协议（File Transfer Protocol，FTP）、电子邮件传输协议（Simple Mail Transfer Protocol，SMTP）、域名服务（Domain Name Service，DNS）、网上新闻传输协议（Net

News Transfer Protocol，NNTP）和超文本传送协议（HyperText Transfer Protocol，HTTP）等。TELNET允许一台计算机上的用户登录到远程计算机上，并进行工作；FTP提供将文件有效地从一台计算机移到另一台计算机上的方法；SMTP用于电子邮件的收发；DNS用于把主机名映射到网络地址；NNTP用于新闻的发布、检索和获取；HTTP用于在WWW上获取主页。

应用层的下面一层是传输层（Transport Layer），著名的TCP（Transmission Control Protocol，传输控制协议）和UDP（User Datagram Protocol，用户数据报协议）就在这一层。TCP是面向连接的协议，提供可靠的报文传输和对上层应用的连接服务。为此，除了基本的数据传输外，它还有可靠性保证、流量控制、多路复用、优先权和安全性控制等功能。UDP是面向无连接的不可靠传输协议，主要用于不需要TCP的排序和流量控制等功能的应用程序。

传输层下面的一层是网际层（Internet Layer，也称Internet层或互联网络层），是整个TCP/IP体系结构的关键部分，功能是使主机可以把分组发往任何网络，并使分组独立地传向目标。这些分组可能经由不同的网络，到达的顺序和发送的顺序也可能不同。网际层使用的协议有IP（Internet Protocol，因特网协议）。

最底层是网络接口层（Network Interface Layer，或称数据链路层），是整个体系结构的基础部分，负责接收IP层的IP数据包，通过网络向外发送；或接收处理从网络上来的物理帧，抽出IP数据包，向IP层发送。该层是主机与网络的实际连接层。

不同层包含不同的协议，可以用图14-1来表示各个协议及其所在的层。

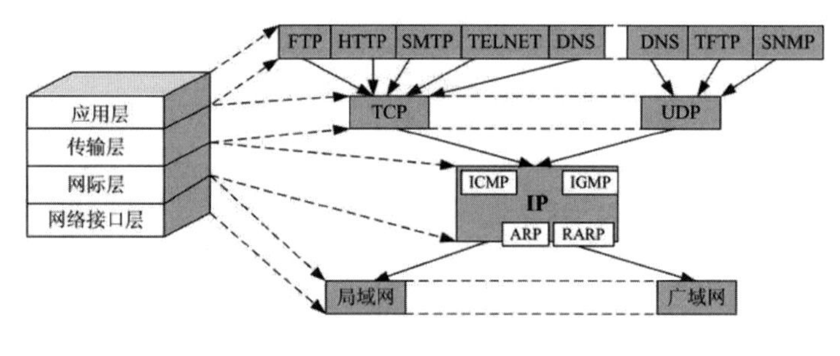

图14-1

在主机发送端，从传输层开始，会把上一层的数据加上一个报头形成本层的数据，这个过程叫作数据封装；在主机接收端，从最下层开始，每一层数据会去掉报头的信息，这个过程叫作数据解封，如图14-2所示。

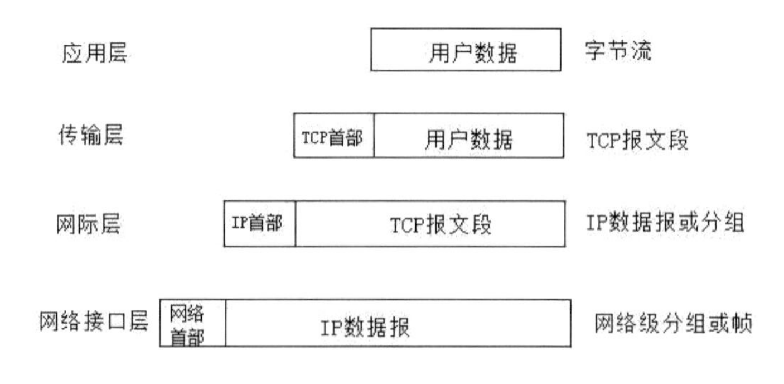

图14-2

下面以浏览某个网页为例，看看在浏览网页的过程中TCP/IP各层做了哪些工作。

1. 发送方

（1）打开浏览器，输入网址www.xxx.com，按回车键，访问网页（访问Web服务器上的网页），在应用层采用的协议是HTTP协议，浏览器将网址等信息组成HTTP数据，并将数据送给下一层（传输层）。

（2）传输层在数据前面加上TCP报头（Header），并把端口标记为80（Web服务器默认的端口），并将这个数据段传给下一层（网络层）。

（3）网络层在数据段前面加上本机的IP和目的IP（这个段被称为IP数据包，也可以称为报文），并将IP包传给下一层（网络接口层）。

（4）网络接口层先在IP数据包前面加上本机的MAC地址以及目的MAC地址（这时的数据称为帧），再通过物理网卡将帧以比特流的方式发送到网络上。

因特网上有路由器，它会读取比特流中的IP地址以进行选路（选择路径），到达正确的网段之后，这个网段的交换机读取比特流中的MAC地址，找到对应要接收的设备或计算机。

2. 接收方

（1）网络接口层用网卡接收比特流，读取比特流中的帧，将帧中的MAC地址去掉，就成为IP数据包，传递给上一层（网络层）。

（2）网络层接收到下层传来的IP数据包，将IP数据包前面的部分拿掉，取出带有TCP的数据（数据段）交给传输层。

（3）传输层拿到了数据段后，看到TCP标记的端口是80端口，说明应用层协议是HTTP协议，之后将TCP报头去掉并将数据交给应用层，告诉应用层对方请求的是HTTP数据。

（4）应用层发送方请求的是HTTP数据，就调用Web服务器程序把www.xxx.com的首页文件发送回去。

14.2 获取主机的网络信息

在网络应用中，经常需要用到本机的主机名、IP地址、MAC地址等网络信息，通常通过打开命令行窗口再输入ipconfig（Windows）或者ifconfig（Linux）命令就可以查看到相关的信息了。在这里我们利用Qt实现一个可以查询的界面，为后面的网络编程打下的基础。值得注意的是，要在Qt程序中启用网络模块需要在.pro文件中添加“QT += network”语句，表示启用了Qt的网络功能。

Qt中提供了几个用于获取主机网络信息的类，包括QHostInfo、QHostAddress、QNetworkInterface以及QNetworkAddress。

14.2.1 QHostInfo类

QHostInfo类提供了一系列用于主机名查询的静态函数。QHostInfo类利用操作系统所提供的查询机制来查询与特定主机名相关联的主机的IP地址，或者与一个IP地址相关联的主机名。该类常用的成员函数如表14-1所示。常用的公有静态函数如表14-2所示。

表14-1 QHostInfo类常用的公有函数

公有函数	说　明
QHostInfo::HostInfoError error()	当发生错误时，返回错误类型
QString errorString()	返回错误信息
QString hostName()	返回主机名称
int lookupId()	返回本次查询的ID
void setAddresses(const QList<QHostAddress> &addresses)	设置QHostInfo中的地址列表
void setError(QHostInfo::HostInfoError error)	设置错误类型
void setHostName(const QString &hostName)	设置主机名

表14-2 QHostInfo类常用的公有静态函数

公有静态函数	说　明
QHostInfo fromName(const QString &name)	通过给定的主机名查询IP地址信息
QString localDomainName()	返回主机的DNS域名
QString localHostName()	返回主机名

14.2.2 查询本机的主机名

通过函数hostName()可以查询本机的主机名。

【例14.1】 查询本机的主机名

（1）启动Qt Creator，新建一个控制台项目，项目名为test。

（2）在test.pro文件的开头添加如下代码：

```
QT += network
```

接着，在main.cpp中输入如下代码：

```
#include <QCoreApplication>
#include <QHostInfo>
#include <qDebug>

int main(int argc, char *argv[])
{
    QCoreApplication a(argc, argv);
    QString strLocalHostName = QHostInfo::localHostName();
    qDebug() << "Local Host Name:" << strLocalHostName;
    return a.exec();
}
```

很简单，通过QHostInfo::localHostName直接返回主机名的字符串，然后输出。

（3）按Ctrl+R快捷键来运行这个项目，运行结果如图14-3所示。

```
Local Host Name: "SK-20220317NHEZ"
```

图14-3

14.2.3 查询本机的IP地址

QHostInfo类利用操作系统所提供的查询机制来查询与特定主机名相关联的主机的IP地址，或者与一个IP地址相关联的主机名。这个类提供了两个静态的成员函数：一个以阻塞方式工作，并且最终返回一个QHostInfo对象；另一个工作在异步方式下，并且一旦找到主机就发射一个信号。

1. 阻塞方式

如果想要使用阻塞方式查询，可以使用静态函数QHostInfo::fromName()，该函数的原型声明如下：

```
QHostInfo QHostInfo::fromName(const QString &name);
```

其中，参数name是主机名。返回QHostInfo对象，从而查询到给定主机名对应的IP地址。此函数在查询期间将阻塞，这意味着程序执行期间将挂起，直到返回查询到的结果。返回的查询结果存储在一个QHostInfo对象中。

如果传递一个字面IP地址给name来替代主机名，QHostInfo将搜索这个IP地址对应的域名（ie. QHostInfo将执行一个反向查询）。如果成功，则返回的QHostInfo对象中将包含对应主机名的域名和IP地址。

【例14.2】 以阻塞方式获取百度网站的IP地址

（1）启动Qt Creator，新建一个控制台项目，项目名为test。

（2）在test.pro文件的开头添加如下代码：

```
QT += network
```

接着在main.cpp中输入如下代码：

```
#include <QCoreApplication>
#include <QHostInfo>
#include <qDebug>
int main(int argc, char *argv[])
{
    QCoreApplication a(argc, argv);
    QHostInfo info = QHostInfo::fromName("www.baidu.com");
    qDebug() << info.addresses();  //一次输出全部
    //或者用循环输出
    const auto addresses = info.addresses();
    for (const QHostAddress &address : addresses)
        qDebug() << "Found address:" << address.toString();
    return a.exec();
}
```

我们用静态函数fromName()来得到主机信息，其中包括IP地址，可以通过addresses()函数来得到IP地址的列表，随后将它们输出。注意，有些主机会有多个IP地址。

（3）按Ctrl+R快捷键来运行这个项目，运行结果如图14-4所示。

```
QList(QHostAddress("36.152.44.96"), QHostAddress("36.152.44.95"))
Found address: "36.152.44.96"
Found address: "36.152.44.95"
```

图14-4

2. 异步方式

要使用异步方式查询主机的IP地址，调用lookupHost()函数，该函数的原型声明如下：

```
int QHostInfo::lookupHost(const QString &name, const QObject *receiver, PointerToMemberFunction function);
```

其中，参数name是主机名或IP地址；receiver是接收对象；function是接收的槽函数。该函数返回一个查询ID。我们可以通过调用abortHostLookup()函数来中止查询（这个函数的需要提供查询ID为参数）。

当得到查询结果后就会调用此槽函数function，查询结果会被存储到一个QHostInfo对象中。可以通过调用addresses()函数来获得主机的IP地址列表，同时可以调用hostName()函数来获得查询的主机名。

如果查询失败，error()函数就返回发生错误的类型。errorString()函数会给出关于查询错误的描述。

【例14.3】 以异步方式查询网易网站的IP地址

（1）启动Qt Creator，新建一个MainWindow项目，项目名为test。

（2）在test.pro文件的开头添加如下代码：

```
QT += network
```

双击mainwindow.ui打开该界面文件，在窗口上放置一个listWidget控件和一个按钮控件，并把按钮的标题设置为“查询网易IP地址”，然后为该按钮添加clicked信号关联的槽函数：

```
void MainWindow::on_pushButton_clicked()
{
    int nID = QHostInfo::lookupHost("163.com", this, SLOT(prtRes(QHostInfo)));
}
```

其中，函数prtRes()是槽函数，将在该槽函数中获得查询的结果。该槽函数的定义如下：

```
void MainWindow::prtRes(const QHostInfo &host)
{
    if (host.error() != QHostInfo::NoError) {
        qDebug() << "Lookup failed:" << host.errorString();
        return;
    }
    foreach (const QHostAddress &address, host.addresses()) {
        // 输出IPv4、IPv6地址
        if (address.protocol() == QAbstractSocket::IPv4Protocol)
        {
            ui->listWidget->addItem( "Found IPv4 address:" + address.toString());
            qDebug() << "Found IPv4 address:" << address.toString();
        }
```

```
        else if (address.protocol() == QAbstractSocket::IPv6Protocol)
        {
            ui->listWidget->addItem( "Found IPv4 address:" + address.toString());
            qDebug() << "Found IPv6 address:" << address.toString();
        }
        else
        {
            ui->listWidget->addItem( "Found IPv4 address:" + address.toString());
            qDebug() << "Found other address:" << address.toString();
        }
    }
}
```

我们把查到的结果用循环分别放到listWidget控件中。

最后在mainwindow.h中添加槽函数的声明：

```
private slots:
    void prtRes(const QHostInfo &host);
```

（3）按Ctrl+R快捷键来运行这个项目，运行结果如图14-5所示。

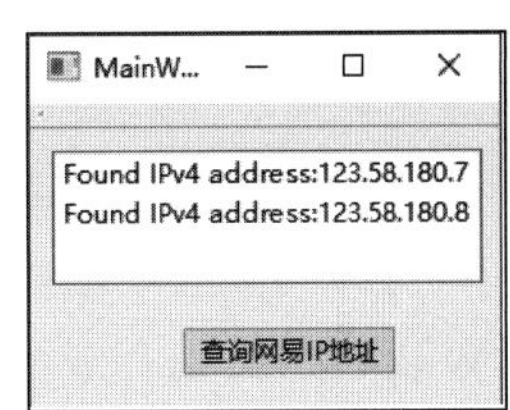

图14-5

14.3　TCP编程

TCP的连接是在服务器和客户端之间进行的，首先要建立起一个网络连接，然后进行数据通信，通信完毕就关闭这个连接。

Qt和Windows中的网络编程基本步骤是一样的。服务器有两个套接字，一个负责监听（QTcpServer），一个负责和客户端通信（QTcpSocket）；客户端只有一个负责通信的套接字（QTcpSocket）。

服务器和客户端通信的基本步骤如下：

步骤01 QTcpServer类的对象负责监听是否有客户端连接此服务器。它是通过函数listen()进行监听的，该函数的原型声明如下：

```
bool listen(const QHostAddress &address = QHostAddress::Any, quint16 port
= 0)
```

其中，参数address为服务器监听的地址；port为监听的网络端口。如果监听成功就返回true，否则返回false。

比如监听本机的所有网口，监听端口是8888：

```
QTcpServer * tcpserver;
bool res =  tcpserver->listen(QHostAddress::Any, 8888);
```

步骤02 如果服务器监听到有客户端和它进行连接，服务器就会触发newConnection信号。同时客户端一旦和服务器连接成功，就会触发connected信号，表示已经成功和服务器连接。

步骤03 在两者建立好连接之后，服务器需要返回一个QTcpSocket类的对象来和客户端进行通信，通常通过这个函数来返回一个建立好连接的套接字，比如：

```
tcpsocket = tcpserver->nextPendingConnection();
```

步骤04 通过通信套接字来完成通信。一端发送成功之后，接收方就会触发一个readyRead信号，而后就能够读取套接字中的内容了。

步骤05 断开连接的时候调用函数disconnectFromHost()，比如：

```
tcpsocket->disconnectFromHost();
```

下面通过Qt Creator来实现客户端和服务器之间的通信。

【例14.4】 服务器和客户端的通信

（1）启动Qt Creator，新建一个Widget项目，作为服务器，项目名为test。

（2）打开test.pro，在文件开头添加“QT += network”，用于支持网络功能。打开widget.h，为Widget添加私有成员变量：

```
private:
    QTcpServer *tcpserver;  //用于监听
    QTcpSocket *tcpsocket;  //用于和客户端交互
```

并在文件开头添加包含头文件的指令：

```
#include <QTcpServer>
#include <QTcpSocket>
```

接着添加2个槽函数的声明：

```
public slots:
    void ConnectToClient();
    void ReadInformation();
```

其中，槽函数ConnectToClient()将在连接建立时被执行，用来处理连接后的一些操作。槽函数ReadInformation()将在收到客户端数据时被执行，用来处理收到数据后的一些操作。

（3）双击widget.ui打开该界面文件，在窗口上放置2个编辑框（Text Edit）、2个标签和3个按钮，最终的设计界面如图14-6所示。

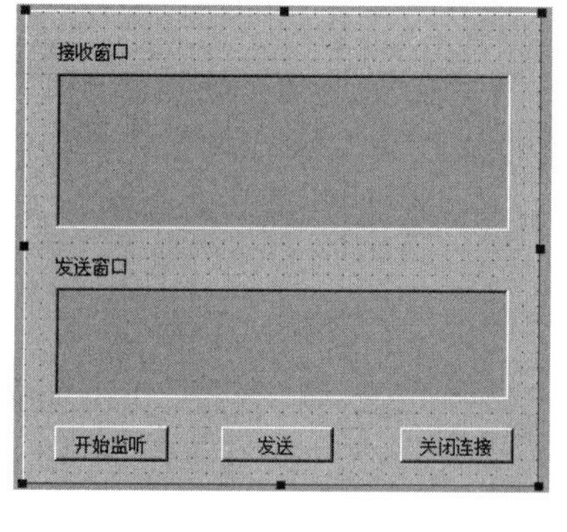

图14-6

其中，“发送”按钮的objectName属性为btnSend，“关闭连接”按钮的objectName属性为btnClose，上面编辑框的objectName为textEditRead，下面编辑框的objectName为textEditWrite。

为按钮“开始监听”添加clicked信号关联的槽函数：

```
void Widget::on_pushButton_clicked()
{
    bool res = tcpserver->listen(QHostAddress::Any, 8888);
    if(res)
```

```
    {
        connect(tcpserver, &QTcpServer::newConnection, this,
&Widget::ConnectToClient);
        QMessageBox::information(this,"注意","监听成功");
    }
    else QMessageBox::information(this,"注意","监听失败");
}
```

QTcpServer类的对象tcpserver通过成员函数listen()来监听是否有客户端连接此服务器。在这个listen()函数中，第一个参数表示服务器监听的地址，如果是Any，就表示监听本机的所有网口；第二个参数表示监听的网络端口。如果服务器监听到有客户端要进行连接，就会触发newConnection信号，所以我们把ConnectToClient信号关联到槽函数ConnectToClient()，以便对新来的连接进行处理。

另外，客户端一旦和服务器连接成功，就会触发connected信号，表示已经成功和服务器连接。

槽函数ConnectToClient()的定义如下：

```
void Widget::ConnectToClient()
{
    //取出建立好的套接字
    tcpsocket = tcpserver->nextPendingConnection();
    //获取对方的端口号和IP地址，并且显示在文本编辑框中
    QString ip = tcpsocket->peerAddress().toString().split("::ffff:")[1];
    qint16 port = tcpsocket->peerPort();
    ui->textEditRead->setText(QString("[%1:%2]连接成功").arg(ip).arg(port));
    ui->btnSend->setEnabled(true);
    ui->btnClose->setEnabled(true);
    //必须获取连接后再关联的信号
    connect(tcpsocket, &QTcpSocket::readyRead, this, &Widget::ReadInformation);
}
```

在两者建立好连接之后，服务器需要返回一个QTcpSocket类的对象来和客户端进行通信，通常通过函数nextPendingConnection()来返回一个建立好连接的套接字。然后获取对方的端口号和IP地址，并显示在文本编辑框中，并把“发送”按钮和“关闭连接”设置为可用。接着把readyRead信号关联到槽函数ReadInformation()，收到数据后触发信号readyRead。最后将这个信号和对应的槽函数ReadInformation()绑定。这个槽函数需要自己编写，定义如下：

```
void Widget::ReadInformation()
{
    //获取套接字中的内容
    QByteArray temp = tcpsocket->readAll();
    ui->textEditRead->append(temp);
}
```

读取全部可读的数据，然后添加到编辑框中显示出来。

为“发送”按钮添加clicked信号对应的槽函数：

```
void Widget::on_btnSend_clicked()
{
    if(tcpsocket)
```

```
    {
        QString str = ui->textEditWrite->toPlainText();
        tcpsocket->write(str.toUtf8().data());
    }
}
```

获取发送编辑框中的内容，调用发送数据函数QTcpSocket::write()进行发送。注意，要把字符串QString转为toUtf8数据后再发送。

为“关闭连接”按钮添加clicked信号关联的槽函数：

```
void Widget::on_btnClose_clicked()
{
    tcpsocket->disconnectFromHost();//主动和客户端断开连接
    tcpsocket->close();
    tcpsocket = NULL;
}
```

要关闭连接，直接调用函数QTcpSocket::disconnectFromHost()即可。

（4）在构造函数Widget()的末尾添加初始化代码：

```
tcpserver = new QTcpServer(this);
tcpsocket = new QTcpSocket(this);           //实例化tcpClient
tcpsocket->abort();                         //取消原有连接
ui->btnSend->setEnabled(false);             //设置“发送”按钮不可用
ui->btnClose->setEnabled(false);            //设置“关闭连接”按钮不可用
```

最后在文件开头添加包含头文件的指令和支持中文的宏：

```
#include <QHostAddress>
#include <QMessageBox>
//支持中文
#pragma execution_character_set("utf-8")
```

（5）按Ctrl+R快捷键来运行这个项目，运行结果如图14-7所示。至此，服务端的程序实现完毕，下面开始设置客户端程序。

（6）启动另外一个Qt Creator，然后新建一个Widget项目，作为客户端，项目名为myclient。

（7）打开test.pro文件，在文件开头添加“QT += network”，用于支持网络功能。打开widget.h文件，为Widget添加私有成员变量：

```
private:
    QTcpSocket * tcpClient;  //用于和客户端交互
```

并在文件开头添加包含头文件的指令：

```
#include <QTcpSocket>
```

接着添加2个槽函数的声明：

```
public slots:
    void connectToServer();
    void ReadInformation();
```

其中，槽函数connectToServer()将在连接建立时被执行，用来处理连接后的一些操作。槽

ReadInformation()将在收到客户端数据时被执行，用来处理收到数据后的一些操作。

（8）双击widget.ui以打开该界面文件，在窗口上放置2个行编辑框（Line Edit）、2个编辑框（Text Edit）、2个标签和2个按钮，最终的设计界面如图14-8所示。其中，上方的行编辑器用于输入服务器的IP地址，objectName属性为lineEditIpAddress；下面的行编辑器用于输入服务器的监听端口号，objectName属性为lineEditPort；标签“接收窗口”下的编辑框用于显示从服务端收到的数据，objectName属性为textEditRead；标签“发送窗口”下的编辑框用于输入要发送的数据，objectName属性为textEditWrite；“发送”按钮的objectName属性为btnSend。

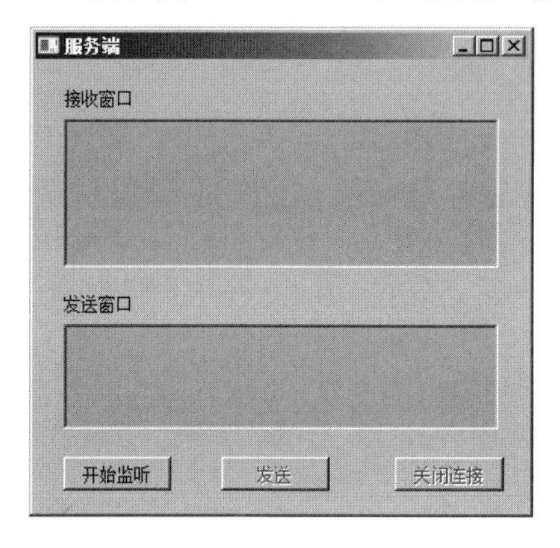

图14-7

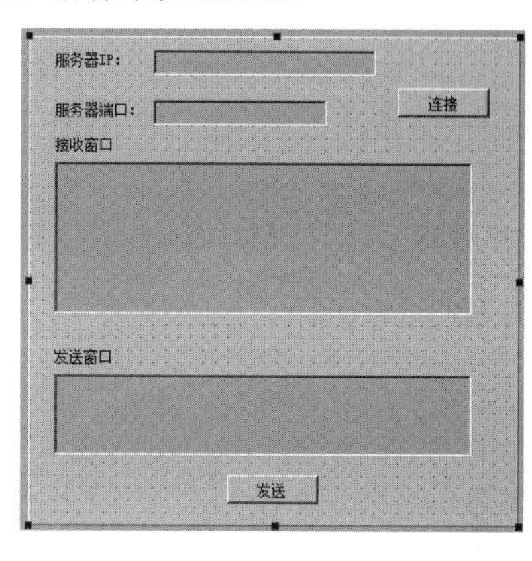

图14-8

为“连接”按钮添加clicked信号关联的槽函数：

```
void Widget::on_btnConnect_clicked()
{
    QString ip = ui->lineEditIpAddress->text();                //获取服务器IP地址
    qint16 port = ui->lineEditPort->text().toInt();            //获取服务器端口号
    if(tcpClient->state()==QAbstractSocket::UnconnectedState)
    {
        //主动和服务器进行连接
        tcpClient->connectToHost((QHostAddress)ip, port);
        if (tcpClient->waitForConnected(1000))                 // 连接成功则进入if{}
        {
            ui->btnConnect->setText("断开");
            ui->btnSend->setEnabled(true);
        }
    }
    else {
        tcpClient->disconnectFromHost();
        //已断开连接则进入if{}
        if (tcpClient->state() == QAbstractSocket::UnconnectedState \
                || tcpClient->waitForDisconnected(1000))
        {
            ui->btnConnect->setText("连接");
            ui->btnSend->setEnabled(false);
        }
    }
}
```

如果当前状态是未连接状态，则调用函数connectToHost()发起连接，并且调用函数waitForConnected()等待1000毫秒。如果已经连接，则调用函数disconnectFromHost()断开连接。

为“发送”按钮添加clicked信号关联的槽函数：

```
void Widget::on_btnSend_clicked()
{
    QString str = ui->textEditWrite->toPlainText();
    tcpClient->write(str.toUtf8().data());
}
```

调用write()函数进行数据发送，发送的是char*类型的数据。

（9）在构造函数末尾添加初始化代码：

```
ui->lineEditIpAddress->setText("127.0.0.1");
ui->lineEditPort->setText("8888");
ui->btnSend->setEnabled(false);
//初始化TCP客户端
tcpClient = new QTcpSocket(this);     //实例化tcpClient
tcpClient->abort();                   //取消原有连接
connect(tcpClient, &QTcpSocket::connected, this, &Widget::connectToServer);
connect(tcpClient, &QTcpSocket::readyRead, this, &Widget::ReadInformation);
```

因为服务器和客户端都在本机，所以设置IP为127.0.0.1；如果是位于不同的主机上，则要设置服务器主机的IP。端口号8888则要设置为和服务端程序设置的端口号一致。然后实例化QTcpSocket类的对象，用于和服务器通信。

然后关联两个信号的槽函数。第一个信号connected将在连接建立成功后触发。在槽函数connectToServer()中添加显示连接成功的提示，该槽函数函数的定义如下：

```
void Widget::connectToServer()
{
    ui->textEditRead->setText("成功和服务器进行连接");
}
```

第二个信号readyRead将在客户端收到数据时触发。在槽函数ReadInformation()中对收到的数据进行处理，该槽函数的定义如下：

```
void Widget::ReadInformation()
{
    //获取套接字中的内容
    QByteArray temp = tcpClient->readAll();
    if(!temp.isEmpty())
        ui->textEditRead->append(temp);
}
```

这里直接调用readAll()读取全部可读的数据，并添加到编辑框中显示出来。

最后在文件开头添加包含头文件的指令和支持中文的宏：

```
#include <QHostAddress>
#pragma execution_character_set("utf-8") //支持中文
```

（10）按Ctrl+R快捷键来运行这个项目，先在服务器程序上单击“开始监听”按钮，稍等片刻，提示“监听成功”，再到客户端程序上单击“连接”按钮，随后就可以输入数据相互发送了，如图14-9和图14-10所示。

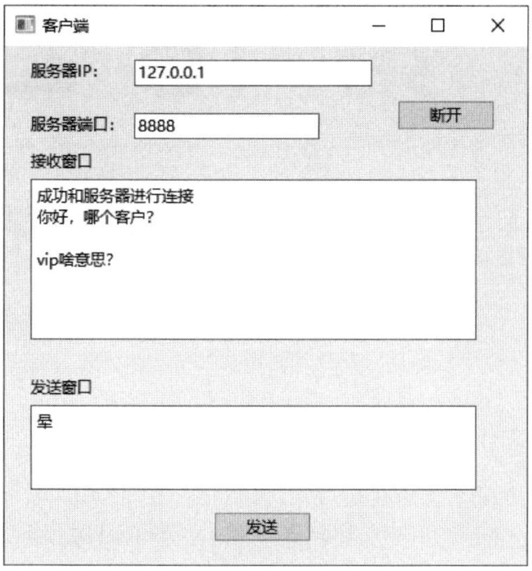

客户端
服务器IP:
127.0.0.1
服务器端口:
8888
断开
接收窗口
成功和服务器进行连接
你好，哪个客户？
vip啥意思?
发送窗口
晕
发送

图14-9

服务端
接收窗口
[127.0.0.1:-6635]连接成功
么哈么哈，当然是客户！
么哈么哈，当然是vip客户！
晕
发送窗口
vip啥意思?
开始监听
发送
关闭连接

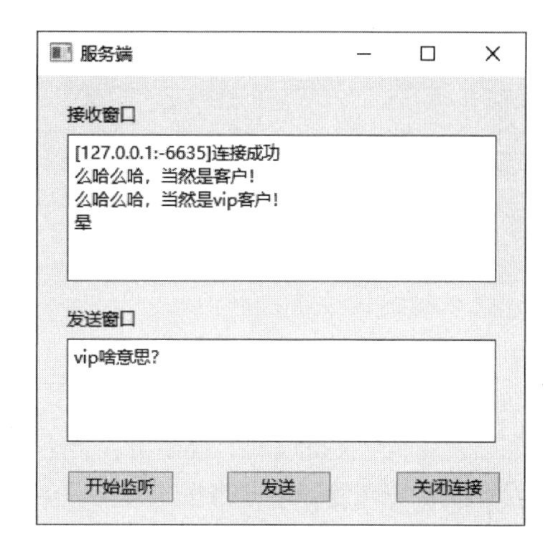

图14-10

第 15 章 Qt应用程序发布

Qt官方开发环境使用的动态链接库方式，在发布生成的exe程序时需要复制一大堆dll文件，如果自己去复制这些dll文件，就很可能会丢三落四，从而导致exe程序在别的计算机里无法正常运行。为此，Qt官方开发环境自带了一个工具windeployqt.exe（在Qt安装目录的bin文件下可以找到）。

【例15.1】 发布一个Qt应用程序

（1）启动Qt Creator，新建一个MainWindow项目，项目名为test。

（2）准备以Release方式生成exe程序文件。在左边工具栏上单击“项目”，然后在右边的“构建设置”下把“编辑构建配置”设置为“Release”，如图15-1所示。

按Ctrl+R快捷键来运行这个程序，将在文件夹release下生成test.exe。将这个exe程序文件复制到一个新的单独的目录中用于发布，比如放在D:\zcb\目录中，直接双击test.exe，就会出现错误提示，如图15-2所示。

图15-1

图15-2

（3）从开始菜单打开Qt命令行，依次选择“开始→所有程序→Qt→Qt 6.2.3(MinGW 11.2.0 64-bit)”，如图15-3所示。

输入命令cd /d D:\zcb，然后使用windeployqt工具命令继续输入命令：

```
windeployqt test.exe
```

接着可以在D:\zcb文件夹里看到windeployqt工具自动复制的插件目录、dll文件和qm文件。这时得到了完整的exe程序发布集合，依赖关系也都解决好了，如图15-4所示。

双击test.exe，若运行成功，就如图15-5所示。这样把D:\zcb目录打包就可以发布了，不用自己一个个找dll文件。D:\zcb目录中的qm文件是多国语言翻译文件，不需要可以删除，其他的都保留。

图15-3

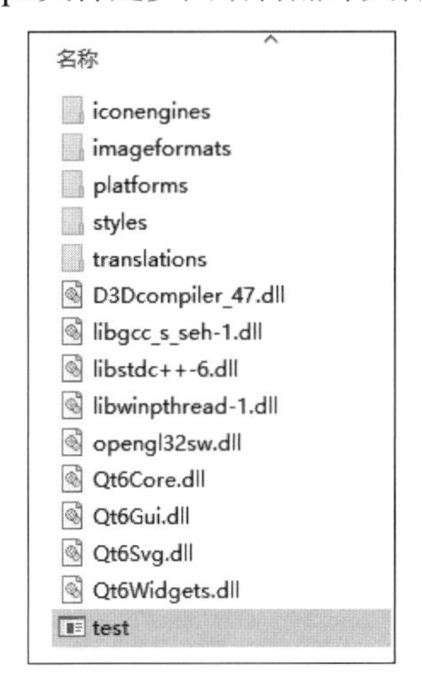

图15-4

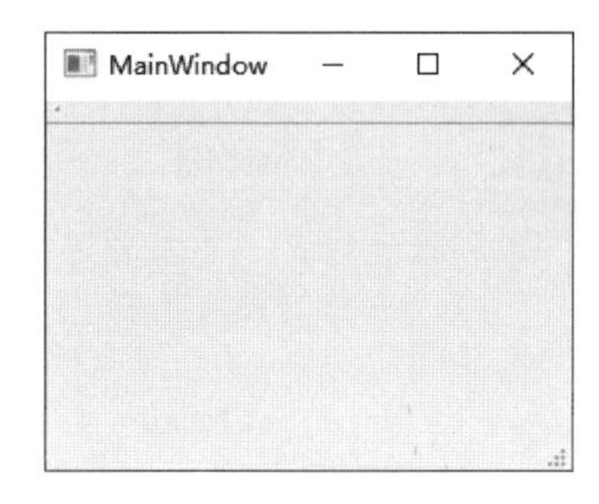

图15-5

如果我们把zcb目录放到一个干净的系统（没有安装Qt开发环境）中，发现也可以成功运行test.exe程序，就说明打包成功了。